迅维讲义大揭秘

笔记本电脑维修不是事儿

（第 2 版）

迅维职业技能培训学校　黄鑫船　赵中秋　王　萍　编著

電子工業出版社
Publishing House of Electronics Industry
北京·BEIJING

内容简介

本书共 20 章：第 1～7 章介绍了笔记本电脑维修市场的现状、笔记本电脑主板的型号识别、芯片组的架构特点、电路时序分析中常见的名词解释、维修常用的基础电路知识等；第 8、9 章详细介绍了笔记本电脑的工作流程和供电电路原理；第 10 章介绍了 Intel 8 系列、Intel 9 系列到 Intel 300 系列芯片组的标准时序；第 11～17 章以广达 BDBE、苹果 A1466、苹果 A1418 一体机、苹果 A1706、广达 BD9、DELL N4110 和联想 G485 的主板工作时序和电路为例，详细阐述了 Intel 芯片组、AMD 芯片组的时序特色；第 18 章主要介绍了 BIOS 的分离与合成；第 19 章给出了 12 种常见故障的维修思路；第 20 章配备了 27 个经典的图文版维修实例。

本书既适合有简单电子电路基础的人员和电脑维修人员阅读，可作为计算机硬件培训机构的维修课程教材，同时对手机维修、家电维修人员也有很大帮助和参考价值。

图书在版编目（CIP）数据

笔记本电脑维修不是事儿 / 黄鑫船，赵中秋，王萍编著. —2 版. —北京：电子工业出版社，2020.1
（迅维讲义大揭秘）
ISBN 978-7-121-34062-8

Ⅰ. ①笔… Ⅱ. ①黄… ②赵… ③王… Ⅲ. ①笔记本计算机－维修 Ⅳ. ①TP368.320.6

中国版本图书馆 CIP 数据核字（2019）第 299042 号

责任编辑：刘海艳
印　　刷：北京天宇星印刷厂
装　　订：北京天宇星印刷厂
出版发行：电子工业出版社
　　　　　北京市海淀区万寿路 173 信箱　邮编　100036
开　　本：787×1092　1/16　印张：25　字数：640 千字
版　　次：2014 年 9 月第 1 版
　　　　　2020 年 1 月第 2 版
印　　次：2025 年 1 月第 11 次印刷
定　　价：99.00 元

凡所购买电子工业出版社图书有缺损问题，请向购买书店调换。若书店售缺，请与本社发行部联系，联系及邮购电话：（010）88254888，88258888。

质量投诉请发邮件至 zlts@phei.com.cn，盗版侵权举报请发邮件至 dbqq@phei.com.cn。

本书咨询联系方式：lhy@phei.com.cn。

本书配套视频观看方法

本书配套录制了讲解视频。

观看视频前，需要注册迅维网校和购买课程（本书读者免费）。下面讲解注册迅维网校和购买课程的具体操作步骤。

第 1 步　用微信扫描图 1 所示二维码。

第 2 步　弹出图 2 所示界面，点击“加入购买”按钮。

图 1

图 2

第 3 步　新用户注册迅维网校账号，界面如图 3、图 4 所示。按照提示输入手机号，完成注册即可（如果是老用户，会自动跳过这步）。

图 3　　　　　　　　　　　　　　图 4

第 4 步　注册完成后，会自动回到图 2 所示界面，再次点击“加入购买”按钮。在图 5 所示界面，输入本书封底提供的优惠券码，点击“使用”按钮，然后提交订单，就完成了课程购买。

图 5

前　言

目前在电脑维修市场上，笔记本电脑维修是热门。虽然目前图书市场中涉及笔记本电脑维修的书籍不少，但介绍笔记本电脑主板时序的书籍少之又少。市面上大部分笔记本电脑维修书籍基本上都是讲解某一单个电路的结构，根本不提及时序概念，使初学者很难形成自己的分析思路。大部分维修人员普遍存在对笔记本电脑主板工作原理掌握不系统的问题，单靠经验维修造成维修的成功率并不是很高。

本书是在第 1 版的基础上进行的修改和更新。第 1 版自从 2014 年出版至今已经 5 年多了。随着电脑硬件的不断更新换代，第 1 版中的很多内容与实际维修已经不能衔接，所以这次对其约 80%的内容进行了更新，仅保留了一小部分基础内容，并且对这一小部分内容也做了修改。这次是在 Intel 6/7、Intel 8/9 系列芯片组基础上更新相关内容，一直更新到了 Intel 300 系列芯片组时序。Intel 300 系列芯片组是截至目前的最新的芯片组系列，所以这也是本书的一大亮点。除此之外，本书还增加了 BIOS 分离与合成的方法，以及对示波器实测时序波形的分析，让读者能更深层地理解各个信号产生的先后顺序。其中不乏迅维职业技能培训学校多年积累的教学精华内容。

本书结构合理，层次清晰，从维修基础知识开始，着重讲解笔记本电脑主板的工作流程和芯片的工作原理，并配合大量的电路截图、时序分析、图文说明，可以使读者很方便地学会电路时序，学会自己分析，从而举一反三，融会贯通，达到授人以渔的目的。

本书共 20 章：第 1～7 章介绍了笔记本电脑维修市场的现状、笔记本电脑主板的型号识别、芯片组的架构特点、电路时序分析中常见的名词解释、维修常用的基础电路知识等；第 8、9 章详细介绍了笔记本电脑的工作流程和供电电路原理；第 10 章介绍了 Intel 8 系列、Intel 9 系列到 Intel 300 系列芯片组的标准时序；第 11～17 章以广达 BDBE、苹果 A1466、苹果 A1418 一体机、苹果 A1706、广达 BD9、DELL N4110 和联想 G485 的主板工作时序和电路为例，详细阐述了 Intel 芯片组、AMD 芯片组的时序特色；第 18 章主要介绍了 BIOS 的分离与合成；第 19 章给出了 12 种常见故障的维修思路；第 20 章配备了 27 个经典的图文版维修实例。

为方便维修者阅读，本书电路图中所用电路图形符号和单位标识均与原厂电路图一致，未做标准化处理，特此说明。

本书既适合有简单电子电路基础的人员和电脑维修人员阅读，可作为计算机硬件培训机构的维修课程教材，同时对手机维修、家电维修人员也有很大帮助和参考价值。

本书主要由黄鑫船编写，参加编写的还有赵中秋、王萍。由于编者水平有限，书中错误及纰漏之处在所难免，欢迎读者提出宝贵意见。

目　　录

第 1 章　笔记本电脑维修介绍

笔记本电脑（英文为 Portable、Laptop、Notebook Computer，简称 NB），又称手提电脑或笔记型电脑，是一种小型、可携带的个人电脑。当前笔记本电脑的发展趋势是体积越来越小，重量越来越轻，而功能却越发强大。随着技术的不断发展，使得笔记本电脑的维修过程日益复杂，大多数从业人员都有感觉，单凭维修经验已渐渐无法胜任笔记本电脑的维修工作。本章将简单讲述笔记本电脑维修需要具备的基础和维修市场的现状。

1.1　笔记本电脑维修简述

笔记本电脑是继台式电脑后发展起来的移动办公型电脑，具有低功耗、移动方便的特性，在部分场合已经完全替代了台式电脑。笔记本电脑的维修根据维修深度的不同，基本可以分为四个等级。

1．应用级维修

应用级维修主要指对笔记本电脑的操作系统及应用软件引起的故障进行维修，常见的有安装操作系统，显卡、声卡、网卡等硬件驱动程序，升级 BIOS，等等。这种级别的维修难度低，有一定电脑使用知识的人都可以快速入门和掌握维修技巧，大部分电脑使用者也可以通过自学具备这样的技能。因此学习应用级维修的已经很少了。

2．板卡级维修

板卡级维修主要是指针对相关的硬件故障来进行更换的维修，如 CPU、内存、硬盘、液晶屏、电池、键盘的故障检测以及动手更换。由于笔记本电脑是高度一体化的设计，所以在拆装时有一定难度，并且在进行这个级别的维修时需要掌握一些基础的电子知识，如对电压、电阻的量测。因此学习板卡级维修对于动手能力有比较高的要求。

3．芯片级维修

本书说的芯片级维修，就是用万用表、示波器、维修电源、风枪烙铁等设备，对笔记本电脑主板进行元器件更换的维修，如更换供电的场效应管、开关电源 IC 等。芯片级维修需要有一定的电子理论知识和比较强的动手能力，并能对电路图进行分析，再结合各种仪器的量测结果，对元器件内部的短路、开路等进行判断，并据此来对元器件进行更换，完成维修。

4. 信号级维修

信号级维修是芯片级维修的进阶过程，也是目前最高级别的维修，需要维修者对电路非常熟悉，能够熟练看懂电路图，分析电路的原理。相比芯片级维修，信号级维修更加注重电路中关键信号的量测，一般要采用示波器对信号进行抓取和比较，把故障定位到总线级别上，或者元器件周边的某个小的电阻或电容上。信号级维修属于最深入的维修方式，实际笔记本电脑的真正维修应该是芯片级+信号级维修，要判断到底是主板上的哪些元器件坏了，以及芯片工作所需要的条件等。

1.2 笔记本电脑维修人员应具备的基础

1. 具备电子电路基础知识

笔记本电脑检修人员必须掌握模拟和数字电路的基础知识，了解电路中的一些基础名词概念，如短路、断路等。

对于笔记本电脑维修的电子理论基础来说，有两个概念是一定要清楚的，那就是“信号”和“时序”。“信号”是笔记本电脑主板工作时对主板上各个电路部分所发出的数据和指令，是笔记本电脑工作的最基本要素。“时序”顾名思义就是时间和顺序，是笔记本电脑主板从启动到正常工作时，主板各部分电路发出和收到的信号的间隔时间和顺序。时序是严格而不可更改的，如果时序发生错误，可能会导致笔记本电脑主板不能通电、不能开机和其他各种未知的故障。笔记本电脑的品牌虽然很多，但都采用了 Intel 或 AMD 平台的芯片组，同样的芯片组基本都采用了同样的时序。所以熟练掌握了时序和信号，在维修笔记本电脑时就不会再有无从下手的感觉，面对各种各样的故障，都可根据相应的时序来进行相应的维修和分析。本书正是围绕着最关键的“信号”和“时序”进行讲解，由浅入深地引导初学者正确学习笔记本电脑维修技术。

2. 掌握电子元器件的相关知识

笔记本电脑同其他电子产品一样，也是由电子元器件和集成电路等组成的（只不过笔记本电脑由于其体积小的特点，所使用的电子元器件多数是贴片元器件）。笔记本电脑维修人员必须对电阻、电容、电感以及半导体二极管、三极管、场效应管、晶振、门电路等常用元器件的特点和功能有一定的了解，能够识别并判断不同电子元器件的好坏。

3. 了解笔记本电脑的结构

笔记本电脑维修人员需要了解笔记本电脑的结构组成和各组成部件的分布规律，明确笔记本电脑的工作特点，熟悉笔记本电脑的拆卸流程和检修步骤，掌握笔记本电脑各组成部件的功能特点以及容易出现的故障。

4. 具有动手操作能力和安全意识

笔记本电脑维修人员需要了解电烙铁、热风枪、诊断卡、稳压电源、万用表、示波器、BGA 返修台的功能特点和使用方法。笔记本电脑维修人员必须具备良好的动手操作能力，能够在检修过程中正确使用工具、仪器仪表。目前新出来的笔记本电脑虽然没有高压危险，但电路都是大规模集成电路。大规模集成电路的内绝缘层薄，连线间距小，击穿电压低，使得其防静电能力非常弱。因此，除了维修环境要采用防静电措施外，维修人员也要采取防静电措施，以避免人体所带静电对维修设备的伤害。

1.3 笔记本电脑故障的特点和维修市场现状

笔记本电脑由于对移动使用有着严格的要求，所以在设计上与台式机相比有如下的特点：

（1）体积小。现今的笔记本电脑都在向着轻薄化发展，比如苹果公司的 MacBook Air 11 英寸笔记本电脑重量只有 1kg 左右，所以笔记本电脑的各部分部件如主板、外壳、屏等都采用了轻量化的设计。

（2）节能性。因为很多用户是在外出过程中使用笔记本电脑，而又无法保证随时随刻都有电源存在，所以笔记本电脑的一个趋势就是高续航时间。现今电池技术并没有大的突破，所以只能从节能方面来进行设计，才有了 Intel 等公司的移动平台用的芯片组、CPU 等。在保证性能的前提下，降低功耗，使用户能获得更长的使用时间。

（3）高集成性。相比台式机来说，笔记本电脑用更小的体积完成一样的工作，用户也无法接受在使用笔记本电脑的同时外接各种各样的设备，所以小小的一台笔记本电脑上要集成众多功能。而从设计上来说，笔记本电脑的主板就要承载各种各样的设备，因此笔记本电脑的电路和结构都比台式机要复杂得多。

而从环境和使用习惯上来说，笔记本电脑的使用环境一般都是比较随意的，汽车上、火车上、餐厅里、床上、沙发上等。经常在沙发和床上使用笔记本电脑会造成笔记本电脑散热不良，很容易导致笔记本电脑宕机等故障；而有些人是一边喝东西一边上网，这样就容易导致笔记本电脑进水；经常单手端着笔记本电脑走来走去，笔记本电脑就容易因受力不均匀而导致主板的 BGA 芯片空焊。

笔记本电脑维修行业随着笔记本电脑销售市场的高速发展，也进入了一个井喷的阶段，各大电子市场里从事笔记本电脑维修的商户也越来越多。一般笔记本电脑维修商户有两类，一类是官方授权的维修中心，另一类是维修商家。官方的维修中心其实大多数只能进行 1.1 节所说的应用级和板卡级的维修。维修商家虽然可以进行四个级别的维修，但是由于从业人员技术和能力的差异，加之整个行业没有一个统一的规范，所以也造成了维修商家良莠不齐，维修能力相差悬殊。

很多不专业的维修商家都只有很简单的几样工具和一个很小的柜台，没有示波器、BGA 拆焊台等维修所需的专业设备，而且维修技术不高，只会那么几样简单的检测手段，对于笔记本电脑主板的工作时序以及信号功能都了解得极少，有的甚至电路图都看不懂，所以只能对一些简单的故障或“通病”类的故障进行维修，遇到稍复杂一些的故障，就束手无策了。

但是笔记本电脑会有多种多样的故障，而且不一定像台式机一样可以通过替换法来确定故障的所在（大多数笔记本电脑的显卡都是集成的，一些轻薄设计的笔记本电脑甚至其CPU、内存都会集成在主板上，而主板价格又相对很高，所以购买过来进行替换也是不太现实的事情）。所以 90%的笔记本电脑故障都需要对笔记本电脑主板进行维修，但是现在的维修市场上鱼龙混杂，很多没有电子基础和动手能力的“工程师”都在经营笔记本电脑的维修业务，笔者曾戏称很多维修人员与《隋唐演义》中的程咬金一样，只有看家的“三板斧”，即刷 BIOS、换 EC、换南北桥，如果不能解决问题就只好扔在一边成了“死板”一块，或是只能换一块新的主板来交付客户。这种粗放随意式的维修使得很多本来可以很容易修好的故障机被宣判了死刑。更有很多维修人员连最基本的工具——风枪和烙铁都不能熟练使用，焊接时空焊、连锡等情况很常见，导致简单的故障被人为地二次扩大，而这种人为故障又是很难处理的。

第 2 章　笔记本电脑代工厂的主板型号识别

在众多的笔记本电脑品牌中，很多像惠普、宏碁、戴尔、联想这样的大型品牌商自己并不具体去生产产品（有的甚至不从事研发），而是依托品牌优势、成形的销售渠道，以代工形式拥有自己品牌产品，减少生产线和成本核算的问题。代工就是由别人代为生产。比如，A 公司的产品交由 B 公司代为生产，但是销售时还是贴 A 公司的名字，那么 B 公司就是 A 公司的代工厂。

笔记本电脑代工有 OEM（Original Equipment Manufacturer，初始设备制造商）和 ODM（Original Design Manufacturer，原始设计制造商）之分。

OEM 指设计由品牌商自己完成，代工厂不负责产品的研发，只管生产，不能将相关资料外泄，不得将产品提供给第三方。采用这种模式的品牌商有苹果、联想 ThinkPad 等。因为成本偏高，目前采用这种模式的品牌已经不多了。

ODM 指设计和生产都由代工厂来完成，设备制造商自己拥有产品的知识产权，可以对产品进行全权处置，甚至可以提供成型产品，让品牌运营商看样订货。所以 ODM 会出现同一款机型为不同品牌运营商所采用的事情，例如方正 T5800D、TCL C610、长城 E2000 都是精英的 G550。当然，品牌商也可以买断某款机型。ODM 这种代工模式是目前的主流。

可以这么说，绝大多数笔记本电脑厂家都是卖品牌的，自己并不生产，靠一些默默无闻的幕后笔记本电脑代工厂生产。它们多是来自中国台湾的代工企业，生产基地主要集中在上海、苏州、深圳、重庆。规模最大的几家代工厂有广达（Quanta）、仁宝（Compal）、纬创（Wistron）、英业达（INVENTEC）、和硕联合（Pegatron），这几家占据了全球半数以上的出货量。二线代工厂有神基（MITAC）、蓝天（Clevo）、大众（FIC）、微星（MSI）、精英（ECS）、伟创力（Flextronics）、富士康（Foxconn）、顶星（Topstar）等。韩国的三星早年也从事笔记本电脑代工，但是现在已退出代工领域，主做自家品牌。环隆电气（USI）是 IBM T 系列的主力代工商，但它只负责 SMT（表面贴装技术）工序。

实际维修中，可能碰到多款不同的品牌机型，拆开后发现它们的主板实际是一样的，电路和时序方面当然也完全一样，对于维修者来说，完全可以按照同一个机型来修理。接下来看看各主要代工厂生产的主板是如何识别的。

▷▷ 2.1　广达

广达成立于 1988 年，是全球最大的 IT 产品代工厂之一，能从事所有 OEM 与 ODM 代工业务。据不完全统计，目前全球至少 1/3 的笔记本电脑出自广达，是名副其实的“幕后英雄”。广达所代工的产品种类包括笔记本电脑、液晶显示器、PC、手机、PDA、服务器、储存媒体等，其中主要以笔记本电脑为主。事实上广达也是全球最大的笔记本电脑代工厂，与戴尔、惠普、联想、神舟、苹果等知名品牌建立了长期的合作关系。广达代工的主板一般都可以找到一行以 DA 或者 DA0 开头的字符，其型号为 DA 或者 DA0 与 MB 之间的三位或四位字符。广达 CH3 主板型号如图 2-1 所示。

在 CH3 型号主板的电路图中，可以在右下角找到“PROJECT:CH3”字样，如图 2-2 所示。

图 2-1　广达 CH3 主板型号

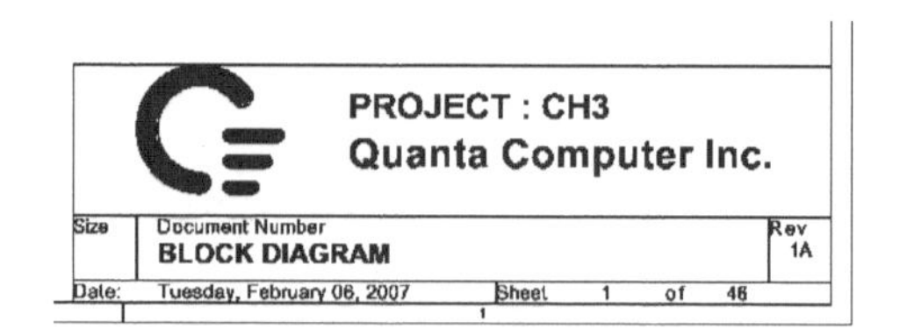

图 2-2　广达 CH3 主板电路图的标记

▷▷2.2　仁宝

仁宝成立于 1984 年，目前是全球第二大笔记本电脑代工厂，规模和实力仅次于广达，主要从事笔记本电脑、显示器、消费类数码产品等代工业务。而对于笔记本电脑代工，基本上囊括了全线尺寸和类型的产品，其设计的一款 15.4 英寸笔记本电脑更是支持双硬盘，备受称赞。仁宝的主要合作伙伴是惠普、东芝、联想、戴尔等，从 2007 年开始，仁宝就从广达手中夺得了戴尔的大批量订单。仁宝代工的主板一般都是可以找到 LA 开头的标记，例如 LA-4112P、LA-3301P。仁宝 LA-3301P 主板型号如图 2-3 所示。仁宝型号以 LS 开头的主板为转接小板。

在仁宝 LA-3301P 型号主板的电路中，可以在右下角找到“LA-3301P”字样，如图 2-4 所示。

图 2-3　仁宝 LA-3301P 主板型号

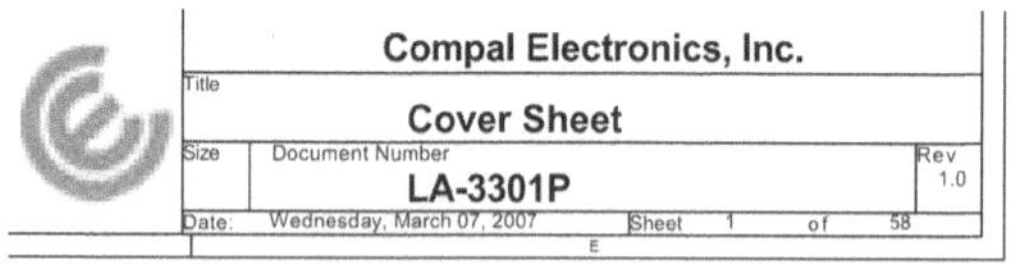

图 2-4　仁宝 LA-3301P 电路图的标记

▷▷2.3　纬创

纬创的前身是宏碁电脑在 1981 年成立的 DMS（设计、生产、服务）部门，在 2001 年 5

月独立出来专做代工业务。作为泛宏碁集团的三大支柱之一，纬创的排名和实力仅次于广达和仁宝。纬创的主要合作伙伴是宏碁、联想、戴尔、惠普等。例如，联想 ThinkPad 的 X 系列笔记本电脑基本都由纬创代工。纬创主板型号的典型特征是被一个白框所包围。如图 2-5 所示，PCB 号码为 05234，SHIBA 是设计项目名称，48.4F701.031 是项目代号。纬创的主板需要这三个号码都对上才正确。

图 2-5　纬创 SHIBA 主板型号

2.4　英业达

英业达成立于 1975 年，应该算是一家比较老资格的代工厂了，目前主要代工业务涉及移动计算、无线通信、网络应用、数字家庭与应用软件等众多领域。英业达的主要合作伙伴是惠普、东芝、明基、宏碁、TCL 等。英业达的主板型号一般是 6050A 开头，后面有多位数字。英业达的主板型号和图纸型号一般对不上，要原厂的图纸所在的根文件名才能对上。英业达 6050A2030501 主板型号如图 2-6 所示，品牌型号为 HP NX6325。

图 2-6　英业达 6050A2030501 主板型号

2.5　和硕联合

和硕联合（PEGATRON）是华硕（ASUS）在 2008 年初正式完成品牌与代工的分家后，被分出来的代工子公司。和硕联合主力负责各种 IT 产品的代工业务，当然笔记本电脑仍然是主力产品，华硕品牌的笔记本电脑就全部由和硕联合代工生产。华硕笔记本电脑的主板在 PCB 上有明显的 ASUS 或 PEGATRON 标志，很明显就能找到标志旁边的主板型号。和硕联合 H24Z 主板型号如图 2-7（a）所示。华硕 K43SV 主板型号如图 2-7（b）所示。

（a）和硕联合 H24Z 主板型号

（b）华硕 K43SV 主板型号

图 2-7　和硕联合与华硕主板型号

▷▷ 2.6　三星

三星的笔记本电脑一直以来绝大部分都是自主研发生产的。三星笔记本电脑的主板型号一般以“BA41-”开头，后面跟随阿拉伯数字。三星 BA41-01217A 主板型号如图 2-8 所示。

图 2-8　三星 BA41-01217A 主板型号

▷▷ 2.7　苹果

苹果（Apple）笔记本电脑的主板型号是浮雕数字标识，比较小，不太容易找到。苹果 820-2523-B 主板型号如图 2-9 所示。

图 2-9　苹果 820-2523-B 主板型号

▷▷ 2.8　其他厂家

下面简单介绍其他厂家主板的命名方式。

1．微星

微星主要生产自家产品。微星的主板命名方式一般都是 MS-*****。“*****”是阿拉伯数字。微星 MS-10061 主板型号如图 2-10 所示。

2．富士康

富士康从事笔记本电脑代工时间不长，但发展势头很强劲。富士康的主要客户是索尼、苹果。富士康生产的主板一般型号为 MS 开头，如图 2-11 所示主板型号为 MSS1，版本 1.1。不过此板是富士康给索尼代工的，所以也可以在板上看到索尼的主板型号，标识为 MBX-155。

图 2-10　微星 MS-10061 主板型号

图 2-11　富士康 MSS1 主板型号

3．精英

精英一直以来都主要做主板和显卡，兼做笔记本电脑代工。为了增强在笔记本电脑代工方面的实力和产能规模，继 2001 年收购中国台湾致胜以后，于 2006 年精英再度正式并购了专注代工业务的志合，在综合实力上与和硕联合大幅拉近了距离，甚至不比和硕联合差。精英代工的 G510 主板的型号如图 2-12 所示。

4．神基

神基成立于 1989 年，是由神达电脑、美国奇异电气公司合资，提供国防坚固型电脑的研发与制造，少数具备研发生产军工特殊规格技术的公司。1998 年，神达电脑为了追求规模与经营绩效，将笔记本电脑事业部并入神基，从此神基跨入了商用以及消费型笔记本电脑的代工生产行列。神基的研发实力是不容忽视的，据称全球第一台采用台式 Intel Pentium 4 处理器的笔记本电脑就是出自神基之手。不过由于在笔记本电脑代工领域起步较晚，因此并不非常为人熟悉。神基目前在广东顺德和江苏昆山均有生产基地，笔记本电脑主要出自昆山工厂。神基的笔记本电脑代工客户主要为一些国外品牌。对于国内品牌，神基也代工明基的部分机型。神基的主板命名以四个阿拉伯数字为主，如图 2-13 所示为 8640 和 8599。神基还有一部分主板命名的方式和纬创的主板差不多。

图 2-12　精英 G510 主板型号

PWA-8640/M BD
ASSY:41167340000

（a）8640 主板

（b）8599 主板

图 2-13　神基主板型号

5. 蓝天

蓝天成立于 1983 年，在初期曾经辉煌一时，获得了业界的不少“第一”，是当时数一数二的一线代工大厂，地位不亚于现在的纬创。但随着中国台湾代工市场的竞争越发激烈，利润也急剧下滑，蓝天急需寻求更多出路，于是在 1998 年投资百脑汇（Buynow）电子商场，并在随后几年投入更多精力转型为 IT 制造与服务互动。蓝天主要为国外品牌代工，少量为国内品牌代工。蓝天的主板命名一般开头是在一个英文字母后面加上两到三位阿拉伯数字再加一个英文字母结尾，如 D400S、D410E、D900K、M720T、M540J。蓝天 M55V0 主板型号如图 2-14 所示。

6. 联宝

联宝（LCFC）成立于 2011 年 9 月，是联想与仁宝合资，共同建立，并以合资公司的形式运营的。联宝向联想独家供应销往全球的笔记本电脑和一体台式机。联宝的主板命名一般以英文字母 NM 开头，如 NM-A043，如图 2-15 所示。

图 2-14　蓝天 M55V0 主板型号

图 2-15　联宝 NM-A043 主板型号

第 3 章　芯片组架构

▷▷ 3.1　Intel 8 系列、Intel 9 系列芯片组架构

Intel 8 系列芯片组指的是 HM86、HM87、QM86、QM87 等芯片组。Intel 8 系列芯片组通常与第 4 代酷睿 I3、I5、I7 的 CPU 搭配，CPU 的核心代号为 Haswell。另外，Intel 9 系列芯片组与 Intel 8 系列芯片组的架构相同，但通常与第 5 代酷睿 I3、I5、I7 的 CPU 搭配，CPU 的核心代号为 Broadwell。

Intel 8 系列、9 系列芯片组与之前的 6 系列、7 系列芯片组在架构上的区别比较大。Intel 8 系列芯片组架构如图 3-1 所示。Intel 8 系列芯片组中的 CPU 可以直接输出 EDP、DDI 数字显示信号，这是和 Intel 6 系列、7 系列芯片组的最大区别（Intel 6 系列、7 系列芯片组中的 CPU 是不能直接输出显示信号的）；但是 Intel 8 系列芯片组中的 CPU 不支持模拟信号（如 CRT 显示信号）输出。采用 Intel 8 系列芯片组的笔记本电脑如果要输出 CRT 显示信号，须由 CPU 将数字显示信号通过 FDI 总线送给 PCH 桥，再由 PCH 桥输出 CRT 显示信号。

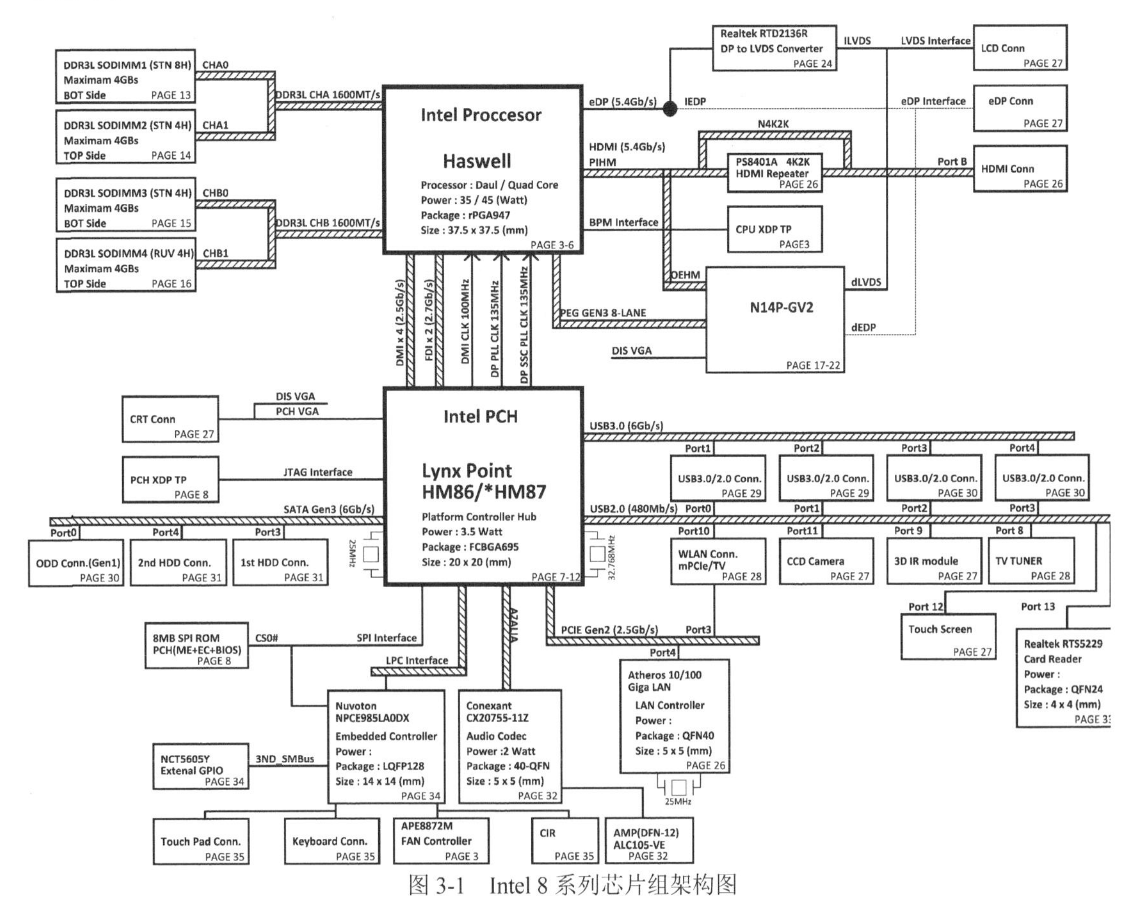

图 3-1　Intel 8 系列芯片组架构图

▷▷ 3.2　Intel 酷睿第 4 代、第 5 代低功耗 CPU 芯片组架构

Intel 酷睿第 4 代、第 5 代低功耗 CPU 芯片组架构，是将 Intel 第 4 代、第 5 代酷睿 I3、I5、I7 的 CPU 和 Intel 8 系列、9 系列的 PCH 桥集成在一起构成的，如图 3-2 所示。

图 3-2　CPU 和 PCH 桥集成在一起的示意图

这种低功耗 CPU 芯片组架构是从第 4 代酷睿 I3、I5、I7 开始出现的。Intel 酷睿第 4 代、第 5 代低功耗 CPU 芯片组架构如图 3-3 所示。

▷▷ 3.3　Intel 酷睿第 6 代、第 7 代低功耗 CPU 芯片组架构

Intel 酷睿第 6 代低功耗 CPU 芯片组和 Intel 酷睿第 7 代低功耗 CPU 芯片组的架构是一样的。Intel 酷睿第 7 代 I3、I5、I7 低功耗 CPU 芯片组架构如图 3-4 所示。

▷▷ 3.4　Intel 100 系列、200 系列芯片组架构

Intel 100 系列芯片组与 Intel 200 系列芯片组的架构是一样的。在 Intel 100 系列、200 系列芯片组中，已经取消了 FDI 总线，独立显卡的显示信号与集成显卡的显示信号均由 CPU 直接输出。Intel 100 系列芯片组架构如图 3-5 所示。

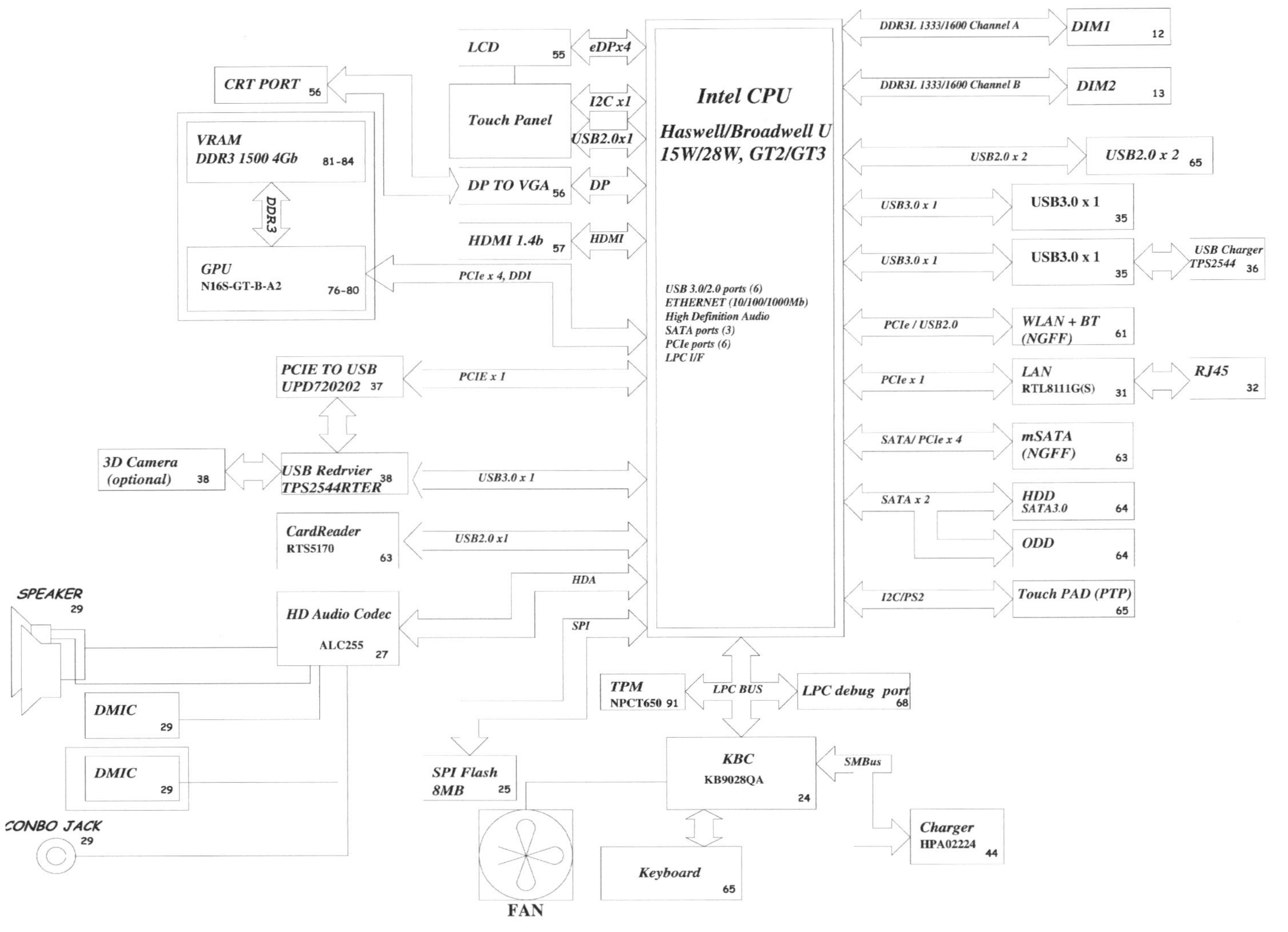

图 3-3　Intel 酷睿第 4 代、第 5 代低功耗 CPU 芯片组架构图

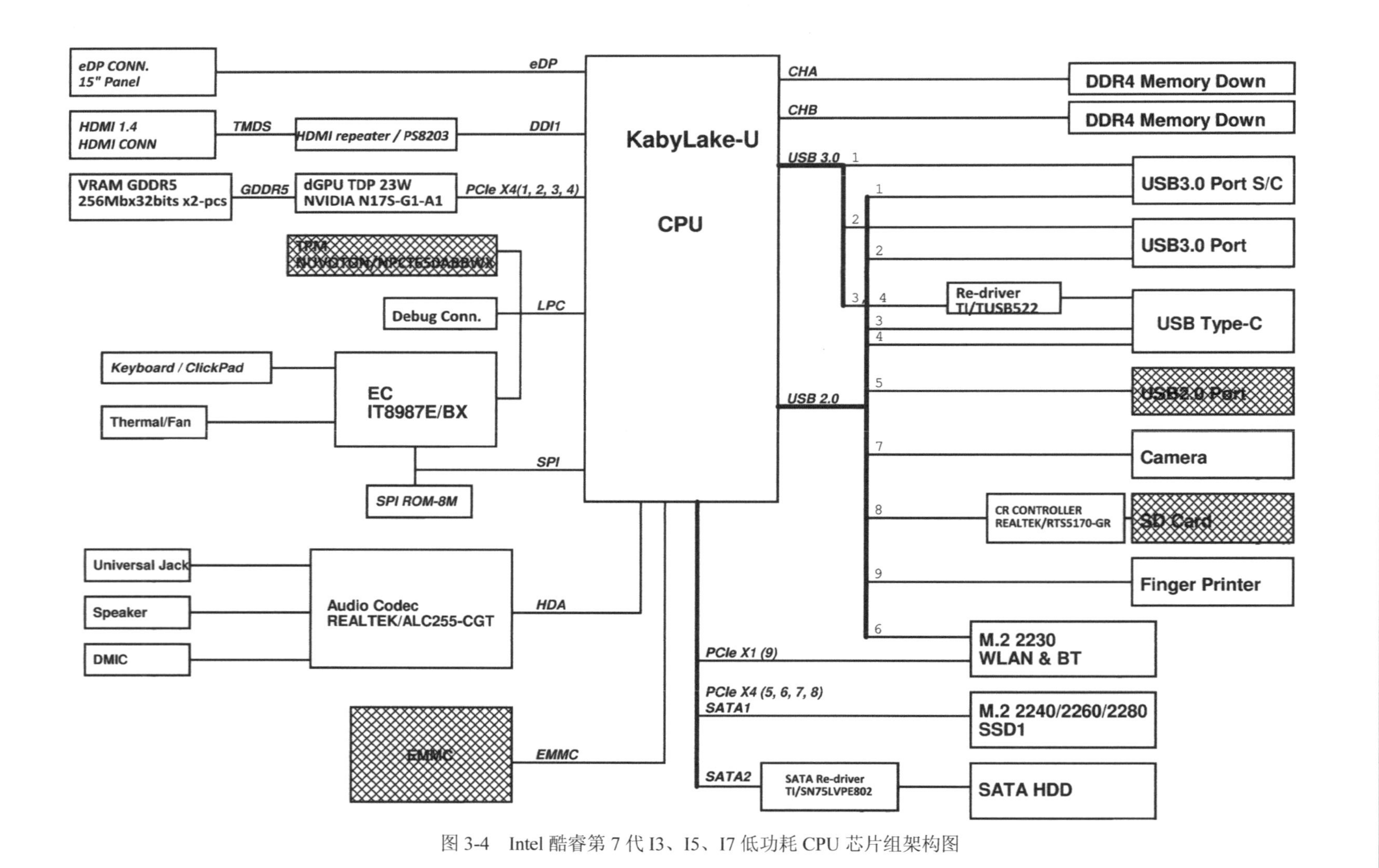

图 3-4　Intel 酷睿第 7 代 I3、I5、I7 低功耗 CPU 芯片组架构图

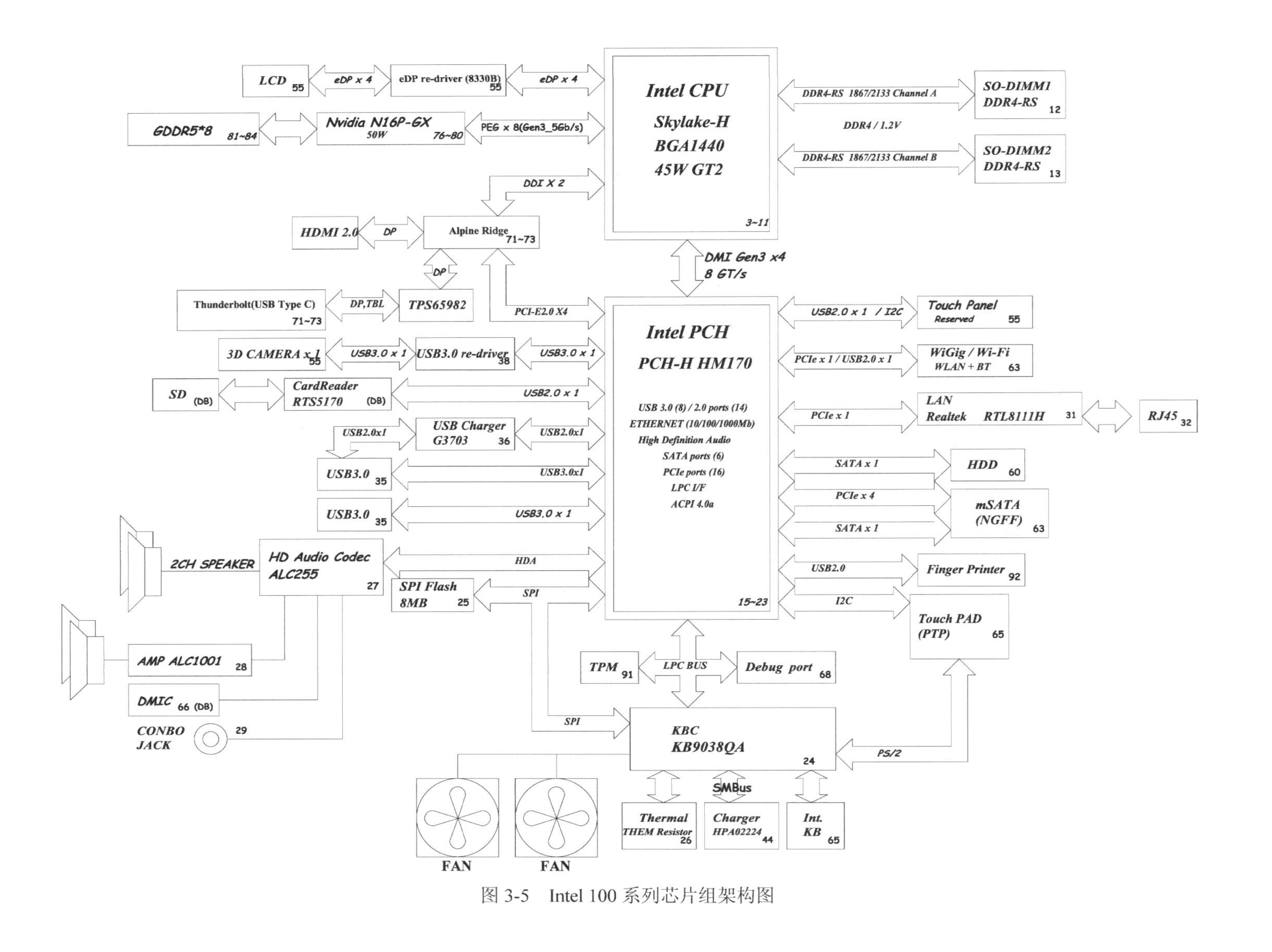

图 3-5　Intel 100 系列芯片组架构图

▷▷ 3.5　Intel 300 系列芯片组架构

与 Intel 100 系列芯片组相比，Intel 300 系列芯片组的架构并无太大变化。Intel 300 系列芯片组架构如图 3-6 所示。

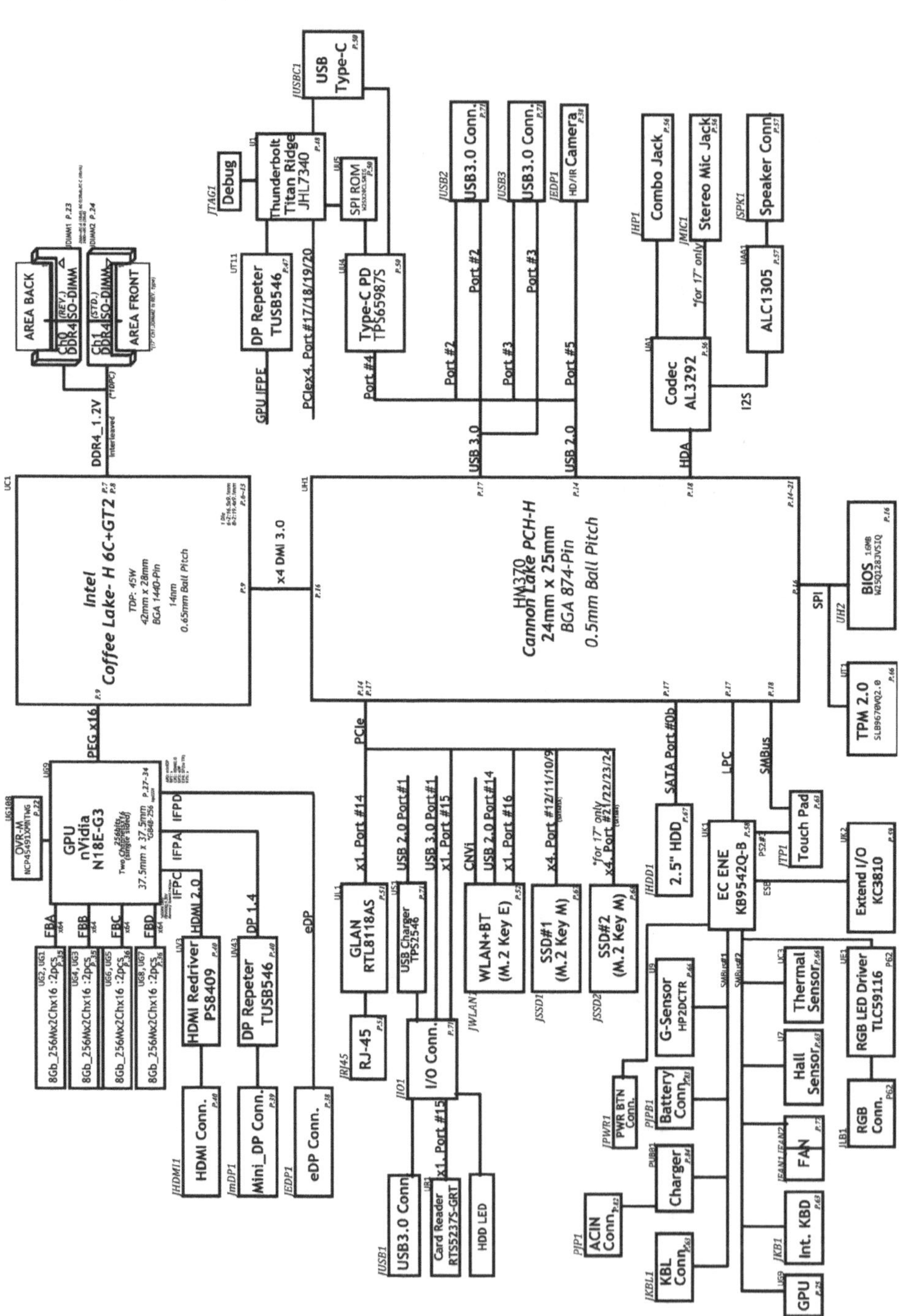

图 3-6　Intel 300 系列芯片组架构图

3.6　AMD 低功耗 CPU 芯片组架构

AMD 低功耗 CPU 芯片组架构如图 3-7 所示。

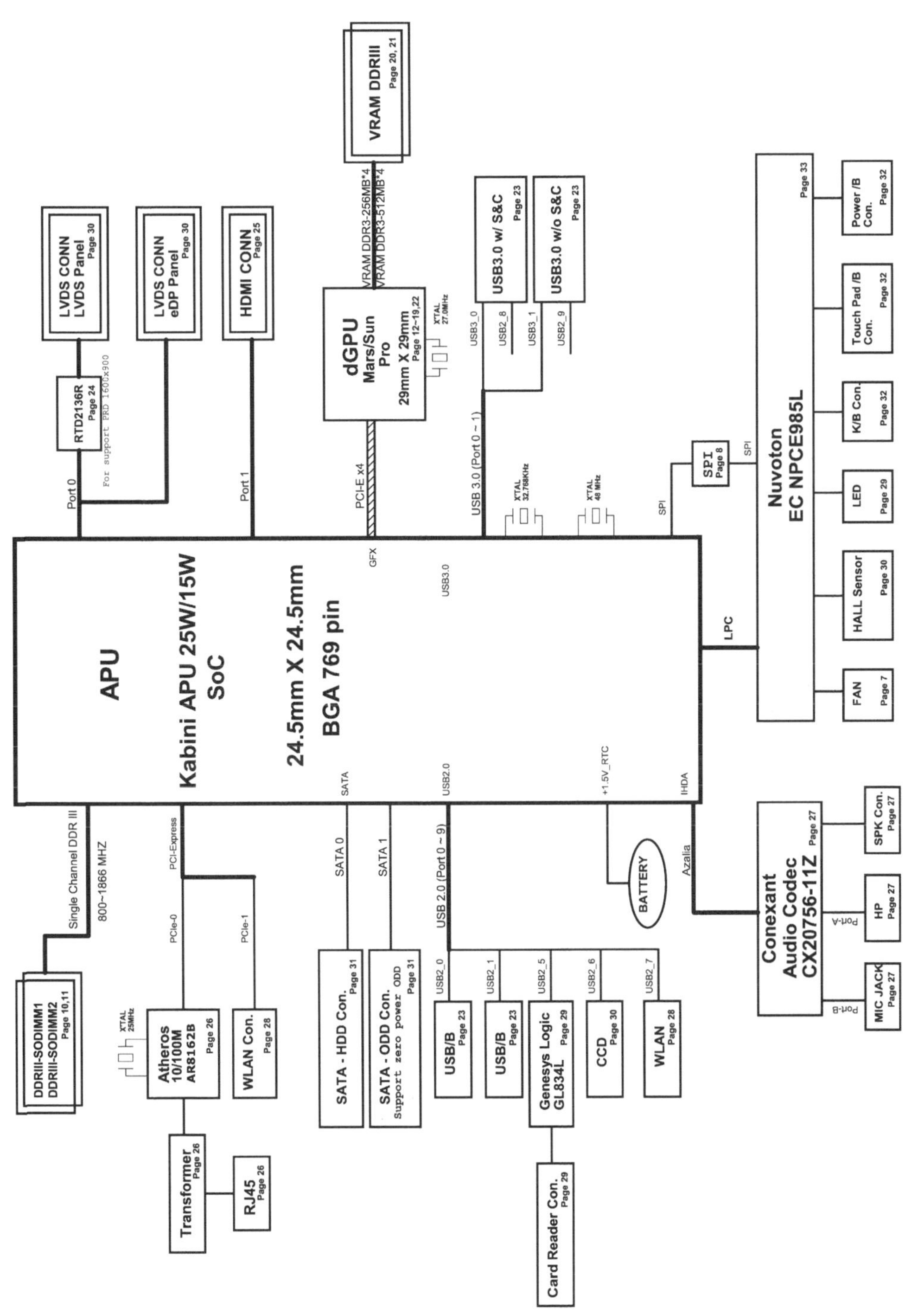

图 3-7　AMD 低功耗 CPU 芯片组架构

第 4 章　笔记本电脑维修常用概念及名词解释

⊳⊳ 4.1　供电和信号

在主板上，有些地方有 5V 电压，我们称为 5V 供电，还有的地方同样是 5V 电压，我们称为信号，那么它们的区别在哪里呢？

1．供电

供电是一个可以输出电流的电压，电流比较大。在工作过程中，这个电压不可以被置高或者拉低。如果供电被拉低了，就是短路。在一般情况下，置高也是不允许的。

供电是给设备提供动力的，它的名字一般为 VCC、VDD、VCC3、VDDQ、VTT、VBAT、5VALW、+3VO 等。

供电的电路符号如图 4-1 所示。

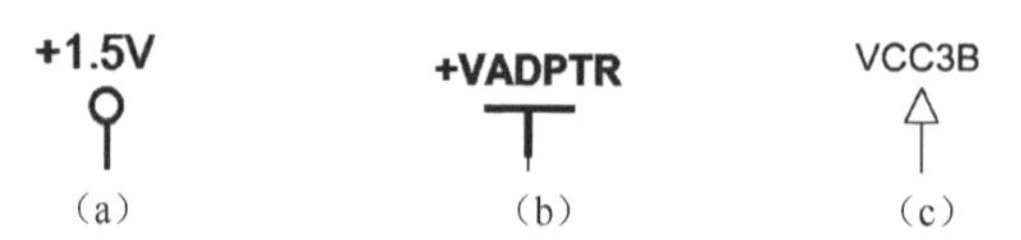

图 4-1　供电的电路符号

在苹果产品的电路图中，供电一般以 PP 开头，没有特别的其他符号，如图 4-2 所示。

接地是给供电构成回路。没有接地，就不会有电流流过设备。它的名字一般为 VSS、GND。

接地的电路符号如图 4-3 所示。

图 4-2　苹果产品的供电符号

图 4-3　接地的电路符号

2．信号

在理论上说，电压信号只考虑电压的变化，电流很小。在主板的工作过程中，要根据需要，信号随时被拉低或者置高。电路图中信号的箭头，因工厂制路图人员的随意性，并不完全代表信号的流向。

信号的电路图如图 4-4 所示。

图 4-4　信号的电路图

4.2　高电平和低电平

高电平和低电平是数字逻辑电路中的说法，低电平用 0 表示，高电平用 1 表示。电路中的高低电平需要根据电路来判断，不能限定在某个值。但是通常情况下 0V 为低电平，3.3V 为高电平。

4.3　跳变和脉冲

由高电平跳变为低电平为下降沿，如图 4-5 所示。

由低电平跳变为高电平为上升沿，如图 4-6 所示。

由高电平跳变为低电平再跳为高电平为高-低-高脉冲，如图 4-7 所示。

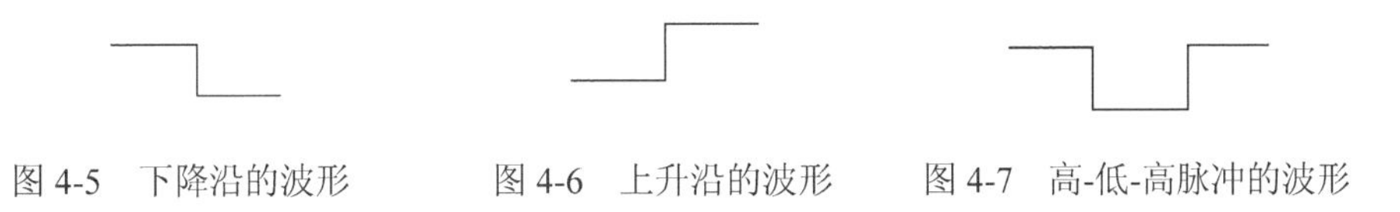

图 4-5　下降沿的波形　　图 4-6　上升沿的波形　　图 4-7　高-低-高脉冲的波形

4.4　时钟信号

时钟信号 CLK（CLOCK 的缩写）为数字电路工作提供一个基准，使各个相连的设备统一步调工作。时钟信号的基本单位是 Hz（赫兹）。在主板上都有一个主时钟产生电路，这个电路的作用就是给主板上的所有设备提供时钟，对于不同的设备，时钟电路会送出不同频率的时钟信号，如送给 CPU 的频率是 100MHz 以上，送给 PCI 设备的频率是 33MHz，送给 PCIE 设备的频率是 100MHz，送给 USB 控制器（集成在南桥内部）的频率是 48MHz。但是相连的两个设备必须有相同的时钟频率和电压才能通信。例如，内存和北桥需要同样的时钟频率和电压，才能正常传输信号。在主板正常通电后且时钟电路工作正常后，才能测量到时钟信号。可用示波器或万用表测量时钟信号。

时钟芯片的基准——14MHz 的时钟信号如图 4-8 所示。

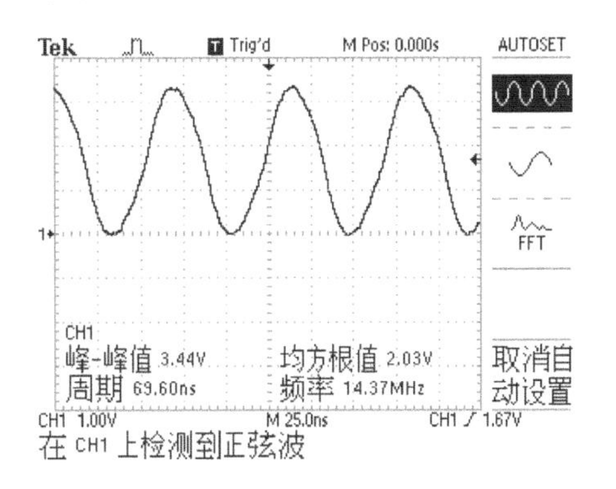

图 4-8　14MHz 的时钟信号

4.5　复位信号

复位信号 RST（RESET 的缩写）的字面意思是重新开始的信号。刚开机时，会自动复位，是从低电平跳变为高电平；正常工作时，按下复位键，是从高电平向低电平跳变再回到高电平。例如，对于 PCI，从 3.3V 向 0V 跳变再回到 3.3V 就是一个正常的复位跳变。复位信号一般表示为***RST#，如 PCIRST#、CPURST#、IDERST#等。

总之，复位只能是瞬间低电平，主板正常工作时复位都是高电平。平时所说的没复位，通常是指没复位电压，即复位信号测量点的电压为 0。

南桥发出的 3.3V 平台复位，经过分压成 1.1V 后作为 CPU 复位，如图 4-9 所示。

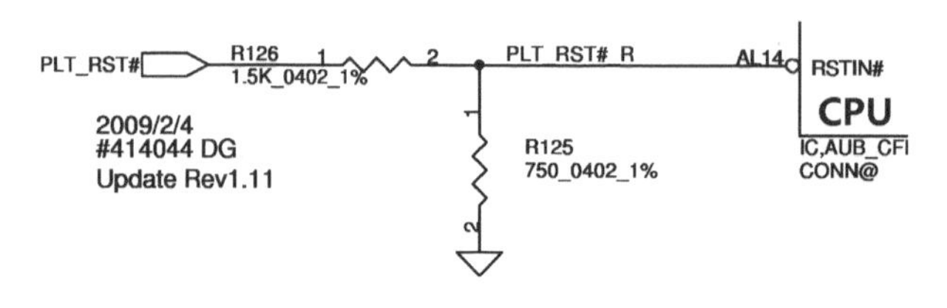

图 4-9　CPU 复位电路

4.6　电源好信号

电源好信号 PG（POWERGOOD 的缩写）是用来描述供电正常的信号，一般为高电平有效。例如，CPU 供电芯片，只有在正常发出 CPU 电压后，才会发出 PG 信号。与 PG 信号有关的简写有 PG、PWRGD、PWROK、POK、PWRG、VTTPWRGD 和 CPUPWRGD 等。

RT8205 工作正常后，发出 SPOK，如图 4-10 所示。

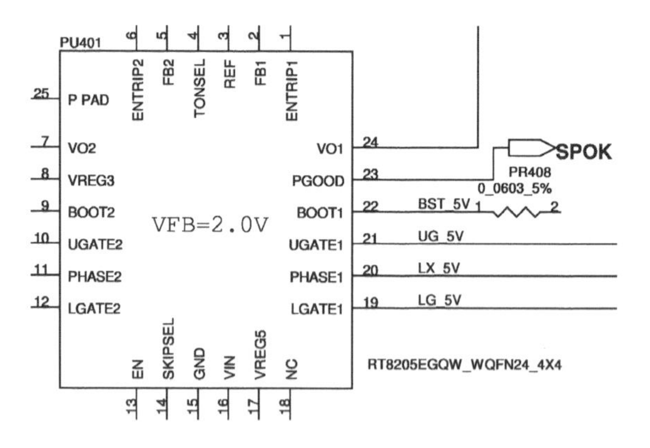

图 4-10　PG 信号图

4.7　开启信号

开启信号，有的芯片叫作 EN（ENABLE 的缩写），高电平时表示开启信号；也有的芯片叫作 SHDN#，即 SHUTDOWN，“#”表示低电平有效。综合考虑，SHDN#的意思就是低电平时关闭；要开启，就必须为高电平。

强调一点，理解信号带“#”时（低电平有效时），一定要结合信号的英文全称去理解。

有的信号带“#”，当它为低电平时，主板可以正常工作。例如，图 4-11 所示 VR_PWRGD_CK410#信号是 CPU 供电正常后发出低电平开启时钟芯片。

有的信号带“#”，正常工作的主板必须为高电平。例如，图 4-12 所示 1999_SHDN#是低电平关闭 MAX1999 的控制信号。

图 4-11　VR_PWRGD_CK410#信号截图　　图 4-12　1999_SHDN#信号截图

时序就是通过 EN、PG 等信号实现控制。

4.8　片选信号

片选（CS）就是芯片选择（Chip Select）。很多芯片挂在同一总线上时，需要有一个信号来区分总线上的数据和地址由哪个芯片处理，这时就需要一个片选信号。片选信号常见于 BIOS 芯片，英文一般用 CS#，“#”表示低电平有效。它是由 CPU 发出，经北桥到南桥，最后到达 BIOS 的。它的有无，可以初步判断南北桥及 CPU 是否开始工作，BIOS 资料是否被破坏。SPI BIOS 脚位如图 4-13 所示，其中 1 脚 CS#即 BIOS 的片选信号。

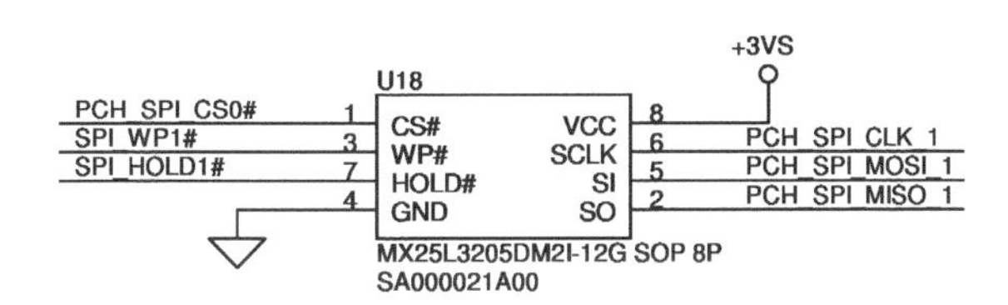

图 4-13　SPI BIOS 脚位图

4.9　部分笔记本电脑的常见信号名称解释

不同厂家对信号的命名不同，下面列举了部分笔记本电脑的常见信号名称解释。

4.9.1　纬创代工笔记本电脑的常见信号名称解释

纬创代工笔记本电脑的常见信号名称解释见表 4-1。

表 4-1　纬创代工笔记本电脑的常见信号名称解释

信 号 名 称	解　　释
AD+	适配器转换出来的第一个电压
DCBATOUT	公共点电压

续表

信号名称	解释
+3VL	3.3V 线性供电，给 EC 供电
DCIN	充电芯片的供电输入
ACIN	充电芯片的适配器检测输入
ACAV_IN	充电芯片的适配器检测输出
PWR_S5_EN	用于开启南桥待机电压的控制信号
+5VALW、+3VALW	南桥待机供电
AD_IN#、AC_IN#	送给 EC 的适配器检测信号，低电平表示适配器已插入
KBC_PWR_BTN#	按下开关产生的送给 EC 的触发信号
LID_CLOSE#	合盖开关
CLK_EN#	CPU 供电正常后，发出的低电平，可用于开启时钟
G792_RST#	温控芯片检测温度正常时发出的高电平
CK_PWRGD	南桥收到 VRMPWRGD 后，发出的高电平，用于开启时钟

4.9.2　广达代工笔记本电脑的常见信号名称解释

广达代工笔记本电脑的常见信号名称解释见表 4-2。

表 4-2　广达代工笔记本电脑的常见信号名称解释

信号名称	解释
VIN	公共点电压
ACIN、ACOK	适配器检测
3V_AL、5V_AL、VL	3V、5V 线性供电
+3VPCU、+5VPCU	EC 的待机供电
3V_S5	S5 状态下的电压，南桥待机供电，触发开关后，由 EC 开启
+3VSUS、+5VSUS	S3 状态下的电压，内存供电，由 EC 发出 SUSON 开启
NBSWON#	电源开机触发信号，按下电源开关键产生高-低-高的信号至 EC
DNBSWON#	EC 发出的高-低-高有效触发信号至南桥的 PWRBTN#
SLP_S4#、SLP_S3#	南桥发出的 ACPI 控制器信号，开机时用于电压开启，关机时用于电压关闭
S5_ON	EC 发出的南桥待机电压开启信号，其作用是将 PCU 转换 S5 电压
SUSON	EC 接收到南桥发来的 SLP_S5#后产生的 S3 电压开启信号
MAINON	EC 接收到南桥发来的 SLP_S3#后产生的 S0 电压开启信号
VR_ON	EC 发出的 CPU 核心电压开启信号
HWPG	由除 CPU 核心供电以外的所有供电的 PG 逻辑相与而来
PWROK_EC	EC 收到高电平 HWPG 信号后，延时产生 PWROK_EC 信号
DELAY_VR_PWG	CPU 核心电压电源好信号
VR_PWRGD_CK410#	CPU 核心电压电源管理芯片发出的时钟开启信号，低电平

续表

信号名称	解　　释
CK_PWRGD	南桥收到 VRMPWRGD 后，发出 CK_PWRGD 开启时钟芯片
CPUPWRGD	在南桥内部 PWROK 脚位及 VRMPWRGD 脚位两信号经过与逻辑产生 CPUPWRGD
PLTRST#	平台复位，南桥在发出 CPUPWRGD 信号之后，经过延时缓冲发出 PLTRST#
PCIRST#	PCI 复位，用于上电时复位 PCI 总线上的设备，使设备从初始状态开始工作
CPURST#	CPU 复位信号，北桥接收 PLTRST#后发出 CPURST#给 CPU
BL/C#	高电平表示，电池电量低（仅用于电池模式）
D/C#	与 ACIN 成相反的关系（适用于仅有 D/C#，没有 BL/C#的主板）

▷▷▷ 4.9.3　华硕笔记本电脑的常见信号名称解释

华硕笔记本电脑的常见信号名称解释见表 4-3。

表 4-3　华硕笔记本电脑的常见信号名称解释

信号名称	解　　释
AC_BAT_SYS	公共点电压
ACIN	适配器检测
+5VAO	5V 线性电压
+3VAO	3V 线性电压
+5VA	+5VAO 经过跳线后更名为+5VA
+3VA	+3VAO 经过跳线 JP8101 后更名为+3VA
+3VA_EC	+3VA 经过电感后更名为+3VA_EC，作为 EC 待机时的供电
+5VO	S5 休眠状态下的 5V 待机电压
+3VO	S5 休眠状态下的 3V 待机电压
+5VSUS	+5VO 经过跳线后更名为+5VSUS
+3VSUS	+3VO 经过跳线后更名为+3VSUS
VSUS_ON	SUS 电压开启信号
SUS_PWRGD	SUS 电压电源好信号，发给 EC 的
PM_RSMRST#	南桥的 ACPI 控制器的复位信号，可以理解为南桥待机电压正常
PWRSW_EC#	开机触发信号
PM_PWRBTN#	EC 接收到 PWRSW_EC#后发出 PM_PWRBTN#有效触发至南桥的 PWRBTN#脚位
SUSC_ON、SUSC#_PWR	S3 电压开启信号
SUSB_ON、SUSB#_PWR	S0 电压开启信号
ALL_SYSTEM_PWRGD	由内存供电、桥供电、总线供电、显卡供电等 PG 信号逻辑相与产生
CPU_VRON	EC 发出 SUSB_ON 后延时 99ms 发出 VR_ON，用于开启 CPU 核心电压
EC_CLK_EN	EC 发出至南桥的 VRMPWRGD 脚位，告知南桥 CPU 核心电压已正常
CLK_PWRGD	南桥收到 VRMPWRGD 后产生 CLK_PWRGD 至时钟 IC，用于开启时钟信号

续表

信号名称	解释
PM_PWROK	EC 收到 ALL_SYSTEM_PWRGD 后，延时发出 PM_PWROK 信号
H_CPURST#	北桥收到 PLTRST#信号后发出 H_CPURST#至 CPU
GATE_PWR_SW#	开机触发信号
LID_SW#	合盖休眠开关信号，当电脑合盖时，此信号为低电平
LID_KBC#	发给 EC 的合盖休眠开关检测信号
KBCRSM	键盘唤醒信号
FORCE_OFF#	强制关机信号，由欠压保护电路产生
HW_PROTECT#	CPU 过温保护信号
OTP_RESET#	CPU 过温指示信号

4.9.4　仁宝代工笔记本电脑的常见信号名称解释

仁宝代工笔记本电脑的常见信号名称解释见表 4-4。

表 4-4　仁宝代工笔记本电脑的常见信号名称解释

信号名称	解释
B+	公共点电压
PACIN	适配器插入检测输出信号，高电平表示适配器插入
VL	5V 线性供电
+3VALW、+5VALW	插入适配器即开启的电压
ON/OFFBTN#	电源开机键信号
ON/OFF#	开机触发电路转发给 EC 的触发信号
PBTNOUT#	EC 发给南桥的开机触发信号
SYSON	S3 电压开启信号
SUSP#	S0 电压开启信号
+VCCP	CPU 前端总线工作电压，此电压分布于 CPU、北桥、南桥
+CPU_CORE	CPU 核心电压
VGATE	CPU 核心电压电源好信号
ICH_POK	给南桥的 PWROK，告知南桥系统电压电源好
BCLK	前端总线时钟信号
SUS_STAT#	由南桥发出，低电平表明系统将要进入省电状态

4.9.5　DELL 笔记本电脑的常见信号名称解释

DELL 笔记本电脑的常见信号名称解释见表 4-5。

表 4-5　DELL 笔记本电脑的常见信号名称解释

信号名称	解　　释
RTC_CELL	主板纽扣电池电压
+DC_IN	电源适配器电压输入
+PWR_SRC	公共点电压
ALWON	EC 向系统供电芯片发出一个 ALWON 信号，打开系统供电
THERM_STP #	过热保护信号，低电平有效
ACAV_IN	适配器检测信号
POWER_SW#	电源开关或键盘产生的一个低电压信号，EC 芯片接收此开机信号
SUS_ON	EC 收到触发信号后，发出 SUS_ON 用于开启南桥待机供电和内存主供电
RUN_ON	EC 发出开启 S0 状态电压
GFX_ON	开启独立显卡供电
+VCC_GFX_CORE	独立显卡核心供电
+0.9V_DDR_VTTP	内存 VTT 供电
RUNPWROK	所有 RUN 电源的 PGD 信号汇聚成此信号
SUSPWROK	所有 SUS 电源的复位信号汇聚到一起产生 SUSPWROK 信号
+VCCP_1P05VP	前端总线供电，1.05V
PGD_IN	CPU 供电芯片发出 CLK_EN#、PGOOD 等的条件之一
CLK_ENABLE#	时钟芯片的开启信号，低电平有效
H_PWRGOOD	南桥向 CPU 发出的 PGD 复位信号
H_RESET#	北桥发出 CPU 复位信号
+VCHGR	充电输出电压
+SBATT	副电池供电端
+PBATT	主电池供电端
SBAT_PRES#	副电池插入检测
PBAT_PRES#	主电池插入检测
IMVP_VR_ON	开启 CPU 供电
IMVP_PWRGD	CPU 供电芯片发出的供电好信号

▷▷▷ 4.9.6　苹果笔记本电脑的常见信号名称解释

苹果笔记本电脑的常见信号名称解释见表 4-6。

表 4-6　苹果笔记本电脑的常见信号名称解释

信号名称	解　　释
=PP3V42_G3H_REG	G3 状态下的 3.42V 供电，相当于其他机器的线性供电
=PP3V3_S5_REG	S5 状态下的 3.3V 供电，给南桥等提供待机电压
PP3V3_G3_SB_RTC	南桥 RTC 电路的 3.3V 供电

续表

信号名称	解　释
=PPBUSA_G3H	公共点电压
PM_BATLOW_L	电池电压低指示信号，低电平有效
1V8S3_RUNSS	1.8V 的 S3 状态电压（内存供电）开启信号
ALL_SYS_PWRGD	除 CPU 供电以外的所有供电好信号相与而来
VR_PWRGOOD_DELAY	CPU 供电芯片正常产生 CPU 电压后，延时发出的电源好信号
VR_PWRGD_CK505_L	CPU 供电芯片正常产生 CPU 电压后，发出开启时钟的低电平信号
SMC_BC_ACOK	适配器检测信号，高电平有效
SMC_ADAPTER_EN	SMC 收到适配器检测信号后，输出的高电平信号
SMC_BATT_CHG_EN	SMC 发出的充电使能信号，高电平有效
SMC_BATT_TRICKLE_EN_L	SMC 发出的涓流充电信号，低电平有效
ACPRN	充电芯片检测到适配器后发出的低电平 ACPRN
ONEWIRE_EN	ONEWIRE 使能信号，用于适配器识别电路（电源头亮绿灯）

▷▷▷ 4.9.7　英业达代工笔记本电脑的常见信号名称解释

英业达代工笔记本电脑的常见信号名称解释见表 4-7。

表 4-7　英业达代工笔记本电脑的常见信号名称解释

信号名称	解　释
+VADP	适配器接口电压
ADP_EN#	适配器使能，低电平有效
ADP_PRES	适配器检测输出，可用于直接开启系统供电
+VBATR	公共点电压
+V3AL、+V5AL	线性供电
PWR_SWIN_3#	触发开关送给 EC 的信号
KBC_PW_ON	EC 收到开关触发后发出的开机信号，电池模式下用于开启系统待机供电
VCC1_POR#_3	EC 的最初的复位信号
+V3A、+V5A	系统待机供电
LIMIT_SIGNAL	适配器中间针，功率识别信号
OCP	过流保护

▷▷▷ 4.9.8　ThinkPad 笔记本电脑的常见信号名称解释

ThinkPad 笔记本电脑的常见信号名称解释见表 4-8。

表 4-8　ThinkPad 笔记本电脑的常见信号名称解释

信 号 名 称	解　　释
DOCK_PWR20_F	适配器电压
CV20	适配器与公共点电压之间的一个电压
VINT20	公共点电压
DISCHARGE	强制关闭适配器，电池放电信号
-PWRSHUTDOWN	过温、欠压保护信号，用于隔离适配器
VCC3SW	TB 芯片输出的 3.3V 电压，上拉-PWRSHUTDOWN，给联想芯片供电
-EXTPWR	充电芯片输出的适配器检测信号，低电平有效
-EXTPWR_ASIC	联想芯片的适配器检测输入信号
-EXTPWR_H8	H8S 的适配器检测输入信号
VL5	待机芯片产生的 5V 线性电压
DCIN_DRV	用于控制适配器的隔离管，高电平时完全导通适配器隔离管
BAT_DRV	用于控制电池的隔离管，低电平时隔离电池
M1_ON	联想芯片发出的开启南桥的待机电压的高电平信号
VCC5M	南桥的 5V 待机电压
VCC3M	南桥的 3.3V 待机电压，同时也是 H8S 的供电
TH_DET	串联 N 个热敏电阻，检测温度。温度正常时，此脚电压低于 0.5V
ACDET	充电芯片的适配器检测输入脚
SWPWRG	联想芯片的待机电压好信号
VREGIN20	适配器或电池接入后产生的一个小电流的电压，给 TB 芯片供电
BAT_VOLT	VREGIN20 的电压检测脚，阈值为 2.9V
MPWRG	TB 芯片检测到 VCC3M、VCC5M 正常后，发出的 PG，给南桥的 RSMRST#
-H8_RESET	联想芯片发给 H8S 的复位
VDD15	TB 芯片检测到 M 电压正常后，自举升压的 15V。给 TB 芯片输出的 xx_DRV 提供动力
VCPIN28	TB 芯片检测到 M 电压正常后，自举升压的 28V（实际 25V），用于驱动保护隔离电路的 N 沟道场效应管
A_ON	A 电压开启（S3 电压，如内存供电）
B_ON	B 电压开启（S0 电压，如总线供电）
B_DRV	TB 芯片发出的 B 电压驱动信号
BPWRG	TB 芯片检测到 VCC3B、CVCC5B 正常后，发出的电源好信号
AMT_ON	ME 模块电压开启
SLP_M#	南桥发出用于控制开启 AMT 供电
AMTPWRG	AMT 电源好信号
-PWRSWITCH、-PWRSW	电源开关信号
BATMON_EN	电池电压监控开启

续表

信 号 名 称	解　　释
M_BATVOLT	主电池电压反馈信号
M1_DRV、M2_DRV	主电池充放电驱动信号
BAT_CRG	电池大电流充电控制开关
CHARGER_OUT12	充电芯片控制输出的12.6V充电电压
M_TRCL	主电池涓流充电控制开关
S_TRCL	副电池涓流充电控制开关

第 5 章　电子元器件的基础应用电路

笔记本电脑中的电子元器件主要有电容、电阻、二极管、三极管、场效应管、门电路、比较器、稳压器等。它们在电路中的使用方式变化多端。对于刚接触笔记本电脑维修的人员来说，要看懂一个基本的电子电路是相当难的。这也使得电路基础成为维修人员的拦路虎。本章主要介绍电子元器件在电路中的基础应用，但不包含电子元器件的认识和测量。如果读者对电子元器件的认识和测量还不熟悉，可以参阅其他相关基础书籍。

▷▷ 5.1　电容的基础应用电路

▷▷▷ 5.1.1　滤波电容

滤波电容用在电源整流电路中，用来滤除交流成分。要求电容值较大时采用大容量钽电容，要求电容值较小时采用贴片式电容。图 5-1 中，PC90、PC89、PC93 就是 330μF 的钽电容。

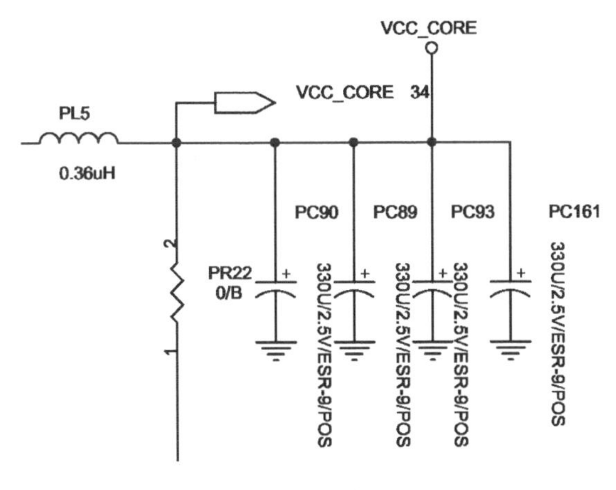

图 5-1　滤波电容

▷▷▷ 5.1.2　耦合电容

耦合电容通常采用贴片电容，应用在 PCIE 和 SATA 的信号线上。其特征是串联在信号电路中。其作用是用来隔离直流，保证高速信号的传输。图 5-2 中，4 个并排的电容就是耦合电容，两端都是细线。

5.1.3　谐振电容

谐振电容仅使用在晶振电路中，电容值一般为几十 pF，分别接在晶振的两个引脚和地之间。谐振电容的参数会影响晶振的谐振频率和信号输出幅度。

谐振电容采用贴片电容。图 5-3 中，C180、C181 即为谐振电容。

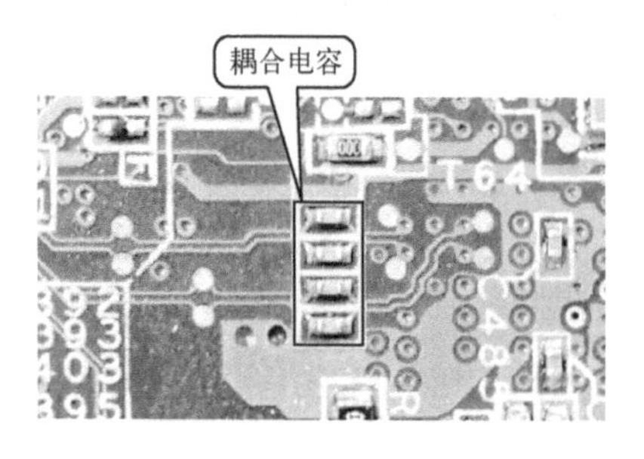

图 5-2　耦合电容实物图

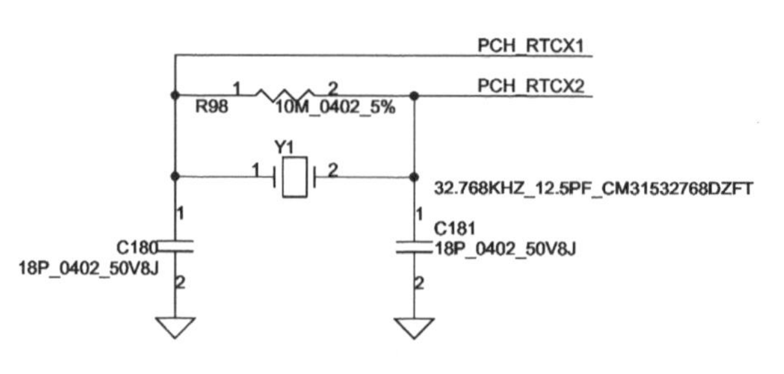

图 5-3　谐振电容

5.2　电阻的基础应用电路

电阻在板卡电路中的应用主要有上拉电阻和下拉电阻、保护电阻、热敏电阻几种。

5.2.1　上拉电阻和下拉电阻

通常接电压的电阻为上拉电阻（见图 5-4），接地的电阻为下拉电阻（见图 5-5）。上拉就是将不确定的信号通过一个电阻钳位在高电平，电阻同时起限流作用。下拉同理。

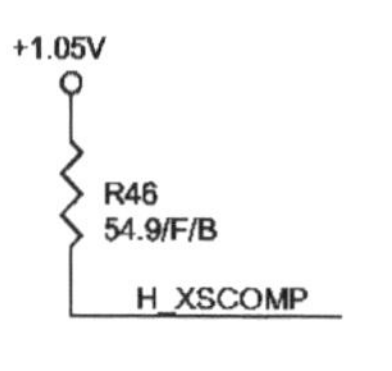

图 5-4　上拉电阻

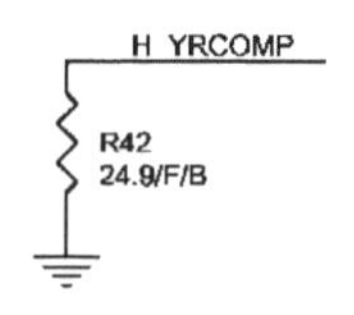

图 5-5　下拉电阻

上拉电阻和下拉电阻的应用如图 5-6 所示：当装上 R206，不装 R205 时，INTVRMEN 为高电平，开启 ICH7 内部的电压调节器（默认值）；当装上 R205，不装 R206 时，INTVRMEN 为低电平，关闭 ICH7 内部的电压调节器。

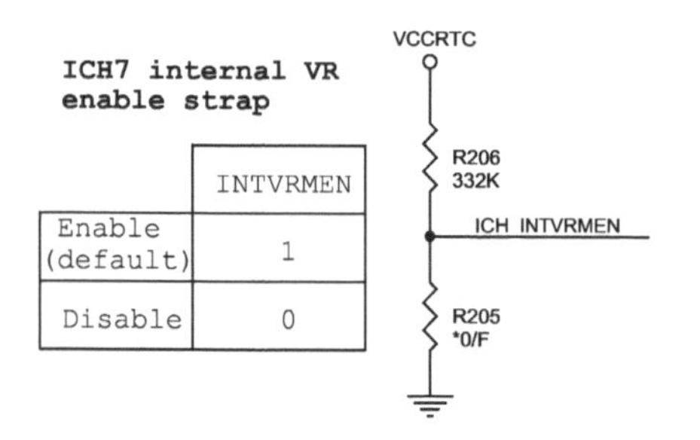

	INTVRMEN
Enable (default)	1
Disable	0

图 5-6　上拉电阻和下拉电阻的应用

分压电路：既存在上拉电阻，又存在下拉电阻，即构成分压电路，如图 5-7 所示。串联分压公式为

$$V_A=V_{总}/(R_1+R_2)\times R_2$$

RC 延时电路（见图 5-8）：+VCC_RTC 经过 R1701 先给 C1704 充电，RTCRST#电压会缓慢上升，这个上升到与+VCC_RTC 电压相等所需要的时间就是延时时间。延时时间可用 $R\times C$ 简单计算，如 20kΩ×1μF=20ms。

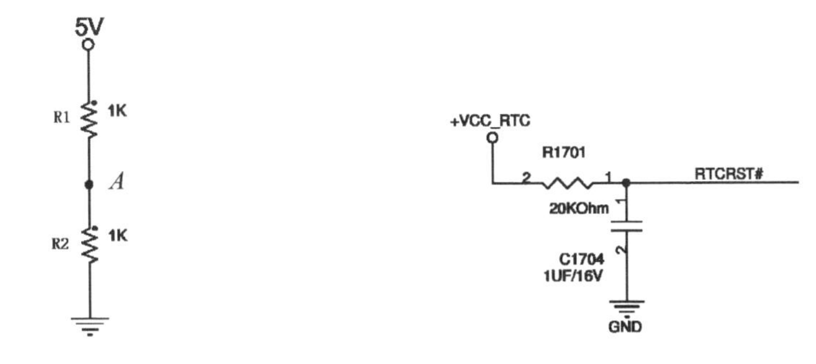

图 5-7　分压电路　　　　图 5-8　RC 延时电路

5.2.2　保护电阻

保护电阻起保护作用。当电路负载变大，超出电阻所能承受的范围时，电阻将变为开路状态，使相应电路停止工作，从而达到保护元器件的目的。保护电阻的阻值一般都在 10Ω以下。图 5-9 中，R243 就是保护电阻。

图 5-9　保护电阻实物图

5.2.3　热敏电阻

热敏电阻分“温度越高电阻越低”（NTC，负温度系数）和“温度越高电阻越高”（PTC，正温度系数）两种。热敏电阻如图 5-10 所示，不过从实物上并不能分出是 NTC 还是 PTC。

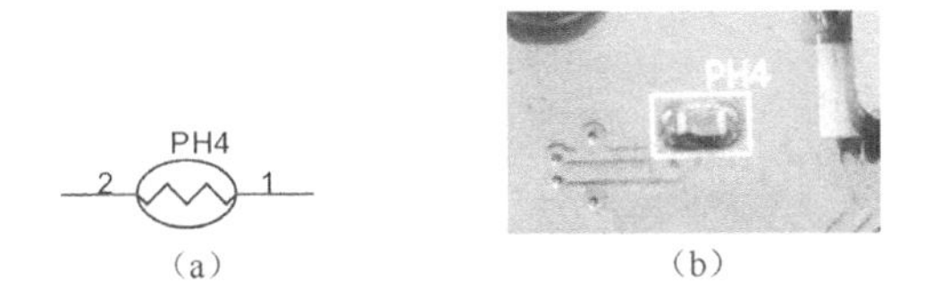

（a）　　（b）

图 5-10　热敏电阻

5.3　二极管的基础应用电路

普通硅二极管正向压降为 0.7V，锗二极管正向压降为 0.3V。图 5-11 中左边为正极，右边为负极，从左边输入 3.3V 时，如果其为硅管，则右边将会输出 2.6V。

图 5-11　二极管实物图

5.3.1　二极管的或门应用

二极管的或门应用如图 5-12 所示。停电时用 3V 的 BAT 供电，插电后用 5VALW 供电，以此节省电池电量，可以保证 VCCRTC 始终有电。此类二极管一般为复合二极管，实物如图 5-13 所示。

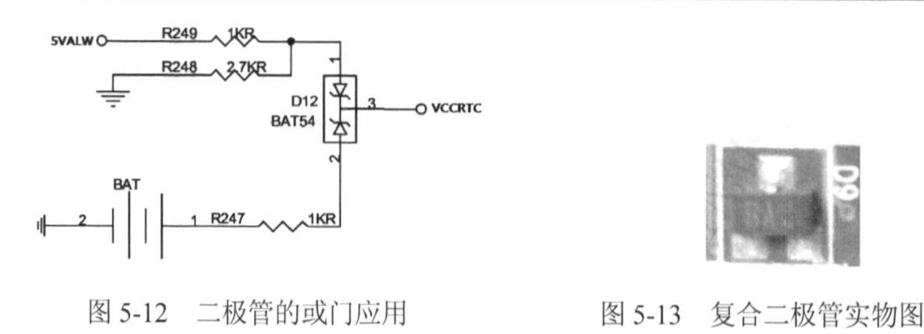

图 5-12　二极管的或门应用　　图 5-13　复合二极管实物图

▷▷▷ 5.3.2　二极管的与门应用

二极管的与门应用如图 5-14 所示。只要二极管左端的任一信号为低电平，二极管将导通，拉低 HWPG。

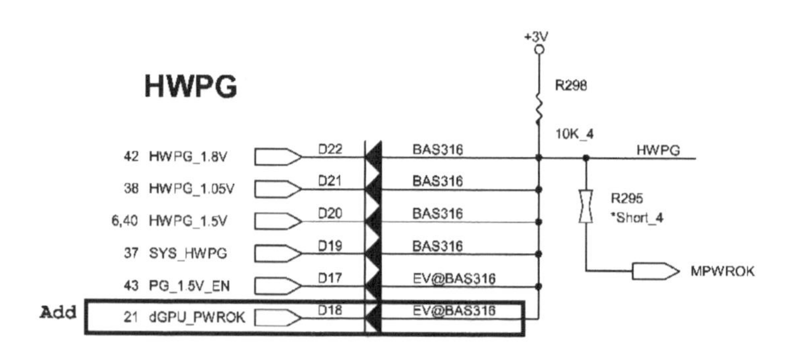

图 5-14　二极管的与门应用

▷▷▷ 5.3.3　二极管的钳位应用

二极管的钳位应用如图 5-15 所示。

① VIN 电压（假设为 18.5V）经过电阻 PR29、PR28 串联分压，分压后电压为 7.6V。

② 此时 PD9 正极电压为 7.6V，负极电压为 3.3V，因此正极电压高于负极电压，且超过其导通压降 0.7V。

③ PD9 导通，导通后，二极管正极电压只会比负极电压高 0.7V，因此 *A* 点电压被钳位在 4V 左右。

钳位二极管一般安在 USB 接口或 VGA 接口旁边，用于防静电，如图 5-16 所示。

▷▷▷ 5.3.4　稳压二极管

当二极管反向电压大到一定数值后，反向电流会突然增加，这叫击穿现象。利用击穿时通过二极管的电流变化很大而二极管两端的电压几乎不变的特性，可以实现稳压，这种二极管就是稳压二极管。图 5-17 中，U9000 为 2.5V 稳压二极管，当其负极所加的电压超过稳压值时，即出现反向击穿电流，因此两端电压即可稳定。R9000 为限流电阻。稳压二极管的反向击穿电流介于 5～40mA 之间。

图 5-18 中，PD12 为 5.1V 稳压二极管，当 VS 为 19V 时，加到其负极，可以击穿，到达

正极的电压为 13.9V，再经过 PR87 和 PR90 分压送给芯片 6 脚 SHDN#作为开启电压，目的是限制 VS 的最低电压。只有 VS 超过一定值时，PD12 反向击穿之后再分压才能满足 SHDN#的上升沿阈值。

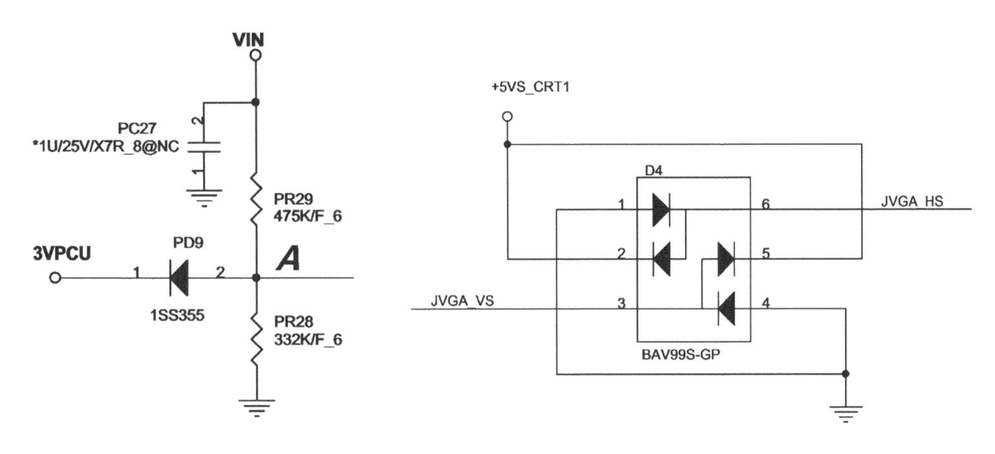

图 5-15　二极管的钳位应用　　　　图 5-16　防静电的钳位二极管

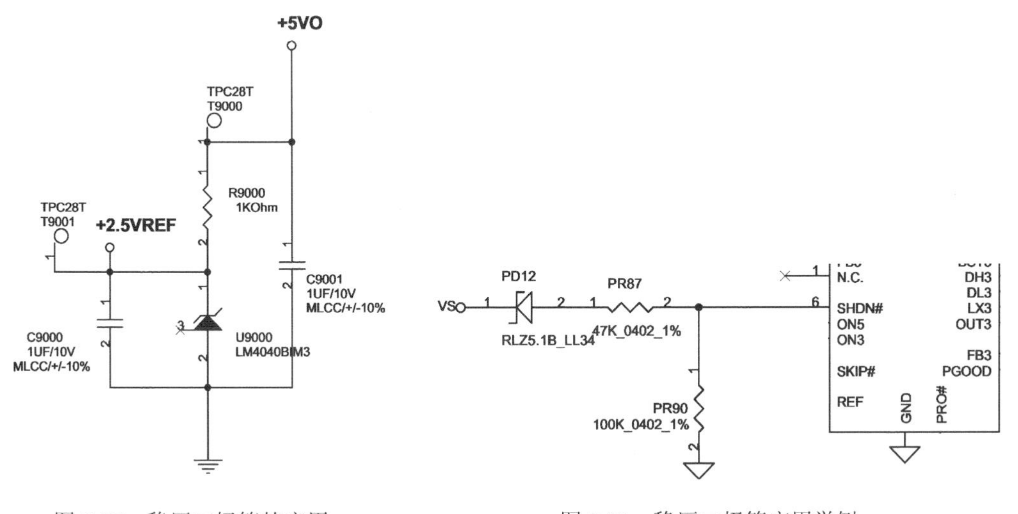

图 5-17　稳压二极管的应用　　　　图 5-18　稳压二极管应用举例

5.4　三极管的基础应用电路

5.4.1　三极管的开关应用

在笔记本电脑电路中，三极管最主要的应用是开关作用。NPN 三极管 E 极接地：B 极输入高电平时，C 极为低电平；B 极输入低电平时，C 极为高电平。具体如下：

普通 NPN 型：$V_B-V_E>0.7V$ 时，B 极和 E 极导通，C 极和 E 极也导通。

普通 PNP 型：V_B−V_E<0.7V 时，E 极和 B 极导通，E 极和 C 极也导通。

图 5-19 中，*A* 点为高电平 0.7V 以上时，经过电阻加到三极管 B 极，三极管 C 极和 E 极就会导通，*Y* 输出低电平。

图 5-20 中，PQ41 为内带电阻的数字 NPN 三极管，同样具有普通三极管高电平导通、低电平截止的特性。不过，B 极电压必须大过 E 极电压一定值，这个值要查相关元器件的数据手册。经查 DTC144EUA 数据手册，得知导通电压 $V_{I(on)}$=1.9V，如图 5-21 所示。

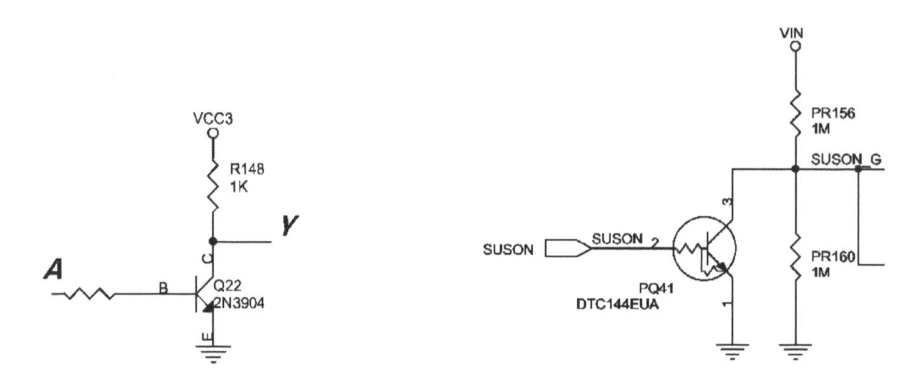

图 5-19　普通三极管的应用　　　　图 5-20　数字三极管的应用

Electrical Characteristics @ T_A = 25°C unless otherwise specified

Characteristic	Symbol	Min	Typ	Max	Unit	Test Condition
Input Voltage	$V_{I(off)}$	0.5	1.1	—	V	V_{CC} = 5V, I_O = 100μA
	$V_{I(on)}$	—	1.9	3		V_O = 0.3V, I_O = 20mA, DDTC123EUA V_O = 0.3V, I_O = 20mA, DDTC143EUA V_O = 0.3V, I_O = 10mA, DDTC114EUA V_O = 0.3V, I_O = 5mA, DDTC124EUA V_O = 0.3V, I_O = 2mA, DDTC144EUA V_O = 0.3V, I_O = 1mA, DDTC115EUA

图 5-21　DTC144EUA 数据手册截图

图 5-22 为三极管开关作用的应用：只有当+VLDT 电压超过 0.7V 后，加到 PQ26 的 B 极，PQ26 导通，拉低 PQ25 的 B 极，PQ25 截止，+3VRUN 直接上拉到 VLDT_PG，产生高电平送给后级。

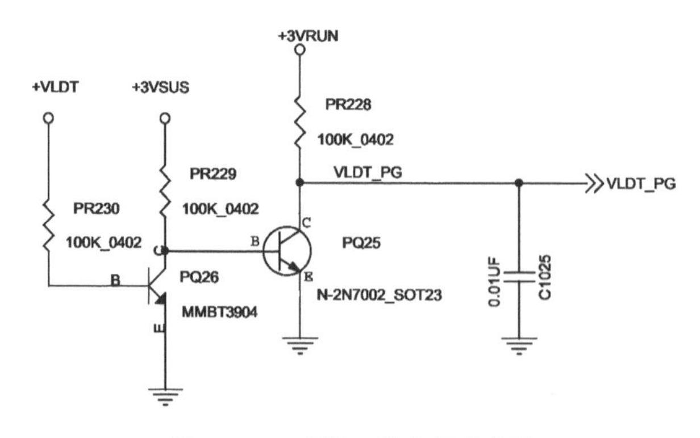

图 5-22　三极管开关作用的应用

▷▷▷ 5.4.2　三极管在温控电路中的应用

三极管、二极管的 PN 结具有负温度特性，即 PN 结的电压会随着温度升高，形成类似于线性的变化。以二极管为例，在常温范围内，温度每升高 1℃，它的正向压降就会降低约 3mV，如图 5-23 所示。三极管也有类似的温度特性。用三极管做温度检测探头，可以将集电极与基极短接，用发射极检测温度，这样效果要比二极管好得多，尤其是温度线性。由于材料的特性和制造工艺的差异，半导体三极管的直流放大系数 β 并不是一条直线，所以三极管的工作点一般都设置在 β 曲线较平坦的区域。

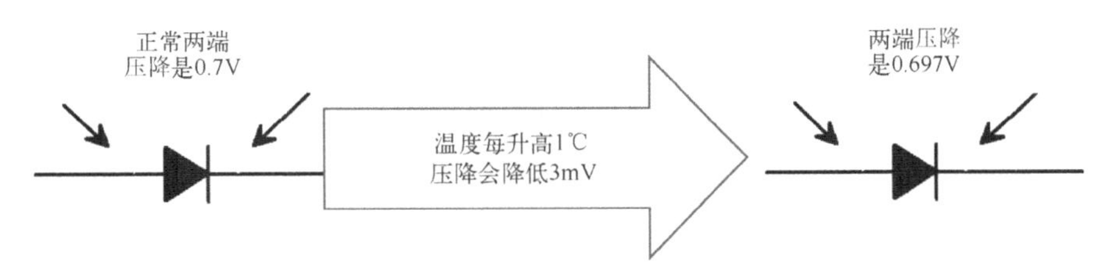

图 5-23　二极管压降变化示意图

如图 5-24 所示，温控芯片 U31 通过检测 DP1 和 DN1、DP2 和 DN2 两对引脚的电压差来判断温度，当温度升高时，电压差会随着三极管 C、E 之间压降的降低而减小。

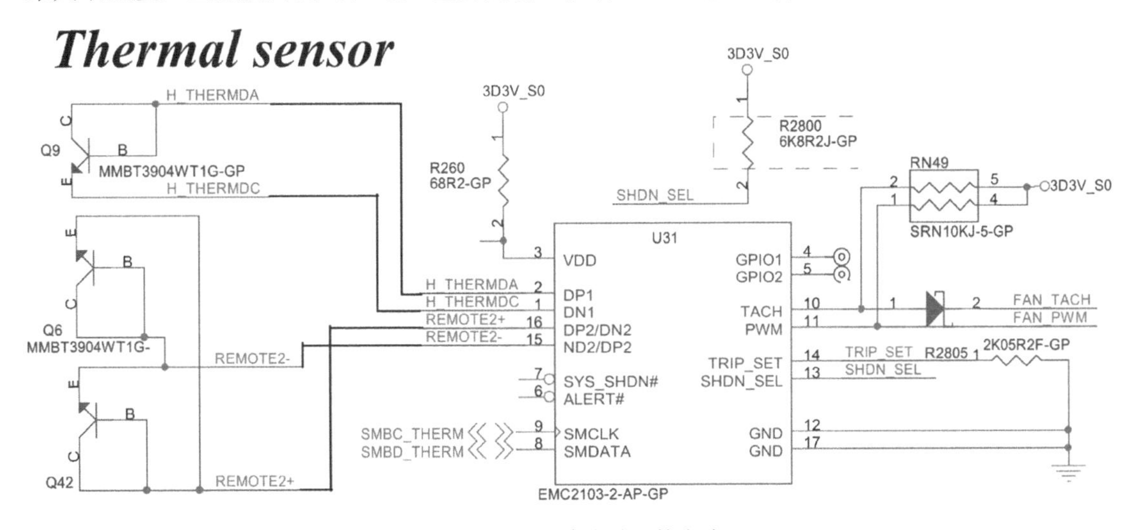

图 5-24　笔记本电脑温控电路

图 5-24 所示温控电路的基本工作流程如下：

① 温控芯片得到供电，通过 DP1 和 DN1、DP2 和 DN2 脚检测温度，并通过 SMCLK、SMDATA 脚向 EC（有关 EC 的知识，见第 7 章）实时汇报温度。

② 温控芯片会根据温度的高低，实时调节风扇的转速并检测转速。

③ 当温度继续升高，达到 TRIP_SET 脚设定的过温报警阈值时，温控芯片会发出 ALERT#信号给南桥，南桥控制 CPU 暂停或降频工作，此时系统性能受影响。

④ 如果温度继续升高，达到 SHDN_SEL 设定的过温断电阈值时，温控芯片会拉低 SYS_SHDN#，使电脑自动断电关机。一般此信号连接的是 EC 复位，或是 EC、南桥的待机

电压开启信号。

5.5　场效应管的基础应用电路

图 5-25 中，当 S5_ON 为高电平（2V 以上）时，PQ68 导通，*Y* 被拉到地；当 S5_ON 为低电平时，PQ68 截止，*Y* 被 5VPCU 上拉为 5V。

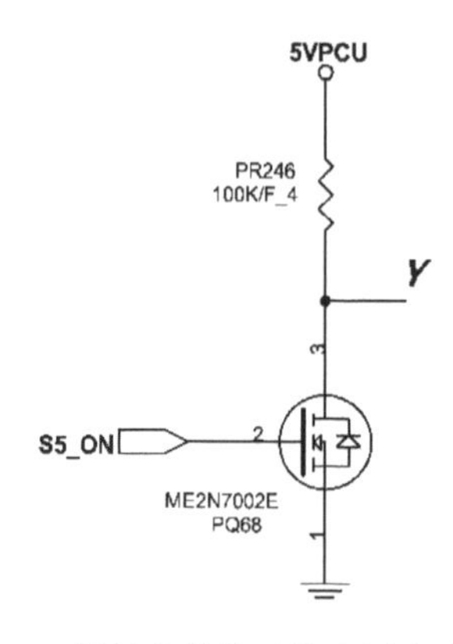

图 5-25　场效应管的开关应用电路举例

图 5-26 中，当 SUSON 为高电平时，PQ70 导通，拉低 PQ73 的 G 极，PQ73 截止；+15V 上拉 SUSD 为 15V，送给 PQ56 和 PQ76 的 G 极；PQ56 和 PQ76 都可以完全导通，产生 3VSUS、5VSUS（N 沟道 MOS 完全导通的条件：$V_G-V_S>4.5V$）。

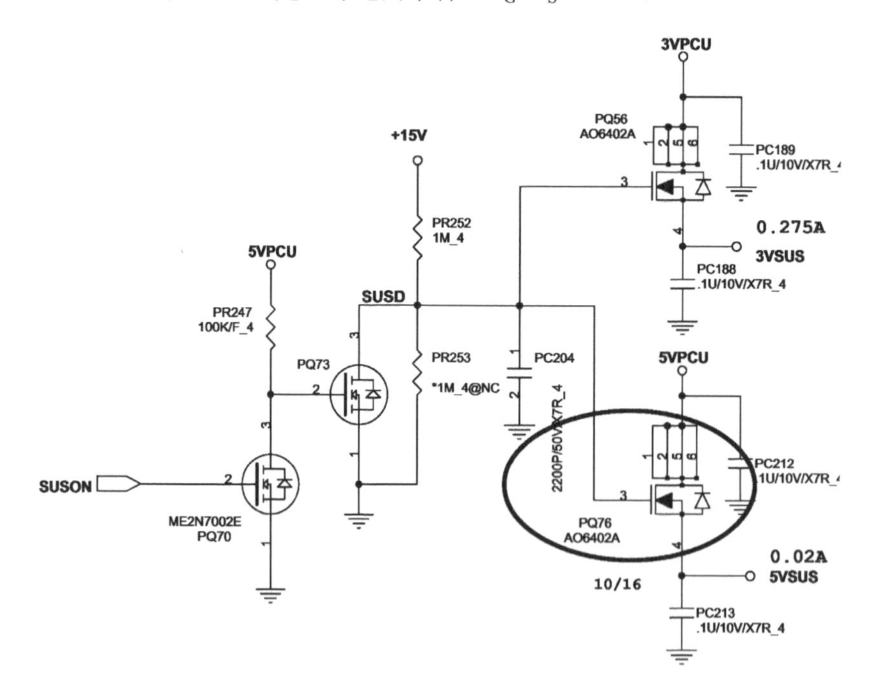

图 5-26　场效应管的应用电路举例

5.6　门电路的基础应用电路

5.6.1　非门

图 5-27 中的 U27 为非门：当 DGPU_SELECT#为高电平时，IGPU_SELECT#输出低电平；当 DGPU_SELECT#为低电平时，IGPU_SELECT#输出高电平。

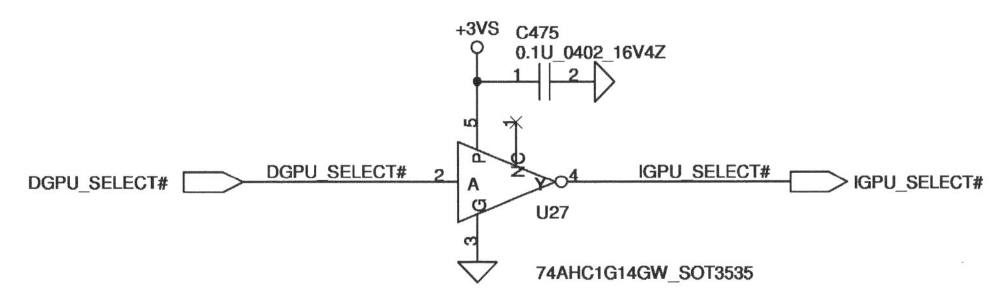

图 5-27　非门的应用电路举例

5.6.2　与门

图 5-28 中的 U25 为与门；只有当 EC_PWROK 和 IMVP_PWRGD 都为高电平时，U25 才会输出高电平的 SYS_PWROK。

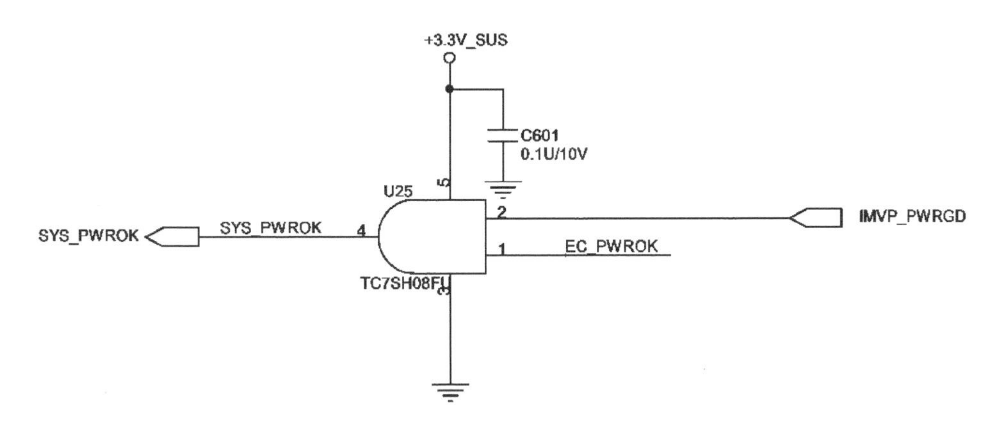

图 5-28　与门的应用电路举例

5.6.3　三态门

图 5-29 中的 U5 和 U7 都是三态门，只有当 OE 为低电平时，输出的电平才会与输入的电平一致（等于跟随器）；当 OE 为高电平时，不管输入为什么状态，输出始终保持高阻态。因图 5-29 中，OE 已经被强制接地，所以此电路其实与跟随器在电平逻辑上没区别。

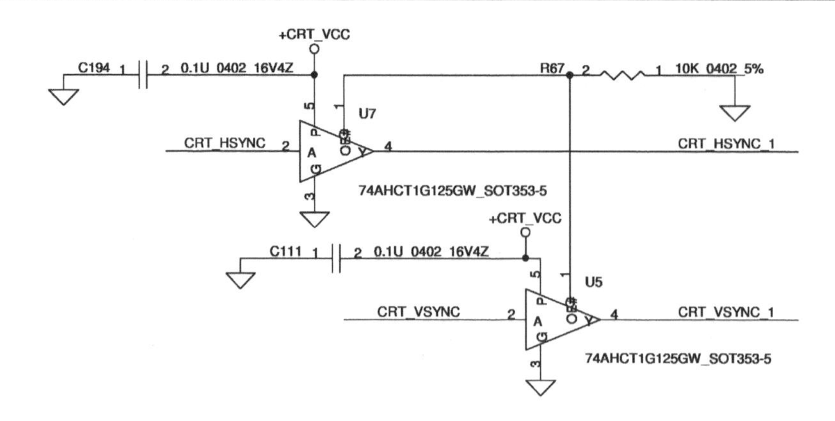

图 5-29　三态门的应用电路举例

▷▷▷ 5.6.4　同门

图 5-30 中的 U1970 为同门，也叫同相器或跟随器：当 2 脚为高电平时，4 脚输出高电平；当 2 脚为低电平时，4 脚输出低电平。

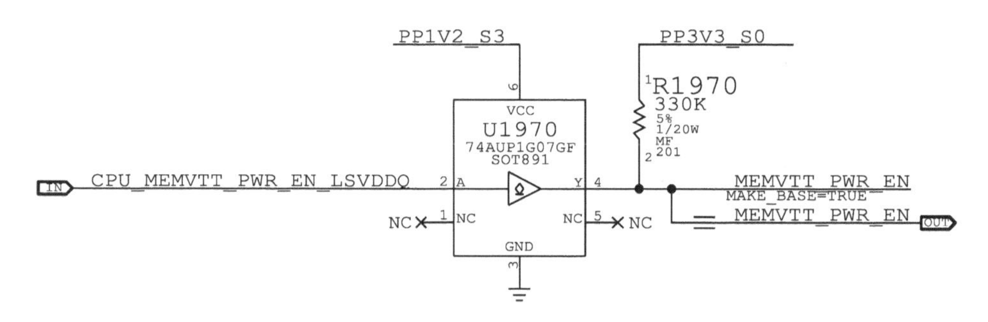

图 5-30　同门的应用电路举例

▷▷▷ 5.6.5　或门

图 5-31 中的 U46 为或门：当 GC6_FB_EN 和 GPIO11_PPEN 任意一个信号为高电平时，4 脚输出高电平的 VGA_ENAVDD。如果 GC6_FB_EN 和 GPIO11_PPEN 两个信号同时为低电平时，4 脚输出低电平。

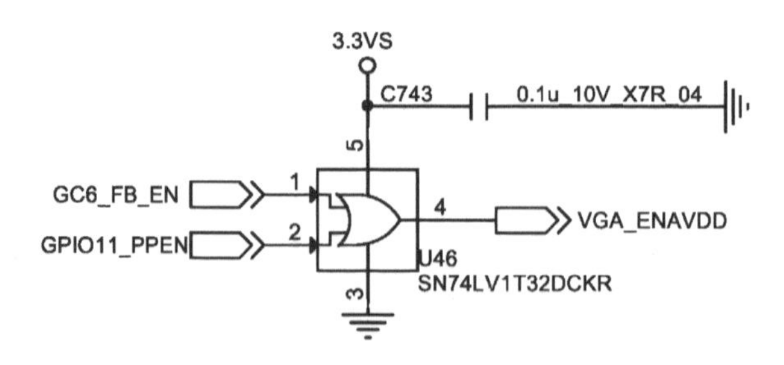

图 5-31　或门的应用电路举例

▷▷ 5.7　比较器的基础应用电路

比较器的应用如图 5-32 所示，3V 电池电压加到比较器反相输入端，与 VIN 分压后的电压比较。当 VIN 高于 15.67V 时，分压的电压会高于 3V，比较器开漏输出（7 脚与 PU48 比较器内部断开），由 RSMVCC3 上拉 ACIN 成高电平送给芯片；当 VIN 低于 15.67V 时，比较器会输出低电平（7 脚与 4 脚内部短接），ACIN 被拉到地。

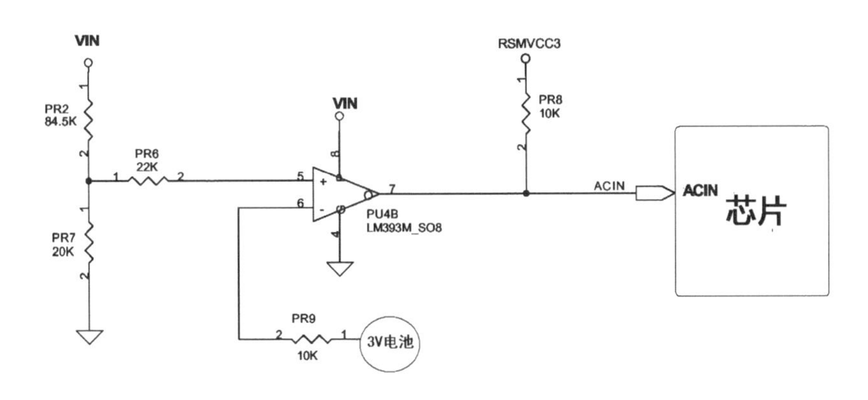

图 5-32　比较器的应用电路举例

图 5-33 为 CPU 过热保护电路。比较器 6 脚由+5VALW 分压成 2.5V。常温时，PH1 的阻值为 10kΩ，+5VS 经过 PH1 和 PR161 分压，加到比较器 5 脚，会低于比较器 6 脚获得的 2.5V。比较器输出低电平，一路使 PQ39 截止，MAINPWON 不被拉低，同时因为比较器输出低电平，导致 PR167、PR163 串联后，与 PR161 形成并联，从而把 PH1 的 2 脚电压再次拉低一点。

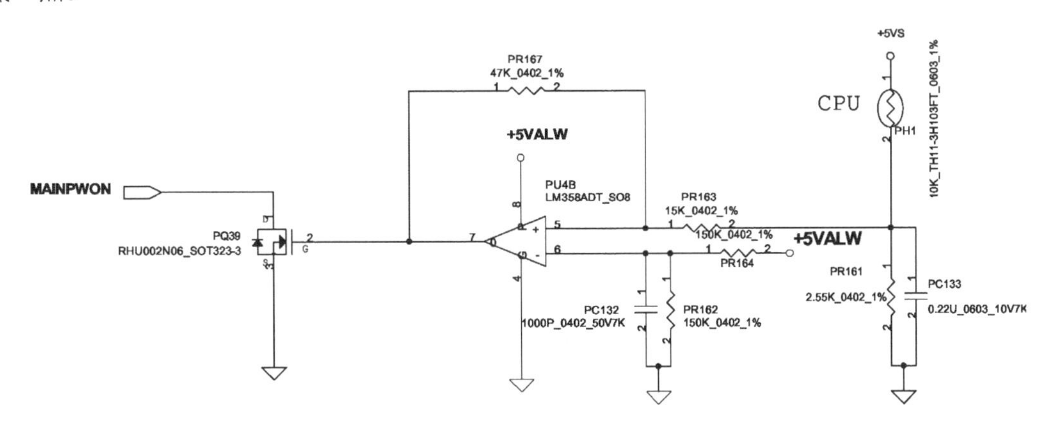

图 5-33　CPU 过热保护电路

当 PH1 温度升高，阻值减小到小于 2.55kΩ时，比较器 5 脚获得的电压会高于 6 脚的 2.5V，比较器输出 5V 高电平，使 PQ39 导通，拉低 MAINPWON，系统电源被关闭；同时比较器输出高电平，使得 PR167、PR163 与 PH1 形成并联，从而把 PH1 的 2 脚电压再次拉高一点。这个 PR167 就是迟滞电阻，笔者称呼它为“墙头草电阻”。其作用是使 CPU 温度保护值不至于停留在一个点上，比如 90℃过温保护，50℃才能恢复正常。

5.8 转换器的基础应用电路

多路转换器（MUX）被用在第二代双显卡切换电路中：S 为控制信号，当 S 为低电平时，B_0连接 A；当 S 为高电平时，B_1连接 A，如图 5-34 所示。

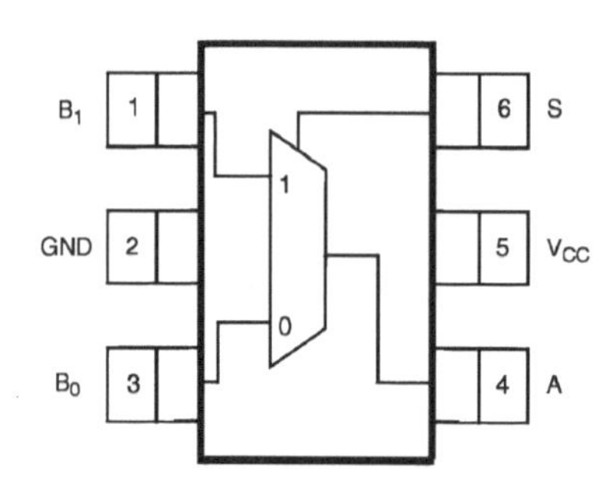

图 5-34　转换器引脚定义

多路转换器也可用于信号切换，如图 5-35 中的 U3560 用于 PCIE 总线唤醒功能切换。

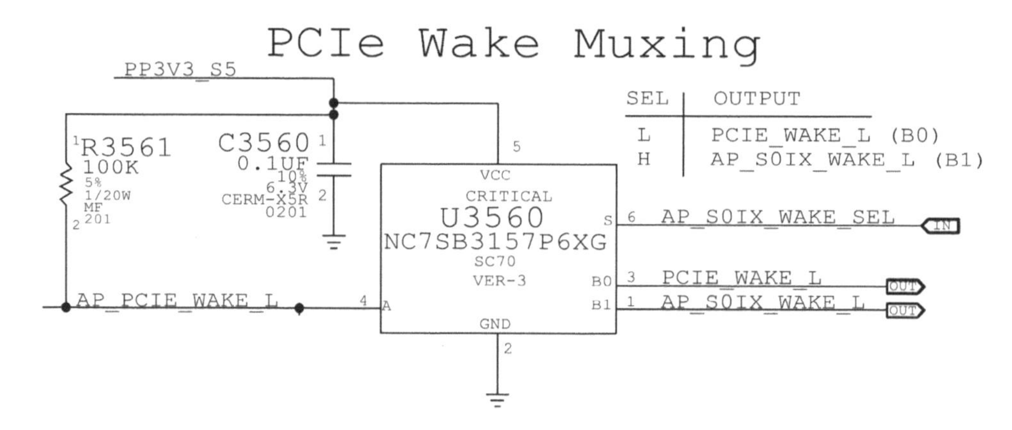

图 5-35　多路转换器的应用电路举例

5.9 稳压器的基础应用电路

图 5-36 中，U8100 就是低压差线性稳压器（LDO）。它从 1 脚输入供电，从 5 脚输出电压，受 4 脚相连的两个电阻控制输出电压的高低，基准电压是 1.24V。3 脚是芯片的开启信号，高电平时开启输出，低电平时关闭输出。输出电压计算公式：

$$V_{OUT}=V_{FB}\times(1+R_{8114}/R_{8104})$$

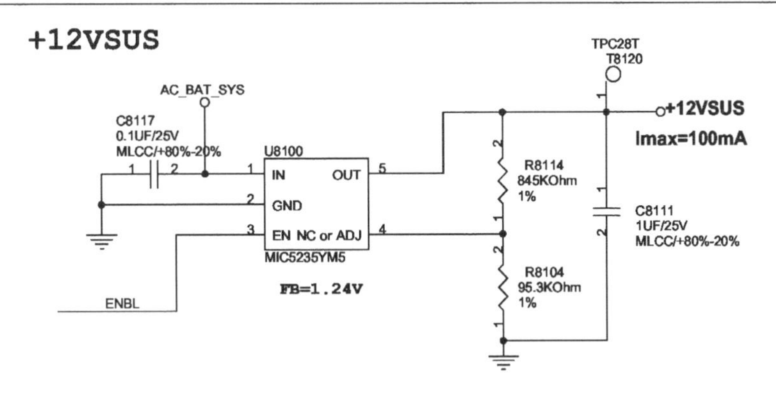

图 5-36　稳压器的应用电路举例

图 5-37 中的稳压器常见于内存 VTT 供电电路，+3VALW 为芯片的控制电压，VIN 为输入电压，REFEN 由+1.5V 分压 0.75V 而来，条件都满足，芯片从 4 脚输出+0.75VSP。此芯片主要用于放大电流，能提供 1.5A 电流。

还有一种常用稳压器 APL431L，如图 5-38 所示，是 1.24V 精密稳压器：+3VPCU 通过 R139 限流后，经过 APL431L 稳定输出 1.24V 的基准电压（C 和 R 连在一起，当作稳压二极管）。

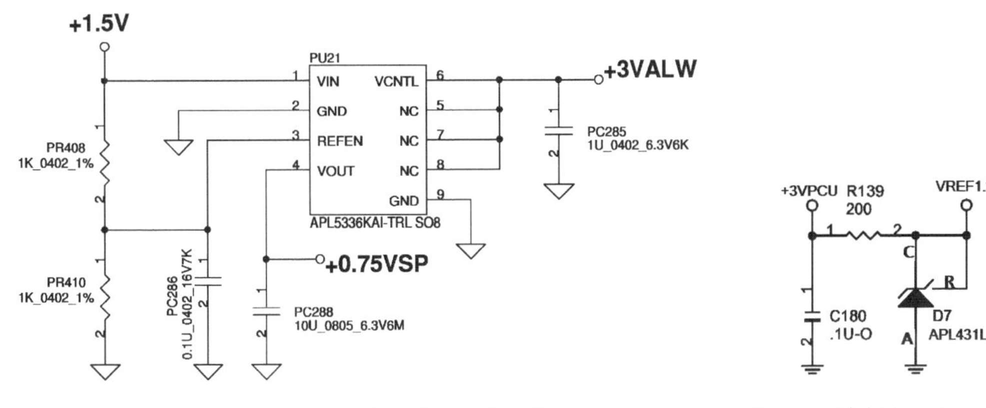

图 5-37　内存 VTT 供电中常用的稳压器　　图 5-38　精密稳压器 APL431L

▷▷ 5.10　电感

当电流通过一段导线时，在导线的周围会产生一定的电磁场，而这电磁场会对处于其中的导线产生作用，人们将这个作用称为电磁感应。人们常将绝缘的导线绕成一定圈数的线圈，将这个线圈称为电感线圈。电感线圈与骨架、屏蔽罩、封装材料、磁芯或铁芯等就组成了电感器，或简称电感。

最简单的电感就是用导线空心地绕几圈。电感在电路中用字母“L”或“FB”表示，在电路中的电路图形符号如图 5-39 所示。

电感的单位是 H（亨利）、mH（毫亨）、μH（微亨）、nH（纳亨）等。单位换算关系：1H=1000mH、1mH=1000μH、1μH=1000nH。

图 5-39　电感的电路图形符号

5.10.1　电感的标识

通常采用三位数字来表示电感量，前两位表示电感量的有效数字，第三位表示有效数字乘以 10 的幂次，即有效数字后 0 的个数，单位为μH。如图 5-40 所示，电感表面标示 221 表示 220μH。对于小于 10μH 的电感，用两位有效数字加字母“R”来表示。如图 5-41 所示，电感表面标示 3R3 表示 3.3μH。对于小于 10nH 的电感，用两位有效数字加字母“N”来表示，如 N47 表示 0.47nH。

图 5-40　电感标示 221

图 5-41　电感标示 3R3

5.10.2　电感的检测方法

目测：主要是看引脚是否断、磁芯是否松动、外表有无碰伤等。

用万用表测量：把两支表笔搭到电感的两脚上，主要是测量电感是否开路、阻值变大。对于匝间短路，用万用表是测量不出来的。

5.10.3　电感的特性

1．通直流阻交流

电感能让直流电通过，对交流电有阻碍作用（是有阻碍作用，并不是隔开，这和感抗有关系）。线圈本身的电阻很小，对直流电流的阻碍作用就小，所以在电路分析中往往可以忽略不计。当交流电路流过电感时，电感对交流电存在着阻碍作用。

2．电感中的电流不能突变

当流过电感的电流大小发生变化时，电感要产生一个反向电动势来维持原电流的大小不变，也就是这一反向电动势不让电感中的电流发生改变。电感中的电流变化率越大，其反向电动势越大。

5.10.4　电感的应用

在电路中，电感的主要作用是滤波、抗高频干扰、储能等。电感经常和电容一起工作，构成 LC 滤波器或 LC 振荡器，还利用电感的特性制造阻流圈、变压器等。

第 6 章　电路图和点位图的使用

电路图直接体现了电子电路的结构和工作原理。笔记本电脑主板电路图的电子文件格式为*.PDF，一份电路图通常有几十页至几百页，它们的连线纵横交叉，形式变化多端，初学者往往不知道该从什么地方开始，怎样才能读懂它。看懂主板电路图是维修人员进一步提高的一个门槛，必须具备一定的基础知识才行。

另外，因为笔记本电脑主板的元器件太密集，就算在电路图中看懂了原理，要在实物中找到损坏的元器件，也是相当困难的。有的厂家甚至根本没有印制元器件位置号，这就要求维修人员必须懂得使用点位图，才能快速并准确地找出元器件的位置。

6.1　电路图的使用

笔记本电脑电路图的文件格式为*.pdf。可以使用 Adobe Reader 或者福昕软件打开此类文件。当打开一份图纸时，一般来说，第一页都是架构图或者目录，如图 6-1 所示。

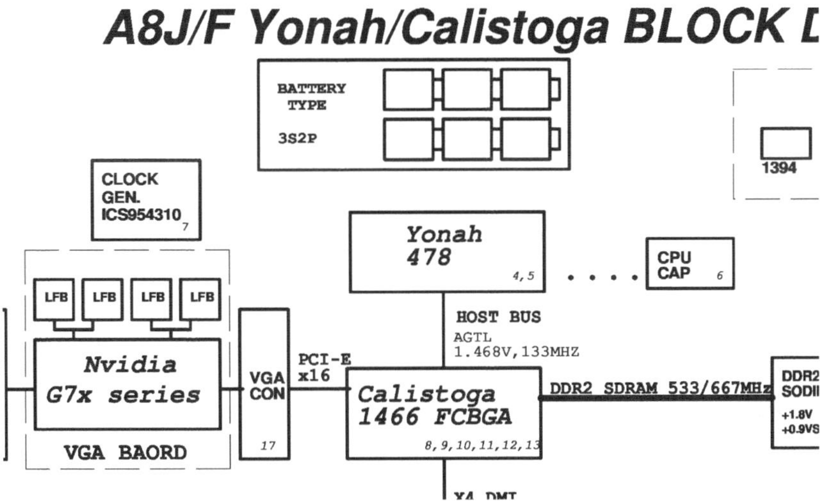

图 6-1　架构图（局部）

架构图中标注了每个功能模块所在的页面。例如，CPU 占据了第 4 页和第 5 页，如果想查看 CPU 所在的页面，则可以从下面的页面输入框输入页码，如图 6-2 所示。

图 6-3 中的 CLK_CPU 和 CLK_CPU_BCLK，因为经过了电阻，不再视为同一个信号，而要视作两个信号。

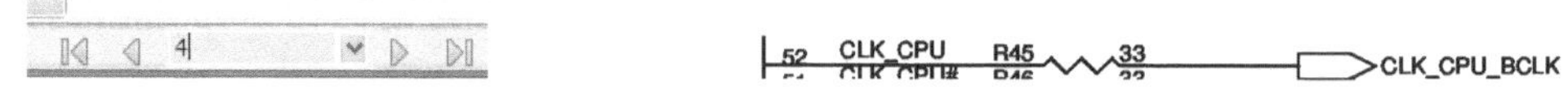

图 6-2　页面输入框　　　　图 6-3　时钟信号的截图

元器件的引脚名字与厂家命名的信号也不能认为是一个概念。如图 6-4 所示，PLTRST#是 C26 脚的引脚名称，而 PLT_RST#则是厂家命名的信号，要查这个信号连接到哪里时，应查找 PLT_RST#。

图 6-5 中 T83 所示为测试点，供工厂测试用。

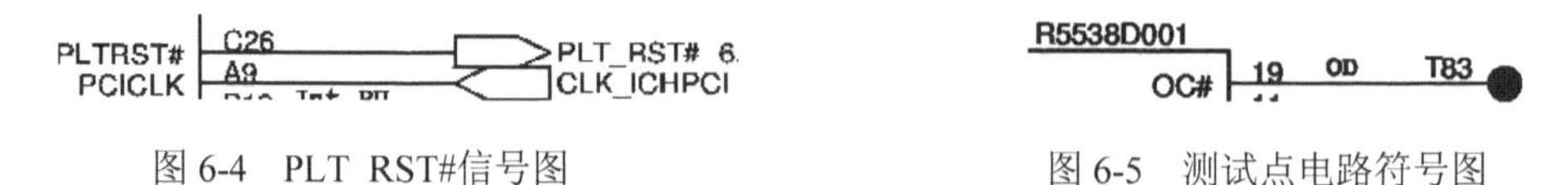

图 6-4　PLT_RST#信号图　　　　图 6-5　测试点电路符号图

隔离点（跳线点）一般用锡直接连接，方便排查故障，其电路符号如图 6-6 所示。

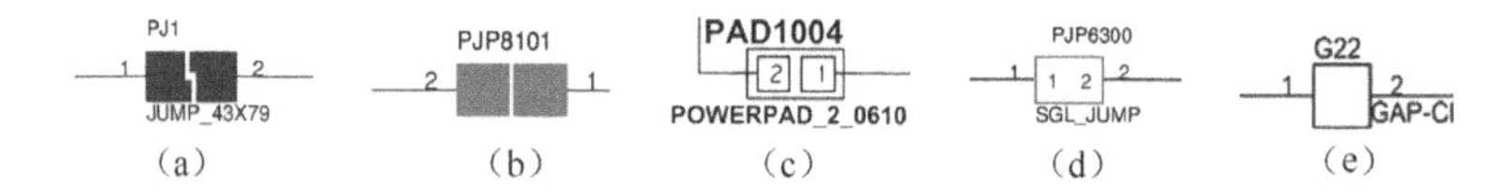

图 6-6　隔离点的电路符号

图 6-7 为隔离点的实物图。

图 6-7　隔离点的实物图

在电路图中，元器件上标了*、@、NOSTUFF 或 OPEN 等，详见表 6-1，表示该元器件在当前版本的主板中未安装。元器件未安装时，在主板的该处两端是断开的。

表 6-1　部分主板上的元器件未安装符号列表

厂　家	符　号	示　例
广达	*	R231 *1K/F_4
仁宝	@	2 @ 1 R163 4.02K_0402_1%
华硕	@	R3055 1 @ 2 10KOhm
	/X	1 PR8302 2 0Ohm /X
纬创	DY	R2008 1 DY 2 0R2J-2-GP
英业达	OPEN	1 R194 2 OPEN
三星	nostuff	R37 20K nostuff
苹果	NOSTUFF	R1888 NOSTUFF 0 2 1 5% 1/20W 201
IBM	NO_ASM	1 2 R108 1005 NO_ASM

如果元器件不装，但又不能断开，就添加 short 字样，或者用直线连接，如图 6-8 所示。

PM_SYNC R498 *0 4 short PM_SYNC_R

图 6-8　元器件直线连接

信号后面带“#”、“-L”或者前面带“-”等，表示该信号低电平有效。“有效”这个词需要细细揣摩，需要结合“#”前面的英文一起理解。如图 6-9 所示，实际上 PERST#和 2231_SHDN#信号在开机状态下都是高电平，但与“低电平有效”这个说法没有冲突。

一般图纸中信号后面跟随的数字，表示该信号连接到的页码，但在 IBM 和 Apple 产品图纸中，如图 6-10 所示，75D3 等表示该信号连接到 75 页坐标位置 D-3 的地方，定位更加精确，方便查找信号。

PERST# 8 PERST#
2231_SHDN# 20 SHDN#

图 6-9　低电平有效信号的电路图

75D3 28C4 6C7 IN CK505_CPU0_P

图 6-10　Apple 产品电路截图

另外，箭头的方向，原本是代表信号的走向，如图 6-11 所示，但由于画图人员画图时的随意性，导致不可全信。

（a）　　　（b）

图 6-11　信号截图

线路交叉时，只有带点的表示线路相连在一起，如图 6-12 所示。

图 6-13 中信号是同一类信号线，一般会画在一起，到另一页后再分开，并不是说这些信号线是实际相连的。

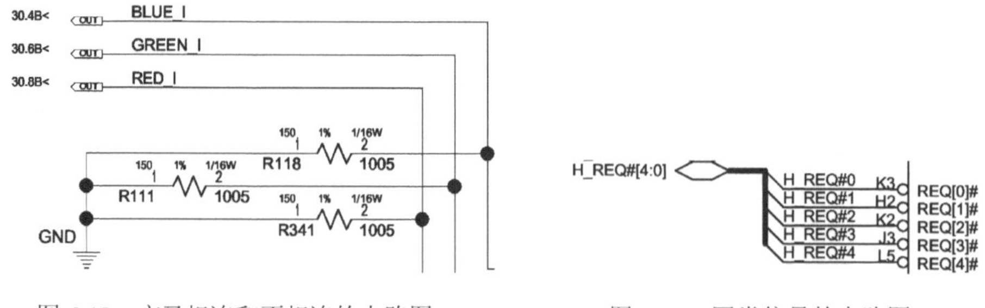

图 6-12　交叉相连和不相连的电路图　　　　图 6-13　同类信号的电路图

6.2　常见点位图的使用

1. CASTW——*.lst

CASTW 是 IBM 使用的点位图。这种点位图的最大特点就是可以看到信号的实际走向。红色表示信号在当前层，黄色表示在其他层。这里“其他层”既指 PCB 的另一面，也指 PCB 的中间层。IBM 点位图的界面如图 6-14 所示。

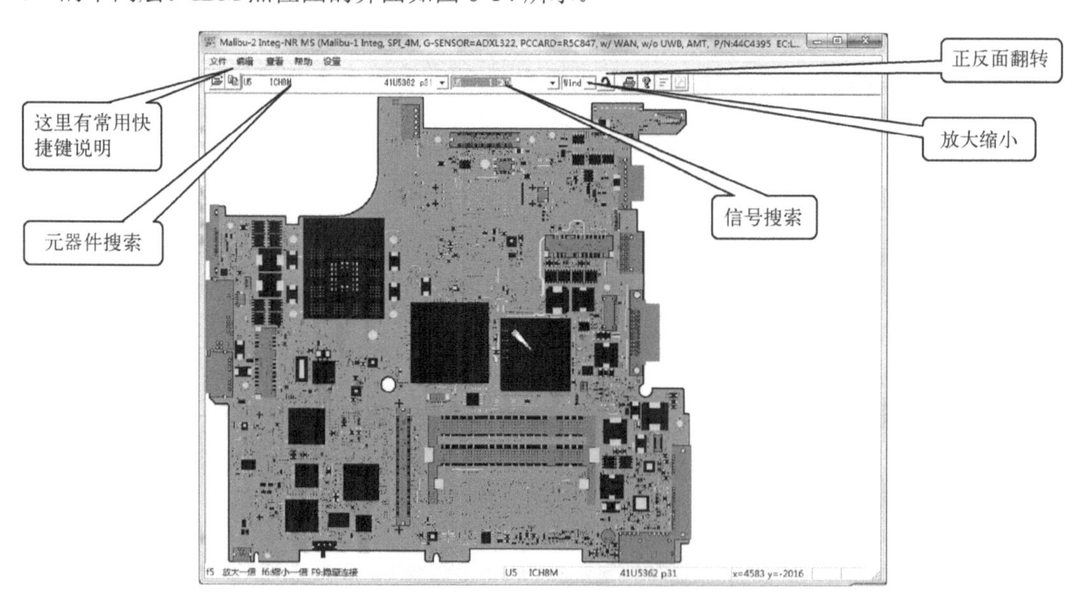

图 6-14　IBM 点位图的界面

2. Test Link——*.brd

良瑞点位图的常用操作如下：按快捷键“C”查找元器件（同时支持 3 个元器件）；按快捷键“N”查找信号；双击鼠标左键放大；单击鼠标右键缩小；按快捷键“R”旋转画

面；空格键翻页。具体操作可以通过“Help”菜单查看。注意在图 6-15～图 6-21 的操作示例中，按快捷键“N”查找的信号是“+1.5V”这个电压。电压也被视为一个信号（或称为网络）。

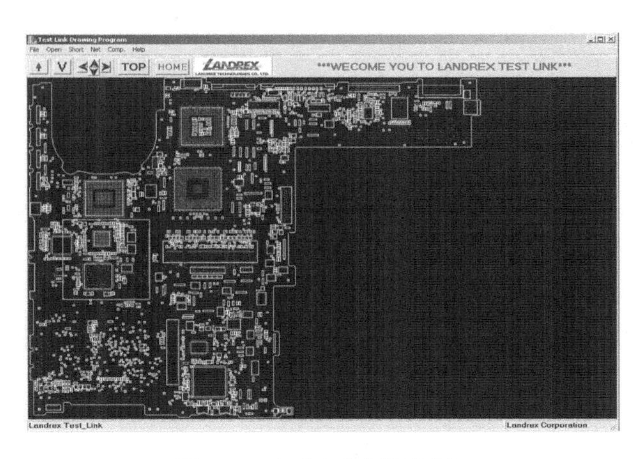

图 6-15　良瑞点位图操作图 1

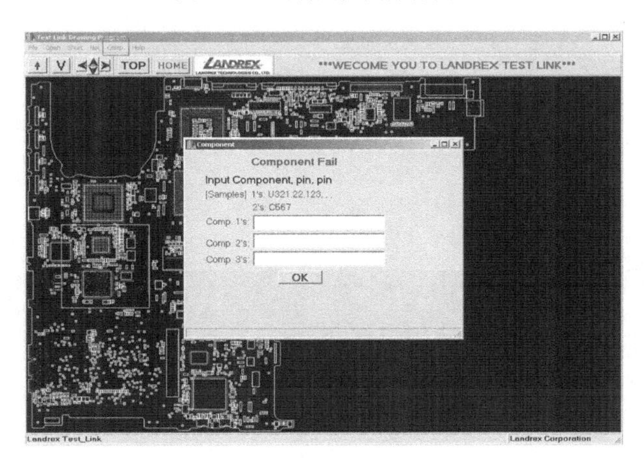

图 6-16　良瑞点位图操作图 2

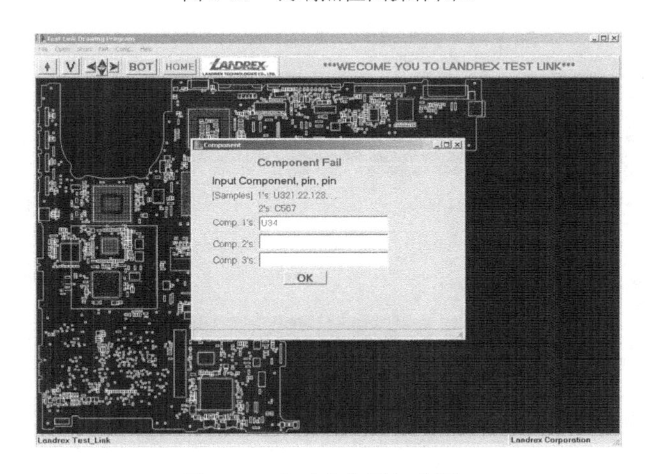

图 6-17　良瑞点位图操作图 3

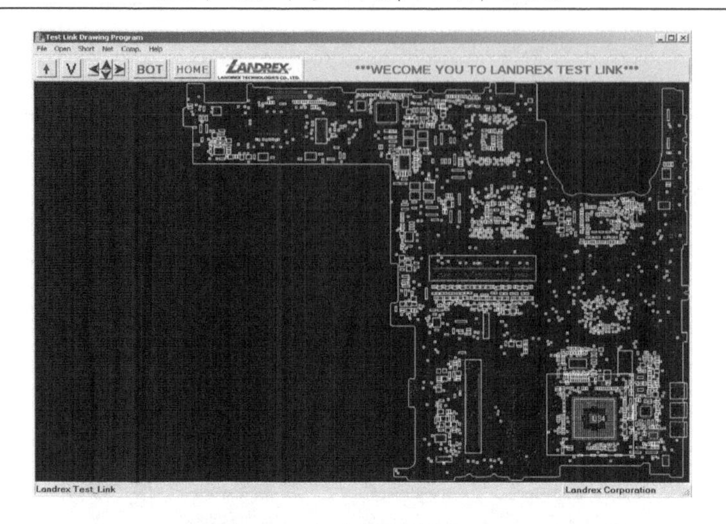

图 6-18　良瑞点位图操作图 4

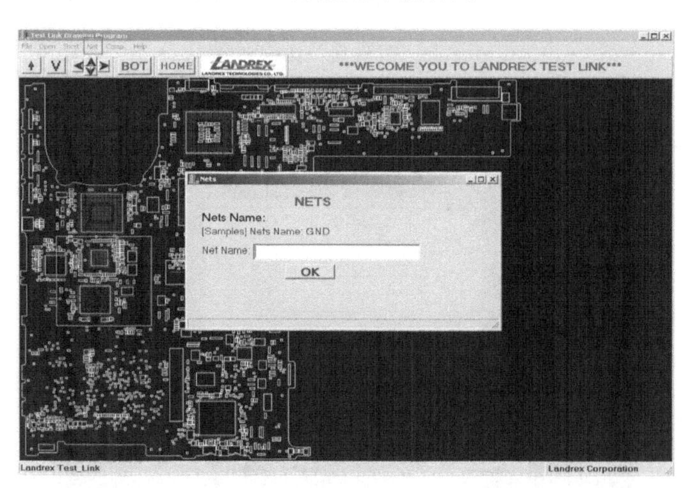

图 6-19　良瑞点位图操作图 5

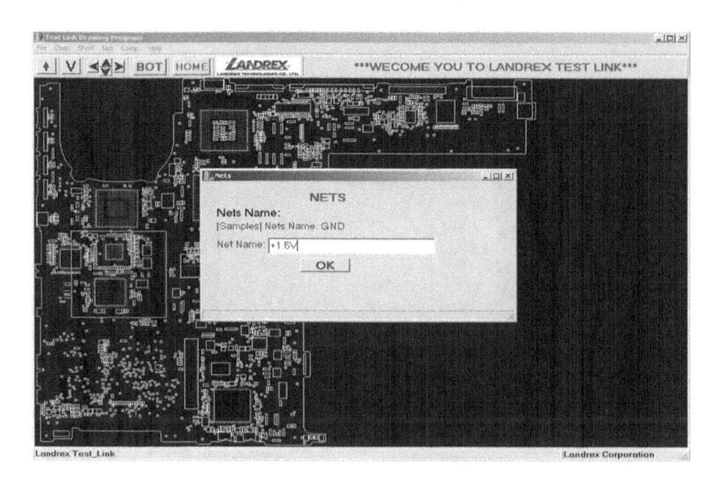

图 6-20　良瑞点位图操作图 6

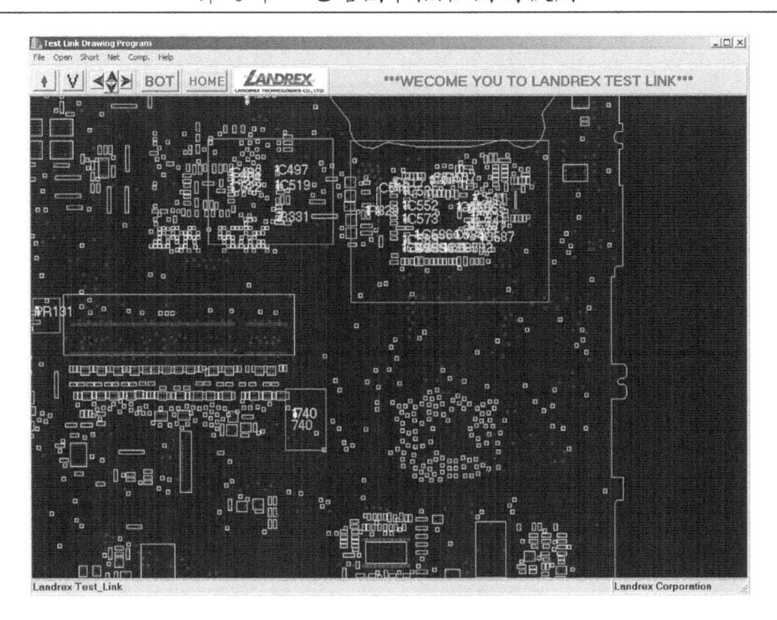

图 6-21　良瑞点位图操作图 7

当点击元器件的引脚时，下方的状态栏会显示该信号的名称，如图 6-22 所示。

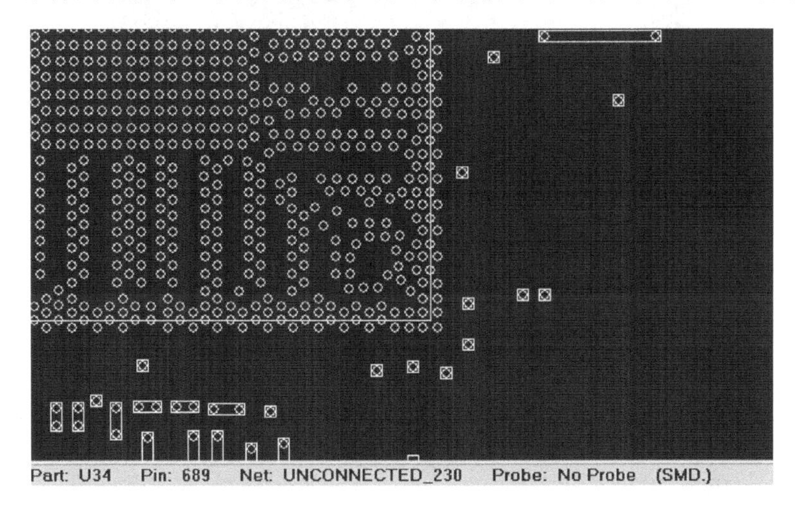

图 6-22　点击元器件引脚的示意图

一个常用的操作是，当焊盘出现掉点现象时，可以对照点位图，查看哪些点需要补，哪些点不需要补。

3．BoardView——*.brd、*bdv、*bv

BoardView 点位图软件用于拓甫（程序 BoardViewR4，文件格式*.brd）、鸿汉（程序 BoardView，文件格式*.bdv）、维扬（程序 BoardView1.3，文件格式*.bv）等公司的文件。

拓甫 BoardViewR4 点位图界面如图 6-23 所示，查元器件是按快捷键“D”，查信号是按快捷键“N”。

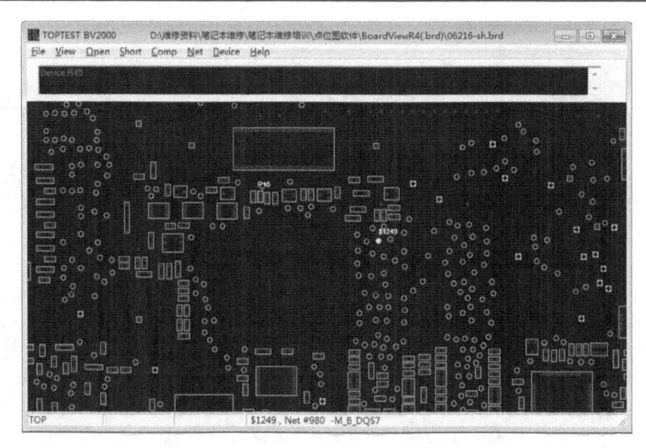

图 6-23　拓甫 BoardViewR4 点位图界面

鸿汉 BoardView 点位图界面如图 6-24 所示，查元器件是按快捷键“D”，查信号是按快捷键“E”。

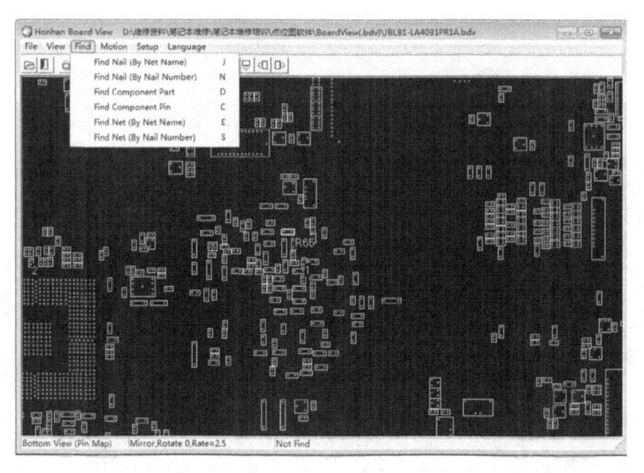

图 6-24　鸿汉 BoardView 点位图界面

维扬 BoardView1.3 点位图界面如图 6-25 所示，查元器件是按快捷键“C”，查信号是按快捷键“E”。

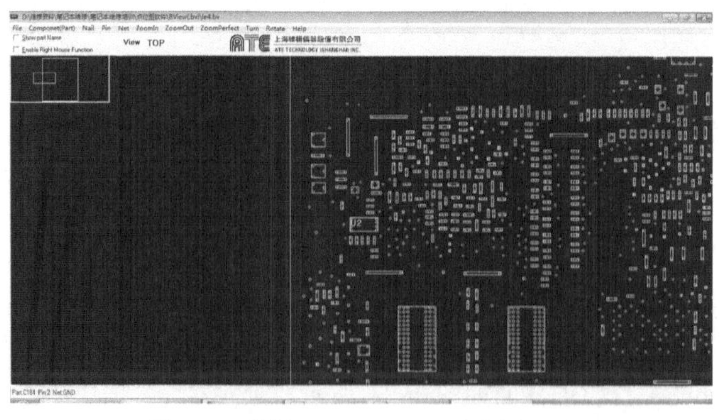

图 6-25　维扬 BoardView1.3 点位图界面

4．TSICT——*.asc

TSICT 软件一般是华硕在使用，技嘉也会用。常用操作如下。

单击“机型”菜单加载文件，BOM 框中有内容就选中，再单击 OK 按钮，如图 6-26 所示。

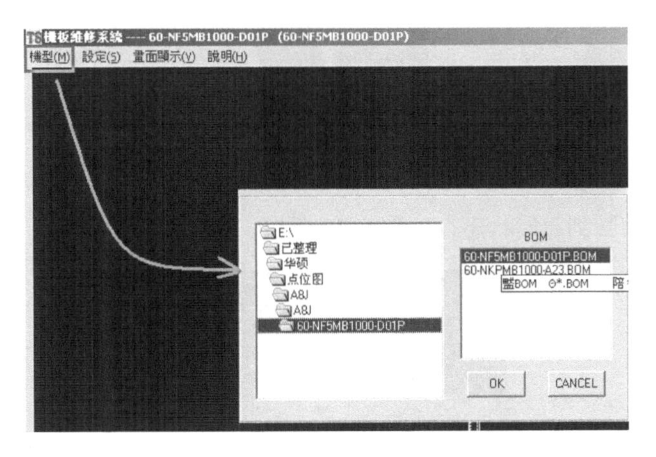

图 6-26　TSICT 点位图打开文件示意图

在左下角的输入框中输入器件标号，选择“TOP”或“Bottom”用于选择主板的正反面，查找器件，如图 6-27 所示。

图 6-27　TSICT 点位图查找器件界面

将鼠标停在器件上，从快捷菜单选择“显示相连器件及 PAD”可查找相连点，如图 6-28 所示。

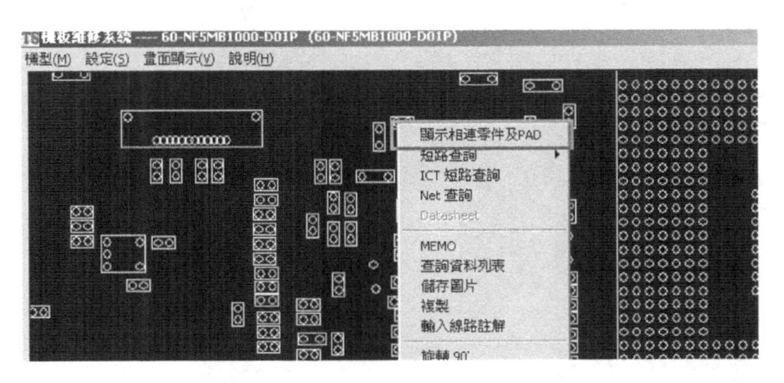

图 6-28　华硕点位图操作示例

在空白位置单击鼠标右键，选择“Net 查询”可查找信号，如图 6-29 所示。

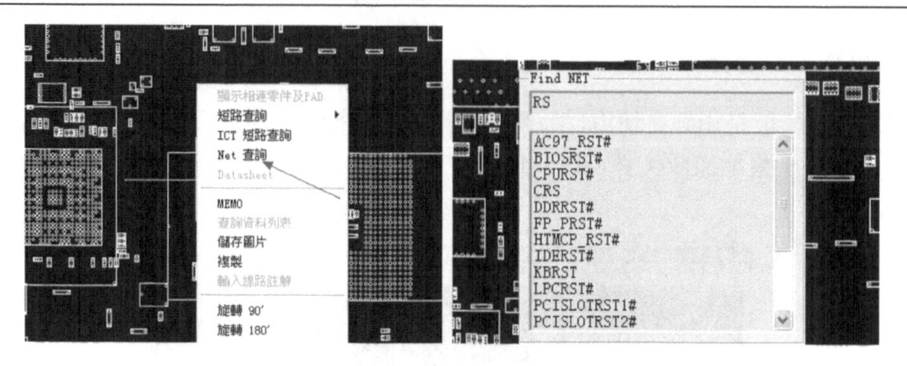

图 6-29　华硕点位图查找信号

单击 AUTO 自动回到起始状态，如图 6-30 所示。

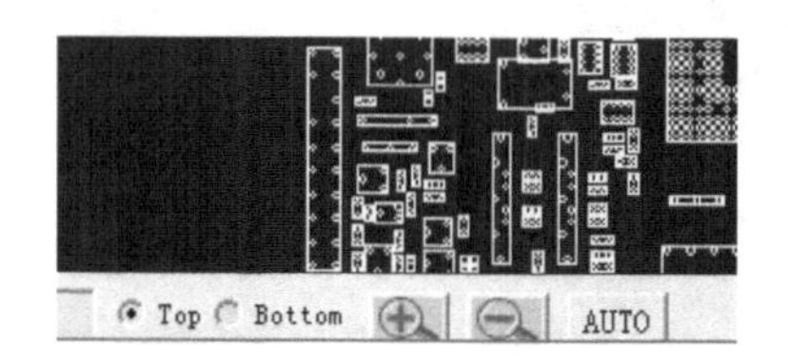

图 6-30　AUTO 键位置图

5．BoardViewer——通用点位图

目前 BoardViewer（见图 6-31）是一款兼容性比较强大的点位图软件，可以打开华硕、微星、广达、纬创、苹果等各厂家的点位图文件，可以说是通用点位图软件。它的操作方法很简单，按“空格”键可以将图形正反面切换；在 Parts 框中输入元器件位置号可以查找相应元器件在主板中的位置；在 Nets 框中输入要查寻的信号名称，可以查寻到相应信号相连的所有元器件；单击图中的元器件时，在右边“部件”栏中会显示出当前所选中的元器件引脚信号名称。

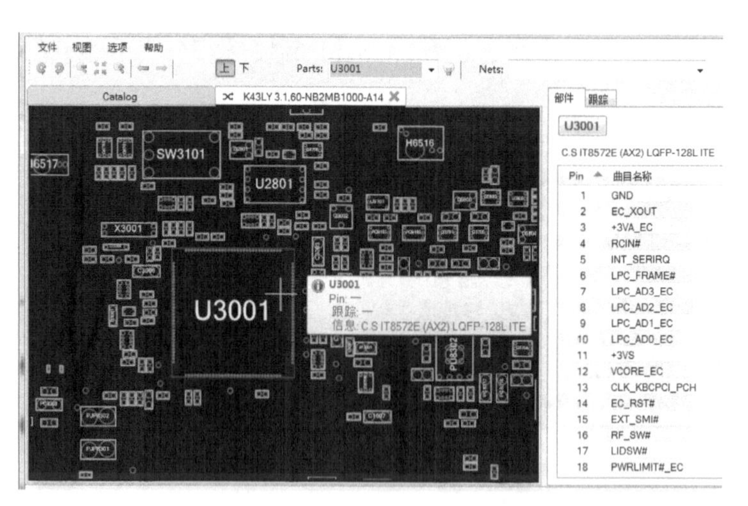

图 6-31　BoardViewer 点位图软件

第7章　EC和BIOS介绍

EC（Embedded Controller，嵌入式控制器）是一个16位单片机。这是笔记本电脑中独具特色的部分，正是因为EC的使用，体现出了笔记本电脑与普通台式电脑的一个重要区别。

在台式电脑中，键盘和鼠标是独立于系统主机的，一般通过PS/2或USB接口与主机系统连接。而在笔记本电脑中，为了实现便携的目的，必然要使用内置键盘（矩阵译码型键盘）和内置鼠标（如触摸板、指点杆都属于内置鼠标设备）。为此笔记本电脑需要专门的键盘控制器。笔记本电脑的专用EC正是具备了这个功能。

而且，笔记本电脑设计的一个最重要的问题就是要使系统更加省电，增加电池的续航能力，既要有良好的散热性能，又要尽量降低系统的噪声，所以要根据温度控制CPU风扇的停、转。笔记本电脑的一些电源管理，如笔记本电脑进入待机或关机模式、外部电源系统的电力调度、智能电池的电力检测、充放电任务，以及一些实用的快捷按钮等都是由EC来完成的。

实际上，笔记本电脑的EC是传统的KBC（KeyBoard Controller，键盘控制器）的延伸，所以也把EC称为KBC，但EC具备了KBC和嵌入式控制两个功能。

EC目前普遍应用在具备智能型节电功能的笔记本电脑设计中，它担负着笔记本电脑内置键盘、触摸板、笔记本电脑电池智能充放电管理以及温度监控等任务。EC在笔记本电脑的便携、智能化、个性化设计中起到了重要的作用。

EC内部本身也有一定容量的Flash来存储EC的代码。EC在系统中的地位绝不次于南北桥。在系统开启的过程中，EC控制着绝大多数重要信号的时序。在笔记本电脑中，EC是一直开着的，无论在开机还是关机状态，除非把电池和适配器完全卸除。

在关机状态下，EC一直保持运行，并在等待用户的开机信息。而在开机后，EC接着控制键盘控制器、充电指示灯及风扇等设备，甚至控制着系统的待机、休眠等状态。

BIOS是英文“Basic Input Output System”的缩写，直译过来后，中文名称就是“基本输入/输出系统”。其实，它是一组固化到计算机内主板上一个ROM芯片上的程序，保存着计算机最重要的基本输入/输出的程序、系统设置信息、开机后自检程序和系统自启动程序。其主要功能是为计算机提供最底层的、最直接的硬件设置和控制。需要注意的是，虽然BIOS原本是指固化在ROM中的程序，但维修中一般都习惯性称呼固化了程序的ROM芯片为BIOS。

图7-1中，大的正方形芯片为EC，小的长方形芯片为BIOS。

图 7-1　EC 和 BIOS 实物图

7.1　EC 的工作条件和功能

1．EC 的基本工作条件

① 待机供电：EC 的待机供电，名称通常是 VCC0、AVCC、VCCA 等，少数是 VBAT。

② 待机时钟：以前通常是外置 32.768kHz 晶振，目前多是内置晶振。

③ 待机复位：EC 最开始的复位信号，名称通常是 ECRST#、WRST#、VCC_POR#等。SMSC H8S 的复位信号是 RES*。

④ 程序：EC 需要获取相应的程序，配置 GPIO 脚后才能工作。程序可能保存在 EC 内部，也可能保存在 EC 下面的 ROM 中。

2．EC 和南桥通信的总线

EC 和南桥通过 LPC（Low Pin Count，低脚位数量）总线连接。

VCC3：LPC 总线的供电，电压为 3.3V。

LPCCLK：LPC CLOCK 为 LPC 功能提供频率 33MHz 的时钟信号，电压为 1.6V 左右。Intel 第 4 代单 CPU 以及 100 系列以后的芯片组中，频率改为 24MHz。

LRESET#：LPC 的复位信号，电压为 3.3V。

LPC_AD[0:3]：地址数据复合线。这四个信号用来传输 LPC 总线地址和数据。

LPC_FRAME#：LPC 的周期框架。当这个信号有效时，指示开始或结束一个 LPC 周期。

3．EC 对 LCD 背光的控制

LID_SW#：合盖开关。LID_SW#有两个作用：在关机状态下，此信号用于 EC 判断是否可以开机；开机后，拉低此信号可以关闭背光。现在通常使用霍尔元件（磁感应器）控制此信号。

LCD_BACKOFF：背光控制。

LCD_BL_PWM：亮度调节。

4. EC对电池充电的管理

（1）预充电

如果电池电压低于0.9V，将判断为电池已经损坏，不会再对电池进行充电，因为对已经损坏的电池进行充电可能会造成安全问题，如爆炸或燃烧。

电池电压低于放电终止电压（3V）并且高于0.9V时，以恒流充电电流的1/10进行小电流充电，时间较短，一般为几分钟。如果用大电流对完全放电的电池进行充电，会对电池造成损害。

（2）恒流充电

电池电压高于一定阈值后，将进入恒流充电，特点是恒流。电池的大部分能量（80%）在这一阶段储存，时间较长。充电电流一般会控制在适当的值，过大会影响充电效率。

（3）恒压充电

电池电压达到充电的终止电压时进入恒压充电，特点是电池电压保持恒定，充电电流逐渐减小。电流小于1/10恒流充电电流时，可以认为充电结束。

（4）涓流充电

充电电流小于1/10恒流充电值时，充电电流逐渐接近0，为涓流充电，特点是电池电压恒定。

目的是补充电池自放电放掉的电量。锂电池的自放电速率一般在每月5%～10%。

5. 如何判断EC是否自带程序

EC要完成各种工作是需要程序（EC CODE）支持的。程序可能保存在其内部的ROM中，也可能保存在主板BIOS中。如果EC自带程序，则维修时，必须找同样的主板拆件来更换；如果不带程序，则可以找同型号芯片更换即可。那如何判断EC是否自带程序呢？

首先看外观，表面贴纸、打记号的EC一般都自带程序。图7-1中的EC不带程序。图7-2中的EC自带程序。

图7-2　自带程序的EC

其次看架构，目前市面上能修到的电脑中，EC 和 BIOS 有四种连接方式，如图 7-3 所示。

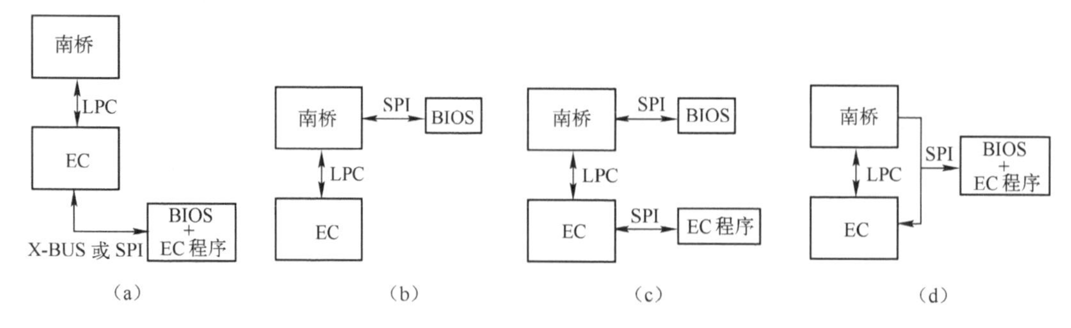

图 7-3 EC 和 BIOS 的关系图

图 7-3（a）是 BIOS 通过 X-BUS 或 SPI 总线连接到 EC，然后 EC 通过 LPC 连接到南桥。一般在这种情况下，EC 的代码是放在 BIOS 中的，也就是和 BIOS 共用一个芯片。

图 7-3（b）是 BIOS 通过 SPI 总线连接到南桥，EC 下没有 ROM，使用自身内部的 ROM。这种方式常见于 ThinkPad 和苹果电脑，最新的联想部分机型也采用这样的方式。

图 7-3（c）是 BIOS 通过 SPI 总线连接到南桥，EC 下面通过 SPI 总线再挂一个 ROM 芯片用于保存 EC 程序。这种 EC 自身不带程序。

图 7-3（d）是 EC 和南桥共同通过 SPI 总线连接 BIOS。这种 EC 不带程序。

7.2 BIOS 的功能和工作条件

BIOS 是计算机系统中用来提供最低级、最直接的硬件控制的程序。它直接对计算机系统中的输入/输出设备进行设备级、硬件级的控制，是连接软件程序和硬件设备之间的枢纽。就 PC 而言，BIOS 包含了控制键盘、显示屏幕、磁盘驱动器、串行通信设备和很多其他功能的代码。计算机技术发展到今天，出现了各种各样的新技术，许多技术的软件部分是借助 BIOS 来管理实现的。例如，PnP 技术（Plug and Play，插即用技术）就是在 BIOS 中加上 PnP 模块来实现的。又如，热插拔技术也是由系统 BIOS 将热插拔信息传送给 BIOS 中的配置管理程序，并由该程序进行重新配置（如中断、DMA 通道等分配）。事实上，热插拔技术也属于 PnP 技术。

除了主板以外，其他设备上，如网卡、显卡、MODEM、数码相机、硬盘等，也有所谓的 BIOS，部分 SCSI 卡和一些特殊功能的接口卡也有自己的 BIOS。例如，显卡上的 BIOS 用于完成显卡和主板之间的通信；硬盘的启动和使用也需要 HDD BIOS 来完成。在开机过程中，主板 BIOS 会调用并执行这些外加的 BIOS 程序，完成对这些硬件的初始化工作。因此从理论上来讲，每种硬件都可以有自己的 BIOS。但是如果 BIOS 太多，不但会增加成本，更会导致兼容性的问题，因此，一般是把已标准化的整合在主板 BIOS 内，对于那些厂商独有的，才以外加 BIOS 的形式出现。这些外部设备的 BIOS 也和主板的 BIOS 一样，采用 Flash ROM 作 BIOS ROM 芯片，同样也可以方便地升级，以修改其缺陷及增强其兼容性。

1. BIOS 的功能

（1）POST 上电自检：电脑接通电源后，系统首先由 POST（Power On Self Test，上电自检）程序对内部各个设备进行检查。通常完整的 POST 自检包括对 CPU、640KB 基本内存、1MB 以上的扩展内存、ROM、CMOS 存储器、串口、并口、显卡、软硬盘子系统及键盘进行测试，一旦在自检中发现问题，则系统将给出提示信息或鸣笛警告。

（2）BIOS 系统启动自举程序：系统完成 POST 自检后，ROM BIOS 就首先按照系统 CMOS 设置中保存的启动顺序搜索软硬盘驱动器及 CD-ROM、网络服务器等有效的启动驱动器，读入操作系统引导记录，然后将系统控制权交给引导记录，并由引导记录来完成系统的顺序启动。

（3）中断服务程序：负责分配主板硬件中断号。

（4）程序设置：开机后进入 CMOS 设置。

2. BIOS 容量识别

例如，型号为 SST 39VF040，有下画线的后三位数字不同，代表容量不同。

001/010/100：1Mb=128KB

002/020/200：2Mb=256KB

004/040/400：4Mb=512KB

008/080/800：8Mb=1MB

160：16Mb=2MB

320：32Mb=4MB

640：64Mb=8MB

注：8b（位）=1B（字节）。

3. BIOS 的封装形式

BIOS 的封装形式有很多种，具体如下。

（1）TSOP48

TSOP48 封装的 BIOS（见图 7-4）全部挂在 EC 下面，使用 X-BUS 总线，引脚定义如图 7-5 所示。

图 7-4 TSOP48 封装的 BIOS

（2）TSOP40

TSOP40 封装的 BIOS（见图 7-6）一般都使用 X-BUS 总线，引脚定义如图 7-7 所示。

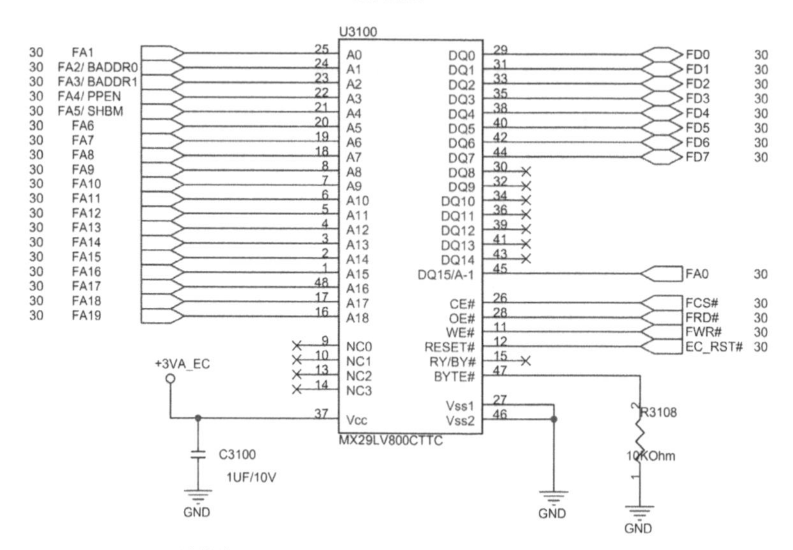

A0～A18：地址线。DQ0～DQ15：数据线。CE#：片选。Vcc：3.3V 供电。

OE#：输出使能。WE#：写允许。RESET#：复位。Vss1、Vss2：接地

图 7-5　TSOP48 封装的 BIOS 引脚定义

图 7-6　TSOP40 封装的 BIOS 实物图

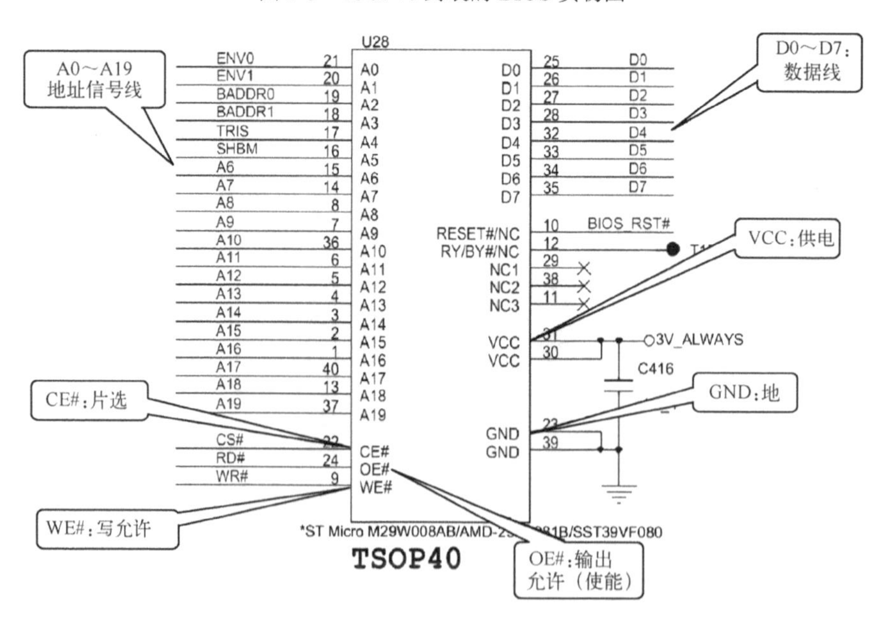

图 7-7　TSOP40 封装 X-BUS 总线 BIOS 引脚定义

（3）TSOP32

TSOP32 封装的 BIOS 一般都使用 X-BUS 总线，脚位功能与 TSOP40 相似，脚位定义如图 7-8 所示。

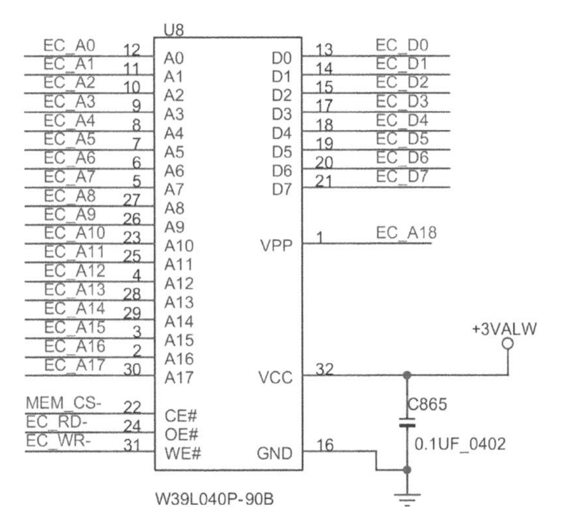

图 7-8　TSOP32 封装 X-BUS 总线 BIOS 引脚定义

（4）PLCC32

PLCC32 封装的 BIOS（见图 7-9）在笔记本电脑中通常也使用 X-BUS 总线，引脚定义如图 7-10 所示。

图 7-9　PLCC32 封装 BIOS 实物图

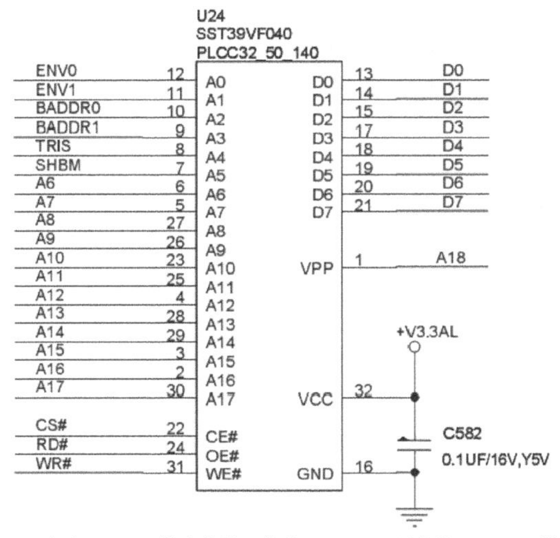

CS#：片选。OE#：使出允许（使能）。WE#：写允许。VCC：供电脚。GND：地。A0～A17：地址信号线。D0～D7：数据信号线

图 7-10　PLCC32 封装的 X-BUS 总线 BIOS 引脚定义

（5）SOP8

8 脚的 BIOS（见图 7-11）都使用 SPI 总线，引脚定义如图 7-12 所示。

图 7-11　SPI 总线 8 脚 BIOS 实物图

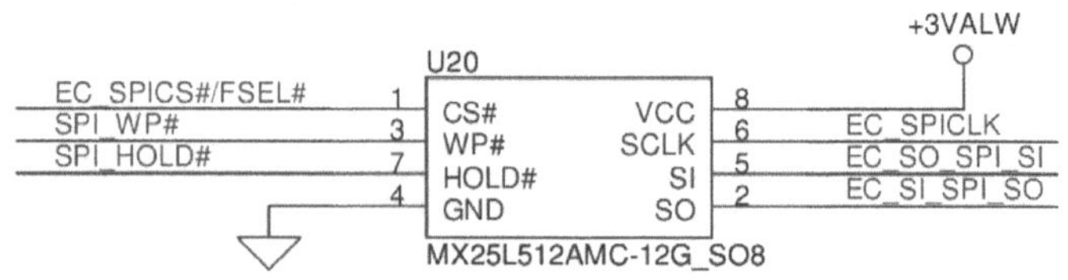

CS#：片选。SO：串行信号输出。WP#：写保护。GND：地。

SI：串行信号输入。SCLK：串行时钟。HOLD#：暂停。VCC：供电

图 7-12　SPI 总线 8 脚 BIOS 引脚定义

（6）SOP16

IBM X200 部分机型所用 BIOS 采用的是 16 脚 SPI 总线 BIOS（见图 7-13），引脚定义如图 7-14 所示。引脚定义与 8 脚 SPI 相似，NC 为空脚。

图 7-13　SPI 总线 16 脚 BIOS 实物图

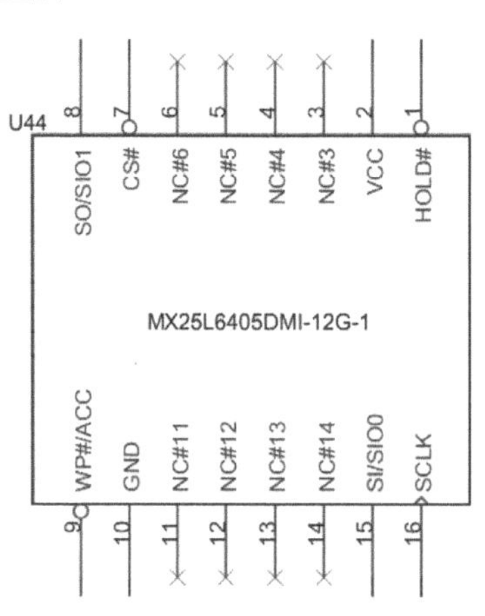

图 7-14　SPI 总线 16 脚 BIOS 引脚定义

第 8 章　笔记本电脑的基本工作流程

作为专业笔记本电脑维修人员，除了具备一定的基础知识外，还需要对笔记本电脑的工作流程、Intel 芯片组标准时序等维修理论知识有充分的了解。本章主要讲述笔记本电脑的启动过程和 Intel 标准时序。

▷▷ 8.1　笔记本电脑的一般开机过程

笔记本电脑的工作过程遵循一定的时序（Sequence）。在笔记本电脑维修过程中，时序在多数情况下的应用是在系统开机上电部分，所以也叫作 Power Sequence，主要就是指一块笔记本电脑主板从待机状态到 CPU 获得 RESET 信号之间整块主板所做的事情。那么从字面上来看，时序就是时间和顺序。主板从待机到上电，再到 CPU 工作，只是很短的时间，几乎就是一秒钟左右，但是主板工作一秒钟会发生很多的事情，即从待机电压产生，到按下开关，到主板接收开关的信号，再到发出各路工作电压。主板的这些工作是会严格遵守一个既定的顺序的。也就是说，第一个步骤如果没有完成，那么第二个步骤是不会开始的。而且每个步骤之间都是有着严格的时间要求的，有的会精确到几毫秒，比如 PWRGD 信号的产生，就要求各路电压稳定 5ms 左右后才会发出。

从上面的介绍可以看出，时序对于一块主板的正常工作有着多么重要的意义，最常见的不上电、不开机等故障，都和时序有着重要的关系。可以说，掌握了时序，对笔记本电脑的各种故障就会有一个基本的维修思路。

▷▷▷ 8.1.1　硬启动过程

1．Intel 8 系列、Intel 9 系列芯片组

① 在没有任何的电力设备供电（没有电池和电源）时，通过 3V 的纽扣电池来产生 VCCRTC 供给南桥的 RTC 电路，以保持内部时间的运行和保存 CMOS 信息。

② 在插上电池或者适配器后，产生公共点电压。

③ 产生 EC 的待机供电（一般是线性电压），在 EC 待机供电正常后，EC 给晶振供电产生 EC 待机时钟（也有些 EC 内置晶振），EC 待机供电延时产生 EC 待机复位，EC 读取程序配置自身脚位（EC 程序通常存在 BIOS 芯片中，EC 通过 SPI 总线读取程序时，可以在 BIOS 芯片的片选引脚上测量到波形，该波形如图 8-1 所示）。

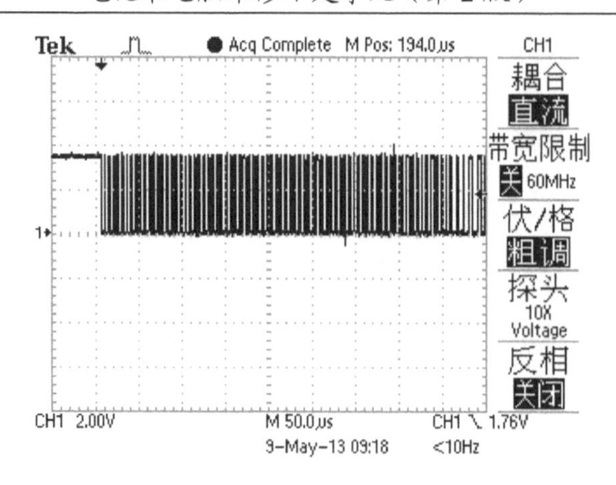

图 8-1　BIOS 片选波形

④ 如果 EC 检测到电源适配器，会自动发出信号开启桥待机供电（VCCSUS3_3、VCCDSW3_3），然后将 DPWROK、RSMRST#信号发送给南桥，通知桥待机电压正常；如果 EC 检测不到适配器（电池模式），EC 需要收到开关触发信号后，才会去开启桥待机供电，以节省电力。

⑤ 按下开关，EC 收到开关信号后，延时发送一个高-低-高的开机信号给南桥 PWRBTN#脚。

⑥ 桥的待机条件正常且收到 PWRBTN#信号后，依次拉高 SLP_S5#、SLP_S4#、SLP_S3#信号。

⑦ SLP_S5#或 SLP_S4#控制产生内存主供电等，SLP_S3#控制产生桥供电、总线供电（VCCIO）、二级转换电压、独立显卡供电等（有些是 SLP 信号直接控制，也有些是 SLP 给 EC 后，EC 去控制）。

⑧ 第⑦步的各供电正常后，PG 汇总送给桥的 PWROK 和 APWROK，同时产生 CPU 供电的开启信号，控制输出 CPU 供电（VBOOT：1.7～1.8V）。

⑨ CPU 供电正常后，供电芯片发出 PG 最终转换送给桥的 SYS_PWROK 脚，桥的 25MHz 晶振起振。

⑩ 桥的 PWROK 和 APWROK 正常后，桥发出 DRAMPWROK（0.87～0.9V），并读取 BIOS 芯片中的 ME 程序。

⑪ 桥发出各路时钟，并返回 33MHz 的时钟给自身的 LOOPBACK 脚。

⑫ 桥发出 PROCPWRGD 给 CPU 的 PWRGOOD 脚；

CPU 输出 VCCIO_OUT 电压用于上拉 SVID 信号；

CPU 发出 SVID 波形给 CPU 供电芯片调整 CPU 核心电压到合适的电压。

⑬ 桥发出 PLTRST#去复位各个设备。

⑭ 桥发出 CPU 复位（PLTRST_PROC#）送给 CPU 的 RESET#脚，给 CPU 提供复位。

⑮ CPU 得到复位后，通过 DMI 总线到桥，桥再通过 SPI 总线读取 BIOS，开始自检（跑码）。

以上就是硬启动过程，在硬启动过程中，可以把笔记本电脑的供电分为 4 个层次。

① G3 状态供电：刚插上电源时产生的电压，一般供给电源开关和 EC，通常是以线性方式

产生的。

② S5 状态（软关机状态）供电：南桥的待机电压，供给南桥的 VCCSUS3_3。此供电通常是以 PWM 方式产生的。

③ S3 状态供电：内存的供电。

④ S0 状态供电：电脑正常运行需要的各个主供电，包括桥主供电、总线供电、CPU 供电等。

有时候，也可以把 G3 状态或者 S5 状态下的 3V、5V 称为系统供电。

2. Intel 酷睿第 4 代、第 5 代低功耗 CPU 芯片组

① 在没有任何电力设备供电时（没有电池和电源），装入 3V 的纽扣电池或内置主电池后，产生 VCCRTC 给 CPU 内部桥模块（以下简称“CPU”）的 RTC 电路供电。

② 插上电池或适配器后，经过保护隔离电路，产生公共点电压。

③ 产生 EC 的待机供电，在 EC 待机供电正常后，EC 内部产生 EC 待机时钟（一般内置时钟，内置晶振），待机供电延时产生 EC 待机复位（部分 EC 复位由 EC 内部上拉，如 LA-B162 采用的 KB9022），EC 读取程序配置自身脚位。

④ 如果 EC 检测到适配器，会自动开启待机电压，送给 CPU 的 VCCDSW3_3 和 VCCSUS3_3，然后 EC 将 DPWROK、RSMRST#信号发送给 CPU，通知 CPU 待机电压正常；如果 EC 检测不到适配器（电池模式），则 EC 需要收到开关触发信号后，才会去开启待机供电，以节省电力。

⑤ 按下开关，EC 收到开关信号后，延时发送一个高-低-高的开机信号给 CPU 的 PWRBTN#脚。

⑥ CPU 收到开关信号后，发出高电平的 SLP_S5#、SLP_S4#、SLP_S3#、SLP_A#、SLP_LAN#。

⑦ SLP_S5#或 SLP_S4#控制产生内存主供电 1.35V，内存主供电 1.35V 同时送给 CPU 的内存模块供电 VDDQ。SLP_S3#控制产生二级电压 3.3V、二级电压 5V、桥模块供电 1.5V（VCCTS1_5）、维持电压 1.05V（VCCST）等。

⑧ 第⑦步的各供电正常后，延时产生 PG 送给 CPU 的 VCCST_PWRGD、PCH_PWROK、SYS_PWROK 和 APWROK 脚，CPU 的 24MHz 晶振起振。CPU 发出 VR_EN 作为 CPU 供电的开启信号，控制产生 CPU 供电（VBOOT：1.7～1.8V），CPU 同时发出 SM_PG_CNTL1 控制产生 0.675V 的内存 VTT 电压。

⑨ CPU 供电正常后，供电芯片发出 PG 最终转换送给 CPU 的 VR_READ。

⑩ PCH_PWROK 和 APWROK 正常后，CPU 读取 BIOS 芯片中的 ME 程序。

⑪ CPU 发出各路时钟。

⑫ CPU 延时发出 PLTRST#，再发出 SVID 波形给 CPU 供电芯片，将 CPU 核心电压调整到合适的电压。

⑬ CPU 内部完成复位后，CPU 通过 SPI 总线读取 BIOS，开始自检（跑码）。

3. Intel 酷睿第 6 代、第 7 代低功耗 CPU 芯片组

① 在没有任何的电力设备供电时（没有电池和电源），装入 3V 的纽扣电池或内置主电

池后，产生 VCCRTC 给 CPU 内部桥模块（以下简称“CPU”）的 RTC 电路供电。

② 插上电池或适配器后，经过保护隔离电路，产生公共点电压。

③ 产生 EC 的待机供电（有些电脑的 EC 待机供电分为两个：深度睡眠待机供电由 RTC 电路或线性提供；主待机供电需按开关后由 PWM 提供，如 DELL 新机器）。在 EC 待机供电正常后，EC 内部产生 EC 待机时钟（一般内置时钟，内置晶振），待机供电延时产生 EC 待机复位（部分 EC 复位由 EC 内部上拉，如 LA-B162 采用的 KB9022），EC 读取程序配置自身脚位。

④ 如果 EC 检测到适配器，会自动开启待机电压同时送给 CPU 的 VCCDSW_3P3、VCCPRIM_3P3、VCCATS_1P8 和 VCCPRIM_1P0。如果 EC 检测不到适配器（电池模式），则 EC 需要收到开关触发信号后，才会去开启待机供电，以节省电力。

⑤ EC 延时发出待机电压好信号，同时送给 CPU 的 DSW_PWROK 和 RSMRST#，通知 CPU 待机电压已经正常。

⑥ EC 收到开关信号后，延时发送一个高-低-高的开机信号给 CPU 的 PWRBTN#脚。

⑦ CPU 发出高电平的 SLP_S5#、SLP_S4#、SLP_S3#、SLP_A#、SLP_LAN#等。

⑧ SLP_S5#或 SLP_S4#控制产生内存主供电 1.35V 或 1.2V 和 USB 供电、1.0V（VCCST）；SLP_S3#控制产生二级电压 3.3V、二级电压 5V、VCCSTG/VCCPLL（1.0V）等。

⑨ 第⑧步的各供电正常后，产生 VCCST_PWRGD 送给 CPU，CPU 发出 DDR_VTT_CNTL 控制产生内存 VTT 电压 0.675V。延时产生开启信号给 CPU 供电芯片，控制产生 VCCSA 供电（0.55～1.15V）；部分低功耗的移动 CPU 有 VCCOPC（4 级缓存 eDRAM）供电，电压值为 1.05V。

⑩ CPU 的 24MHz 晶振起振，延时产生 PG 送给 CPU 的 PCH_PWROK、SYS_PWROK。

⑪ PCH_PWROK 正常后，CPU 读取 BIOS 芯片中的 ME 程序。

⑫ CPU 发出各路时钟。

⑬ CPU 延时发出 PLTRST#，再发出 SVID 波形给 CPU 供电芯片开启 CPU 核心供电（0.55～1.5V）。

⑭ CPU 内部完成复位后，CPU 通过 SPI 总线读取 BIOS 程序，开始自检（跑码），自检到内存时产生 DRAM_RESET#，自检过内存后，CPU 再次发出 SVID 控制产生集成显卡供电 VCCGT（0.55～1.5V）。

▷▷▷ 8.1.2　软启动过程

接下来以 Intel PCH 桥架构芯片组为例，讲解 CPU 得到复位信号之后的寻址过程和上电自检流程。

在电脑硬启动过程中，CPU 的复位信号发出并保持一定时间的低电平，当供电电路已经稳定后，才撤去低电平，保持高电平，CPU 开始工作，硬启动完成，开始进行软启动。

（1）CPU 会发出寻址指令，通过 DMI 总线（见图 8-2）送给 PCH 桥。

（2）PCH 桥收到 CPU 的寻址指令后开始寻找 BIOS。首先搜寻 PCI 总线上是否有 BIOS。当 PCI 总线上没有 BIOS 时，根据 GNT1#、GNT0#信号的设置来判断 BIOS 的位置，见表 8-1。如果 BIOS 挂在 SPI 总线下，则 PCH 桥直接通过 SPI 总线读取 BIOS 程序。如果

BIOS 挂在 EC 下，则 PCH 桥通过 PCI 模块译码后才能与 LPC 总线上的 EC 通信，当 EC 收到寻址指令后，再经 X-BUS 总线或者 SPI 总线到 BIOS，BIOS 再原路返回数据到 CPU，CPU 运行 BIOS 中的 POST 自检程序，开始自检动作。

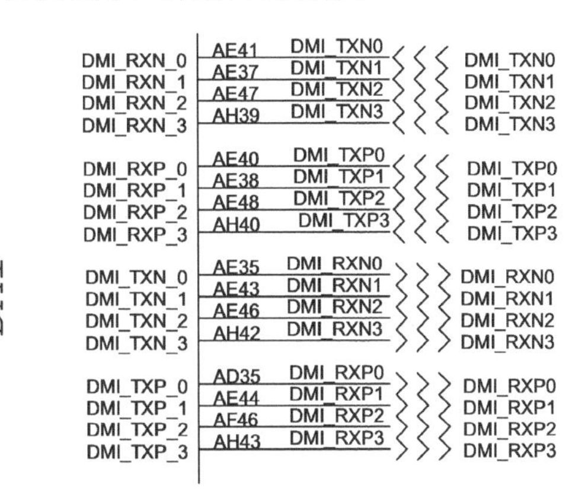

图 8-2　DMI 总线

表 8-1　BIOS 位置设置

GNT1#	GNT0#	Boot 位置
1	1	SPI　*
0	0	LPC

判断 LPC 总线是否动作的关键信号：LPC_FRAME#（LPC 帧周期）。

判断 BIOS 是否动作的关键信号：CS#（片选信号）。低电平选中，高电平没有选中。

（3）CPU 正确读取到 BIOS 自检程序后，开始执行 POST 指令的过程。

① 当 CPU 寻址正常并收到 BIOS 返回的 POST 自检程序后，开始初始化芯片组（也就是 PCH 桥）和 PCIE 总线（独立显卡）。

② PCH 桥初始化后，通过 SMBUS 总线抓取内存，并对内存进行初始化，波形如图 8-3 所示。

③ 自检完内存后，BIOS 将自检程序存入内存。

④ 从内存上调用 BIOS 程序逐一测试各个设备，如键盘控制器、网卡、声卡等。

⑤ 检测显卡，查找并调用显卡的 BIOS 完成显卡的初始化。

⑥ 显卡开始通过 EDID 总线（EDP 信号采用 AUX 通道读屏）读取屏信息（见图 8-4），读到屏信息后，发出信号开启屏供电和背光。

⑦ 显示开机 LOGO 画面。

⑧ 检测一些标准设备，包括硬盘、光驱、USB 设备等。

⑨ 标准设备检测完后，系统内部的支持即插即用代码将开始检测和配置系统中的即插即用设备，并为这些设备分配中断地址、DMA 通道和 I/O 端口等资源。

⑩ 所有硬件检测完，并都分配了中断地址后，也就是所有的硬件建立起了一个硬件系统，这时将生成一个 ESCD 文件（系统 BIOS 用来与操作系统交换硬件配置信息的一种手

段，这些数据存在 CMOS 中），CPU 会把生成的 ESCD 和上次的 ESCD 进行比较，发现差别时，会更新 ESCD 中的数据。

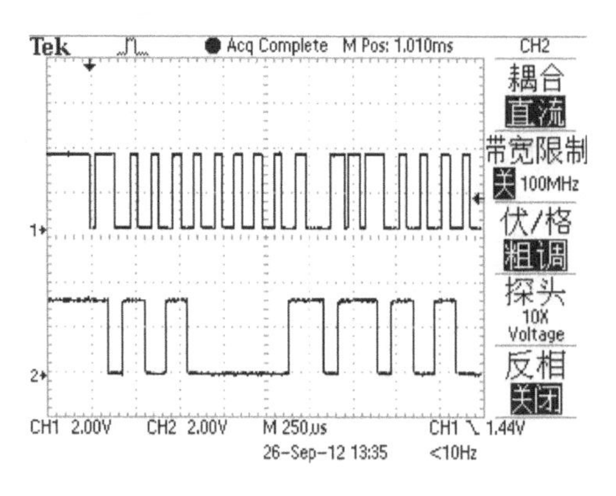

图 8-3　内存 SMBUS 波形

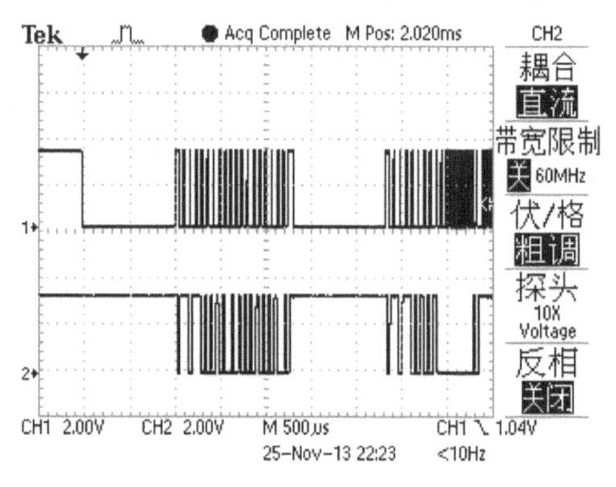

图 8-4　EDID 波形

⑪ ESCD 更新后，CPU 也就把 POST 和中断服务程序执行完毕，接着将进行系统的自举程序。系统 BIOS 的启动代码根据用户指定的启动顺序来启动操作系统，先在启动设备中找到启动文件，然后写入内存，BIOS 将电脑控制权交给启动文件，由启动文件引导操作系统，如 Windows 7、Windows 10 等。

8.2　关于 ACPI 规范

8.2.1　ACPI 概述

ACPI（Advanced Configuration & Power Interface）是高级配置与电源接口标准。在 ACPI 提出之前，业界通用的电源管理规格是由微软发展的一个 BIOS 级的 APM（Advanced Power Management）。ACPI 就是要取代 APM。

ACPI 是由 Intel、Microsoft、Toshiba 共同制定的，是为了在操作系统和硬件之间有一个共同的电源管理接口，以改进在电源管理上由不同的厂商所制定的不统一接口。

从 Windows 98/SE、Windows ME 及 Windows 2000、Windows XP 开始支持 ACPI，从笔记本电脑到桌上型电脑和服务器均支持此规格。

ACPI 可以让系统进入低电源消耗的“睡眠状态”，如待机和休眠等，目的就是控制电脑的电源消耗。

ACPI 所有的状态可分为 G（Global）、D（Device）、S（Sleeping）、C（CPU）。

8.2.2　ACPI 的 G（Global）状态

Global 是指所有系统，G 状态又可分为如下 4 种。

① G0 状态：Working（工作）状态。用户程序可正常执行，但是设备可以动态分配自己的状态。在没有用到此设备时，此设备可进入其他非工作状态。在该状态下，系统实时响应外部事件。在该状态下，不能拆装机。

② G1 状态：Sleeping（睡眠）状态。此状态下系统消耗较少的电能，没有任何使用者的程序在执行。系统看起来就像在关机状态，因为此时显示屏是关闭的。只要有任何唤醒激活的事件传达进入系统，就会很快恢复到工作状态。在该状态下，不能拆装机。

③ G2/S5 状态：Soft Off（软关机）状态。此状态下系统只保留非常少的电源，没有任何使用者和操作系统的程序在执行。若想由该状态恢复到工作状态，需要较长的时间。在该状态下，不能拆装机。

④ G3 状态：Mechanical Off 状态。此状态下整个系统的电源均关闭，没有任何电流通过系统，系统只能重新打开电源的开关来激活。此状态下不耗电。

▷▷▷ 8.2.3　ACPI 的 D（Device）状态

Device 是指一些设备，如调制解调器、硬盘、光驱等，又可分为如下 4 种。

① D0 状态：Fully-On。正常工作状态。

② D1 状态：可节省较少的电能，仍然保持活动的设备功能比 D2 状态下要多得多。该状态由设备本身所决定，有些设备不能进入 D1 状态。

③ D2 状态：某些功能被关闭，可省较多的电能。该状态由设备本身所决定，有些设备不能进入 D2 状态。

④ D3 状态：Off。此状态下设备的电源完全被移出，所以下次电源再一次被供应时需要操作系统重新再对这个设备进行一次设定。此状态下设备不对地址线进行译码。该状态需要最长的唤醒时间。所有的设备都可以进入该状态。

▷▷▷ 8.2.4　ACPI 的 S（Sleeping）状态

ACPI 的 S 状态是指 Sleeping（睡眠）状态，又可分为浅睡眠状态和深度睡眠状态。睡眠的控制信号有 SLP_S3#、SLP_S4#、SLP_S5#、SLP_SUS#，用于控制系统的 S0、S1、S2、S3、S4、S5、DS4/DS5 状态。

① S0 状态：实际上这就是平常的工作状态，所有设备全开，功耗一般会超过 80W。

② S1 状态：在此状态下已经将 CPU 内部时钟关闭，但系统（CPU、Cache、芯片组）的数据均没有遗失，其他的部件仍然正常工作。这时的功耗一般在 30W 以下。其实，有些 CPU 降温软件就是利用这种工作原理开发的。

③ S2 状态：类似 S1 状态，这时 CPU 处于停止运作状态，CPU 和 Cache 的数据已遗失，总线时钟也被关闭，但其余的设备仍然运转。

④ S3 状态：这就是我们熟悉的 STR（Suspend to RAM）状态，也就是挂起到内存状态，除了内存的数据外，其余 CPU、Cache、芯片组的数据均遗失，内存的数据由硬件持续提供电源来维护。这时的功耗不超过 10W。

挂起到内存指的是 CPU 的信息、系统信息在真正进入 S3 状态之前，要存储到内存里面去。当合上盖的时候，在进入 S3 状态之前，都需要把所有的软件断点信息、CPU 信息、系统信息等备份到内存里面去，保留完成以后，操作系统会去修改 PCH 桥里面寄存器的内容，也就是说，PCH 桥系统寄存器里的某一个位被修改了，PCH 桥就会立即把 SLP_S3#拉低，此时意味着整机要断电。但是 RTC 电路 SLP_S4#所控制的内存供电依然存在，因为内存要不断地自刷新。内存是 RAM，如果断电就会丢失数据，而且时间长了电荷也会慢慢泄放，也会导致内存里的数据慢慢丢失，所以要不断地对内存进行充电，这个过程就是刷新。从 S3 状态返回到 S0 状态，并不需要重新引导系统，因为它们的上下文关系已经备份到内存里面，它只需要去读取断点信息就可以了，这样就能快速的返回到 S0 状态。

注意：在 S3 状态下，CPU 供电、PCH 桥的大部分供电、显卡供电、网卡供电、硬盘供电、光驱供电等供电都关掉了，所以在重新唤醒后，从 S3 状态进入 S0 状态的过程中，需要重新对硬件进行复位，重新运行 POST 自检程序，只是不用去全新引导系统。

⑤ S4 状态：也称为 STD（Suspend to Disk），也就是挂起到硬盘。系统主电源关闭，但是系统信息会存入硬盘。使用 Windows 2000 及以后的操作系统，内存的所有资料保存到硬盘的 hiberfil.sys 文件中，硬盘不带电。

⑥ S5 状态：所有设备全部关闭，即软关机（Shutdown），功耗接近为 0，与 G2 状态相同。在这个状态下，VCCSUS 电压（VCCDSW3_3、VCCSUS3_3、V5REF_SUS 等）都正常。

⑦ DS4/DS5 状态：深度 S4/S5 状态。在该状态下只有 VCCDSW3_3 供电，VCCSUS 电压关闭。一般只有在电池模式下才需要进入 DS4/DS5 状态，用于延长电池的续航能力，当从 S4/S5 状态进入 DS4/DS5 状态时，会有两个握手信号：SUSWARN#和 SUSACK#，由 PCH 桥拉低 SUSWARN#这个信号送给 EC 或外部的逻辑电路，如果 EC 或外部逻辑电路认为可以关掉 SUS 电压，那 EC 或外部逻辑电路会拉低 SUSACK#送给 PCH 桥，PCH 桥将会拉低 SLP_SUS#，关断 SUS 电压。

最常用到的是 S3（STR）状态，一旦按下电源按钮，系统就被唤醒，马上从内存中读取数据并恢复到 STR 状态之前的工作状态。内存的读/写速度极快，因此用户感到进入和离开 STR 状态所花费的时间不过是几秒而已。而 S4 状态，即 STD（挂起到硬盘），数据是保存在硬盘中的。由于硬盘的读/写速度比内存要慢得多，因此用起来也就没有 STR 那么快了。

▷▷▷ 8.2.5　ACPI 的 C（CPU）状态

ACPI 的 C 状态是指 CPU 的状态，又可分为如下 5 种。

① C0 状态：CPU 正常工作状态。

② C1 状态：CPU 自动暂停工作，该状态下软件完全不受影响，有最低的唤醒时间。在该状态下的硬件唤醒时间必须足够短，这样操作软件在决定是否使用该设备时可以完全忽略该状态下的硬件唤醒时间。

③ C2 状态：类似 C1 状态，此时南桥发出 STPCLK#至 CPU，停止 CPU 内部时钟，但 CPU 继续监视总线和高速缓存的一致性。C0-C2-C0 状态的时序如图 8-5 所示。

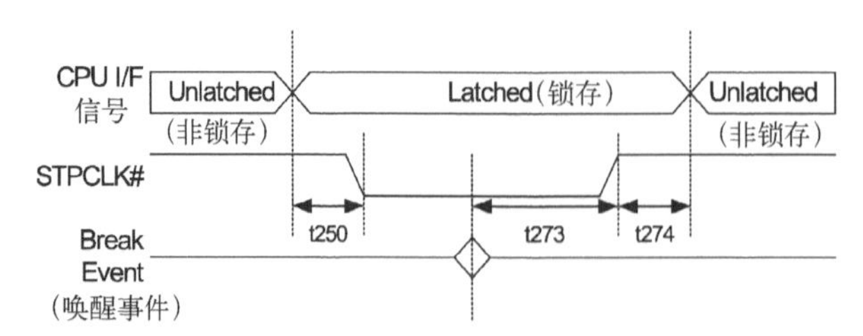

图 8-5　C0-C2-C0 状态的时序

④ C3 状态：休眠状态，即关闭外部时钟，南桥发出 STP_CPU#至时钟芯片以关闭 CPU 的时钟，同时南桥发出 DPSLP#至 CPU，通知 CPU 进入 C3 状态。C0-C3-C0 状态的时序如图 8-6 所示。

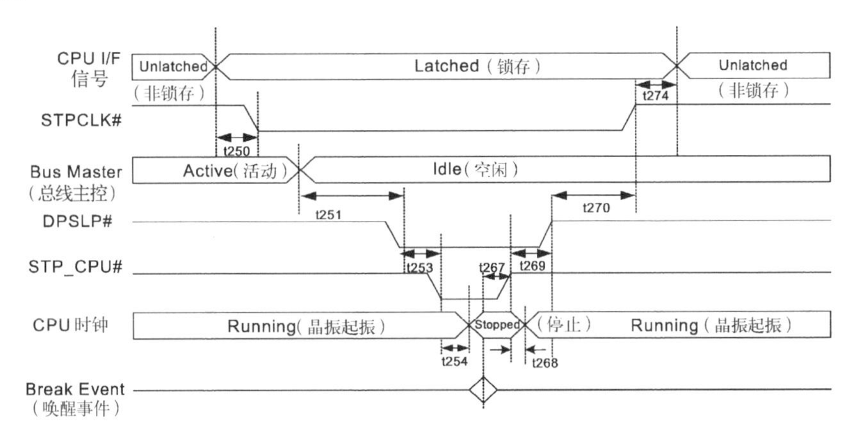

图 8-6　C0-C3-C0 状态的时序

⑤ C4 状态：类似于 C3 状态，在南桥发出 STP_CPU#关闭 CPU 时钟后，南桥发出 DPRSLPVR 及 DPRSTP#信号至 CPU 供电电源管理芯片，用以关闭 CPU 核心电压。C0-C4-C0 状态的时序如图 8-7 所示。

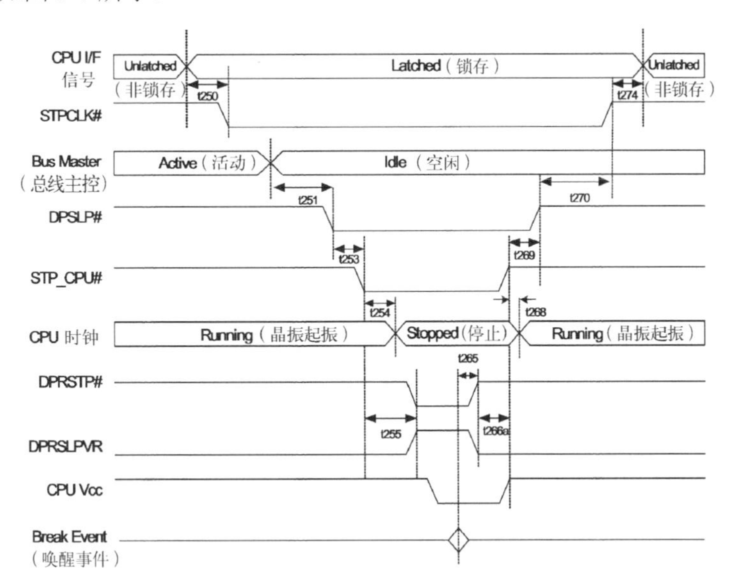

图 8-7　C0-C4-C0 状态的时序

▷▷▷ 8.2.6　ACPI 的电源和控制信号

① 3VSB：3.3V 待机电压，给 PCH 桥内的 ACPI 控制器、网卡、PCI 等的唤醒提供电源。3VSB 只是习惯性称呼，每个厂家的名称都不相同，但在相同芯片组、PCH 桥内名称是相同的。

3VSB 在三大芯片组中的标准名字：Intel 为 VCCSUS3_3 和 VCCDSW3_3，nVIDIA 为 +3.3V_DUAL，AMD 为 S5_3.3V 或 VDDIO_33_S。

② RSMRST#：待机电压正常的信号，电压为 3.3V。

RSMRST#在三大芯片组中的名字：Intel、AMD 为 RSMRST；nVIDIA 为 PWRGD_SB。

DPWROK：深度睡眠待机电压好信号，电压为 3.3V，仅 Intel 芯片组才有此信号。

③ SLP_S3#、SLP_S4#、SLP_S5#、SLP_SUS#：低电平控制进入 S3、S4、S5、DS4/DS5 状态的信号。例如，系统正常运行时处于 S0 状态，4 个信号都应无效，电压为 3.3V。不支持深度睡眠时，SLP_SUS#悬空不采用。与 SLP_S*#信号类似的有 SUSB#、SUSC#等。各睡眠状态下睡眠信号的状态见表 8-2。

表 8-2 各睡眠状态下睡眠信号的状态

状态 / 信号	S0	S1/S2	S3	S4	S5	DS4/DS5
SLP_S3#	1	1	0	0	0	0
SLP_S4#	1	1	1	0	0	0
SLP_S5#	1	1	1	1	0	0
SLP_SUS#	1	1	1	1	1	0

④ PWRBTN#：Power Button，电源按钮。在关机时，拉低 PWRBTN#信号，ACPI 将依次置高 SLP_S5#、SLP_S4#、SLP_S3#到 3.3V。如果 PWRBTN#持续 4s 低电平，将使系统强制进入 S5 状态。

8.3 时钟、PG 和复位电路

如果把电脑系统的各个设备比喻为一群人，那么时钟芯片就好比口令员。不过这不是一个口令员，而是一个集成了多个口令员的团体。它给主板上各主要系统芯片、插槽提供不同频率的时钟信号，但相连的设备之间要频率相同。这些芯片之间才能正常地交换数据信息。

而本节将要说的 PG 和复位是对 PCH 桥来说的：一个是 PCH 桥的工作条件；另一个是 PCH 桥得到此工作条件后所做的事务。

8.3.1 时钟电路

1. 时钟芯片的工作条件

时钟芯片的工作条件如下。

① 供电：由+3VS 经 L16 和 L32 产生+CLK_VDD、+CLK_VDD1 提供 3.3V 电压，由+1.05VS 经 L15 产生+CLK_VDDSRC 提供 1.05V 电压。

② 开启信号 CK_PWRGD/PD#：高电平 3.3V 开启。

③ 14.318MHz 基准晶振 Y2。

④ CPU_STOP#、PCI_STOP#：CPU 和 PCI 时钟停止指令，正常工作时要为高电平。

⑤ SMBCLK、SMBDATA：系统管理总线，用于传输 BIOS 指令。

⑥ FSLA、FSLB、FSLC：频率选择，根据不同的 CPU 产生不同的前端总线时钟信号。

2. Intel GM45 芯片组的时钟信号分布

Intel GM45 芯片组时钟信号的分布如图 8-8 所示，具体如下。

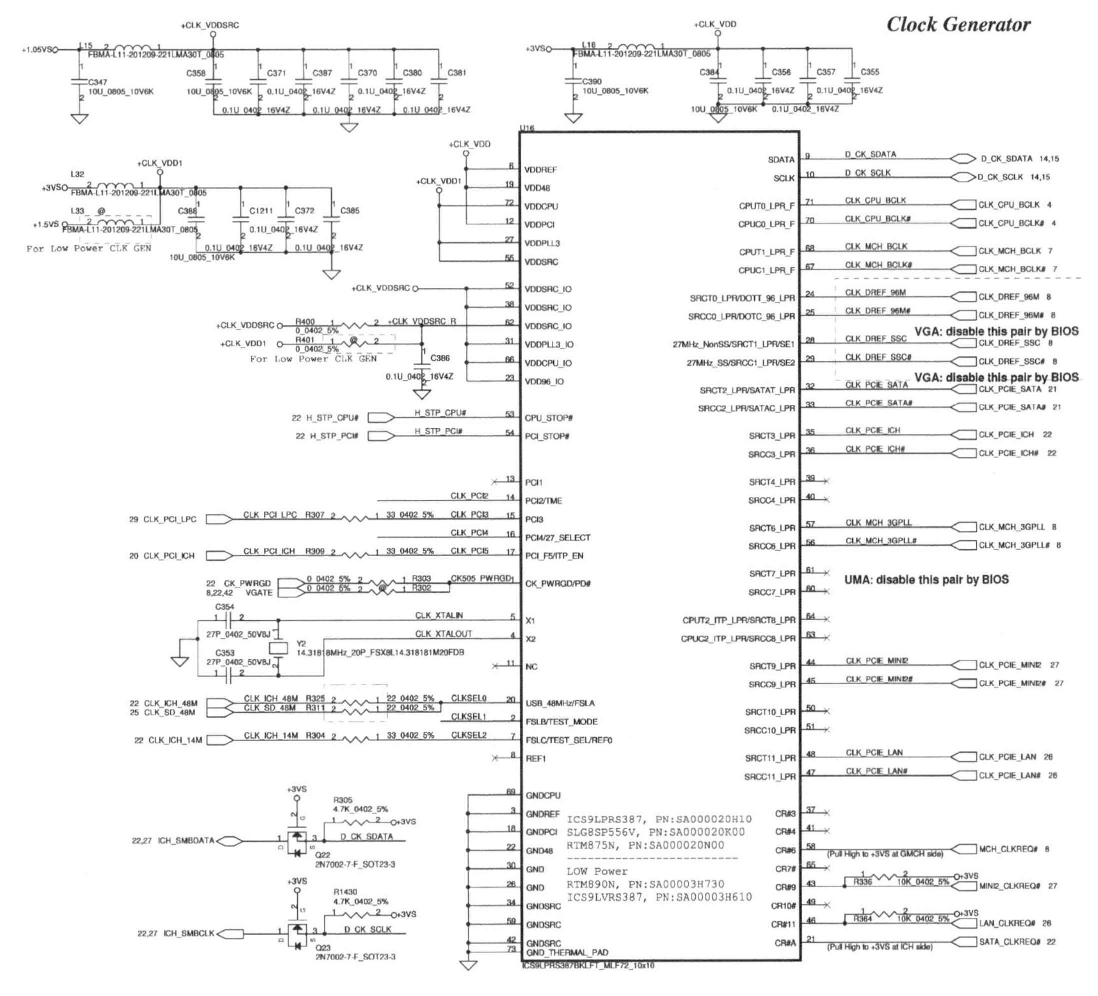

图 8-8　Intel GM45 芯片组时钟信号分布

① 71、70 脚的 CLK_CPU_BCLK、CLK_CPU_BCLK#是时钟芯片送给 CPU 的前端总线时钟信号，为 100MHz 以上，具体值由 FSA、FSB、FSC 设定。

② 68、67 脚的 CLK_MCH_BCLK、CLK_MCH_BCLK#是时钟芯片送给北桥的前端总线时钟信号，为 100MHz 以上，具体值由 FSA、FSB、FSC 设定。

③ 24、25、28、29 脚是时钟芯片发给北桥的集成显卡时钟信号，为 96MHz 和 100MHz。

④ 32、33 脚是时钟芯片发给南桥内的 SATA 控制器时钟信号，为 100MHz。

⑤ 35、36 脚是时钟芯片发给南桥的 PCIE 模块时钟信号，为 100MHz。

⑥ 57、56 脚是时钟芯片发给北桥的 100MHz 核心时钟信号。

⑦ 44、45 脚是时钟芯片发给 MINI PCIE 槽的 100MHz 时钟信号，用于无线网卡等。

⑧ 48、47 脚是时钟芯片发给板载网卡的 100MHz 时钟信号。

⑨ 15 脚是时钟芯片发给 EC 芯片的 33MHz 时钟信号。

⑩ 17 脚是时钟芯片发给南桥的 33MHz 时钟信号，用于南桥内部的复位电路。

⑪ 20 脚是时钟芯片发给 SD 读卡器芯片和南桥内 USB 控制器的 48MHz 时钟信号。

⑫ 7 脚是时钟芯片发给南桥的 14.318MHz 基准时钟信号。

⑬ 58、43、46、21 脚是各路时钟请求信号，低电平有效。

3．Intel HM55 芯片组的时钟信号分布

Intel HM55 芯片组的时钟信号分布如图 8-9 所示。它的特点是时钟芯片只发给 PCH 桥时钟信号，再由 PCH 桥转发出各路时钟信号给其他设备。如果支持集成显卡，并且集成显卡支持 DVI、DP、HDMI、e-DP 接口，桥需要由 25MHz 晶振提供时钟信号。

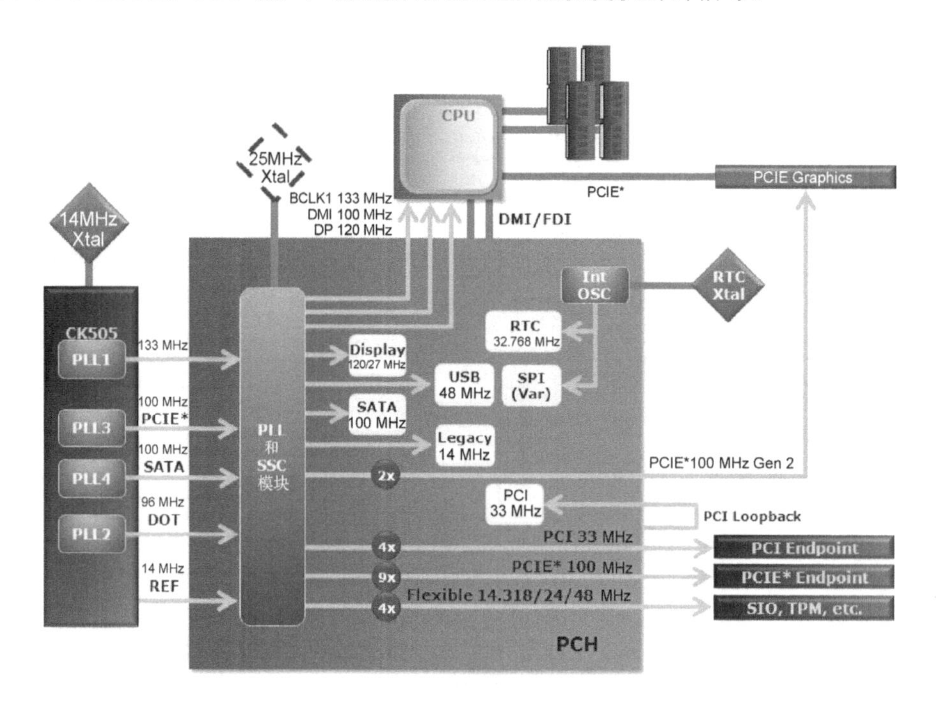

图 8-9　Intel HM55 芯片组的时钟信号分布

4．Intel HM65 以上芯片组的时钟信号分布

Intel HM65 以上芯片组的时钟信号分布如图 8-10 所示，特点是桥集成时钟芯片，必须要由 25MHz 晶振提供时钟信号。

5．AMD 双桥芯片组的时钟信号分布

AMD 双桥芯片组的时钟信号分布如图 8-11 所示，时钟芯片发出各路时钟信号，但唯独不负责发出 33MHz 时钟信号，33MHz 时钟信号由南桥发出。

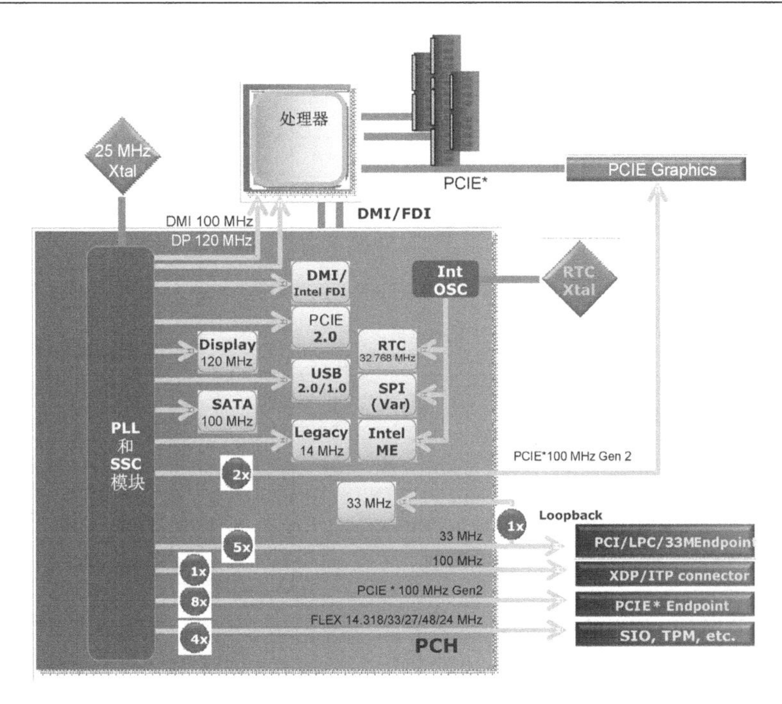

图 8-10　Intel HM65 以上芯片组的时钟信号分布

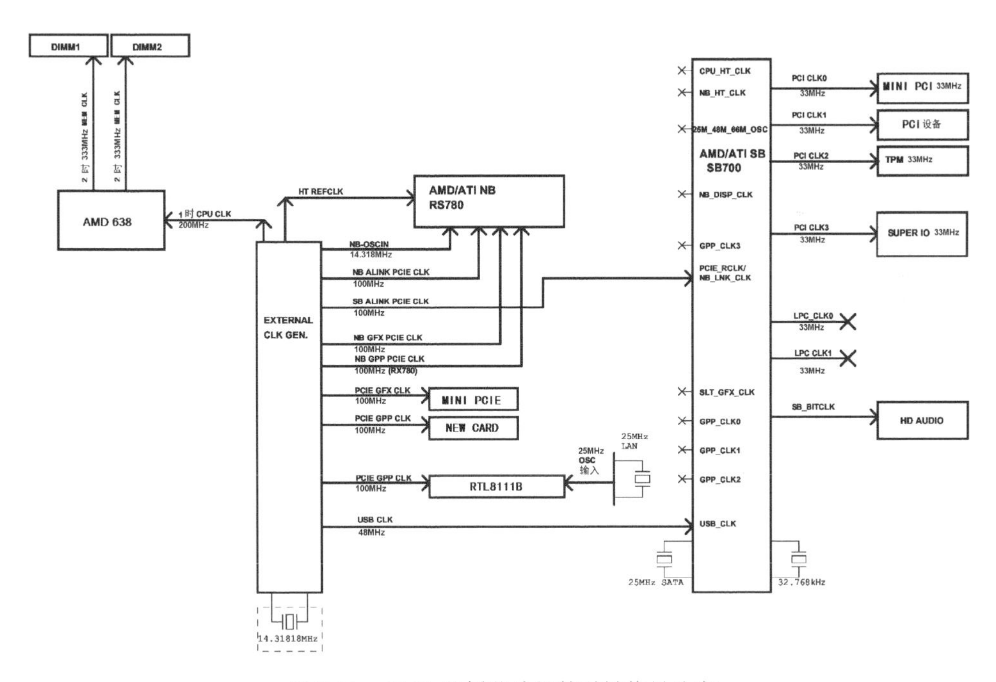

图 8-11　AMD 双桥芯片组的时钟信号分布

6．AMD 单桥芯片组的时钟信号分布

AMD 单桥芯片组的时钟信号分布如图 8-12 所示，特点是桥集成时钟芯片。

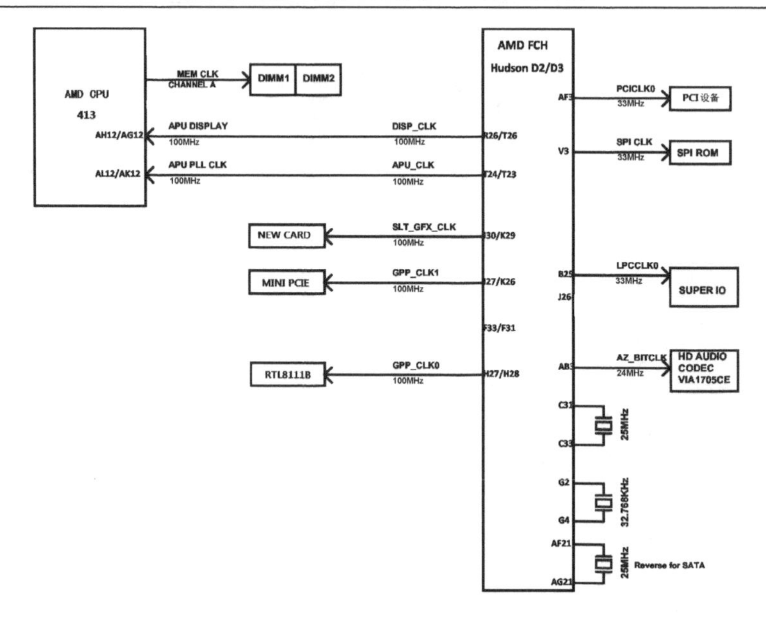

图 8-12　AMD 单桥芯片组的时钟信号分布

7．nVIDIA 芯片组的时钟信号分布

nVIDIA 芯片组的时钟信号分布如图 8-13 所示，特点是桥集成时钟。

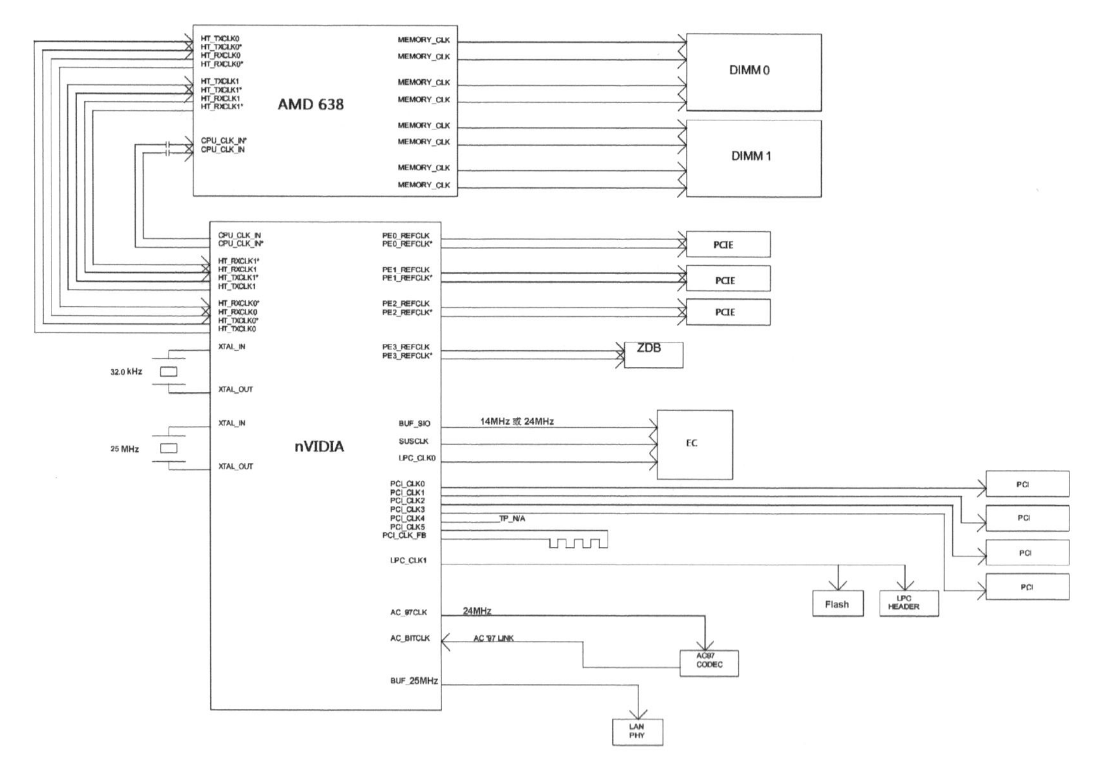

图 8-13　nVIDIA 芯片组的时钟信号分布

8.3.2 PG 和复位电路

Intel 南桥内部的 VRMPWRGD、PWROK、CPUPWRGD、APWROK、SYSPWROK、PROCPWRGD、PLTRST#、PCIRST#信号的解释如下。

VRMPWRGD：此信号应当连接至 CPU 供电芯片的 PWRGD 信号，用于指示 CPU 核心电压已稳定，在南桥内部跟 PWROK 信号相与，在 Intel 6 系列芯片组以后被取消。VRMPWRGD 引脚定义原文如图 8-14 所示。

VRMPWRGD	I	**VRM Power Good:** This should be connected to be the processor's VRM Power Good signifying the VRM is stable. This signal is internally ANDed with the PWROK input.

图 8-14　VRMPWRGD 引脚定义原文截图

PWROK：信号有效时，PWROK 通知 ICH 或 PCH 所有电源已经产生且稳定 99ms，PCICLK 已经稳定 1ms。PWROK 变为低电平时，ICH 产生低电平的 PLTRST#。注：PWROK 必须无效至少 3 个 RTCCLK 时钟周期。PWROK 引脚定义原文如图 8-15 所示。

PWROK	I	Power OK: When asserted, PWROK is an indication to the ICH9 that all power rails have been stable for 99 ms and that PCICLK has been stable for 1 ms. PWROK can be driven asynchronously. When PWROK is negated, the ICH9 asserts PLTRST#. **NOTE:** 1. PWROK must deassert for a minimum of three RTC clock periods in order for the ICH9 to fully reset the power and properly generate the PLTRST# output. 2. PWROK must not glitch, even if RSMRST# is low.

图 8-15　PWROK 引脚定义原文截图

CPUPWRGD：CPU 电源好，在 Intel 6 系列芯片组以后取消了这个信号。这个信号应连接到处理器的 PWRGOOD 脚，表示 CPU 的供电是有效的。这是一个输出信号，是由 PWROK 和 VRMPWRGD 相与形成的。CPUPWRGD 引脚定义原文如图 8-16 所示。

CPUPWRGD	O	**CPU Power Good:** This signal should be connected to the processor's PWRGOOD input to indicate when the processor power is valid. This is an output signal that represents a logical AND of the ICH9's PWROK and VRMPWRGD signals.

图 8-16　CPUPWRGD 引脚定义原文截图

APWROK：桥收到的 ME 模块供电电源好信号，支持 AMT 时，APWROK 由 AMT 电路控制；不支持 AMT 时，APWROK 与 PWROK 连在一起。APWROK 引脚定义原文如图 8-17 所示。

APWROK	I	**Active Sleep Well (ASW) Power OK:** When asserted, indicates that power to the ASW sub-system is stable.

图 8-17　APWROK 引脚定义原文截图

SYS_PWROK：系统电源好信号。SYS_PWROK 引脚定义原文如图 8-18 所示。

PROCPWRGD：桥发给 CPU 的 PG，电压 1.05V。PROCPWRGD 引脚定义原文如

图 8-19 所示。

SYS_PWROK	I	**System Power OK:** This generic power good input to the PCH is driven and utilized in a platform-specific manner. While PWROK always indicates that the core wells of the PCH are stable, SYS_PWROK is used to inform the PCH that power is stable to some other system component(s) and the system is ready to start the exit from reset.

图 8-18　SYS_PWROK 引脚定义原文截图

PROCPWRGD	O	**Processor Power Good:** This signal should be connected to the processor's UNCOREPWRGOOD input to indicate when the processor power is valid.

图 8-19　PROCPWRGD 引脚定义原文截图

DRAMPWROK：桥收到 PWROK 后，开漏输出 DRAMPWROK，由外部电压提供上拉送给 CPU，通知 CPU 内存模块供电正常。DRAMPWROK 引脚定义原文如图 8-20 所示。

DRAMPWROK	OD O	**DRAM Power OK:** This signal should connect to the processor's SM_DRAMPWROK pin. The PCH asserts this pin to indicate when DRAM power is stable. This pin requires an external pull-up resistor.

图 8-20　DRAMPWROK 引脚定义原文截图

PLTRST#：ICH 产生 PLTRST#信号去复位整个硬件平台上的所有设备（如 SIO、FWH、LAN、GMCH、TPM 等）。当 PWROK 及 VRMPWRGD 都为高电平时，ICH 会延时 1ms 后驱动 PLTRST#为高电平。PLTRST#引脚定义原文如图 8-21 所示。

PLTRST#	O	**Platform Reset:** The Intel® ICH9 asserts PLTRST# to reset devices on the platform (e.g., SIO, FWH, LAN, (G)MCH, TPM, etc.). The ICH9 asserts PLTRST# during power-up and when S/W initiates a hard reset sequence through the Reset Control register (I/O Register CF9h). The ICH9 drives PLTRST# inactive a minimum of 1 ms after both PWROK and VRMPWRGD are driven high. The ICH9 drives PLTRST# active a minimum of 1 ms when initiated through the Reset Control register (I/O Register CF9h). **NOTE:** PLTRST# is in the VccSus3_3 well.

图 8-21　PLTRST#引脚定义原文截图

PCIRST#：这是第二个复位信号，在 Intel 6 系列芯片组以后取消了这个复位。它是由 PLTRST#延时缓冲而来的。PCIRST#引脚定义原文如图 8-22 所示。

PCIRST#	O	**PCI Reset:** This is the Secondary PCI Bus reset signal. It is a logical OR of the primary interface PLTRST# signal and the state of the Secondary Bus Reset bit of the Bridge Control register (D30:F0:3Eh, bit 6).

图 8-22　PCIRST#引脚定义原文截图

第 9 章　PWM 电路精解

PWM（Pulse Width Modulation）即脉冲宽度调制，简称脉宽调制，是利用微处理器的数字输出来对模拟电路进行控制的一种非常有效的技术，广泛应用在从测量、通信到功率控制与变换的许多领域中。笔记本电脑中大多数供电电路都采用 PWM。相比线性稳压电源，PWM 电路有效率高、输出功率大等优点，但也有电路较复杂的缺点。

▷▷ 9.1　PWM 电路介绍

笔记本电脑主板中的 PWM 电路一般由 PWM 芯片、MOS、线圈和电容构成。

▷▷▷ 9.1.1　PWM 的工作原理简介

PWM 通过调节有效脉冲周期 T_1 占整个脉冲周期 T 的比例（占空比）调节输出电压。以图 9-1 为例，有效周期的电压幅度最高约 5V，占空比大约 50%，因此其输出电压为 5V×50%=2.5V。

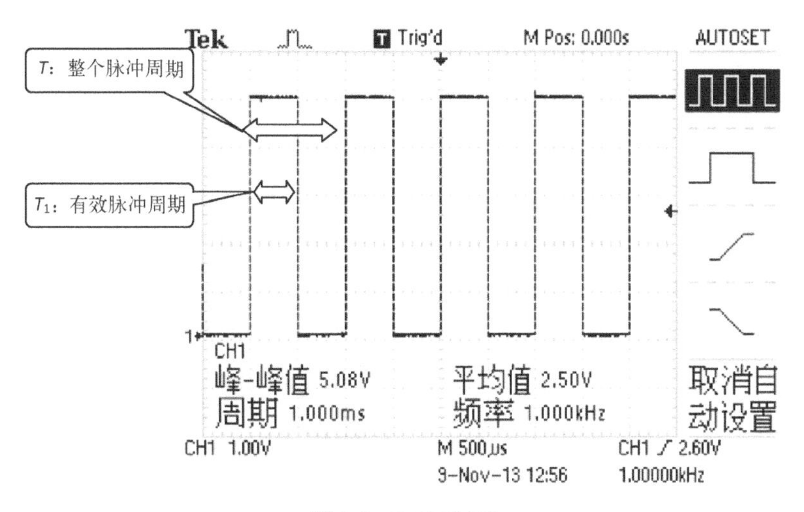

图 9-1　PWM 波形

1．PWM 供电的工作原理

PWM 供电电路原理如图 9-2 所示，通过 PWM 芯片控制上下管的开关来调节电压，当打开上管时，VIN 经过上管给 LC 储能电路充电并给后级供电；芯片通过 FB 监控到充电满了后，关闭上管，并打开下管，构成 LC 储能电路的放电回路，继续给后级供电。图中 T_1 为开启状态的周期，T_2 为关闭状态的周期。

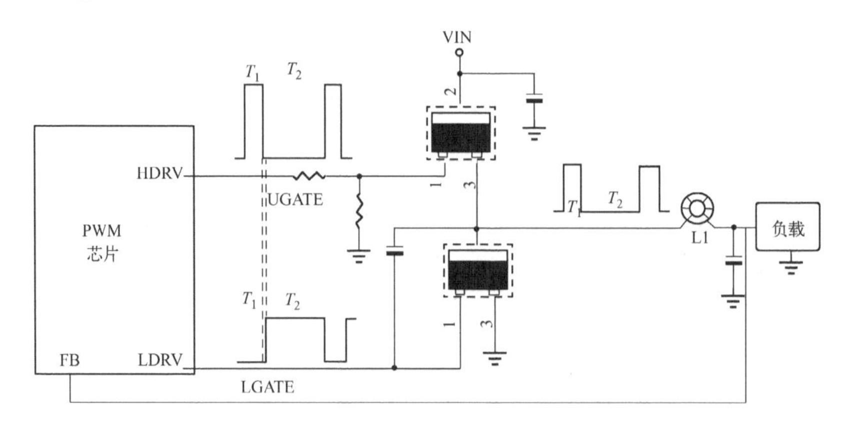

图 9-2　PWM 供电电路原理图

2. PWM 供电的工作过程

PWM 供电的工作过程又可细分为 4 个阶段：

① T_1 之前为死区时间，上下管均截止，此时上下管驱动信号均为低电平。

② T_1 时间段，上管驱动信号为高电平，下管驱动信号为低电平，此时上管导通，下管截止。VIN 电压经上管 D 极和 S 极，过 L1 后流过负载，最终流向地，当电流流经电感时，在电感上产生左正右负的感应电压。

③ T_1～T_2 时间段，此时关闭上管，流经电感的电流突然消失，由于电感的感应效应，电感两端会产生一个反向电压，此电压方向为右正左负。上下管驱动信号波形如图 9-3 所示，UGATE 变为低电平，延时一段时间后，LGATE 才会驱动为高电平，这一段时间也为死区时间。

④ T_2 时间段，此时上管驱动为低电平，下管驱动为高电平。于是上管截止，下管导通，电感上感应出的右正左负的感应电压经过 L1 的右端到负载，流过下管 S 极和 D 极，再流向电压的负端，即 L1 的左端。

单相 PWM 电路实物如图 9-4 所示，一般用于内存供电、桥供电、总线供电、显卡供电等。

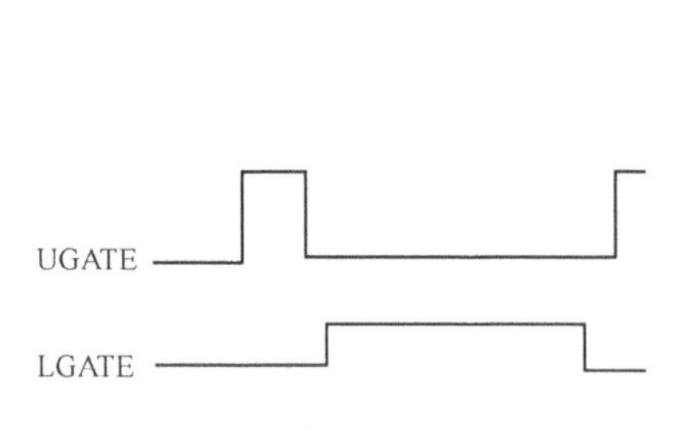

图 9-3　上下管驱动信号波形

图 9-4　单相 PWM 电路实物图

多相 PWM 电路实物如图 9-5 所示，一般用于 CPU 核心供电。

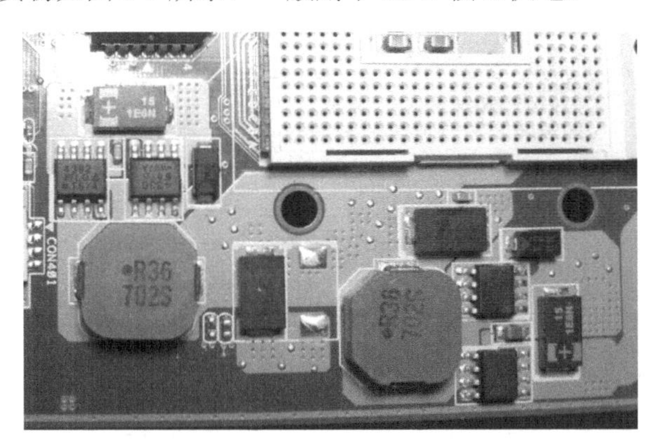

图 9-5　多相 PWM 电路实物图

▷▷▷ 9.1.2　PWM 电路中常见英文简写含义

SKIP、SKIPSEL：工作模式设定。

TON、RT、FS：频率设定（通过一个电阻接地或接供电来设定频率）。

BOOT、BST、BOOST：自举升压脚，上管 G 极的动力来源。

UGATE、DH、HDRV、DRVH：上管驱动。

LGATE、DL、LDRV、DRVL：下管驱动。

FB：反馈调节脚。

COMP：反馈补偿，修正反馈电路的误差。

OUT、VOUT、VO：输出电压检测输入脚。

PHASE、SW、LX：相位脚，连接上管 S 极、下管 D 极、电感，与 BOOT 构成回路，也有的可做电流检测。

CSP、CSN：电流检测脚。

ILIM、TRIP、CS：过流保护阈值设定，极限电流设定。

▷▷▷ 9.1.3　自举升压电路

PWM 电源中，一般上管都是 N 沟道的，其输入电压来自公共点电压。由于供电芯片本身对上管的驱动能力有限，几乎所有的芯片都采用了自举升压电路来提高驱动能力。自举升压脚名字一般为 BOOT、BST、BOOST。

以图 9-6 为例，通俗地讲解自举升压原理。

19V 的 B+给上管 PQ5 供电，此时 G 极还没有电，所以 S 极输出 0V。同时，19V 的 B+输入给 PU3，内部产生 5V 的线性电压 VL，经过内部二极管给 BOOT1 供电，若忽略压降，还是 5V，加到 PC33 的 1 脚，给其充电，电容存储有 5V 的电压。

5V 的 BOOT1 给 UGATE1 提供动力，发出接近 5V 的高电平，送到 PQ5 的 G 极，此时瞬间 PQ5 的 G 极为 5V，S 极为 0V，PQ5 可以完全导通，19V 电压流过 PQ5、PL4 给 PC35 充电，PQ5 输出的电压逐步上升。

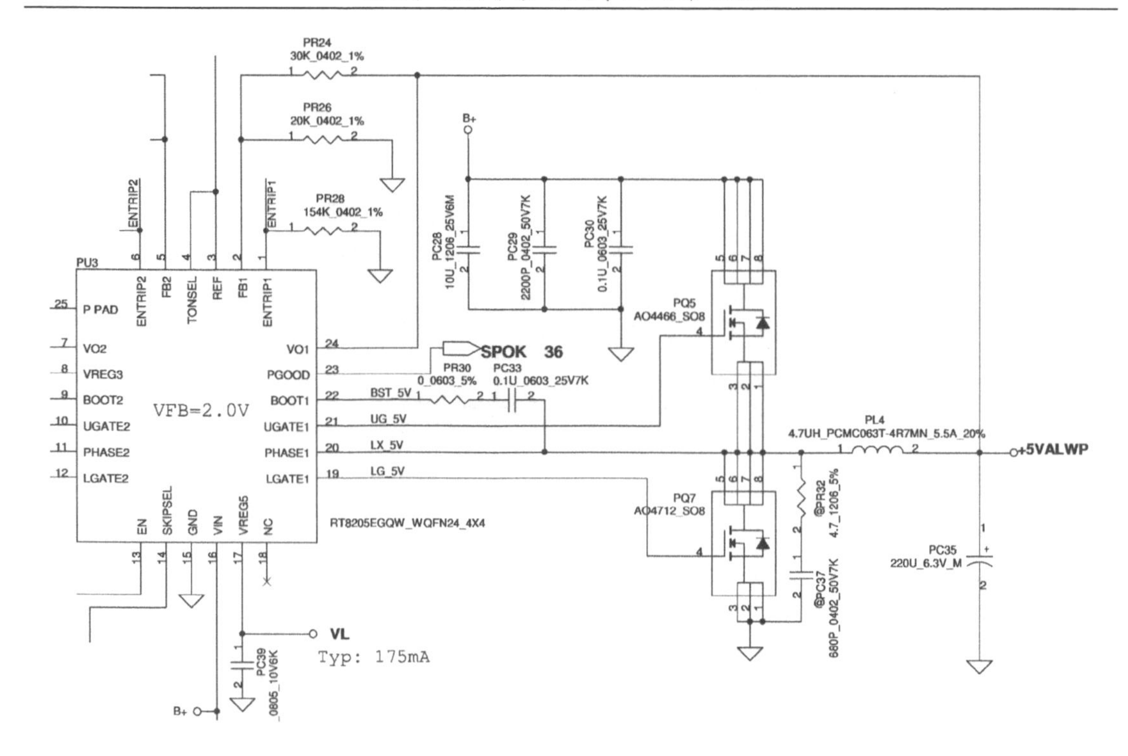

图 9-6　采用自举升压方式的 PWM 电路

当 PQ5 输出的电压逐步升高时，假设为 2V，这个 2V 同时加到电容 PC33 的 2 脚，由于电容的特性，它刚才存储了 5V 的电压，此时再叠加一个 2V，所以，电容左端也就是 BOOT1 的电压会变为 7V，7V 电压继续给 UGATE1 供电，PQ5 的 G 极也变为 7V，使 PQ5 保持 $V_G>V_S$，并且高于 4.5V，PQ5 保持继续完全导通，S 极电压也跟随升高，再次叠加到 PC33。如此循环，在 PL4 的左端可以测到最高 19V、最低 0V 的方波。由于电容 PC33 的电始终没有被放掉，BOOT1 的电压也就会永远比 PL4 左端高 5V，即 19V+5V=24V，UGATE1 的波形也就是最低为 0V，最高为 24V。

▷▷▷ 9.1.4　输出电压调节电路

如图 9-7 所示，V_{OUT} 通过 FB 反馈脚连接的两个取样电阻分压，与内部的基准电压比较，从而实现输出电压调整。计算公式为

$$V_{OUT\_}=FB\_\times(1+R_1/R_2)$$

若 FB_=0.8V，$R_1=R_2$，则 $V_{OUT\_}=1.6V$。

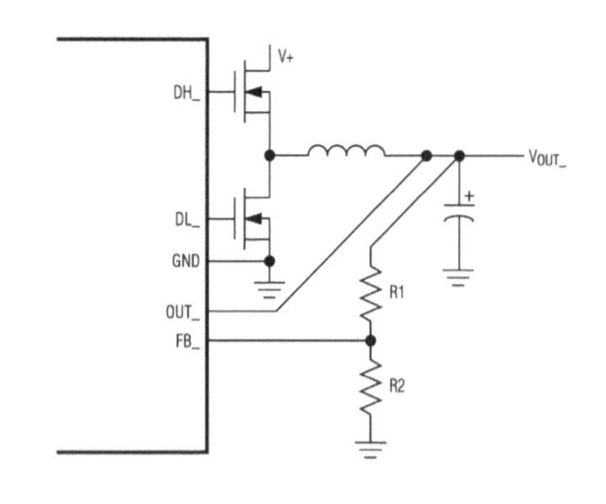

图 9-7　反馈电路结构图

▷▷▷ 9.1.5　电压检测电路

PWM 电源需要随时检测输出电压是否达到要求的标准，避免出现输出电压过高或输出电压过低。图 9-8 中，OUT 脚用于输出电压检测。

当输出电压过压时，芯片内部采用 OVP（过压保护）；当输出电压过低时，芯片内部采用 UVP（欠压保护）。3.3V 待机电压过压保护波形如图 9-9 所示。

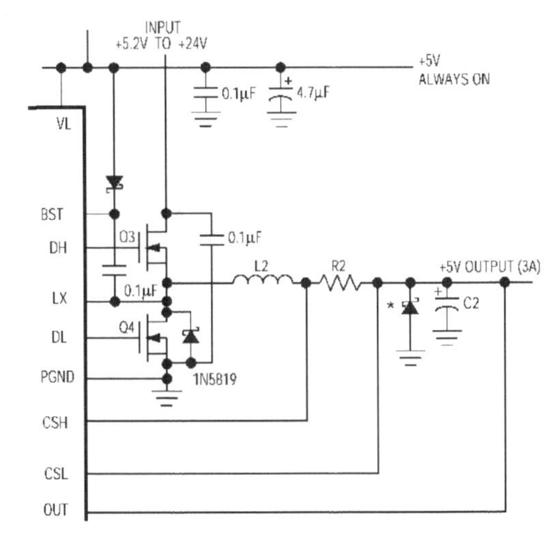

图 9-8 电压、电流检测电路图

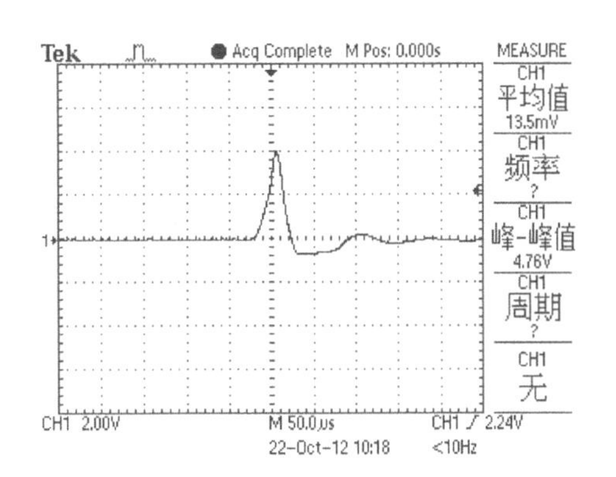

图 9-9 3.3V 待机电压过压保护波形

▷▷▷ 9.1.6 电流检测电路

PWM 电源需要随时检测输出电流。当过流时，芯片内部启用 OCP（过流保护）机制。检测电流的方式有两种。

如图 9-8 所示，PWM 芯片可以通过 CSH、CSL 脚检测电流：串联一个毫欧级电阻，CSH 检测电阻输入端电压，CSL 检测电阻输出端电压。计算电阻两端的压差，除以电阻阻值可得电流，计算公式为 $I=(V_{CSH}-V_{CSL})/R$。

如图 9-10 所示，没有 CSH、CSL 的芯片，可以通过 PHASE 脚和 PGND 脚之间的下管检测：下管导通后阻值为几十毫欧，检测下管的导通压降可得电流。此种方式检测电流一般不是特别精确。在计算时应取场效应管数据手册中最差情况下的最大值，并且考虑到场效应管导通后的阻值会随温度升高而增大，所以还需要留有一定的余量。这种方式的好处是可靠，是无损的过流检测。

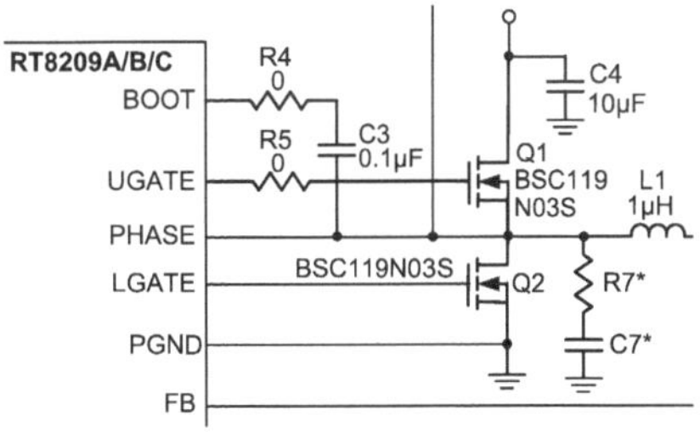

图 9-10 电流检测图

当出现输出电压过压，或输出电流过流时，芯片会启用内部的输出放电模式。此模式下，上管 G 极驱动信号被关断为 0V 低电平，下管 G 极驱动信号被驱动至 5V 高电平，此时上管截止，下管持续导通，输出滤波电容上储存的电荷通过下管迅速对地放电，输出电压关闭。

特别提醒：PWM 电路中，严禁拆掉芯片后加电。上管 G 极悬空会导致 VIN 直接加到后级，烧毁元器件。

▷▷▷ 9.1.7　工作模式

笔记本电脑中绝大多数 PWM 电源 IC 都能工作在不同的两种模式下，即 PWM 模式及 SKIP 模式（脉冲间隔模式），其目的是为了适应不同的休眠状态下，输出不同的电流（输出电压恒定），由 $\overline{\text{SKIP}}$ 实现模式切换。当 $\overline{\text{SKIP}}$ 为低电平时，芯片工作于脉冲间隔模式（SKIP 模式），此时输出电流微小，如 3V 待机电压这个供电在待机时只需工作在 SKIP 模式即可。但通电后，3V 待机电压的输出电流必须增加，因为此时一些系统电压均由 3V 待机电压转换而来，因此其输出电流必须增大。当 $\overline{\text{SKIP}}$（常用 ICH 发出的 SLP_S3#控制）为高电平时，芯片工作于 PWM 模式，输出电压不变，但输出电流增大。

1．PWM 模式

PWM 模式下，电压的带负载能力强，输出电流大。PWM 模式下的波形如图 9-11 所示，频率为 299.4kHz。

2．SKIP 模式

单位时间内，PWM 波形越少，则输出电流越小。SKIP 模式下的波形如图 9-12 所示，频率仅 34.63kHz。

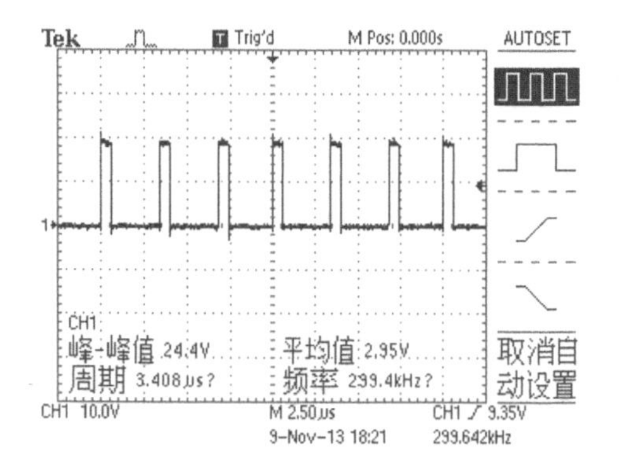

图 9-11　PWM 模式下的波形

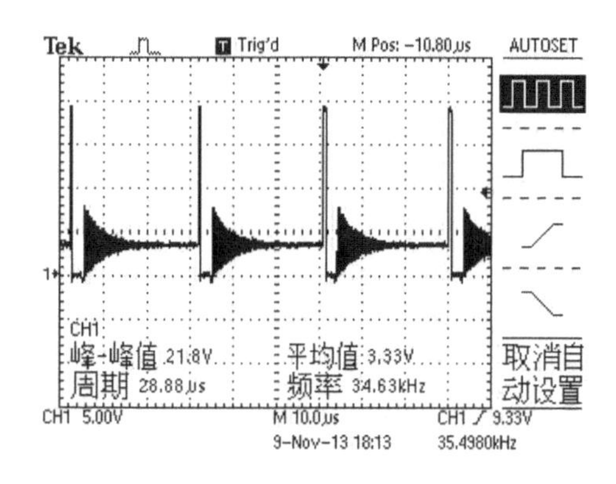

图 9-12　SKIP 模式下的波形

▷▷ 9.2　待机供电芯片分析

▷▷▷ 9.2.1　MAX8734A 分析

MAX8734A（与 MAX1999 通用）是 MAXIM 公司生产的一个用于笔记本电脑的高效率、四输出的待机供电芯片。主要特性：无须电流检测电阻；1.5%输出电压精度；提供 3.3V 和 5V 的线性输出，最大电流 100mA；可以输出 3.3V 和 5V 两路 PWM 供电；4.5～24V 的工作电压范围；具有 SKIP 模式和 PWM 模式选择；具有过压欠压保护功能。

1．引脚名称及引脚功能介绍

MAX8734A 引脚名称如图 9-13 所示。

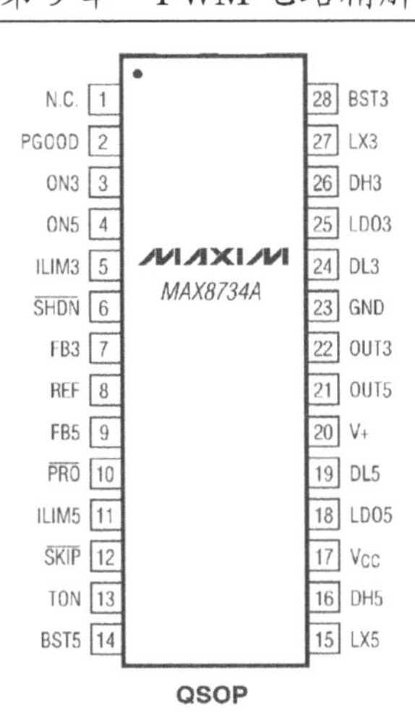

图 9-13　MAX8734A 引脚名称（顶视图）

MAX8734A 引脚定义见表 9-1。

表 9-1　MAX8734A 引脚定义

脚　位	名　称	定　义
1	N.C.	空脚
2	PGOOD	电源好。开漏输出。如果任一路输出被禁止或输出比标准值低 10%，PGOOD 被拉低
3	ON3	3.3V SMPS 使能输入。将 ON3 与 REF 相连，3.3V SMPS 会在 5V SMPS 稳定后启动
4	ON5	5V SMPS 使能输入。将 ON5 与 REF 相连，5V SMPS 会在 3.3V SMPS 稳定后启动
5	ILIM3	3.3V SMPS 限流调节
6	$\overline{\text{SHDN}}$	关断控制输入。芯片的总开关，线性电压的开启
7	FB3	3.3V SMPS 反馈输入。将 FB3 连接 GND 选择固定输出 3.3V，将 FB3 连接至 OUT3 和 GND 之间的电阻分压器，能够实现 2～5.5V 的可调输出
8	REF	2V 基准电压输出。只可提供 100μA 电流，用 REF 带负载会导致输出精度降低
9	FB5	5V SMPS 反馈输入。将 FB5 连接 GND 选择固定输出 5V，将 FB5 连接至 OUT5 和 GND 之间的电阻分压器，能够实现 2～5.5V 的可调输出
10	$\overline{\text{PRO}}$	过压和欠压保护使能脚。$\overline{\text{PRO}}$ 接 VCC 时，禁止保护。$\overline{\text{PRO}}$ 接地时，开启保护功能
11	ILIM5	5V SMPS 限流调节
12	$\overline{\text{SKIP}}$	低噪声模式控制。$\overline{\text{SKIP}}$ 接地时，工作在 SKIP 模式；$\overline{\text{SKIP}}$ 接 VCC 时，工作在 PWM 模式；$\overline{\text{SKIP}}$ 接 REF 或悬空时，工作在超声模式
13	TON	频率选择输入。TON 接 VCC 时，选择 200Hz/300kHz 工作模式，接地时选择 400Hz/500kHz 工作模式（分别对应 5V、3.3V SMPS 的开关频率）
14	BST5	5V SMPS 的自举电容连接端
15	LX5	连接 5V SMPS 的电感。是 DH5 的内部低端电源轨。LX5 是 5V SMPS 的电流检测输入
16	DH5	5V SMPS 的上管 G 极驱动
17	V_{CC}	PWM 核的模拟电源电压输入。需要一个 1μF 电容旁路

续表

脚　位	名　称	定　义
18	LDO5	5V 线性稳压器输出。可提供 100mA 电流。如果 OUT5 端电压高于 LDO5 开关门限，那么 LDO5 稳压器关断，并且 LDO5 通过一个小电阻连接到 OUT5
19	DL5	5V SMPS 的下管 G 极驱动
20	V+	主电源输入
21	OUT5	5V SMPS 输出电压检测输入。当此脚电压高于 4.56V 时，会替代内部 LDO5 输出
22	OUT3	3.3V SMPS 输出电压检测输入。当此脚电压高于 2.91V 时，会替代内部 LDO3 输出
23	GND	接地
24	DL3	3.3V SMPS 的下管 G 极驱动
25	LDO3	3.3V 线性稳压器输出。可提供 100mA 电流。如果 OUT3 端电压高于 LDO3 开关门限，那么 LDO3 稳压器关断，并且 LDO3 通过一个小电阻连接到 OUT3
26	DH3	3.3V SMPS 的上管 G 极驱动
27	LX3	连接 3.3V SMPS 的电感，是 3.3V SMPS 的电流检测输入
28	BST3	3.3V SMPS 的自举电容连接端

MAX8734A 数据手册中对 $\overline{\text{SHDN}}$ 阈值的电气特性描述如图 9-14 所示。

$\overline{\text{SHDN}}$ Input Trip Level	Rising edge	1.2	1.6	2.0	V
	Falling edge	0.96	1.00	1.04	

图 9-14　MAX8734A 数据手册中 $\overline{\text{SHDN}}$ 阈值的电气特性描述截图

【解释】

$\overline{\text{SHDN}}$ 输入阈值电平：上升沿最低值为 1.2V，一般为 1.6V，最高为 2.0V。

$\overline{\text{SHDN}}$ 输入阈值电平：下降沿最低值为 0.96V，一般为 1.00V，最高为 1.04V。

MAX8734A 数据手册中对 ON3、ON5 阈值的电气特性描述如图 9-15 所示。

ON3, ON5 Input Voltage	Clear fault level/SMPS off level		0.8	V
	Delay start level	1.7	2.3	
	SMPS on level	2.4		

图 9-15　MAX8734A 数据手册中开启信号阈值的电气特性描述截图

【解释】

ON3、ON5 输入电压：低于 0.8V 时，开关电源关闭。

ON3、ON5 输入电压：在 1.7～2.3V 时，延时启动。

ON3、ON5 输入电压：高于 2.4V 时，直接开启。

MAX8734A 的数据手册中对输出过压保护阈值的电气特性描述如图 9-16 所示。输出电压高于设定电压一定值就启动过压保护：最小值为 8%，一般值为 11%，最大值为 14%。例如，设定为 3.3V，达到 3.3+3.3×11%=3.663V 就保护。

FAULT DETECTION					
Overvoltage Trip Threshold	FB3 or FB5 with respect to nominal regulation point	+8	+11	+14	%

图 9-16　MAX8734A 数据手册中过压保护阈值的电气特性描述截图

MAX8734A 数据手册中对输出欠压保护阈值的电气特性描述如图 9-17 所示。如果输出电压只能达到设定电压的 70%（一般值），就启动欠压保护。

Output Undervoltage Shutdown Threshold	FB3 or FB5 with respect to nominal output voltage	65	70	75	%

图 9-17　MAX8734A 数据手册中欠压保护阈值的电气特性描述截图

OUT5 和 LDO5 以及 OUT3 和 LDO3 的切换电路如图 9-18 所示：OUT5 电压高于 4.56V、OUT3 电压高于 2.91V 时，替代内部线性电压输出。

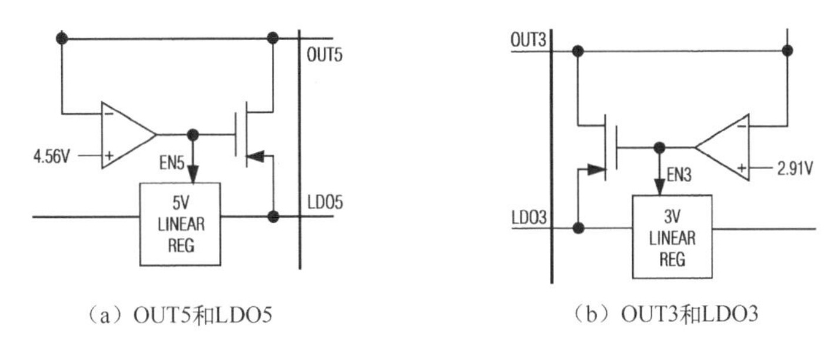

图 9-18　MAX8734A 的 OUTx 与 LDOx 的切换电路

2. 输出电压调节

将 FB3、FB5 连接至地，可以选择固定输出 3.3V 和 5V。若将 FB3、FB5 连接到 OUT3、OUT5 和地之间的电阻分压器上，则可在 2～5.5V 范围内调节输出。具体计算公式为 $V_{OUT\_}=V_{FB\_}\times(R_1+R_2)/R_2$，如图 9-19 所示。

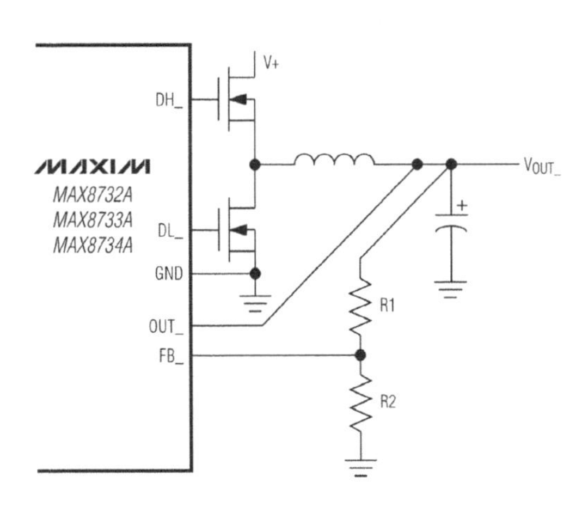

图 9-19　MAX8734A 的输出压调节图

3. 典型应用

MAX8734A 的典型应用电路如图 9-20 所示。

首先是 V+输入，V+经过电阻分压输入或者外部送来高电平给 $\overline{SHDN}$ 作为开启电压，MAX8734A 将会产生 LDO5，内部结构如图 9-21 所示。

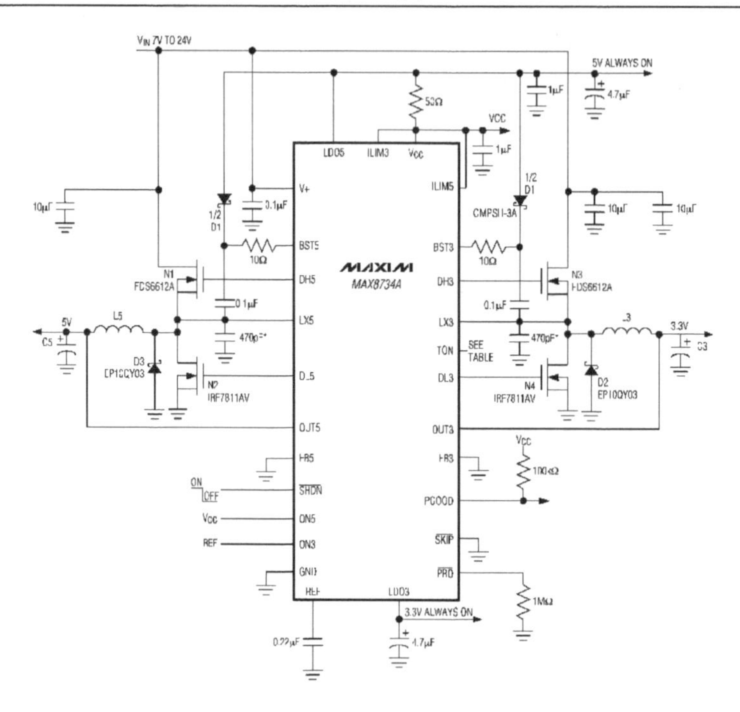

图 9-20　MAX8734A 的典型应用电路

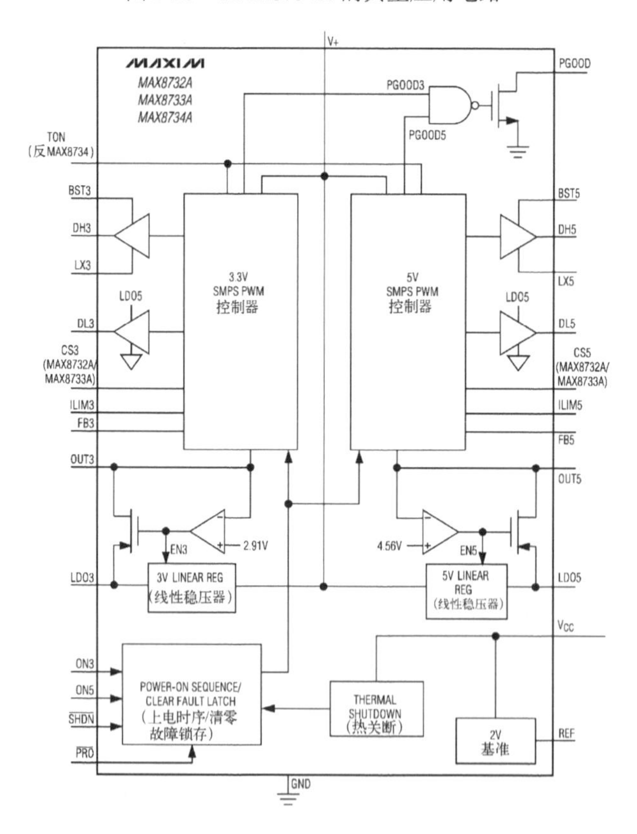

图 9-21　MAX8734A 内部框图

LDO5 给 V_{CC} 供电，如图 9-22 所示。

V_{CC} 输入给 MAX8734A 后，芯片产生 2V 基准电压 REF，如图 9-23 所示。

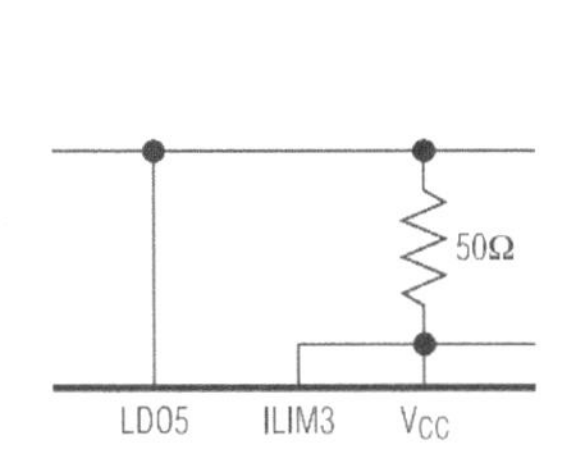

图 9-22　MAX8734A 的 LDO5 与 V_{CC} 关系

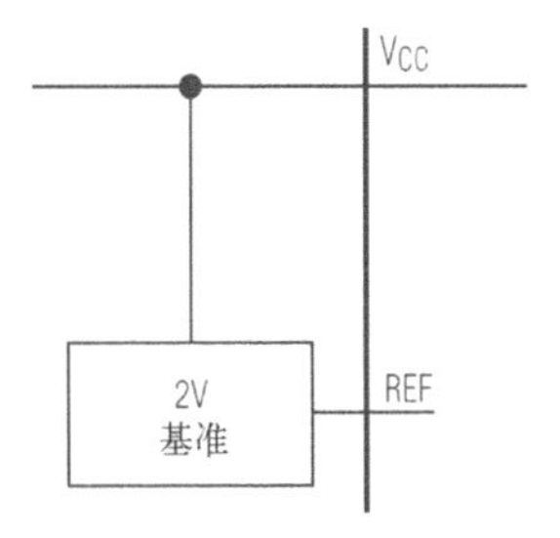

图 9-23　MAX8734A 的基准电压产生图

REF 稳定后，输出 3.3V 的线性电压 LDO3。V+、LDO5、LDO3、REF 的时序波形如图 9-24 所示。

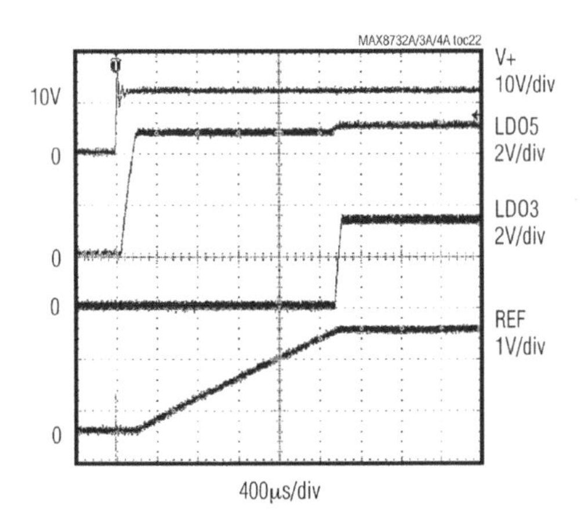

图 9-24　MAX8734A 线性电压的时序波形

ON5 接 VCC，ON3 接 REF，如图 9-25 所示，所以，芯片先产生 5V 的 PWM 供电，稳定后，再产生 3.3V 的 PWM 供电。

FB3 和 FB5 都接地，如图 9-26 所示，选择固定输出 3.3V 和 5V。当所有输出都稳定后，芯片最后开漏输出 PGOOD，由 V_{CC} 经过 100kΩ 上拉。

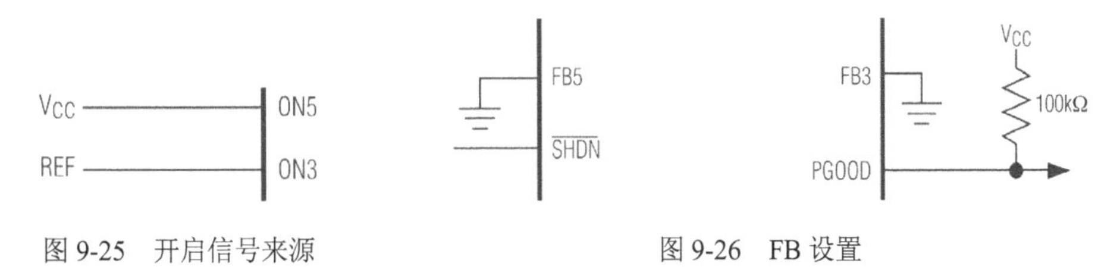

图 9-25　开启信号来源　　　　图 9-26　FB 设置

4．控制时序关系

MAX8734A 的控制时序关系见表 9-2。

表 9-2　MAX8734A 的控制时序关系（英文原表截图）

$\overline{SHDN}$ (V)	V_{ON3} (V)	V_{ON5} (V)	LDO5	LDO3	5V SMPS	3V SMPS
Low	X	X	Off	Off	Off	Off
"> 2.4" => High	Low	Low	On	On (after REF powers up)	Off	Off
"> 2.4" => High	High	High	On	On (after REF powers up)	On	On
"> 2.4" => High	High	Low	On	On (after REF powers up)	Off	On
"> 2.4" => High	Low	High	On	On (after REF powers up)	On	Off
"> 2.4" => High	High	REF	On	On (after REF powers up)	On (after 3V SMPS is up)	On
"> 2.4" => High	REF	High	On	On (after REF powers up)	On	On (after 5V SMPS is up)

【解释】

表 9-2 中，LDO5 表示线性 5V，LDO3 表示线性 3V，5V SMPS 表示 5V 开关电源，3V SMPS 表示 3V 开关电源。

如果 SHDN#为低电平，那么，不论 ON3 和 ON5 电压高低，LOD5、LOD3、5V SMPS、3V SMPS 都被关闭。

如果 SHDN#的电压高于 2.4V，而 ON3、ON5 都为低电平，LOD5、LOD3 会被开启（LOD3 会在 REF 稳定后启动），5V SMPS、3V SMPS 被关闭。

如果 SHDN#的电压高于 2.4V，ON3、ON5 都为高电平，LDO5、LDO3、5V SMPS、3V SMPS 都会被打开。

如果 SHDN#的电压高于 2.4V，ON3 为高电平，ON5 为低电平，LOD5、LOD3、3V SMPS 被开启，5V SMPS 被关闭。

如果 SHDN#的电压高于 2.4V，ON3 为低电平，ON5 为高电平，LOD5、LOD3、5V SMPS 被开启，3V SMPS 被关闭。

如果 SHDN#的电压高于 2.4V，ON3 为高电平，ON5 连接 REF 脚，LOD5、LOD3、3V SMPS 被开启，5V SMPS 会在 3V SMPS 稳定后再启动。

如果 SHDN#的电压高于 2.4V，ON3 连接 REF 脚，ON5 为高电平，LOD5、LOD3、5V SMPS 被开启，3V SMPS 在 5V SMPS 稳定后再启动。

▷▷▷ 9.2.2　TPS51125 分析

TPS51125 是美国德州仪器公司生产的一个用于笔记本电脑待机电压的经济高效的双路同步降压控制器。其工作电压为 5.5～28V，输出电压为 2～5.5V 可调，具有 5V 和 3.3V 两路 100mA 线性电压输出，内部有误差 1%的 2V 基准电压输出，集成过压、欠压、过流保护，具有过热保护功能。它提供 270kHz 的 VCLK 输出可用于驱动外部自举升压电路，在不降低主转换器工作效率的情况下生成用于后级电源转换开关的栅极驱动电压。TPS51125 支持高效、快速瞬态响应并提供结合型使能信号。Out-of-Audio™ 模式轻载操作不但实现了低噪声，其效率也远远高于传统强制 PWM 模式。

1．引脚名称及引脚功能介绍

TPS51125 引脚名称如图 9-27 所示。

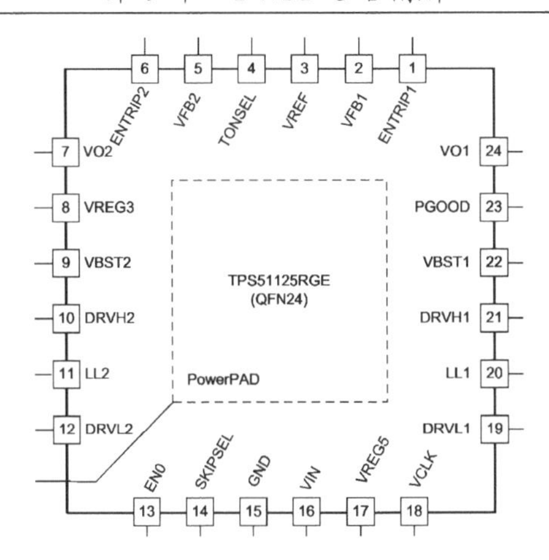

图 9-27　TPS51125 引脚名称（顶视图）

TPS51125 引脚定义见表 9-3。

表 9-3　TPS51125 引脚定义

脚　位	名　称	定　义
1	ENTRIP1	通道 1 开启和限流设定脚。直接接地，关闭输出；通过电阻接地设定过流阈值
2	VFB1	通道 1 的反馈
3	VREF	2V 基准电压输出
4	TONSEL	频率设置
5	VFB2	通道 2 的反馈
6	ENTRIP2	通道 2 开启和限流设定脚。直接接地，关闭输出；通过电阻接地，设定过流阈值
7	VO2	通道 2 输出电压检测。作用：①电压检测；②用于替换线性电压
8	VREG3	3.3V 的线性电压输出
9	VBST2	通道 2 的启动脚，自举升压端
10	DRVH2	通道 2 的上管驱动
11	LL2	通道 2 的相位脚。作用：①上管导通回路；②电流检测
12	DRVL2	通道 2 的下管驱动
13	EN0	主开启信号。作用：①悬空时打开线性，准备打开 VCLK 和 PWM；②通过电阻接地时，只打开线性模式，关闭 VCLK 和准备打开 PWM 模式；③直接接地，关闭整个芯片
14	SKIPSEL	PWM 模式和 SKIP 模式选择脚
15	GND	接地
16	VIN	主供电输入。是线性电压的供电来源
17	VREG5	5V 的线性电压输出
18	VCLK	270kHz 频率输出。用于 15V 自举升压电路
19	DRVL1	通道 1 的下管驱动
20	LL1	通道 1 的相位脚。作用：①上管导通回路；②电流检测
21	DRVH1	通道 1 的上管驱动

续表

脚　位	名　称	定　义
22	VBST1	通道 1 的启动脚。自举升压端
23	PGOOD	电源好输出。开漏输出
24	VO1	通道 1 的电压检测。作用：①电压检测；②用于替换线性电压

TPS51125 的数据手册中 EN0 阈值的电气特性描述如图 9-28 所示：当 EN0 的电压低于 0.4V 时，芯片将会关闭；EN0 的电压高于 0.8V 时，开启线性，关闭 VCLK；EN0 电压高于 2.4V 时，开启线性和 VCLK。

V_{EN0}	EN0 setting voltage	Shutdown			0.4	V
		Enable, VCLK = off	0.8		1.6	
		Enable, VCLK = on	2.4			

图 9-28　TPS51125 数据手册中 EN0 阈值的电气特性描述截图

TPS51125 数据手册中 ENTRIP#阈值的电气特性描述如图 9-29 所示。ENTRIP1 和 ENTRIP2 的关断电平阈值为最小值 350mV，一般值为 400mV，最低值为 450mV。迟滞最低值为 10mV，意思为开启电平最低值为 360mV；一般为 30mV，即 430mV；最高值为 60mV，即 510mV。

V_{EN}	ENTRIP1, ENTRIP2 threshold	Shutdown	350	400	450	mV
		Hysteresis	10	30	60	

图 9-29　TPS51125 数据手册中 ENTRIP#阈值的电气特性描述截图

ENTRIPx 在芯片内部的等效电路如图 9-30 所示。

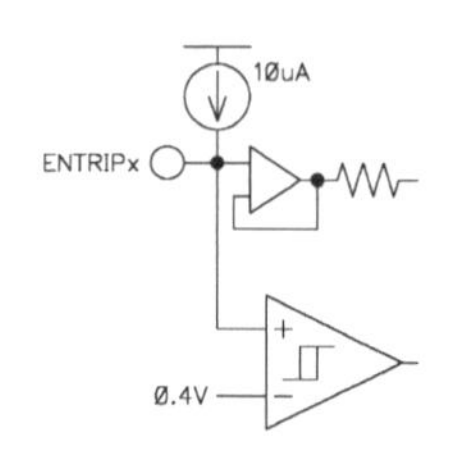

图 9-30　TPS51125 数据手册中 ENTRIPx 在芯片内部的等效电路

TPS51125 是先产生 VREF，再产生 VREG*，如图 9-31 所示，有了 EN 后，VIN 先转换为 VREF，VREF 再输入给 VREG5 和 VREG3 的比较器的反相输入端，控制产生 VREG5 和 VREG3。

TPS51125 数据手册中 VCLK 的电气特性描述如图 9-32 所示：VCLK 为 270kHz 波形，高电平时为 4.92V，低电平时为 0.06V（典型值）。

TPS51125 VCLK 自举升压电路如图 9-33 所示。首先，VCLK 为低电平，VO1 经过 D0 给 C1 充电，此时 D0 的负极电压为 5V。当 VCLK 来临时，4.92V 叠加 5V（忽略二极管压降）后约为 10V。约 10V 的电压经过 D1 和 C3 整流滤波后，再经过 D2 给 C2 充电。再次叠加后约为 15V，经过 D4、C3 整流滤波后输出约为 15V（实测电压为 12～14V）。

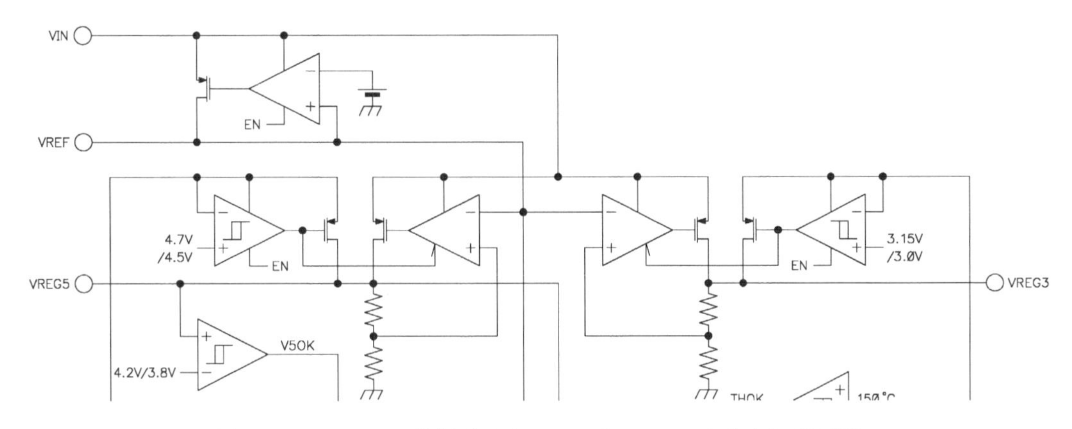

图 9-31　TPS51125 数据手册中 VREF 和 VREG*产生内部原理图

Clock Output						
V_{CLKH}	High level voltage	I_{VCLK} = -10 mA, VO1 = 5 V, T_A = 25 °C	4.84	4.92		V
V_{CLKL}	Low level voltage	I_{VCLK} = 10 mA, VO1 = 5 V, T_A = 25 °C		0.06	0.12	
f_{CLK}	Clock frequency	T_A = 25 °C	175	270	325	kHz

图 9-32　TPS51125 数据手册中 VCLK 的电气特性描述截图

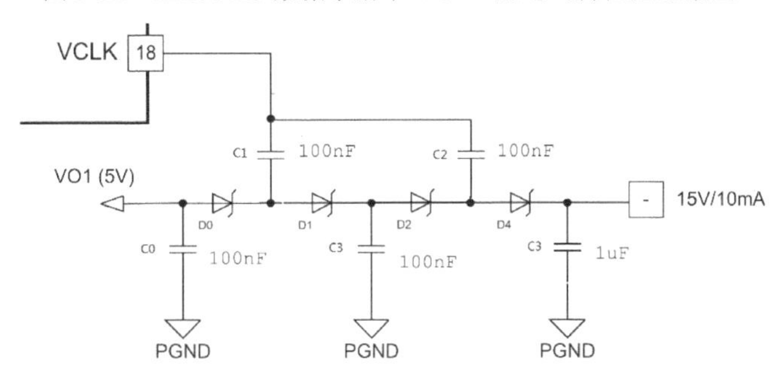

图 9-33　TPS51125 VCLK 自举升压电路

2. 开启信号控制关系

TPS51125 的开启信号控制关系见表 9-4。

表 9-4　TPS51125 的开启信号控制关系（英文原表截图）

EN0	ENTRIP1	ENTRIP2	VREF	VREG5	VREG3	CH1	CH2	VCLK
GND	Don't Care	Don't Care	Off	Off	Off	Off	Off	Off
R to GND	Off	Off	On	On	On	Off	Off	Off
R to GND	On	Off	On	On	On	On	Off	Off
R to GND	Off	On	On	On	On	Off	On	Off
R to GND	On	On	On	On	On	On	On	Off
Open	Off	Off	On	On	On	Off	Off	Off
Open	On	Off	On	On	On	On	Off	On
Open	Off	On	On	On	On	Off	On	Off
Open	On	On	On	On	On	On	On	On

【解释】

当 EN0 为接地时，不管 ENTRIP1、ENTRIP2 为何种状态，VREF、VREG5、VREG3、CH1、CH2 和 VCLK 都被关闭。

当 EN0 通过电阻接地，ENTRIP1 和 ENTRIP2 都为低电平时，VREF、VREG5、VREG3 被打开，CH1、CH2、VCLK 被关闭。

当 EN0 通过电阻接地，ENTRIP1 为高电平，ENTRIP2 为低电平时，CH2 和 VCLK 被关闭，其他都被打开。

当 EN0 通过电阻接地，ENTRIP1 为低电平，ENTRIP2 为高电平时，CH1 和 VCLK 被关闭，其他都被打开。

当 EN0 通过电阻接地，ENTRIP1 和 ENTRIP2 都为高电平时，VCLK 关闭，其他全部被打开。

当 EN0 悬空，ENTRIP1 和 ENTRIP2 都为低电平时，两个通道和 VCLK 被关闭，其他被打开。

当 EN0 悬空，ENTRIP1 为高电平，ENTRIP2 为低电平时，只有 CH2 被关闭，其他都被打开。

当 EN0 悬空，ENTRIP1 为低电平，ENTRIP2 为高电平时，CH1 和 VCLK 被关闭，其他都被打开。

当 EN0 悬空，ENTRIP1、ENTRIP2 都为高电平时，VREF、VREG5、VREG3、CH1、CH2 和 VCLK 都被打开。

▷▷▷ 9.2.3　RT8206A/RT8206B 分析

RT8206A/RT8206B 是 RichTek（立锜科技股份有限公司）生产的待机供电芯片，芯片内部包含一个线性稳压模块，提供 5V/70mA 的输出，可提供固定输出 3.3V 与 5V 或 2～5.5V 的可调节电压，主供电输入范围为 6～25V。

1．引脚名称及引脚功能介绍

RT8206A/RT8206B 引脚名称如图 9-34 所示。

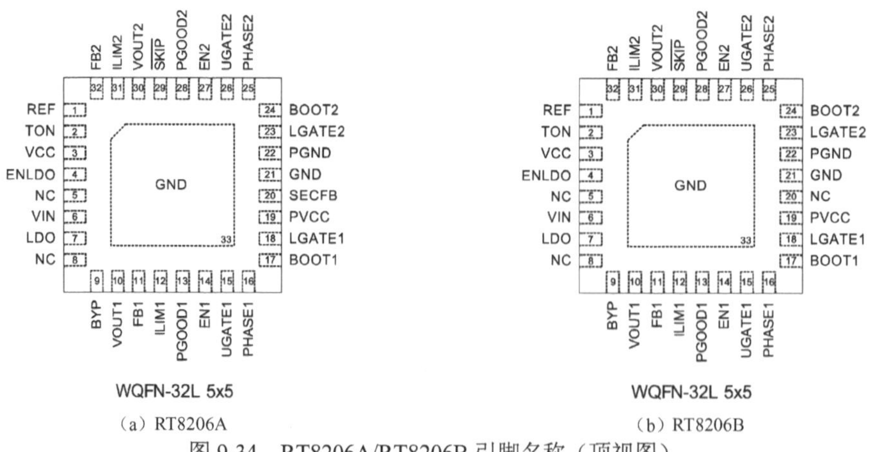

（a）RT8206A　　（b）RT8206B

图 9-34　RT8206A/RT8206B 引脚名称（顶视图）

RT8206A/RT8206B 引脚定义见表 9-5。

表 9-5　RT8206A/RT8206B 引脚定义

脚　位	名　称	定　义
1	REF	2.0V 基准电压输出端
2	TON	开关频率设置端。接 VCC，为 200kHz/250kHz；接 REF，为 300kHz/375kHz；接 GND，为 400kHz/500kHz
3	VCC	开关电源供电输入。与地直接连接一个 1μF 的电容
4	ENLDO	LDO 模块开启信号输入。高电平，LDO/REF 开启；低电平，LDO/REF 关闭
5	NC	空脚
6	VIN	芯片主供电的输入
7	LDO	5V/70mA LDO 电压输出。当系统供电 5V 产生后，LDO 模块关闭，并通过内部 1.5Ω的开关切换到由外部 SMPS 产生的 5V 供电
8	NC	空脚
9	BYP	连接 5V SMPS 输出的电压。用于切换 LDO 电压输出
10	VOUT1	SMPS1 输出电压检测
11	FB1	SMPS1 反馈输入。连接 FB1 到 VCC 或地线时，SMPS1 为固定输出 5V 电压模式；连接 FB1 到 VOUT1 与地之间的分压电阻时，可以设置输出电压为 2～5.5V
12	ILIM1	SMPS1 输出电流门限设置
13	PGOOD1	SMPS1 电源好信号输出。当 SMPS1 输出电压低于标准的 7.5%时，此信号将变为低电平
14	EN1	SMPS1 使能信号输入。如果 EN1 为高电平，SMPS1 开启；为低电平，SMPS1 关闭。如果连接到 REF，SMPS2 工作后开启 SMPS1
15	UGATE1	上管驱动信号输出端
16	PHASE1	SMPS1 输出电感连接端
17	BOOT1	SMPS1 升压电容连接端
18	LGATE1	下管驱动信号输出端
19	PVCC	5V 供电输入端
20	SECFB	RT8206A 为 14V 升压反馈连接端；RT8206B 为空脚
21	GND	接地端
22	PGND	接地端
23	LGATE2	下管驱动信号输出端
24	BOOT2	SMPS2 升压电容连接端
25	PHASE2	SMPS2 输出电感连接端
26	UGATE2	上管驱动信号输出端
27	EN2	SMPS2 使能信号输入端
28	PGOOD2	SMPS2 电源好信号输出端
29	$\overline{\text{SKIP}}$	SMPS 工作模式设置端：接地，为自定义模式；接 REF，为超声波模式；接 VCC，为 PWM 模式
30	VOUT2	SMPS2 输出电压检测
31	ILIM2	SMPS2 输出电流门限设置
32	FB2	SMPS2 反馈输入。连接 FB2 到 VCC 或地线时，SMPS2 为固定输出 3.3V 电压模式；连接 FB2 到 VOUT2 与地之间的分压电阻，可以设置输出电压为 2～5.5V

在 RT8206 数据手册中，ENx 和 ENLDO 阈值的电气特性描述如图 9-35 所示。

ENx Input Voltage		Clear Fault Level / SMPS Off Level	--	–	0.8	V
		Delay Start	1.8	–	2.3	
		SMPS On Level	2.5	–	--	
ENLDO Input Voltage	V_{ENLDO}	Rising Edge	1.2	1.6	2.0	V
		Falling Edge	0.94	1	1.06	

图 9-35　RT8206 数据手册中 ENx 和 ENLDO 阈值的电气特性描述截图

【解释】

ENx 为 0.8V 以下时，关闭 SMPS；1.8～2.3V 时，延时启动；2.5V 以上时，开启 SMPS。

ENLDO 上升沿（由低电平变为高电平）的最低值为 1.2V，典型值为 1.6V，最高值为 2.0V。

ENLDO 下降沿（由高电平变为低电平）的最低值为 0.94V，典型值为 1V，最高值为 1.06V。

2. 控制时序

RT8206A/RT8206B 的控制时序见表 9-6。

表 9-6　RT8206A/RT8206B 的控制时序（英文原表截图）

ENLDO (V)	V_{EN1} (V)	V_{EN2} (V)	LDO	5V SMPS1	3V SMPS2
Low	X	X	Off	Off	Off
">2V" High	Low	Low	On (after REF powers up)	Off	Off
">2V" High	Low	REF	On (after REF powers up)	Off	Off
">2V" High	Low	High	On (after REF powers up)	Off	On
">2V" High	REF	Low	On (after REF powers up)	Off	Off
">2V" High	REF	REF	On (after REF powers up)	Off	Off
">2V" High	REF	High	On (after REF powers up)	On (after SMPS2 on)	On
">2V" High	High	Low	On (after REF powers up)	On	Off
">2V" High	High	REF	On (after REF powers up)	On	On (after SMPS1 on)
">2V" High	High	High	On (after REF powers up)	On	On

【解释】

当 ENLDO 为低电平时，不管 EN1 和 EN2 的状态，LDO 和 3V 开关电源、5V 开关电源全部被关闭。

当 ENLDO 为高于 2V 的高电平，EN1、EN2 都为低电平时，LDO 在 REF 稳定后输出，5V 开关电源、3V 开关电源被关闭。

当 ENLDO 为高于 2V 的高电平，EN1 为低电平，EN2 接 REF 脚时，LDO 在 REF 稳定后输出，5V 开关电源、3V 开关电源被关闭。

当 ENLDO 为高于 2V 的高电平，EN1 为低电平，EN2 为高电平时，LDO 在 REF 稳定后输出，5V 开关电源被关闭，3V 开关电源被开启。

当 ENLDO 为高于 2V 的高电平，EN1 接 REF 脚，EN2 为低电平时，LDO 在 REF 稳定后输出，5V 开关电源、3V 开关电源被关闭。

当 ENLDO 为高于 2V 的高电平，EN1 接 REF 脚，EN2 也接 REF 脚，LDO 在 REF 稳定后输出，5V 开关电源、3V 开关电源被关闭。

当 ENLDO 为高于 2V 的高电平，EN1 接 REF 脚，EN2 为高电平时，LDO 在 REF 稳定后输出，3V 开关电源直接被开启，5V 开关电源在 3V 开关电源稳定后再输出。

当 ENLDO 为高于 2V 的高电平，EN1 为高电平，EN2 为低电平时，LDO 在 REF 稳定后输出，5V 开关电源被开启，3V 开关电源被关闭。

当 ENLDO 为高于 2V 的高电平，EN1 为高电平，EN2 接 REF 脚时，LDO 在 REF 稳定后输出，5V 开关电源直接被开启，3V 开关电源在 5V 开关电源稳定后再输出。

当 ENLDO 为高于 2V 的高电平，EN1 为高电平，EN2 也为高电平时，LDO 在 REF 稳定后输出，5V 开关电源、3V 开关电源都会直接开启。

9.3 内存供电芯片分析

9.3.1 ISL88550A 分析

ISL88550A 可以输出一路 PWM（内存主供电）和两路 LDO（内存 REF 供电和 VTT 供电）。

1．引脚名称及引脚功能介绍

ISL88550A 引脚名称如图 9-36 所示。

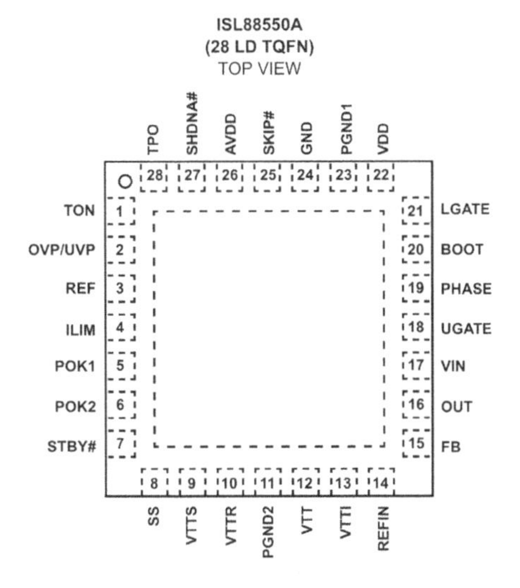

图 9-36　ISL88550A 引脚名称（顶视图）

ISL88550A 引脚定义见表 9-7。

表 9-7　ISL88550A 引脚定义

脚　位	名　称	定　义
1	TON	频率设置：接 AVDD，为 200kHz；悬空，为 300kHz；接 REF，为 450kHz；接地，为 600kHz
2	OVP/UVP	过压/欠压保护控制输入。连接 AVDD 时，开启过压保护和放电模式，开启欠压保护；悬空时，开启过压保护和放电模式，关闭欠压保护；连接 REF 时，关闭过压保护和放电模式，开启欠压保护；接地时，关闭过压保护和放电模式，关闭欠压保护
3	REF	2V 基准电压输出
4	ILIM	极限电流设定
5	POK1	PWM 电源好
6	POK2	LDO 电源好
7	STBY#	当 STBY#为低电平时，VTT 会被关闭，呈高阻态
8	SS	软启动
9	VTTS	VTT 电压检测输入
10	VTTR	终端基准电压。值与 VTT 一样
11	PGND2	接地
12	VTT	终端电压输出。连接到 VTTS 使之保持为 V_{REFIN} 的一半
13	VTTI	VTT 稳压器的输入电压。在内存供电应用中，通常会把它连接到 PWM 输出端
14	REFIN	外部基准电压输入。用于调节 VTT 和 VTTR，它们输出的电压为 REFIN 的一半
15	FB	PWM 的反馈。接 AVDD 时，固定输出 1.8V；接地时，固定输出 2.5V；通过电阻分压调节时，可以输出 0.7～3.5V 的电压
16	OUT	PWM 的输出电压检测输入
17	VIN	主供电输入。2～25V 范围
18	UGATE	PWM 的上管驱动
19	PHASE	PWM 的相位脚。上管驱动回路以及电流检测作用
20	BOOT	自举升压端
21	LGATE	PWM 的下管驱动
22	VDD	芯片的供电。下管的驱动动力的来源
23	PGND1	接地
24	GND	接地
25	SKIP#	工作模式设定。连接 AVDD 时，为低噪声强制 PWM 模式；接地时，为 SKIP 模式
26	AVDD	LDO 和 PWM 模块的主供电
27	SHDNA#	关断控制输入 A。上升沿清除故障锁存器，连接高电平开启芯片
28	TP0	测试脚

ISL88550 的 SHDNA#和 STBY#控制逻辑关系见表 9-8。

表 9-8　ISL88550 的 SHDNA#和 STBY#控制逻辑关系（英文原表截图）

SHDNA#	STBY#	BUCK OUTPUT	VTT	VTTR
GND	X	OFF	OFF (Discharge to 0V)	OFF (Tracking ½ REFIN)
AV_{DD}	GND	ON	OFF (High Impedance)	ON
AV_{DD}	AV_{DD}	ON	ON	ON

【解释】

当 SHDNA#接地时，不论 STBY#为何状态，PWM、VTTR 都被关闭，VTT 也被关闭（放电到 0V）。

当 SHDNA#接 AVDD，STBTY#接地时，PWM 和 VTTR 都被打开，VTT 会被关闭（高阻态）。

当 SHDNA#和 STBY#都接 AVDD 时，PWM、VTT、VTTR 全部被打开。

2. 典型应用

ISL88550A 的典型应用电路如图 9-37 所示。

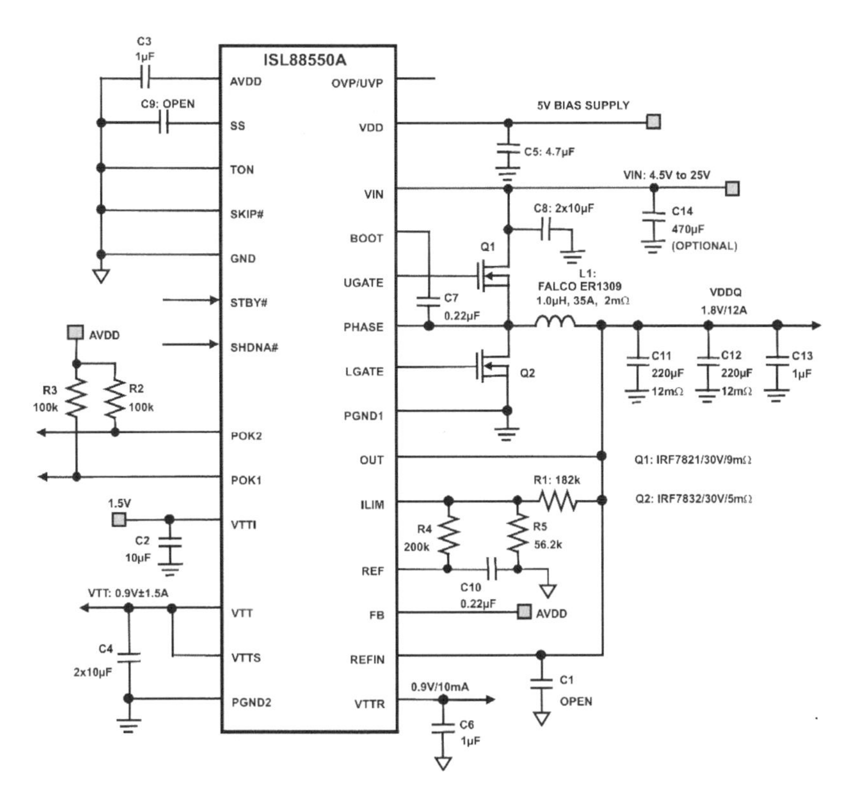

图 9-37　ISL88550A 的典型应用电路

具体工作流程：

① 5V 给 22 脚供电，4.5～25V 给 17 脚供电。

② 3 脚产生 2V 基准电压。

③ 南桥发出高电平的 SLP_S5#、SLP_S4#送到 27 脚 SHDNA#。

④ PWM 开启，输出 VDDQ，为 1.8V（FB 接 AVDD，设定为固定输出 1.8V）。

⑤ VDDQ 返回给 OUT 检测，芯片输出 POK1；同时 VDDQ 还给 REFIN 供电。

⑥ 输出 VTTR，电压为 REFIN 的一半，也就是 0.9V（如图 9-38 所示，REFIN 进入芯片后，经过两个 10kΩ 电阻串联分压成 0.9V，再经过电压跟随器输出 0.9V 的 VTTR）。同时，芯片输出 POK2。

⑦ 南桥发来高电平的 SLP_S3#给 STBY#脚。

⑧ 从外部再输入一个电压给 13 脚 VTTI 作为 VTT 稳压器的供电。

⑨ 输出 VTT，电压为 REFIN 的一半，即 0.9V。

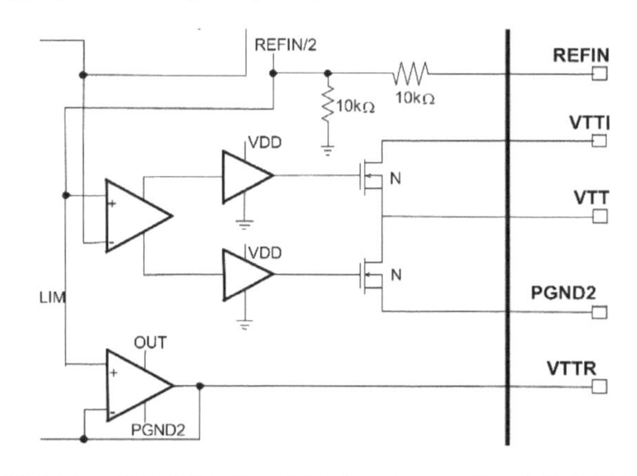

图 9-38　ISL88550A 的 REFIN 与 VTT、VTTR 内部关系截图

▷▷▷ 9.3.2　RT8207 分析

另外一个常用的内存供电芯片是 RT8207，也是负责输出三路供电：内存主供电、内存 REF 电压、内存 VTT 电压。RT8207 引脚定义见表 9-9。

表 9-9　RT8207 引脚定义

脚　位	名　称	定　义
1	VTTGND	内部集成的 VTT 稳压器的接地脚
2	VTTSNS	VTT 输出的电压检测输入脚
3	GND	接地
4	MODE	输出放电模式设定脚：连接到 VDDQ，跟踪放电；连接到地，非跟踪放电；连接到 VDD，不放电
5	VTTREF	VTTREF 电压输出脚：给内存基准电压
6	DEM	二极管仿真模式开启脚：连接到 VDD，开启二极管仿真模式；连接到地，始终工作在强制 CCM 模式

续表

脚　位	名　称	定　义
7	NC	空脚
8	VDDQ	VTT 和 VTTREF 的基准输入脚：VTT 和 VTTREF 的输出电压是 VDDQ 的一半。如果 FB 接 VDD 或 GND，VDDQ 可以作为输出电压反馈输入脚
9	FB	VDDQ（PWM）输出电压设定脚：连接到 GND，输出 1.5V；连接到 VDD，输出 1.8V；通过电阻分压可以设定输出电压 0.75～3.3V 可调
10	S3	南桥发来的 SLP_S3#：用于控制 VTT 的输出
11	S5	南桥发来的 SLP_S5#：用于控制 PWM 和 VTTREF 的输出
12	TON	通过一个电阻连接到 VIN，用于设置频率
13	PGOOD	电源好开漏输出脚：表示 PWM 控制输出 VDDQ 电压已经正常了
14	VDD	供电
15	VDDP	供电
16	CS	通过一个电阻连接到 VDD，设定极限电流
17	NC	空脚
18	PGND	接地（下管的驱动器的接地）
19	LGATE	下管驱动
20	PHASE	相位脚：可以作为电流检测脚。通过检测下管的导通压降检测电流
21	UGATE	上管驱动
22	BOOT	自举升压脚
23	VLDOIN	VTT 的稳压器的供电
24	VTT	VTT 的输出

RT8207 的典型应用电路如图 9-39 所示。

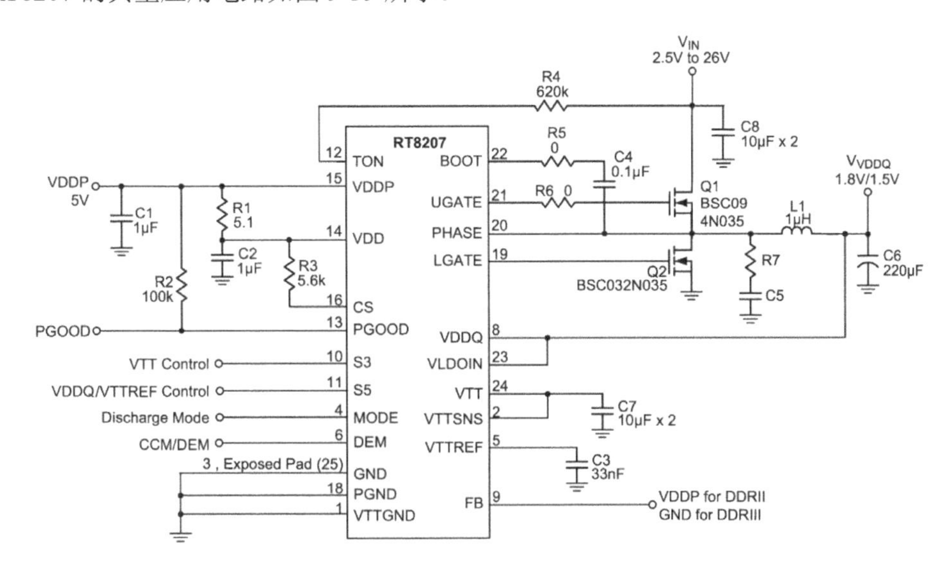

图 9-39　RT8207 的典型应用电路

RT8207 的 S3 和 S5 控制逻辑关系见表 9-10。

表 9-10　RT8207 的 S3 和 S5 控制逻辑关系（英文原表截图）

STATE	S3	S5	VDDQ	VTTREF	VTT
S0	Hi	Hi	On	On	On
S3	Lo	Hi	On	On	Off (Hi-Z)
S4/S5	Lo	Lo	Off (Discharge)	Off (Discharge)	Off (Discharge)

【解释】

在 S0 状态下，S3 为高电平，S5 为高电平，VDDQ、VTTREF、VTT 都开启。

在 S3 状态下，S3 为低电平，S5 为高电平，VDDQ 和 VTTREF 开启，VTT 关闭（高阻态）。

在 S4、S5 状态下，S3 和 S5 都为低电平，VDDQ、VTTREF、VTT 都关闭（放电到地）。

RT8207 的工作流程如图 9-40 所示。

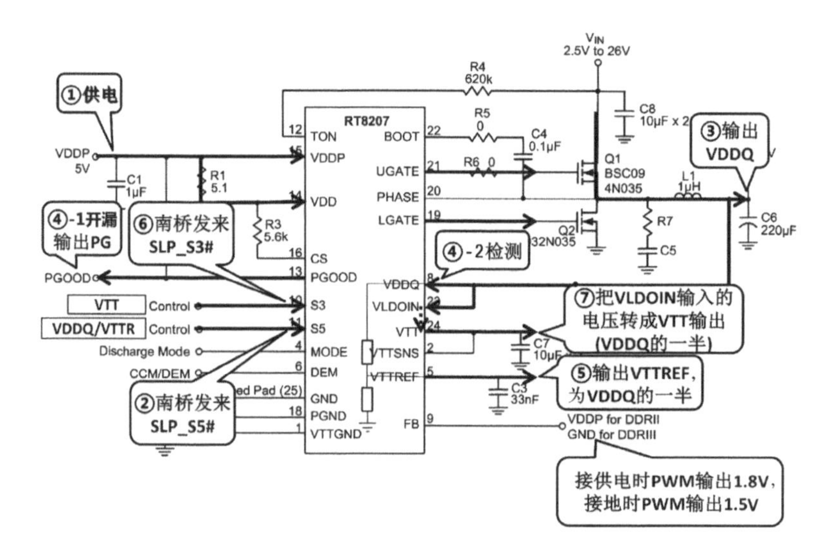

图 9-40　RT8207 的工作流程图

▷▷ 9.4　桥供电和总线供电芯片分析

桥供电和总线供电芯片比较简单，一般采用单 PWM 或者双 PWM 控制器。

▷▷▷ 9.4.1　单 PWM 控制器 RT8209 分析

常用的单 PWM 控制器 RT8209 可用于桥供电、总线供电、内存主供电等很多电路。RT 系列芯片本体上一般都不会有真实型号，只有产品代号。例如，RT8209BGQW，芯片本体只有“A0=”字样，如图 9-41 所示。此类芯片的实际型号识别需要下载 RT 芯片的封装文件。目前流传出的最新版本是 2009 年的，文件名为 Richtek_Marking_Code_090424.PDF，可以在迅维网（www.chinafix.com）下载到。

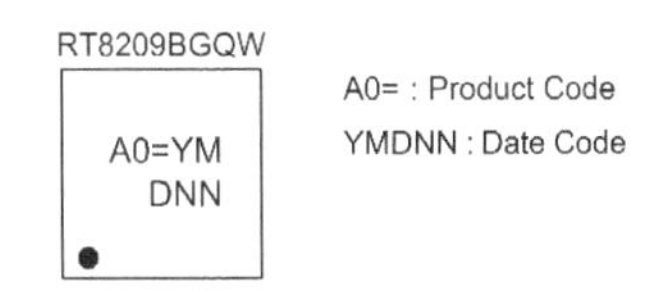

图 9-41　RT8209 系列芯片本体标示

RT8209 系列芯片引脚名称如图 9-42 所示。

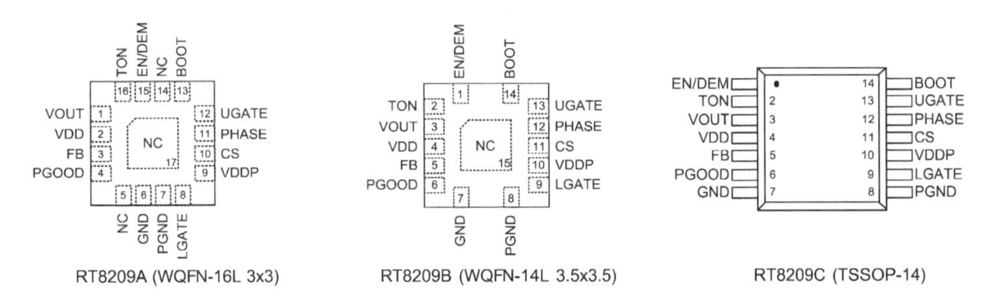

图 9-42　RT8209 系列芯片引脚名称（顶视图）

重要引脚解释：除了 PWM 相关引脚外，供电脚 VDD、VDDP 一般连接到 5V，CS 为极限电流设定引脚，TON 为频率设置引脚，开启脚 EN/DEM 的定义为启用/二极管仿真模式控制输入（RT8209 数据手册中 EN/DEM 脚阈值的电气特性描述见图 9-43）：连接到 VDD，为二极管仿真模式；连接到 GND，为关闭芯片；悬空时，为 CCM（连续电流）模式。一般工作时，EN/DEM 都为悬空状态；关闭时，为接地状态。

EN/DEM Logic Input Voltage	EN/DEM Low	--	--	0.8	V
	EN/DEM High	2.9	--	--	
	EN/DEM float	--	2	--	

图 9-43　RT8209 数据手册中 EN/DEM 脚阈值的电气特性描述截图

RT8209A/B/C 的典型应用电路如图 9-44 所示，工作流程简述如下。

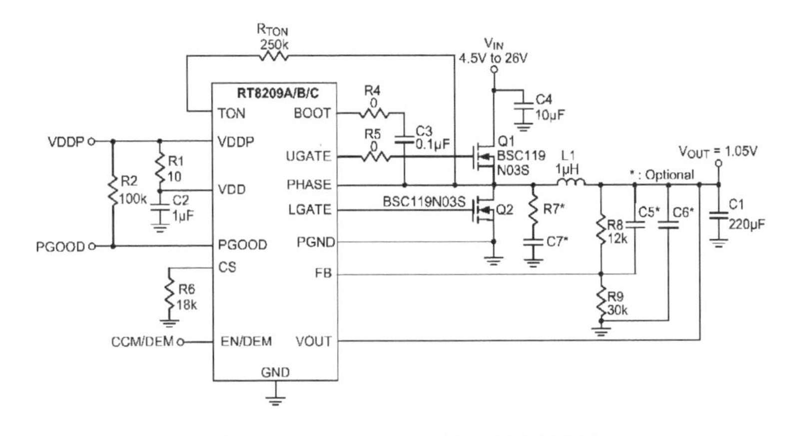

图 9-44　RT8209A/B/C 的典型应用电路

① 供电输入 4.5～5.5V 电压到 VDD、VDDP 脚，通过电阻上拉 TON 脚设置频率，通过电阻下拉 CS 脚设置极限电流。

② EN 输入高电平，或者外接的电路断开，使其悬空。

③ 启动 PWM，输出 VOUT。

④ 从 VOUT 脚检测电压。

⑤ 开漏输出 PGOOD，由 VDDP 上拉为高电平。

9.4.2　双 PWM 控制器 TPS51124 分析

常用于桥供电和总线供电的双 PWM 供电芯片 TPS51124 有 3～28V 的输入电压范围，输出电压范围为 0.76～5.5V。

TPS51124 的引脚名称如图 9-45 所示。

重要引脚解释：15、16 脚为供电，4 脚为频率设置，第 5～14 脚为第一路 PWM 供电控制，第 1、2、17～24 脚为第二路 PWM 供电控制，TRIP1、TRIP2 分别设定两路 PWM 的过流限值，EN1、EN2 分别开启两路 PWM。

TPS51124 数据手册中对 V5IN、V5FILT 脚的供电范围描述如图 9-46 所示，为 4.5～5.5V。

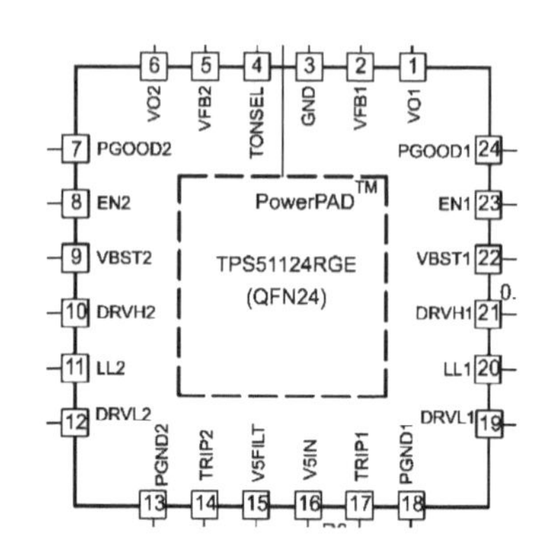

图 9-45　TPS51124 引脚名称（顶视图）

		MIN	MAX	UNIT
Supply input voltage range	V5IN, V5FILT	4.5	5.5	V

图 9-46　TPS51124 数据手册中对 V5IN、V5FILT 脚的供电范围描述截图

TPS51124 数据手册中对 EN 脚阈值的电气描述如图 9-47 所示，最低为 1V，一般为 1.3V，最高为 1.5V。

V_{EN}	ENx threshold	Wake up	1.0	1.3	1.5	V
		Hysteresis		0.2		V

图 9-47　TPS51124 数据手册中对 EN 脚阈值的电气特性描述截图

TPS51124 数据手册中对频率设置的描述如图 9-48 所示。

TONSEL CONNECTION	SWITCHING FREQUENCY	
	CH1	CH2
GND	240 kHz	300 kHz
FLOAT (Open)	300 kHz	360 kHz
V5FILT	360 kHz	420 kHz

图 9-48　TPS51124 数据手册中对频率设置的描述截图

TONSEL 接地时，第一路 PWM 工作在 240kHz，第二路 PWM 工作在 300kHz。

TONSEL 悬空时，第一路 PWM 工作在 300kHz，第二路 PWM 工作在 360kHz。

TONSEL 接 V5FILT 时，第一路 PWM 工作在 360kHz，第二路 PWM 工作在 420kHz。

TPS51124 数据手册中对 FB 脚基准值的电气特性描述如图 9-49 所示，SKIP 模式为 764mV；PWM 模式为 758mV；25℃时，误差精度为±0.9%；0～85℃时，误差精度为±1.3%；-40～85℃时，误差精度为±1.6%。

VFB VOLTAGE and DISCHARGE RESISTANCE						
V_{VFB}	VFB regulation voltage	FB voltage, skip mode (f_{PWM}/10)		764		mV
V_{VFB}	VFB regulation voltage tolerance	T_A = 25°C, bandgap initial accuracy	–0.9%		0.9%	
		T_A = 0°C to 85°C(1)	–1.3%		1.3%	
		T_A = –40°C to 85°C(1)	–1.6%		1.6%	
$V_{VFBSKIP}$	VFB regulation shift in continuous conduction	0.758-V target for resistor divider. See PWM Operation of Detailed Description(1)		758		mV

图 9-49　TPS51124 数据手册中 FB 脚基准值电气特性描述截图

TPS51124 的典型应用电路如图 9-50 所示。

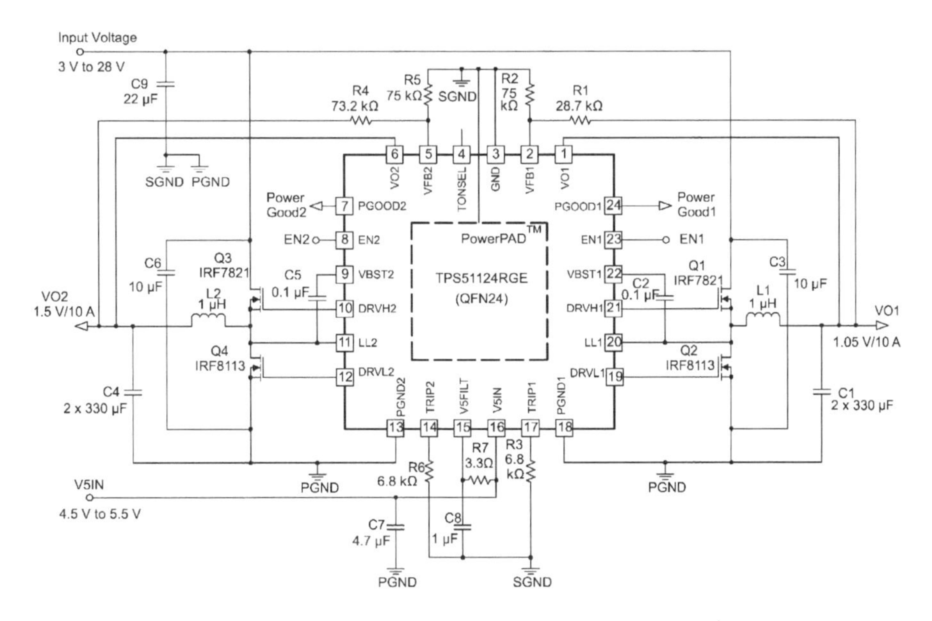

图 9-50　TPS51124 的典型应用电路

简述工作流程如下。

① 供电输入 4.5～5.5V 电压到 15、16 脚。

② EN1 或者 EN2 输入。

③ 启动第一路或者第二路 PWM。

④ 从 VO1 或者 VO2 检测电压。

⑤ 开漏输出 PGOOD1 或者 PGOOD2。

9.5 CPU 核心供电分析

CPU 一般需要的供电有多个，如 478 的 CPU 需要 3 种供电，第一代 I3/I5/I7 需要 5 个供电等，但只有其 VCC 脚才是核心供电。本节主要讲解几种常见 CPU 核心供电芯片的工作原理。

▷▷▷ 9.5.1 CPU 核心供电的特点

多相输出是将多个电流源的输出连接在一起，同时为 CPU 供电，以满足 CPU 大电流需求。两相 CPU 供电实物如图 9-51 所示。

图 9-51 两相 CPU 供电实物图

由于 CPU 在不同时刻需要的工作电压是不同的，所以需要一种控制方式来自动适应 CPU 对电压的要求，即输出电压的 VID 控制。

VID（Voltage Identification，电压识别）是一种电压识别技术，装上不同的 CPU，会产生不同的电压。

VID 可分为 PVID（并行 VID）和 SVID（串行 VID）。

AMD 早期的芯片组和 Intel 5 系列芯片组（HM55 等）之前的 Intel 芯片组，都采用 PVID。其基本原理就是在 CPU 上设置了 4～8 个 VID 识别脚，并通过预设在这些识别脚上的高低电平值，形成一组 VID 识别信号。当 VID 识别脚上为高电平时，则为二进制的 1 状态；当 VID 识别脚上为低电平时，则为二进制的 0 状态。根据这些 1 与 0 的组合，就形成了一组最基本的机器语言信号，并由 CPU 传输到 CPU 供电电路中的电源管理芯片，电源管理芯片根据所得到的 VID 信号，调整输出脉冲信号的占空比，迫使 CPU 供电电路输出的直流电压与预设的 VID 所代表的值一致。

Intel 公司为其不同时间生产的各款 CPU 制定了相应的电压调节模块（Voltage Regulation Model，VRM）设计规范。从 Prescott 核心微处理器开始，电压调节规范改用 VRD（Voltage Regulation Down）来命名。在笔记本电脑中，使用的是移动电压配置 IMVP（Intel Mobile Voltage Positioning）。各版本供电设计规范中的 VID 位数、电压调节精度和电压调节范围都各不相同。

因 AMD 和 Intel 采用 VID 方式调节 CPU 供电，所以可以通过装入假负载把 CPU 电压“骗”出来。当装上假负载后，将 VID0～VID7 其中的一个或多个 VID 信号接地，此时电源 IC 的 VID0～VID7 引脚上就得到了新的电压组合，电源 IC 会根据这个不同的组合，控制发出相应的电压。也就是说，让 CPU 供电芯片误以为装入了真 CPU。

AMD 从 AM2+ CPU 开始，CPU 包含着两部分电压（AMD 称之为 Dual-Plane），一个是 CPU 的核心电压，一个是 CPU 内集成的北桥的电压。一组并行 VID 控制模块无法在同一时间内异步控制这两种电压，除非再提供一组并行 VID 控制 CPU 中的北桥电压，但这样会显得比较复杂。于是 AMD 率先推出新一代电压调节模块规范，采用串行 VID（SVID）模式来解决这一问题。串行 VID 是一种总线类型的协议。从硬件上来看，所需要的外部接口由以前的 VID0～VID5 共 6 个变成 SVC（串行时钟）和 SVD（串行数据）两个，可以说是简单了很多。不过，由于串行 VID 是一种总线工作模式，所以需要软件的配合，但同时也意味着后期调整的可操作性会更强。前期大部分 AMD 主板为了兼容 AM2/AM2+/AM3，采用了 PVI/SVI 兼容的 PWM 控制器。

Intel 在 5 系列平台搭配的 Core i3/i5/i7 CPU 集成了显示核心，为了更好地控制 CPU 核心电压和显示核心电压这两组电压，因此提供了两组 PVID 接口以分别控制 CPU 核心电压和显示核心电压，这两组电压都符合 Intel VRD11.1 的规范。这显然是稍显复杂了一些。

Intel 从 6 系列平台开始，导入 VRD12 规范，也就是串行 VID 模式，和 AMD SVI 模式如出一辙。Intel 平台的 SVID 有三根线：SVD（串行 VID 数据）、SVC（串行 VID 时钟）、ALERT#（警示信号）。

▷▷▷ 9.5.2　MAX8770 分析

MAX8770 是 MAXIM 公司生产的控制 CPU 核心供电的芯片，符合 IMVP-6 规范，主要特点如下。

- 支持两相 CPU 供电。
- 支持 7 位 VID，输出电压 0～1.5000V 可调。
- 支持动态相位调整和休眠。
- 集成驱动芯片。
- 具备电源就绪（PWRGD）输出和时钟使能（CLKEN#）输出。
- 有电源监控和过热保护。
- 支持 4～26V 输入电压范围。
- 输出过压保护。

MAX8770 引脚名称如图 9-52 所示。MAX8770 的实物如图 9-53 所示。

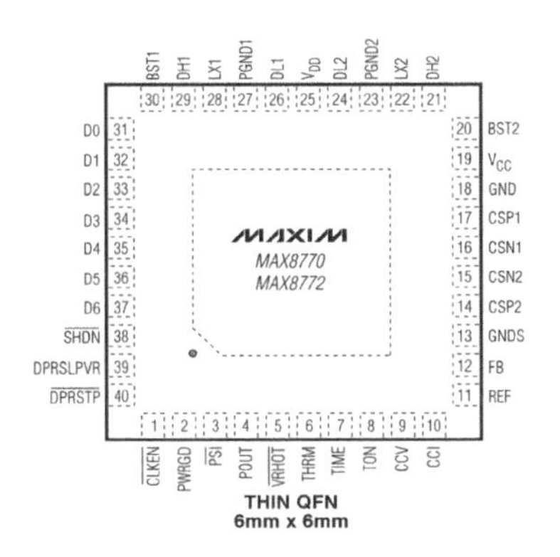

图 9-52　MAX8770 引脚名称（顶视图）

图 9-53　MAX8770 实物图

MAX8770 的引脚定义见表 9-11。

表 9-11　MAX8770 引脚定义

脚　位	名　　称	定　　义
1	$\overline{\text{CLKEN}}$	时钟使能逻辑信号的输出：当从 FB 脚检测到的输出电压达到规定值时，该脚输出有效逻辑低电平
2	PWRGD	漏极开路输出的电源好信号：当从 FB 脚检测到的输出电压达到规定值时，该脚开漏输出高电平
3	$\overline{\text{PSI}}$	该低电压逻辑信号与 DPRSLPVR 共同设置电源模式：为低电平，则进入 *N*–1 相位的 PWM 模式；为高电平，则恢复 *N* 相位 PWM 模式
4	POUT	电源监控输出
5	$\overline{\text{VRHOT}}$	内部比较器的漏极开路输出脚：当 THRM 端电压低于 1.5V（30%VCC）时，$\overline{\text{VRHOT}}$ 被拉低；关机时，$\overline{\text{VRHOT}}$ 为高阻状态

续表

脚　位	名　　称	定　　义
6	THRM	内部比较器输入端。将一个热敏电阻（通常是 NTC）一端接地，另一端接 THRM，同时通过一个电阻接到 V_{CC}。通过选择适当的器件，使得在需要的温度以上，THRM 端的电压降至 1.5V 以下
7	TIME	压摆率（压摆率就是电压摆动的速率）调节引脚。TIME 对地接一只电阻，用于设置内部压摆率。压摆率的应用含芯片进入或退出脉冲间隔模式、芯片从 BOOT 模式进入 VID 模式。对于软启动和关断过程，芯片自动将压摆率降至 1/8
8	TON	开关频率设置脚。由一个电阻连接电源端与 TON 端来设置开关频率
9	CCV	电压积分器电容连接端
10	CCI	电流平衡补偿
11	REF	2.0V 基准电压输出，通过一个最大 1μF 电容旁路至地。REF 可为外部负载提供 500μA 电流
12	FB	反馈输入。其外接阻容元件用于检测输出电压
13	GNDS	反馈旁路感应器输入端的负极。通常连接至负载端的 GND
14	CSP2	第 2 相输出电流检测正极输入端。该引脚须连接至输出电流检测电阻的正极。将此引脚接 V_{CC}，第 2 相关闭
15	CSN2	第 2 相输出电流检测负极输入端。该引脚须连接至输出电流检测电阻的负极。在输出电感的直流感抗被用作输出电流检测电阻的情况下，该引脚接至输出滤波电容
16	CSN1	第 1 相输出电流检测负极输入端。该引脚须连接至输出电流检测电阻的负极。在输出电感的直流感抗被用作输出电流检测电阻的情况下，该引脚接至输出滤波电容
17	CSP1	第 1 相输出电流检测正极输入端。该引脚须连接至输出电流检测电阻的正极。将此引脚接 V_{CC}，第 1 相关闭
18	GND	模拟地
19	V_{CC}	控制器供电脚。连接 4.5～5.5V 的电压端，通过最小 1μF 的旁路电容接地
20	BST2	第 2 相升压电阻连接端。通过该信号可在 DH2 上为上管建立开启信号，当下管开启时，在 V_{DD} 与 BST2 之间的内部开关为升压电容充电
21	DH2	第 2 相上管驱动信号输出端。其电压值在 LX2 与 BST2 之间切换。关机时为低电平
22	LX2	第 2 相输出电感连接端。在 DH2 上为上管建立开启电压，同时也作为第 2 相过零点比较器的输入端
23	PGND2	第 2 相电源地。为 DL2 的地端，同时也作为第 2 相过零点比较器的输入端
24	DL2	第 2 相下管驱动信号输出端。其电压值在 V_{DD} 与 GND 中切换。DL2 在关机时为高电平。在输出电压异常时一直强制为高电平。在小负载模式下也为低，直到检测到电感电流（PGND2-LX2）过零点
25	V_{DD}	各相位下管驱动的供电脚。同时也作为各相升压电容的充电电源。该引脚接至 4.5～5.5V 的电压源
26	DL1	第 1 相下管驱动信号输出端。其电压值在 V_{DD} 与 GND 中切换。DL1 在关机时为高电平。在输出电压异常时一直强制为高电平。在小负载模式下也为低电平，直到检测到电感电流（PGND1-LX1）过零点
27	PGND1	第 1 相电源地。为 DL1 的地端，同时也作为第 1 相过零点比较器的输入端
28	LX1	第 1 相输出电感连接端。在 DH1 上为上管建立开启电压，同时也作为第 1 相过零点比较器的输入端
29	DH1	第 1 相上管驱动信号输出端。其电压值在 LX1 与 BST1 之间切换。关机时为低电平
30	BST1	第 1 相升压电阻连接端。通过该信号可在 DH1 上为上管建立开启信号，当下管开启时，在 V_{DD} 与 BST1 之间的内部开关为升压电容充电
31～37	D0～D6	低压 VID 数字信号输入端。D0～D6 在 IC 内部没有上拉。该数字逻辑信号直接与 CPU 相应接口连接。输出电压由 VID 控制。VID 全高时关机。当 VID 由全高变为其他值时，IC 随即开始启动时序

续表

脚　位	名　　称	定　　义
38	$\overline{\text{SHDN}}$	电压开启信号。接 V_{CC} 时，使用默认操作模式。接 GND 时，芯片进入关闭模式。启动过程中，输出电压缓慢斜线上升至启动电压（压摆率为 1/8）。电压关闭时，使用同样压摆率下降。$\overline{\text{SHDN}}$ 脚电压不能高于 13V，此时芯片内部 OVP 及 UVP 保护均关闭
39	DPRSLPVR	深度休眠控制输入端。该信号与 $\overline{\text{PSI}}$ 信号共同设置电源模式
40	$\overline{\text{DPRSTP}}$	深度休眠唤醒信号。该信号为低电平时，代表 CPU 处于深度休眠状态

MAX8770 数据手册中，DPRSLPVR 和 $\overline{\text{PSI}}$ 组合设置电源模式设置的原文如图 9-54 所示。

DPRSLPVR	$\overline{\text{PSI}}$	Mode
1	0	Very low current (1-phase skip)
1	1	Low current (approximately 3A) (1-phase skip)
0	0	Intermediate power potential (1-phase PWM)
0	1	Max power potential (2- or 1-phase PWM as configured at CSP2)

图 9-54　MAX8770 数据手册中对 DPRSLRVR 和 $\overline{\text{RSI}}$ 组合设置的原文截图

当 DPRSLPVR 为高电平，$\overline{\text{PSI}}$ 为低电平时，芯片工作在电流非常小模式，1 相跳脉冲。

当 DPRSLPVR 为高电平，$\overline{\text{PSI}}$ 为高电平时，芯片工作在 3A 小电流模式，1 相跳脉冲。

当 DPRSLPVR 为低电平，$\overline{\text{PSI}}$ 为低电平时，芯片工作在 1 相 PWM 模式，电流适中。

当 DPRSLPVR 为低电平，$\overline{\text{PSI}}$ 为高电平时，芯片工作在满相 PWM 模式，最大电流输出。

过压保护：IC 会实时检测输出电压是否达到 OVP 标准。当输出电压高于当前 VID 对应输出电压值 300mV 时（典型值，见图 9-55），或在脉冲间隔模式下（DPRSLPVR 为高电平）高于 1.8V 时，IC 启动 OVP 保护。当在多相模式下（DPRSLPVR 为低电平，$\overline{\text{PSI}}$ 为高电平）检测到 OVP 时，IC 立即将 DL1、DL2 拉高，将 DH1、DH2 拉低。这样使得下管驱动信号占空比为 100%，下管迅速放空输出电容，将输出电压拉低。

<table>
<tr><td rowspan="3">Output Overvoltage Protection Threshold (MAX8770/MAX8771 Only)</td><td rowspan="3">V_{OVP}</td><td colspan="2">Measured at FB with respect to unloaded output voltage; rising edge; PWM mode or skip mode after output reaches the regulation voltage</td><td>250</td><td>300</td><td>350</td><td>mV</td></tr>
<tr><td rowspan="2">Measured at FB; rising edge</td><td>Skip mode and output have not reached the regulation voltage</td><td>1.75</td><td>1.80</td><td>1.85</td><td rowspan="2">V</td></tr>
<tr><td>Minimum OVP threshold</td><td colspan="3">0.8</td></tr>
</table>

图 9-55　MAX8770 数据手册中过压保护阈值的电气特性描述截图

欠压保护：当输出电压低于 VID 对应输出电压值 400mV 时（典型值，见图 9-56），IC 启动 SHUTDOWN 时序并设置故障锁存，直至输出电压低至 0V。IC 此时会强制拉高 DL1、DL2，拉低 DH1、DH2。将 $\overline{\text{SHDN}}$ 电压钳位或将 V_{CC} 电压拉低至 0.5V 以下以清除故障锁存，重新激活 IC。

<table>
<tr><td>Output Undervoltage Protection Threshold</td><td>V_{UVP}</td><td>Measured at FB with respect to unloaded output voltage</td><td>-450</td><td>-400</td><td>-350</td><td>mV</td></tr>
<tr><td>Output Undervoltage Propagation Delay</td><td>t_{UVP}</td><td>FB forced 25mV below trip threshold</td><td colspan="3">10</td><td>μs</td></tr>
</table>

图 9-56　MAX8770 数据手册中欠压保护阈值的电气特性描述截图

V_{CC}、V_{DD} 工作电压范围如图 9-57 所示。

PARAMETER	SYMBOL	CONDITIONS	MIN	TYP	MAX	UNITS
PWM CONTROLLER						
Input Voltage Range		V_{CC}, V_{DD}	4.5		5.5	V

图 9-57　MAX8770 数据手册中 V_{CC}、V_{DD} 工作电压范围截图

MAX8770 的关键信号阈值的电气特性描述如图 9-58 所示，$\overline{SHDN}$、DPRSLPVR 电压高于 2.3V 为高电平（最高值），VID0～VID6、$\overline{PSI}$、$\overline{DPRSTP}$ 电压高于 0.67V 为高电平（最低值），低于 0.33V 为低电平（最高值）。

Logic Input High Voltage	V_{IH}	$\overline{SHDN}$, DPRSLPVR, rising edge, hysteresis = 200mV	1.2	1.7	2.3	V
$\overline{SHDN}$ No-Fault Level		To enable no-fault mode	11		13	V
Low-Voltage Logic Input High Voltage	V_{IHLV}	D0–D6, $\overline{PSI}$, $\overline{DRPSTP}$	0.67			V
Low-Voltage Logic Input Low Voltage	V_{ILLV}	D0–D6, $\overline{PSI}$, $\overline{DRPSTP}$			0.33	V

图 9-58　MAX8770 数据手册中关键信号阈值的电气特性描述截图

IMVP-6 规范的 VID 电压对应见表 9-12。

表 9-12　IMVP-6 规范的 VID 电压对应表

D6	D5	D4	D3	D2	D1	D0	输出电压（V）	D6	D5	D4	D3	D2	D1	D0	输出电压（V）
0	0	0	0	0	0	0	1.5000	1	0	0	0	0	0	0	0.7000
0	0	0	0	0	0	1	1.4875	1	0	0	0	0	0	1	0.6875
0	0	0	0	0	1	0	1.4750	1	0	0	0	0	1	0	0.6750
0	0	0	0	0	1	1	1.4625	1	0	0	0	0	1	1	0.6625
0	0	0	0	1	0	0	1.4500	1	0	0	0	1	0	0	0.6500
0	0	0	0	1	0	1	1.4375	1	0	0	0	1	0	1	0.6375
0	0	0	0	1	1	0	1.4250	1	0	0	0	1	1	0	0.6250
0	0	0	0	1	1	1	1.4125	1	0	0	0	1	1	1	0.6125
0	0	0	1	0	0	0	1.4000	1	0	0	1	0	0	0	0.6000
0	0	0	1	0	0	1	1.3875	1	0	0	1	0	0	1	0.5875
0	0	0	1	0	1	0	1.3750	1	0	0	1	0	1	0	0.5750
0	0	0	1	0	1	1	1.3625	1	0	0	1	0	1	1	0.5625
0	0	0	1	1	0	0	1.3500	1	0	0	1	1	0	0	0.5500
0	0	0	1	1	0	1	1.3375	1	0	0	1	1	0	1	0.5375
0	0	0	1	1	1	0	1.3250	1	0	0	1	1	1	0	0.5250
0	0	0	1	1	1	1	1.3125	1	0	0	1	1	1	1	0.5125
0	0	1	0	0	0	0	1.3000	1	0	1	0	0	0	0	0.5000
0	0	1	0	0	0	1	1.2875	1	0	1	0	0	0	1	0.4875
0	0	1	0	0	1	0	1.2750	1	0	1	0	0	1	0	0.4750
0	0	1	0	0	1	1	1.2625	1	0	1	0	0	1	1	0.4625
0	0	1	0	1	0	0	1.2500	1	0	1	0	1	0	0	0.4500
0	0	1	0	1	0	1	1.2375	1	0	1	0	1	0	1	0.4375
0	0	1	0	1	1	0	1.2250	1	0	1	0	1	1	0	0.4250
0	0	1	0	1	1	1	1.2125	1	0	1	0	1	1	1	0.4125

续表

D6	D5	D4	D3	D2	D1	D0	输出电压（V）	D6	D5	D4	D3	D2	D1	D0	输出电压（V）
0	0	1	1	0	0	0	1.2000	1	0	1	1	0	0	0	0.4000
0	0	1	1	0	0	1	1.1875	1	0	1	1	0	0	1	0.3875
0	0	1	1	0	1	0	1.1750	1	0	1	1	0	1	0	0.3750
0	0	1	1	0	1	1	1.1625	1	0	1	1	0	1	1	0.3625
0	0	1	1	1	0	0	1.1500	1	0	1	1	1	0	0	0.3500
0	0	1	1	1	0	1	1.1375	1	0	1	1	1	0	1	0.3375
0	0	1	1	1	1	0	1.1250	1	0	1	1	1	1	0	0.3250
0	0	1	1	1	1	1	1.1125	1	0	1	1	1	1	1	0.3125
0	1	0	0	0	0	0	1.1000	1	1	0	0	0	0	0	0.3000
0	1	0	0	0	0	1	1.0875	1	1	0	0	0	0	1	0.2875
0	1	0	0	0	1	0	1.0750	1	1	0	0	0	1	0	0.2750
0	1	0	0	0	1	1	1.0625	1	1	0	0	0	1	1	0.2625
0	1	0	0	1	0	0	1.0500	1	1	0	0	1	0	0	0.2500
0	1	0	0	1	0	1	1.0375	1	1	0	0	1	0	1	0.2375
0	1	0	0	1	1	0	1.0250	1	1	0	0	1	1	0	0.2250
0	1	0	0	1	1	1	1.0125	1	1	0	0	1	1	1	0.2125
0	1	0	1	0	0	0	1.0000	1	1	0	1	0	0	0	0.2000
0	1	0	1	0	0	1	0.9875	1	1	0	1	0	0	1	0.1875
0	1	0	1	0	1	0	0.9750	1	1	0	1	0	1	0	0.1750
0	1	0	1	0	1	1	0.9625	1	1	0	1	0	1	1	0.1625
0	1	0	1	1	0	0	0.9500	1	1	0	1	1	0	0	0.1500
0	1	0	1	1	0	1	0.9375	1	1	0	1	1	0	1	0.1375
0	1	0	1	1	1	0	0.9250	1	1	0	1	1	1	0	0.1250
0	1	0	1	1	1	1	0.9125	1	1	0	1	1	1	1	0.1125
0	1	1	0	0	0	0	0.9000	1	1	1	0	0	0	0	0.1000
0	1	1	0	0	0	1	0.8875	1	1	1	0	0	0	1	0.0875
0	1	1	0	0	1	0	0.8750	1	1	1	0	0	1	0	0.0750
0	1	1	0	0	1	1	0.8625	1	1	1	0	0	1	1	0.0625
0	1	1	0	1	0	0	0.8500	1	1	1	0	1	0	0	0.0500
0	1	1	0	1	0	1	0.8375	1	1	1	0	1	0	1	0.0375
0	1	1	0	1	1	0	0.8250	1	1	1	0	1	1	0	0.0250
0	1	1	0	1	1	1	0.8125	1	1	1	0	1	1	1	0.0125
0	1	1	1	0	0	0	0.8000	1	1	1	1	0	0	0	0
0	1	1	1	0	0	1	0.7875	1	1	1	1	0	0	1	0
0	1	1	1	0	1	0	0.7750	1	1	1	1	0	1	0	0
0	1	1	1	0	1	1	0.7625	1	1	1	1	0	1	1	0
0	1	1	1	1	0	0	0.7500	1	1	1	1	1	0	0	0
0	1	1	1	1	0	1	0.7375	1	1	1	1	1	0	1	0
0	1	1	1	1	1	0	0.7250	1	1	1	1	1	1	0	0
0	1	1	1	1	1	1	0.7125	1	1	1	1	1	1	1	0

举例：当 D6～D0 都为低电平时，输出电压为 1.5000V；当 D6 为低电平，D5～D0 为高电平时，输出电压为 0.7125V；当 D6～D0 都为高电平时，输出电压为 0V。

MAX8770 的典型应用电路如图 9-59 所示，图中标出了几个关键工作条件。

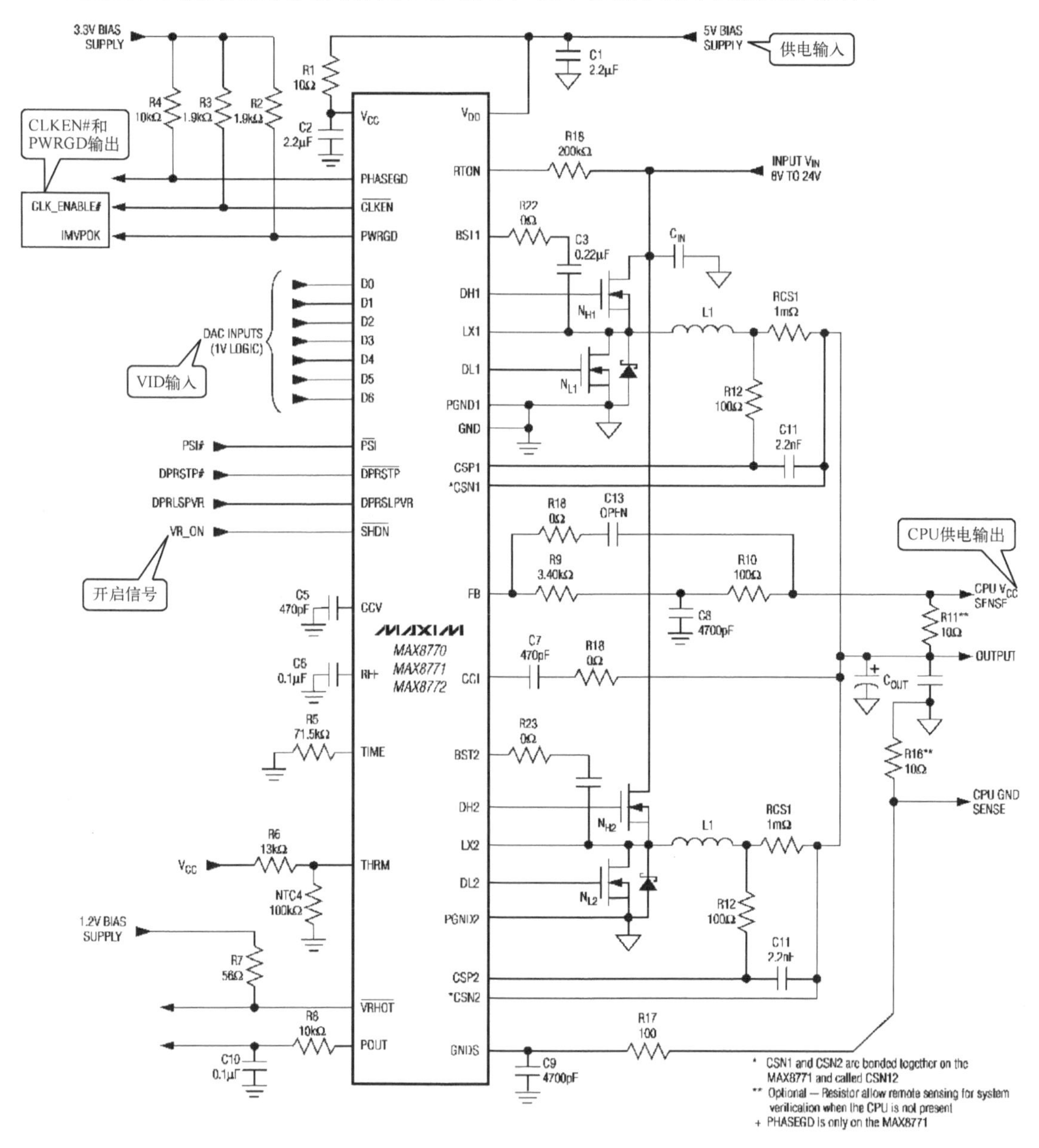

图 9-59　MAX8770 典型应用电路

MAX8770 启动和关闭时序如图 9-60 所示。

① 芯片得到供电，内部会上拉 $\overline{\text{CLKEN}}$ 为高电平。

② 外部发来高电平的开启信号 $\overline{\text{SHDN}}$。

③ VCORE 先软启动至一定电压幅度（启动速度为 TIME 脚电阻设定压摆率的 1/8），

PWM 进入强制 PWM 模式。

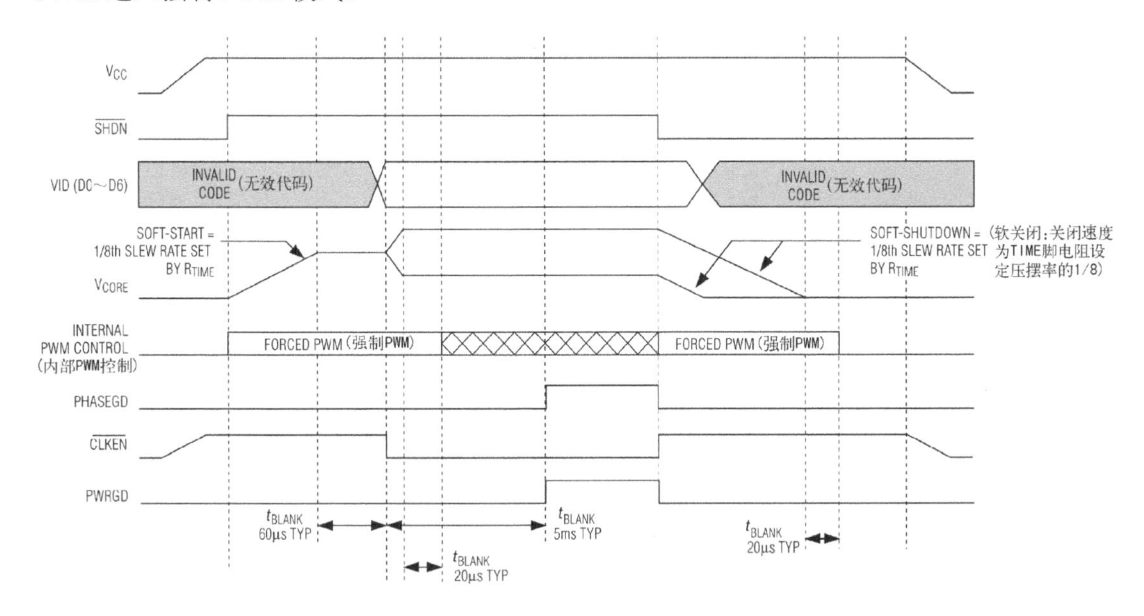

图 9-60　MAX8770 启动和关闭时序

④ 芯片开始解码 CPU 送来的 VID 信号。

⑤ VCORE 启动到 VID 设定的相应电压。

⑥ CPU 软启动正常后，延时 60μs 置低 $\overline{\text{CLKEN}}$。

⑦ CPU 供电达到 VID 设定的电压后，延时 5ms 置高 PWRGD（MAX8770 没有 PHASEGD 信号）。

⑧ $\overline{\text{SHDN}}$ 变为低电平。

⑨ VCORE、$\overline{\text{CLKEN}}$、PWRGD 全部转为无效状态，PWM 恢复强制 PWM 模式，VID 停止解码。

⑩ 当 V_{CC} 没有后，$\overline{\text{CLKEN}}$ 也变为低电平，芯片断电。

▷▷▷ 9.5.3　ISL6260 分析

ISL6260 是一个符合 IMVP-6 规范的 CPU 供电芯片，其主要特点如下。

① 精确多相内核稳压，支持三相供电，可编程；

② 7 位 VID 输入识别；

③ 支持多种电流检测方法；

④ 支持 PSI#；

⑤ 温度监控；

⑥ 不集成驱动芯片。

ISL6260 引脚名称如图 9-61 所示。

ISL6260 引脚定义见表 9-13。

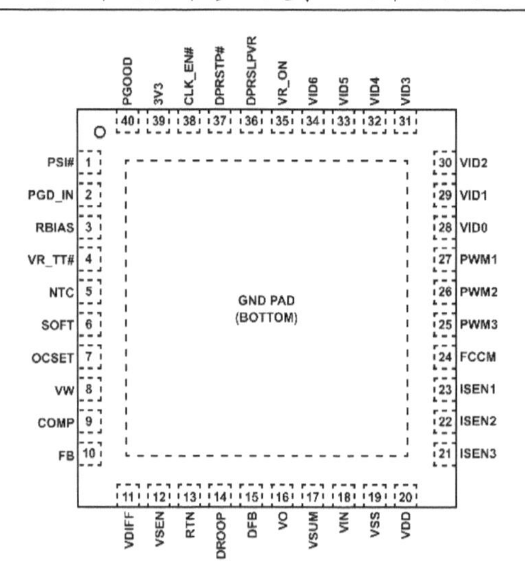

图9-61　ISL6260引脚名称（顶视图）

表9-13　ISL6260引脚定义

脚　位	名　称	定　义
1	PSI#	低负载电流输入指示。低电平有效。ISL6260B可用于关闭PWM2
2	PGD_IN	高电平输入表示VCCP和VCC_MCH已经正常，此信号是ISL6260发出CLK_EN#和PGOOD的前提条件
3	RBIAS	通过147kΩ偏置电阻接地，设定内部基准电流
4	VR_TT#	过热指示输出。低电平有效
5	NTC	连接负温度系数热敏电阻，作为VR_TT#电路一部分
6	SOFT	通过一个电容设定最大的电压转换速率（压摆率，1μs时间里电压升高的幅度，就是方波电压由波谷升到波峰所需时间，单位通常有V/s、V/ms和V/μs三种）
7	OCSET	过流设定输入脚
8	VW	通过电阻连接COMP设定开关频率
9	COMP	误差补偿。连接内部误差放大器的输出端
10	FB	反馈脚。连接内部误差放大器的反相输入端
11	VDIFF	微分放大器的输出端
12	VSEN	电压检测正端
13	RTN	电压检测负端
14	DROOP	内部衰减放大器输出端
15	DFB	内部衰减放大器反相输入端
16	VO	输出电压检测输入端
17	VSUM	总电流检测
18	VIN	供电输入
19	VSS	接地

续表

脚　　位	名　　称	定　　义
20	VDD	5V 供电输入
21	ISEN3	第三相电流检测
22	ISEN2	第二相电流检测
23	ISEN1	第一相电流检测
24	FCCM	驱动芯片的强制连续传导模式使能引脚（强制 PWM 模式）
25	PWM3	第三相 PWM 输出
26	PWM2	第二相 PWM 输出
27	PWM1	第一相 PWM 输出
28～34	VID0～VID6	电压识别输入脚
35	VR_ON	开启信号。高电平有效
36	DPRSLPVR	高电平表示处于深度睡眠模式
37	DPRSTP#	低电平表示处于深度睡眠模式
38	CLK_EN#	时钟芯片开启信号。低电平有效。它需要 PGD_IN 和 VCORE 都正常后才输出
39	3V3	CLK_EN#电路的 3.3V 供电
40	PGOOD	电源好。开漏输出，需要外部上拉

ISL6260 的 VR_ON 等关键信号阈值的电气特性描述如图 9-62 所示，VR_ON、DPRSLPVR、PGD_IN 上升沿阈值最低为 2.3V，下降沿阈值最高为 1V；VID0～VID6、PSI#、DPRSTP#上升沿阈值最低为 0.7V，下降沿阈值最高为 0.3V。

LOGIC THRESHOLDS					
VR_ON, DPRSLPVR and PGD_IN Input Low	$V_{IL(3.3V)}$			1.0	V
VR_ON, DPRSLPVR and PGD_IN Input High	$V_{IH(3.3V)}$	2.3			V
VID0-VID6, PSI#, DPRSTP# Input Low	$V_{IL(1.0V)}$			0.3	V
VID0-VID6, PSI#, DPRSTP# Input High	$V_{IH(1.0V)}$	0.7			V

图 9-62　ISL6260 的 VR_ON 等关键信号阈值的电气特性描述原文截图

如图 9-63 所示，VID 为 0000000 时，VCC_CORE 最高输出电压为 1.5V；VID 为 1100000 时，VCC_CORE 输出电压为 0.3V，VID 为 1111111 时，VCC_CORE 输出电压为 0V。

Maximum Output Voltage	$V_{CC\_CORE(max)}$	VID = [0000000]		1.500		V
Minimum Output Voltage	$V_{CC\_CORE(min)}$	VID = [1100000]		0.300		V
VID Off State		VID = [1111111]		0.0		V

图 9-63　ISL6260 的 VID 解码范围原文截图

如图 9-64 所示，CPU 供电正常后，PGOOD 的逻辑电路需要收到 PGD_IN 才会发出 PGOOD，同时送到 CLK_EN#的逻辑电路，CLK_EN#的电路必须收到 3V3 的供电，才会发出 CLK_EN#。所以，无 PGD_IN，不会导致无 CPU 供电，只会导致无 PGOOD 输出；没有

3V3，不会导致 PGOOD 不输出，只会导致 CLK_EN#不输出低电平。

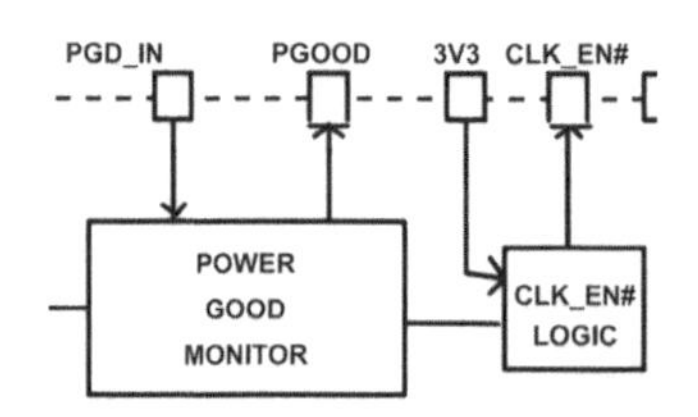

图 9-64　ISL6260 的 PGOOD 和 CLK_EN#内部逻辑图

ISL6260 的简化应用图和关键引脚如图 9-65 所示。

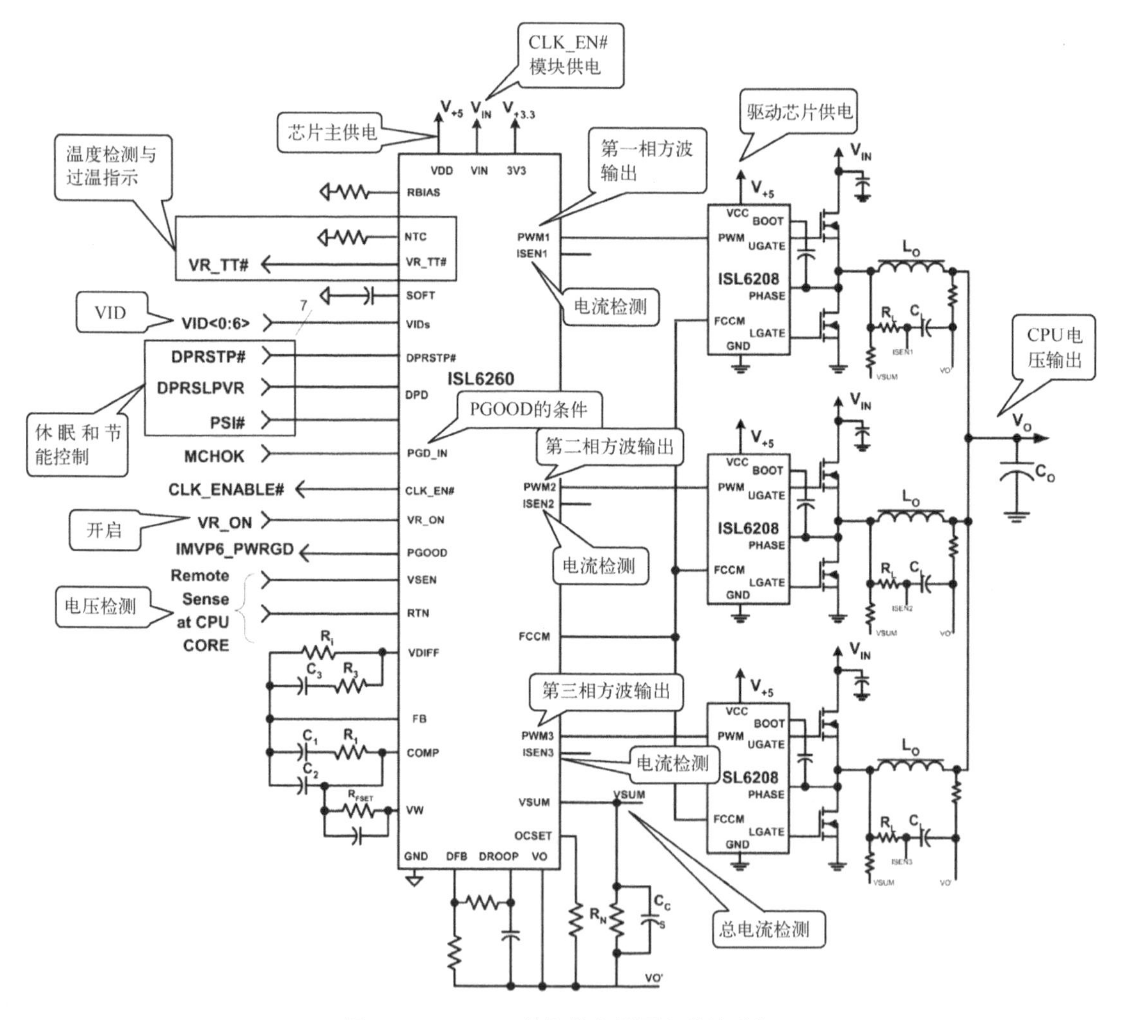

图 9-65　ISL6260 的简化应用图和关键引脚

ISL6260 启动时序如图 9-66 所示。

① 芯片先得到供电，包括 VDD 和 VIN。

② 外部送来高电平的 VR_ON。

③ 延时 100μs 后，芯片开始软启动 VCORE 到 1.2V，启动速度为 2mV/μs。

④ VCORE 启动到 1.2V 后，且 PGD_IN 为高电平，芯片将会发出低电平的 CLK_EN#。

⑤ 芯片解码 VID，按照 IMVP-6 标准将 VCORE 驱动到 VID 设定的电压，启动速度为 10mV/μs。

⑥ 7ms 后，芯片输出 PGOOD。

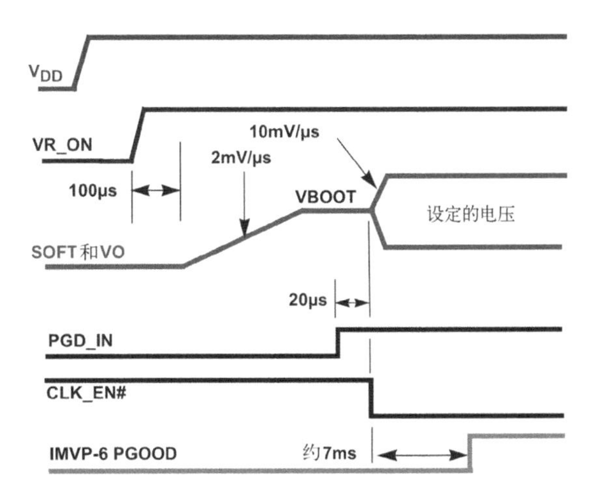

图 9-66　ISL6260 启动时序图

▷▷▷ 9.5.4　HM65 主板常用芯片 ISL95831 分析

ISL95831 是一个支持 3 相 CPU 核心供电和 1 相集成显卡供电的控制器，主要用于 Intel 的 HM6x 及以上平台，符合 IMVP-7/VR12 规范，TQFN 封装，48 脚。其主要特点如下。

① 支持双输出：第一路电压调节器可配置为 3 相、2 相、单相；第二路电压调节器支持单相输出。

② 两路输出共享 SVID 控制。

③ 集成三个驱动芯片（第一路两个，第二路一个）。

④ 支持多种测量电流的方法。

⑤ 支持过热、过流保护。

ISL95831 引脚名称如图 9-67 所示。

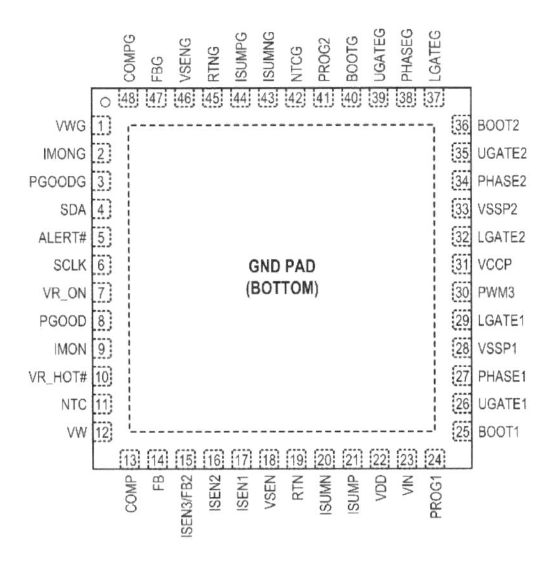

图 9-67　ISL95831 引脚名称（顶视图）

ISL95831 引脚定义见表 9-14。

表 9-14　ISL95831 引脚定义

脚　位	名　称	定　义
1	VWG	通过一个电阻把这个脚连接到 COMPG 用于设置电压调节器 2 的开关频率（8kΩ 电阻时大概为 300kHz）
2	IMONG	模拟输出。输出的电流与电压调节器 2 的电流成一定比例
3	PGOODG	电源好开漏输出脚。指示电压调节器 2 已经正常。外部需电阻上拉
4	SDA	CPU 和电源管理芯片之间的通信总线。串行 VID 总线
5	ALERT#	
6	SCLK	
7	VR_ON	控制器的使能脚。高电平开启
8	PGOOD	电源好开漏输出脚。指示电压调节器 1 已经正常。外部需电阻上拉
9	IMON	模拟输出。输出的电流与电压调节器 1 的电流成一定比例
10	VR_HOT#	过热指示信号
11	NTC	通过一个负温度系数热敏电阻接地，用于监控电压调节器 1 的温度
12	VW	通过一个电阻把这个脚连接到 COMP，用于设置电压调节器 1 的开关频率（8kΩ 电阻时大概为 300kHz）
13	COMP	第一路电压调节的误差放大器输出端
14	FB	电压调节器 1 的误差放大器反相输入端
15	ISEN3/FB2	当电压调节器 1 配置为 3 相时，用于检测第三相的电流；当配置为 2 相时，内部连接 FB2 和 FB 脚的开关，用于调节补偿电压调节器 1 的精度；当配置为 1 相时，开关无效
16	ISEN2	电压调节器 1 的第二相电流检测
17	ISEN1	电压调节器 1 的第一相电流检测
18	VSEN	电压调节器 1 的电压检测输入端
19	RTN	电压调节器 1 的电压检测回路端
20	ISUMN	第一路调节器下垂电流检测输入脚
21	ISUMP	
22	VDD	5V 供电
23	VIN	供电
24	PROG1	通过一个电阻连接到地配置电压调节器 1 的最大输出电流，以及两路调节器的 VBOOT 电压
25	BOOT1	电压调节器 1 的第一相自举升压脚。通过一个电容连接第一相的 PHASE 脚
26	UGATE1	电压调节器 1 的第一相上管驱动信号
27	PHASE1	电压调节器 1 的第一相上管驱动器回路。连接上管的 S 极、下管的 D 极和输出电感
28	VSSP1	电压调节器 1 的第一相下管驱动器回路。连接下管的 S 极
29	LGATE1	电压调节器 1 的第一相下管驱动信号
30	PWM3	电压调节器 1 的第三相方波输出。当连接到 5V 时，禁用第三相
31	VCCP	内部驱动芯片的供电。连接到+5V，至少要有 1μF 去耦电容
32	LGATE2	电压调节器 1 的第二相下管驱动信号
33	VSSP2	电压调节器 1 的第二相下管驱动器回路。连接下管的 S 极

续表

脚　位	名　称	定　义
34	PHASE2	电压调节器 1 的第二相上管驱动器回路。连接上管的 S 极、下管的 D 极和输出电感
35	UGATE2	电压调节器 1 的第二相上管驱动信号
36	BOOT2	电压调节器 1 的第二相自举升压脚。通过一个电容连接第二相的 PHASE 脚
37	LGATEG	电压调节器 2 的下管驱动信号
38	PHASEG	电压调节器 2 的上管驱动器回路。连接上管的 S 极、下管的 D 极和输出电感
39	UGATEG	电压调节器 2 的上管驱动信号
40	BOOTG	电压调节器 2 的自举升压脚。通过一个电容连接 PHASEG 脚
41	PROG2	通过一个电阻接地配置电压调节器 2 的最大输出电流，以及两个调节器的最高限定温度
42	NTCG	通过一个负温度系数热敏电阻接地，用于监控电压调节器 2 的温度
43	ISUMNG	第二路调节器下垂电流检测输入脚。当把 ISUMNG 接到 5V，将禁用第 2 路电压调节器
44	ISUMPG	
45	RTNG	电压调节器 2 的电压检测回路端
46	VSENG	电压调节器 2 的电压检测输入端
47	FBG	电压调节器 2 的误差放大器反相输入端
48	COMPG	第二路电压调节的误差放大器输出端

ISL95831 数据手册中对 VR_ON 输入电平阈值的电气特性描述如图 9-68 所示，低电平的最高值为 0.3V，ISL95831HRTZ 中高电平的最低值为 0.7V，ISL95831IRTZ 中高电平的最低值为 0.75V。

LOGIC THRESHOLDS					
VR_ON Input Low	V_{IL}			0.3	V
VR_ON Input High	V_{IH}	HRTZ	0.7		V
	V_{IH}	IRTZ	0.75		V

图 9-68　ISL95831 数据手册中对 VR_ON 输入电平阈值的电气特性描述截图

ISL95831 的简化应用电路如图 9-69 所示。

ISL95831 的 PROG1 脚配置见表 9-15。

表 9-15　ISL95831 数据手册中的 PROG1 脚配置（英文原表截图）

RPROG1 (kohm)				VR1 ICCMAX (A) With POWER-UP CONFIGURATION		
Min. (-3%)	Typ.	Max. (+3%)	V_{BOOT} (V)	3-PH	2-PH	1-PH
	0		0	99	66	33
0.57	0.59	0.61	0	93	62	31
1.07	1.1	1.13	0	87	58	29
1.64	1.69	1.74	0	81	54	27
2.19	2.26	2.33	0	75	50	25

续表

RPROG1 (kohm)			V_{BOOT} (V)	VR1 ICCMAX (A) With POWER-UP CONFIGURATION		
Min. (-3%)	Typ.	Max. (+3%)		3-PH	2-PH	1-PH
3.07	3.16	3.25	0	69	46	23
4.19	4.32	4.45	0	63	42	21
5.33	5.49	5.65	0	57	38	19
6.45	6.65	6.85	1.1	57	38	19
7.63	7.87	8.11	1.1	63	42	21
9.03	9.31	9.59	1.1	69	46	23
11.16	11.5	11.85	1.1	75	50	25
13.29	13.7	14.11	1.1	81	54	27
15.71	16.2	16.69	1.1	87	58	29
18.14	18.7	19.26	1.1	93	62	31
24.15	24.9	open	1.1	99	66	33

举例解释：

当把 PROG1 脚通过 0Ω电阻接地时，V_{BOOT} 电压为 0V，CPU 供电输出三相、两相、一相时的最大电流分别为 99A、66A、33A。

当把 PROG1 脚通过 24.15kΩ电阻接地时，V_{BOOT} 电压为 1.1V，CPU 供电输出三相、两相、一相时的最大电流分别为 99A、66A、33A。

ISL95831 的 PROG2 脚配置见表 9-16。

表 9-16　ISL95831 数据手册中的 PROG2 脚配置（英文原表截图）

RPROG2 (kΩ)			TMAX (°C)	VR2 ICCMAX (A)
Min.(-3%)	Typ.	Max.(+3%)		
	0		120	33
0.57	0.59	0.61	120	29
1.07	1.1	1.13	120	25
1.64	1.69	1.74	120	21
2.19	2.26	2.33	110	21
3.07	3.16	3.25	110	25
4.19	4.32	4.45	110	29
5.33	5.49	5.65	110	33
6.45	6.65	6.85	105	33
7.63	7.87	8.11	105	29
9.03	9.31	9.59	105	25
11.16	11.5	11.85	105	21
13.29	13.7	14.11	95	21
15.71	16.2	16.69	95	25
18.14	18.7	19.26	95	29
24.15	24.9	open	95	33

举例解释：

当把 PROG2 脚通过 0Ω电阻接地时，芯片的过温保护值为 120℃，第二路电压调节器输出电流最大为 33A。

当把 PROG2 脚通过 24.15kΩ——无穷大的电阻接地时，芯片的过温保护值为 95℃，第二路电压调节器的输出电流最大为 33A。

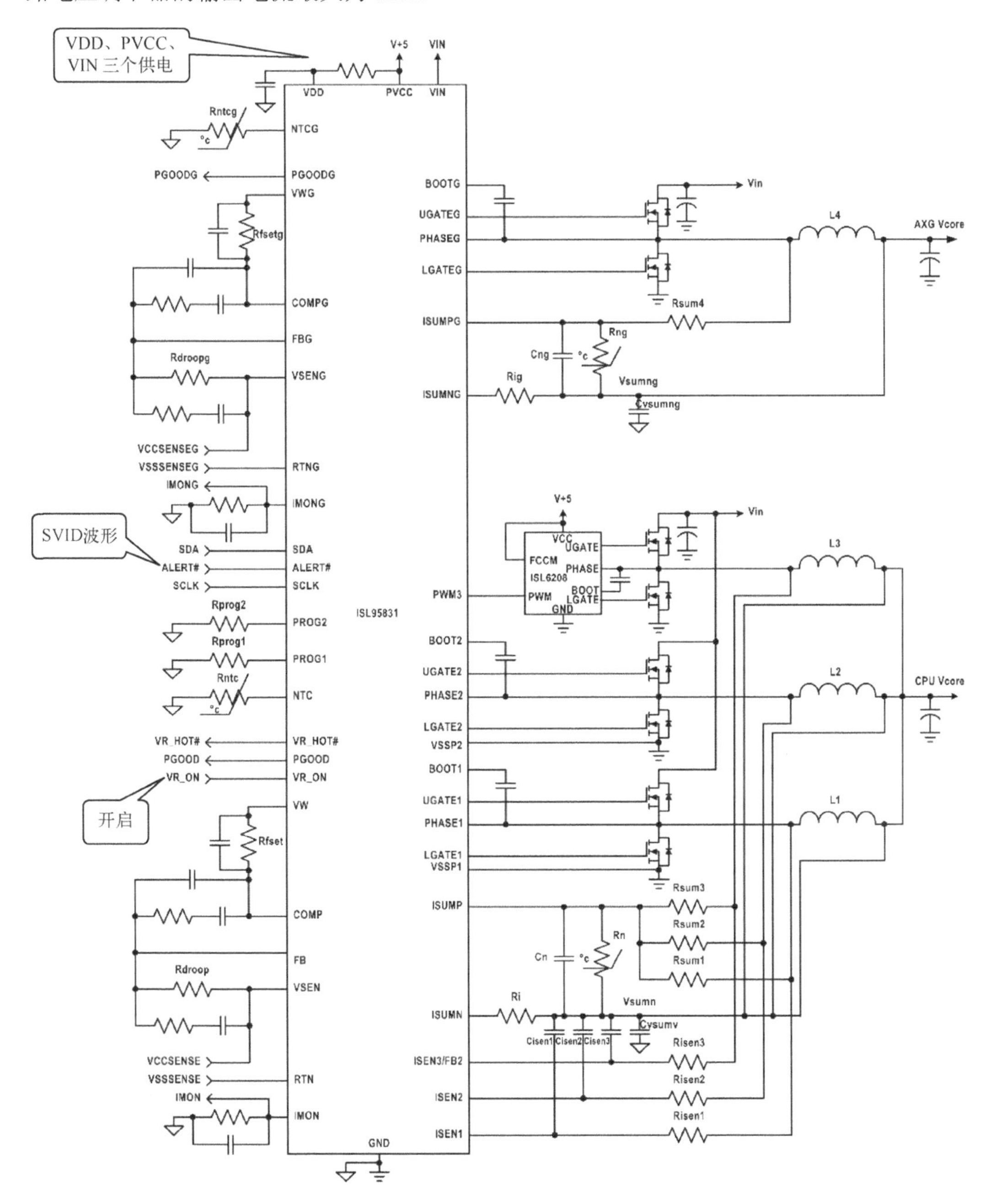

图 9-69　ISL95831 的简化应用电路

SVID 波形如图 9-70 所示，通道 1 为 SCK，通道 2 为 SVD。

ISL95831 的启动时序如图 9-71 所示。

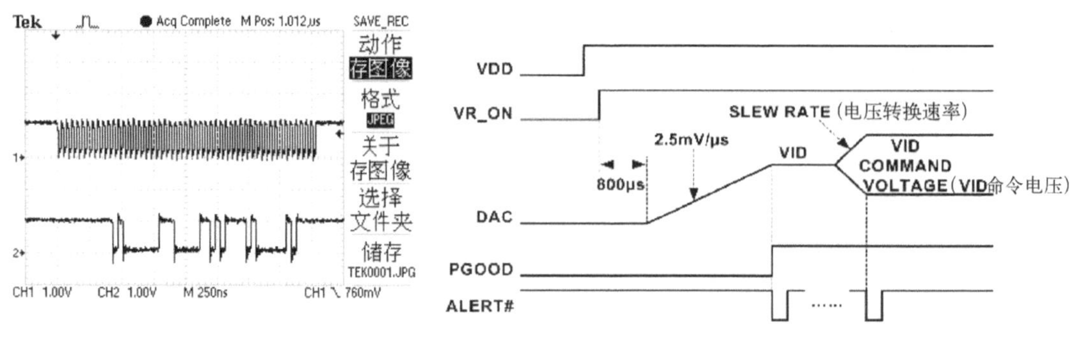

图 9-70　SVID 波形　　　　图 9-71　ISL95831 的启动时序

ISL95831 的启动过程：

① ISL95831 得到 VDD 和 VIN，芯片上电自复位（POR），进入待机状态。VDD 的阈值为 4.5V（最高值），VIN 的阈值为 4.35V（最高值）。

② ISL95831 得到开启信号 VR_ON，当此脚电压值达到 0.7V（ISL95831HRTZ 的最低值）时，开始软启动。

③ 内部 DAC 电压开始按 2.5mV/μs 的斜率上升。

④ 当 DAC 电压上升到 RPROG1 电阻设定的值时，软启动结束。

⑤ ISL95831 开漏输出 PGOOD，并拉低 ALERT#发送给 CPU。

⑥ CPU 发出串行 VID 信号给 ISL95831。

⑦ ISL95831 根据串行 VID 信号的设定，调整并输出 CPU 核心供电到相应的值（VID 设定见表 9-17）。

表 9-17　ISL95831 的串行 VID 解码标准表（英文原表截图）

VID								Hex		V_O (V)
7	6	5	4	3	2	1	0			
0	0	0	0	0	0	0	0	0	0	0.00000
0	0	0	0	0	0	0	1	0	1	0.25000
0	0	0	0	0	0	1	0	0	2	0.25500
0	0	0	0	0	0	1	1	0	3	0.26000
0	0	0	0	0	1	0	0	0	4	0.26500
0	0	0	0	0	1	0	1	0	5	0.27000
0	0	0	0	0	1	1	0	0	6	0.27500
0	0	0	0	0	1	1	1	0	7	0.28000
0	0	0	0	1	0	0	0	0	8	0.28500
0	0	0	0	1	0	0	1	0	9	0.29000
0	0	0	0	1	0	1	0	0	A	0.29500
0	0	0	0	1	0	1	1	0	B	0.30000
0	0	0	0	1	1	0	0	0	C	0.30500
0	0	0	0	1	1	0	1	0	D	0.31000
0	0	0	0	1	1	1	0	0	E	0.31500
0	0	0	0	1	1	1	1	0	F	0.32000
0	0	0	1	0	0	0	0	1	0	0.32500
0	0	0	1	0	0	0	1	1	1	0.33000
0	0	0	1	0	0	1	0	1	2	0.33500

VID								Hex		V_O (V)
7	6	5	4	3	2	1	0			
0	1	0	0	0	0	1	0	4	2	0.57500
0	1	0	0	0	0	1	1	4	3	0.58000
0	1	0	0	0	1	0	0	4	4	0.58500
0	1	0	0	0	1	0	1	4	5	0.59000
0	1	0	0	0	1	1	0	4	6	0.59500
0	1	0	0	0	1	1	1	4	7	0.60000
0	1	0	0	1	0	0	0	4	8	0.60500
0	1	0	0	1	0	0	1	4	9	0.61000
0	1	0	0	1	0	1	0	4	A	0.61500
0	1	0	0	1	0	1	1	4	B	0.62000
0	1	0	0	1	1	0	0	4	C	0.62500
0	1	0	0	1	1	0	1	4	D	0.63000
0	1	0	0	1	1	1	0	4	E	0.63500
0	1	0	0	1	1	1	1	4	F	0.64000
0	1	0	1	0	0	0	0	5	0	0.64500
0	1	0	1	0	0	0	1	5	1	0.65000
0	1	0	1	0	0	1	0	5	2	0.65500
0	1	0	1	0	0	1	1	5	3	0.66000
0	1	0	1	0	1	0	0	5	4	0.66500

续表

VID								Hex		V_O (V)
7	6	5	4	3	2	1	0			
0	0	0	1	0	0	1	1	1	3	0.34000
0	0	0	1	0	1	0	0	1	4	0.34500
0	0	0	1	0	1	0	1	1	5	0.35000
0	0	0	1	0	1	1	0	1	6	0.35500
0	0	0	1	0	1	1	1	1	7	0.36000
0	0	0	1	1	0	0	0	1	8	0.36500
0	0	0	1	1	0	0	1	1	9	0.37000
0	0	0	1	1	0	1	0	1	A	0.37500
0	0	0	1	1	0	1	1	1	B	0.38000
0	0	0	1	1	1	0	0	1	C	0.38500
0	0	0	1	1	1	0	1	1	D	0.39000
0	0	0	1	1	1	1	0	1	E	0.39500
0	0	0	1	1	1	1	1	1	F	0.40000
0	0	1	0	0	0	0	0	2	0	0.40500
0	0	1	0	0	0	0	1	2	1	0.41000
0	0	1	0	0	0	1	0	2	2	0.41500
0	0	1	0	0	0	1	1	2	3	0.42000
0	0	1	0	0	1	0	0	2	4	0.42500
0	0	1	0	0	1	0	1	2	5	0.43000
0	0	1	0	0	1	1	0	2	6	0.43500
0	0	1	0	0	1	1	1	2	7	0.44000
0	0	1	0	1	0	0	0	2	8	0.44500
0	0	1	0	1	0	0	1	2	9	0.45000
0	0	1	0	1	0	1	0	2	A	0.45500
0	0	1	0	1	0	1	1	2	B	0.46000
0	0	1	0	1	1	0	0	2	C	0.46500
0	0	1	0	1	1	0	1	2	D	0.47000
0	0	1	0	1	1	1	0	2	E	0.47500
0	0	1	0	1	1	1	1	2	F	0.48000
0	0	1	1	0	0	0	0	3	0	0.48500
0	0	1	1	0	0	0	1	3	1	0.49000
0	0	1	1	0	0	1	0	3	2	0.49500
0	0	1	1	0	0	1	1	3	3	0.50000
0	0	1	1	0	1	0	0	3	4	0.50500
0	0	1	1	0	1	0	1	3	5	0.51000
0	0	1	1	0	1	1	0	3	6	0.51500
0	0	1	1	0	1	1	1	3	7	0.52000
0	0	1	1	1	0	0	0	3	8	0.52500
0	0	1	1	1	0	0	1	3	9	0.53000
0	0	1	1	1	0	1	0	3	A	0.53500
0	0	1	1	1	0	1	1	3	B	0.54000
0	0	1	1	1	1	0	0	3	C	0.54500
0	0	1	1	1	1	0	1	3	D	0.55000
0	0	1	1	1	1	1	0	3	E	0.55500
0	0	1	1	1	1	1	1	3	F	0.56000
0	1	0	0	0	0	0	0	4	0	0.56500
0	1	0	0	0	0	0	1	4	1	0.57000

VID								Hex		V_O (V)
7	6	5	4	3	2	1	0			
0	1	0	1	0	1	0	1	5	5	0.67000
0	1	0	1	0	1	1	0	5	6	0.67500
0	1	0	1	0	1	1	1	5	7	0.68000
0	1	0	1	1	0	0	0	5	8	0.68500
0	1	0	1	1	0	0	1	5	9	0.69000
0	1	0	1	1	0	1	0	5	A	0.69500
0	1	0	1	1	0	1	1	5	B	0.70000
0	1	0	1	1	1	0	0	5	C	0.70500
0	1	0	1	1	1	0	1	5	D	0.71000
0	1	0	1	1	1	1	0	5	E	0.71500
0	1	0	1	1	1	1	1	5	F	0.72000
0	1	1	0	0	0	0	0	6	0	0.72500
0	1	1	0	0	0	0	1	6	1	0.73000
0	1	1	0	0	0	1	0	6	2	0.73500
0	1	1	0	0	0	1	1	6	3	0.74000
0	1	1	0	0	1	0	0	6	4	0.74500
0	1	1	0	0	1	0	1	6	5	0.75000
0	1	1	0	0	1	1	0	6	6	0.75500
0	1	1	0	0	1	1	1	6	7	0.76000
0	1	1	0	1	0	0	0	6	8	0.76500
0	1	1	0	1	0	0	1	6	9	0.77000
0	1	1	0	1	0	1	0	6	A	0.77500
0	1	1	0	1	0	1	1	6	B	0.78000
0	1	1	0	1	1	0	0	6	C	0.78500
0	1	1	0	1	1	0	1	6	D	0.79000
0	1	1	0	1	1	1	0	6	E	0.79500
0	1	1	0	1	1	1	1	6	F	0.80000
0	1	1	1	0	0	0	0	7	0	0.80500
0	1	1	1	0	0	0	1	7	1	0.81000
0	1	1	1	0	0	1	0	7	2	0.81500
0	1	1	1	0	0	1	1	7	3	0.82000
0	1	1	1	0	1	0	0	7	4	0.82500
0	1	1	1	0	1	0	1	7	5	0.83000
0	1	1	1	0	1	1	0	7	6	0.83500
0	1	1	1	0	1	1	1	7	7	0.84000
0	1	1	1	1	0	0	0	7	8	0.84500
0	1	1	1	1	0	0	1	7	9	0.85000
0	1	1	1	1	0	1	0	7	A	0.85500
0	1	1	1	1	0	1	1	7	B	0.86000
0	1	1	1	1	1	0	0	7	C	0.86500
0	1	1	1	1	1	0	1	7	D	0.87000
0	1	1	1	1	1	1	0	7	E	0.87500
0	1	1	1	1	1	1	1	7	F	0.88000
1	0	0	0	0	0	0	0	8	0	0.88500
1	0	0	0	0	0	0	1	8	1	0.89000
1	0	0	0	0	0	1	0	8	2	0.89500
1	0	0	0	0	0	1	1	8	3	0.90000

续表

VID								Hex		V_O (V)
7	6	5	4	3	2	1	0			
1	0	0	0	0	1	0	0	8	4	0.90500
1	0	0	0	0	1	0	1	8	5	0.91000
1	0	0	0	0	1	1	0	8	6	0.91500
1	0	0	0	0	1	1	1	8	7	0.92000
1	0	0	0	1	0	0	0	8	8	0.92500
1	0	0	0	1	0	0	1	8	9	0.93000
1	0	0	0	1	0	1	0	8	A	0.93500
1	0	0	0	1	0	1	1	8	B	0.94000
1	0	0	0	1	1	0	0	8	C	0.94500
1	0	0	0	1	1	0	1	8	D	0.95000
1	0	0	0	1	1	1	0	8	E	0.95500
1	0	0	0	1	1	1	1	8	F	0.96000
1	0	0	1	0	0	0	0	9	0	0.96500
1	0	0	1	0	0	0	1	9	1	0.97000
1	0	0	1	0	0	1	0	9	2	0.97500
1	0	0	1	0	0	1	1	9	3	0.98000
1	0	0	1	0	1	0	0	9	4	0.98500
1	0	0	1	0	1	0	1	9	5	0.99000
1	0	0	1	0	1	1	0	9	6	0.99500
1	0	0	1	0	1	1	1	9	7	1.00000
1	0	0	1	1	0	0	0	9	8	1.00500
1	0	0	1	1	0	0	1	9	9	1.01000
1	0	0	1	1	0	1	0	9	A	1.01500
1	0	0	1	1	0	1	1	9	B	1.02000
1	0	0	1	1	1	0	0	9	C	1.02500
1	0	0	1	1	1	0	1	9	D	1.03000
1	0	0	1	1	1	1	0	9	E	1.03500
1	0	0	1	1	1	1	1	9	F	1.04000
1	0	1	0	0	0	0	0	A	0	1.04500
1	0	1	0	0	0	0	1	A	1	1.05000
1	0	1	0	0	0	1	0	A	2	1.05500
1	0	1	0	0	0	1	1	A	3	1.06000
1	0	1	0	0	1	0	0	A	4	1.06500
1	0	1	0	0	1	0	1	A	5	1.07000
1	0	1	0	0	1	1	0	A	6	1.07500
1	0	1	0	0	1	1	1	A	7	1.08000
1	0	1	0	1	0	0	0	A	8	1.08500
1	0	1	0	1	0	0	1	A	9	1.09000
1	0	1	0	1	0	1	0	A	A	1.09500
1	0	1	0	1	0	1	1	A	B	1.10000
1	0	1	0	1	1	0	0	A	C	1.10500
1	0	1	0	1	1	0	1	A	D	1.11000
1	0	1	0	1	1	1	0	A	E	1.11500
1	0	1	0	1	1	1	1	A	F	1.12000
1	0	1	1	0	0	0	0	B	0	1.12500
1	0	1	1	0	0	0	1	B	1	1.13000
1	0	1	1	0	0	1	0	B	2	1.13500

VID								Hex		V_O (V)
7	6	5	4	3	2	1	0			
1	1	0	0	0	0	1	0	C	2	1.21500
1	1	0	0	0	0	1	1	C	3	1.22000
1	1	0	0	0	1	0	0	C	4	1.22500
1	1	0	0	0	1	0	1	C	5	1.23000
1	1	0	0	0	1	1	0	C	6	1.23500
1	1	0	0	0	1	1	1	C	7	1.24000
1	1	0	0	1	0	0	0	C	8	1.24500
1	1	0	0	1	0	0	1	C	9	1.25000
1	1	0	0	1	0	1	0	C	A	1.25500
1	1	0	0	1	0	1	1	C	B	1.26000
1	1	0	0	1	1	0	0	C	C	1.26500
1	1	0	0	1	1	0	1	C	D	1.27000
1	1	0	0	1	1	1	0	C	E	1.27500
1	1	0	0	1	1	1	1	C	F	1.28000
1	1	0	1	0	0	0	0	D	0	1.28500
1	1	0	1	0	0	0	1	D	1	1.29000
1	1	0	1	0	0	1	0	D	2	1.29500
1	1	0	1	0	0	1	1	D	3	1.30000
1	1	0	1	0	1	0	0	D	4	1.30500
1	1	0	1	0	1	0	1	D	5	1.31000
1	1	0	1	0	1	1	0	D	6	1.31500
1	1	0	1	0	1	1	1	D	7	1.32000
1	1	0	1	1	0	0	0	D	8	1.32500
1	1	0	1	1	0	0	1	D	9	1.33000
1	1	0	1	1	0	1	0	D	A	1.33500
1	1	0	1	1	0	1	1	D	B	1.34000
1	1	0	1	1	1	0	0	D	C	1.34500
1	1	0	1	1	1	0	1	D	D	1.35000
1	1	0	1	1	1	1	0	D	E	1.35500
1	1	0	1	1	1	1	1	D	F	1.36000
1	1	1	0	0	0	0	0	E	0	1.36500
1	1	1	0	0	0	0	1	E	1	1.37000
1	1	1	0	0	0	1	0	E	2	1.37500
1	1	1	0	0	0	1	1	E	3	1.38000
1	1	1	0	0	1	0	0	E	4	1.38500
1	1	1	0	0	1	0	1	E	5	1.39000
1	1	1	0	0	1	1	0	E	6	1.39500
1	1	1	0	0	1	1	1	E	7	1.40000
1	1	1	0	1	0	0	0	E	8	1.40500
1	1	1	0	1	0	0	1	E	9	1.41000
1	1	1	0	1	0	1	0	E	A	1.41500
1	1	1	0	1	0	1	1	E	B	1.42000
1	1	1	0	1	1	0	0	E	C	1.42500
1	1	1	0	1	1	0	1	E	D	1.43000
1	1	1	0	1	1	1	0	E	E	1.43500
1	1	1	0	1	1	1	1	E	F	1.44000
1	1	1	1	0	0	0	0	F	0	1.44500

续表

VID								Hex		V_O (V)
7	6	5	4	3	2	1	0			
1	0	1	1	0	0	1	1	B	3	1.14000
1	0	1	1	0	1	0	0	B	4	1.14500
1	0	1	1	0	1	0	1	B	5	1.15000
1	0	1	1	0	1	1	0	B	6	1.15500
1	0	1	1	0	1	1	1	B	7	1.16000
1	0	1	1	1	0	0	0	B	8	1.16500
1	0	1	1	1	0	0	1	B	9	1.17000
1	0	1	1	1	0	1	0	B	A	1.17500
1	0	1	1	1	0	1	1	B	B	1.18000
1	0	1	1	1	1	0	0	B	C	1.18500
1	0	1	1	1	1	0	1	B	D	1.19000
1	0	1	1	1	1	1	0	B	E	1.19500
1	0	1	1	1	1	1	1	B	F	1.20000
1	1	0	0	0	0	0	0	C	0	1.20500
1	1	0	0	0	0	0	1	C	1	1.21000

VID								Hex		V_O (V)
7	6	5	4	3	2	1	0			
1	1	1	1	0	0	0	1	F	1	1.45000
1	1	1	1	0	0	1	0	F	2	1.45500
1	1	1	1	0	0	1	1	F	3	1.46000
1	1	1	1	0	1	0	0	F	4	1.46500
1	1	1	1	0	1	0	1	F	5	1.47000
1	1	1	1	0	1	1	0	F	6	1.47500
1	1	1	1	0	1	1	1	F	7	1.48000
1	1	1	1	1	0	0	0	F	8	1.48500
1	1	1	1	1	0	0	1	F	9	1.49000
1	1	1	1	1	0	1	0	F	A	1.49500
1	1	1	1	1	0	1	1	F	B	1.50000
1	1	1	1	1	1	0	0	F	C	1.50500
1	1	1	1	1	1	0	1	F	D	1.51000
1	1	1	1	1	1	1	0	F	E	1.51500
1	1	1	1	1	1	1	1	F	F	1.52000

⑧ 核心电压正常后，ISL95831 再次拉低 ALERT#，表示电压已达到正常。

⑨ 当芯片再次接收到相应的控制第二路供电输出的 SVID 信号后，芯片输出集成显卡供电。

▷▷▷ 9.5.5　AMD 平台常用芯片 ISL6265 分析

在 AMD CPU 的主板中，ISL6265 常用于 CPU 核心供电与 VDDNB 供电的输出控制，芯片尺寸为 6mm×6mm，采用 QFN48 封装。ISL6265 引脚名称如图 9-72 所示。

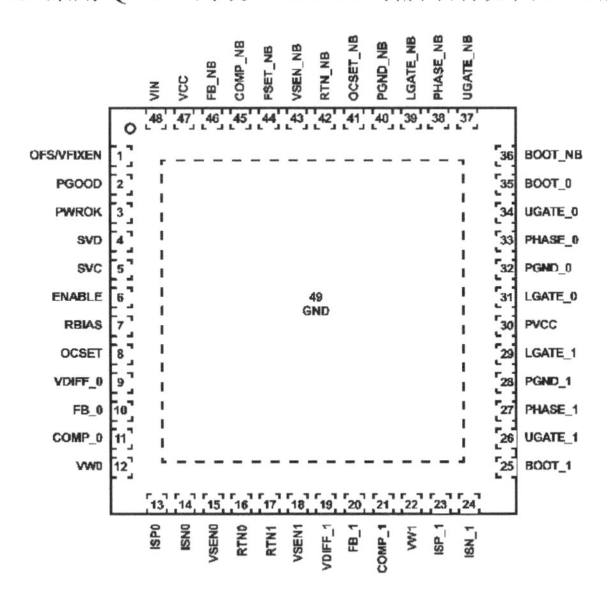

图 9-72　ISL6265 引脚名称（顶视图）

ISL6265 引脚定义见表 9-18。

表 9-18　ISL6265 引脚定义

引　脚	名　称	定　义
1	OFS/VFIXEN	外部连接电阻到地，用于编程 DC 电流源。如果此脚电压为 1.2V，VFIX 模式被关闭；如果此脚电压被上拉为 3.3V，VFIX 模式被开启，DAC 解码器解析 SVC、SVD 的输入信息，OFS 功能被关闭；如果此脚电压被上拉为 5V，OFS 和 VFIX 都被关闭
2	PGOOD	电源好信号。开漏输出，需要外部上拉才为高电平
3	PWROK	系统电源好信号输入。当此引脚为高电平，SVID 界面是活动的，I^2C 协议运行。当这脚为低电平，SVC、SVD 和 VFIXEN 的输入状态决定 PRE-PWROK METAL VID 或 VFIX 模式电压。在 ISL6265 发出高电平的 PGOOD 之前，该引脚必须为低电平
4	SVD	串行 VID 识别引脚数据信号。与 AMD 处理器连接
5	SVC	串行 VID 识别引脚时钟引脚。与 AMD 处理器连接
6	ENABLE	使能信号输入。高电平时，ISL6265 开启
7	RBIAS	连接 117kΩ 电阻到地，设定内部基准电流
8	OCSET	CORE_0 和 CORE_1 过流保护设置信号输入
9	VDIFF_0	CORE_0 差分放大输出
10	FB_0	CORE_0 反馈输入。至内部 CORE_0 误差放大器的输入端
11	COMP_0	CORE_0 控制器误差放大输出
12	VW0	从该脚连接电阻到 COMP0，用来设置开关频率，如 6.81kΩ时为 300kHz
13	ISP0	CORE_0 电流检测正输入
14	ISN0	CORE_0 电流检测负输入
15	VSEN0	CORE_0 电压检测输入
16	RTN0	CORE_0 电压检测输入回路
17	RTN1	CORE_1 电压检测输入回路
18	VSEN1	CORE_1 电压检测输入
19	VDIFF_1	CORE_1 差分放大输出
20	FB_1	CORE_1 反馈输入。至内部 CORE_1 误差放大器的输入端
21	COMP_1	CORE_1 控制器误差放大输出
22	VW1	从该脚连接电阻到 COMP1，用来设置开关频率，如 6.81kΩ时为 300kHz
23	ISP_1	CORE_1 电流检测正输入
24	ISN_1	CORE_1 电流检测负输入
25	BOOT_1	CORE_1 自举升压端
26	UGATE_1	CORE_1 上管驱动信号输出
27	PHASE_1	CORE_1 相位脚。连接输出电感。此脚是上管驱动信号的回路
28	PGND_1	接地端
29	LGATE_1	CORE_1 下管驱动信号输出
30	PVCC	内部 MOSFET 驱动器供电。连接外部 5V 供电电压输入
31	LGATE_0	CORE_0 下管驱动信号输出
32	PGND_0	接地端

续表

引　脚	名　称	定　义
33	PHASE_0	CORE_0 相位脚。连接输出电感。此脚是上管驱动信号的回路
34	UGATE_0	CORE_0 上管驱动信号输出
35	BOOT_0	CORE_0 自举升压端
36	BOOT_NB	NB 供电自举升压端
37	UGATE_NB	NB 供电上管驱动信号输出
38	PHASE_NB	NB 供电相位脚。连接输出电感。此脚是上管驱动信号的回路
39	LGATE_NB	NB 供电下管驱动信号输出
40	PGND_NB	接地端
41	OCSET_NB	NB 供电过流保护设置
42	RTN_NB	NB 供电电压反馈
43	VSEN_NB	NB 供电电压反馈输入
44	FSET_NB	NB 供电开关频率设置端。如 22.1kΩ时设定为 260kHz
45	COMP_NB	NB 供电误差放大输入
46	FB_NB	NB 供电反馈输入
47	VCC	5V 供电输入。外接一个 0.1μF 的去耦电容
48	VIN	芯片供电输入脚。用于提升瞬态性能

ISL6265 的重要引脚阈值电压：

当 VCC 输入电压高于 4.35V（典型值）后，如图 9-73 所示，芯片执行 POR（Power-On Reset，上电自复位）。当 VCC 输入电压低于 4.1V（典型值）时，芯片停止工作。

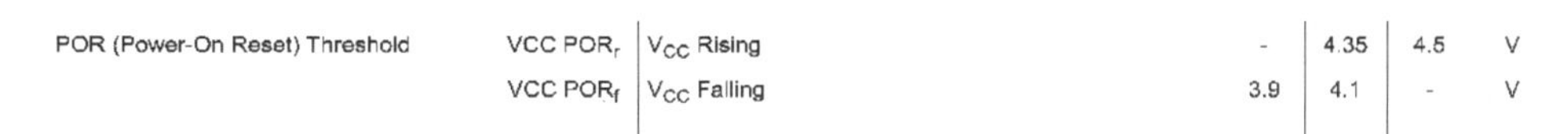

POR (Power-On Reset) Threshold	VCC POR_r	V_{CC} Rising	-	4.35	4.5	V
	VCC POR_f	V_{CC} Falling	3.9	4.1	-	V

图 9-73　ISL6265 数据手册中 VCC 阈值的电气特性描述截图

EN 引脚的低电平阈值典型值为 1.35V，高电平阈值为 2V（典型值），如图 9-74 所示。

ENABLE Low Threshold	$V_{IL(3.3V)}$	-	1.35	0.9	V
ENABLE High Threshold	$V_{IH(3.3V)}$	2.0	1.6	-	V

图 9-74　ISL6265 数据手册中 EN 阈值的电气特性描述截图

PWROK 脚输入的低电平阈值一般为 0.65V，高电平阈值一般为 0.9V，如图 9-75 所示。

PWROK Input Low Threshold		-	0.65	0.8	V
PWROK Input High Threshold (Note 3)		-	0.9	-	V

图 9-75　ISL6265 数据手册中 PWROK 阈值的电气特性描述截图

ISL6265 在 PWROK 为低电平时，并不执行 SVID 指令，而是依据 VFIXEN 设定的状态，执行相应电压：VFIXEN 连接到 1.2V 以下或者 5V 左右时，执行 PRE-PWROK METAL

VID 模式，其配置的电压见表 9-19。SVC 和 SVD 都为低电平时，输出电压为 1.1V；SVC 和 SVD 都为高电平时，输出电压为 0.8V。

ISL6265 的 VFIXEN 连接到 3.3V 时，执行 VFIX 模式，其配置的电压见表 9-20。SVC 和 SVD 都为低电平时，输出电压 1.4V；SVC 和 SVD 都为高电平时，输出电压为 0.8V。

表 9-19　ISL6265 的 PRE-PWROK METAL VID 模式解码表

SVC	SVD	输出电压（V）
0	0	1.1
0	1	1.0
1	0	0.9
1	1	0.8

表 9-20　VFIX 模式解码表

SVC	SVD	输出电压（V）
0	0	1.4
0	1	1.2
1	0	1.0
1	1	0.8

ISL6265 的典型应用电路如图 9-76 所示。

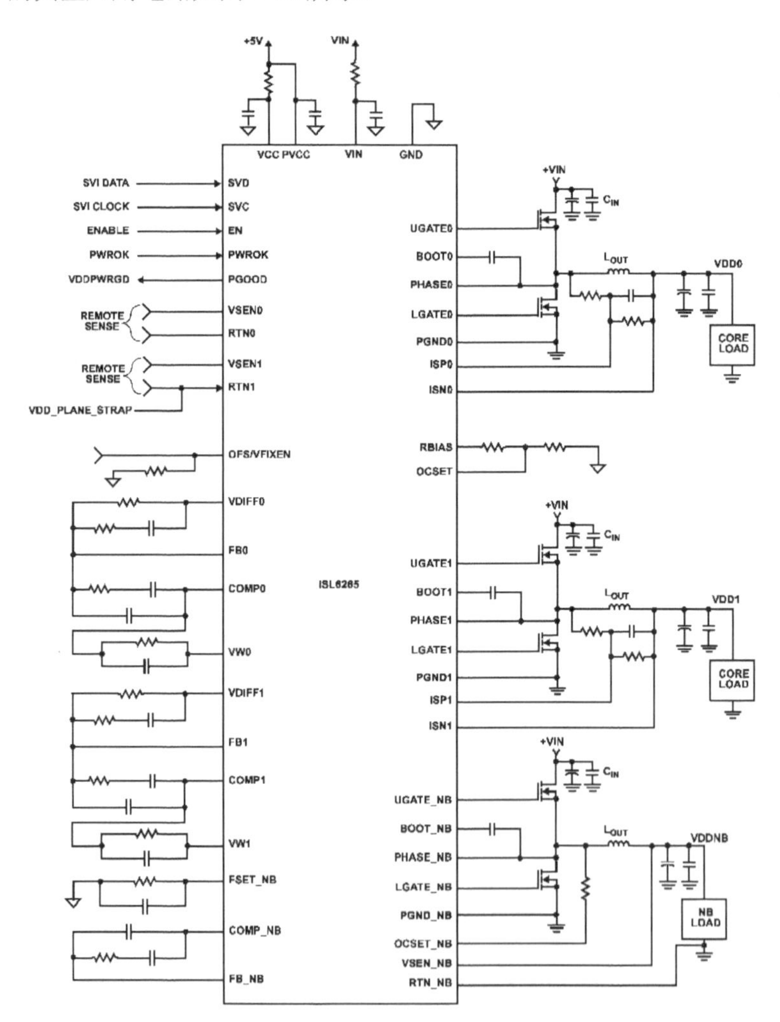

图 9-76　ISL6265 的典型应用电路

ISL6265 的工作时序如图 9-77 所示。横向的数字表示时间，竖向的信号会随时间的推移，高低变化，具体如下：

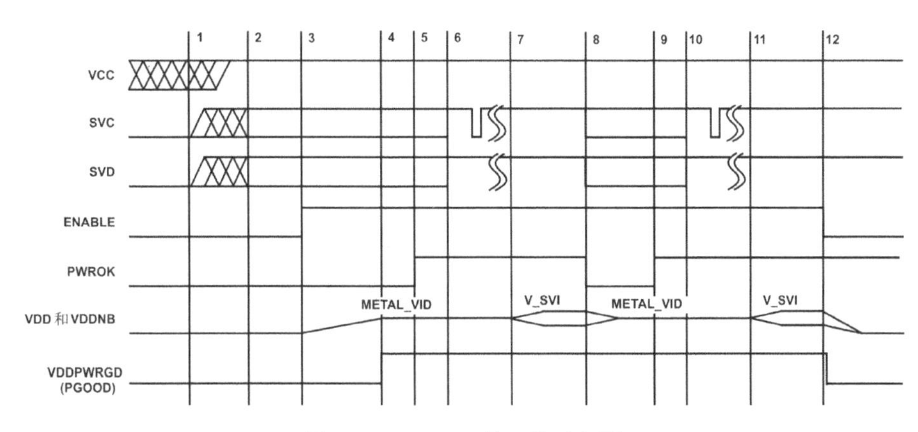

图 9-77 ISL6265 的工作时序图

时间 1-2：VCC 输入，并越过 POR（4.3V），完成芯片自复位。

时间 2-3：SVC 和 SVD 通过外部上拉或下拉，设定 PRE-METAL VID 代码。

时间 3-4：EN 变为高电平后，VDD 和 VDDNB 开启启动，上升到 PRE-METAL VID 模式设定的值。

时间 4-5：VDDPWRGD 变为高电平，指示 CPU 供电已正常。

时间 5-6：PWROK 输入高电平，指示芯片准备接收 SVI 代码。

时间 6-7：CPU 驱动 SVD、SVC 开始传输 SVI 指令。

时间 7-8：ISL6265 响应 SVI 代码指令。

时间 8-9：若 PWROK 变为低电平，芯片马上停止 SVI 解码，并驱动 CPU 电压到 PRE-PWROK METAL VID 模式设定的值。

时间 9-10：PWROK 变为高电平，指示芯片准备再次接收 SVI 指令。

时间 10-11：SVC、SVD 传输新的 VID 代码。

时间 11-12：ISL6265 驱动 CPU 供电电压到 SVI 设定的新值。

▷▷▷ 9.5.6 用示波器分析 CPU 供电动态调节电压的波形

在 Intel 5 系列芯片组以前，都是采用 PVID 的形式来调节 CPU 供电的，功耗比较大。CPU 在工作的时候，CPU 电压会发生不同变化，首先是 CPU 在不同的工作状态下，CPU 电压不一样；另外，系统状态不一样，CPU 电压也不一样。电压的修改、变化是通过 VID 来实现的。当修改 CPU 电压的时候，不能发生突变，因为突变会产生大电流、浪涌等。一般在开关电源芯片里面也有软切换功能，当 CPU 电压要达到一个新的目标电压时，将会从当前电压缓慢增加或降低到新的目标电压上。

在 Intel 5 系列芯片组以前，电脑从触发到亮机这个过程中，CPU 的供电会从 VBOOT 电压转为平稳的 CPU 核心电压，如图 9-78 所示。

在进系统过程中，以及进系统之后，CPU 供电受系统运行程序影响会进行动态调节，如图 9-79 所示。大家不要误以为这样的 CPU 供电是滤波不良，这其实是正常的。

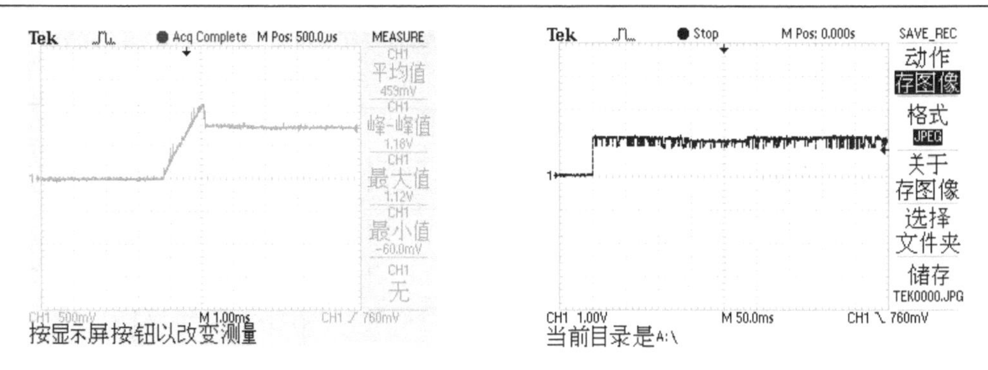

图 9-78　从 VBOOT 电压转为平稳的 CPU 核心电压　　　图 9-79　动态变化的 CPU 电压

这种 CPU 供电的电流一般是通过 DPRSLPVR、PSI#、ISENSE、ISUM 等引脚进行检测调节。

到了 Intel 6 系列芯片组以后，CPU 的供电是通过 SVID 来调节的。这种方案要比 PVID 智能很多，可以满足 CPU 睿频操作，CPU 供电也是动态调节的，在电脑从触发到亮机这个过程中，CPU 的供电是平稳的，如图 9-80 所示。

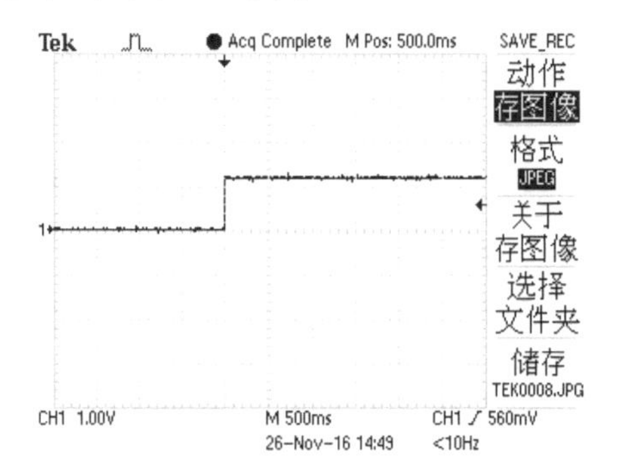

图 9-80　Intel 6 系列芯片组的 CPU 供电

在进入系统后，CPU 会根据自身的负载量进行动态调节 CPU 供电，动态调节状态下的 CPU 供电如图 9-81 所示。

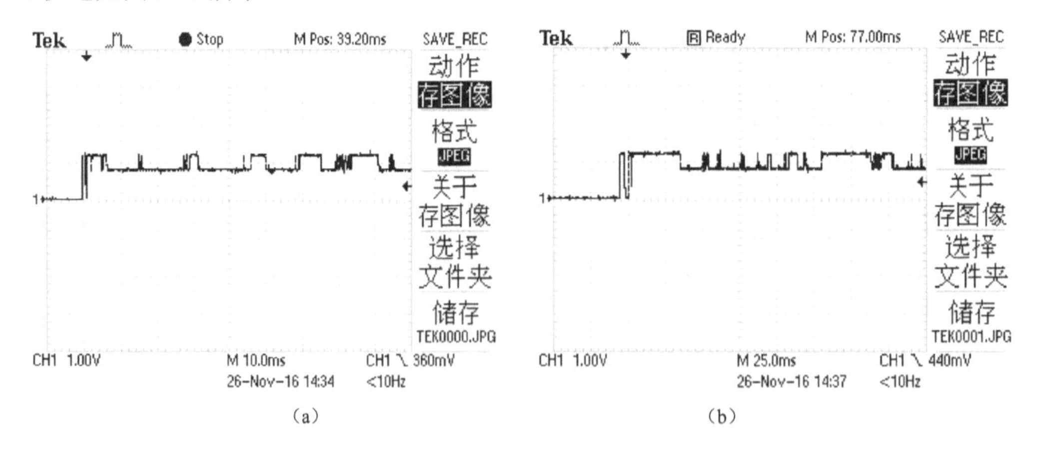

图 9-81　动态调节状态下的 CPU 供电

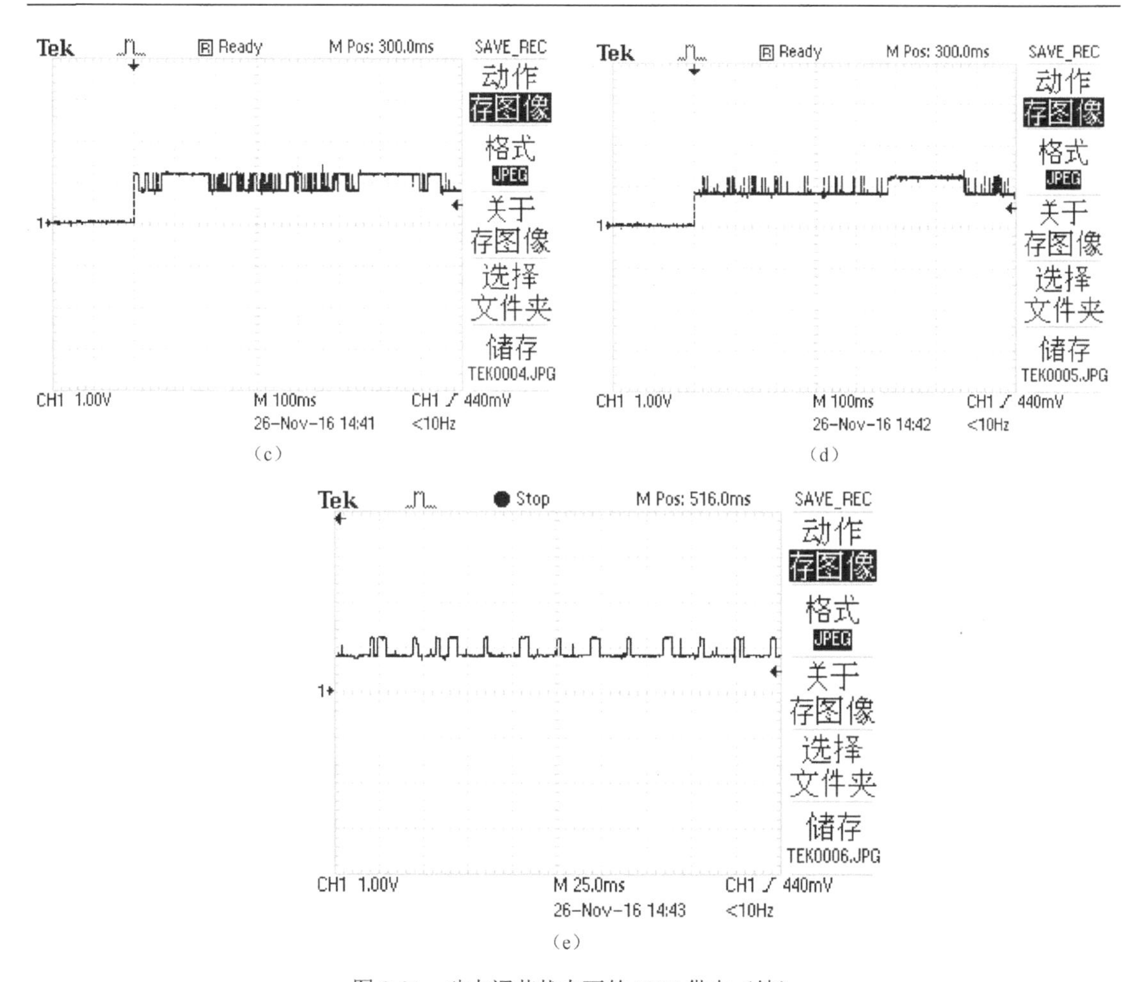

图 9-81　动态调节状态下的 CPU 供电（续）

在系统中没有任何程序运行、没有任何操作的情况下，CPU 电压是比较平稳的，但是电压值比进系统之前要相对低一些，如图 9-82 所示。

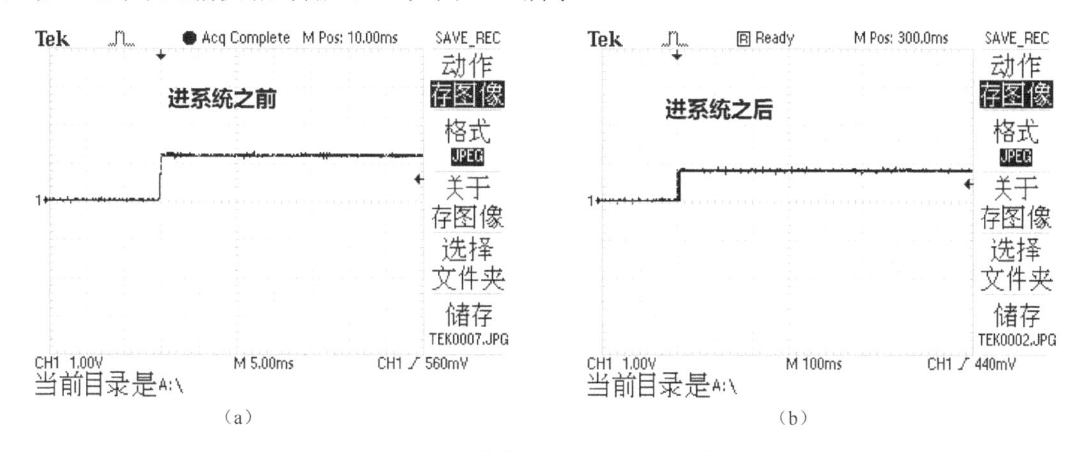

图 9-82　系统空闲状态下的 CPU 供电

▷▷▷ 9.5.7　CPU 供电芯片 SVID 波形的正确测量、判断方法

说到 SVID 波形，相信大家并不陌生，但是要想从 SVID 波形中正常读取 CPU 核心电压值，却不是件容易的事，不是随便测量几个 SVID 波形就能读出 CPU 电压值的。那应该怎么操作呢？读取它的电压值的作用是什么呢？

从图 9-83 中可以看到，CPU 供电芯片内部由数字解码器、PWM 模块等组成。正常情况下，CPU 发出 SVID 波形给 CPU 供电芯片中的数字解码器，数字解码器收到 SVID 波形后，解码出相应的电压值，然后控制相应的 PWM 模块输出 SVID 所要求的电压值。在此期间，如果供电芯片的数字解码模块出了问题，导致解码出错，供电芯片将会控制输出一个错误的电压值，此时即使有 CPU 供电，这个电压值也不符合 CPU 所要求的电压值，CPU 是无法正常工作的。

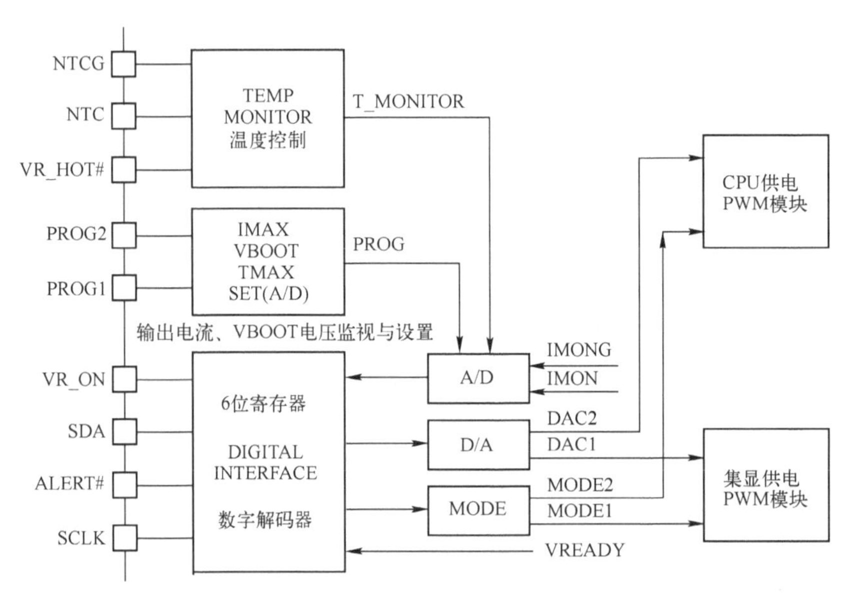

图 9-83　CPU 供电芯片内部的部分框图

曾经遇到过一个案例，记得那台电脑的故障现象是：能上电但不跑码。经测量发现各个电压都正常，当时还换过 CPU、换过桥等都修不好，最后抓取 SVID 波形分析，发现芯片控制 PWM 模块的输出电压是 1.3V，而 SVID 波形要求的是 1.05V 的 CPU 电压，这很明显是芯片解码出错造成的。更换芯片后故障解决。所以说，从 SVID 波形判断 CPU 电压的方法在关键时刻对维修还是很有帮助的。这就是为什么要从 SVID 波形中读取 CPU 电压值的原因。

下面我们以广达 R13J 主板为例，实测一下它的 SVID，并从 SVID 波形中读取它的电压值。此主板的 CPU 供电芯片是 NCP6131，如图 9-84 所示。

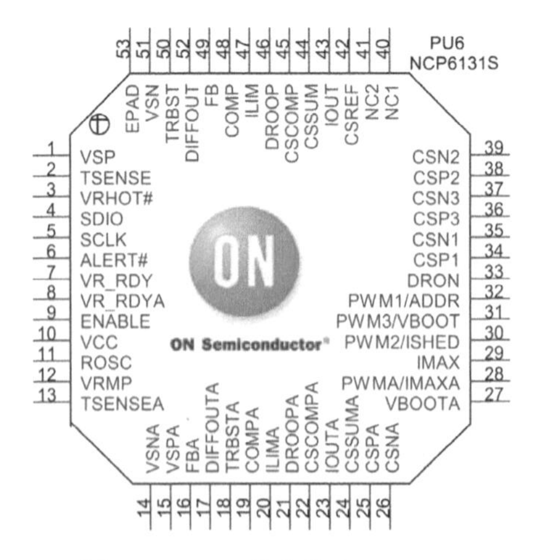

图 9-84　CPU 供电芯片 NCP6131

NCP6131 的 SVID 引脚是第 4、5 脚，直接用示波器双通道测量 SVID 波形，如图 9-85 所示。

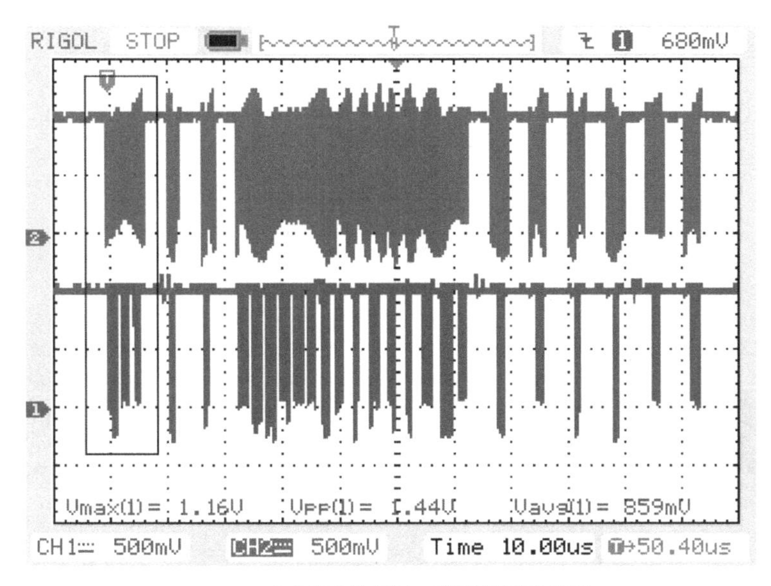

（a）方框中是在10μs时基下抓到的波形

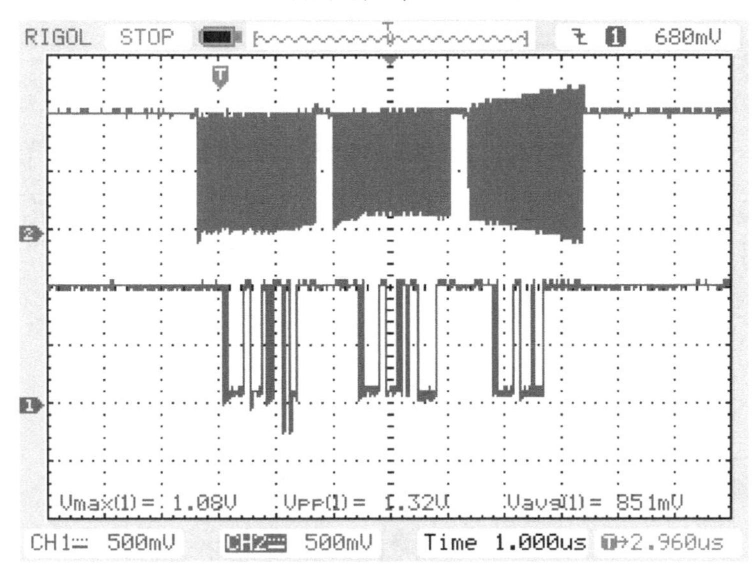

（b）图（a）的方框中的三组波形放大到 1μs 时基后的波形

图 9-85　实测 SVID 波形

从图 9-85 中的波形就能看出 CPU 电压值吗？不能。图 9-85 中的波形有很多组，其中有很多组都是 CPU 与供电芯片之间的握手动作，想从中读出 CPU 供电电压值，首先要放大最后一组波形才能看出来，如图 9-86 所示。

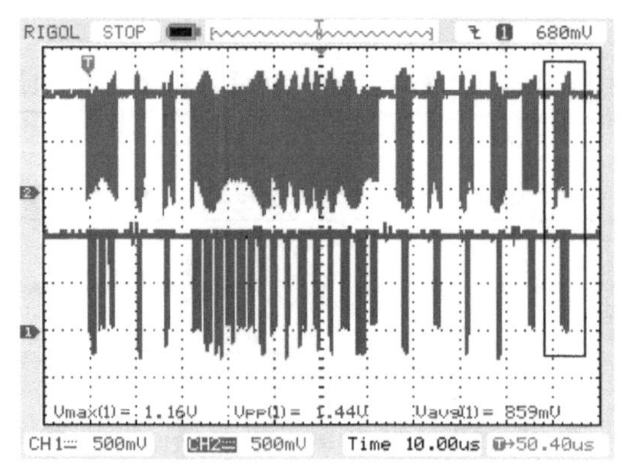

（a）方框中是在10μs 时基下抓到的波形

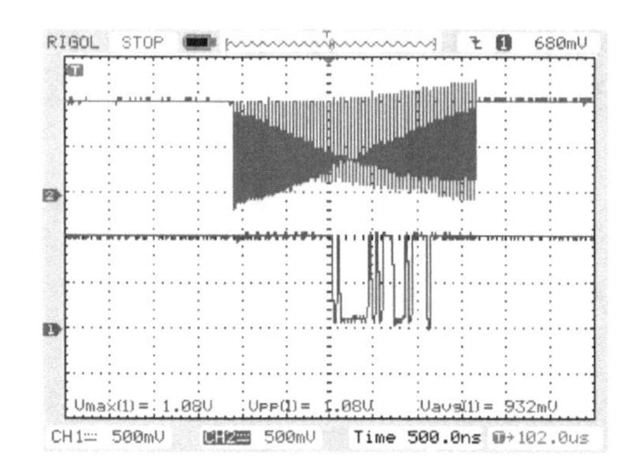

（b）图（a）的方框中的波形放大到500ns 时基后的波形

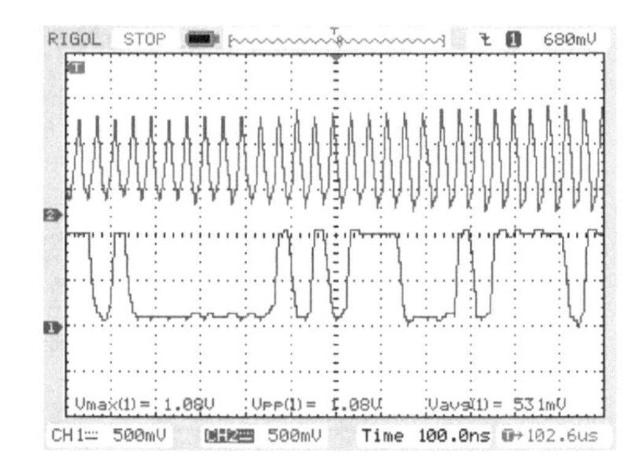

（c）图（a）的方框中的波形放大到100ns时基后的波形

图 9-86　放大图 9-85 中最后一组波形

完成以上操作后，我们再对照波形中的时钟周期，用“0”或“1”标示出数据波的高低电平，高电平用“1”标示，低电平用“0”标示，如图 9-87 所示。

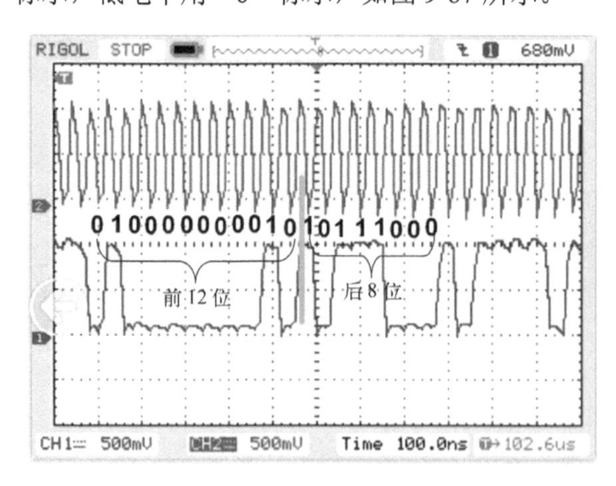

图 9-87　在波形中标示出数据波形的高低电平

标示完 20 位之后，接下来我们把图 9-87 中的前 12 位去掉，把后面 8 位“1 0 1 1 1 0 0 0”读取出来，然后对照数据手册中 IMVP7 标准的电压表（见表 9-21），找到相应的电压值。

表 9-21 IMVP7 标准的电压表（英文原表截图）

VID7	VID6	VID5	VID4	VID3	VID2	VID1	VID0	Voltage（V）	HEX
1	0	1	0	1	1	0	0	1.10500	AC
1	0	1	0	1	1	0	1	1.11000	AD
1	0	1	0	1	1	1	0	1.11500	AE
1	0	1	0	1	1	1	1	1.12000	AF
1	0	1	1	0	0	0	0	1.12500	B0
1	0	1	1	0	0	0	1	1.13000	B1
1	0	1	1	0	0	1	0	1.13500	B2
1	0	1	1	0	0	1	1	1.14000	B3
1	0	1	1	0	1	0	0	1.14500	B4
1	0	1	1	0	1	0	1	1.15000	B5
1	0	1	1	0	1	1	0	1.15500	B6
1	0	1	1	0	1	1	1	1.16000	B7
1	0	1	1	1	0	0	0	1.16500	B8
1	0	1	1	1	0	0	1	1.17000	B9

从表 9-21 中可以看出，“1 0 1 1 1 0 0 0”所对应的电压值是 1.165V，我们实际测量也是 1.16V（见图 9-88），与 SVID 波形所要求的电压值刚好吻合。

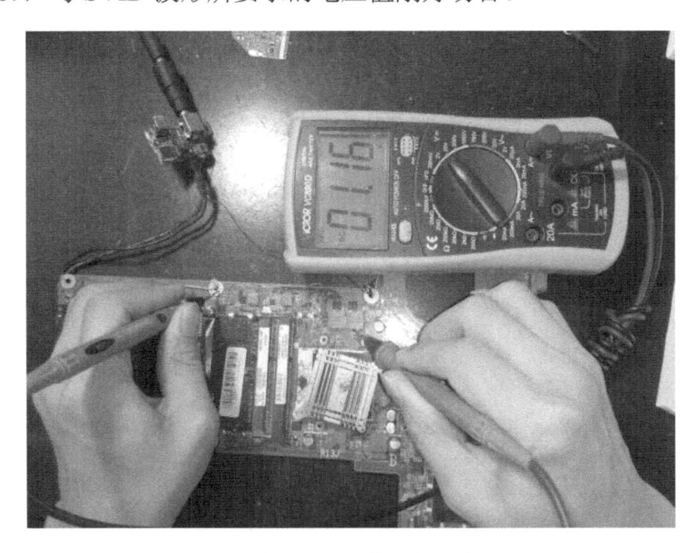

图 9-88 实测 CPU 供电电压为 1.16V

第 10 章　各芯片组标准时序解释

本章讲解比较主流的 Intel 和 AMD 芯片组的时序。为便于读者深入理解，在详细讲解各芯片组标准时序中的信号时，还加入了笔者用示波器亲自测试的时序波形。

Intel 各个标准时序图中的 PCH（Platform Controller Hub）即平台控制中心。Intel PCH 是一个 Intel 公司的单桥芯片组，第一代 PCH 的产品为 Intel 5 系列，如 Intel HM55 等，搭配第一代 I3、I5、I7 CPU；第二、第三代分别为 Intel 6 系列、Intel 7 系列，搭配第二、第三代 I3、I5、I7 CPU，这两代芯片组几乎一样，CPU 通用。后面有第四代、第五代芯片组，为 Intel 8 系列、Intel 9 系列。PCH 芯片具有原来 ICH 的全部功能，又具有原来 MCH 芯片的管理引擎功能。把 PCH 称为北桥也好，称为南桥也好，都无所谓。从 Intel 8 系列、Intel 9 系列开始，又有了低功耗 CPU 版本芯片组（就是将 CPU 和 PCH 桥集成在一起）。这种低功耗 CPU 芯片组的功耗非常低，通常用于低功耗笔记本电脑和平板电脑。

AMD 各个标准时序图中，原 CPU 更名为 APU。AMD 的芯片组中，有 FCH 桥+APU 的架构和低功耗 CPU（即单 CPU）架构。本章仅介绍 AMD 的两个低功耗 CPU 芯片组的时序。

▷▷ 10.1　关于 Intel ME 和 Intel AMT

Intel ME（Intel Management Engine）即 Intel 管理引擎，是嵌入在北桥或 PCH 桥内的独立的硬件。ME 固件（ME FW）一般与主板的 BIOS 存放在同一个芯片中，但相互独立。Intel ME 和 ME 固件架构如图 10-1 所示。

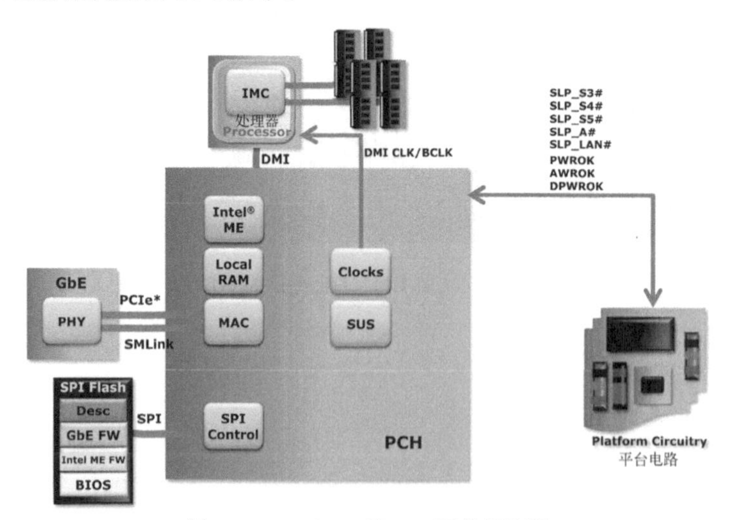

图 10-1　Intel ME 和 ME 固件架构图

Intel 在 ICH7 中开始引入了一项称为“iAMT”的管理技术，即 Intel AMT（Intel Active Management Technology，Intel 主动管理技术），实质上是一种集成在芯片组中的嵌入式系统，不依赖特定的操作系统。这也是 iAMT 与远程控制软件最大的不同。

Intel AMT 技术的嵌入式操作系统集成在 BIOS 芯片中，其功能由 ME 来实现。这项技术可以不依赖软硬件的实时状态而独立进行开机、维护、关机等操作，即使在一个宕机、关机或蓝屏，甚至是已经关闭的系统上仍然可以工作，当然，进入 BIOS 进行操作也不在话下。Intel AMT 需要配合专门的服务器端软件才能工作。

Intel AMT 技术可以作为一个独立于现有操作系统的子系统出现，正是由于有了独立于操作系统的环境，使得在操作系统出现故障的时候，管理员能够远程监视和管理客户端。通过这项技术，被管理的电脑在操作系统损毁或系统出现故障的时候仍可以被远程管理和进行系统检测，或是在系统发生错误时主动发出警告信息，进行软硬件检查，远端更新 BIOS、病毒码及操作系统，甚至在系统关机的时候，也可以通过网络进行管理工作。这样也解决了一个困扰 IT 管理人员的问题：用户故意或者是无意关闭了自己 PC 上的安全和管理软件导致无法接受管理。这些特点，对企业用户而言，可大幅降低管理成本。

支持 Intel AMT 的系统在 S5 休眠状态时，ME 模块、时钟、Intel PHY LAN、SPI BIOS、MEMORY（CHANNEL0 DIMM0）均需要有电。

Intel 芯片组从 ICH8M 开始，在 ACPI 中休眠逻辑控制信号增加了一个 SLP_M#，此信号在 Intel 6、7 系列芯片组以后，改名为 SLP_A#。SLP_M#的引脚定义原文如图 10-2 所示。

SLP_M#	O	**Manageability Sleep State Control:** SLP_M# is for power plane control. If no Management Engine firmware is present, SLP_M# will have the same timings as SLP_S3#.

图 10-2　SLP_M#引脚定义原文截图

【解释】 此信号用于控制 Intel AMT 子系统的电源。当 ME 固件不存在时，SLP_M#与 SLP_S3#时序步骤一致（同时产生/关闭）。

从 ICH8、ICH9 开始还重新定义了 SLP_S4#的功能，增加了 S4_STATE#。ICH8、ICH9 的 SLP_S4#的引脚定义截图如图 10-3 所示。

Name	Type	Description
SLP_S4#	O	**S4 Sleep Control:** SLP_S4# is for power plane control. This signal shuts power to all non-critical systems when in the S4 (Suspend to Disk) or S5 (Soft Off) state. **NOTE:** This pin must be used to control the DRAM power in order to use the ICH8's DRAM power-cycling feature. Refer to Chapter 5.13.10.2 for details **NOTE:** In a system with Intel AMT support, this signal should be used to control the DRAM power. In M1 state (where the host platform is in S3-S5 states and the manageability sub-system is running) the signal is forced high along with SLP_M# in order to properly maintain power to the DIMM used for manageability sub-system.

图 10-3　SLP_S4#引脚定义截图

【解释】 SLP_S4#：当系统处于 S4、S5 休眠状态时，SLP_S4#用于控制其所控制的电压的开关。备注：当系统打开 AMT 功能时，SLP_S4#用于控制内存电压的开关。在 M1 状态（当主平台处于 S3～S5 状态且 ME 子系统运行时），SLP_S4#被 SLP_M#强制拉高，用于系统在 AMT 状态下开启内存电压。

ICH8、ICH9 的 S4_STATE#引脚定义截图如图 10-4 所示。

S4_STATE# / GPIO26	O	**S4 State Indication:** This signal asserts low when the host platform is in S4 or S5 state. In platforms where the management engine is forcing the SLP_S4# high along with SLP_M#, this signal can be used by other devices on the board to know when the host platform is below the S3 state.

图 10-4　S4_STATE#引脚定义截图

【解释】 S4 状态指示信号：这个信号为低电平时，表示主平台处于 S4 或者 S5 状态。当平台在 ME 强制拉高 SLP_S4#时，这个信号可以用于告知板上设备系统处于 S3 状态之前。

从 ICH8 开始增加了 CLPWROK，到 Intel 5 系列芯片组后更名为 MEPWROK，Intel 6 系列芯片组中改为 APWROK。MEPWROK 引脚定义截图如图 10-5 所示。

MEPWROK	I	**Management Engine Power OK:** When asserted, this signal indicates that power to the ME subsystem is stable.

图 10-5　MEPWROK 引脚定义截图

【解释】 ME 电源好：当此信号有效时，表示 ME 模块供电已经稳定。

关闭 AMT 功能时，各睡眠控制信号时序关系如图 10-6 所示。触发之后，SLP_S5#先置高，然后是 SLP_S4#和 S4_STATE#置高，最后是 SLP_S3#置高，SLP_M#和 SLP_S3#的时序相同。

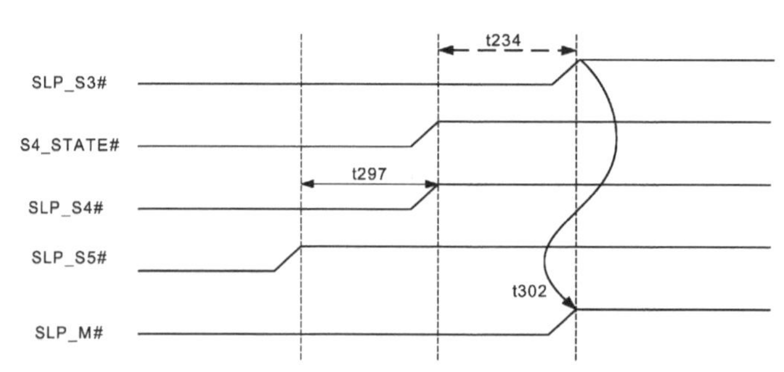

图 10-6　关闭 AMT 功能时，各睡眠控制信号时序

打开 AMT 功能时，各睡眠控制信号时序如图 10-7 所示。SLP_M#提前置高，SLP_S4#也跟随 SLP_M#被置高。桥收到触发等唤醒信号后，先置高 SLP_S5#，再置高 S4_STATE#，最后置高 SLP_S3#。

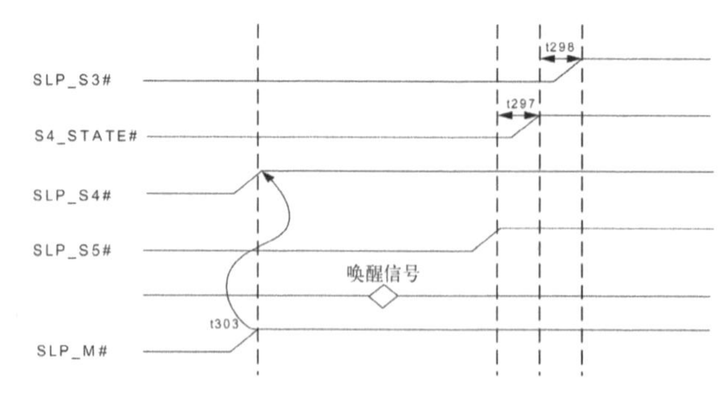

图 10-7　打开 AMT 功能时，各睡眠控制信号时序

打开 AMT 功能时，各睡眠控制信号逻辑见表 10-1。

表 10-1　打开 AMT 功能时，各睡眠控制信号逻辑表

信号 \ 状态	S0	S3	S4	S5
SLP_S3#	1	0	0	0
SLP_S4#	1	1	1	1
SLP_S5#	1	1	1	0
S4_STATE#	1	1	0	0
SLP_A#/SLP_M#	1	1	1	1

当 AMT 功能打开，系统处于 S5 休眠状态时，SLP_S4#用于控制内存电压的保留，SLP_M#用于控制时钟芯片、C-LINK 部分、Intel PHY LAN、SPI BIOS 等电压的保留。在 CMOS 设置中，可以打开或屏蔽 AMT 功能。

PCH 之后，SLP_S4#不再跟随 SLP_M#启动，并且取消了 S4_STATE#。PCH 的芯片组，开启 AMT 功能时，只有 ME 模块、网卡、BIOS 需要供电。

Intel 5 系列芯片组依然保留 SLP_M#，Intel 6 系列芯片组将其更名为 SLP_A#，不过还是用于控制 ME 模块供电。Intel 5 系列和 Intel 6 系列芯片组还增加了 SLP_LAN#，引脚定义如图 10-8 所示。

SLP_LAN# / GPIO29	O	**LAN Sub-System Sleep Control:** When SLP_LAN# is deasserted it indicates that the PHY device must be powered. When SLP_LAN# is asserted, power can be shut off to the PHY device. SLP_LAN# will always be deasserted in S0 and anytime SLP_A# is deasserted. A SLP_LAN#/GPIO Select Soft-Strap can be used for systems NOT using SLP_LAN# functionality to revert to GPIO29 usage. When soft-strap is 0 (default), pin function will be SLP_LAN#. When soft-strap is set to 1, the pin returns to its regular GPIO mode. The pin behavior is summarized in Section 5.13.10.5.

图 10-8　SLP_LAN#引脚定义截图

【解释】 LAN 子系统睡眠控制，当 SLP_LAN#无效时，必须给网卡供电；当 SLP_LAN#有效时，可以关闭网卡供电。SLP_LAN#在 S0 状态和 SLP_M#/SLP_A#无效时，一直保持无效。

另外增加了 ACPRESENT 适配器检测信号和 SUS_PWR_DN_ACK 信号，如图 10-9 所示。

ACPRESENT (Mobile Only)/ GPIO31	I	Used in Mobile systems. Input signal from the Embedded Controller to indicate AC power source or the system battery. Active High indicates AC power. **NOTE:** This Signal is required unless using Intel Management Engine Ignition firmware.
SUS_PWR_DN_ACK (Mobile Only)/ GPIO30	O	Active High output signal asserted by the Intel® ME to the Embedded Controller, when it does not require the PCH Suspend well to be powered. **NOTE:** This signal is **required** by Management Engine in all platforms.

图 10-9　ACPRESENT 和 SUS_PWR_DN_ACK 引脚定义截图

【解释】

ACPRESENT：用于移动系统，是从 EC 送过来的信号，以指示供电来源是交流电或系统电池。高电平表示供电来源是交流电。

SUS_PWR_DN_ACK：从 ME 模块发给 EC 的信号，高电平表示不需要挂起电源。

▷▷ 10.2　Intel 8 系列、9 系列芯片组标准时序

Intel 8 系列和 Intel 9 系列芯片组的时序基本一样。本节以 Intel 8 系列芯片组为例，结合图 10-10，分析这两个系列芯片组的标准时序。

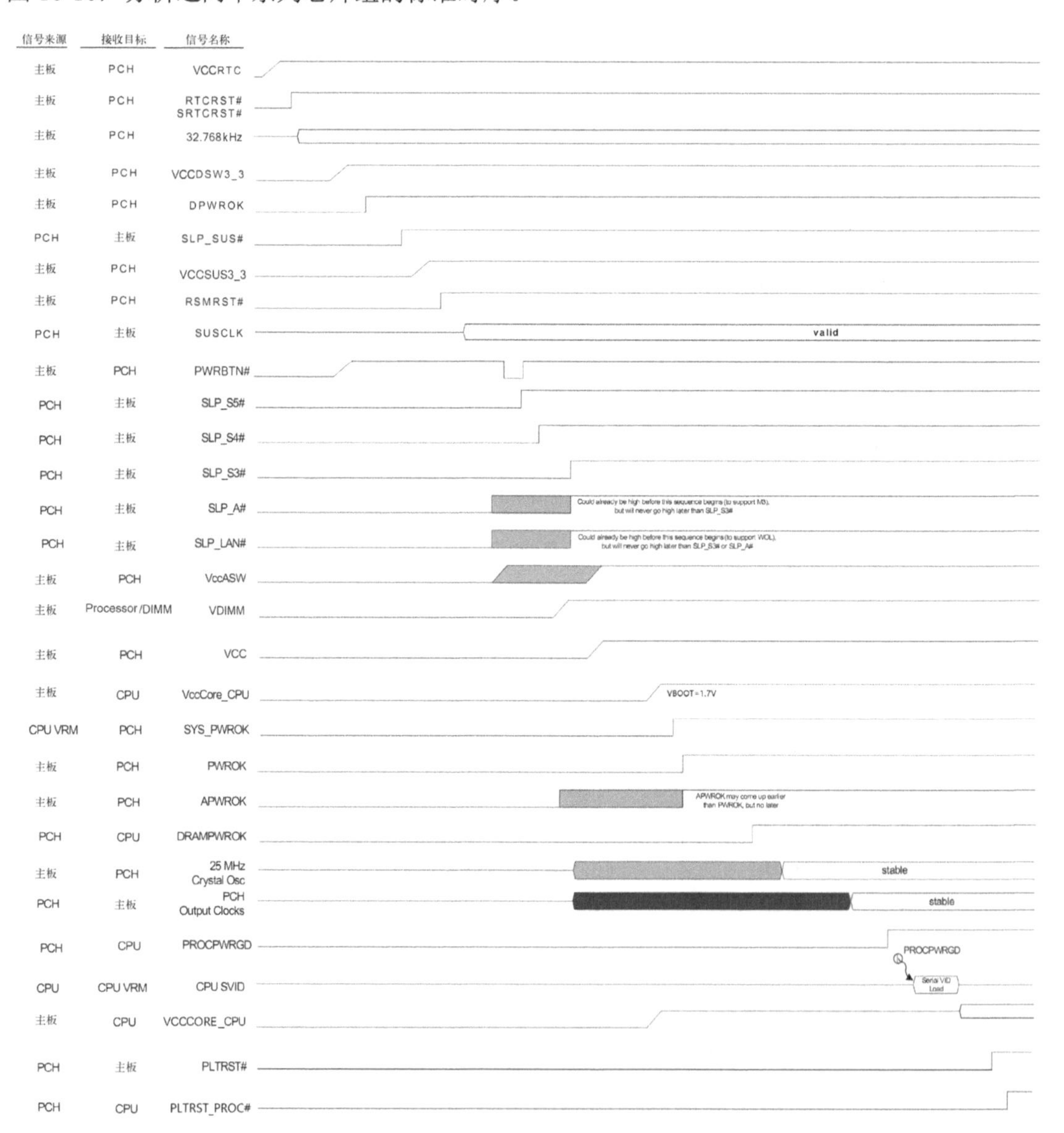

图 10-10　Intel 8 系列芯片组标准时序

VCCRTC：CMOS 电池（纽扣电池）或内置主电池送给桥的 RTC 电路的 3V 供电，用于保存 CMOS 设置参数和时间的运行。此电压不能低于 2V。

RTCRST#/SRTCRST#：主板送给 PCH 桥的两个 3V 高电平。第 1 个是 RTC 电路的复位信号，第 2 个是 ME 模块的复位信号，这两个复位信号时间通常不能短于 18ms。

32.768kHz：PCH 桥旁边的 32.768kHz 晶振。PCH 桥得到 VCCRTC 供电后，PCH 桥会给晶振引脚供电，然后晶振给 PCH 桥提供频率 32.768kHz 的时钟信号。

VCCDSW3_3：PCH 桥的深度睡眠待机电压，电压为 3.3V。不支持深度睡眠时，此电压与 VCCSUS3_3 连在一起。

DPWROK：PCH 桥的深度睡眠待机电压好信号，电压为 3.3V。不支持深度睡眠时，此信号与 RSMRST#连在一起。

SLP_SUS#：PCH 桥发出的深度睡眠状态指示信号。可用于控制主待机电压（如 VCCSUS3_3）的开启和关闭。不支持深度睡眠时，SLP_SUS#悬空。

VCCSUS3_3：PCH 桥的主待机供电，电压为 3.3V。

RSMRST#：PCH 桥的主待机电压好信号，电压为 3.3V，也是 PCH 桥内部 ACPI 控制器的复位。ACPI 控制器从 VCCSUS3_3 正常后开始复位，复位时间不能短于 10ms。

SUSCLK：PCH 桥发出的 32.768kHz 时钟信号，从 RSMRST#完成复位 97ms 后开始动作，但此信号不一定被主板采用。

PWRBTN#：PCH 桥收到的下降沿触发信号，电压为 3.3V→0V→3.3V。

SLP_S5#：PCH 桥收到 PWRBTN#后，置高 SLP_S5#成 3.3V，表示退出关机状态。

SLP_S4#：PCH 桥置高 SLP_S4#成 3.3V，表示退出休眠状态，用于开启内存供电。

SLP_S3#：PCH 桥置高 SLP_S3#成 3.3V，表示退出睡眠状态，进入 S0 开机状态，用于开启桥/总线等供电。

SLP_A#：PCH 桥发出的主动睡眠（Active Sleep Well，ASW）电路供电开启信号，用于开启 ME 模块供电。

如果主板支持并开启 iAMT 功能，此信号会在触发前产生；关闭 iAMT 功能，此信号时序与 SLP_S3#一致。

如果主板不支持 iAMT 功能，SLP_A#悬空不采用。

SLP_LAN#：网卡供电的控制信号。除 ThinkPad 机型外，其他机型基本都不采用此信号，可以忽略。

VCCASW：主动睡眠电路的供电（ME 模块的供电）。受控于 SLP_A#。SLP_A#悬空时（即不支持 AMT 功能），VCCASW 直接采用 S0 状态的供电，如 1.05V 总线供电或桥供电。

VDIMM：内存供电（DDR3 内存的供电电压为 1.5V，DDR3L 内存的供电电压为 1.35V）。一般受控于 SLP_S4#。

VCC：PCH 桥供电（VCC3_3）、二级电压（3.3V、5V）、CPU 的内存模块供电（VDDQ）、总线供电（VCCIO）、内存 VTT 电压（0.675V）等。

VCCCORE_CPU：CPU 核心供电的 VBOOT 电压（1.7V），通常在总线供电正常后产生。

SYS_PWROK：由 CPU 的供电芯片发给桥的 3.3V 高电平，表示 CPU 核心供电正常。

PWROK：主板发给 PCH 桥的 3.3V 高电平，表示 S0 状态的电压都正常。

APWROK：PCH 桥收到的 ME 模块供电电源好信号。支持 AMT 功能时，APWROK 由 AMT 电路控制；不支持 AMT 功能时，APWROK 与 PWROK 连在一起。

DRAMPWROK：PCH 桥收到 PWROK 后，开漏输出 DRAMPWROK，经过外部电阻分压提供 0.8～0.9V 供电送给 CPU，通知 CPU 内存模块供电正常。

25MHz Crystal Osc：PCH 桥得到供电后，PCH 桥的 25MHz 晶振开始工作，给 PCH 桥内部的时钟模块提供基准频率信号。

PCH Output Clocks：PCH 桥得到 APWROK 后读取 BIOS 中的 ME 程序配置脚位后，输出各组时钟信号。

PROCPWRGD：PCH 桥发给 CPU 的 PG，表示 CPU 的核心电压正常，为 1.05V。

CPU SVID：当 CPU 收到 PROCPWRGD 后，CPU 发出 SVID 给 CPU 供电芯片，用于重新调整 CPU 核心供电。

CPU SVID 是由 CPU 发给 CPU 供电芯片的一组信号，由 DATA 和 CLK 组成的标准串行总线和一个起提示作用的 ALERT#信号所组成。

VCCCORE_CPU：CPU 供电芯片控制输出 SVID 调整后的 CPU 核心供电。

PLTRST#：PCH 桥发出的平台复位信号，电压为 3.3V，用于使各芯片、插槽复位。

PLTRST_PROC#：PCH 桥单独发给 CPU 的复位信号。

▷▷ 10.3　Intel 第 4 代、第 5 代低功耗 CPU 芯片组标准时序

本节结合图 10-11，分析 Intel 第 4 代、第 5 代低功耗 CPU 芯片组的标准时序。

VCCRTC：CMOS 电池（纽扣电池）或内置主电池送给 CPU 内部 RTC 电路的 3V 供电，用于保存 CMOS 设置参数和时间的运行。此电压不能低于 2V。

SRTRST#/RTCRST#：主板送给 CPU 的两个 3V 高电平，第 1 个是 ME 模块的复位信号，第 2 个是 RTC 电路的复位信号，两个复位时间通常不能短于 18ms。

32.768kHz：CPU 旁边的 32.768kHz 晶振。CPU 给晶振供电，晶振提供时钟信号给 CPU。

VCCDSW3_3：CPU 的深度睡眠待机（Deep Sleep Well）电压，为 3.3V。不支持深度睡眠时，此电压与 VCCSUS3_3 连在一起。

DPWROK：CPU 的深度睡眠待机电压好信号，电压为 3.3V。不支持深度睡眠时，此信号与 RSMRST#连在一起。

SLP_SUS#：CPU 发出的深度睡眠状态指示信号，可用于控制浅睡眠待机电压（如 VCCSUS3_3）的开启和关闭。不支持深度睡眠时，SLP_SUS#悬空。

VCCSUS3_3：CPU 的浅睡眠待机供电，电压为 3.3V。

RSMRST#：CPU 的浅睡眠待机电压好信号，电压为 3.3V。

SUSCLK：CPU 发出的 32.768kHz 时钟信号，但不一定被主板采用。

PWRBTN#：CPU 收到的下降沿触发信号，通知 CPU 可以退出睡眠状态。

SLP_S5#：CPU 收到 PWRBTN#后，置高 SLP_S5#成 3.3V，表示退出关机状态。

图 10-11　Intel 第 4 代、第 5 代低功耗 CPU 芯片组标准时序

SLP_S4#：CPU 置高 SLP_S4#成 3.3V，表示退出休眠状态。

SLP_S3#：CPU 置高 SLP_S3#成 3.3V，表示退出待机状态，进入 S0 开机状态。

SLP_A#：CPU 发出的主动睡眠（Active Sleep Well，ASW）电路供电开启信号，用于开启 ME 模块供电。如果主板支持 iAMT 并开启 iAMT 功能，此信号会在触发前产生；关闭 iAMT 功能，此信号时序与 SLP_S3#一致。如果主板不支持 iAMT，SLP_A#悬空不采用。

SLP_LAN#：LAN 子系统休眠控制，控制网卡供电。如果主板没有使用 Intel 的集成网卡，此信号不采用。若使用 Intel 的集成网卡，支持网络唤醒时，此信号待机时就为高电平；不支持网络唤醒时，此信号跟随 SLP_A#或 SLP_S3#。

VCCASW：主动睡眠电路的供电（ME 模块供电），受控于 SLP_A#。SLP_A#悬空时表示主板不支持 iAMT，VCCASW 直接采用 S0 状态的供电，如 1.05V 总线供电。

VDIMM：内存供电，一般受控于 SLP_S4#。

VCC：CPU 供电 VCC3_3、CPU 供电 VCCTS1_5、内存模块供电 VDDQ、维持电压 VCCST 等 S0 电压，受控于 SLP_S3#。

VCCST_PWRGD：CPU 的 VCCST 供电、VDDQ 供电、总线供电等电源好信号。

SM_PG_CNTL1：CPU 延时发出的内存 VTT 电压开启信号。

VR_EN：CPU 收到 VCCST_PWRGD 后，发出 VR_EN 信号开启 CPU 供电 VBOOT 电压。

VCCCORE_CPU：CPU 供电芯片输出 CPU 的核心供电 VBOOT 电压，为 1.7V 左右。

VR_READY：CPU 供电 VBOOT 电压正常后，由供电芯片发给 CPU 的电源好信号。

PCH_PWROK：主板发给 CPU 的 3.3V 高电平，表示 S0 状态的电压都正常。

APWROK：主动睡眠电路电源好。支持 iAMT 时，APWROK 由 iAMT 电压控制；不支持 iAMT 时，APWROK 与 PCH_PWROK 同步。

SYS_PWROK：所有供电电源好信号，常与 PCH_PWROK 同步。

24MHz Crystal Osc：低功耗 CPU 系列芯片组无时钟芯片，CPU 内部集成时钟模块。

CPU Output Clocks：CPU 输出各组时钟。

PLT_RST#：CPU 延时发出的平台复位 3.3V，给主板各个设备复位，CPU 内部完成自身复位。

SVID：CPU 发出 SVID 波形给 CPU 供电芯片，调整 CPU 核心电压到合适的电压。

VccCore_CPU：CPU 供电芯片根据 SVID 控制输出调整后的 CPU 核心供电。

▷▷ 10.4　Intel 第 6 代、第 7 代低功耗 CPU 芯片组标准时序

Intel 第 6 代和第 7 带低功耗 CPU 芯片组的时序一样。本节以 Intel 第 6 代低功耗 CPU 芯片组为例，结合图 10-12，分析这两代芯片组的标准时序。

VCCRTC：CPU 内部桥（以下简称 CPU）的 RTC 电路供电，正常为 3.0V，用于保存 CMOS 参数和时间运行。此供电电压不能低于 2.0V。

RTCRST#：CPU 的 RTC 电路复位信号，为 3V 以上高电平。

SRTCRST#：CPU 内部 ME 模块的复位信号，为 3V 以上高电平。

32.768kHz：CPU 旁边的 32.768kHz 晶振。CPU 给晶振供电，晶振提供时钟信号给 CPU。

VCCDSW_3P3：CPU 的深度睡眠待机（Deep Sleep Well）电压，为 3.3V。不支持深度睡眠时，此电压与 VCCPRIM_3P3 连在一起。

DSW_PWROK：CPU 的深度睡眠待机电压好信号，电压为 3.3V。不支持深度睡眠时，此信号与 RSMRST#连在一起。

SLP_SUS#：CPU 发出的深度睡眠状态指示信号，可用于控制浅睡眠待机电压（如 VCCPRIM_3P3）的开启和关闭。不支持深度睡眠时，SLP_SUS#悬空。

图 10-12　Intel 第 6 代低功耗 CPU 芯片组标准时序

VCCPRIM_3P3：CPU 的浅睡眠待机供电，电压为 3.3V。

VCCATS_1P8：CPU 的浅睡眠待机供电，电压为 1.8V。

VCCPRIM_1P0：CPU 的浅睡眠待机供电，电压为 1.0V。

RSMRST#：ACPI 控制器的复位信号，通常表示 CPU 的浅睡眠待机电压好信号，电压为 3.3V。

SUSCLK：CPU 发出的 32.768kHz 时钟信号，但不一定被主板采用。

PWRBTN#：CPU 收到的下降沿触发信号，通知 CPU 可以退出睡眠状态。

SLP_S5#：CPU 收到 PWRBTN#后，置高 SLP_S5#成 3.3V，表示退出关机状态。

SLP_S4#：CPU 置高 SLP_S4#成 3.3V，表示退出休眠状态。

SLP_S3#：CPU 置高 SLP_S3#成 3.3V，表示退出待机状态，进入 S0 开机状态。

SLP_A#：CPU 发出的主动睡眠（Active Sleep Well，ASW）电路供电开启信号，用于开启 ME 模块供电。如果主板支持并开启 AMT 功能，此信号会在触发前产生；关闭 AMT 功能，此信号时序与 SLP_S3#一致。如果主板不支持 AMT 功能，SLP_A#悬空不采用。

SLP_LAN#：LAN 子系统休眠控制，控制网卡供电。如果主板没有使用 Intel 的集成网卡，此信号不采用。若使用 Intel 的集成网卡，支持网络唤醒时，此信号待机时就为高电平；不支持网络唤醒时，此信号跟随 SLP_A#或 SLP_S3#。

VDIMM：内存供电，一般受控于 SLP_S4#。

VCC：CPU 的 VCCPLL、VCCSTG、VCCIO 等 S0 电压，受控于 SLP_S3#。

VCCST_PWRGD：CPU 的 VCCST 供电电源好信号。

DDR_VTT_CNTL：CPU 发出的内存 VTT 供电控制信号，只有 S0 状态才会为高电平。

VCCSA：CPU 的系统管家供电。

PCH_PWROK：主板发给 CPU 的 3.3V 高电平，表示 S0 状态的电压都正常。

24MHz Crystal Osc：CPU 的 24MHz 晶振信号，用于 CPU 内部集成时钟模块。

CPU Output Clocks：CPU 输出各组时钟信号。

SYS_PWROK：系统供电电源好信号。在 PCH_PWROK 正常后，延时约 10ms 以上产生。

PLTRST#：CPU 发出的平台复位信号，电压为 3.3V，用于使主板各个设备复位。

CPU SVID：当 CPU 发出 PLTRST#后，CPU 发出 SVID 波形给 CPU 供电芯片，用于控制产生 CPU 核心电压。SVID 信号由 DATA 和 CLK 组成的标准串行总线和一个起提示作用的 ALERT#信号所组成。

VccCore_CPU：CPU 供电芯片输出 CPU 的核心供电。

DRAM_RESET#：CPU 得到供电，并得到复位后，读取 BIOS 程序开始自检（跑码）。当通过 SMBUS 完成内存识别后，CPU 发出 DRAM_RESET#给内存插槽，用于复位内存颗粒。

VCCGT：集成显卡供电。在自检（跑码）过内存后产生。

▷▷ 10.5　Intel 100 系列、200 系列芯片组标准时序

Intel 100 系列（如 H110、HM150、HM170 等）和 200 系列（如 B250）芯片组的时序一样。本节以 Intel 100 系列芯片组为例，结合图 10-13，分析这两个系列芯片组的标准时序。

VCCRTC：从 CMOS 电池或内置主电池送给 PCH 桥的 3V 供电，给 PCH 桥的 RTC 电路供电，以保存 CMOS 参数和时间运行。此供电电压不能低于 2V。

RTCRST#：从主板送给 PCH 桥的 RTC 电路复位信号，为 3V 以上高电平，复位时间通常不能短于 18ms。

SRTCRST#：从主板送给 PCH 桥的 ME 模块复位信号，为 3V 以上高电平，复位时间通常不能短于 18ms。

32.768kHz：PCH 桥 32.768kHz 时钟信号。PCH 桥给晶振供电，晶振给 PCH 桥提供时钟

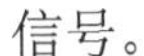
信号。

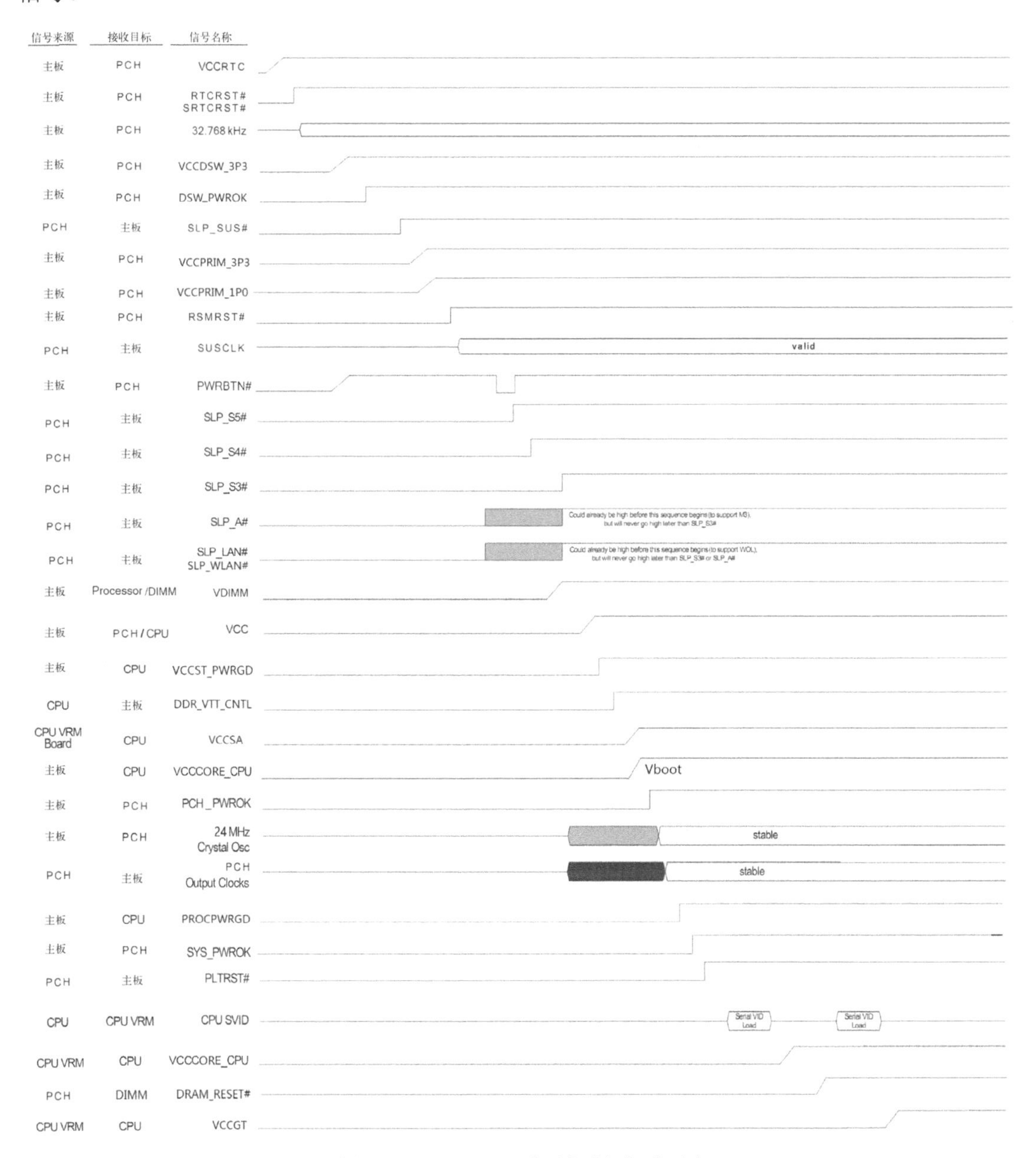

图 10-13　Intel 100 系列芯片组标准时序

VCCDSW_3P3：PCH 桥的深度睡眠待机（Deep Sleep Well）电压，为 3.3V。不支持深度睡眠时，此电压与 VCCPRIM_3P3 连一起。

DSW_PWROK：PCH 桥的深度睡眠待机电压好信号，电压为 3.3V。不支持深度睡眠时，此信号与 RSMRST#连一起。

SLP_SUS#：PCH 桥发出的深度睡眠状态指示信号，可用于控制主待机电压（如 VCCPRIM_3P3）的开启和关闭。不支持深度睡眠时，SLP_SUS#悬空。

VCCPRIM_3P3：PCH 桥的主待机供电，电压为 3.3V。

VCCPRIM_1P0：PCH 桥的主待机供电，电压为 1.0V。

RSMRST#：PCH 桥的主待机电压好信号，电压为 3.3V，也是 PCH 桥内部 ACPI 控制器的复位，ACPI 控制器从 VCCPRIM_3P3 正常后开始复位，复位时间不能短于 10ms。

SUSCLK：PCH 桥发出的 32.768kHz 时钟信号，从 RSMRST#完成复位 97ms 后开始动作，但此信号不一定被主板采用。

PWRBTN#：PCH 桥收到的下降沿触发信号，通知 PCH 桥退出睡眠状态。

SLP_S5#：PCH 桥收到 PWRBTN#后，置高 SLP_S5#成 3.3V，表示退出关机状态。

SLP_S4#：PCH 桥置高 SLP_S4#成 3.3V，表示退出休眠状态，用于开启内存供电。

SLP_S3#：PCH 桥置高 SLP_S3#成 3.3V，表示退出睡眠状态，进入 S0 开机状态，用于开启桥、总线等供电。

SLP_A#：此信号一般不采用，因为 PCH 桥取消了 ME 模块供电和 APWROK，APWROK 集成在 PCH 桥内部。

SLP_LAN#：网卡供电的控制信号。除 ThinkPad 机型外，其他机型基本都不采用此信号，可以忽略。

VDIMM：指内存供电（VDDQ）1.2V、VPP 供电 2.5V，一般受控于 SLP_S4#。

VCC：指 3.3V、5V 二级电压，1.05V 总线供电（VCCIO），1.2V VCCPLL_OC 供电，1.0V VCCST 和 VCCPLL 供电等。

VCCST_PWRGD：指 VCCST 供电和其他供电正常后，送给 CPU 的电源好信号，电压为 1.0V。

DDR_VTT_CNTL：CPU 发出的内存 VTT 供电开启信号，用于控制产生 0.6V 内存 VTT 供电。

VCCSA：给 CPU 的（System Agent）系统代理供电，电压为 1.05V。

VccCORE_CPU：CPU 核心供电的 VBOOT 电压 1V 左右，通常在总线供电正常后产生。

PCH_PWROK：主板发给 PCH 桥的 3.3V 高电平，表示 S0 状态电压都正常。

24MHz Crystal Osc：PCH 桥得到供电后，PCH 桥的 24MHz 晶振开始工作，给 PCH 桥内部的时钟模块提供基准频率。

PCH Output Clocks：PCH 桥得到 PCH_PWROK 后读取 ME 配置脚位，输出各组时钟。

PROCPWRGD：PCH 桥发给 CPU 的 PG，表示 CPU 的核心电压正常，此信号电压为 1.05V。

SYS_PWROK：表示系统供电正常，是产生复位的关键信号，电压为 3.3V。

PLTRST#：桥发出的平台复位，电压为 3.3V，用于复位各芯片、插槽。

CPU SVID：当 CPU 收到 PROCPWRGD 后，CPU 发出 SVID 给 CPU 供电芯片，用于重新调整 CPU 核心供电，SVID 信号由 DATA 和 CLK 组成的标准串行总线和一个起提示作用的 ALERT#信号所组成。

VCCCORE_CPU：CPU 供电芯片控制输出 SVID 调整后的 CPU 核心供电。

DRAM_RESET#：CPU 满足了各个供电、时钟、复位信号后，开始读取 BIOS 程序，进行自检（跑码）。在自检过程中，当 PCH 桥通过 SMBUS 完成内存识别后，PCH 桥发出 DRAM_RESET#给内存插槽，用于复位内存。

VCCGT：自检过内存后，CPU 再次发出 SVID 给 CPU 电源管理芯片，控制产集显供电

VCCGT，电压一般在 0.7～1.3V。

10.6　Intel 300 系列芯片组标准时序

目前最新的 Intel 300 系列（如 HM370、Z370 等）芯片组，可以搭配 Intel 酷睿第 8 代、第 9 代 I5、I7、I9 等 CPU。本节结合图 10-14，分析 Intel 300 系列芯片组时序。

VCCRTC：从 CMOS 电池或内置主电池送给桥的 3V 供电，给 PCH 桥的 RTC 电路供电，以保存 CMOS 参数和保证时间运行。此供电电压不能低于 2V。

RTCRST#：从主板送给 PCH 桥的 RTC 电路复位信号，为 3V 以上高电平，复位时间通常不能短于 18ms。

SRTCRST#：从主板送给 PCH 桥的 ME 模块复位信号，为 3V 以上高电平，复位时间通常不能短于 18ms。

32.768kHz：PCH 桥旁边的 32.768kHz 晶振，PCH 桥给晶振供电，晶振给 PCH 桥提供时钟信号。

VCCDSW_3P3：PCH 桥的深度睡眠待机（Deep Sleep Well）电压，为 3.3V。不支持深度睡眠时，此电压与 VCCPRIM_3P3 连一起。

DSW_PWROK：PCH 桥的深度睡眠待机电压好信号，电压为 3.3V。不支持深度睡眠时，此信号与 RSMRST#连一起。

SLP_SUS#：PCH 桥发出的深度睡眠状态指示信号，可用于控制主待机电压（如 VCCPRIM_ 3P3）的开启和关闭。不支持深度睡眠时，SLP_SUS#悬空。

VCCPRIM_3P3：PCH 桥的主待机供电，电压为 3.3V。

VCCPRIM_1P8：PCH 桥的主待机供电，电压为 1.8V。

VCCPRIM_1P0：PCH 桥的主待机供电，电压为 1.0V。

SLP_S0#：当 PCH 桥和 CPU 处于空闲状态时，此信号将去控制 CPU 供电进入轻负载模式（低功耗模式）。也可以连接到 EC，用于其他电源管理。

RSMRST#：PCH 桥的主待机电压好信号，电压为 3.3V，也是 PCH 桥内部 ACPI 控制器的复位。ACPI 控制器从 VCCPRIM_3P3 正常后开始复位，复位时间不能短于 10ms。

SUSCLK：PCH 桥发出的 32.768kHz 时钟信号，从 RSMRST#完成复位 97ms 后开始动作，但此信号不一定被主板采用。

PWRBTN#：PCH 桥收到的下降沿触发信号，通知 PCH 桥退出睡眠状态。

SLP_S5#：PCH 桥收到 PWRBTN#后，置高 SLP_S5#成 3.3V，表示退出关机状态。

SLP_S4#：PCH 桥置高 SLP_S4#成 3.3V，表示退出休眠状态，用于开启内存供电。

SLP_S3#：PCH 桥置高 SLP_S3#成 3.3V，表示退出睡眠状态，进入 S0 开机状态，用于开启桥、总线等供电。

SLP_A#：此信号一般不采用，因为 PCH 桥取消了 ME 模块供电和 APWROK，APWROK 集成在 PCH 桥内部。

SLP_LAN#、SLP_WLAN#：网卡供电的控制信号。除 ThinkPad 机型外，其他机型基本都不采用此信号，可以忽略。

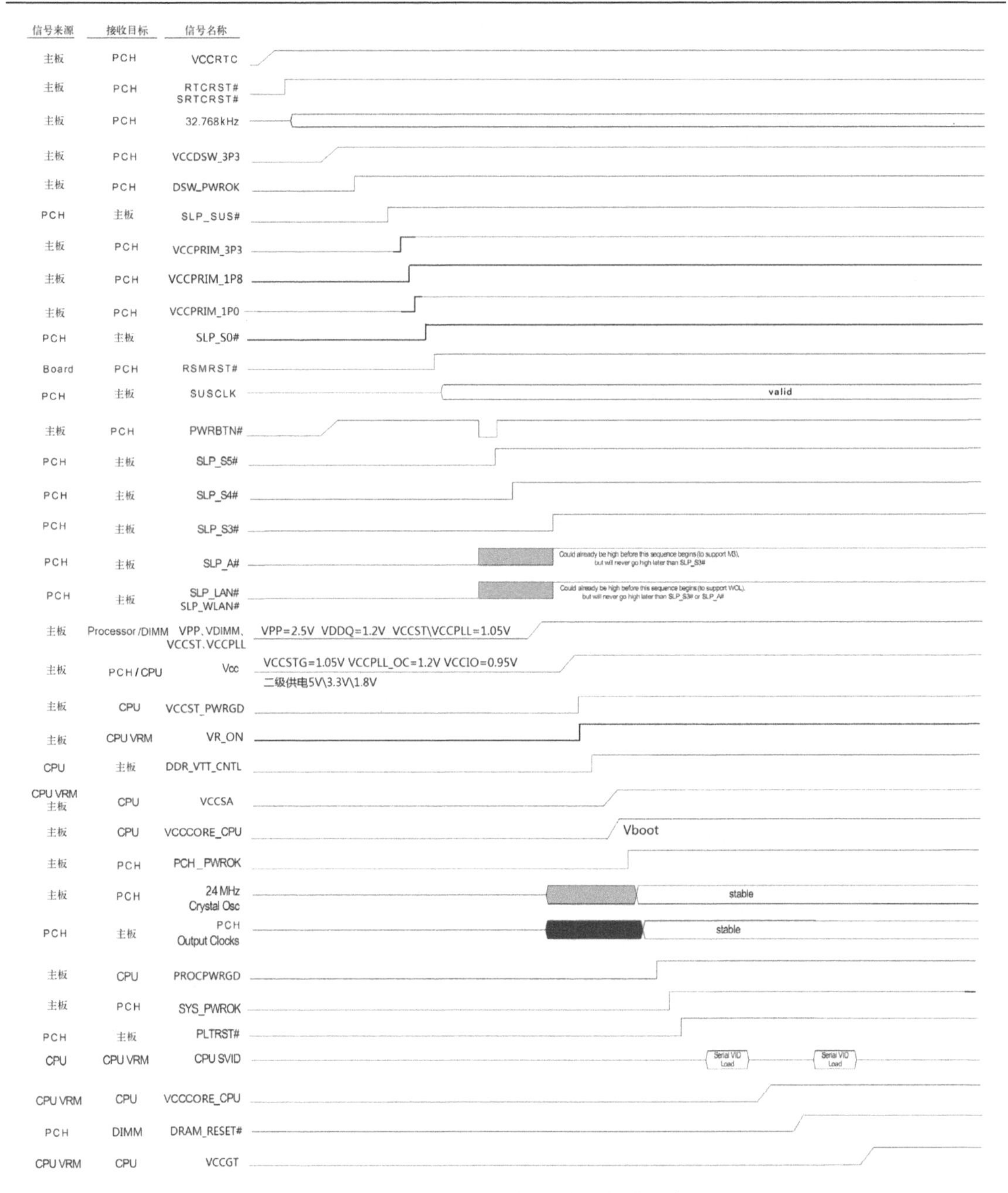

图 10-14　Intel 300 系列芯片组标准时序

VPP、VDIMM、VCCST、VCCPLL：指 1.2V 内存供电（VDDQ）、2.5V VPP 供电、1.0V VCCST 和 VCCPLL 供电，一般受控于 SLP_S4#。

VCC：指二级电压 3.3V、5V、1.8V，总线供电（VCCIO）0.95V，VCCPLL_OC 供电 1.2V，VCCSTG 供电 1.05V 等。

VCCST_PWRGD：指 VCCST 供电和其他供电正常后，送给 CPU 的电源好信号，电压为 1.0V。

VR_ON：主板送给 CPU 电源管理芯片的开启信号，用于开启 VCCSA 供电和 CPU 核心供电 VBOOT 电压。

DDR_VTT_CNTL：CPU 发出的内存 VTT 供电开启信号，用于控制产生 0.6V 内存 VTT 供电。

VCCSA：给 CPU 的（System Agent）系统代理供电，电压为 1.05V。

VccCORE_CPU：CPU 核心供电的 VBOOT 电压 1V 左右，通常在总线供电正常后产生。

PCH_PWROK：主板发给 PCH 桥的 3.3V 高电平，表示 S0 状态电压都正常。

24MHz Crystal Osc：PCH 桥得到供电后，PCH 桥的 24MHz 晶振开始工作，给 PCH 桥内部的时钟模块提供基准频率。

PCH Output Clocks：PCH 桥得到 PCH_PWROK 后读取 ME 配置脚位，输出各组时钟。

PROCPWRGD：PCH 桥发给 CPU 的 PG，表示 CPU 的核心电压正常，此信号电压为 1.05V。

SYS_PWROK：表示系统供电正常，是产生复位的关键信号，此信号电压为 3.3V。

PLTRST#：PCH 桥发出的平台复位，电压为 3.3V，用于复位各芯片、插槽。

CPU SVID：当 CPU 收到 PROCPWRGD 后，CPU 发出 SVID 给 CPU 供电芯片，用于重新调整 CPU 核心供电，SVID 信号由 DATA 和 CLK 组成的标准串行总线和一个起提示作用的 ALERT#信号所组成。

VCCCORE_CPU：CPU 供电芯片控制输出 SVID 调整后的 CPU 核心供电。

DRAM_RESET#：CPU 满足了各个供电、时钟、复位信号后，开始读取 BIOS 程序，进行自检（跑码）。在自检过程中，当 PCH 桥通过 SMBUS 完成内存识别后，PCH 桥发出 DRAM_RESET#给内存插槽，用于复位内存。

VCCGT：自检过内存后，CPU 再次发出 SVID 给 CPU 电源管理芯片，控制产集显供电 VCCGT，电压一般为 0.7～1.3V。

▷▷ 10.7　AMD 低功耗 CPU（CARRIZO）芯片组标准时序

AMD 低功耗 CPU（CARRIZO）芯片组标准时序如图 10-15 所示。

图 10-15 中的信号解释如下。

VDDBT_RTC_G：CPU 的 RTC 电路供电，电压为 1.5V，用于保存 CMOS 参数和保证实时时钟的正常运行。

32K_X1：CPU 旁边的 32.768kHz 晶振信号。CPU 给晶振供电，晶振提供时钟信号给 CPU。

VDD_33_S5：CPU 的主待机电压，为 3.3V。

VDD_18_S5：CPU 的第二个待机电压，为 1.8V。

VDDP_S5：CPU 的第三个待机电压，为 0.95V。

VDDCR_FCH_S5：CPU 的第四个待机电压，为 0.775V。

RSMRST#：CPU 的待机电压好信号，电压为 3.3V。

PWR_BTN#：按下电源开关后，最终送给 CPU 的触发信号，为高-低-高的脉冲。

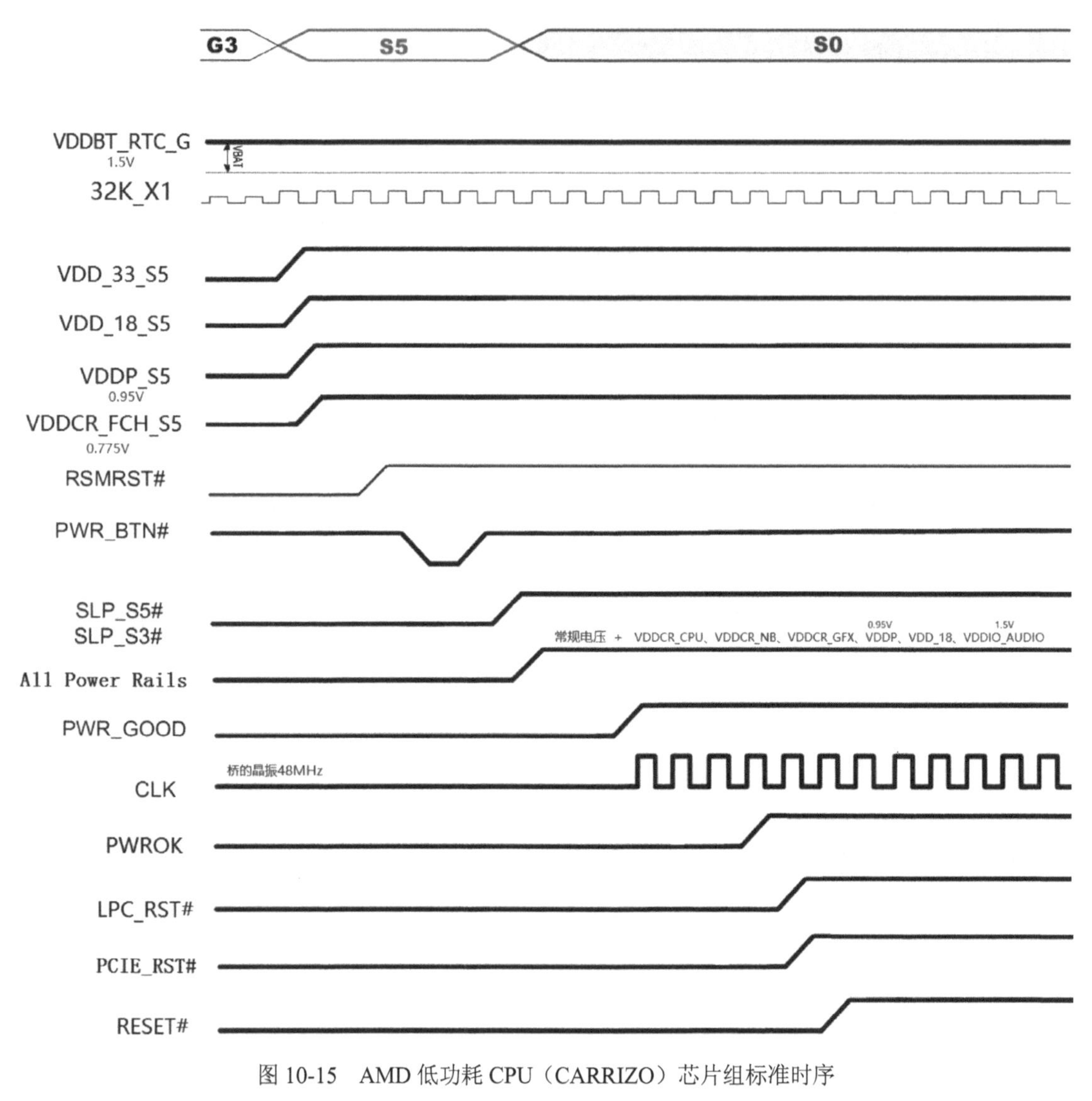

图 10-15　AMD 低功耗 CPU（CARRIZO）芯片组标准时序

SLP_S5#：CPU 发出的退出关机状态的信号，电压为 3.3V，用于控制产生内存供电。

SLP_S3#：CPU 发出的退出睡眠状态的信号，电压为 3.3V，用于控制所有的 S0 电压。

All Power Rails：所有电源被开启，包括内存供电、CPU 所需的多个供电。

PWR_GOOD：通知 CPU，此时 S0 状态电压全部正常了。此信号是 CPU 发现时钟、复位的关键条件。

CLK：CPU 的 48MHz 晶振起振，使 CPU 内部集成的时钟电路开始工作。

PWROK：CPU 发出 PWROK 给 CPU 供电芯片，用于开启 CPU 供电芯片的 SVID 解码模块。

LPC_RST#：CPU 发出的 LPC 复位信号，电压为 3.3V。

PCIE_RST#：CPU 发出的 PCIE 复位信号，电压为 3.3V。

RESET#：CPU 发出的复位信号（类似于 FCH 平台中的 APU_RST#）。

▷▷ 10.8　AMD 低功耗 CPU（Kabini APU）芯片组标准时序

AMD 低功耗 CPU（Kabini APU）芯片组标准时序如图 10-16 所示。

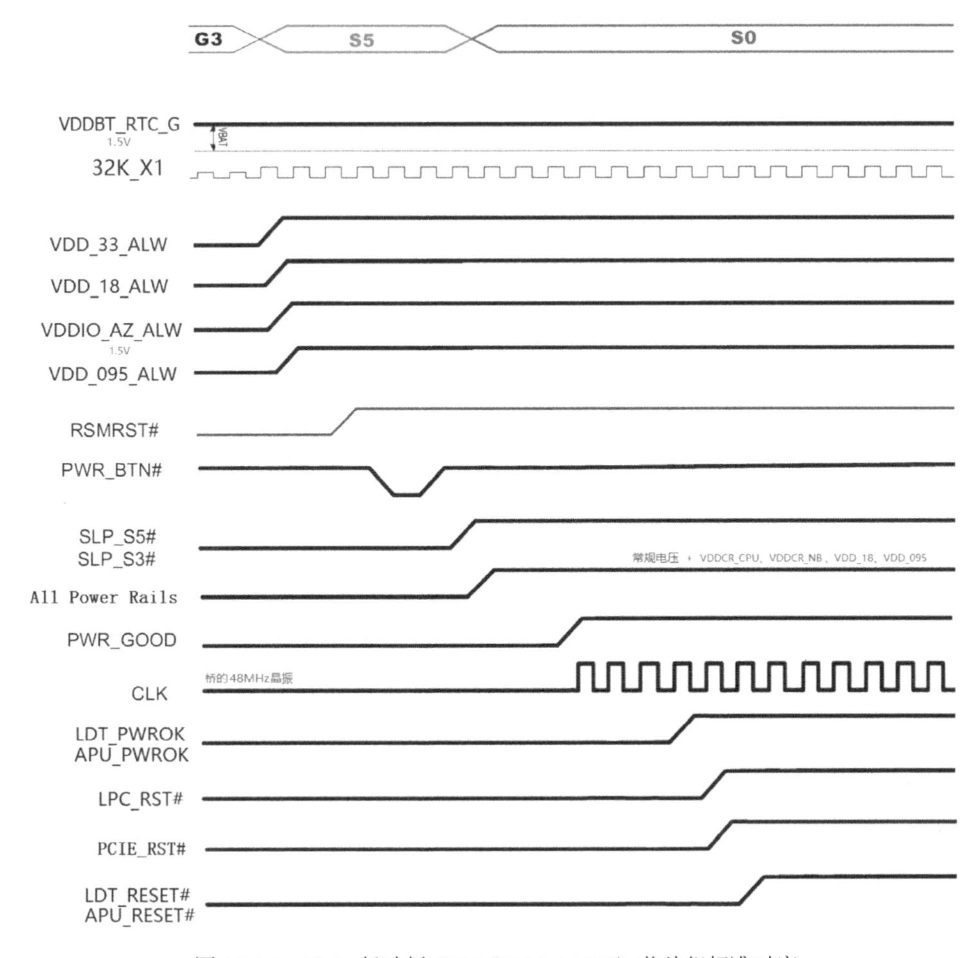

图 10-16　AMD 低功耗 CPU（Kabini APU）芯片组标准时序

图 10-16 中信号的解释如下。

VDDBT_RTC_G：CPU 的 RTC 电路供电，电压为 1.5V，用于保存 CMOS 参数和保证实时时钟的正常运行。

32K_X1：CPU 旁边的 32.768kHz 晶振。CPU 给晶振供电，晶振提供时钟信号给 CPU。

VDD_33_ALW：CPU 的主待机电压，为 3.3V。

VDD_18_ALW：CPU 的第二个待机电压，为 1.8V。

VDDIO_AZ_ALW：CPU 的第三个待机电压，为 1.5V。

VDD_095_ALW：CPU 的第四个待机电压，为 0.95V。

RSMRST#：CPU 的待机电压好信号，电压为 3.3V。

PWR_BTN#：按下电源开关后，最终送给 CPU 的触发信号，为高-低-高的脉冲。

SLP_S5#：CPU 发出的退出关机状态的信号，电压为 3.3V，用于控制产生内存供电。

SLP_S3#：CPU 发出的退出睡眠状态的信号，电压为 3.3V，用于控制所有的 S0 状态电压。

All Power Rails：所有电源被开启信号。所有电源指内存供电、CPU 所需的多个供电。

PWR_GOOD：通知 CPU，此时 S0 状态电压全部正常，此信号是 CPU 发现时钟、复位的关键条件。

CLK：CPU 的 48MHz 晶振起振信号，使 CPU 内部集成的时钟电路开始工作。

LDT_PWROK/APU_PWROK：CPU 发出 PWROK 给 CPU 供电芯片，用于开启 CPU 供电芯片的 SVID 解码模块。

LPC_RST#：CPU 发出的 LPC 复位信号，电压为 3.3V。

PCIE_RST#：CPU 发出的 PCIE 复位信号，电压为 3.3V。

LDT_RESET#/APU_RESET#：CPU 发出的复位（类似于 FCH 平台中的 APU_RST#）。

10.9　部分 Intel 芯片组上电时序信号的波形对比

10.9.1　Intel 6 系列、7 系列芯片组时序信号的波形对比

下面以 LA-6751P（联想 G470）为例对比信号波形，分析时序。

不支持深度睡眠的电脑，通常是按开关后，EC 收到开关信号 PWRBTN#才产生 RSMRST#信号送给 PCH 桥，接着发出开关信号 PWRBTN_OUT#给 PCH 桥，如图 10-17 所示。

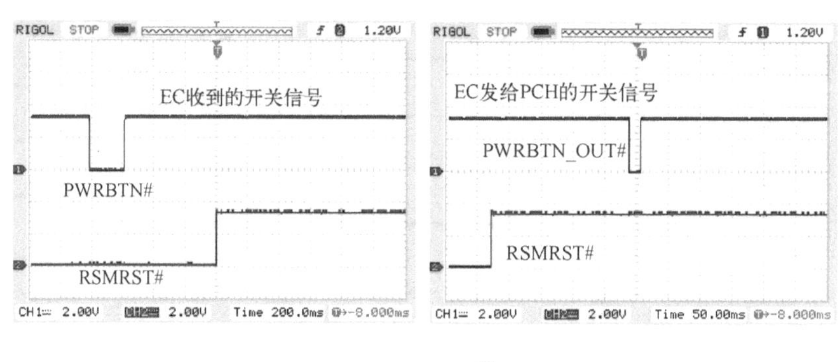

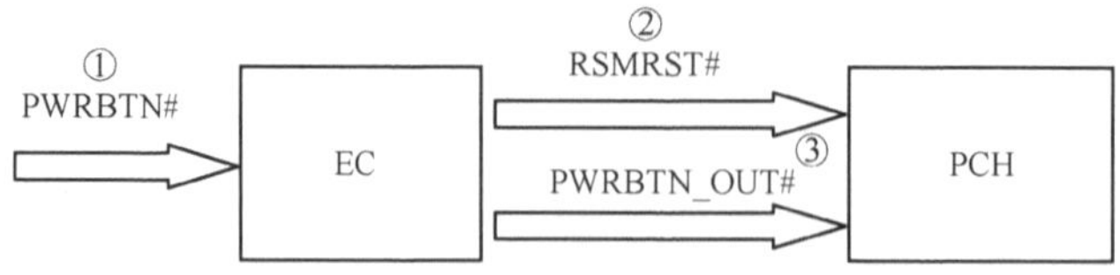

图 10-17　RSMRST#信号产生波形讲解

总线供电与独立显卡供电的波形对比（总线供电比独立显卡供电先动作）如图 10-18 所示。

独立显卡供电与 PCH 桥读取 BIOS 程序的波形对比（独立显卡供电在 PCH 桥读取 BIOS 程序之前就产生了，说明独立显卡供电的产生与 BIOS 程序无关）如图 10-19 所示。

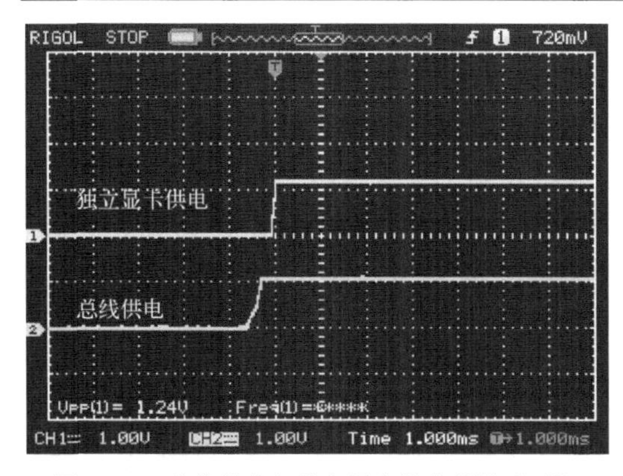

图 10-18　总线供电与独立显卡供电的波形对比

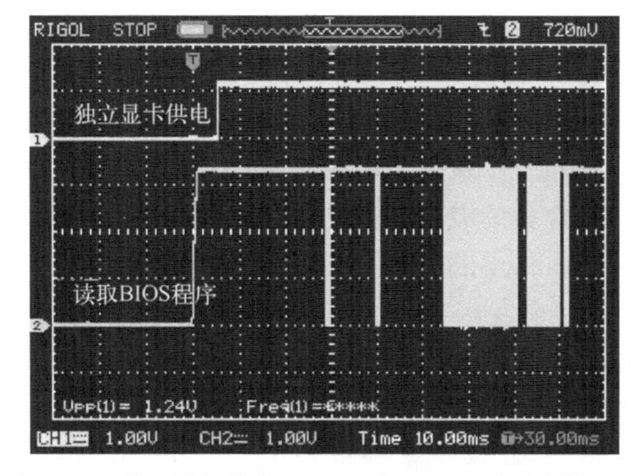

图 10-19　独立显卡供电与 PCH 读取 BIOS 程序的波形对比

CPU 供电与 PCH 桥读取 BIOS 程序的波形对比（CPU 供电在 PCH 桥读取 BIOS 程序大约 100ms 之后产生）如图 10-20 所示。

集成显卡供电与 PCH 桥读取 BIOS 程序的波形对比（集成显卡供电在 PCH 桥读取 BIOS 程序大约 2s 后产生 1V 的电压，持续 400ms 以后降为 0.45V 电压）如图 10-21 所示。

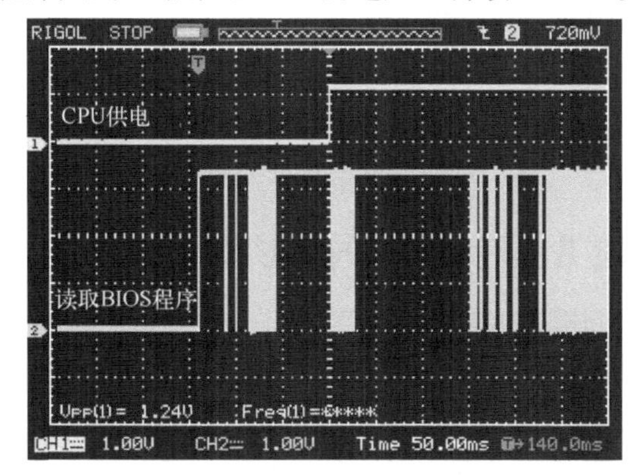

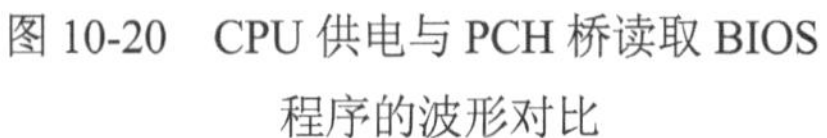
图 10-20　CPU 供电与 PCH 桥读取 BIOS 程序的波形对比

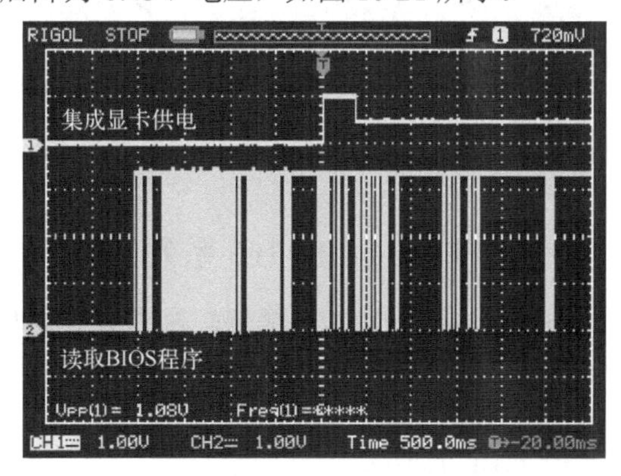

图 10-21　集成显卡供电与 PCH 桥读取 BIOS 程序的波形对比

集成显卡供电与内存 SMBDATA 的波形对比（说明集成显卡供电在自检过内存之后产生）如图 10-22 所示。

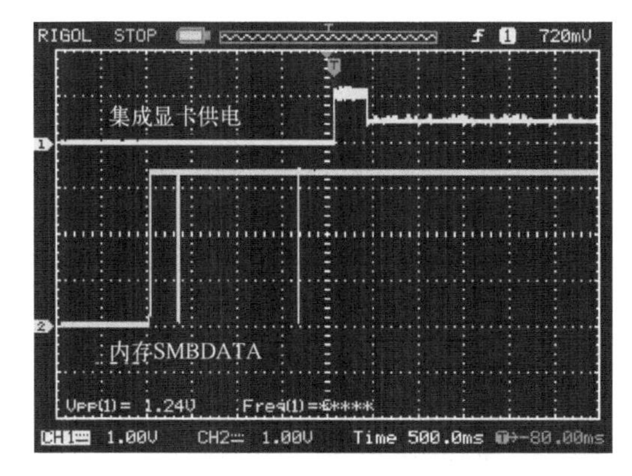

图 10-22　集成显卡供电与内存 SMBDATA 的波形对比

▷▷▷ 10.9.2　Intel 8 系列、9 系列芯片组时序信号的波形对比

Intel 8 系列、9 系列芯片组取消了集成显卡供电、VCCSA 供电和 VCCPLL 供电，其他时序与 Intel 6 系列、7 系列相同，只不过这个系列的 CPU 供电需提前产生 VBOOT 电压，而且在 PCH 桥读取 BIOS 程序之前就产生，如图 10-23 所示。

CPU 供电的 VBOOT 电压并不能让 CPU 正常工作，在 CPU 收到 PROCPWRGD 信号后，CPU 会发出 SVID 信号重新调整 CPU 供电，如图 10-24 所示。

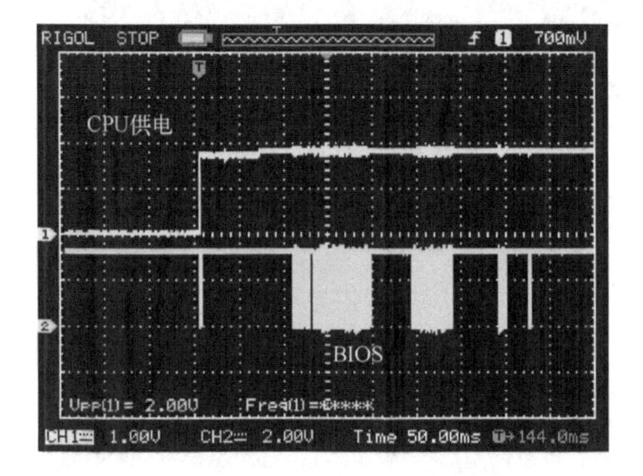

图 10-23　CPU 供电与读取 BIOS 程序的波形对比

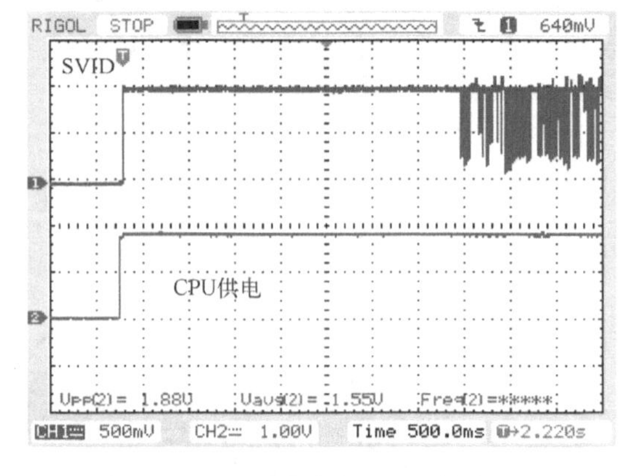

图 10-24　CPU 供电与 SVID 的波形对比

▷▷▷ 10.9.3　Intel 100 系列、200 系列芯片组时序信号的波形对比

下面以华硕 X550VX 为例，对比信号波形，分析时序。

首先，EC 收到开关信号 PWRBTN#后发出 RSMRST#信号给 PCH 桥，如图 10-25 所示。

PCH 桥收到开关信号后，依次发出 SLP_S5#、SLP_S4#、SLP_S3#等信号去开启各路供电，如图 10-26 所示。

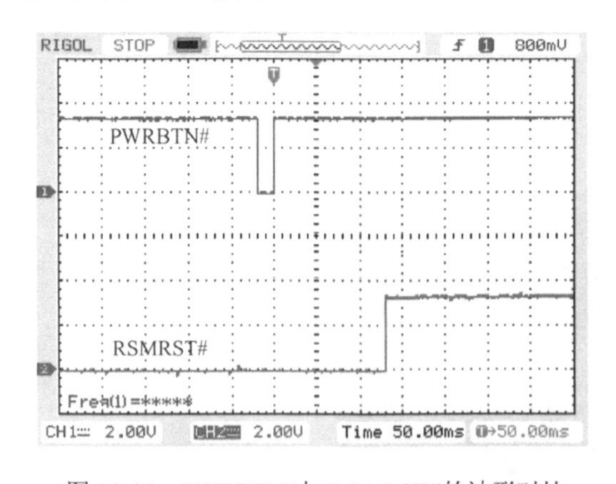

图 10-25　PWRBTN#与 RSMRST#的波形对比

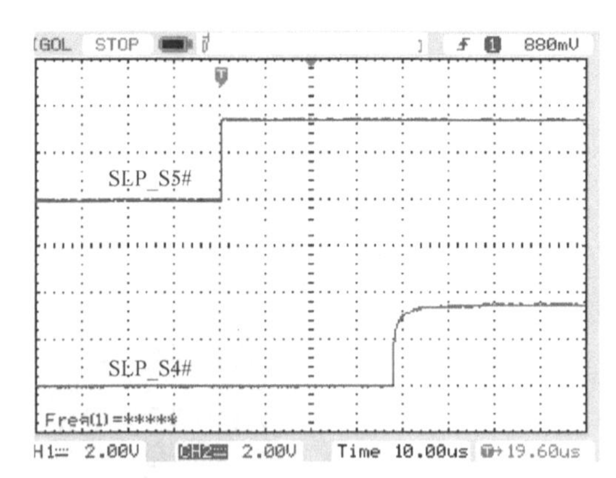

图 10-26　SLP_S5#与 SLP_S4#的波形对比

各路供电正常后，产生 VCCST_PWRGD 给 CPU，CPU 发出 DDR_VTT_CNTL 信号，并通过其他电路产生 VR_ON 信号，如图 10-27 所示。

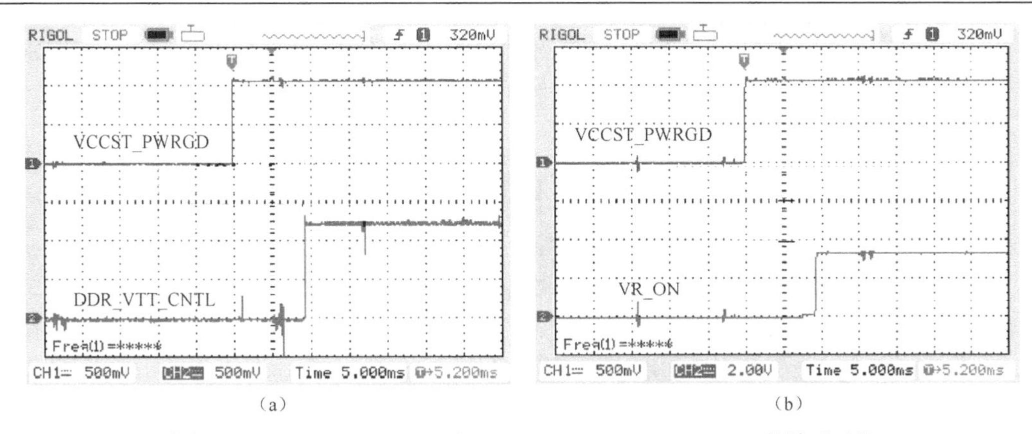

（a）　　　　　　（b）

图 10-27　VCCST_PWRGD 与 DDR_VTT_CNTL、VR_ON 的波形对比

VR_ON 信号正常后，控制产生 VCCSA 供电，如图 10-28 所示。此时还没有 CPU 核心供电。

各路供电正常后，PCH 桥的 24MHz 晶振开始起振，接着产生 PCH_PWROK、SYS_PWROK 送给 PCH 桥，如图 10-29 所示。

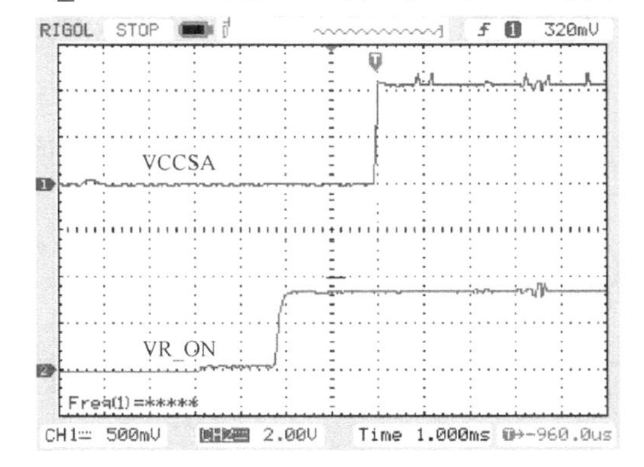

图 10-28　VCCSA 供电与 VR_ON 的波形对比

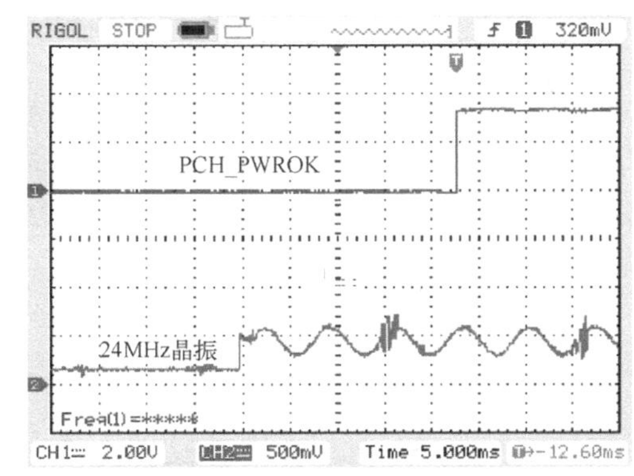

图 10-29　24MHz 晶振与 PCH_PWROK 的波形对比

在 PCH_PWROK 正常后，PCH 桥开始通过 SPI 总线的 SPI_CS0#读取 BIOS 中的 ME 程序配置脚位，如图 10-30 所示。

PCH 桥读到 BIOS 程序之后，发出各路时钟，其中包含 24MHz 的 LPC 总线时钟，如图 10-31 所示。

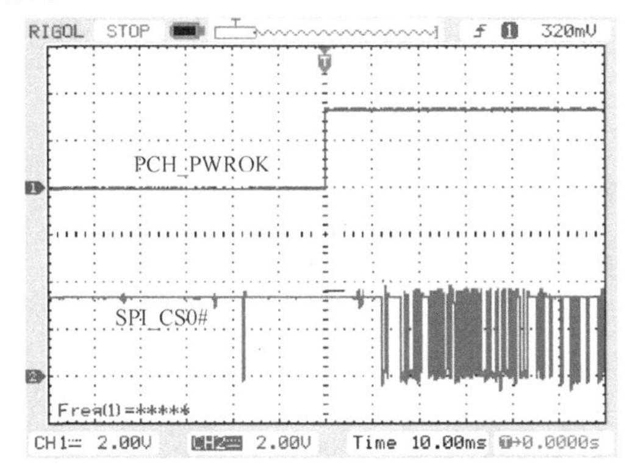

图 10-30　PCH_PWROK 与 SPI_CS0#的波形对比

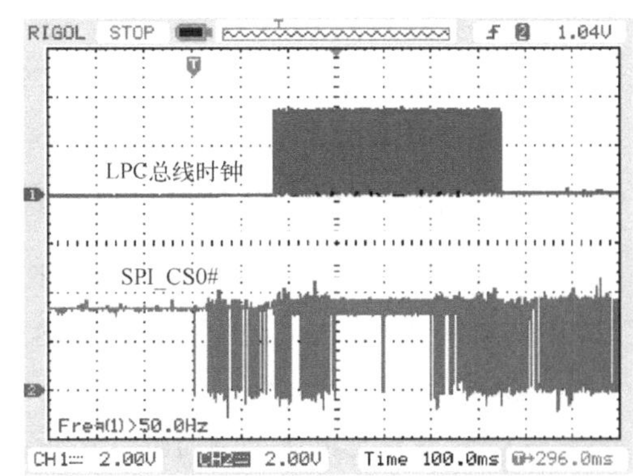

图 10-31　24MHz 的 LPC 总线时钟与 SPI_CS0#的波形对比

PCH 桥在发出各路时钟后，再发出 PROCPWRGD 给 CPU，PCH 桥在 SYS_PWROK 正常后，延时发出平台复位信号 PLTRST#，如图 10-32 所示。

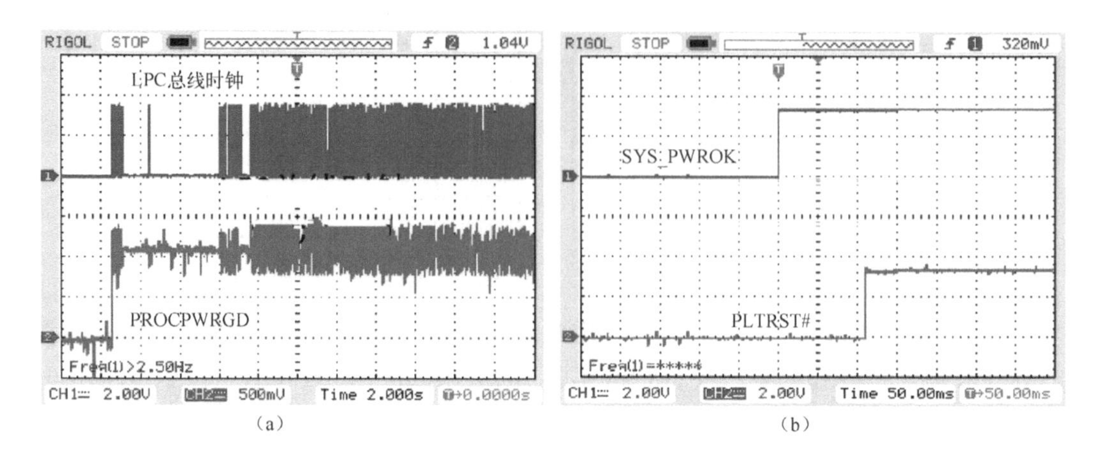

图 10-32　PROCPWRGD 与 SYS_PWROK、LPC 总线时钟、PLTRST#的波形对比

在平台复位之后，CPU 发出 SVID 开启 CPU 核心供电，CPU 供电正常后，CPU 读取 BIOS 程序，开始自检跑码，自检过内存后产生 DRAM_RESET#内存复位，然后再次通过 SVID 开启集成显卡供电 VCCGT，如图 10-33 所示。

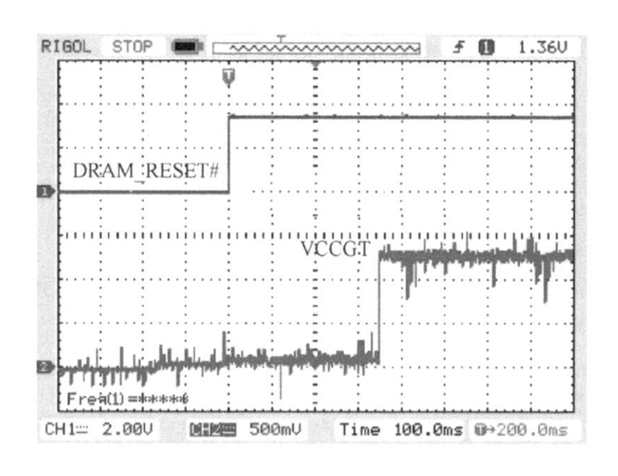

图 10-33　DRAM_RESET#与 VCCGT 的波形对比

▷▷▷ 10.9.4　Intel 第 4 代、第 5 代低功耗 CPU 芯片组时序信号的波形对比

下面以 LA-B091P 为例，对比信号波形，分析时序。

时序差异主要体现在 SLP_S4#、SLP_S3#之后。首先，CPU 供电会在 VCCST 供电正常后产生 VBOOT 电压（1.8V），各供电正常后，CPU 的 24MHz 晶振开始起振，并产生 VCCST_PG_EC 送给 CPU，如图 10-34 所示。

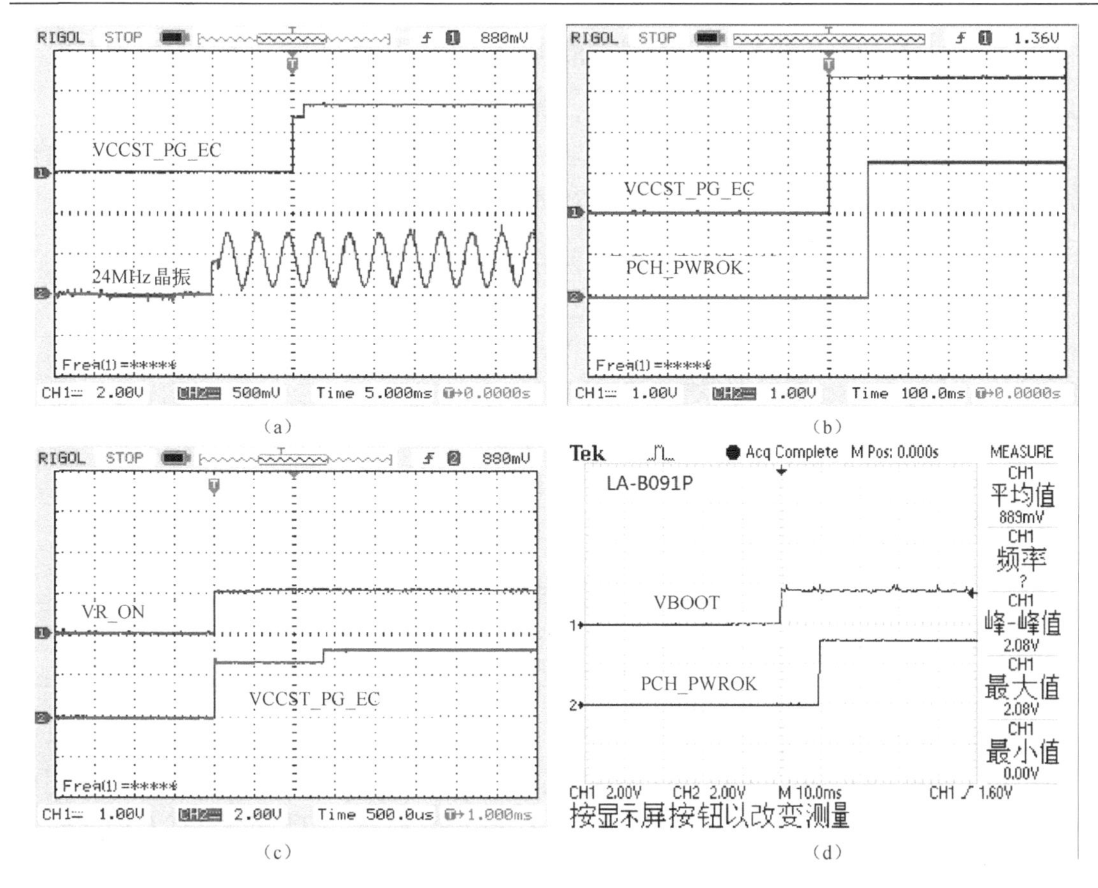

图 10-34　VCCST_PG_EC 与 24MHz 晶振、VR_ON、CPU 的 VBOOT 电压的波形对比

CPU 收到 PCH_PWROK 后开始通过 SPI 总线读取 BIOS 中的 ME 程序配置脚位，CPU 延时收到 SYS_PWROK，如图 10-35 所示。

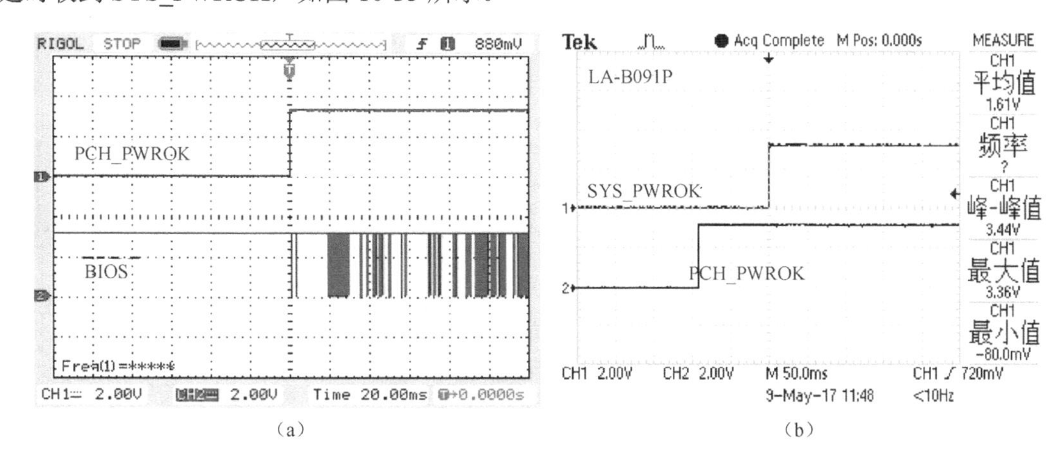

图 10-35　PCH_PWROK 与 BIOS、SYS_PWROK 的波形对比

CPU 收到 SYS_PWROK 之后，产生 PLTRST#信号，接着发出 SVID 波形重新调整 CPU 供电，CPU 供电正常后，CPU 读取 BIOS 程序，开始自检跑码。

▷▷▷ 10.9.5　Intel 第 6 代、第 7 代低功耗 CPU 芯片组时序信号的波形对比

下面以苹果 A1706 为例，测量波形对比，分析时序。

待机和触发部分的时序波形基本和其他芯片组时序相同，只不过苹果的机器支持深度睡眠功能，采用了 SLP_SUS#信号，此信号在 RSMRST#之前产生，如图 10-36 所示。

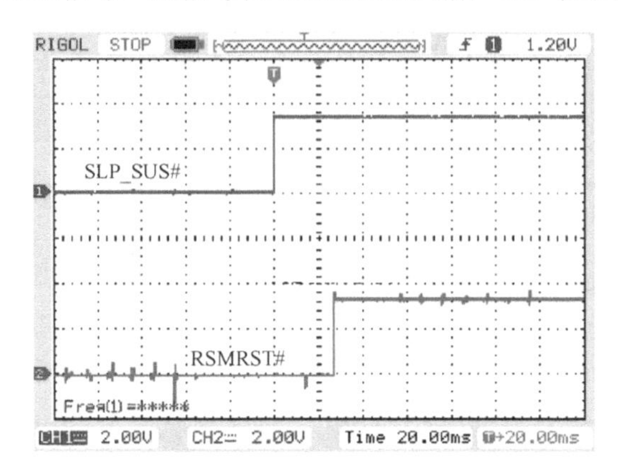

图 10-36　SLP_SUS#与 RSMRST#的波形对比

在 VCCST 和各供电正常后，产生 VCCST_PWRGD 送给 CPU，在 VCCST_PWRGD 正常后，CPU 输出 DDR_VTT_CNTL，用于控制产生内存 VTT 供电，同时也会通过其他电路或 EC 发出 VR_ON 信号，用于控制产生 CPU 的 VCCSA 供电，但此时还没有 CPU 核心供电，如图 10-37 所示。

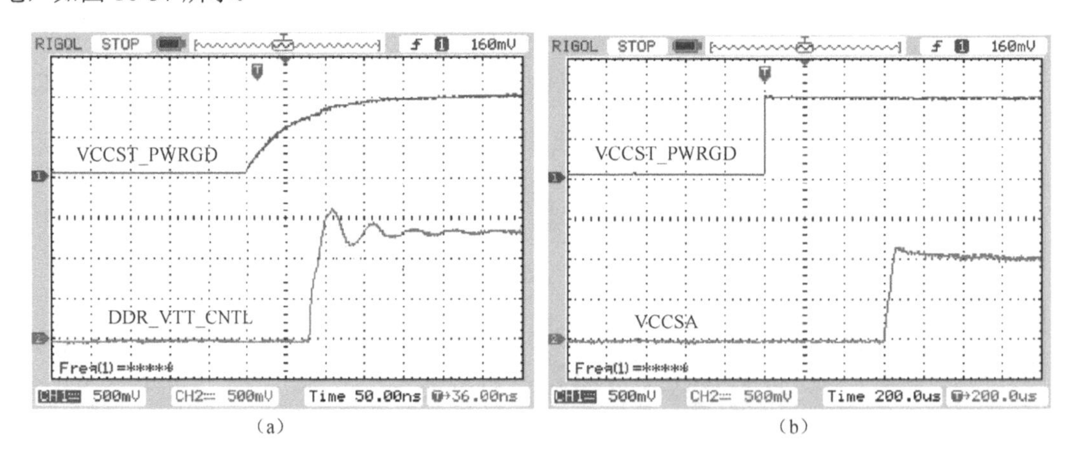

图 10-37　VCCST_PWRGD 与 DDR_VTT_CNTL、VCCSA 的波形对比

在 VCCSA 供电正常后，CPU 延时收到 SYS_PWROK 和 PCH_PWROK。从图 10-38 可以看出，PCH_PWROK 在 VCCSA 正常后，延时 2.4ms 产生，而 SYS_PWROK 也是在 VCCSA 正常之后比 PCH_PWROK 提前 600μs 产生。

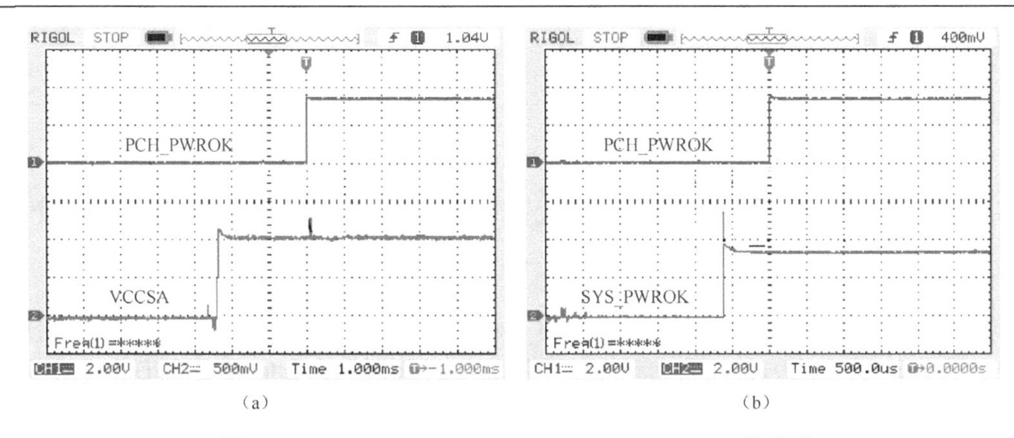

图 10-38　VCCSA 与 SYS_PWROK、PCH_PWROK 的波形

在 PCH_PWROK 正常后，CPU 开始读取 BIOS 中的 ME 程序，配置 CPU 的相关脚位。CPU 读到 BIOS 程序之后，24MHz 晶振开始起振，并发出各路时钟信号，如图 10-39 所示。

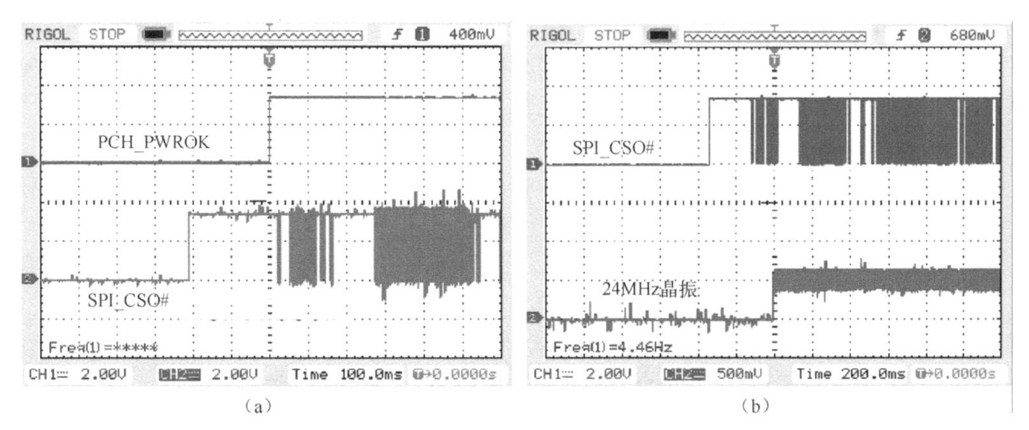

图 10-39　PCH_PWROK 与 CPU 读 BIOS 程序、24MHz 晶振的波形对比

在 SYS_PWROK 正常后，延时约 280ms 产生 PLT_RST#复位信号，如图 10-40 所示。

在 CPU 发出 PLT_RST#之后，CPU 发出 SVID 控制产生 CPU 的核心供电 VCCCORE_CPU，如图 10-41 所示。

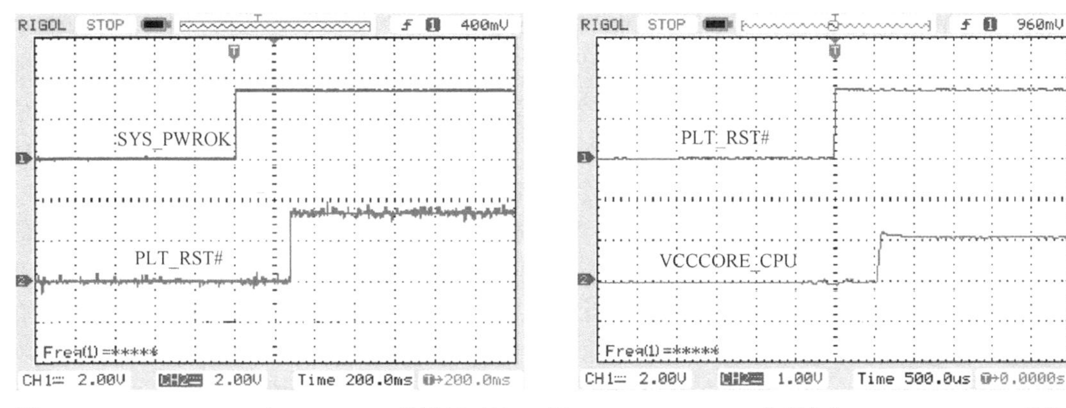

图 10-40　SYS_PWROK 与 PLT_RST#的波形对比　　图 10-41　PLT_RST#之后产生 VCCCORE_CPU 的波形

第 11 章　广达 BDBE（采用 HM87 芯片组）时序分析

现在的芯片组严格来说只是以往的南桥，负责系统输入/输出功能，值得大书特书的地方并不多。HM8X 系列芯片组相比上一代芯片组的改进也很有限。Intel 8 系列芯片组的笔记本电脑专用型号有消费级的 HM86/HM87 和商务型的 QM87。

▷▷ 11.1　保护隔离电路

PCN11 是适配器插口，插入电源适配器后，适配器电压 19V 经过 PF2 熔断电阻后产生 VA1。VA1 在这里分成两路，第一路送到 PD2 的 1、2 脚，第二路送到 PD3 的正极。VA1 第一路经过 PD2 改名为 VA2，如果适配器电压是 19V，这里经过二极管压降，可能会变成 18.5V 左右，如图 11-1 所示。

PD2 的型号是 SBR1045SP5-13，根据数据手册描述（见图 11-2），此二极管的正向压降（Forward Voltage Drop）在 0.5V 左右。

VA2 连接了一个 PD13 稳压二极管到地，这个稳压二极管的型号是 TVS_SMAJ20A，是一个最高电压为 24.5V 的瞬态抑制二极管，主要用于防浪涌冲击。

VA2 经过 PR27 送到 ISL88732 的 28 脚 CSSP，VA2 还经过 PR26 精密检测电阻改名为 VA3。VA3 经过 PR25 送到 ISL88732 的 27 脚 CSSN，VA3 还直接送到 PQ2（P 沟道 MOS 管）的 S 极，VA3 再经过 PR110、PR111 两个 220kΩ的电阻分压成 9.5V 左右的电压送到 PQ2 的第 1 脚，使 PQ2 导通产生 VIN 电压。

PQ2 的 G 极同时还受控于 PQ11 第 6 脚，这是一个 PNP+NPN 的复合三极管。在适配器模式下，D/C#（电池放电信号，由 EC 发出的）为低电平。这个低电平的 D/C#被分成两路，一路送到 PQ11 第 5 脚，控制内部两个三极管同时截止；另一路送到 PQ1 的 G 极，PQ1 的 G 极得到低电平的 D/C#后截止，从而使 PR8 和 PR20 两个电阻无法形成分压，那么 PQ5 的 G 极自然变成了高电平，PQ5 也就截止了，这样电池的电就无法送到公共点了。如果是在电池模式下或者适配器电压不足的情况下，EC 检测不到适配器，EC 就会发出高电平的 D/C#信号，同时控制 PQ1 和 PQ11 导通，将适配器隔离，把电池的电放出来。

如图 11-3 所示，VA1 经过 PD3 二极管后，减去二极管的压降，电压还有 18.5V 左右，被分成三路。第一路经过 PR118（82.5kΩ）和 PR115（10kΩ）分压成 2V 的 AC_SET_EC 信号给 EC 作为适配器识别信号。第二路经过 PR140 后送到 ISL88732 的第 22 脚 DCIN，给芯片提供主供电。第三路经过 PR117（82.5kΩ）和 PR116（22kΩ）电阻分压后得到 3.89V 左右的电压，送到芯片的 2 脚 ACIN，作为 ISL88732 芯片的适配器检测信号。当芯片的 ACIN 脚电压高于 3.2V 后，ACOK 脚就会开漏输出，由外部+3VPCU 通过 PR135 电阻上拉，更名为 ACIN 信号送给 EC，通知 EC 适配器已经成功插入。

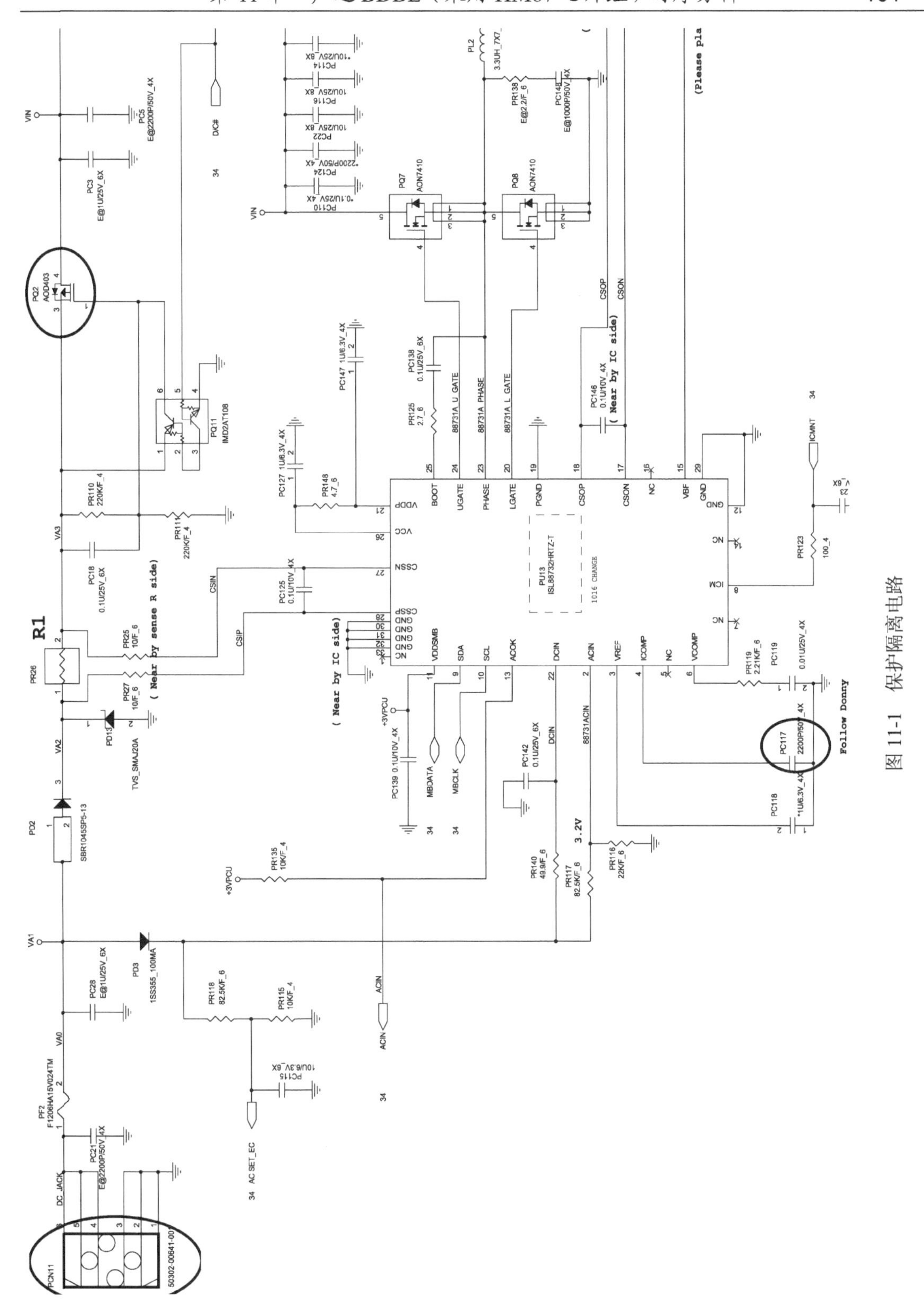
VIN
PC5
E@2200P/50V_4X
PC3
E@1U/25V_6X
PQ2
AOD403
D/C#
PQ11
IMD2AT108
PR110
220K/F_4
PR111
220K/F_4
PC18
0.1U/25V_6X
VA3
R1
PR26
PR25
10/F_6
PR27
10/F_6
(Near by sense R side)
CSIN
CSIP
PD13
TVS_SMAJ20A
VA2
PD2
SBR1045SP5-13
VA1
PD3
1SS355_100MA
PC28
E@1U/25V_6X
VA0
PF2
F1206HA15V024TM
PC21
E@2200P/50V_4X
DC_JACK
PCN11
50302-00641-00
PR118
82.5K/F_6
PR115
10K/F_4
PC115
10U/6.3V_6X
AC SET_EC
+3VPCU
PR135
10K/F_4
ACIN
PC110
PC124
PC22
PC114
PC116
PQ7
AON7410
PQ8
AON7410
PL2
3.3UH_7X7
PR138
E@2.2/F_6
PC148
E@1000P/50V_4X
PC147
1U/6.3V_4X
PC138
0.1U/25V_6X
PR125
2.7_6
88731A U_GATE
88731A PHASE
88731A L_GATE
PC127
1U/6.3V_4X
PR148
4.7_6
PC125
0.1U/10V_4X
PC146
0.1U/10V_4X
(Near by IC side)
CSOP
CSON
PU13
ISL88732HRTZ-T
1016 CHANGE
VDDP
VCC
CSSN
CSSP
BOOT
UGATE
PHASE
LGATE
PGND
VBF
GND
NC
ICM
VCOMP
ICOMP
VREF
ACIN
DCIN
ACOK
SCL
SDA
VDDSMB
ICMNT
PR123
100_4
PC139
0.1U/10V_4X
MBDATA
MBCLK
PC142
0.1U/25V_6X
88731ACIN
3.2V
PR140
49.9/F_6
PR117
82.5K/F_6
PR116
22K/F_6
PR119
2.21K/F_6
PC119
0.01U/25V_4X
PC117
2200P/50V_4X
PC118
1U/6.3V_4X
Follow Donny
(Please pla

图 11-1　保护隔离电路

Characteristic	Symbol	Min	Typ	Max	Unit	Test Condition
Reverse Breakdown Voltage (Note 1)	$V_{(BR)R}$	45	-	-	V	I_R = 0.5mA
Forward Voltage Drop	V_F	- - -	- 0.49 0.47	0.51 0.55 0.53	V	I_F = 8A, T_J = 25°C I_F = 10A, T_J = 25°C I_F = 10A, T_J = 125°C
Leakage Current (Note 1)	I_R	- - -	0.03 - 17	0.45 18 100	mA	V_R = 45V, T_J = 25°C V_R = 45V, T_J = 100°C V_R = 45V, T_J = 150°C

图 11-2　SBR1045SP5-13 数据手册中描述的正向压降值（原文截图）

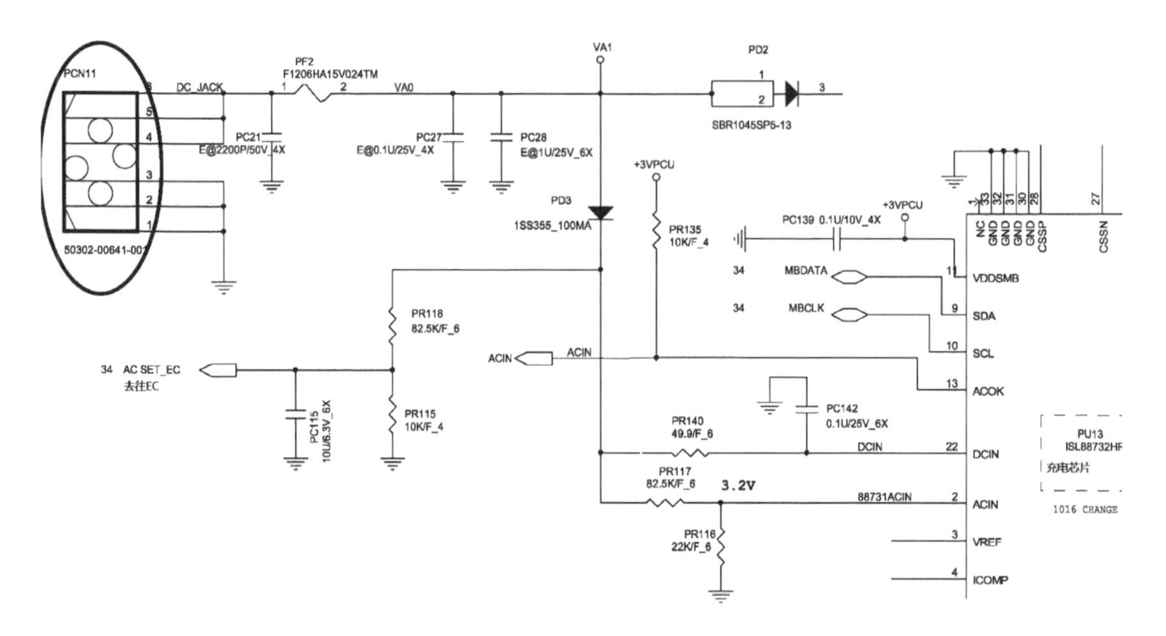

图 11-3　VA1 所去往的电路

⊳⊳ 11.2　待机电路

本节结合图 11-4 分析待机 3V、5V 系统电压产生的过程。这里采用的待机芯片是 RT8223P。首先，公共点电压 VIN 经过 PR1131 电阻给芯片第 16 脚 VIN 提供工作电压。这个 VIN 电压主要给芯片内部 LDO 模块提供动力，当芯片得到 VIN 主供电后，在第 13 脚 EN 信号悬空（芯片内部上拉为高电平）、系统没有过温的情况下，芯片自动输出 VREG3、VREG5、REF 线性电压。VREG3 从芯片第 8 脚输出后，改名为+3VPCU。VREG5 从芯片第 17 脚输出后，改名为+5VPCU。REF 从芯片第 3 脚输出后，改名为+2VREF。EN 脚外部受控于 SYS_SHDN#，只有在系统出现过温时，才会被拉低。

+2VREF 经过 PR1129 给芯片第 4 脚 TONSEL 供电，将 VOUT1、VOUT2 的 PWM 频率设置为 300kHz、375kHz。RT8223P 数据手册中的 TONSEL 引脚说明如图 11-5 所示。

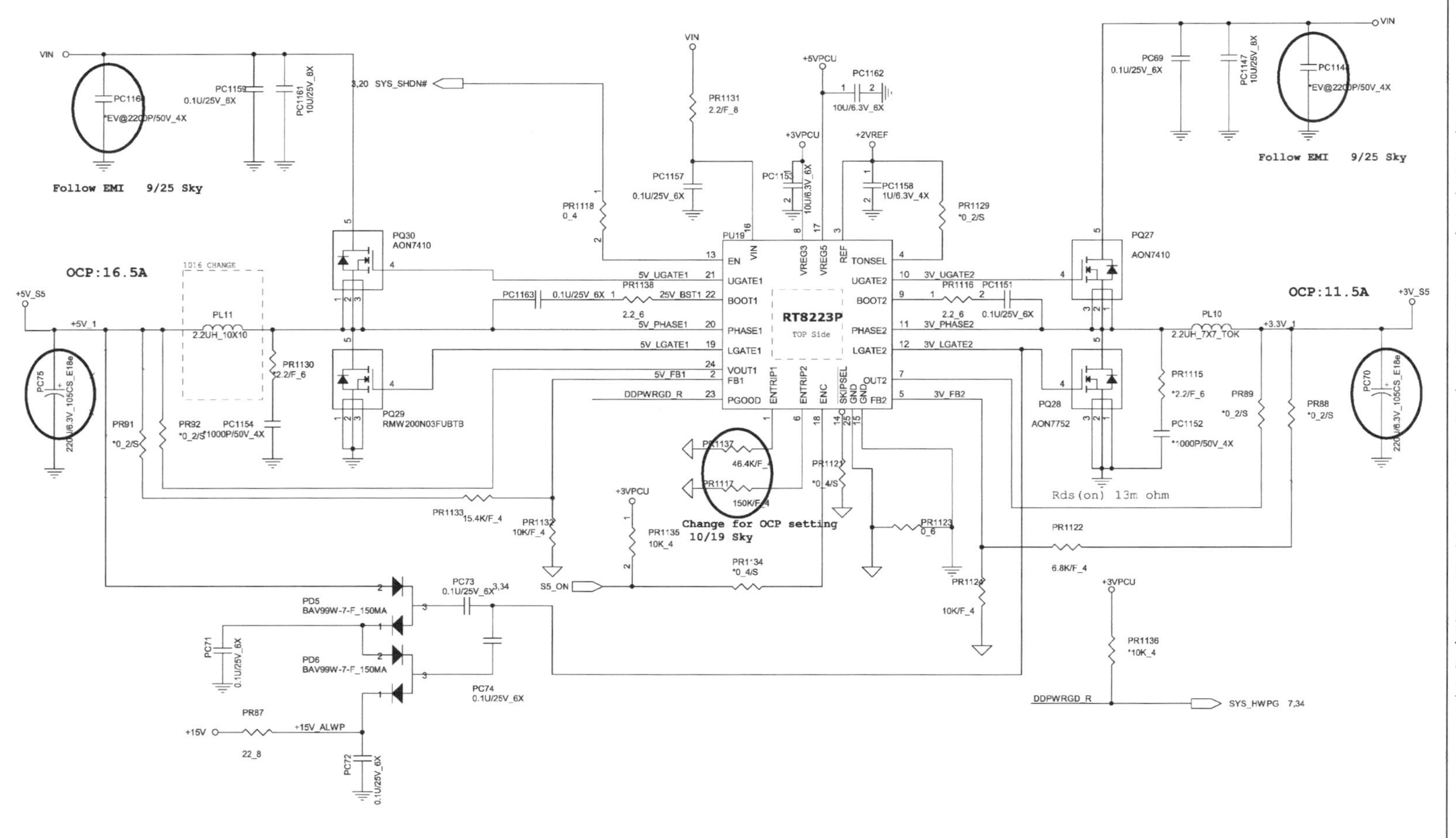

图 11-4　3V、5V 待机电路

TONSEL	Frequency Selectable Input for VOUT1/VOUT2 respectively. 400kHz/500kHz : Connect to VREG5 or VREG3 300kHz/375kHz : Connect to REF 200kHz/250kHz : Connect to GND

图 11-5　RT8223P 数据手册中的 TONSEL 引脚说明（原文截图）

VREG5 所产生的 5V 线性供电正常后，除给开关插口、LED 指示灯等电路提供电压外，还给芯片内部提供工作电压。另外，VREG3 所产生的 3.3V 线性供电（外部名称为 +3VPCU）正常后，给 EC 的 AVCC 引脚提供待机供电，如图 11-6 所示。

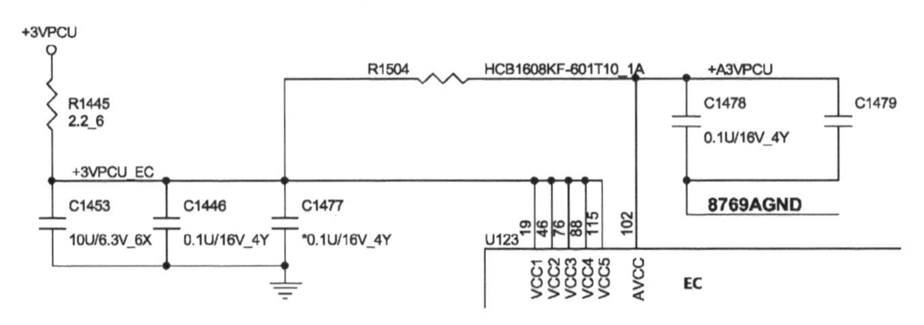

图 11-6　EC 待机供电

+3VPCU 同时还会送给 RTC 电路，取代 CMOS 电池给 PCH 桥内部的 RTC 模块供电，用于保存 CMOS 信息和时间的正常运行，如图 11-7 所示。

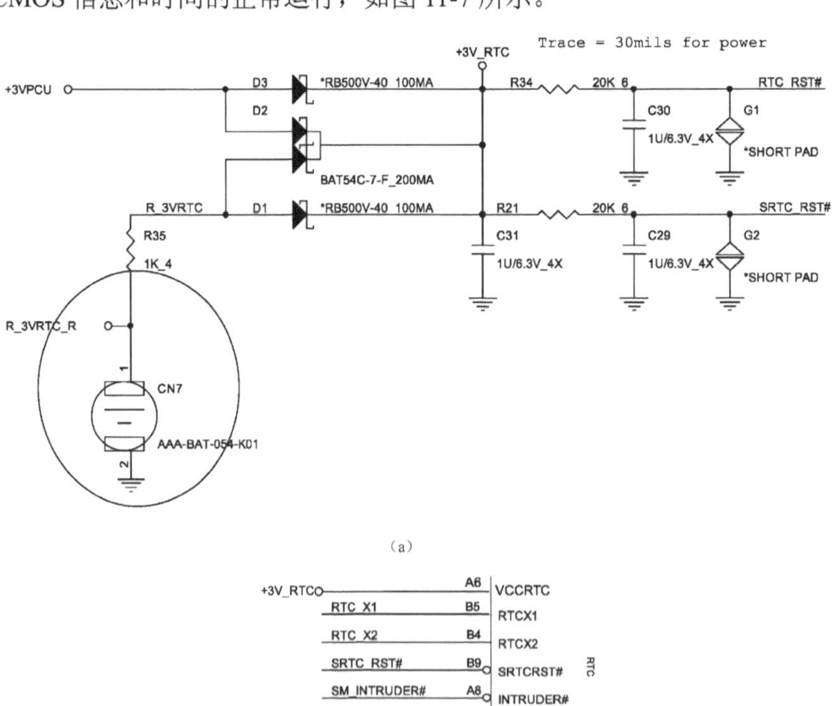

图 11-7　RTC 电路

+3VPCU 还会送给休眠开关等电路（LID591#）供电，如图 11-8 所示。

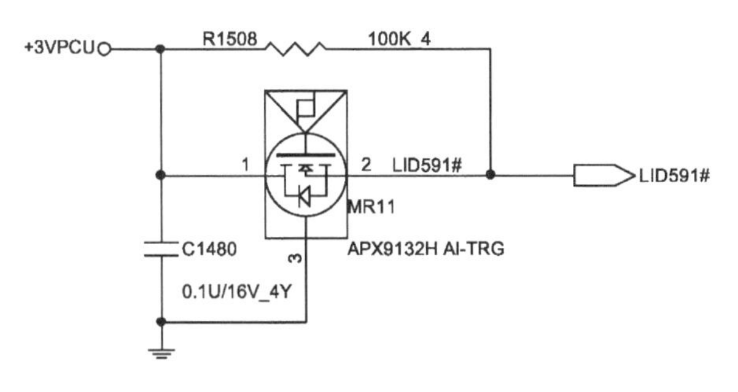

图 11-8　LID591#电路

EC 得到待机供电后，内部时钟开始工作，然后 EC 需要得到待机复位。由图 11-9 可知，此 EC 的复位信号是 VCC_POR#，它直接被+3VPCU 通过 R1453 电阻上拉，不需要延时。

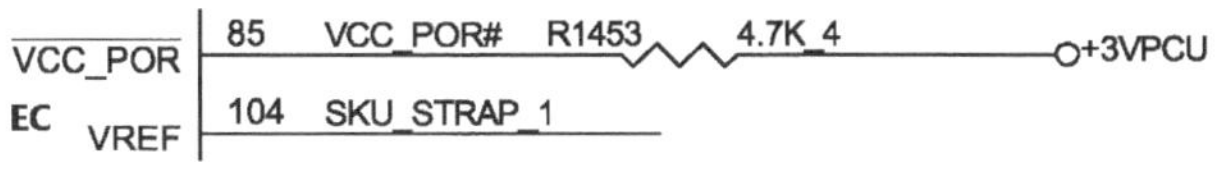

图 11-9　EC 待机复位

EC 的待机供电、待机复位正常后，发出 S5_ON 给待机芯片（RT8223P），如图 11-10 所示，去开启 PWM 电压+3V_S5。

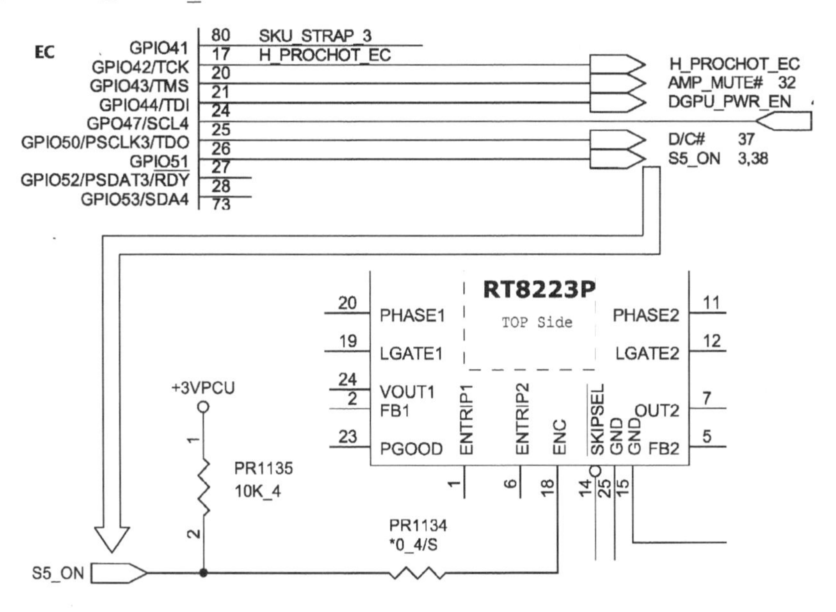

图 11-10　EC 发出 S5_ON 给待机芯片

+3V_S5 产生后，给 BIOS 芯片提供供电，然后 EC 通过 SPI 总线读取 BIOS 中的程序（EC ROM），配置 EC 自身的 GPIO 脚位。从图 11-11 中可以得知，EC 和 PCH 桥共用一个 8MB 的 BIOS 芯片，BIOS 的供电与 PCH 桥的待机电压是同一级别电压，这是新款的待机供电电路设计。

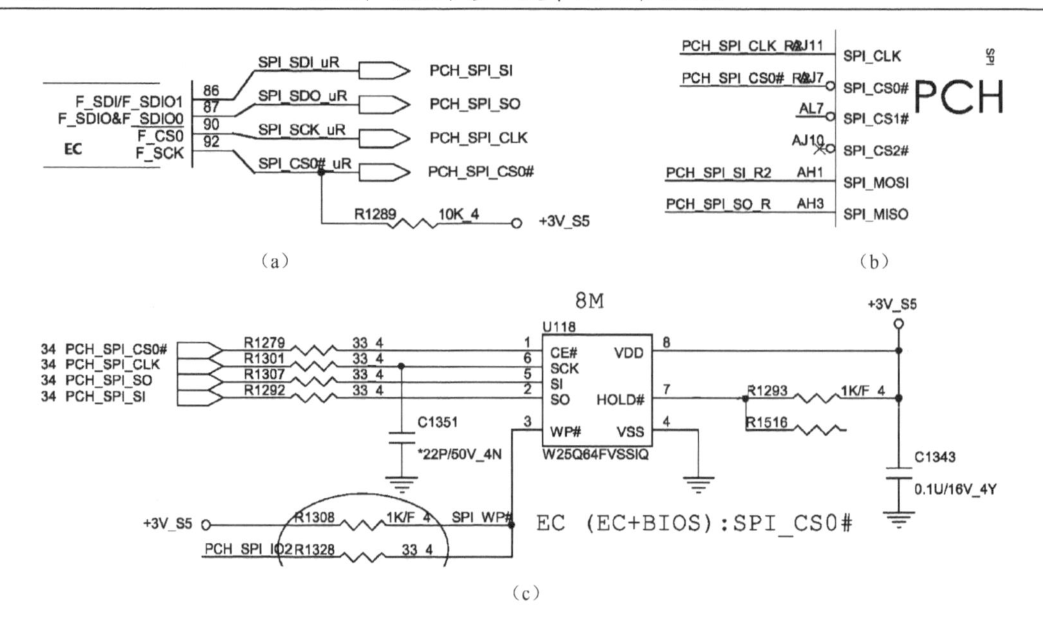

图 11-11　EC 和 PCH 桥共享一个 BIOS 芯片

如果从图 11-11 中还看不出 EC、桥、BIOS 这三者之间的联系，可看图 11-12。

EC 配置好自身脚位之后，会拉低 S5_ON 信号，关闭待机供电。在适配器模式下，当 EC 检测到 ACIN（适配器插入检测信号）为高电平后，会再次发出 S5_ON 信号去开启桥待机供电。在电池模式下，则需要按下开关，EC 收到开关触发信号后，才会发出 S5_ON 去开启桥待机供电。也有部分电脑，不管是适配器模式还是电池模式，都需要按开关后，EC 才会发出 S5_ON 去开启桥待机供电，以节电。这就是新电脑的待机电路特色。

当 RT8223P 的 ENC 脚收到 EC 发过来的高电平 S5_ON 后，开启两路 PWM 模块，继而产生+3V_S5、+5V_S5 两个电压。当这两个电压正常产生时，芯片从 23 脚 PGOOD 开漏输出 DDPWRGD_R 电源好信号，与 SYS_HWPG 连在一起（见图 11-4）。

+5V_S5 还经过 PD5、PD6、PC73、PC74 与 3V_LGATE2 形成自举升压电路，将+5V_S5 升到+15V，用于二级电压转换，如图 11-13 所示。

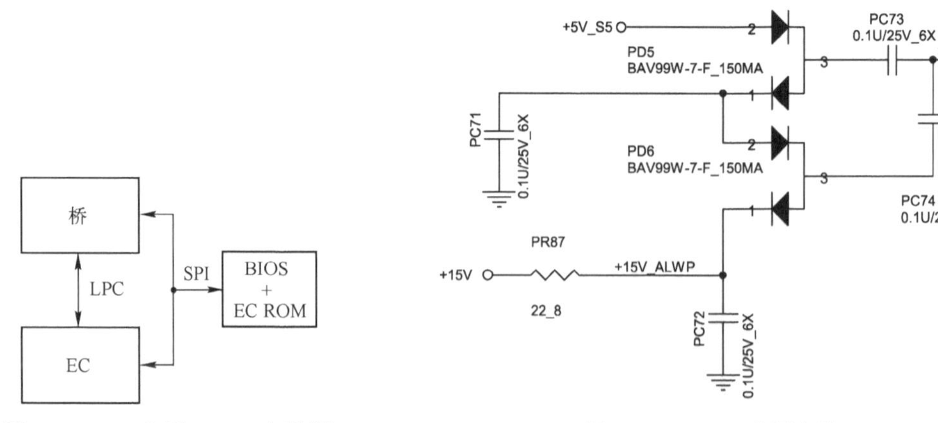

图 11-12　EC 和桥、BIOS 架构图　　　　图 11-13　+15V 升压电路

+3V_S5 产生后，给 PCH 桥的 VCCSUS3_3、VCCDSW3_3 提供待机供电，如图 11-14 所示。

+3V_S5 还上拉 PCH 桥的 BATLOW#信号，如图 11-15 所示。BATLOW#是 PCH 桥的电池电量低检测信号，低电平有效，正常此信号为高电平；如果为低电平，将会引起不开机故障。

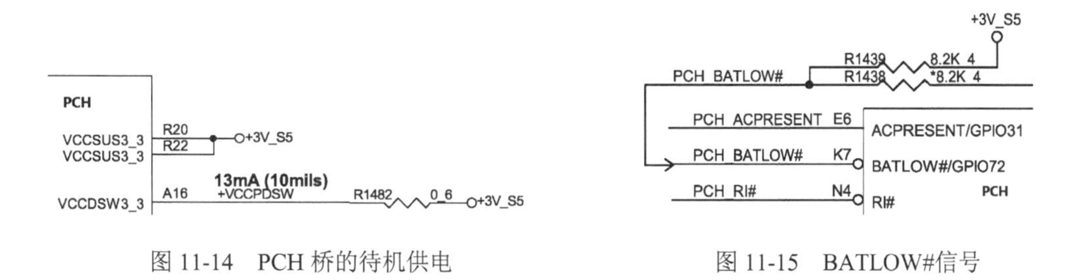

图 11-14　PCH 桥的待机供电　　图 11-15　BATLOW#信号

其实，+3V_S5、+5V_S5 去往的地方还很多，如 USB 供电、网卡供电、EC 供电、温控电路等，这里就不一一截图了。到此为止，将各个待机供电基本讲解完成。

▷▷ 11.3　触发上电电路

当以上待机条件满足后，下面进入触发上电阶段。

按下开关后，产生一个 NBSWON#开关信号进入 EC 的 95 脚，如图 11-16 所示。

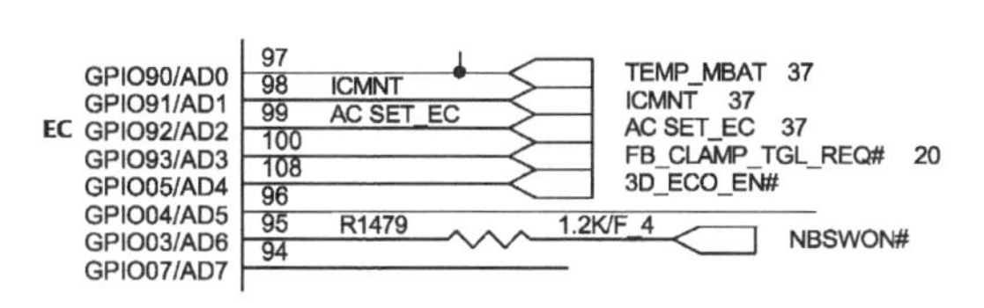

图 11-16　开关信号送给 EC

EC 收到 NBSWON#信号后，先从 74 脚发出 RSMRST#，送给 PCH 桥的 RSMRST#和 DPWROK 脚，然后从 91 脚发出 DNBSWON#信号，经过 0Ω电阻 R407 后改名为 PCH_PWRBTN#信号进 PCH 桥，如图 11-17 所示。

图 11-17　开关信号送给 PCH 桥

PCH 桥收到 PCH_PWRBTN#后，以及其他条件正常情况下，会依次置高 SLP_S4#和 SLP_S3#，然后分别经过 R422 和 R415 改名为 SUSC#、SUSB#、SLP_S5#、SLP_A#、SLP_LAN#、SLP_SUS#，这些信号处于悬空状态，没有被采用，如图 11-18 所示。

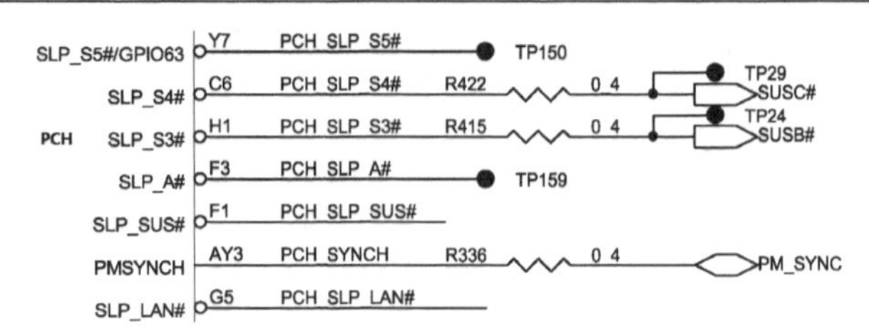

图 11-18　PCH 桥发出 SLP_S*信号

SUSB#、SUSC#分别进入 EC 的 94、73 脚，当 EC 收到 SUSB#、SUSC#后，EC 会发出 SUSON 和 MAINON 去开启各路供电，如图 11-19 所示。

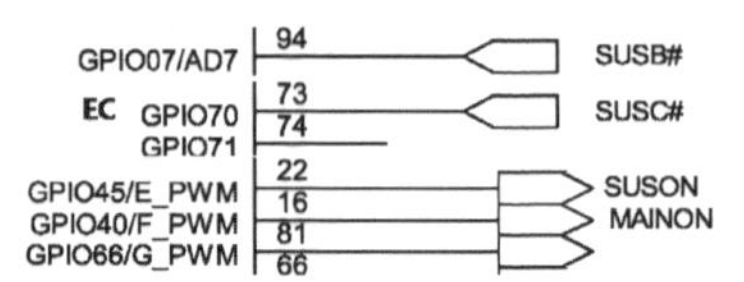

图 11-19　SUSB#、SUSC#进入 EC，EC 发出 SUSON 和 MAINON

SUSON 从 EC 发出来之后，到达 TPS51216（PU14）的第 6 脚，用于开启内存主供电，如图 11-20 所示。

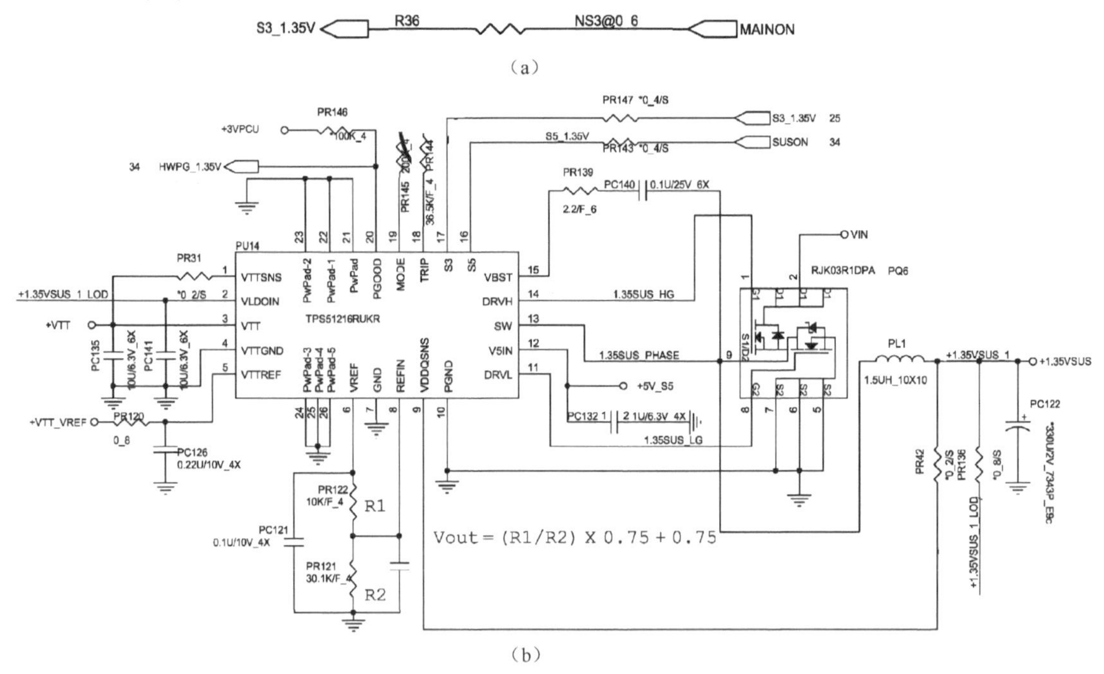

图 11-20　内存主供电

TPS51216 是一个内存供电控制芯片，当芯片第 12 脚 V5IN 得到+5V_S5 供电以后，会通过内部二极管连到第 15 脚 VBST，同时还给芯片内部其他模块提供工作电压。此时如果芯片的第 16 脚 S5 收到高电平的 SUSON 后，会从第 6 脚 VREF 输出 1.8V 参考电压，相继打开 SMPS 模块控制 PQ6 产生+1.35VSUS，VREF 输出的 1.8V 参考电压经过 PR122（10kΩ）电阻和 PR121（30.1kΩ）电阻分压得到 1.351V 电压后，再经第 8 脚 REFIN 作为基准电压输入，与第 9 脚 VDDQSNS（输出电压反馈脚）的电压进行比较，最后经内部调节控制输出稳定的

+1.35VSUS 电压。

MAINON 信号从 EC 出来后，经过 R36 改名为 S3_1.35V（见图 11-20（a）），S3_1.35V 送给 TPS51216 的第 17 脚，控制产生 0.675V 的内存 VTT 电压（第 3 脚输出的+VTT），如图 11-20（b）所示。

MAINON 信号还经过 PR166 电阻送到 PU16 的第 2 脚，作为 PU16 的开启信号。在 PU16 的 VPP 和 VIN 脚供电正常情况下，得到 MAINON 后，PU16 会从第 6 脚 VO 脚输出+1.5V 供电。供电正常后，从第 1 脚 PGOOD 脚产生 HWPG_1.5V 开漏输出，由外部+3V_S5 通过电阻 PR167 上拉为 3.3V 高电平，如图 11-21 所示。

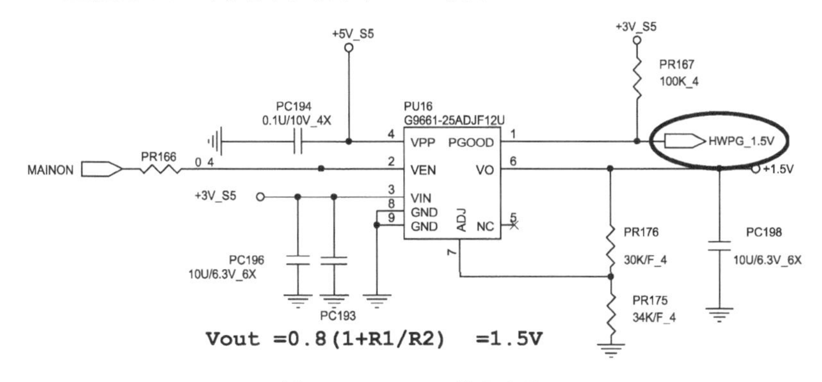

图 11-21　+1.5V 供电电路

如图 11-22 所示，MAINON 还送给 PU18（TPS51211）控制产生+1.05V 总线供电和桥供电。当 PU18 的第 7 脚 V5IN 得到 5V 供电，并且在其他引脚相连的元器件不断线、不损坏的情况下，第 3 脚 EN 得到高电平的 MAINON 信号后，PU18 就会输出 PWM 上下管驱动脉冲，控制 PQ24、PQ25 轮流导通截止，继而产生后级+1.05V 供电输出，当+1.05V 正常产生后，PU18 第 1 脚 PGOOD 脚开漏输出 HWPG_1.05V。

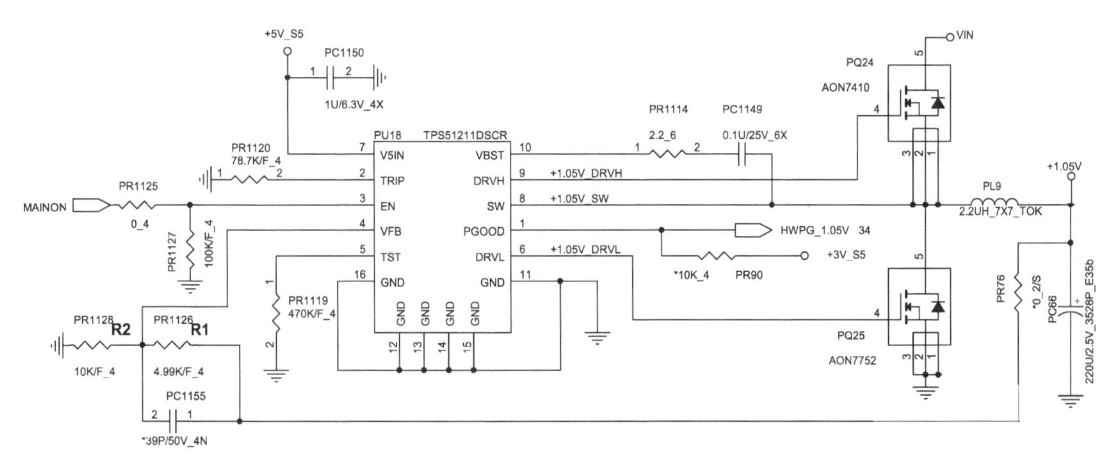

图 11-22　总线供电和桥供电

如图 11-23 所示，MAINON 还会送到 PQ15 的第 2 脚，使 PQ15 导通，产生低电平的 MAINON_ON_G 信号，同时这个低电平的 MAINON_ON_G 信号分别使 PQ14、PQ13 截止，让+3V、+5V、+1.5V 电压得以维持高电平状态，同时还会产生一个由+15V 通过 PR169 上拉的 MAIND 信号；如果 MAINON 信号为低电平，PQ15 就会截止，VIN 电压经过 PR174 和 PR172 两个 1MΩ电阻分压得到 9V 左右的高电平 MAINON_ON_G 信号，这个信号足以使 PQ14、PQ13 导通，从而把后面的电全部放掉，MAIND 信号也变成了低电平。

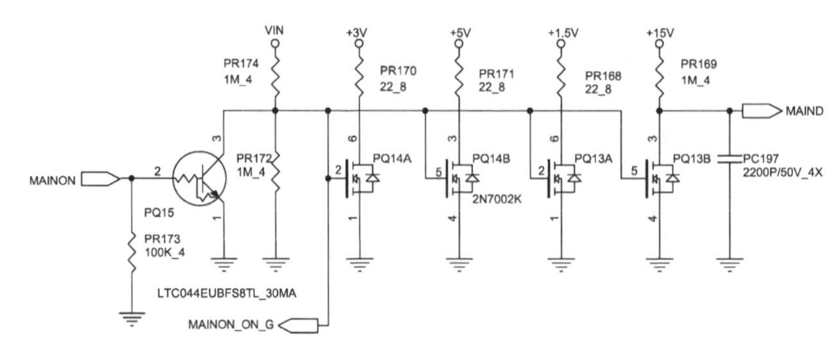

图 11-23　MAINON 与 MAIND 电路

MAIND 信号控制以下二级转换电压的产生，如+5V_S5 转+5V、+3V_S5 转+3V、+3V_S5 转+3V_BG 等，如图 11-24 所示。

各路供电正常后，各路电源的信号（PG）汇集在一起，共同产生 HWPG，如图 11-25 所示。

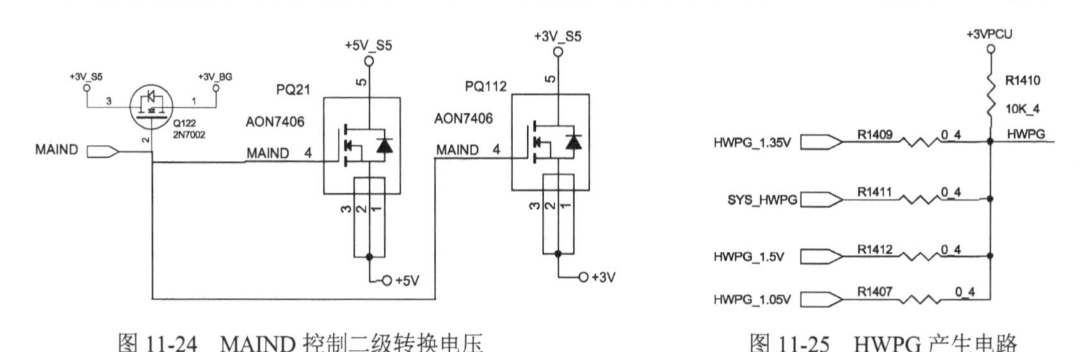

图 11-24　MAIND 控制二级转换电压　　　　图 11-25　HWPG 产生电路

⊳⊳ 11.4　PG、时钟、复位电路

HWPG 产生后直接进入 EC 的第 28 脚，EC 收到 HWPG 后，会发出 MPWROK 信号给 PCH 桥的 PWROK 和 APWROK 脚，如图 11-26 所示。

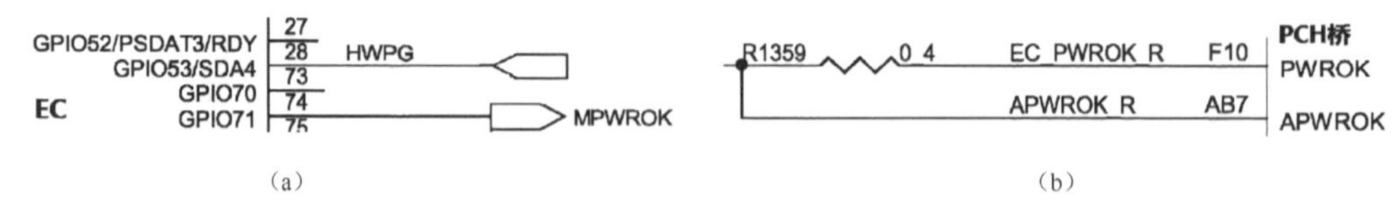

（a）　　　　　　　　（b）

图 11-26　EC 发出 MPWROK 给 PCH 桥

MPWROK 还送到 ISL95812 的第 2 脚 VR_ON 脚，去开启 CPU 供电 VBOOT 电压+VCC_CORE，CPU 供电正常产生后，从 PGOOD 脚延时开漏输出电源好信号 DELAY_VR_PWRGOOD，如图 11-27 所示。

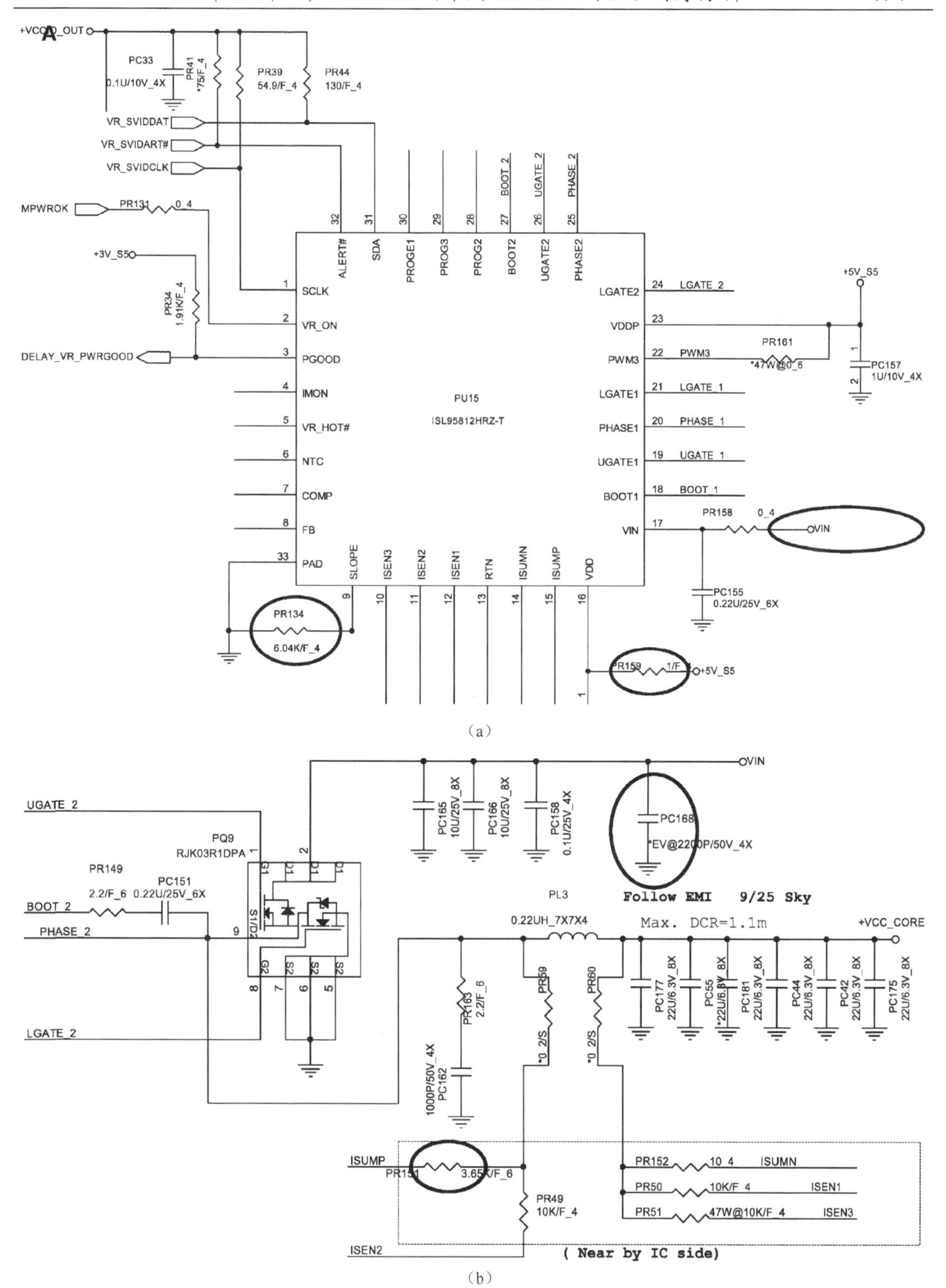

图 11-27　CPU 供电电路

DELAY_VR_PWRGOOD 经过 R1337 改名为 SYS_PWROK 送给 PCH 桥的 SYS_PWROK 脚，如图 11-28 所示。

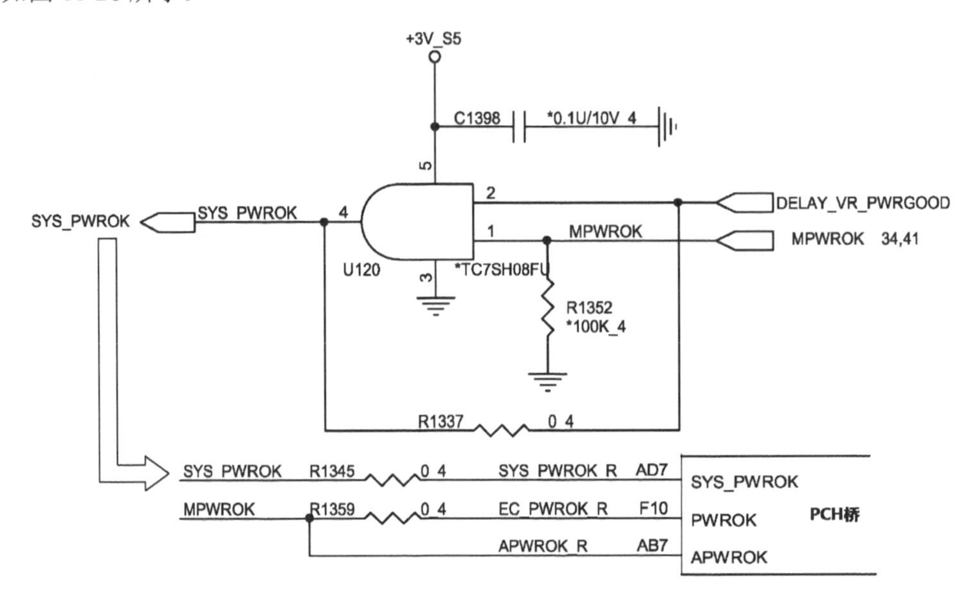

图 11-28　CPU 供电电源好信号送给 PCH 桥

PCH 桥收到 PWROK 和 APWROK 后，在 VCCASW、VCCSPI 供电正常的情况下，通过 SPI 总线读取 BIOS 中的 ME 固件和其他 BIOS 程序，如图 11-29 所示，用于配置 PCH 桥的脚位和初始化内部时钟模块。

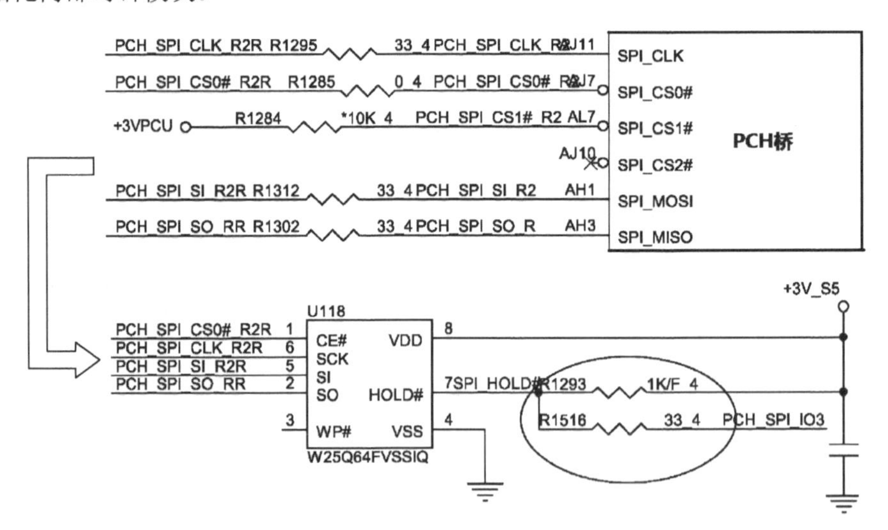

图 11-29　PCH 桥通过 SPI 总线读取 BIOS 程序

当 PCH 桥收到 PWROK 后，PCH 桥还会开漏输出 DRAMPWROK，由+1.35V_CPU 经过 R46、R47 电阻串联分压成 0.9V 上拉，再经过 R50 改名为 PM_DRAM_PWRGD_R 送给 CPU 的 SM_DRAMPWROK 脚，通知 CPU 内存模块供电正常，如图 11-30 所示。

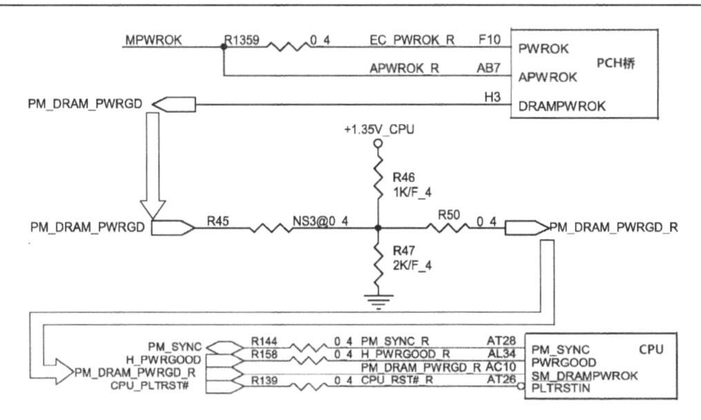

图 11-30　DRAMPWROK 电路

PCH 桥读取到 BIOS 将脚位配置成功、时钟模块初始化成功的信号以后，先输出 PROCPWRGD 给 CPU 的 PWRGOOD 脚，再输出各路时钟，如图 11-31 所示。

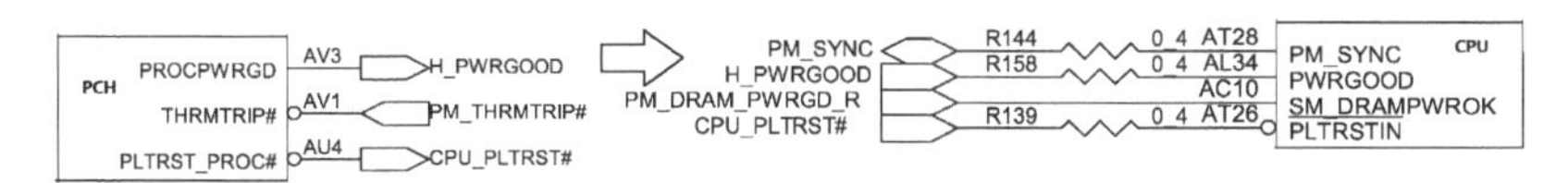

图 11-31　PROCPWRGD 电路

当 CPU 收到 PCH 桥发来的 H_PWRGOOD 信号后，CPU 会先发出 VCCIO_OUT，再发出 SVID 信号（包括 H_CPU_SVIDDAT、H_CPU_SVIDCLK 和 H_CPU_SVIDART#），由+VCCIO_OUT 通过电阻上拉为高电平，再经过 R160、R163、R162 后改名为 VR_SVIDDAT、VR_SVIDCLK、VR_SVIDART#送给 CPU 供电芯片，用于重新调整 CPU 供电，如图 11-32 所示。

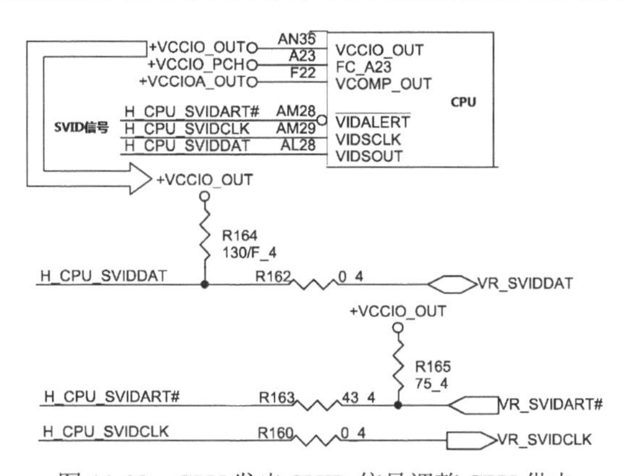

图 11-32　CPU 发出 SVID 信号调整 CPU 供电

PCH 桥收到 SYS_PWROK 后，会延时发出 PLTRST#和 PLTRST_PROC#，PLTRST#是平台复位信号，主要为各芯片、插槽提供复位信号，而 PLTRST_PROC#是 PCH 桥单独发出给 CPU 的复位信号，CPU 得到复位后开始工作，如图 11-33 所示。

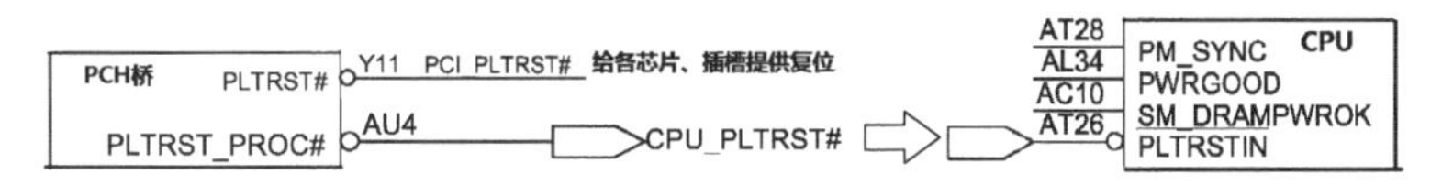

图 11-33　复位电路

第 12 章　苹果 A1466（采用 Intel 第 4 代低功耗 CPU 芯片组）时序分析

▷▷ 12.1　保护隔离电路

外部适配器电源经过电源小板送给主板上的 J7000 电源接口，电压名称是 PPDCIN_G3H，如图 12-1 所示。

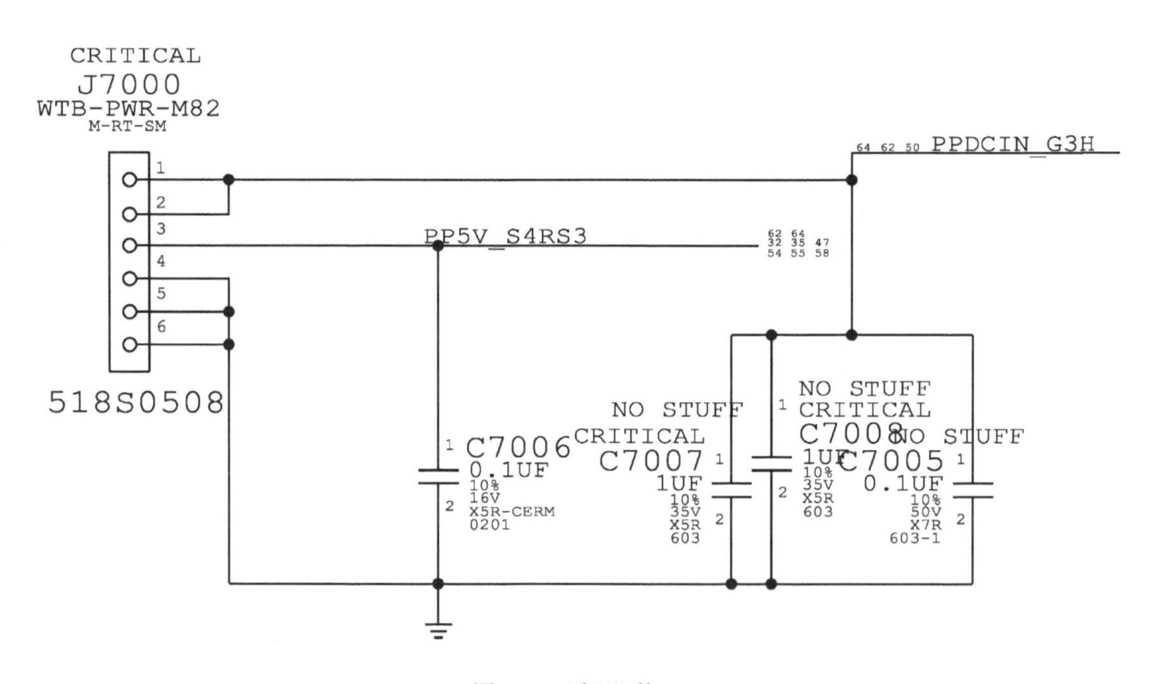

图 12-1　适配器接口

PPDCIN_G3H 经过隔离管 Q7180，再经过 R7120 检流电阻，由 U7100（ISL6259）充电芯片的 PWM 控制 Q7130 调节产生 PPBUS_G3H 公共点电压，如图 12-2 所示。

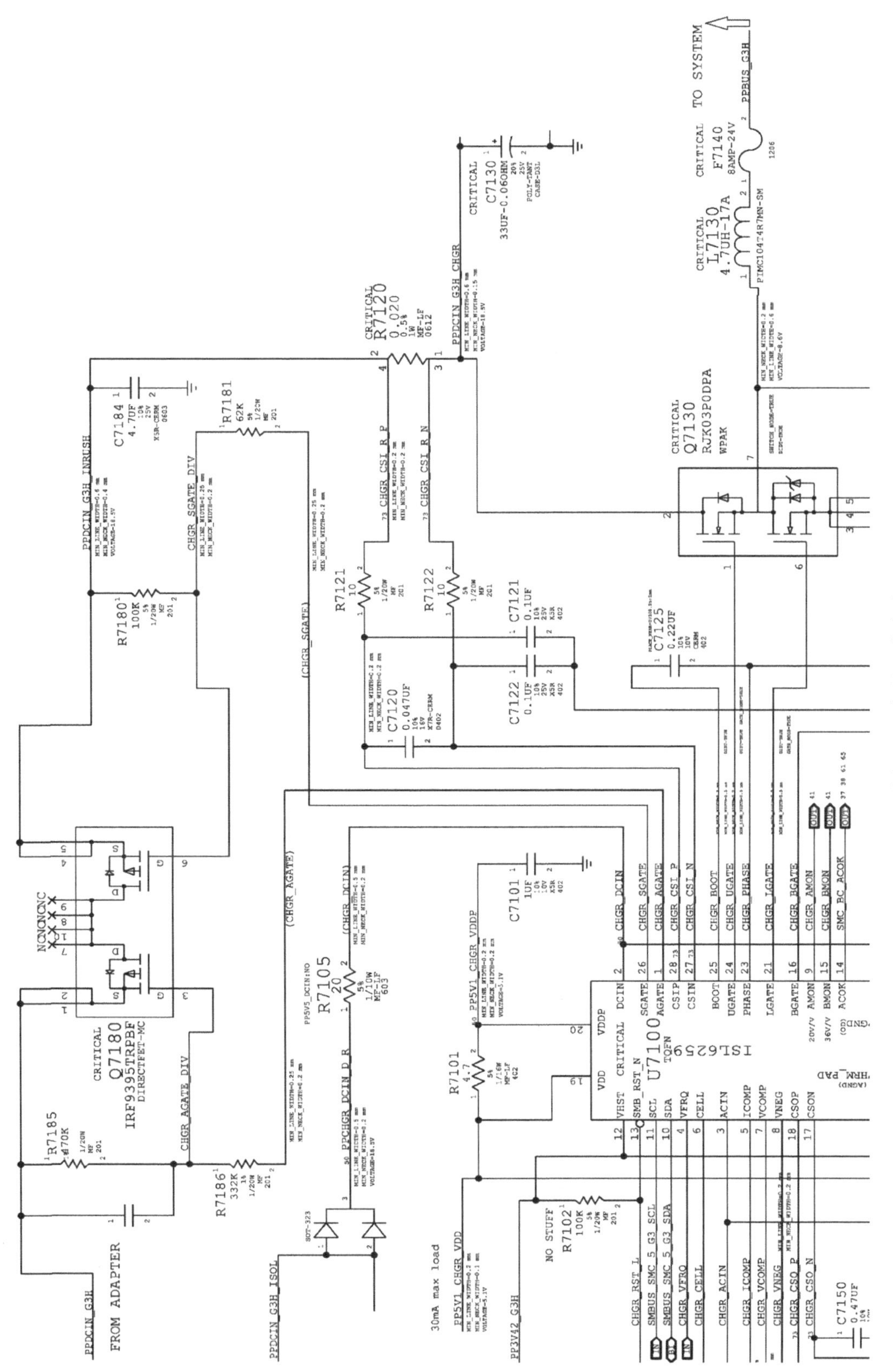

TO SYSTEM
PPBUS_G3H
CRITICAL
F7140
8AMP-24V
CRITICAL
L7130
4.7UH-17A
CRITICAL
C7130
33UF-0.06OHM
PPDCIN_G3H_CHGR
CRITICAL
R7120
0.020
CRITICAL
Q7130
RJK03P0DPA
WPAK
C7184
4.7UF
R7181
62K
PPDCIN_G3H_INRUSH
CHGR_SGATE_DIV
CHGR_CSI_R_P
CHGR_CSI_R_N
R7121
10
R7122
10
C7121
0.1UF
C7125
0.22UF
C7122
0.1UF
C7120
0.047UF
R7180
100K
(CHGR_SGATE)
(CHGR_AGATE)
(CHGR_DCIN)
R7105
20
PP5V1_CHGR_VDDP
C7101
1UF
CRITICAL
Q7180
IRF9395TRPBF
DIRECTFET-MC
CHGR_AGATE_DIV
R7185
470K
R7186
332K
PPCHGR_DCIN_D_R
R7101
4.7
CRITICAL
U7100
ISL6259
TQFN
NO STUFF
R7102
100K
FROM ADAPTER
PPDCIN_G3H
PPDCIN_G3H_ISOL
30mA max load
PP5V1_CHGR_VDD
PP3V42_G3H
CHGR_RST_L
SMBUS_SMC_5_G3_SCL
SMBUS_SMC_5_G3_SDA
CHGR_VFRQ
CHGR_CELL
CHGR_ACIN
CHGR_ICOMP
CHGR_VCOMP
CHGR_VNEG
CHGR_CSO_P
CHGR_CSO_N
C7150
0.47UF
CHGR_DCIN
CHGR_SGATE
CHGR_AGATE
CHGR_CSI_P
CHGR_CSI_N
CHGR_BOOT
CHGR_UGATE
CHGR_PHASE
CHGR_LGATE
CHGR_BGATE
CHGR_AMON
CHGR_BMON
SMC_BC_ACOK

图 12-2　保护隔离电路

ISL6259 控制隔离管 Q7180 和 Q7130 的工作条件：

① PPDCIN_G3H 经过 Q7010 自导通，产生 PPDCIN_G3H_ISOL 电压，如图 12-3 所示。

② PPDCIN_G3H_ISOL 经过 D7105、R7105 变成 CHGR_DCIN 给 U7100 的第 2 脚 DCIN 供电，PPDCIN_G3H_ISOL 还经过 R7110、R7111 两个电阻串联分压，产生 CHGR_ACIN 信号送给 U7100 的第 3 脚 ACIN，作为 U7100 的适配器插入检测信号，ACIN 的电压要高于 3.2V。

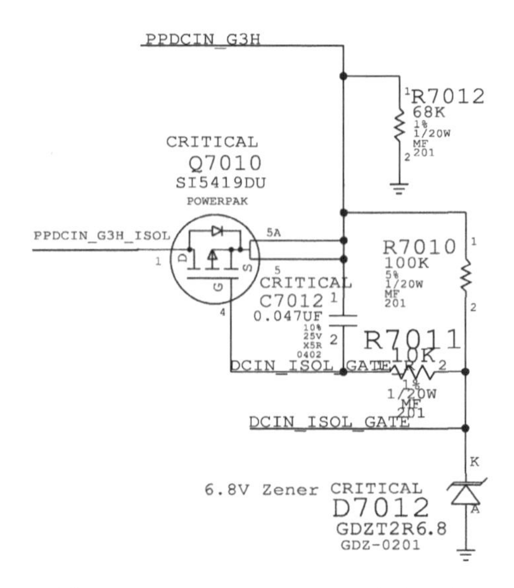

图 12-3　PPDCIN_G3H_ISOL 产生电路

如图 12-4 所示，U7100 充电芯片的第 2 脚得到 DCIN 后，从第 19 脚 VDD 输出 5.1V 的 PP5V1_CHGR_VDD 供电。这个 5.1V 的供电经过 R7101 后改名为 PP5V1_CHGR_VDDP 返回芯片的第 20 脚供电。这个 5.1V 供电主要用于充电芯片内部上管驱动输出自举，以及下管驱动输出和内部其他模块供电。

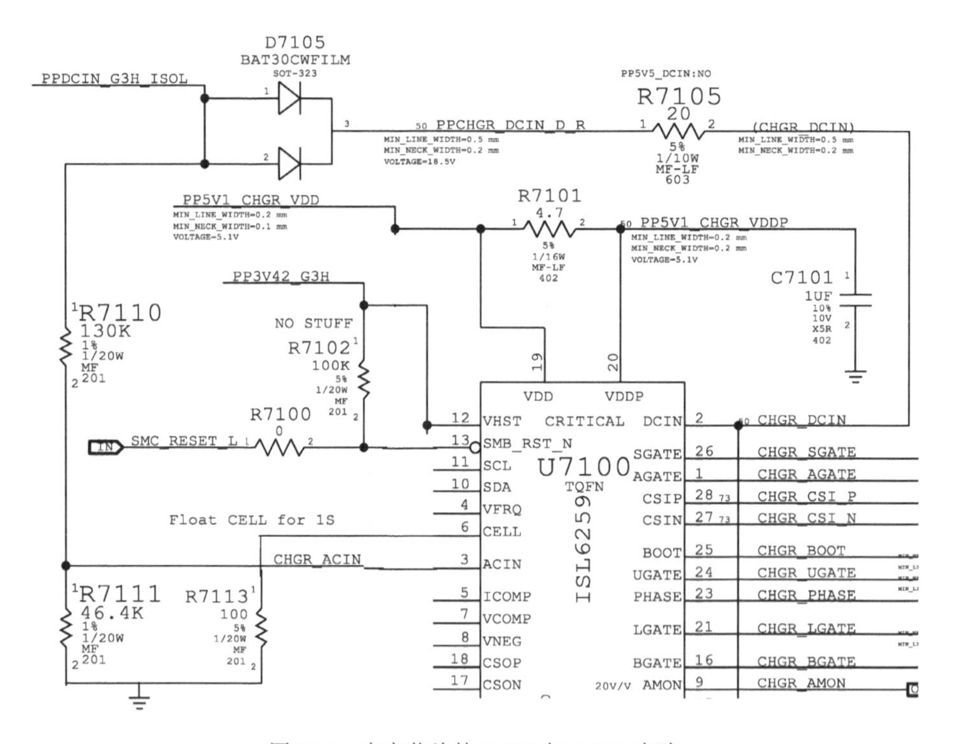

图 12-4　充电芯片的 DCIN 与 ACIN 电路

如图 12-5 所示，PPDCIN_G3H_ISOL 经过 R7005、D7005 送给 U7090 的 VIN 脚供电（或者在电池模式下由 PPBUS_G3H 经过 R7006、D7005 给 U7090 的 VIN 脚供电），同时还经过 R7080、R7081 分压给 SHDN#脚作为芯片的开启信号，U7090 得到供电和开启信号后，产生 3.42V 的 PP3V42_G3H 线性待机电压。

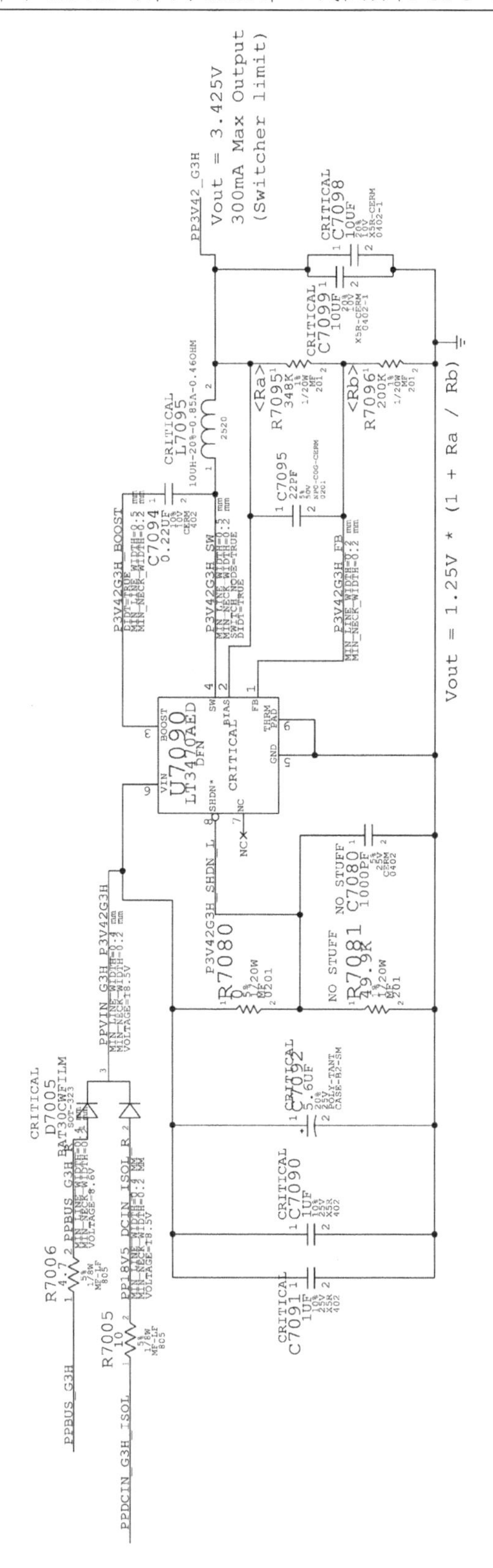

图12-5　PP3V42_G3H产生电路

③ U7100 充电芯片的第 13 脚 SMB_RST_N 是芯片内部系统管理总线模块的复位信号，正常工作时，此复位信号须为高电平。有人做过试验，在没有 EC 的情况下，SMB_RST_N 这个信号只要为高电平，充电芯片照样可以控制产生 8.6V 公共点电压，但是不充电，因为没有 EC、没有使能、识别不到电量。如果没有 PP3V42_G3H 上拉，或者说当 SMB_RST_N 为低电平时，都会产生公共点电压。

④ U7100 的第 6 脚 CELL 是电芯串联数量设定脚，此脚经过 R7113 电阻接地（见图 12-4），把电芯串联数量设置为 2，公共点电压=充电电压=4.3V×2=8.6V。

以上条件满足后，芯片可以输出 AGATE 控制 Q7180 内部第 1 个 MOS 管导通，适配器电压流过 Q7180 内部第二个 MOS 管的体二极管和检流电阻 R7120，产生 PPDCIN_G3H_CHGR 送到 PWM 上管，再经过 PWM 的控制产生 8.6V 的公共点电压 PPBUS_G3H。实际测量公共点电压为 8.59V，如图 12-6 所示。

图 12-6　实测公共点电压

当检流电阻 R7120 检测到的电流大于 0.4A 时，芯片才发出 SGATE 控制 Q7180 内的第二个 MOS 管导通。

苹果电脑的公共点电压产生方式与其他品牌电脑不同，它采取的是混合供电方案：适配器电压经过 PWM 的调节后产生与电池相同的电压，这样的好处是无须改变电路，适配器和电池可以同时给系统供电，支持 Intel 睿频技术。

当充电芯片的 DCIN 和 ACIN 都满足条件时，充电芯片还会开漏输出 SMC_BC_ACOK，由 PP3V42_G3H 经过 R5187 上拉，送给 EC 做适配器检测。

适配器中间针的信号 SYS_ONEWIRE 经过排线接口 J9500 直接送给 EC，如图 12-7 所示。

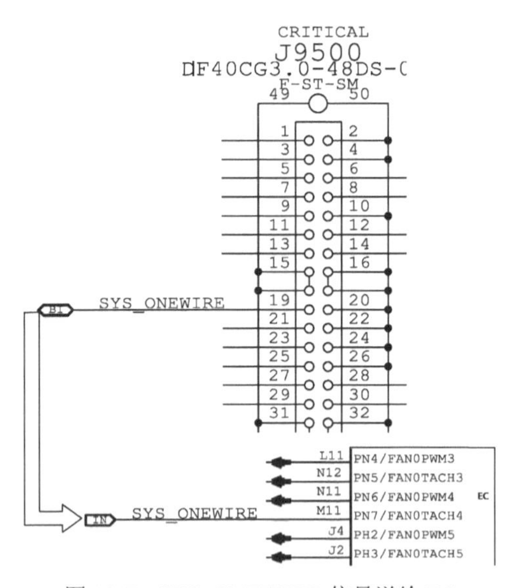

图 12-7　SYS_ONEWIRE 信号送给 EC

▷▷ 12.2　EC 待机电路

PP3V42_G3H 给 EC 的 VBAT、VDDA、VDD 脚提供待机供电，如图 12-8 所示。

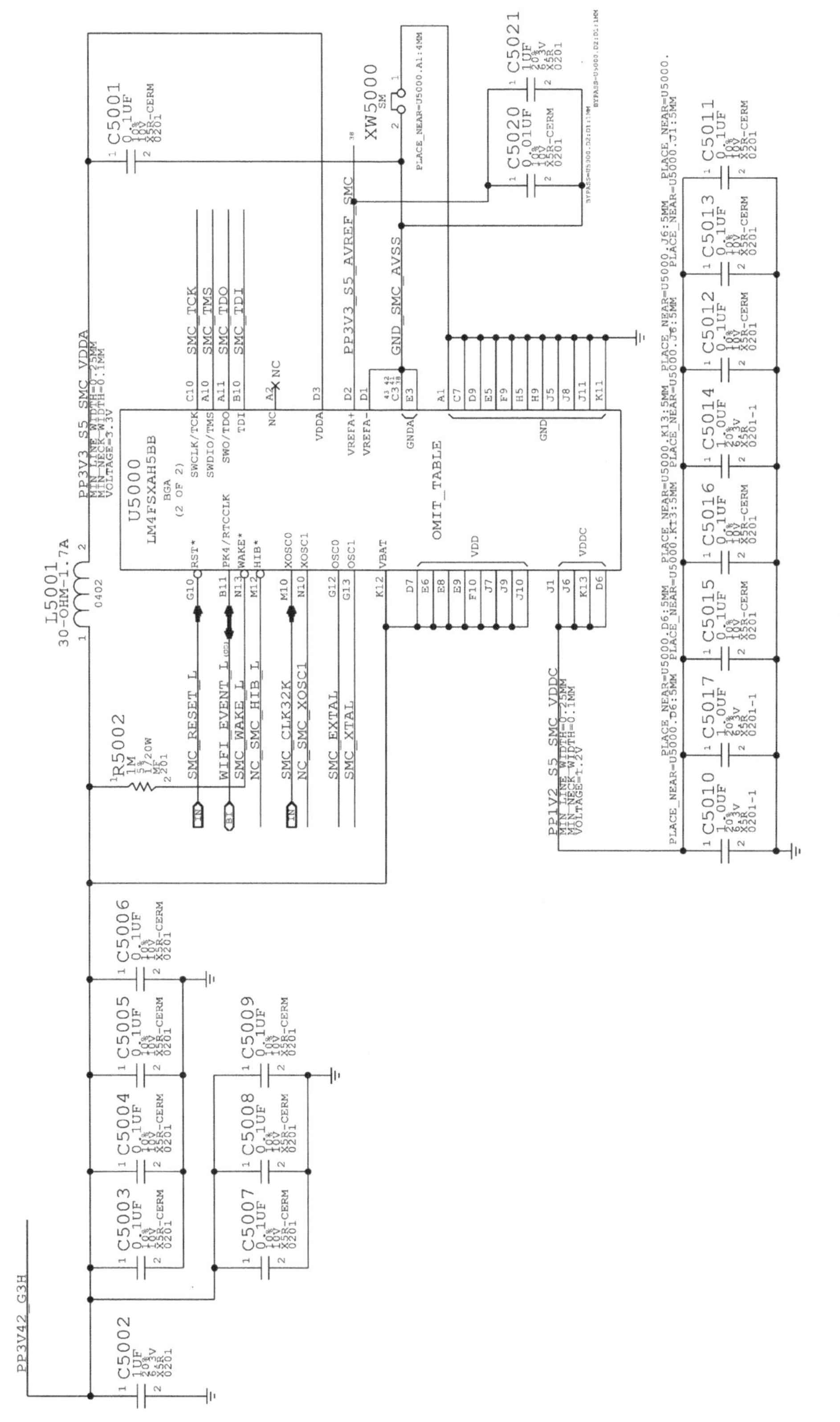

U5000
LM4FSXAH5BB
BGA
(2 OF 2)
OMIT_TABLE
PP3V3_S5_SMC_VDDA
PP3V3_S5_AVREF_SMC
GND_SMC_AVSS
PP1V2_S5_SMC_VDDC
PP3V42_G3H
SMC_TCK
SMC_TMS
SMC_TDO
SMC_TDI
SMC_RESET_L
WIFI_EVENT_L
SMC_WAKE_L
NC_SMC_HIB_L
SMC_CLK32K
NC_SMC_XOSC1
SMC_EXTAL
SMC_XTAL
L5001
30-OHM-1.7A
R5002
XW5000
C5001
C5002
C5003
C5004
C5005
C5006
C5007
C5008
C5009
C5010
C5011
C5012
C5013
C5014
C5015
C5016
C5017
C5020
C5021

图12-8　EC待机供电

EC 得到待机供电后，EC 的 12MHz 晶振 Y5110 开始起振，给 EC 提供基准时钟频率，如图 12-9 所示。

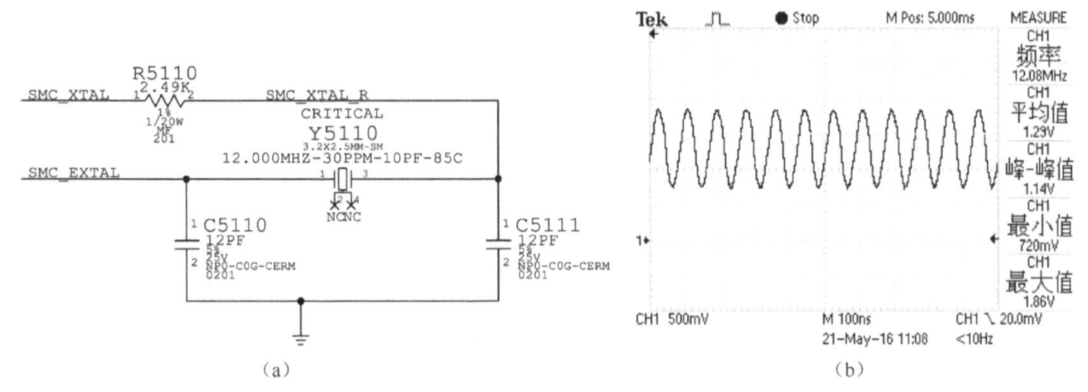

图 12-9　EC 待机时钟

通过实验测试发现：EC 的这个 12MHz 晶振在主板完全断电的情况下，在适配器刚插入的一瞬间会产生瞬间 12MHz 波形，EC 完成脚位配置后，此波形消失，在待机状态下，12MHz 不起振，按开关触发后再次起振；如果把 12MHz 晶振取掉，EC 不开启桥的 PP3V3_S5、PP3V3_SUS 待机供电，并且不读取 SYS_ONEWIRE 信息，也不触发。

EC 待机复位产生电路如图 12-10 所示。PP3V42_G3H 还给 U5110 的 V+和 VIN 脚供电，U5110 得到供电后输出 PP3V3_S5_AVREF_SMC 给 EC 的 VREFA+脚供电。当 U5110 的 V+脚检测到 PP3V42_G3H 的电压高于 3.0V 后，延时开漏输出 RESET*，由 R5100 上拉产生 SMC_RESET_L 给 EC 做待机复位信号。

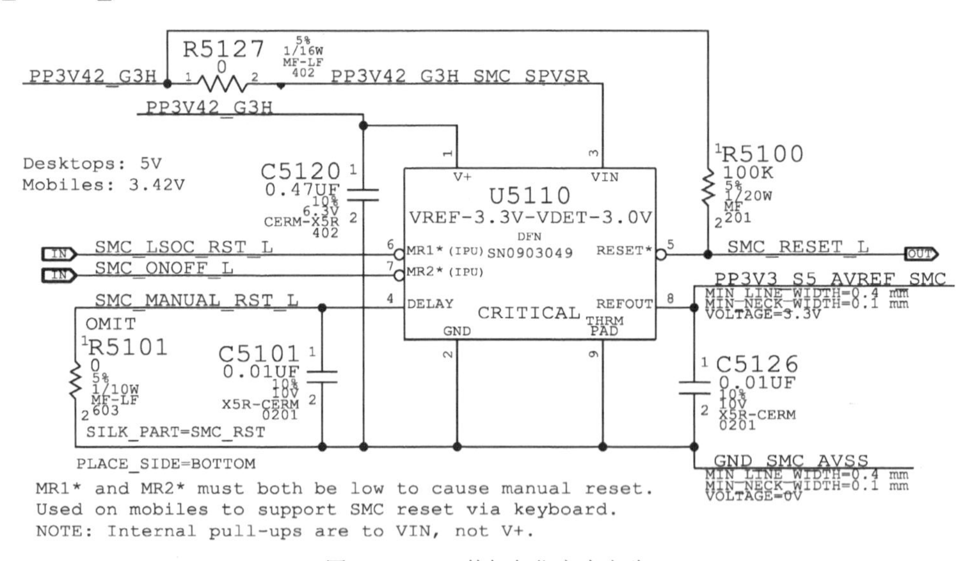

图 12-10　EC 待机复位产生电路

U5110 芯片同时收到低电平的 MR1*的 MR2*，芯片内部会拉低 RESET*脚，会重新复位 EC，EC 复位后会重新读取自身程序。SMC_ONOFF_L 是电源开关信号，SMC_LSOC_RST_L 是键盘的组合键（Control+Option+Shift）信号。按下这些组合键和开关，可以解决一些因 EC

程序问题导致的故障，同时可强制重启。这两个信号来自键盘接口 J4800。

与其他品牌电脑的键盘接口信号不同，苹果电脑的键盘接口信号全部来自键盘底部的电路小板（见图 12-11）。这个小板上有很多电路，其中包括触摸 IC、BIOS、键盘控制器、LID 开关、重力感应模块等。苹果的触摸板增加了很多手势操作功能，触摸信号、键盘操作等通过 SPI、USB、I^2C 总线与 EC 通信，而且小板还有单独的 BIOS 码片。苹果触摸板的很多功能需要配合苹果操作系统才能实现，安装 Windows 7 系统无法实现全部功能。

图 12-11　键盘和触摸板的电路小板

在插入适配器的瞬间，EC 得到供电、时钟、复位、程序、SMC_BC_ACOK 后，会通过 SYS_ONEWIRE 总线读取适配器信息，在读取的瞬间会有一串波形，如图 12-12 所示。

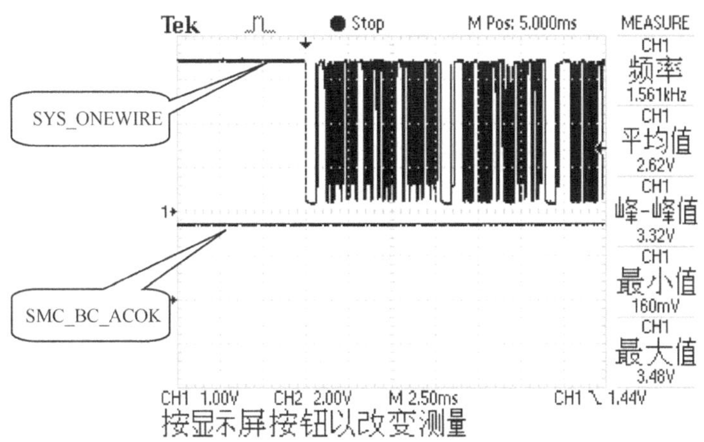

图 12-12　SYS_ONEWIRE 的波形

SYS_ONEWIRE 是单线串行总线，用于传输适配器信息。当 EC 通过 SYS_ONEWIRE 读取到适配器信息后，电源头上的绿灯就亮了（电池充电时亮黄灯，此板裸板不装电池时，由绿灯变成黄灯），表示 EC 成功读取适配器参数。此板断开 SYS_ONEWIRE 总线，EC 将读不到适配器信息，电源头的绿灯不亮，电池不充电，但是可以产生待机供电，可以触发上电并显示。

▷▷ 12.3　低功耗 CPU 待机电路

Intel 低功耗 CPU 芯片的内部集成了 CPU 和 PCH 桥。维修时习惯将这个内部的 CPU 仍然称为 CPU。PCH 桥需要得到 VCCRTC，产生 RTCRST#，然后再得到深度睡眠待机电压

VCCDSW3_3 和深度睡眠待机电压好信号 DPWROK，才会发出 SLP_SUS#开启浅睡眠待机电压 VCCSUS，最后得到 RSMRST#才算待机完成，如图 12-13 所示。

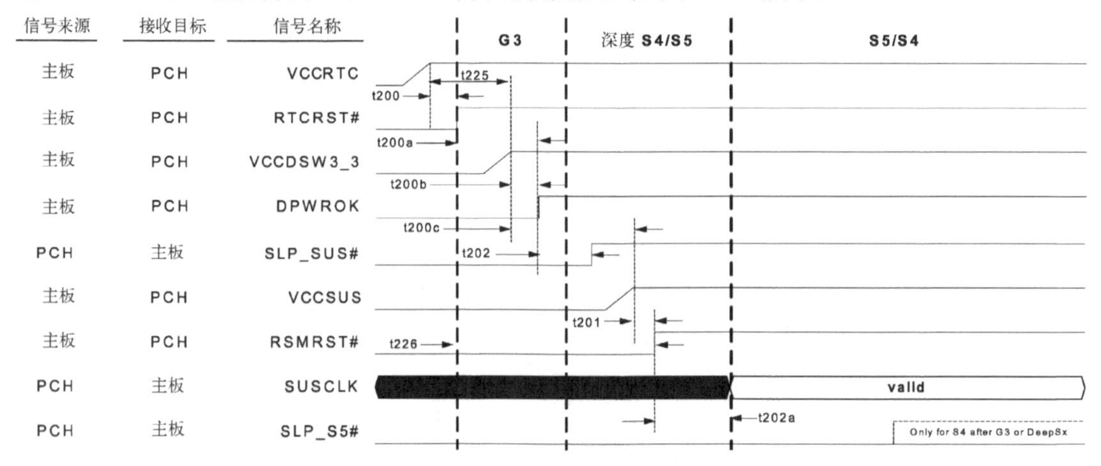

图 12-13　Intel 官方的低功耗 CPU 时序图

苹果电脑没有 CMOS 电池，CPU 的 VCCRTC 供电由 PPVRTC_G3H 提供，如图 12-14 所示。

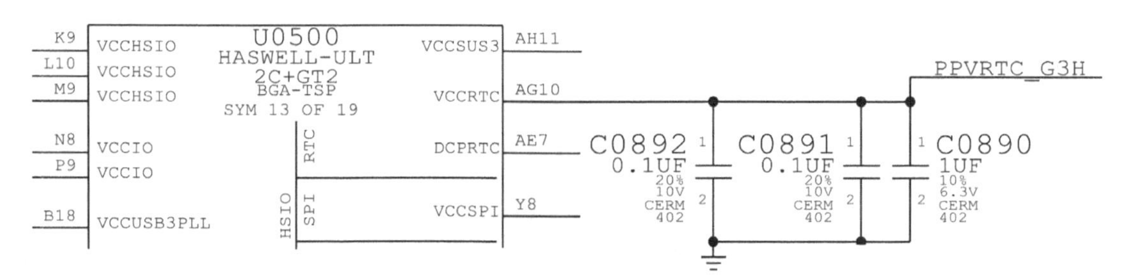

图 12-14　VCCRTC 供电

PPVRTC_G3H 送到 CPU 的 RTCRST#、SRTCRST#两脚，给 CPU 的内部 RTC 模块提供复位；PPVRTC_G3H 还给 CPU 的 INTVRME 脚供电，用于开启 CPU 内部 1.05V 浅睡眠待供电。RTC 电路如图 12-15 所示。

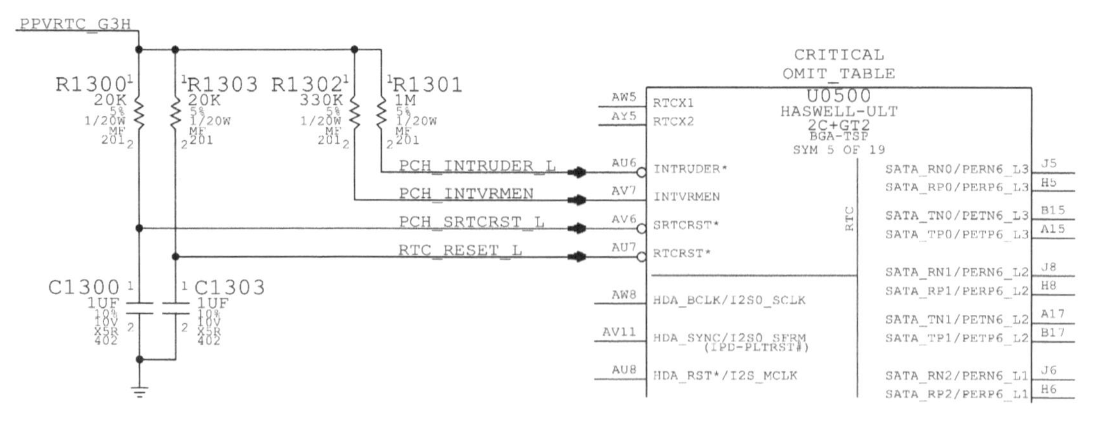

图 12-15　RTC 电路

PPVRTC_G3H 同时送给 CPU 的 DSWVRMEN 脚供电，用于开启 CPU 内部 1.05V 深度睡眠待机供电，如图 12-16 所示。

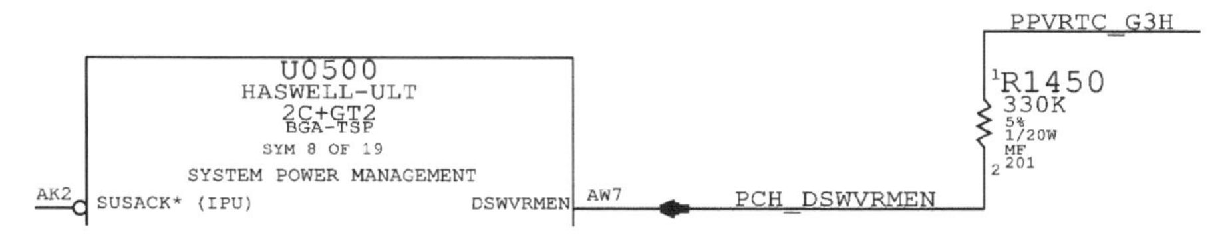

图 12-16　PPVRTC_G3H 给 DSWVRMEN 供电

CPU 的待机时钟 RTC 电路没有 32.768kHz 晶振，RTC 时钟由外部 PCH_CLK32K_RTCX1 提供，PCH_CLK32K_RTCX1 和 PPVRTC_G3H 电压来自同一芯片 U1900，如图 12-17 所示。

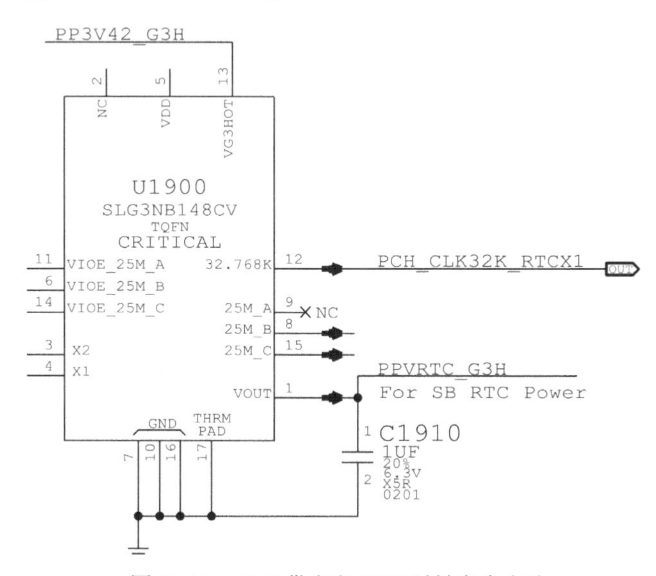

图 12-17　RTC 供电和 RTC 时钟产生电路

依据实际测量发现，U1900 只要 PP3V42_G3H 供电就会同时输出 RTC 供电 PPVRTC_G3H 和 PCH_CLK32K_RTCX1 时钟波形，如图 12-18 所示。

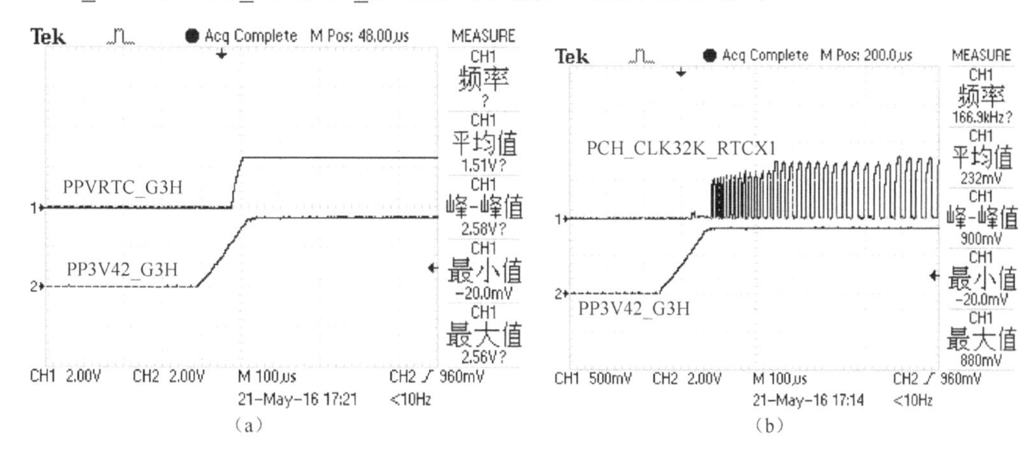

图 12-18　RTC 供电波形和时钟波形

当 EC 检测到适配器（SMC_BC_ACOK 为高电平）后，自动发出 SMC_PM_G2_EN，送给 U7501 第 12 脚 EN，用于开启待机芯片的线性电压；SMC_PM_G2_EN 还经过 R8140 电阻转换成 S5_PWR_EN，再经过 R7552 改名为 P3V3S5_EN_R，接着再送给 U7501 的 21 脚 EN2，作为第 2 路 PWM 供电开启。线性开启信号和 PWM 开启信号如图 12-19 所示。

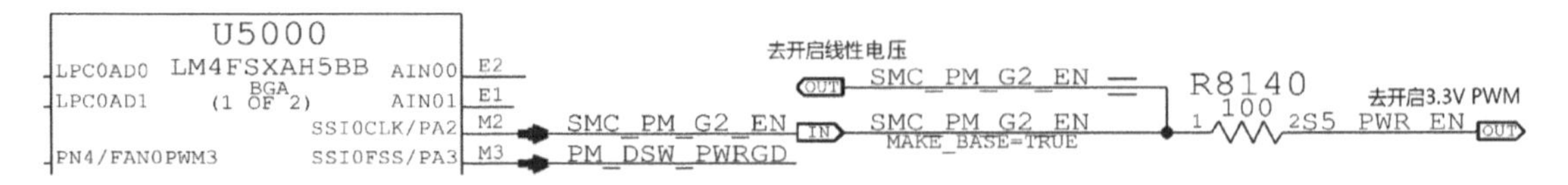

图 12-19　线性开启信号和 PWM 开启信号

U7501 得到公共点电压转换过来的 VIN，并得到 EN 后输出 PP5V_S5、P5VP3V3_VREG3、P5VP3V3_VREF2，U7501 得到 EN2 后控制第二路 PWM 输出 PP3V3_S5（注：苹果电脑的待机芯片控制的 PP5V_S3 是触发后才有），当 PP3V3_S5 正常后，U7501 开漏输出 S5_PWRGD，如图 12-20 所示。

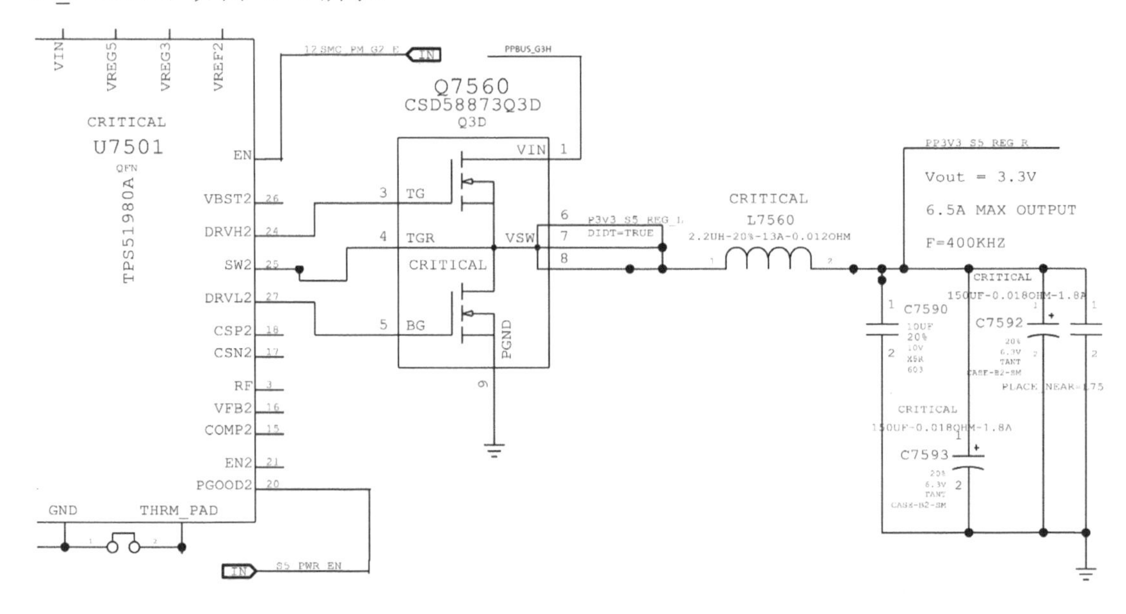

图 12-20　PP3V3_S5 待机供电输出

产生 PP3V3_S5 后给 CPU 的深度睡眠待机 VCCDSW3_3 引脚供电，如图 12-21 所示。

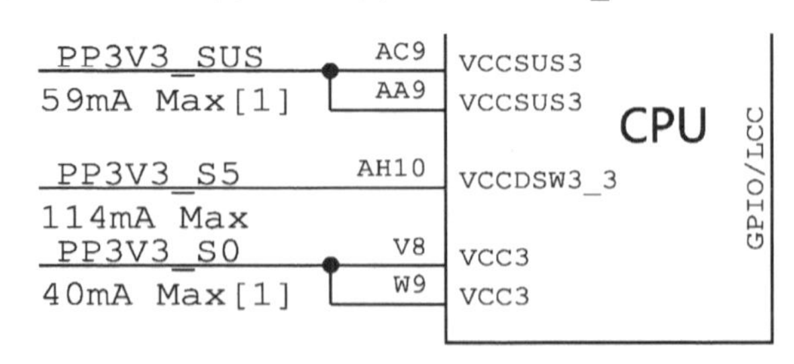

图 12-21　PP3V3_S5 给 VCCDSW3_3 引脚供电

U7501 开漏输出的 S5_PWRGD 经 PP3V42_G3H 上拉后送给 EC，EC 发出 PM_DSW_PWRGD 给 CPU 的 DPWROK 脚，如图 12-22 所示。

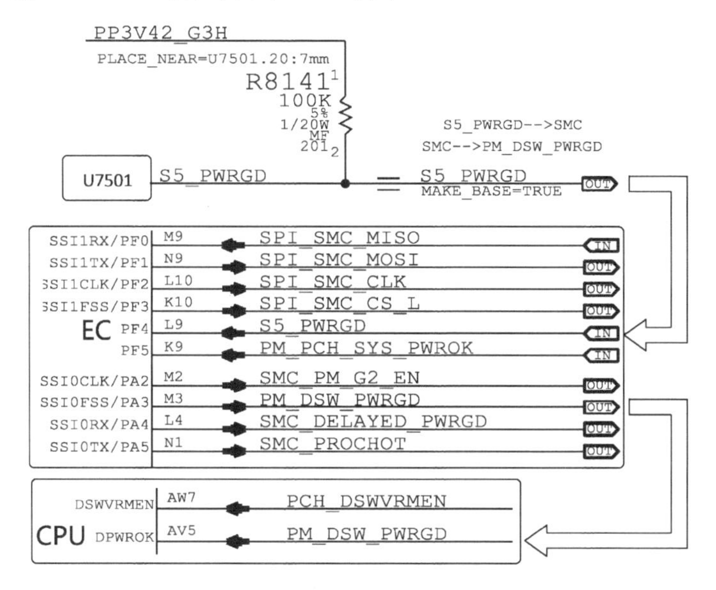

图 12-22　DPWROK 产生电路

依据图 12-13，CPU 得到 VCCDSW3_3 和 DPWROK 后，发出 PM_SLP_SUS_L，如图 12-23 所示。

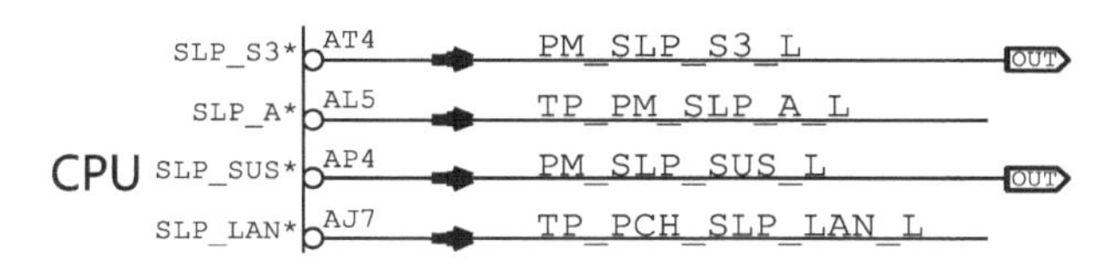

图 12-23　CPU 发出 PM_SLP_SUS_L

PM_SLP_SUS_L 经过 R8190 后改名为 P3V3SUS_EN，然后再送给 U8020 开启 PP3V3_SUS，如图 12-24 所示。

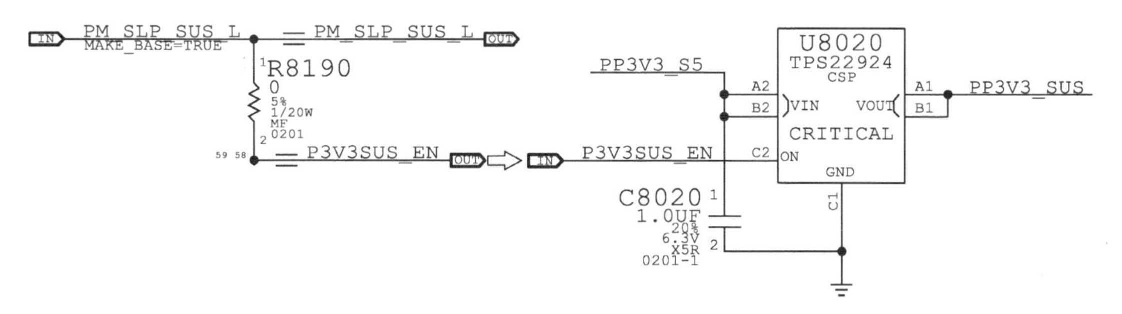

图 12-24　PP3V3_SUS 产生电路

PP3V3_SUS 给 CPU 的 VCCSUS3、VCCSPI 供电，还给 BIOS 芯片 U6100 供电，如图 12-25 所示。

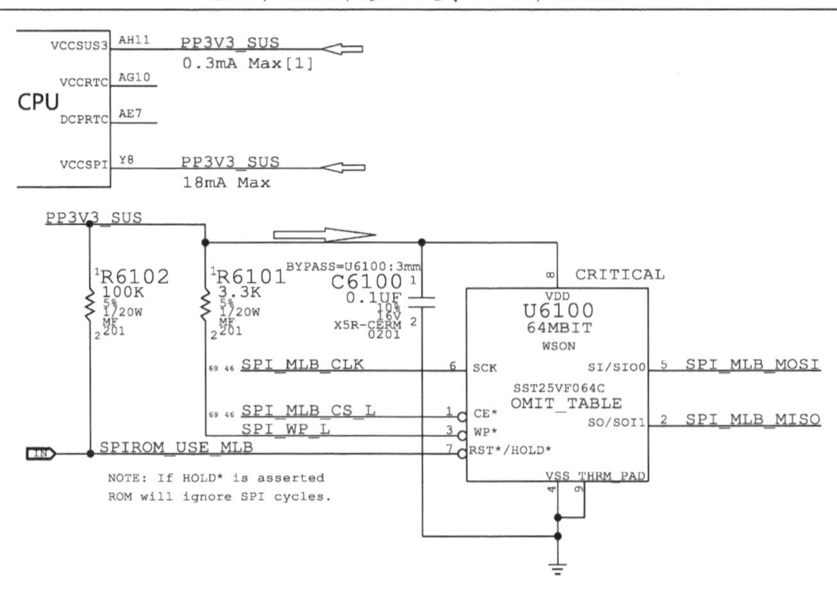

图 12-25　PP3V3_SUS 供电电路

PP3V3_SUS 还送给 U7840，用于产生 PP1V05_SUS 线性电压，如图 12-26 所示。

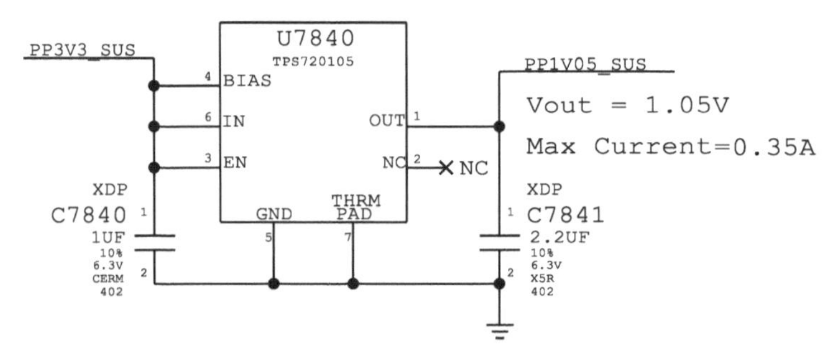

图 12-26　PP1V05_SUS 产生电路

PP3V3_SUS 还送给 U8130 的 SENSE 脚，用于检测 PP3V3_SUS 的电压。当 U8130 检测到 SENSE 的电压高于 3.07V 后，开漏输出 RESET*，由 PP3V3_SUS 上拉产生 PM_RSMRST_L 送给 CPU 的 RSMRST8*，如图 12-27 所示。

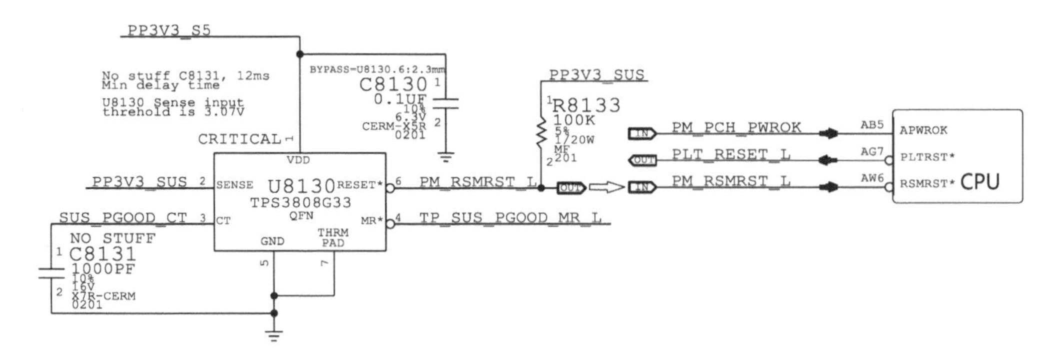

图 12-27　PM_RSMRST_L 产生电路

当 EC 检测到适配器电压、电池电压，EC 会发出 SMC_ADAPTER_EN 给 CPU 的 ACPRESENT，作为 CPU 的适配器检测信号，用于判断是否需要进入睡眠状态；EC 还会发出 PM_BATLOW_L 给 CPU 的 BATLOW*，如图 12-28 所示。

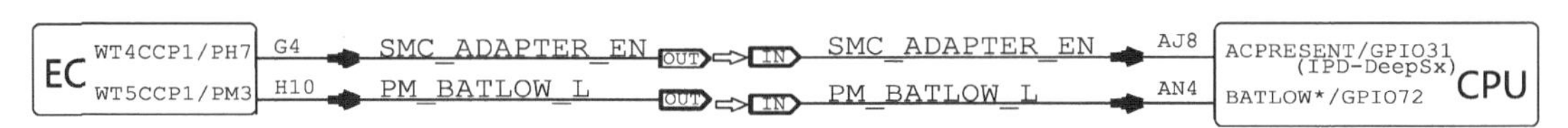

图 12-28　CPU 的适配器检测信号

CPU 收到以上信号后，CPU 发出 PCH_SUSWARN_L 和 PM_CLK32K_SUSCLK_R 给 EC。PM_CLK32K_SUSCLK_R 波形如图 12-29 所示。

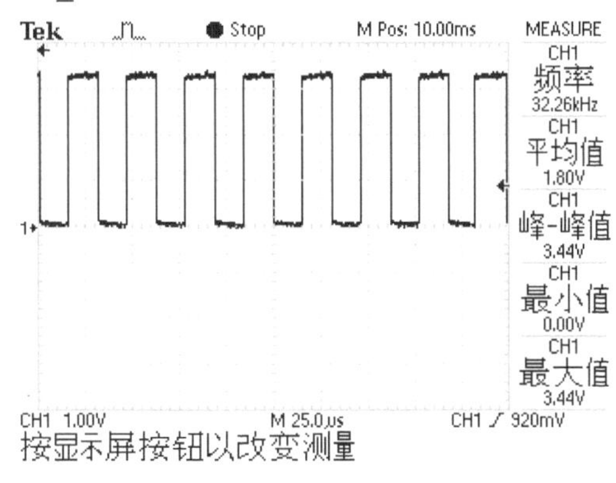

图 12-29　PM_CLK32K_SUSCLK_R 波形图

12.4　触发电路

按下键盘上的开机键，产生 SMC_ONOFF_L 给 EC，EC 发出 PM_PWRBTN_L 给 CPU，CPU 在待机条件全部正常，且收到 PWRBTN#后，发出 PM_SLP_S5_L、PM_SLP_S4_L、PM_SLP_S3_L、PM_SLP_S0_L，如图 12-30 所示。

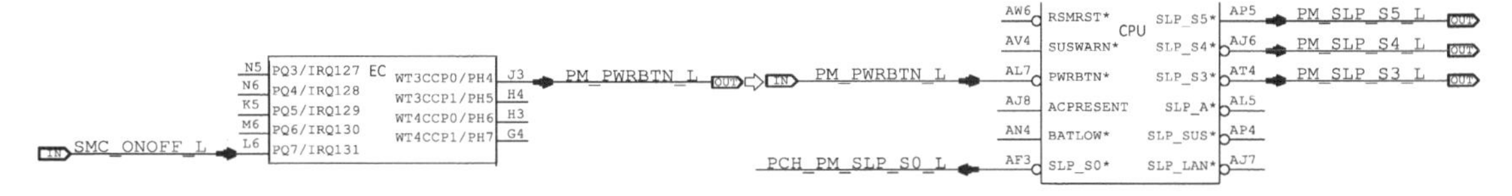

图 12-30　CPU 发出各路 SLP_S*（即 PM_SLP_S5_L、PM_SLP_S4_L、PM_SLP_S3_L、PM_SLP_S0_L）信号

12.5　供电、时钟、复位电路

PM_SLP_S5_L、PM_SLP_S4_L、PM_SLP_S3_L、PM_SLP_S0_L 从 CPU 发出来后分别进入 EC，如图 12-31 所示。

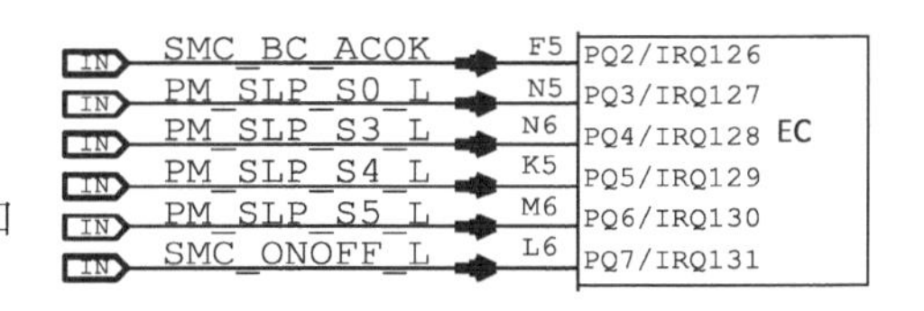

图 12-31　各路 SLP_S*信号进入 EC

PM_SLP_S5_L 发出之后，一路送给 EC，一路

经过 R8115 改名为 S4_PWR_EN，如图 12-32 所示。

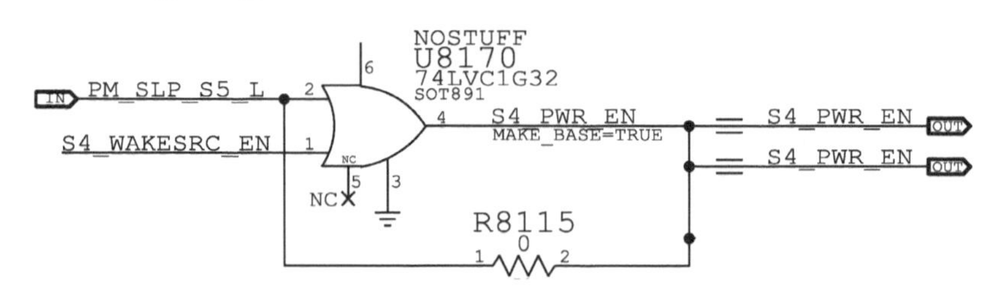

图 12-32　PM_SLP_S5_L 改名为 S4_PWR_EN

PM_SLP_S4_L、S4_PWR_EN 分别经过 R8117、R8114 共同产生 USB_PWR_EN，去开启 S5、S4 状态下的 USB 供电；PM_SLP_S4_L、S4_PWR_EN 还分别经过 R8177、R8179、R8175 产生 P5VS4RS3_EN 去开启 5V 的 PWM 供电 PP5V_S4RS3；PM_SLP_S4_L 经过 R8111、R8116、R8112 分别改名为 P3V3S3_EN、P1V8S3_EN、DDRREG_EN。PM_SLP_ S4_L 去往的电路如图 12-33 所示。

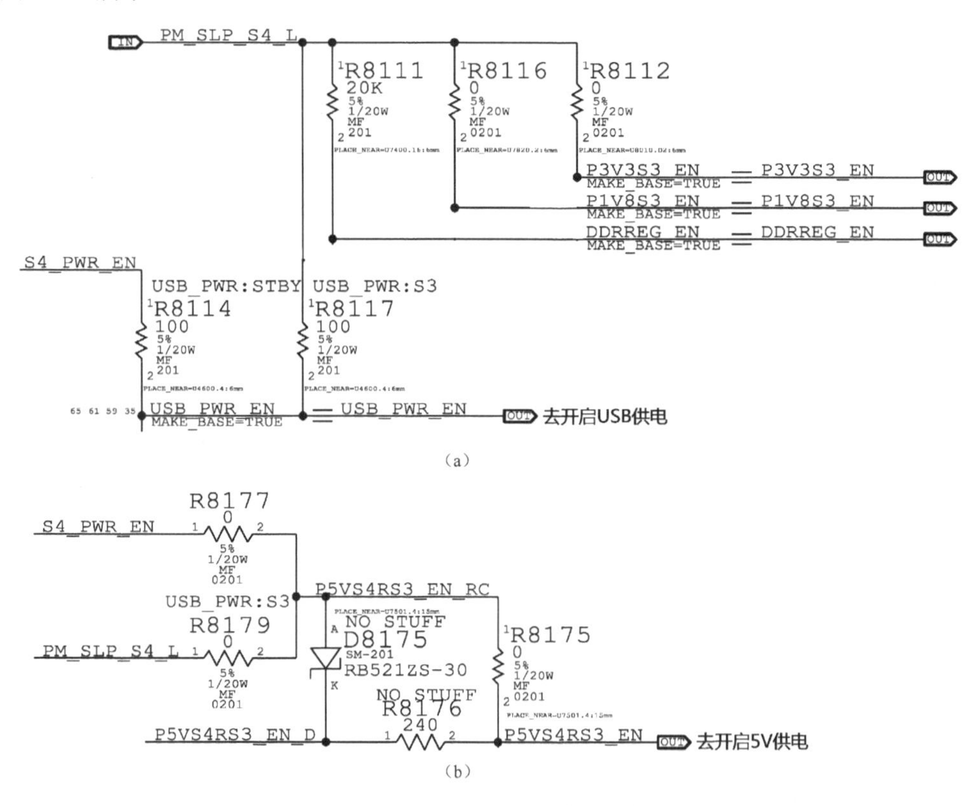

图 12-33　PM_SLP_S4_L 去往的电路

P5VS4RS3_EN 送给 U7501 的第 4 脚 EN1，用于开启 PP5V_S4RS3 供电输出；PP5V_S4RS3 正常输出后，U7501 延时产生 PGOOD1 从第 5 脚输出，外部命名为 P5VS4RS3_PGOOD。PP5V_S4RS3 产生电路如图 12-34 所示。

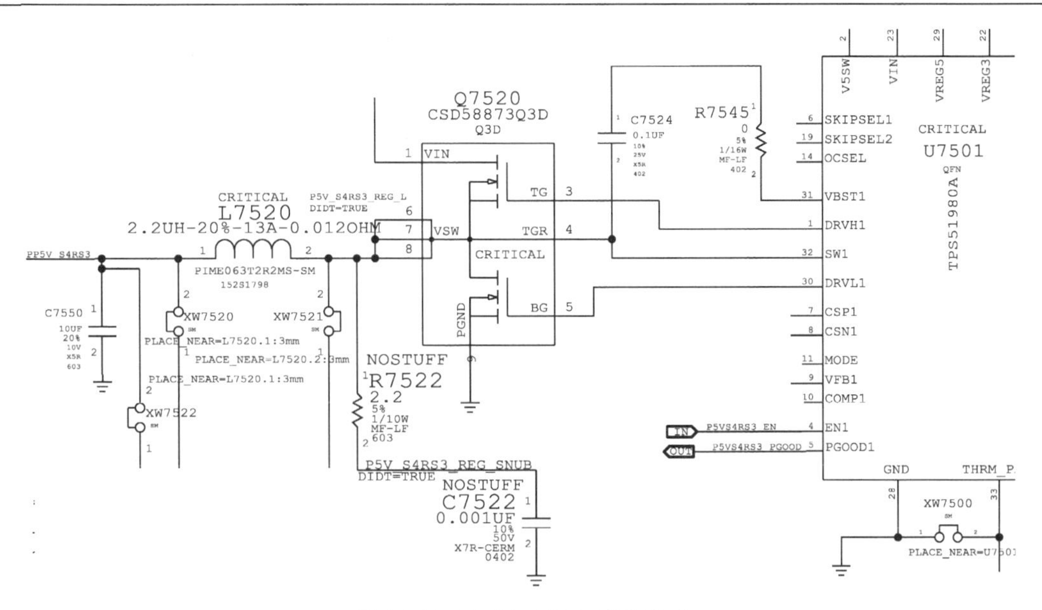

图 12-34　PP5V_S4RS3 产生电路

P3V3S3_EN 送给 U8010 开启 PP3V3_S3，如图 12-35 所示。

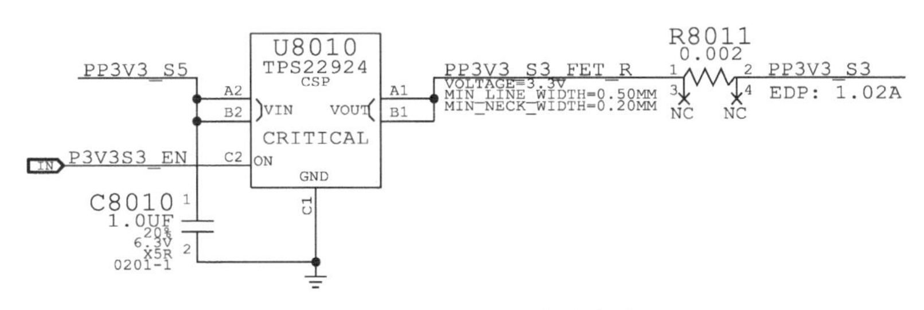

图 12-35　PP3V3_S3 产生电路

P1V8S3_EN 送给 U7820 第 2 脚 EN，开启 PP1V8_S3 供电输出；PP1V8_S3 供电正常产生后，U7820 从第 3 脚输出 P1V8S3_PGOOD。PP1V8_S3 产生电路如图 12-36 所示。

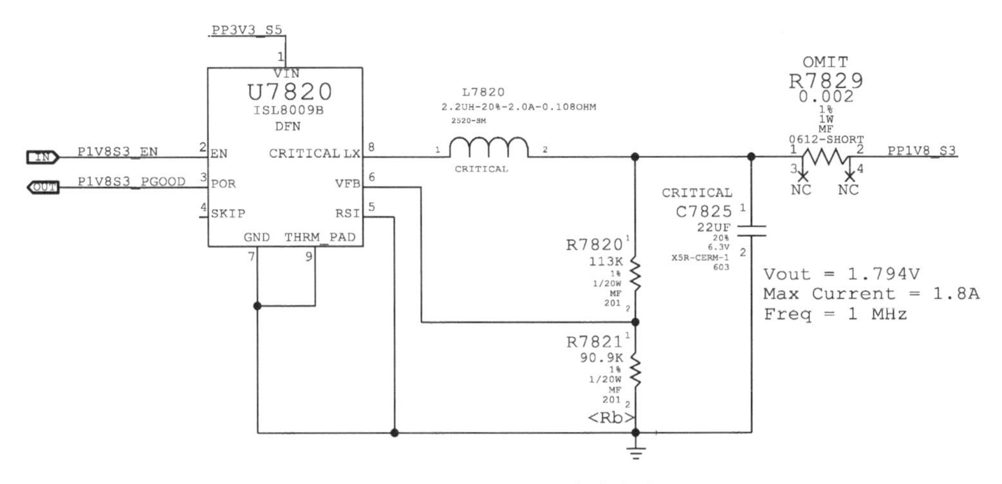

图 12-36　PP1V8_S3 产生电路

DDRREG_EN 送给 U7400（TPS51916）的 S5 脚，开启内存的主供电 PP1V2_S3；PP1V2_S3 电压正常后产生 DDRREG_PGOOD。PP1V2_S3 内存供电产生电路如图 12-37 所示。

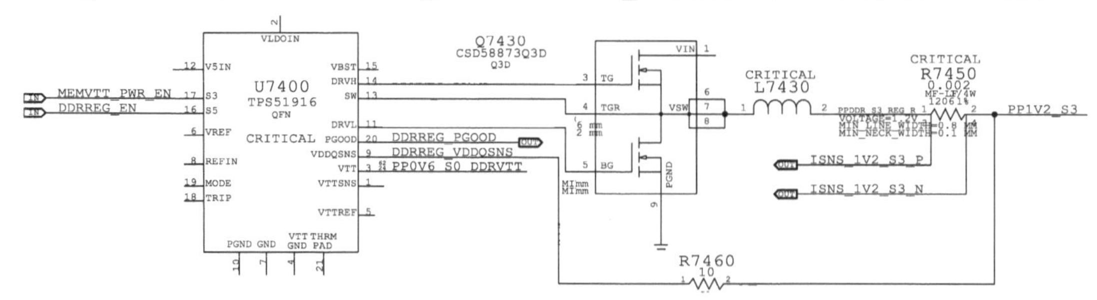

图 12-37　PP1V2_S3 内存供电产生电路

PM_SLP_S3_L 经过 U8180 后改名为 PM_SLP_S3_BUF_L、P5VS0_EN、P3V3S0_EN、P1V05S0_EN，如图 12-38 所示。

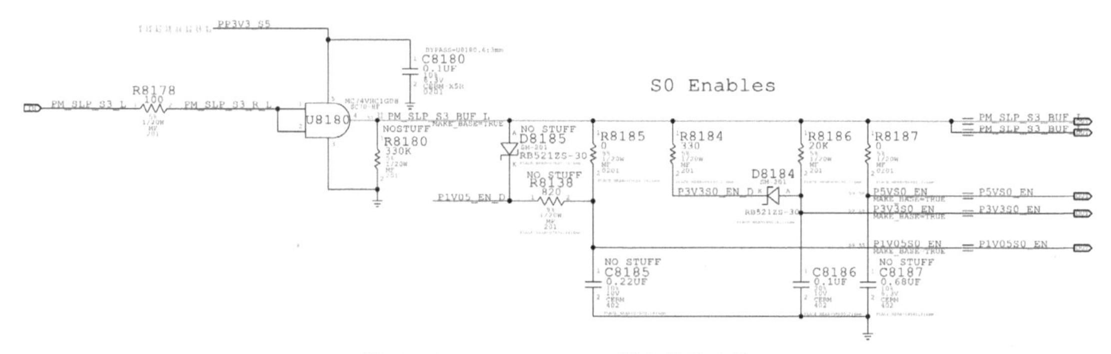

图 12-38　PM_SLP_S3_L 所去往的电路

PM_SLP_S3_BUF_L 送给 U3210 的 S0 脚，S4_PWR_EN 送给 U3210 的 EN 脚，开启雷电芯片、雷电接口供电，如图 12-39 所示。

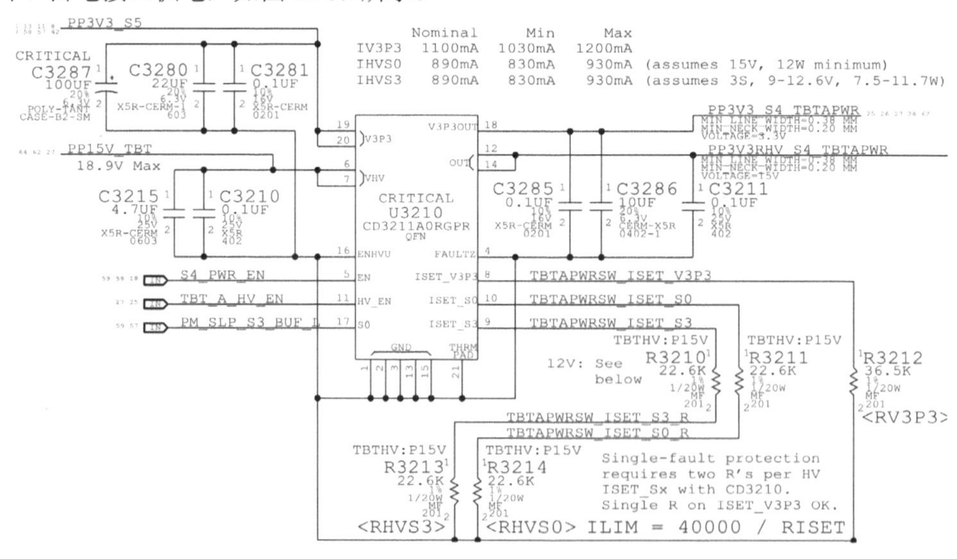

图 12-39　雷电接口供电芯片电路

PM_SLP_S3_BUF_L 还送给 U7870 的 EN 脚，开启 PP1V5_S0，如图 12-40 所示。

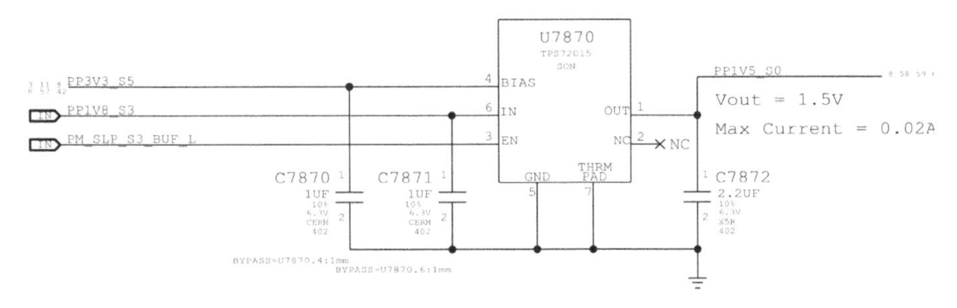

图 12-40　PP1V5_S0 产生电路

P5VS0_EN 送给 U8080 的 ON 脚，开启 PP5V_S0，如图 12-41 所示。

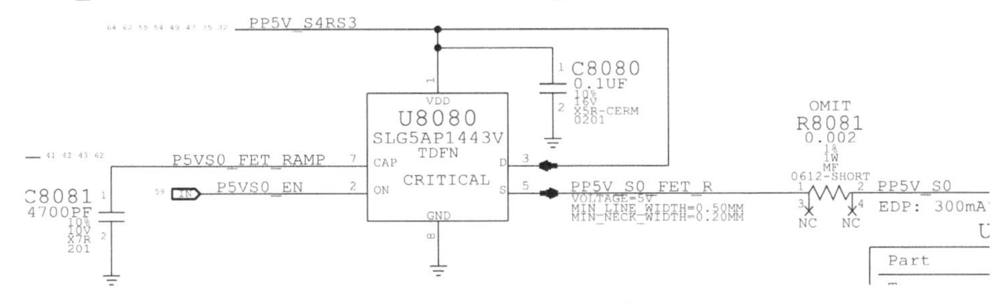

图 12-41　PP5V_S0 产生电路

P3V3S0_EN 送给 U8030，开启 PP3V3_S0_FET_R，PP3V3_S0_FET_R 经过 R5440 后改名为 PP3V3_S0，如图 12-42 所示。

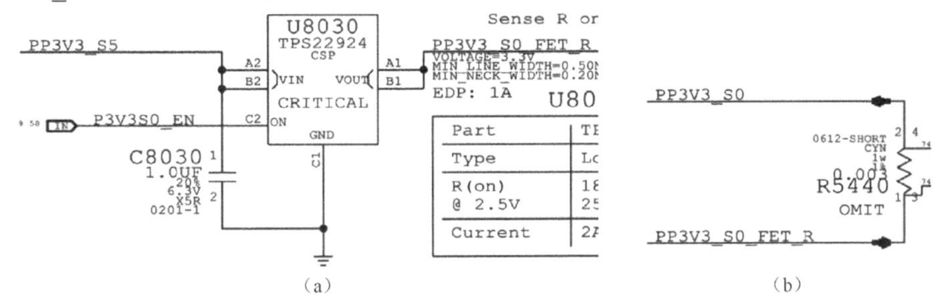

图 12-42　PP3V3_S0 产生电路

P3V3S0_EN 送给 U8070 开启 SSD 供电 PP3V3_S0SW_SSD_FET_R，如图 12-43 所示。

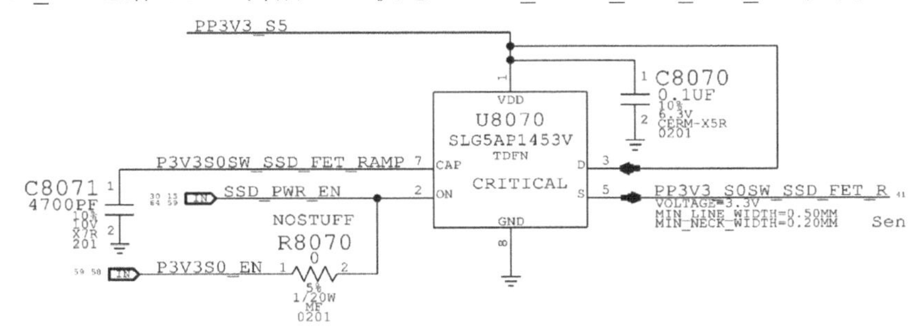

图 12-43　SSD 供电电路

P1V05S3_EN 送给 U7600 的 S5 脚，开启 PP1V05_S0、P1V05_S0_VREF 供电；供电正常后产生电源好信号 P1V05S0_PGOOD。PP1V05_S0 产生电路如图 12-44 所示。

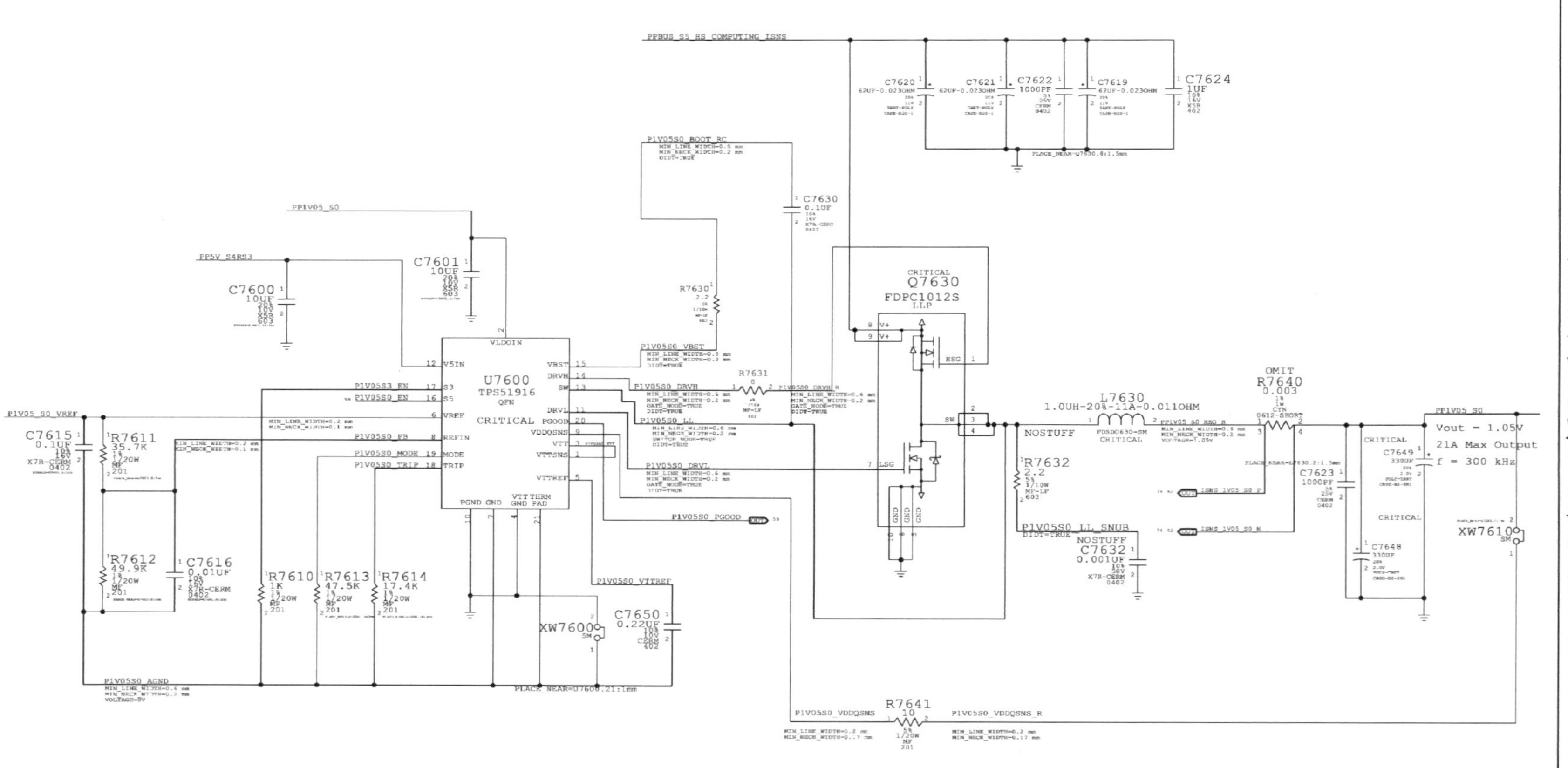

图 12-44　PP1V05_S0 产生电路

以上所有供电正常后，各路 PG 相与产生 ALL_SYS_PWRGD，如图 12-45 所示。

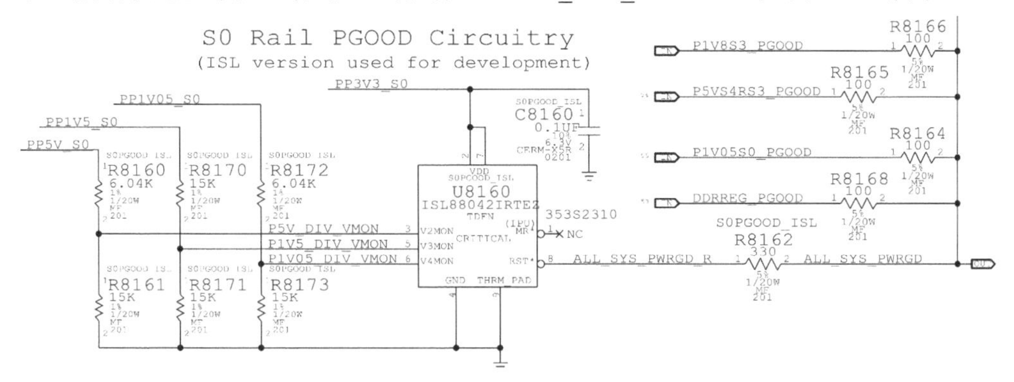

图 12-45　ALL_SYS_PWRGD 产生电路

ALL_SYS_PWRGD 送给 EC，EC 再延时发出 SMC_DELAYED_PWRGD，如图 12-46 所示。

ALL_SYS_PWRGD 送给 U1930 的第 2 脚，与第 1 脚的 PM_SLP_S3_L 相与，开漏输出 CPU_VCCST_PWRGD，由 PP1V05_S0 通过 R1931 上拉，如图 12-47 所示。

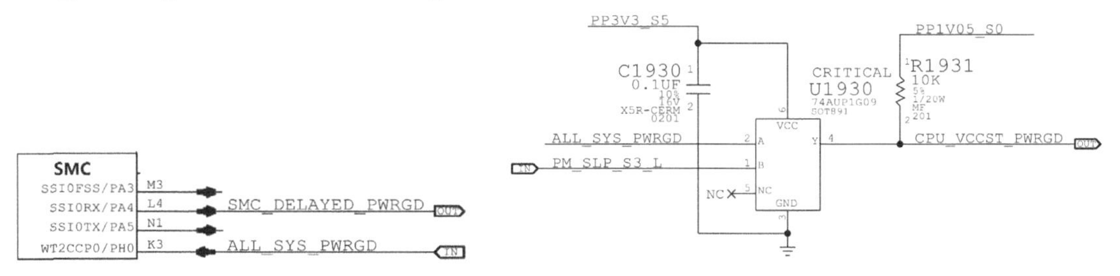

图 12-46　EC 发出 SMC_DELAYED_PWRGD　　图 12-47　CPU_VCCST_PWRGD 产生电路

CPU_VCCST_PWRGD 直接送给 CPU 内部的 VCCST_PWRGD 脚，当 CPU 收到 VCCST_PG 后，CPU 会同时发出 SM_PG_CNTL1 和 VR_EN 两信号，分别去开启 CPU 核心供电和内存 VTT 电压。

VR_EN 送给 U7200 的 VR_ON 脚去开启 CPU 供电（VBOOT 电压），供电正常后产生 CPU_VR_READY 信号返回给 CPU 内部的 VR_READY 脚，如图 12-48 所示。

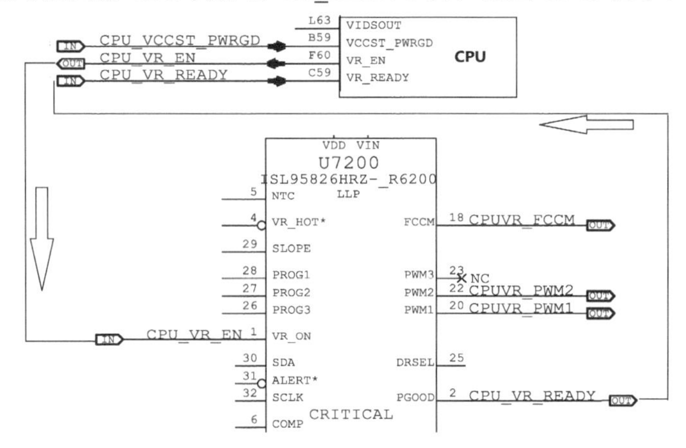

图 12-48　VR_EN 开启 CPU 供电

CPU 从 SM_PG_CNTL1 引脚发出 CPU_MEMVTT_PWR_EN_LSVDDQ，然后经过 U1970 同相器后改名为 MEMVTT_PWR_EN，如图 12-49 所示。

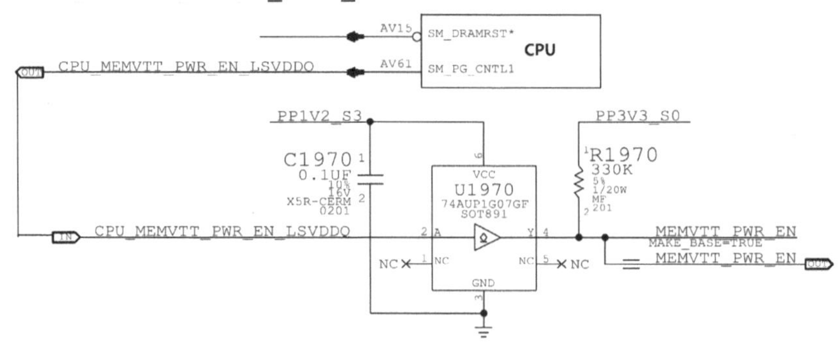

图 12-49　MEMVTT_PWR_EN 产生电路

MEMVTT_PWR_EN 再送给 U7400 的 S3 脚，去开启内存的 VTT 电压 PP0V6_S0_DDRVTT，如图 12-50 所示。

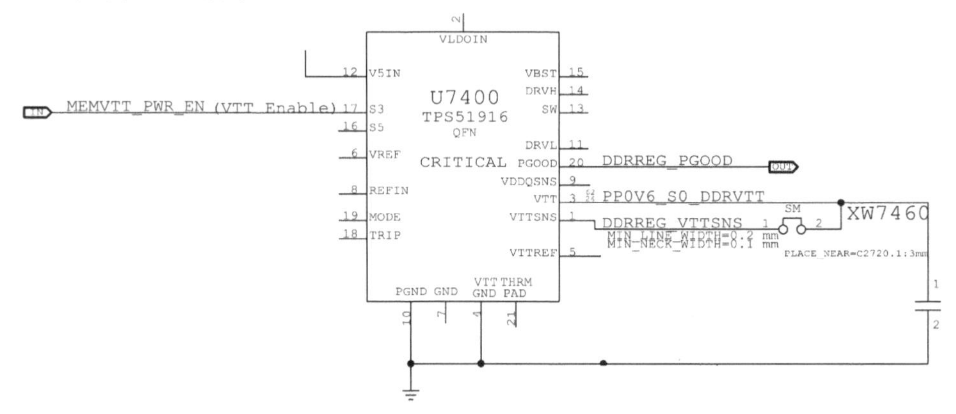

图 12-50　PP0V6_S0_DDRVTT 产生电路

ALL_SYS_PWRGD 还送到 U1950 的第 1 脚，与第 2 脚的 PP3V3_S0 相与产生 PM_S0_PGOOD，PM_S0_PGOOD 再经过 R1963 后改名为 PM_PCH_PWROK；PM_S0_PGOOD 再返回到 U1950 的第 5 脚，与第 6 脚上由 EC 发来的 SMC_DELAYED_PWRGD 相与产生 PM_PCH_SYS_PWROK。PM_PCH_PWROK 和 PM_PCH_SYS_PWROK 产生电路如图 12-51 所示。

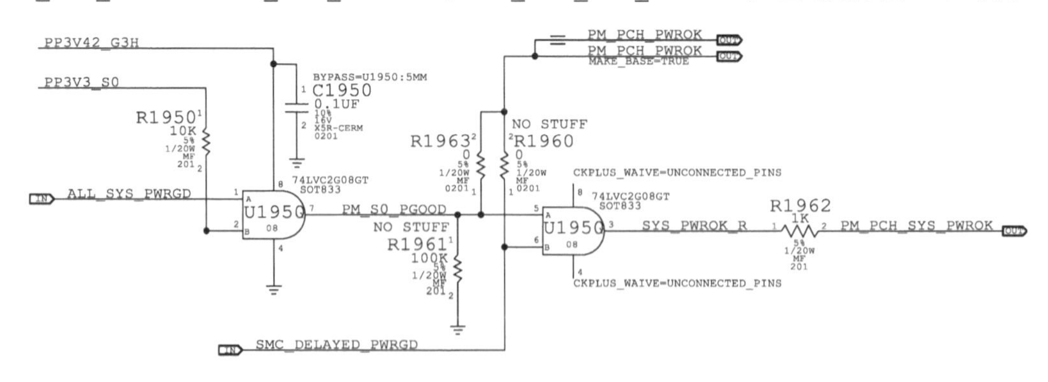

图 12-51　PM_PCH_PWROK 和 PM_PCH_SYS_PWROK 产生电路

PM_PCH_PWROK 和 PM_PCH_SYS_PWROK 分别给 CPU 的 SYS_PWROK、PCH_PWROK、APWROK 脚，CPU 收到**PWROK 如图 12-52 所示。

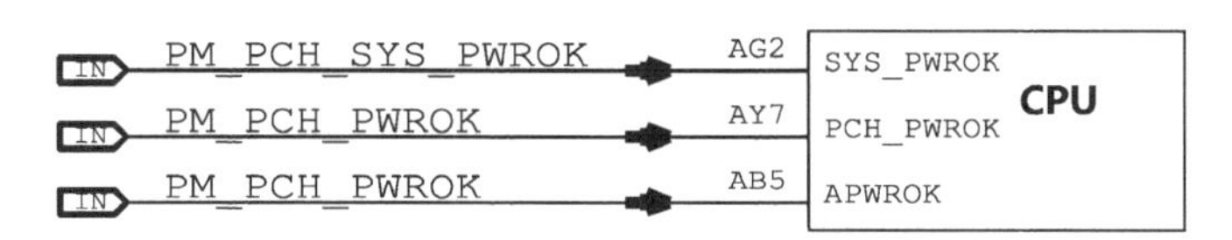

图 12-52　CPU 收到**PWROK

供电正常后，CPU 的 24MHz 晶振（Y1915）起振，然后通过 SPI 总线读取 BIOS 信息配置 CPU 的 GPIO 脚位。CPU 发出 24MHz 的 LPC 总线时钟信号（见图 12-53）。其他时钟信号需要收到相应设备的请求信号才发出。

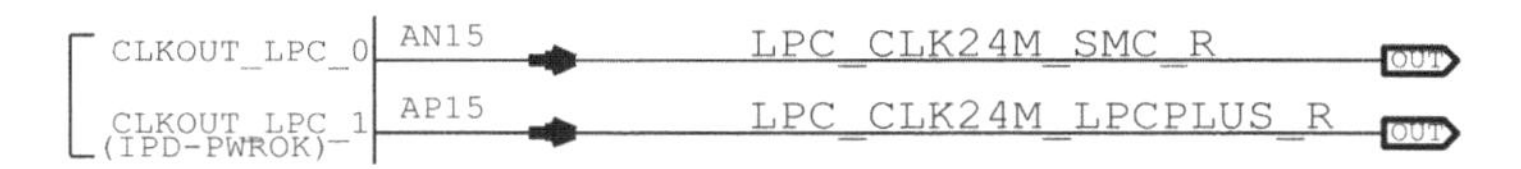

图 12-53　CPU 发出的 LPC 总线时钟信号

CPU 发出 PROCPWRGD，CPU 延时 40ms 发出 PLTRST#，然后发出 SVID 重新调整 CPU 供电，如图 12-54 所示。

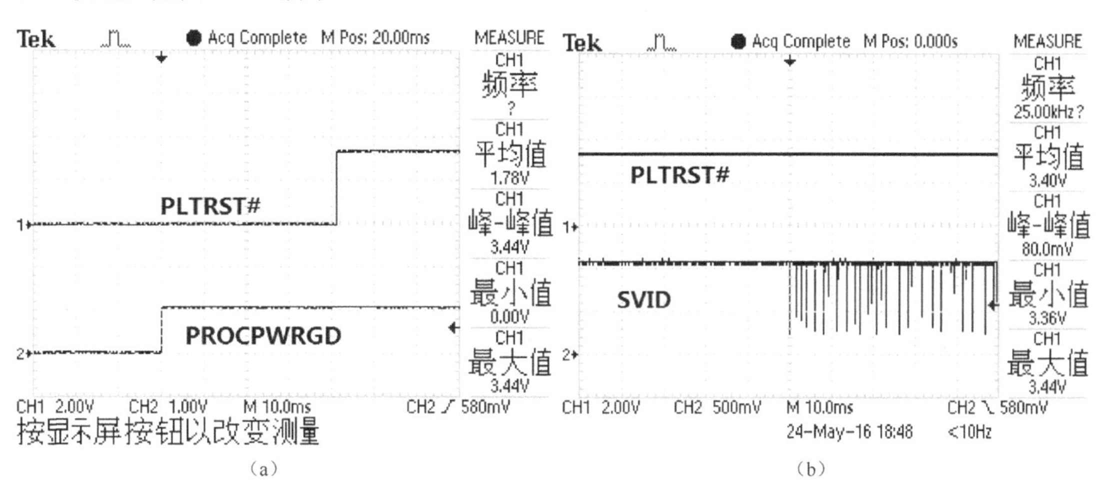

图 12-54　PROCPWRGD、SVID、PLTRST#动作波形对比

CPU 工作条件满足后，读取 BIOS 程序，开始自检，当自检完显卡后亮机。

第 13 章　苹果 A1418 一体机（采用 HM87 芯片组）时序分析

▷▷ 13.1　苹果 A1418 一体机简介

苹果一体机与普通笔记本电脑、台式机有些不同，但在设计上，又有笔记本电脑和台式机的影子，包括电路设计、外观、功能等。我们先来看看苹果 A1418 一体机的主板，如图 13-1 所示。

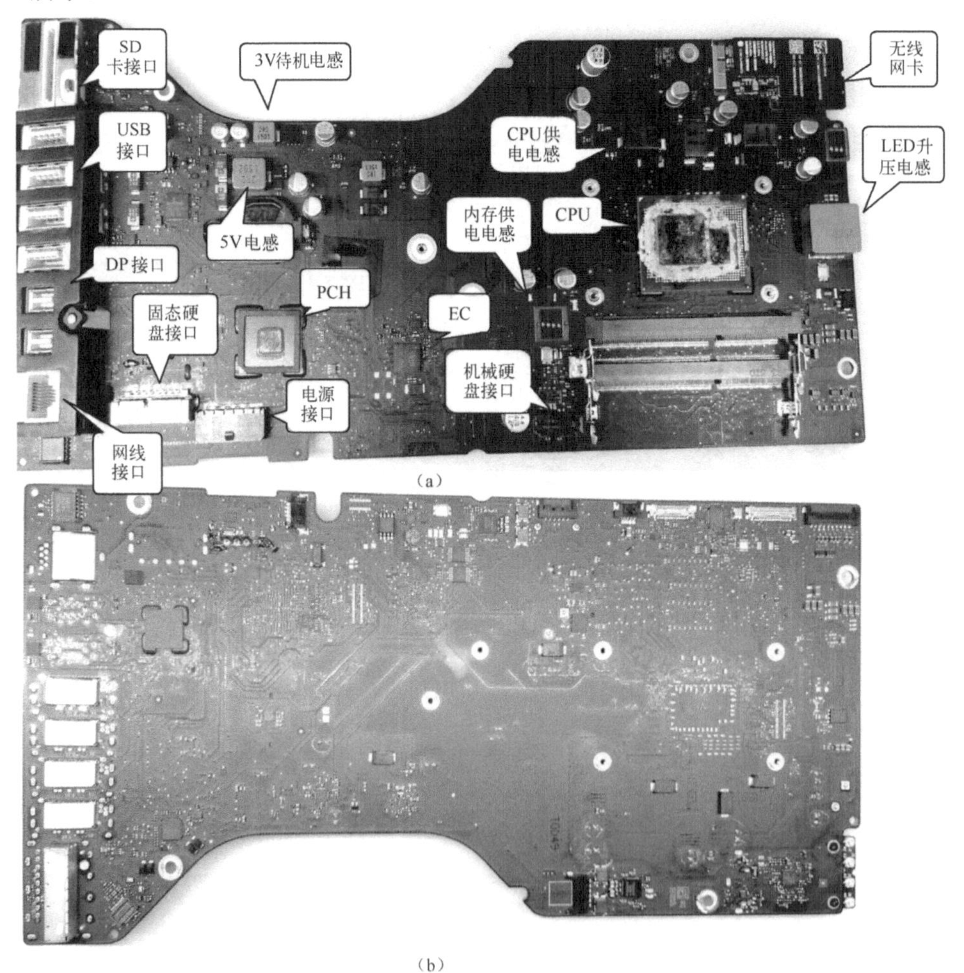

（a）

（b）

图 13-1　苹果 A1418 一体机的主板

由图 13-1 可以看到，此机既采用了笔记本电脑的设计思路，又拥有台式机的特色。例如，主板上的 CPU 是板载的，与很多笔记本电脑相似，内存插槽也跟笔记本电脑的一样，直接使用笔记本电脑内存，采用固态硬盘，也可外接机械硬盘等；然而它又没有保护隔离，没有充电电路，没有内置电池，主板自带屏接口，屏背光升压电路设计在主板上，等等。

此主板采用的是 Intel 8 系列芯片组，CPU 与 PCH 桥是分离的，不是低功耗 CPU 芯片组。

另外，此电脑还内置电源板，如图 13-2 所示。

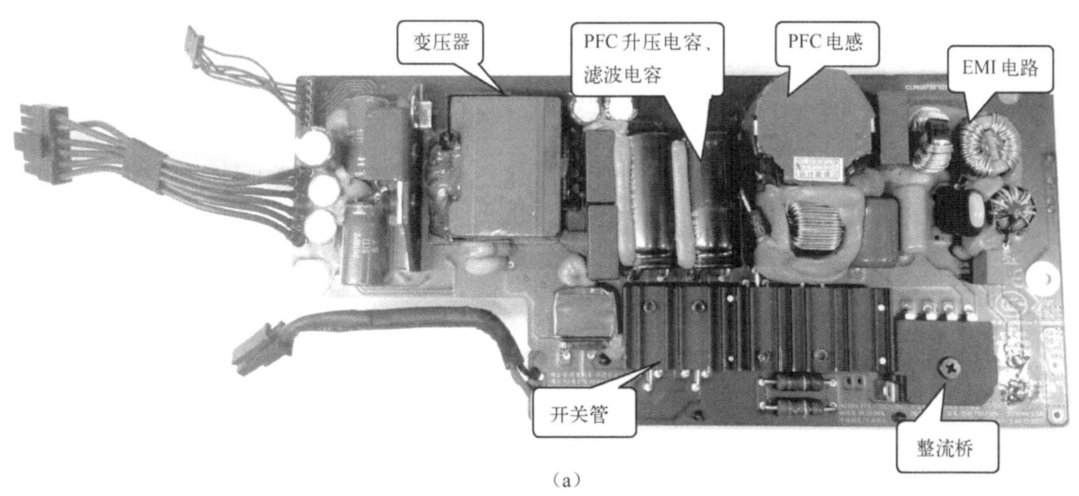

（a）

（b）

图 13-2　苹果 A1418 一体机的电源板

这个电源的输入电压是交流 220V，输出一组 12V 供电给主板。另外，此电源带有 PFC 电路，可以根据主板的功耗动态调整输出功率大小，以达到节能的目的。可以用万用表测量 PFC 升压电容处，在待机状态下，此电容两端的电压是 380V，等主板上电之后，升压电容两端的电压可升至 410V，如图 13-3 所示。

（a）待机时为380V

（b）主板上电升压后为410V

图 13-3　电源板输出电压值

▷▷ 13.2　EC 待机电路

此电脑采用内置电源，12V 直接送到主板的电源接口 J6900，电压名称是 PP12V_G3H_ACDC，如图 13-4 所示。

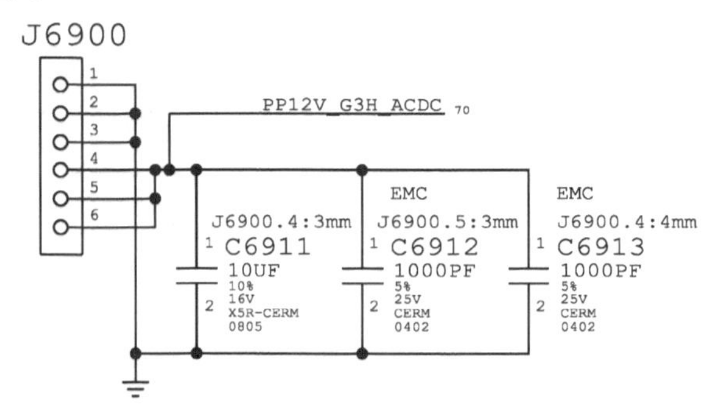

图 13-4　主板供电接口

电源接口进来的 PP12V_G3H_ACDC 改名为 PP12V_G3H_SNS_R，再经过 R5400 检流电阻改名为 PP12V_G3H_SNS，如图 13-5 所示。

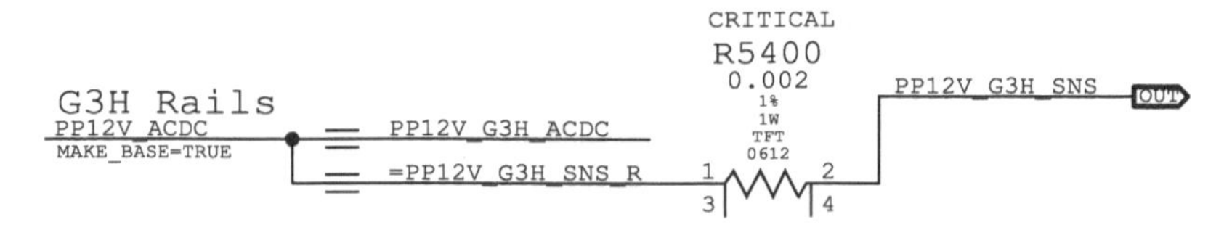

图 13-5　PP12V_G3H_ACDC 供电改名为 PP12V_G3H_SNS

PP12V_G3H_SNS 随后又改为三个名字：PP12V_G3H_REG_3V42_G3H、PP12V_G3H_FET_P12V_S5、PP12V_G3H_FET_P12V_S0，如图 13-6 所示。

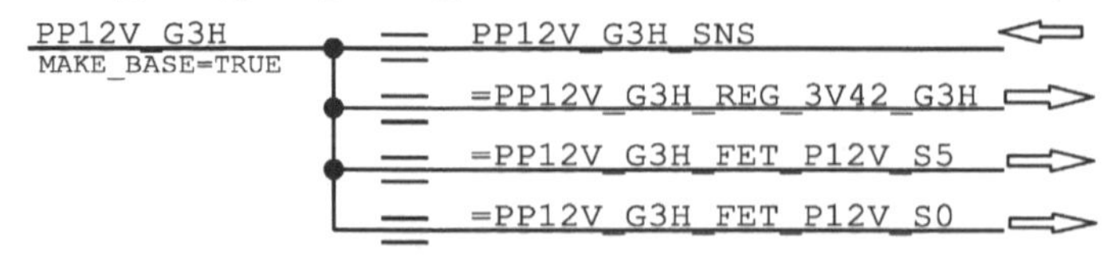

图 13-6　PP12V_G3H_SNS 供电再次改名为 PP12V_G3H_REG_3V42_G3H、PP12V_G3H_ FET_P12V_S5、PP12V_G3H_FET_P12V_S0

PP12V_G3H_REG_3V42_G3H 给 U6900 供电，并通过 R6901、R6902 给 U6900 提供 SHDN#开启信号，U6900 产生 PP3V42_G3H_REG，如图 13-7 所示。

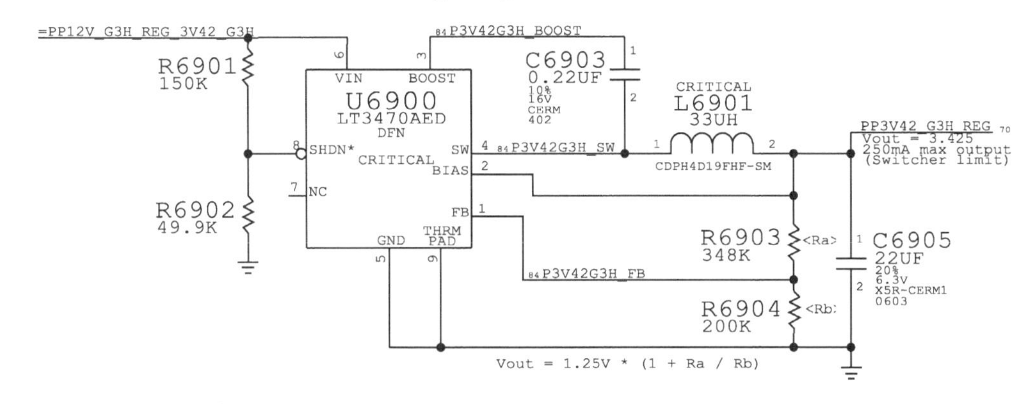

图 13-7　PP3V42_G3H_REG 产生电路

PP3V42_G3H_REG 改名为 PP3V3_G3H_SMC，给 EC 提供待机供电，PP3V42_G3H_REG 再改名为 PP3V3_G3H_RTC_D 取代 CMOS 电池给桥的 RTC 电路供电，如图 13-8 所示。

PP3V3_G3H_SMC 给 EC 的 VBAT、VDDA 脚提供待机供电，如图 13-9 所示。

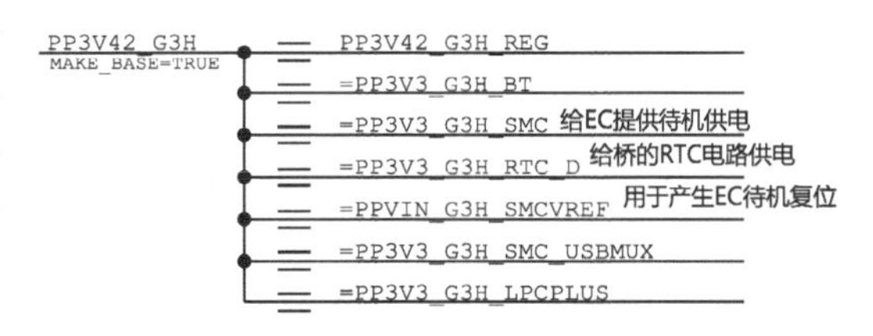

图 13-8　PP3V42_G3H_REG 改名去给各个芯片供电

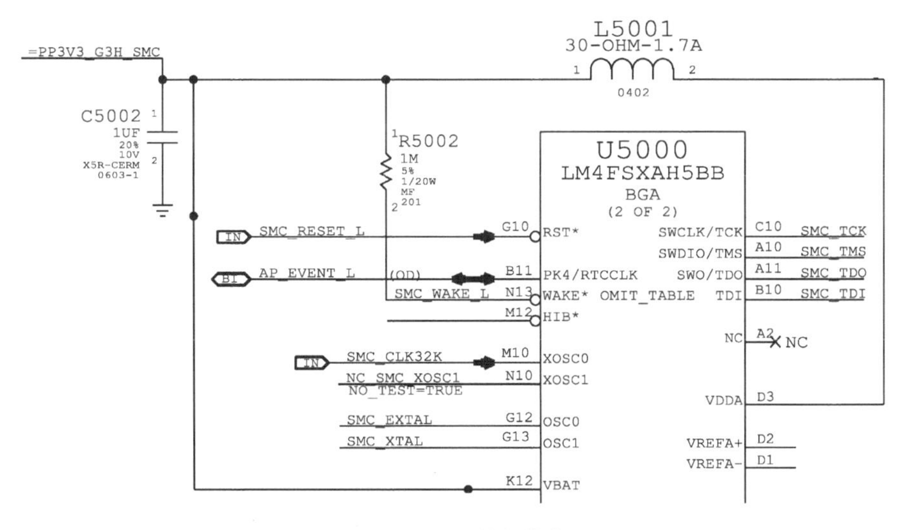

图 13-9　EC 待机供电

PP3V3_G3H_SMC 送给 U5100 供电，U5100 检测到 V+脚 PPVIN_G3H_SMCVREF 电压越过 3.0V 时，U5100 输出 PP3V3_G3H_AVREF_SMC 给 EC 提供基准工作电压；同时，U5100 还延时开漏输出 SMC_RESET_L（延时的时间由 U5100 第 4 脚 DELAY 脚相连的电容容量大小决定），由 PP3V3_G3H_SMC 通过 R5105 上拉，给 EC 提供待机复位。EC 复位电路

如图 13-10 所示。

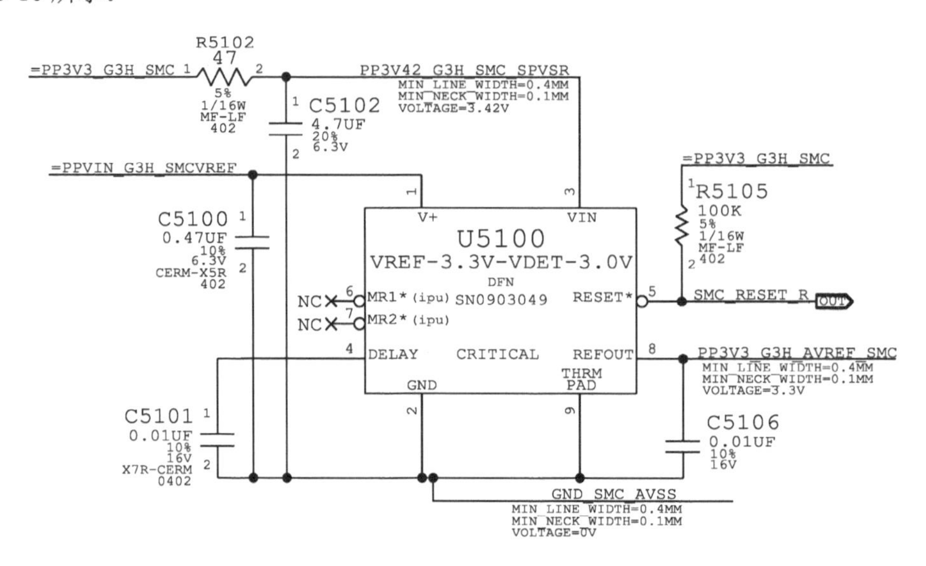

图 13-10　EC 复位电路

EC 得到供电后，EC 的 12MHz 晶振 Y5165（见图 13-11）起振，并给 EC 提供时钟频率。EC 的供电、时钟、复位都正常后，读取内部程序，并配置自身 GPIO 脚位。EC 脚位配置成功后，在待机状态下 12MHz 晶振停止工作，等待用户触发。

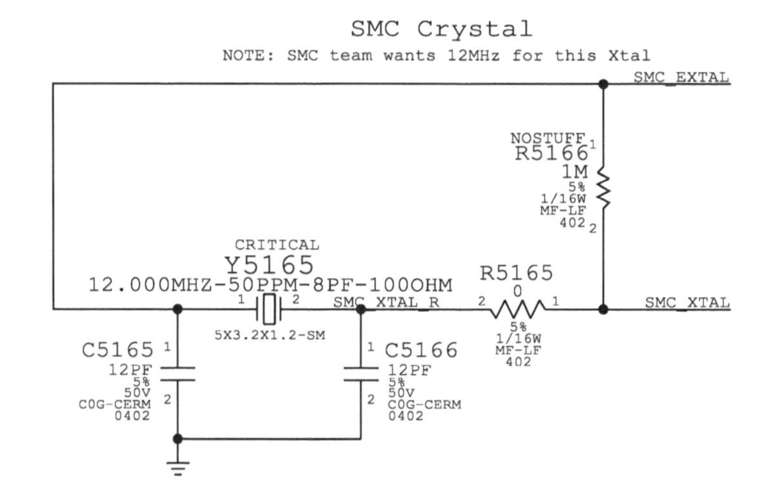

图 13-11　EC 待机时钟电路

EC 脚位配置成功后，并且 SMC_BC_ACOK 为高电平时，EC 发出 SMC_PM_G2_EN，送给 U6970 的 ON 脚（开启脚）；U6970 得到 VCC、ON 信号后，通过内部升压输出高电平控制 Q6970 导通，将 PP12V_G3H_FET_P12V_S5 转换成 PP12V_S5_FET，转换成功后，U6970 的 PG 脚开漏输出 PM_PGOOD_FET_P12V_S5。PP12V_S5_FET 产生电路如图 13-12 所示。

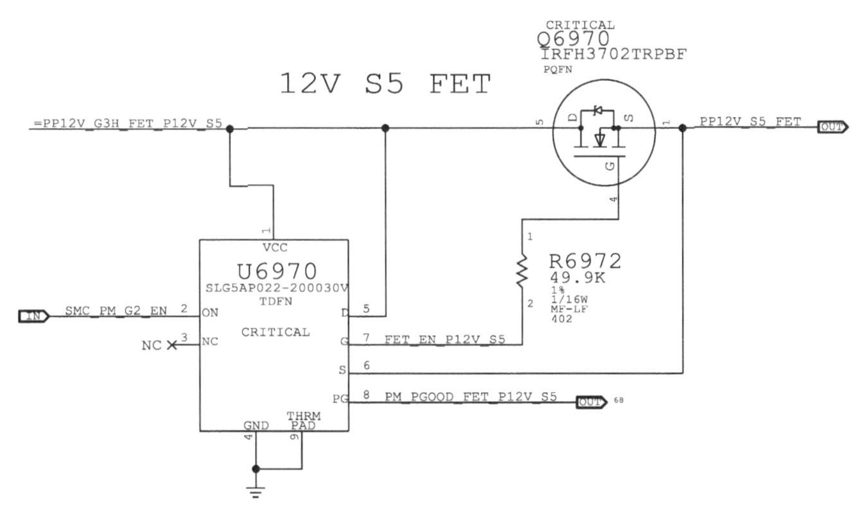

图 13-12　PP12V_S5_FET 产生电路

PP12V_S5_FET 产生后，分别改名为 PP12V_S5_PWRCTL、PP12V_S5_REG_VDDQ_S3、PP12V_S5_REG_P3V3P5V_S5 等，如图 13-13 所示。

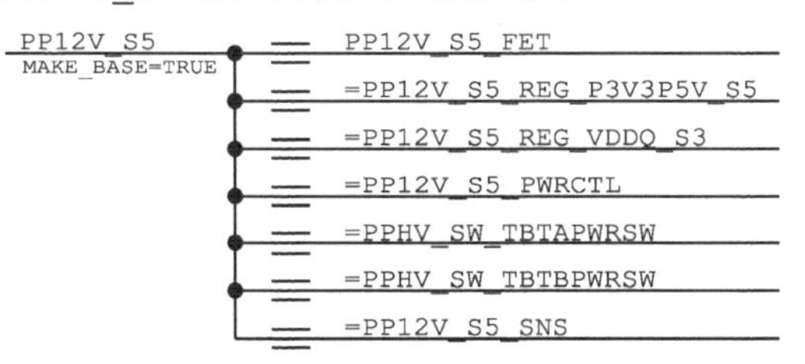

图 13-13　PP12V_S5_FET 改名为其他信号

PP12V_S5_PWRCTL 经过 R8590、R8591 两个电阻串联分压，分得 3.92V 电压把 PM_PGOOD_FET_P12V_S5 上拉为高电平，并改名为 PM_EN_REG_P3V3_S5，如图 13-14 所示。

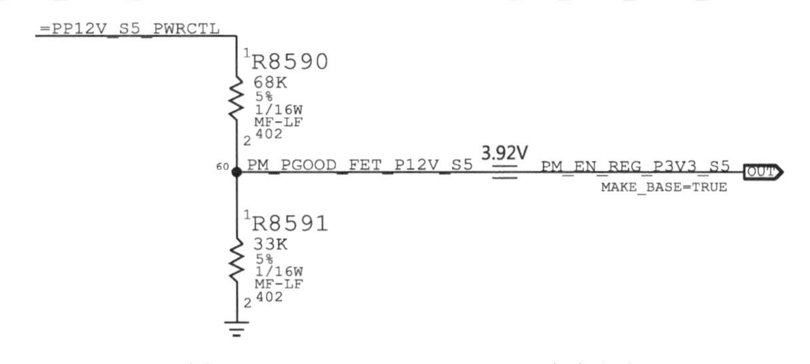

图 13-14　PM_EN_REG_P3V3_S5 产生电路

PM_EN_REG_P3V3_S5 送给 U7600（ISL62383）待机芯片的 EN1 脚，用于开启第 1 路 PWM 供电 PP3V3_S5_REG。U7600 得到 VIN 供电后，产生 LDO5 线性电压 5V 输出 PP5V_S5_LDO；PP5V_S5_LDO 经过电阻 R7602 给 U7600 的 VCC2 脚供电；LDO5 还从芯片内部连接到 VCC1，给 VCC1 脚提供供电；U7600 得到 EN1 开启，PP3V3_S5_REG 正常输出后，PGOOD1 脚开漏输出 REG_P3V3S5_PGOOD 信号。待机电路如图 13-15 所示。

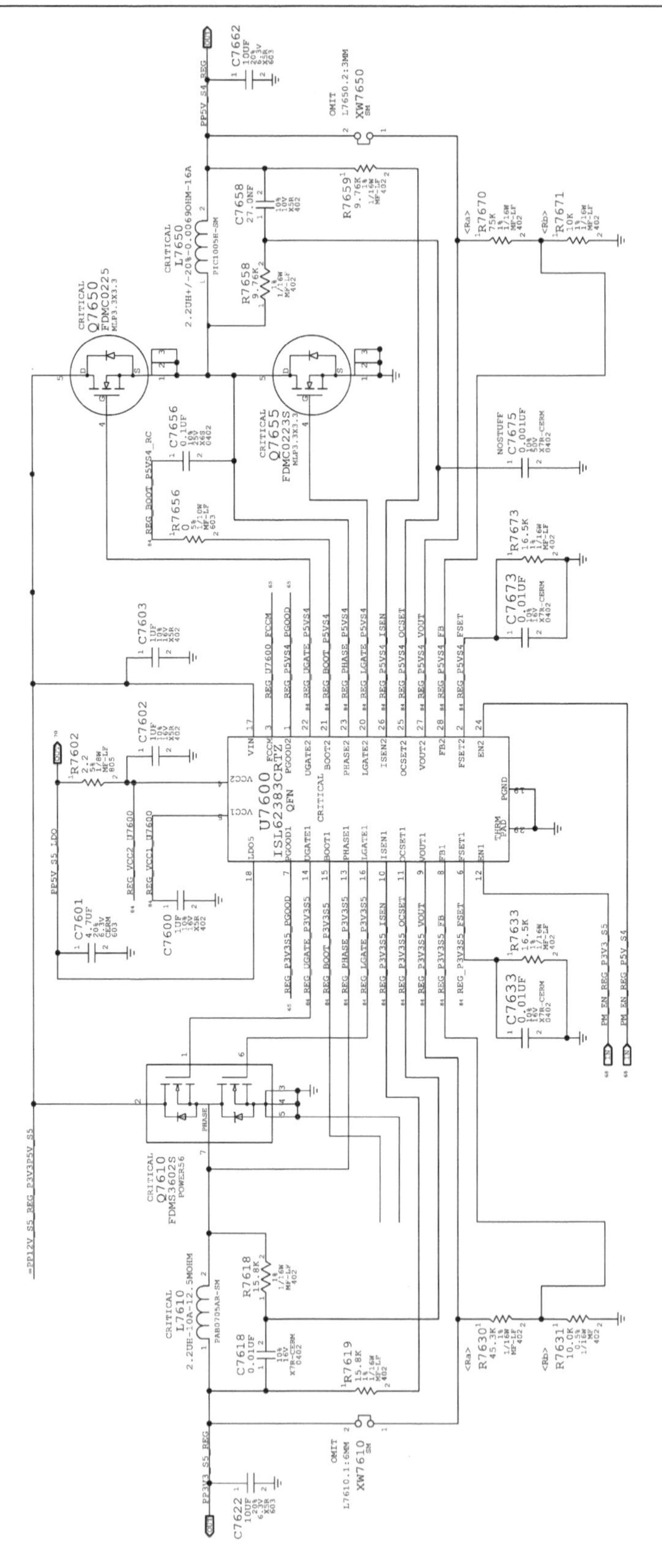

图 13-15　待机电路

REG_P3V3S5_PGOOD 输出后，由 PP3V3_S5_VRD 经过 R7640 上拉，改名为 PM_PGOOD_REG_P3V3_S5，然后 PM_PGOOD_REG_P3V3_S5 再改名为 S5_PWRGD 送给 EC，如图 13-16 所示。

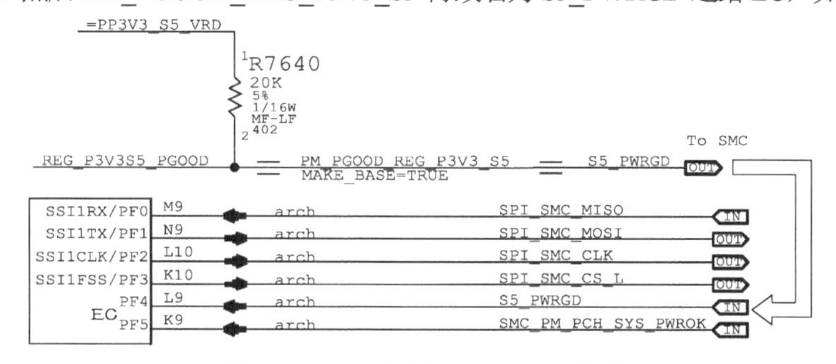

图 13-16　EN 收到 S5_PWRGD 信号

EC 收到 S5_PWRGD 后延时发出 PM_DSW_PWRGD，与 PM_PGOOD_REG_P3V3_S5 相与，产生 PM_RSMRST_PCH_L 待机电源好信号送给 PCH 桥的 RSMRST*、DPWROK 脚，如图 13-17 所示。

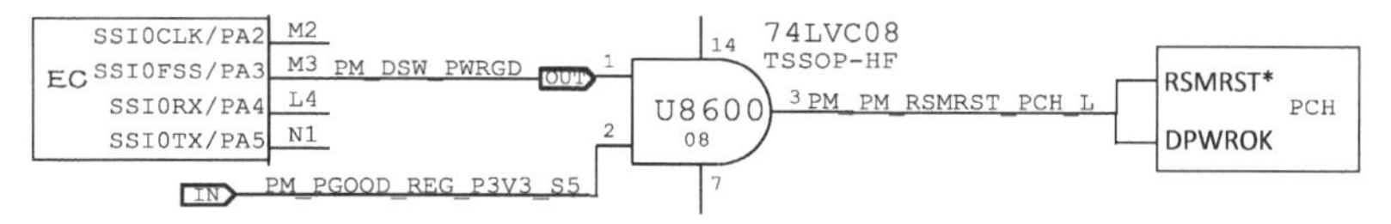

图 13-17　PM_RSMRST_PCH_L 待机电源好信号送给 PCH 桥的 RSMRST*、DPWROK 脚

▷▷ 13.3　PCH 桥待机电路

根据 Intel 8 系列芯片组的时序，PCH 桥需要得到 VCCRTC，产生 RTCRST#，然后再得到深度睡眠待机电压 VCCDSW3_3 和深度睡眠待机电压好信号 DPWROK，才会发出 SLP_SUS#开启浅睡眠待机电压 VCCSUS，最后得到 RSMRST#才算待机完成，如图 13-18 所示。

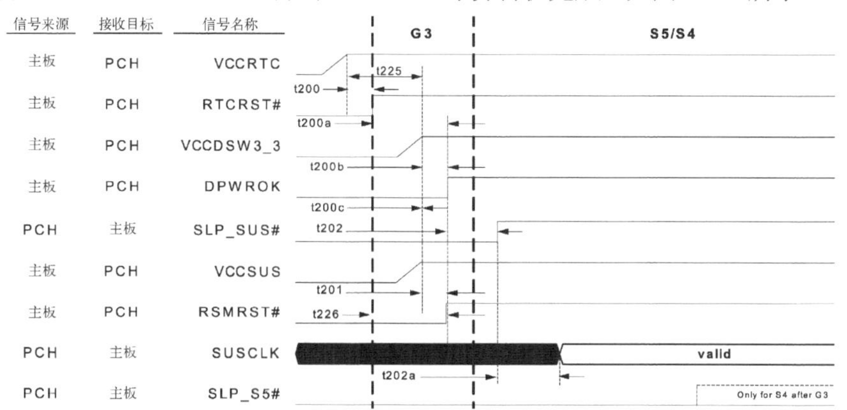

图 13-18　Intel HM87 芯片组标准时序图

在没插电源的情况下，由 CMOS 电池提供 PPVBATT_G3_RTC_R 经过 D1900 产生 PP3V3_G3_RTC；在插入电源的情况下，由待机电压 PP3V3_G3H_RTC_D 经过 D1900 产生 PP3V3_G3_RTC。RTC 供电来源如图 13-19 所示。

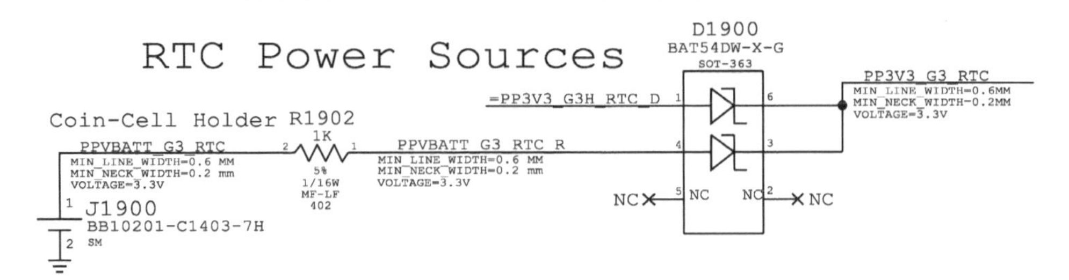

图 13-19　RTC 供电来源

PP3V3_G3_RTC 改名为 PPVRTC_G3_PCH 给 PCH 桥的 VCCRTC 供电，同时还经过电阻、电容延时，上拉 RTC 模块的其他几个信号，即 PCH_SRTCRST_L、PCH_INTRUDER_L、PCH_INTVRMEN_L 和 RTC_RESET_L，如图 13-20 所示。

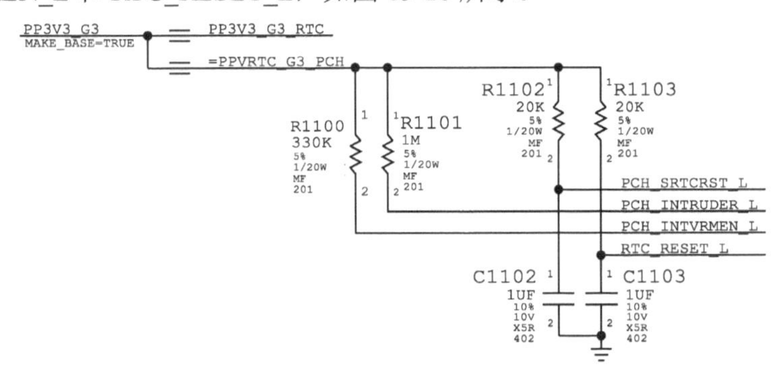

图 13-20　RTC 复位电路

PCH 桥的 RTC 模块得到供电后，Y1910 晶振开始起振，为 RTC 电路提供 32.768kHz 基准时钟，如图 13-21 所示。

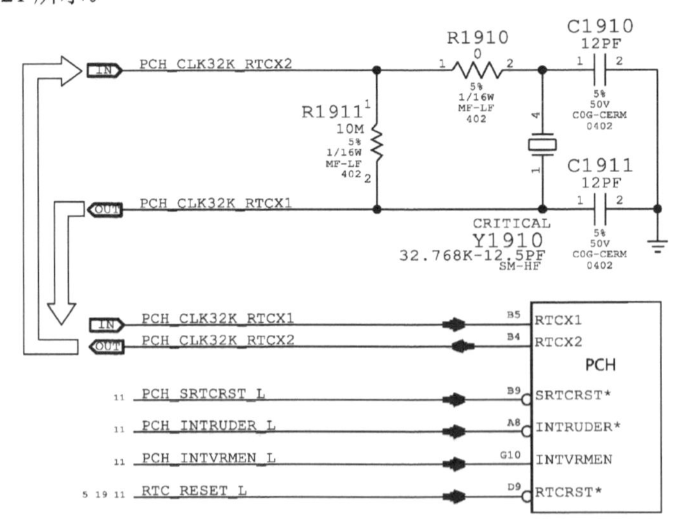

图 13-21　PCH 桥的 RTC 时钟电路

U7600 控制产生的 PP3V3_S5_REG 经过改名，给 PCH 桥的很多模块提供待机供电。

这款电脑没有采用 PM_SLP_SUS_L，直接将 PP3V3_S5_REG 改名为 PP3V3_S5_PCH_VCCDSW、PP3V3_SUS_PCH_VCCSUS_GPIO，分别送给 PCH 桥的 VCCDSW3_3、

VCCSUS3_3 作为 PCH 桥的深度睡眠和浅睡眠待机供电，如图 13-22 所示。

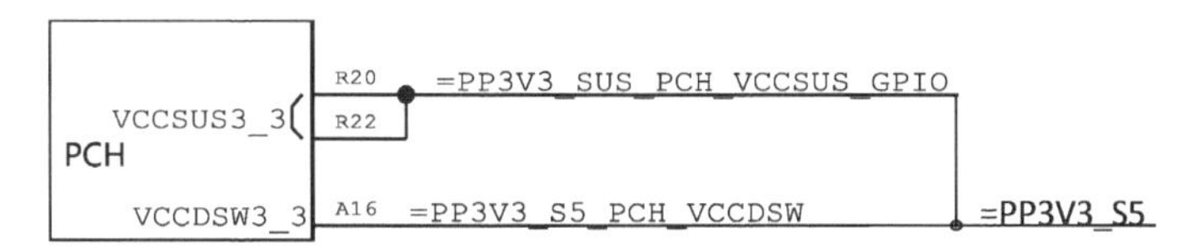

图 13-22　PCH 桥的深度睡眠和浅睡眠待机供电

PCH 桥的 PWRBTN*、BATLOW*、ACPRESENT 都是直接由待机电压 PP3V3_S5_PCH_GPIO 上拉为高电平，如图 13-23 所示。

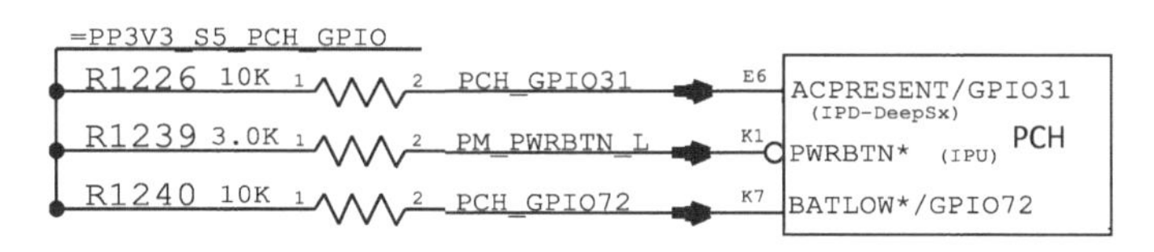

图 13-23　待机电压上拉 PCH 桥的开关信号等

▷▷ 13.4　触发电路

开关信号 SMC_ONOFF_L 由 PP3V3_G3H_SMC 待机电压上拉，如图 13-24 所示。

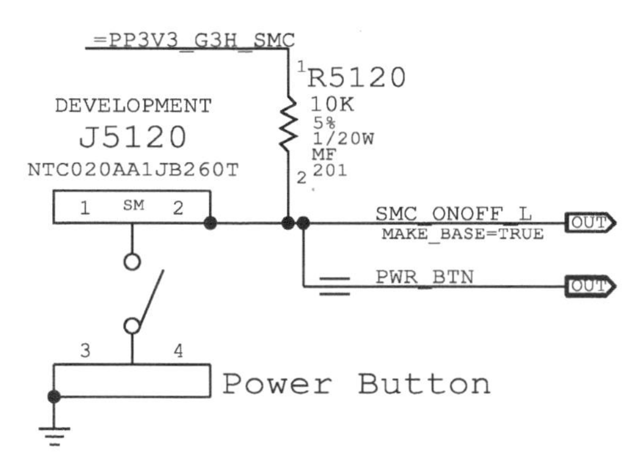

图 13-24　电源开关

按下键盘上的开机键，产生 SMC_ONOFF_L 给 EC，EC 发出 PM_PWRBTN_L 给 PCH 桥，如图 13-25 所示。

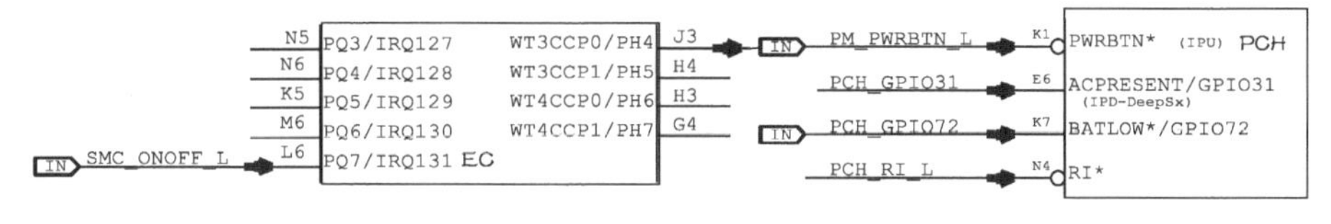

图 13-25　触发电路

PCH 桥在待机条件全部正常，且收到 PWRBTN#后，发出 PM_SLP_S5_L、PM_SLP_S4_L 和 PM_SLP_S3_L，如图 13-26 所示。

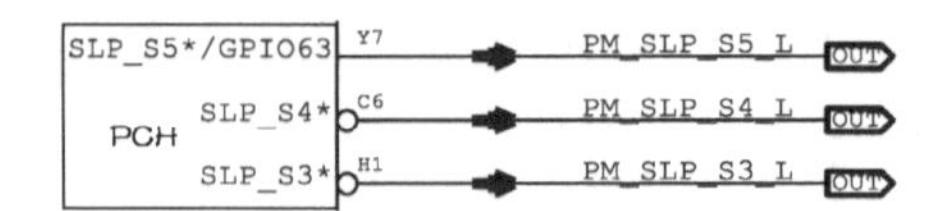

图 13-26　PCH 桥发出各路 SLP_S*信号

13.5　供电、时钟和复位电路

PCH 桥发出的 PM_SLP_S5_L、PM_SLP_S4_L 和 PM_SLP_S3_L 送给了 EC，如图 13-27 所示。

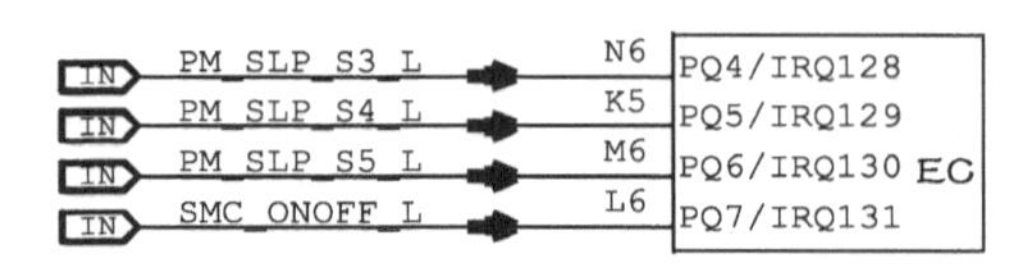

图 13-27　各路 SLP_S*信号送给了 EC

PM_SLP_S5_L 还送给 U8500，与 PP3V3_S5_PWRCTL 相与，产生 PM_EN_S4，PM_EN_S4 再经过 R8510 改名为 PM_EN_REG_P5V_S4，以及经过 R8511 改名为 PM_EN_FET_P3V3_S4，如图 13-28 所示。

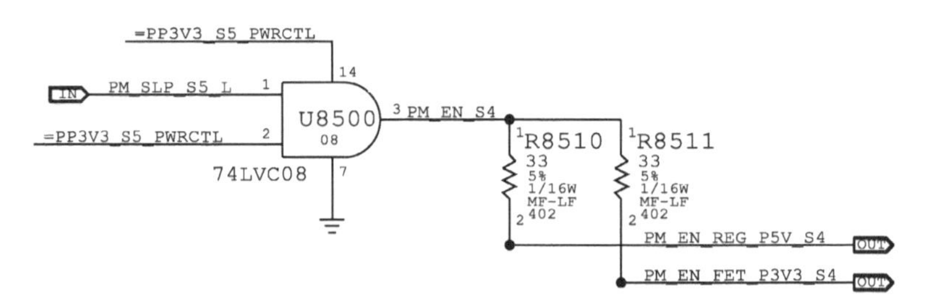

图 13-28　产生 S4 电压开启信号

PM_EN_REG_P5V_S4 送给 U7600（ISL62383CRTZ）的 EN2 脚，用于开启第 2 路 PWM 电压 PP5V_S4_REG，见图 13-15。

PM_EN_FET_P3V3_S4 送给 U8400，将 S5 状态的待机电压 PP3V3_S5_FET_P3V3_S4 转换成 S4 状态电压 PP3V3_S4_FET，如图 13-29 所示。PP3V3_S4_FET 改名为 PP3V3_S4，再给其他电路供电。

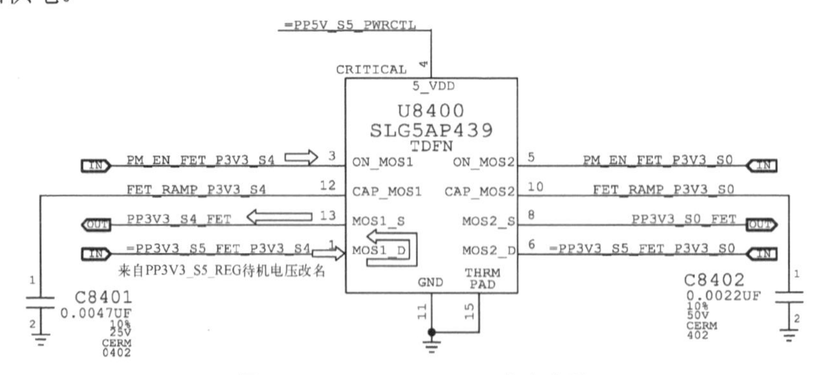

图 13-29　PP3V3_S4_FET 产生电路

U7600 控制 PP5V_S4_REG 正常产生后，U7600 的 PGOOD1 脚开漏输出 REG_P5VS4_PGOOD，经过 PP3V3_S5_VRD 上拉后改名为 PM_PGOOD_REG_P5V_S4，如图 13-30 所示。

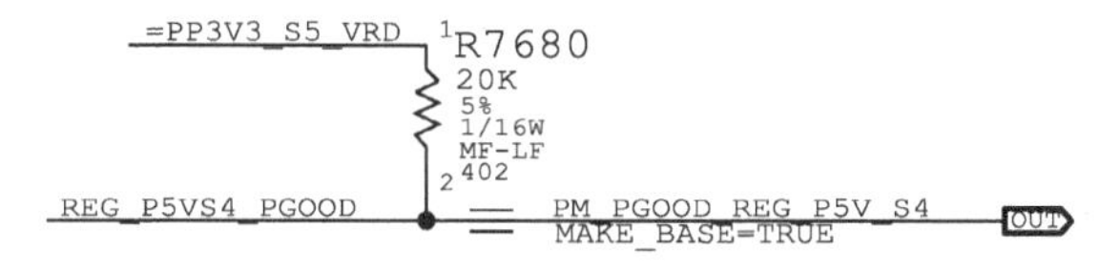

图 13-30　PGOOD1 上拉电路

PM_PGOOD_REG_P5V_S4 与桥发出的 PM_SLP_S4_L 相与，产生 PM_EN_REG_VDDQ_S3，如图 13-31 所示。

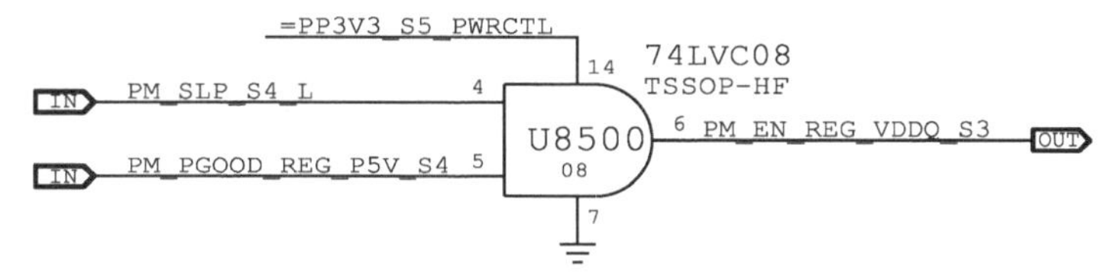

图 13-31　产生 PM_EN_REG_VDDQ_S3

PM_EN_REG_VDDQ_S3 送给 U7300（TPS51916），控制产生内存主供电 PPVDDQ_S3_REG 和 REV 电压 REG_VDDQS3_VREF，延时产生 REG_VDDQS3_PGOOD 信号输出，如图 13-32 所示。

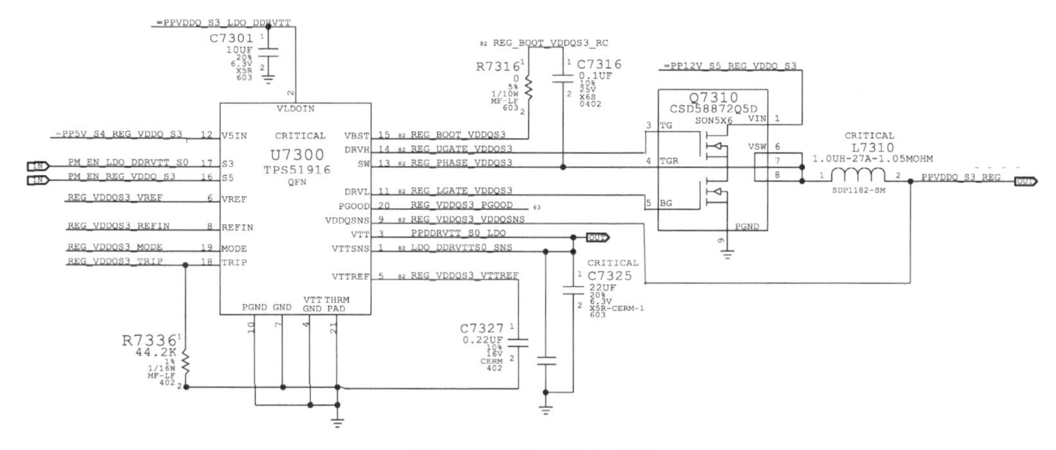

图 13-32　内存供电电路

REG_VDDQS3_PGOOD 输出由 PP3V3_S4_PWRCTL 上拉，改名为 PM_PGOOD_REG_VDDQ_S3，如图 13-33 所示。

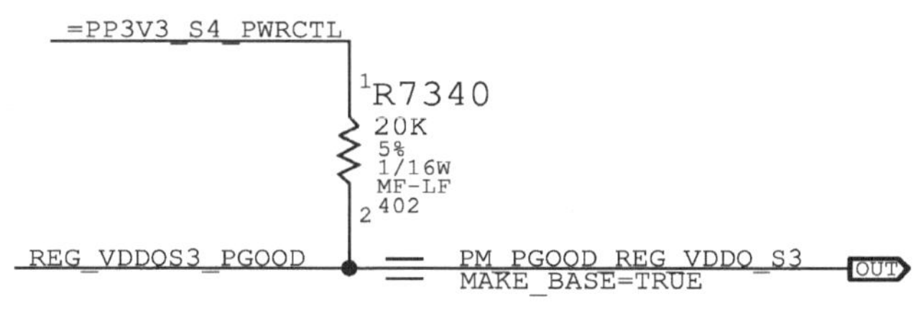

图 13-33　上拉内存供电的 PG 信号

PM_PGOOD_REG_VDDQ_S3 被拉高后，送给 U8500 与桥发出的 PM_SLP_S3_L 信号相与，产生 PM_EN_FET_P12V_S0，如图 13-34 所示。

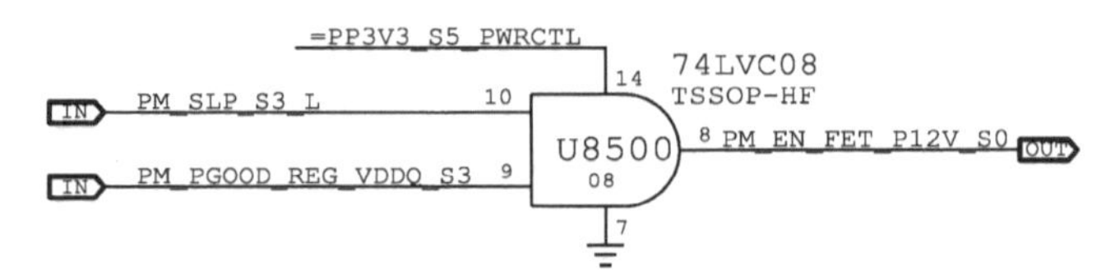

图 13-34　产生 PM_EN_FET_P12V_S0

PM_EN_FET_P12V_S0 送给 U8450 的 ON 脚，U8450 得到 VCC 后，通过内存升压输出高电平 P12V_S0_FET_GATE，控制 Q8450 导通，将电源电压转换成 PP12V_S0_FET，供给后级 PWM 上管的 D 极，如图 13-35 所示。

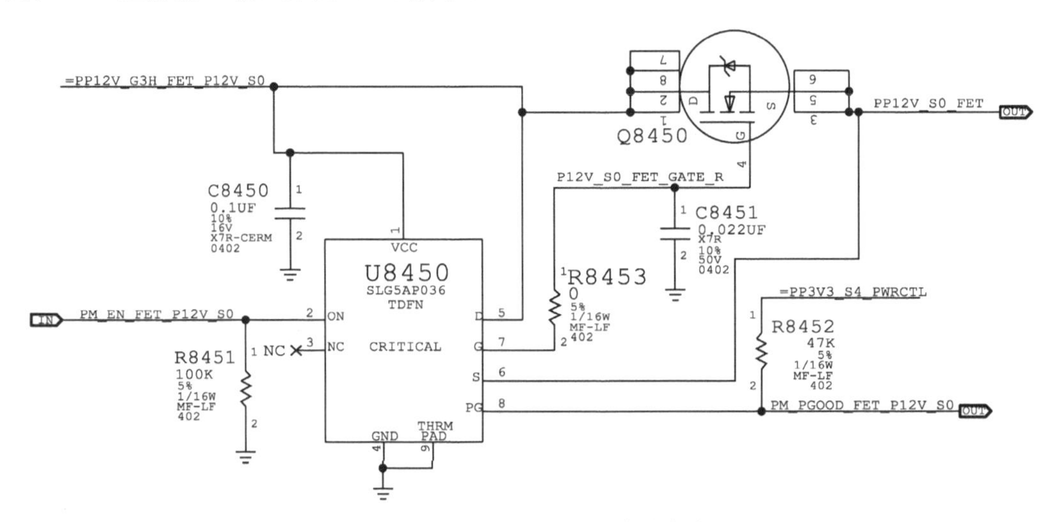

图 13-35　PP12V_S0_FET 产生电路

U8450 的第 6 脚检测到电压正常转换后，8 脚 PG 输出 PM_PGOOD_FET_P12V_S0，由 PP3V3_S4_PWRCTL 通过 R8452 上拉为高电平。

PM_PGOOD_FET_P12V_S0 再返回送到 U8500 的第 12 脚，与第 13 脚高电平相与，产生 PM_EN_FET_P5V_S0 和 TBT_S0_EN，如图 13-36 所示。

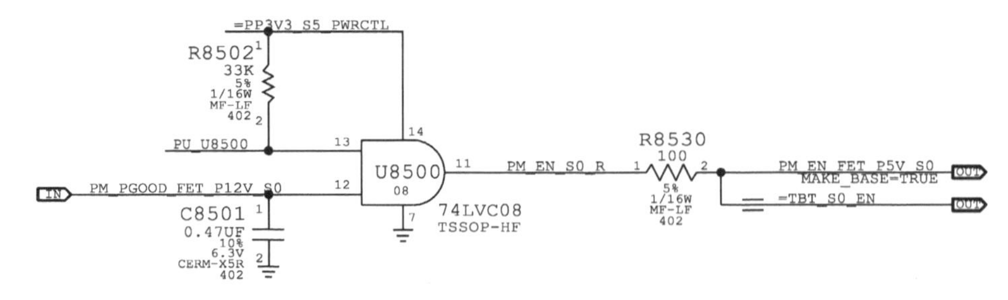

图 13-36　PM_EN_FET_P5V_S0 和 TBT_S0_EN 产生电路

PM_EN_FET_P5V_S0 送给 U8420 的 ON 脚，将 PP5V_S4_FET_P5V_S0 转换成 PP5V_S0_FET 输出，如图 13-37 所示。

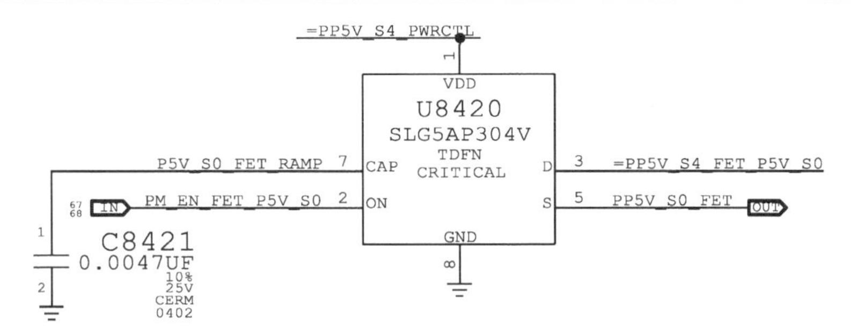

图 13-37　PP5V_S0_FET 产生电路

PM_EN_FET_P5V_S0 送给 U8440 的 A1 脚，与 B1 脚供电相与，产生 PM_PGOOD_FET_P5V_S0，再经过 R8531 后改名为 PM_EN_FET_P3V3_S0，PM_EN_FET_P3V3_S0 再送给 U8400 的第 5 脚，将供电 PP3V3_S5_FET_P3V3_S0 转换成 PP3V3_S0_FET 供电输出，然后 PP3V3_S0_FET 再和 PM_EN_FET_P3V3_S0 送回到 U8440 的 A2、B2 脚相与，产生 PM_PGOOD_FET_P3V3_S0 输出，如图 13-38 所示。

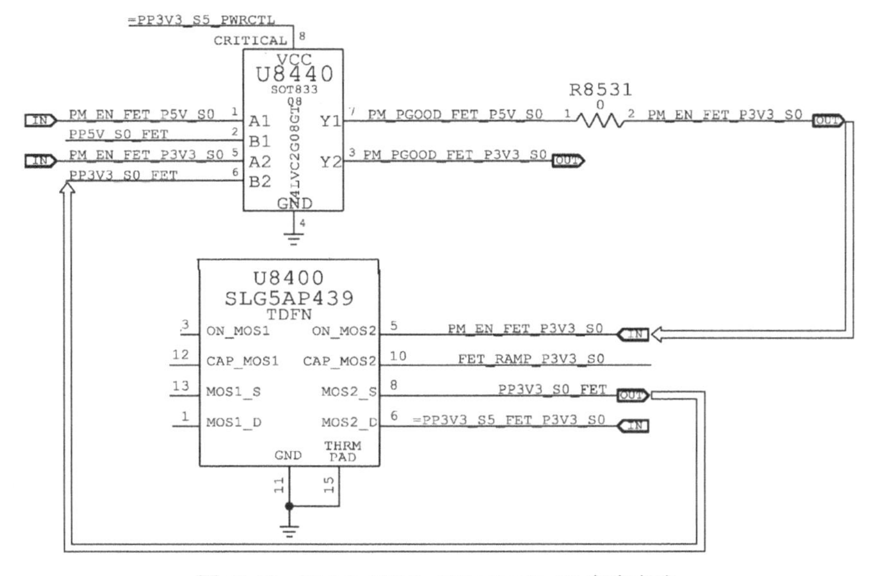

图 13-38　PM_PGOOD_FET_P3V3_S0 产生电路

PM_PGOOD_FET_P3V3_S0 分别经过 R8533、R8513 改名为开启信号 PM_EN_FET_REG_P1V5_S0、PM_EN_FET_P1V35_S0，如图 13-39 所示。

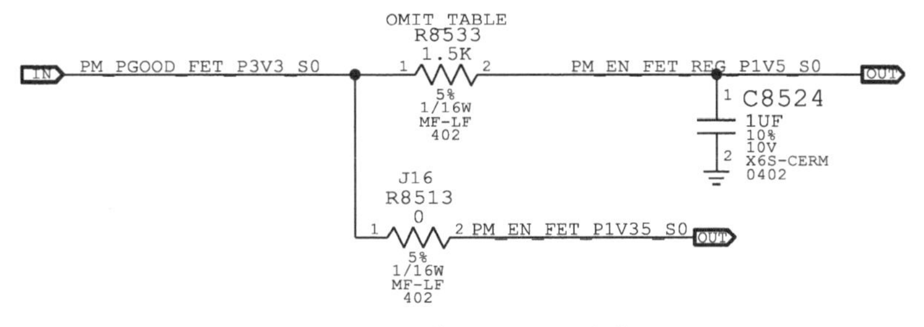

图 13-39　PG 信号改名为开启信号

PM_EN_FET_REG_P1V5_S0 送给 U7450 的开启脚，U7450 得到供电、开启信号后，直接输出 PP1V5_S0_REG 桥供电，供电正常产生后，输出 PG 信号 REG_P1V5S0_PGOOD，如图 13-40 所示。

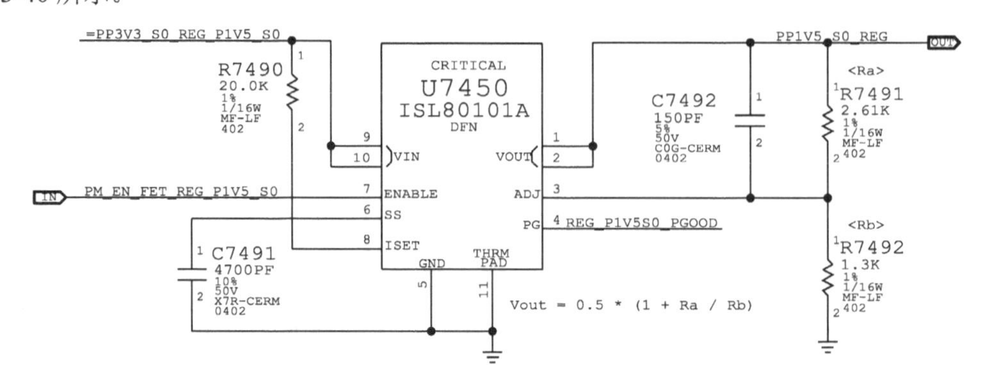

图 13-40　PP1V5_S0_REG 产生电路

PM_EN_FET_P1V35_S0 送给 U8430 的 ON 脚，U8430 输出高电平 P1V5_S0_FET_GATE 控制 Q8430 导通，将 S3 内存供电转换成 S0 内存供电，转换成功后，产生 PG 信号 PM_PGOOD_FET_P1V35_S0 输出，如图 13-41 所示。

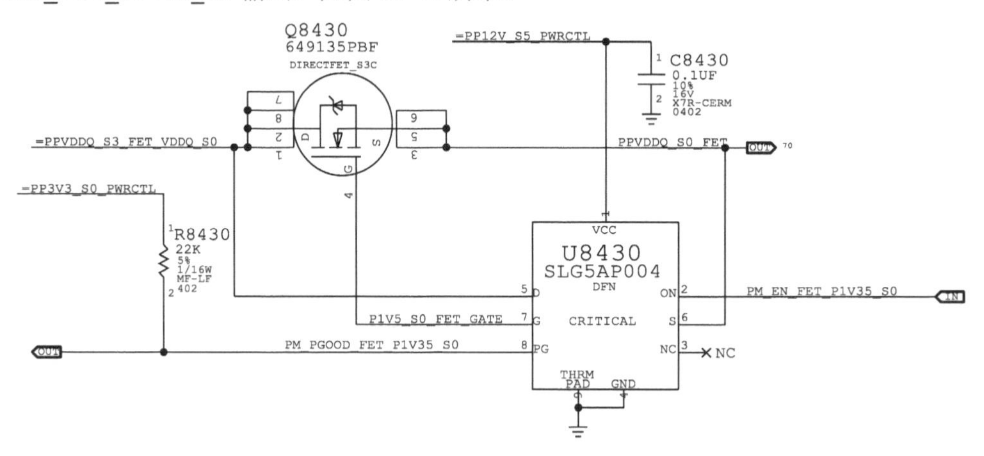

图 13-41　VDDQ 供电产生电路

前面 U7450 产生的 PM_PGOOD_FET_P1V35_S0 和 U8430 产生的 PM_PGOOD_FET_REG_P1V5_S0 经过 U8600 相与产生 PM_EN_REG_P1V05_S0_R，再经过电阻改名为 PM_EN_REG_P1V05_S0，如图 13-42 所示。

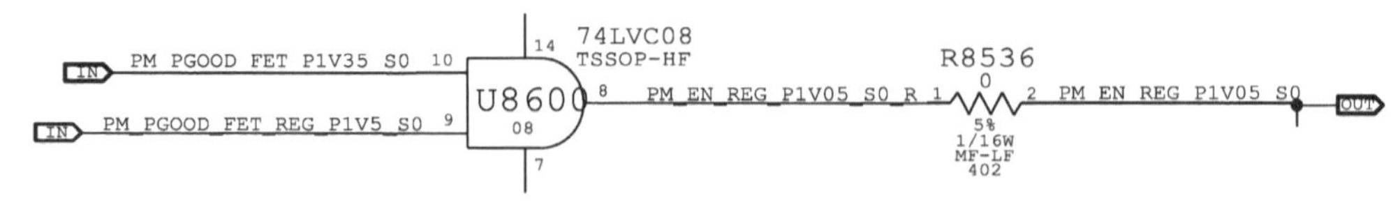

图 13-42　U8600 与门电路

PM_EN_REG_P1V05_S0 直接送给 U7400 的 EN 脚，控制产生 PP1V05_S0_REG，当 PP1V05_S0_REG 供电正常后，U7400 产生 PG 信号 REG_P1V05S0_PGOOD，如图 13-43 所示。

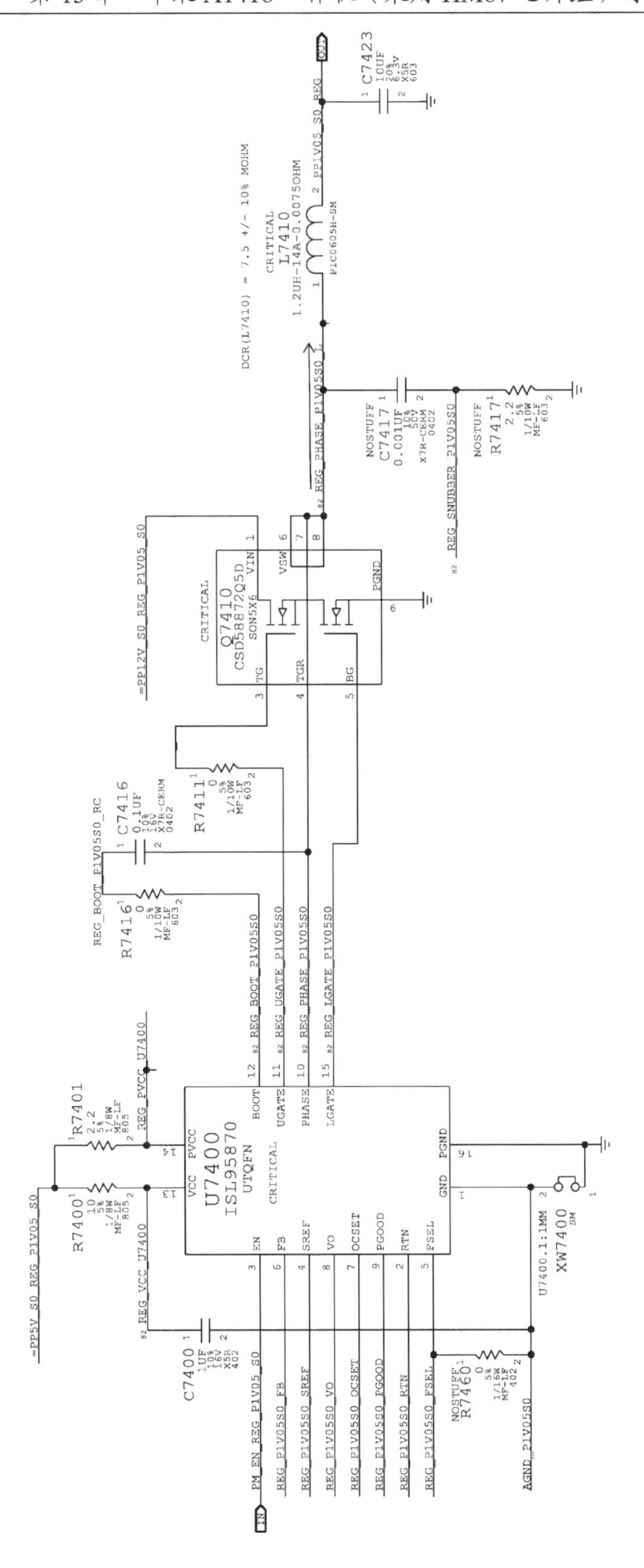

图13-43　REG_P1V05S0_PGOOD产生电路

桥发出的PM_SLP_S3_L送给U5140和供电相与，产生高电平的PM_SLP_S3_BUF_L经过Q5140导通，将BURSTMODE_EN_L维持高电平，BURSTMODE_EN_L送给电源板用于启动PFC电路，如图13-44所示。

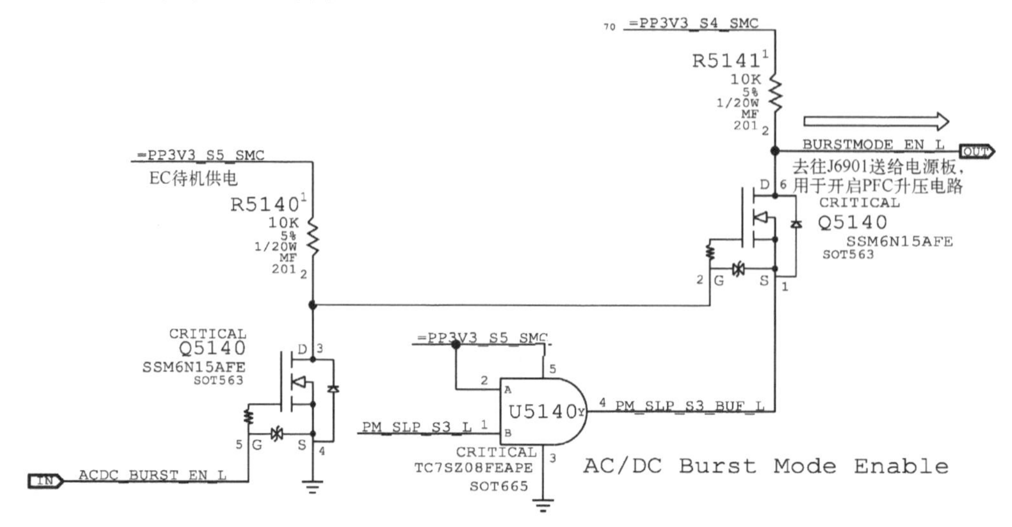

图13-44　开启电源板的PFC电路

PM_SLP_S3_L控制Q4021导通，将Q4020的G极拉低，使Q4020导通，将S4状态的PP3V3_S4_FET_ENET供电转换成PP3V3_ENET_FET供电供给后级工作，如图13-45所示。

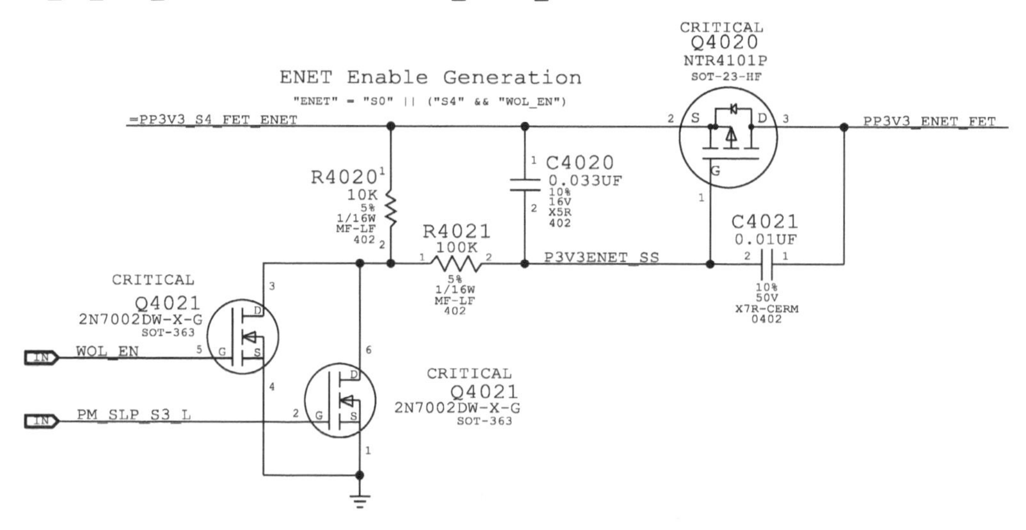

图13-45　PP3V3_ENET_FET产生电路

U7400产生的REG_P1V05S0_PGOOD经过R7480上拉后改名为PM_PGOOD_REG_P1V05_S0，分成两路：一路经过R8535改名为PM_EN_REG_CPUVCC_S0，送给U7000的EN_PWR_OVP脚作为CPU供电开启信号；另一路送给U8601的第1脚，与2脚PM_SLP_S3_L相与产生PM_PGOOD_SLP_S3_P1V05_S0送给U8600的第4脚。CPU供电正常后，U7000的VR_RDY脚输出REG_CPUVCC_PGOOD，再经过R7098上拉后改名为PM_PGOOD_REG_CPUVCC_S0送给U8600的第5脚，和4脚的PM_PGOOD_SLP_S3_

P1V05_S0 相与产生 PM_PGOOD_ALL。PM_PGOOD_ALL 经过 R8621 后改名为 PM_PCH_APWROK、PM_PCH_PWROK。PM_PGOOD_ALL 产生电路如图 13-46 所示。

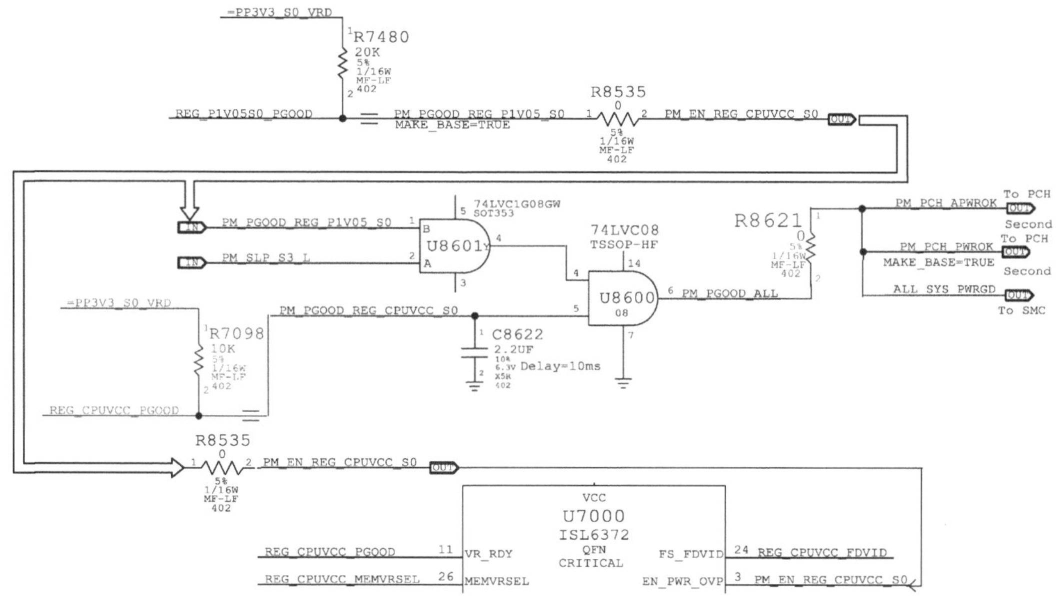

图 13-46　PM_PGOOD_ALL 产生电路

PM_PGOOD_ALL 改名为 ALL_SYS_PWRGD 送给 EC，EC 再延时发出 SMC_DELAYED_PWRGD，如图 13-47 所示。

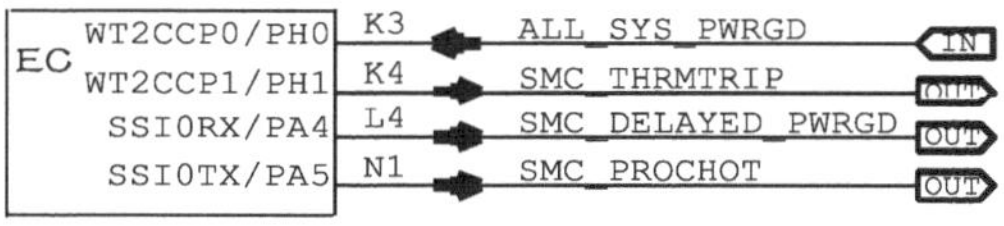

图 13-47　EC 发出 SMC_DELAYED_PWRGD

EC 发出的 SMC_DELAYED_PWRGD 送给 U8600 的第 12 脚，和 13 脚的 PM_PGOOD_ALL 相与，产生 PM_PCH_SYS_PWROK，如图 13-48 所示。

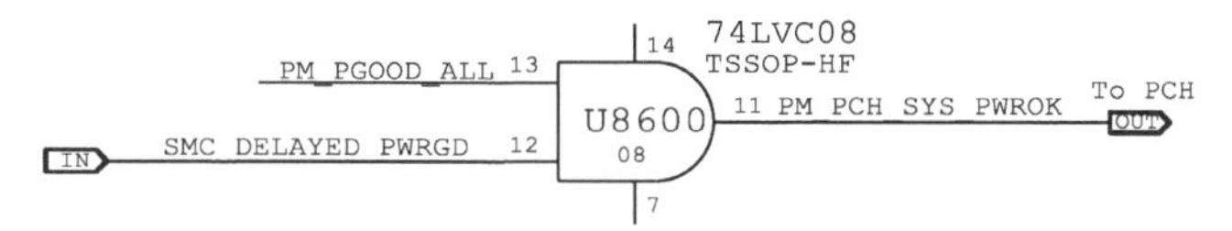

图 13-48　产生 PM_PCH_SYS_PWROK

以上产生的 PM_PCH_SYS_PWROK、PM_PCH_APWROK、PM_PCH_PWROK 三个信号分别送给 PCH 桥的 SYS_PWROK、PWROK、APWROK 脚（见图 13-49），同时 PM_PCH_SYS_PWROK 还经过电阻改名后送给 EC。

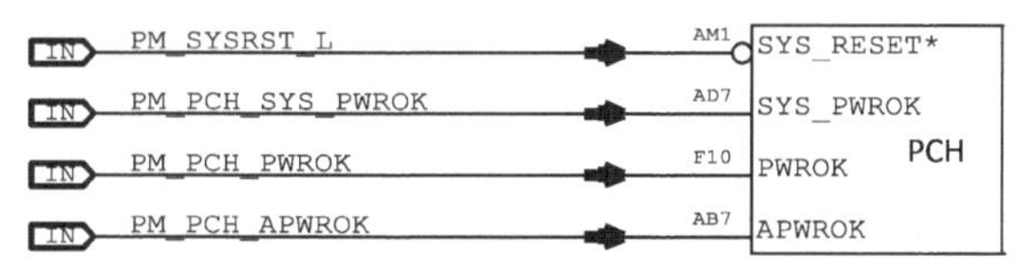

图 13-49　三个 PWROK 送给 PCH 桥

U1900 得到 VDD 供电后，Y1905 晶振产生振荡频率，U1900 得到 VDDIO_A 后，25MHZ_A 脚输出 SYSCLK_CLK25M_SB 到 PCH 桥的 XTAL25_IN 脚，给 PCH 桥内部的时钟模块提供工作频率，如图 13-50 所示。

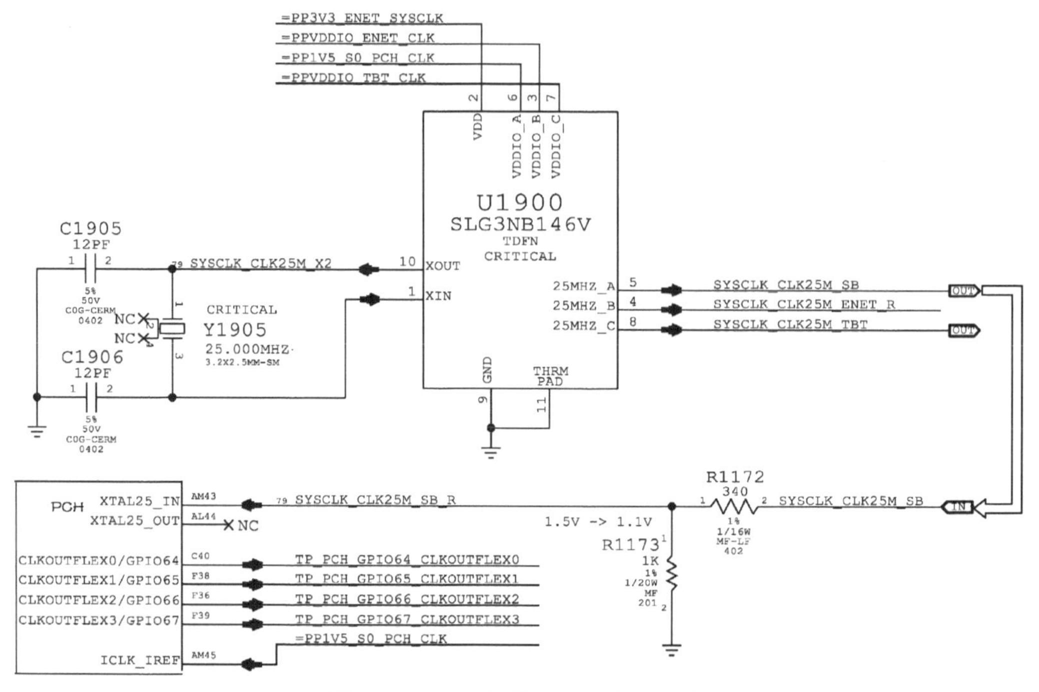

图 13-50　PCH 桥的 25MHz 晶振电路

PCH 桥得到供电、25MHz 时钟后，内部时钟模块开始工作，然后 PCH 桥得到 PWROK、APWROK 后发出 PM_MEM_PWRGD 给 CPU 的 SM_DRAMPWROK 脚，并读取 BIOS 程序配置自身脚位，如图 13-51 所示。

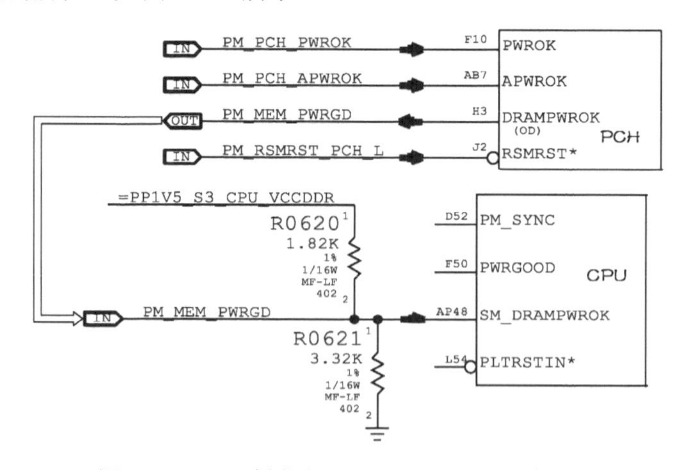

图 13-51　PCH 桥发出 PM_MEN_PWRGD 给 CPU

PCH 桥读到 BIOS 配置好脚位后，发出各路时钟，其中 PCH_CLK33M_PCIIN 时钟返回给 PCH 桥的 CLKIN_33MHZLOOPBACK 脚，给 PCH 桥内部使用，作为 PCH 桥发出复位的关键时钟信号，如图 13-52 所示。

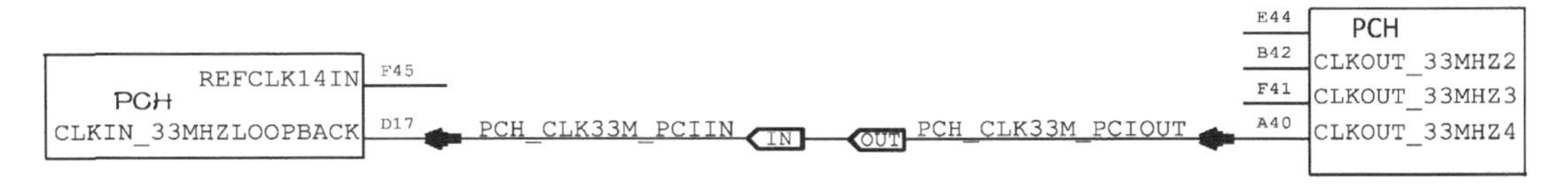

图 13-52　PCH 桥发出 33MHz 时钟返回给 PCH 桥的 LOOPBACK 脚

PCH 桥发出 PROCPWRGD 信号，经 R1440 后改名为 CPU_PWRGD 给 CPU，然后再由 PLTRST#和 PLTRST_PROC#发出 PLT_RESET_L 和 CPU_RESET_L，如图 13-53 所示。

注：对于 PLTRST#等带“#”的信号或引脚，Intel 官方采用的是“#”，苹果公司画图时习惯使用“*”，此处不做统一处理。

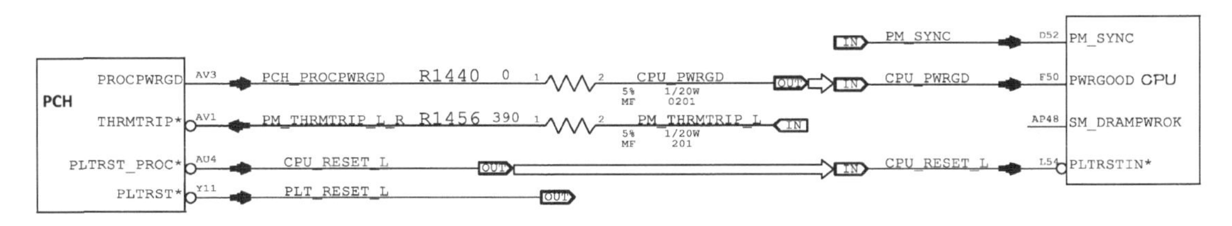

图 13-53　CPU 收到 PG 和复位信号

以上发出的 PLT_RESET_L 信号主要用于复位各个设备，CPU_RESET_L 是发给 CPU 的复位信号。CPU 收到 CPU_PWRGD 和 CPU_RESET_L 后，发出 SVID 调节 CPU 核心供电，波形如图 13-54 所示。

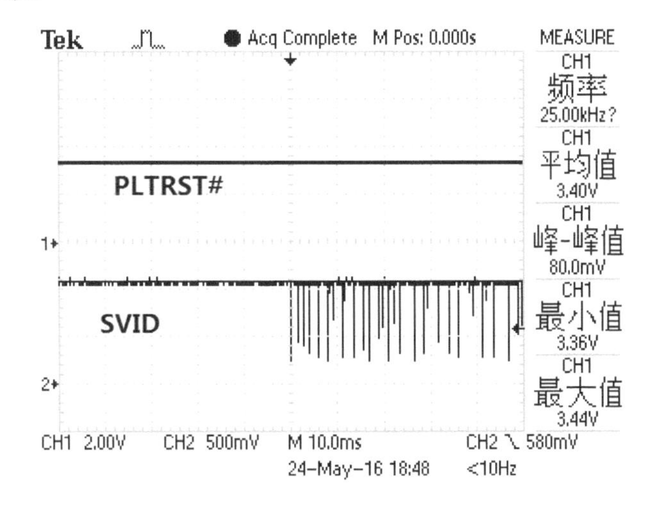

图 13-54　CPU 在 PLTRST#之后发出 SVID 波形

PLT_RESET_L 被改名为 PCA9557D_RESET_L 后送给 U2110 的第 1 脚，与第 2 脚的 PM_SLP_S3_L 相与，产生 MEMVTT_EN，然后 MEMVTT_EN 再送给 U7300 的 S3 脚，去开启内存的 VTT 电压。

CPU 的工作条件满足后，开始寻址、读取 BIOS 程序并自检等。自检完后发出 DP 信号给 J4400 屏接口，屏幕开始显示。DP_INTPNL_AUX_N、DP_INTPNL_AUX_P 信号波形如图 13-55 所示。

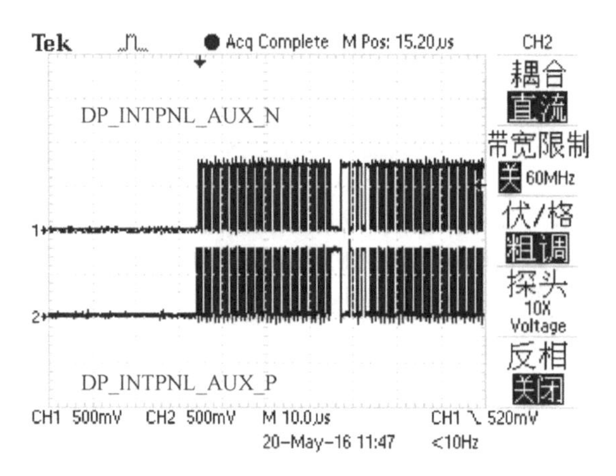

图 13-55　DP_INTPNL_AUX_N、DP_INTPNL_AUX_P 信号波形

备注：本章电路分析中，没分析雷电芯片、摄像头芯片的电路，请知悉。

第14章　苹果A1706（采用Intel第6代低功耗CPU芯片组）时序分析

▷▷ 14.1　Type-C接口通信协议

苹果的新款笔记本，包括A1706机型，都已经全部采用Type-C接口，如图14-1所示。电源适配器和外设（如U盘）都从Type-C接口插入。因此，苹果笔记本电脑电源适配器也变成了Type-C插头，这种适配器目前支持QC3.0以上PD协议。

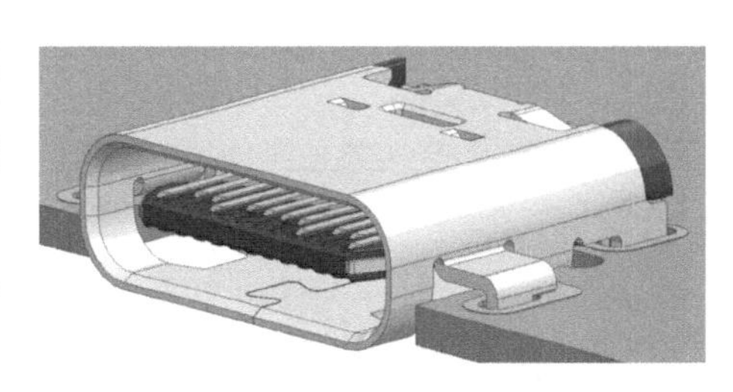

图14-1　Type-C接口

现在很多电子产品都采用Type-C接口充电。Type-C接口支持快充。采用Type-C接口的适配器可以支持多种电压（5V/9V/12V/15V/20V等）输出。采用Type-C接口的设备都有一个负责管理该接口的逻辑控制芯片，该芯片主要负责与适配器通信、协议转换、解码，以及与其他信号（如显示信号等）的转换。Type-C接口引脚定义如图14-2所示。

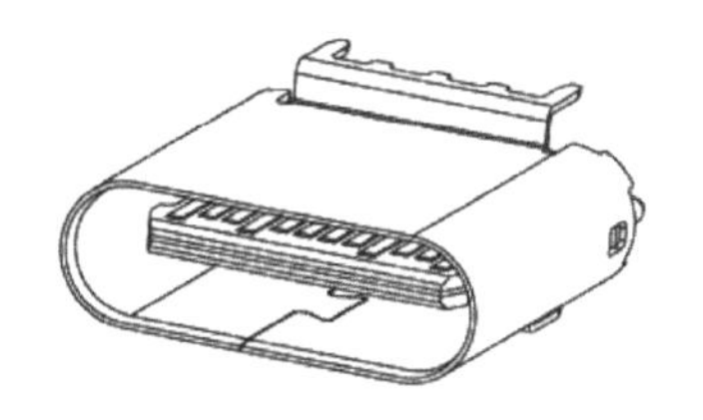

A1	A2	A3	A4	A5	A6	A7	A8	A9	A10	A11	A12
GND	TX1+	TX1−	VBUS	CC1	D+	D−	SBU1	VBUS	RX2−	RX2+	GND
GND	RX1+	RX1−	VBUS	SBU2	D−	D+	CC2	VBUS	TX2−	TX2+	GND
B12	B11	B10	B9	B8	B7	B6	B5	B4	B3	B2	B1

（a）母头

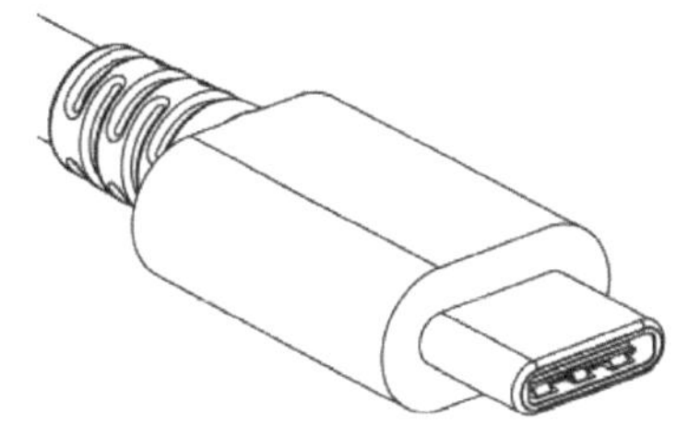

A12	A11	A10	A9	A8	A7	A6	A5	A4	A3	A2	A1
GND	RX2+	RX2−	VBUS	SBU1	D−	D+	CC	VBUS	TX1−	TX1+	GND
GND	TX2+	TX2−	VBUS	VCONN			SBU2	VBUS	RX1−	RX1+	GND
B1	B2	B3	B4	B5	B6	B7	B8	B9	B10	B11	B12

（b）公头

图14-2　Type-C接口引脚定义

适配器与笔记本电脑主板通过接口的 CC（Configuration Channel）总线通信，其通信协议基本如下：

① 当适配器插入笔记本电脑后，会通过 CC 总线告诉笔记本电脑，适配器能够提供多少种电压和对应的电流；

② 笔记本电脑在获悉适配器的供电能力之后，从中选择一个最适合自己的供电方式，并向适配器发送请求数据包；

③ 适配器根据笔记本电脑的选择，评估自身的能力之后，发送“接受”命令；

④ 适配器进行内部电压转换，并向笔记本电脑发送“电源准备好”数据包；

⑤ 适配器向 VBUS 施加协商后的新的供电电压。

经过实际测量，在适配器刚插入笔记本电脑时，适配器默认输出 VBUS 电压只有 5V，当主板和适配器通过 CC 总线完成通信后，VBUS 电压会变成 15V 或 20V，而且在插入适配器的瞬间还可以测到 CC 总线波形，如图 14-3 所示。

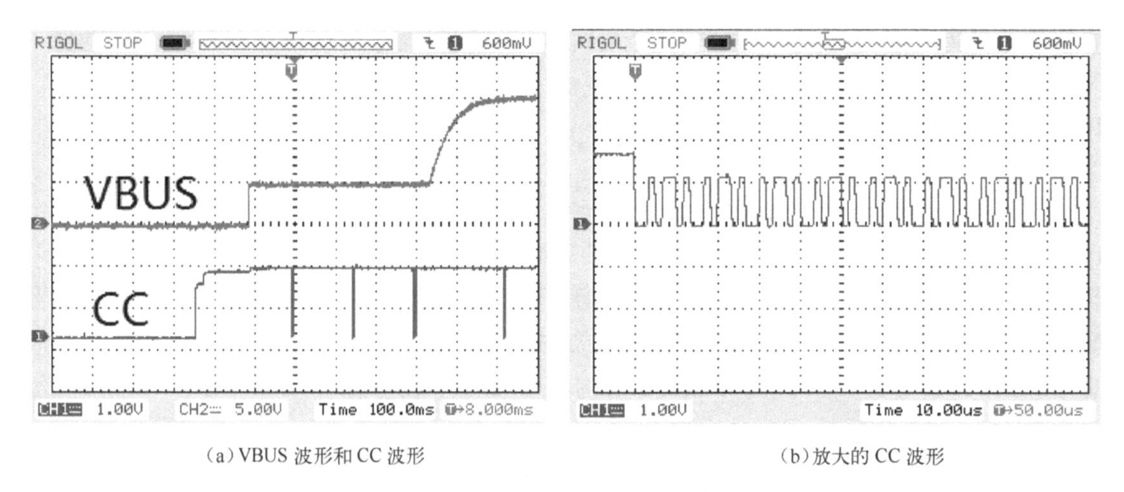

（a）VBUS 波形和 CC 波形　　（b）放大的 CC 波形

图 14-3　VBUS 波形和 CC 波形

▷▷ 14.2　保护隔离电路和 EC 待机时序

苹果 A1706 保护隔离电路和 EC 待机时序如图 14-4 所示。JB500、J3300 分别连接 4 个 Type-C 接口，这 4 个 Type-C 接口分别由 UB300、UB400、U3100、U3200 这 4 个 CD3215A 逻辑芯片管理。根据维修经验得知，这 4 个逻辑芯片其中若有一个损坏，都会引起 4 个接口同时工作异常，如插入适配器无法给电池充电、无法连接外设等。

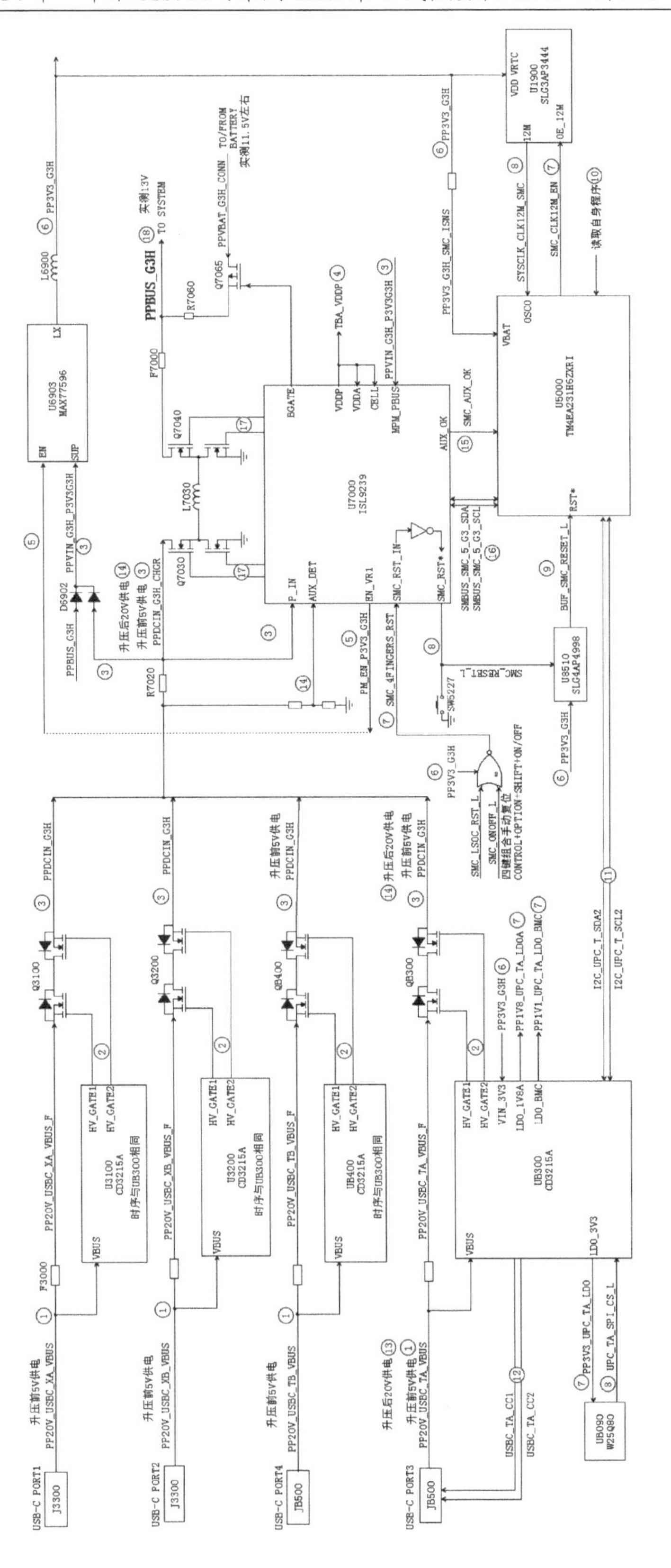

图14-4　苹果A1706保护隔离电路和EC待机时序

公共点电压 PPBUS_G3H 产生的流程如下：

（1）假如适配器从 J3300 接口插入，产生 5V 的 PP20V_USBC_XB_VBUS，送给 U3200 的 VBUS 引脚供电。PP20V_USBC_XB_VBUS 还通过 F3000 电阻送到 Q3200 的 S 极，U3200（CD3215A）控制 Q3200 导通，产生 PPDCIN_G3H。

（2）PPDCIN_G3H 送给充电芯片 U7000（ISL9239）的 P_IN 脚供电，这个供电还给充电芯片的 A5 脚（MPM_PBUS）供电，同时还通过电阻分压送给充电芯片的 D3 脚（AUX_DET）作为适配器电压检测，U7000 得到供电后和分压信号后，输出 VDDP、VDDA 电压。

（3）以上条件满足后，充电芯片 U7000 从 F2 脚输出 PM_EN_P3V3_G3H，送给 U6903（MAX77596）的 EN 脚，开启 PP3V3_G3H 输出。PP3V3_G3H 分别去给 U7000、U5000、U1900、U3200 等芯片提供待机供电。

（4）U3200 得到 PP3V3_G3H 供电后，输出 PP3V3_UPC_XB_LDO、PP1V1_UPC_XB_LDO_BMC、PP1V8_UPC_XB_LDOA 三路线性供电，并通过 SPI 总线读取 U2890 芯片中的程序，配置自身脚位。

（5）充电芯片 U7000 得到 PP3V3_G3H 供电后，产生 EC 复位信号 SMC_RESET_L 输出，再经过 U8510 转换送给 EC（U5000）。EC 得到 PP3V3_G3H 待机供电、SMC_RESET_L 待机复位，以及 U1900 提供的 12MHz 待机时钟 SYSCLK_CLK12M_SMC 后，读取自身程序配置脚位。

（6）EC 脚位配置成功后，通过 I^2C 总线（I2C_UPC_X_SDA2、I2C_UPC_X_SCL2）和 U3200 通信，然后 U3200G 才能过 CC 总线与适配器通信，请求适配器根据要求提供合适电压。适配器通过 CC 总线与 U3200 完成通信后，输出 20V 电压给主板工作。

（7）充电芯片 U7000 的 AUX_DET 脚检测适配器电压正常后，从 AUX_OK 脚输出电源好信号 SMC_AUX_OK 送给 EC，EC 再通过系统管理总线（SMBUS_SMC_5_G3_SCL、SMBUS_SMC_5_G3_SDA）通知充电芯片 U7000 启动 PWM，控制 Q7030 和 Q7040 导通，产生 13V 的公共点电压 PPBUS_G3H 给系统供电。

▷▷ 14.3　苹果 A1706 的 CPU 待机电路和开机电路时序

Intel 第 6 代单 CPU 的待机条件和以往的第 4 代、第 5 代单 CPU 的待机条件有所区别，开机流程参照 Intel 第 6 代低功耗 CPU 标准时序分析，如图 14-5 所示。

▷▷ 14.4　苹果 A1706 的供电、PG、复位电路时序

苹果 A1706 的供电、PG、复位电路时序如图 14-6 所示。

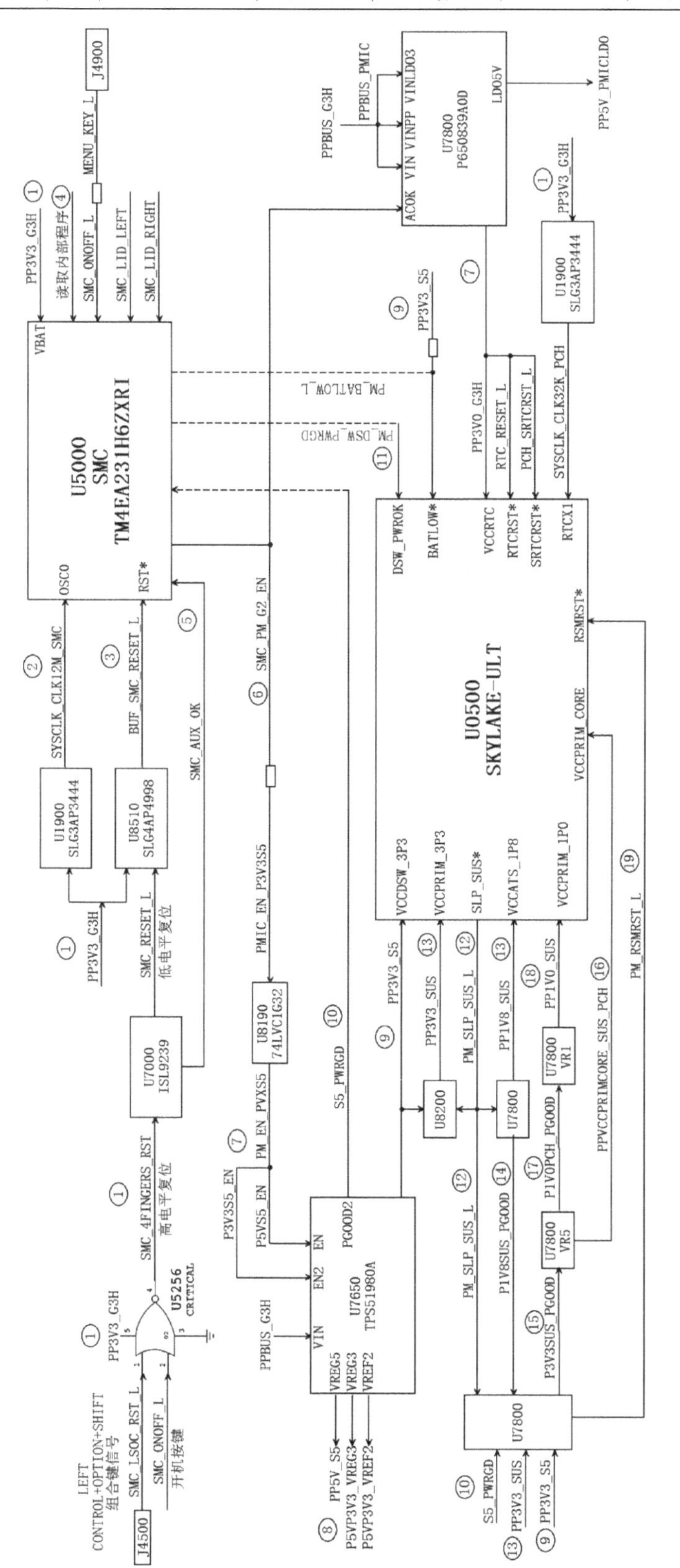

图14-5　苹果A1706的CPU待机电路和开机电路时序

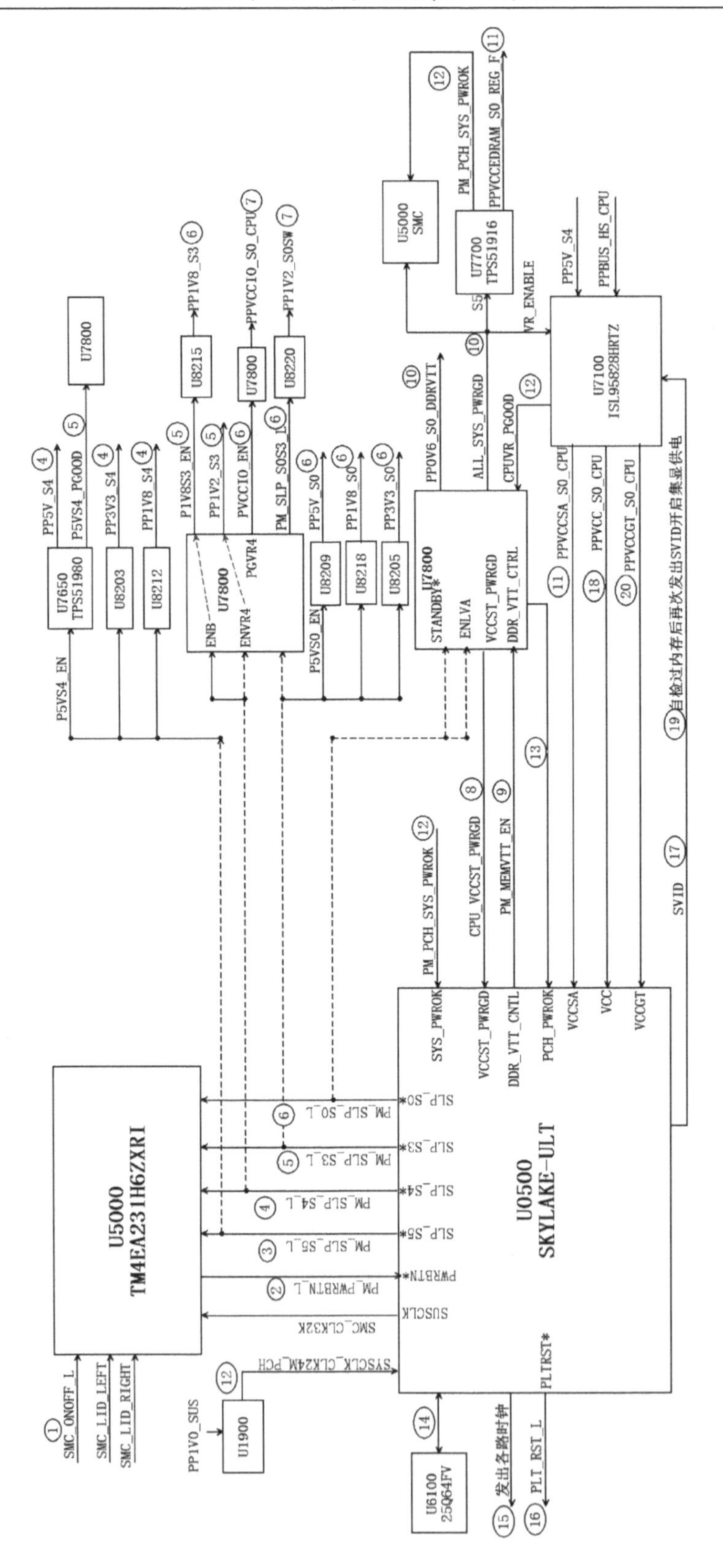

图14-6　苹果A1706供电、PG、复位电路时序

第 15 章　广达 BD9（采用 AMD 第 6 代低功耗 CPU 芯片组）时序分析

AMD 平台主要有 nVIDIA 和 AMD 两大芯片组，目前市面上在售的仅有 AMD 一家的。虽然 nVIDIA 已经退出市场，但还有一定的维修量。本章以广达 BD9 机型电路为例，分析 AMD 芯片组的时序特色。

▷▷ 15.1　架构图

广达 BD9 的架构图如图 15-1 所示。

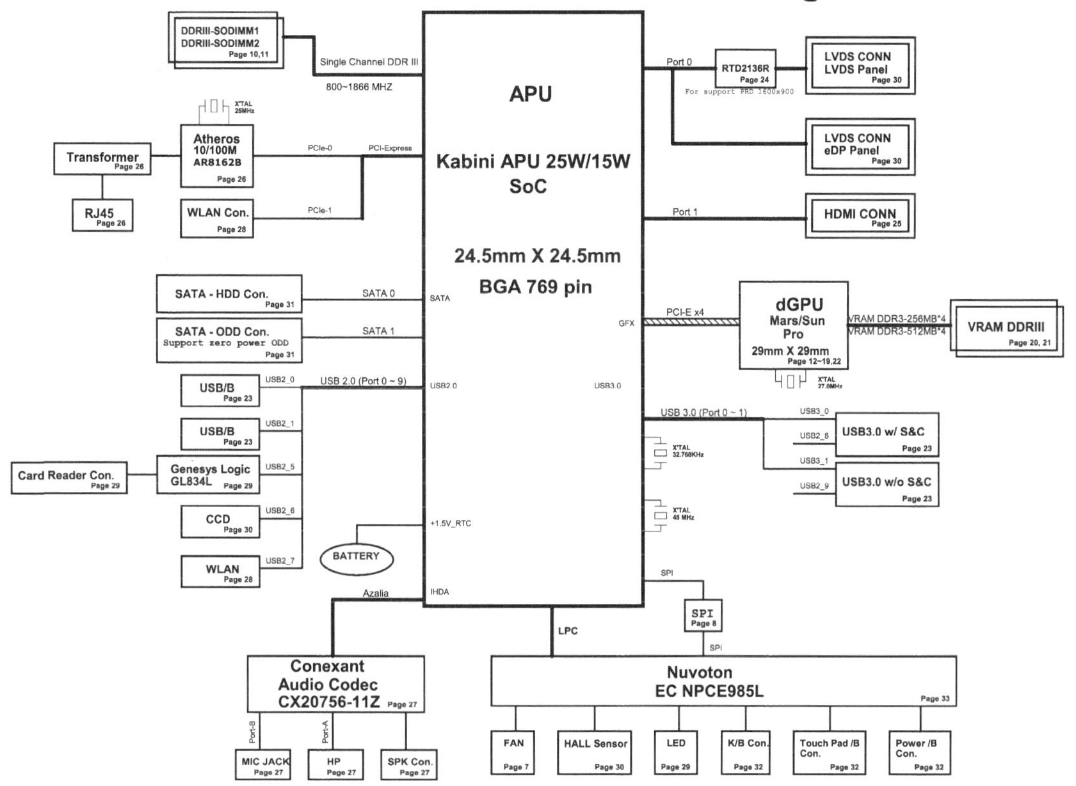

图 15-1　广达 BD9 的架构图

从图 15-1 来看，这是个 AMD 低功耗 CPU 芯片组结构，核心代号为 Kabini，769 个引脚，BGA 封装，支持双通道 DDR3 内存插槽，内存总线频率为 800～1866MHz，APU 直接输出 EDP 显示信号，支持 EDP 显示屏。如果屏幕不支持 EDP 信号（还是以前传统的 LVDS 屏），需要经过 RTD2136R 芯片将 EDP 转换成 LVDS 信号。独立显卡通过 PCIE X4 与 APU 通信，最高支持 2GB 显存。APU 同时支持 USB 2.0 和 USB 3.0 通道。声卡总线没有变化。有线网卡和无线网卡都通过 PCIE X1 总线与 APU 通信。APU 与 EC 依然通过 LPC 总线通信。EC 下面挂有风扇（FAN）控制、霍尔传感器（HALL Sensor，用于 LID 休眠开关）、LED 指示灯、键盘控制器、触摸板控制器、上电信号控制等。APU 旁边挂有 32.768kHz、48MHz 晶振。RTC 供电是 1.5V。这些都是 AMD 低功耗 CPU 芯片组的特色。APU 和 EC 都是通过各自的 SPI 总线共用一个 BIOS。

▷▷ 15.2 AMD 单芯片组简介

从2013 年的 CES 展会开始，AMD 就宣布会面向低功耗设备推出两款 APU（Kabini 和 Temash），前者面向 Ultrathin 笔记本电脑，后者面向 Windows 8 平板电脑，功耗更低。这两款 APU 使用的都是 AMD 新一代的 Jaguar 架构，是前代的 Bobcat 架构的升级版。

代号为 Kabini 的 APU，主要面向小尺寸（13.3 英寸以内）触屏笔记本电脑。AMD 称这是第一款也是唯一一款 x86 架构的四核 SoC 处理器。

▷▷ 15.3 公共点电压产生电路

公共点电压产生电路如图 15-2 所示。

适配器电压从 PCN2 接口的 4、5、6 脚进入，命名为 DC_JACK，经过 PF2 熔断电阻后再改名为 VA1。VA1 分成两路：一路经过 PD5 整流二极管改名为 VA2，VA2 再经地 PR85 毫欧检流电阻后改名为 VA3，VA3 再经过 PR98 和 PR111 两个 220kΩ电阻分压，然后送到 PQ4 的 G 极，控制 PQ4 导通产生 VIN 公共点电压。VA1 的另一路经过 PD6 分成三路，一路经过 PR117 和 PR116 两个电阻分压后变成 AC_SET_EC 送给 EC，另一路经过 PR84 送给 ISL88732 的 22 脚 DCIN，再一路由 PR90、PR100 串联分压后送给 ISL88732 的第 2 脚 ACIN（适配器插入检测脚）。当 ISL88732 得到 DCIN 后，从第 3 脚输出 VREF 参考电压 3.2V 给芯片内部使用，再从第 21 脚输出 VDDP 线性电压 5.2V。这个 5.2V 线性电压分别给芯片的 VCC 供电，给充电 PWM 电路 LGATE 脚提供驱动电压，给 BOOT 脚提供自举基准电压。当以上条件满足后，ISL88732 第 13 脚 ACOK 开漏输出，由外部 +3VPCU 上拉为高电平后，改名为 ACIN 送给 EC，通知 EC 适配器已经插入。

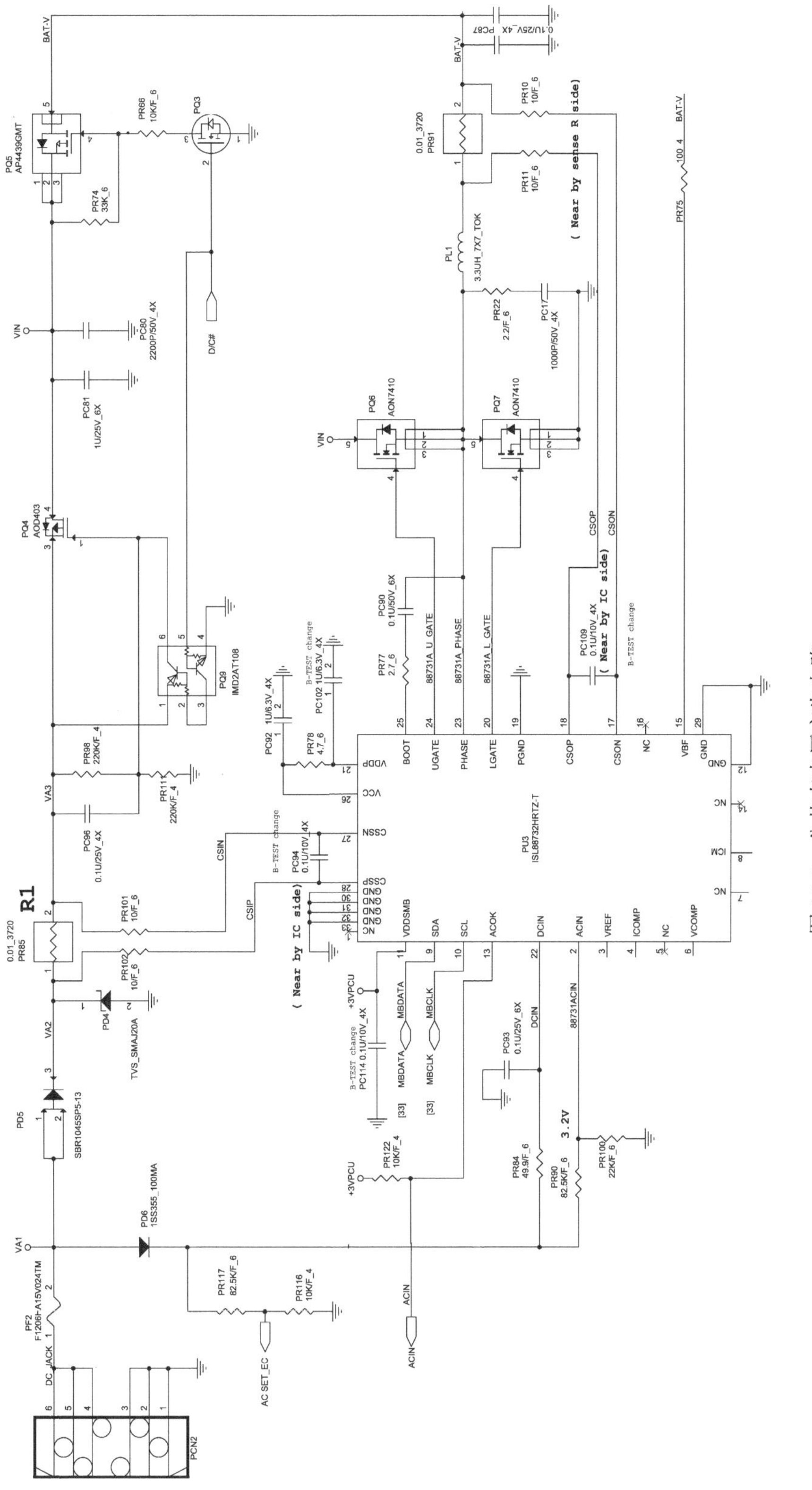

图 15-2 公共点电压产生电路

15.4　待机电路

15.4.1　3V、5V 待机电路

待机 PWM 芯片是 RT8223P。3V、5V 待机电压产生电路如图 15-3 所示。

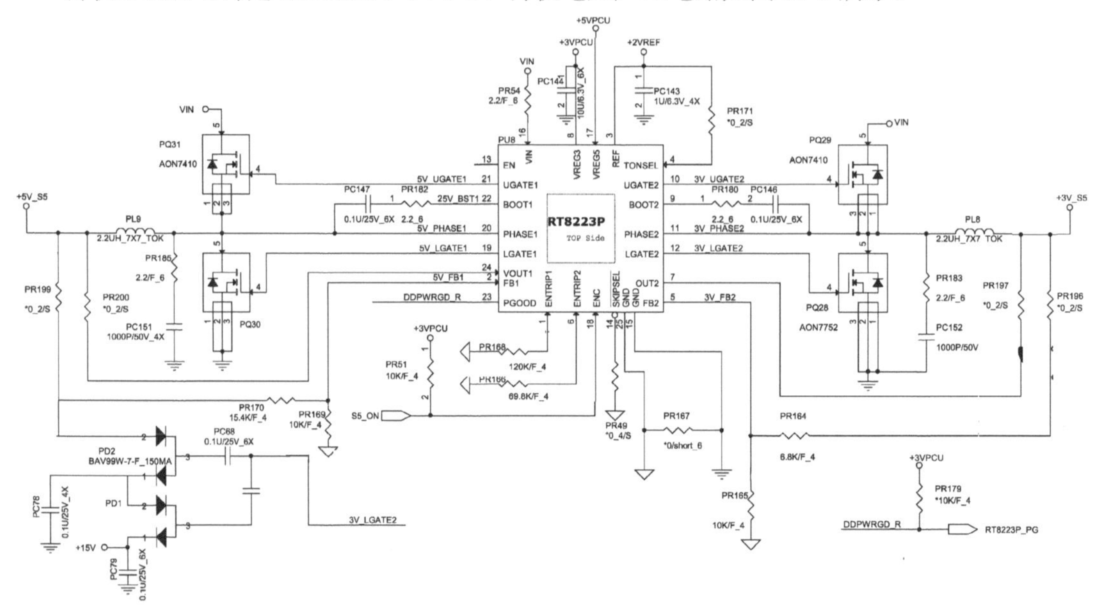

图 15-3　3V、5V 待机电压产生电路

公共点电压 VIN 通过 PR54 给 RT8223P 提供主供电，第 13 脚 EN 悬空，依次开启 REF、VREG3、VREG5 三路线性电压。REF 输出后通过 PR171 与 TONSEL 相连，用于设置 PWM 频率。根据数据手册描述，设置的频率是 300kHz、375kHz。RT8223P 的第 1 脚 ENTRIP1 和第 6 脚 ENTRIP2 分别通过 PR168 和 PR166 电阻到地，用于极限电流设置和准备 PWM 开启（此时 PWM 还不会有输出，要等待第 18 脚 ENC 的开启信号）。

VREG3 线性输出后改名为+3VPCU，+3VPCU 通过 R138 和 L2 分别给 EC 的 AVCC 和 VCC 脚提供待机电压，如图 15-4 所示。

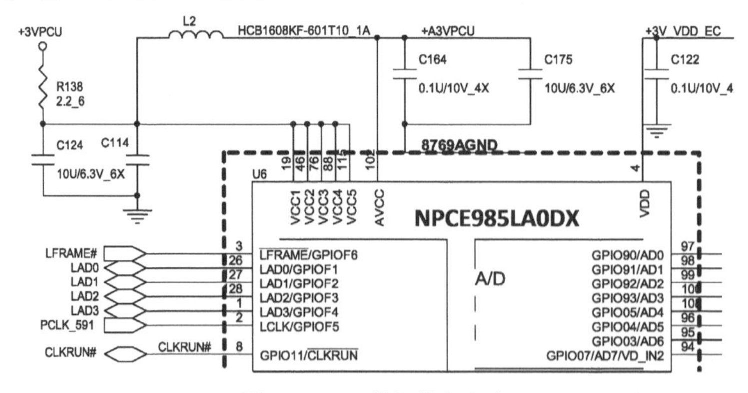

图 15-4　EC 待机供电电路

此 EC 内置时钟，+3VPCU 通 R100 改名为 VCC_POR#给 EC 的 85 脚提供待机复位见图 15-5（a），EC 从 26 脚自动发出 S5_ON 给 RT8223P 的 18 脚 ENC，由+3VPCU 经过 PR51 上拉（见图 15-3），用于开启+3V_S5 和+5V_S5 两路 PWM 输出。+3V_S5 产生后给 BIOS 供电，EC 通过 SPI 总线（EC 脚位 86、87、90、92）读取 BIOS 配置脚位，如图 15-5（b）所示。

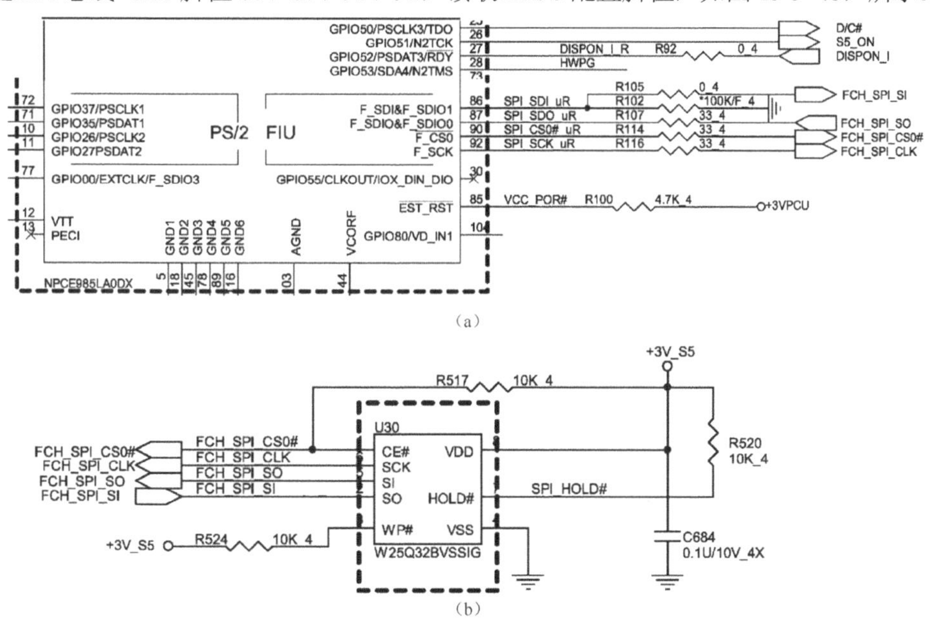

图 15-5　EC 条件满足后读取 BIOS 程序

注意：从图 15-1 中可以看到，EC 和桥模块通过 SPI 总线共用一个 BIOS。

EC 正确读取到 BIOS 程序配置好脚位后，EC 会关闭+3V_S5、+5V_S5 两路 PWM 输出以节能（等待按开关触发后，再次开启两路 PWM 输出），并通过 ACIN 信号检测适配器，如图 15-6 所示。

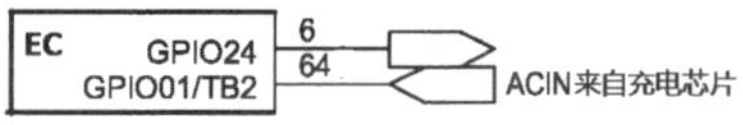

EC　GPIO24　GPIO01/TB2　6　64　ACIN来自充电芯片

图 15-6　EC 的适配器检测信号

▷▷▷ 15.4.2　桥模块待机电路

+3VPCU 线性电压或+BAT 的 CMOS 电池电压经过 D31 双二极管给 U29 供电，U29 再输出+1.5V_RTC 给桥的 RTC 模块供电，如图 15-7 所示。

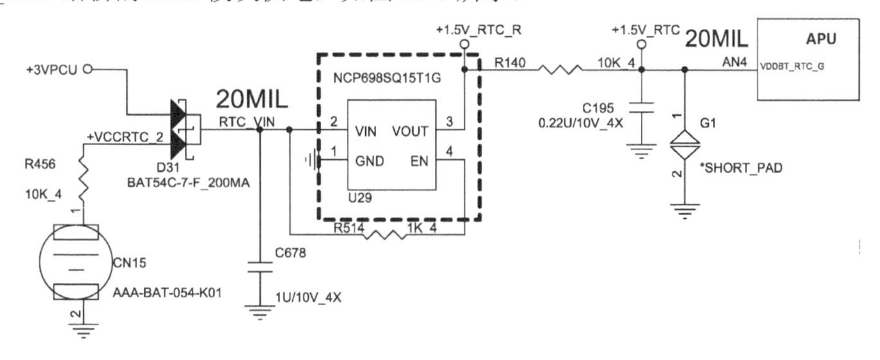

图 15-7　RTC 供电电路

桥模块的 RTC 得到供电后，32.768kHz 晶振起振，如图 15-8 所示。

桥模块的 VDD_33_ALW 待机供电直接来自+3V_S5，如图 15-9 所示。

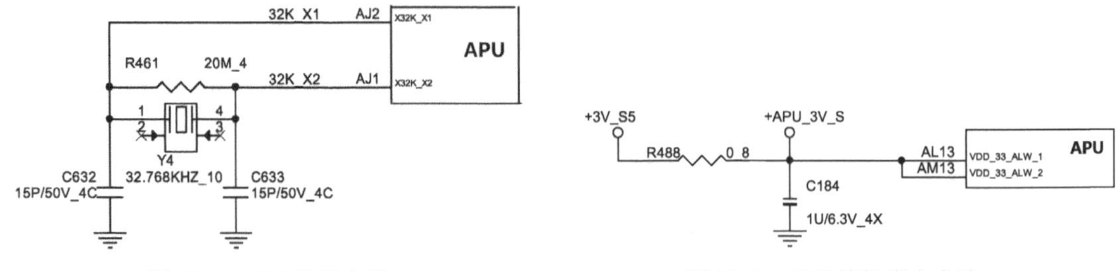

图 15-8　RTC 晶振电路　　　　图 15-9　APU 待机供电电路

桥模块的声卡模块待机供电 VDDIO_AZ_ALW_1、VDDIO_AZ_ALW_2 来自 PU5 产生的+1.5V_S5，如图 15-10 所示。

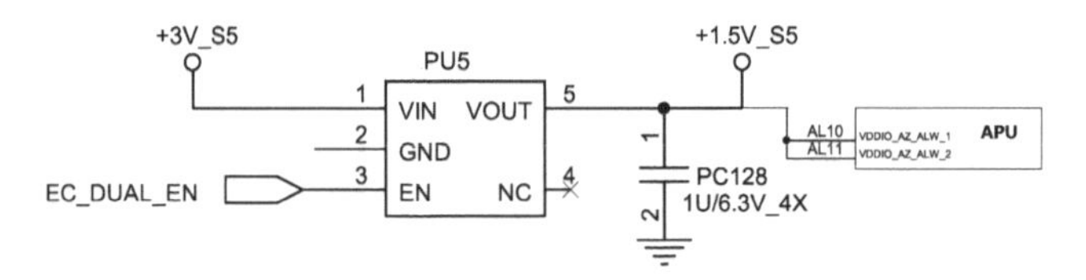

图 15-10　声卡模块待机供电电路

桥模块的 VDD_18_ALW_1 和 VDD_18_ALW_2 待机供电如图 15-11 所示。

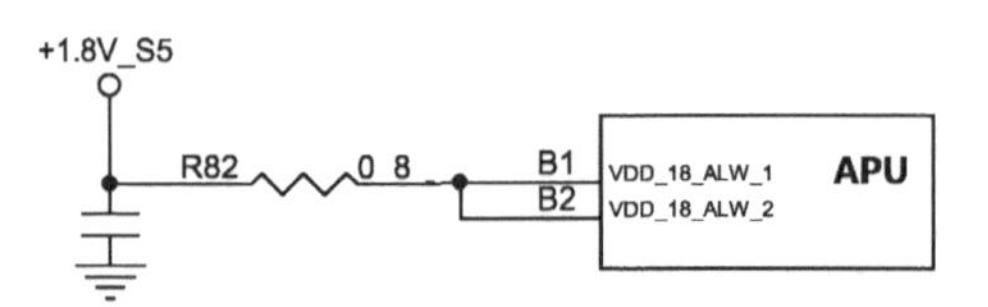

图 15-11　APU 的 1.8V 待机供电电路

VDD_18_ALW_1 和 VDD_18_ALW_2 供电来自 PU7 控制的 PWM 电路产生的+1.8V_S5，如图 15-12 所示。

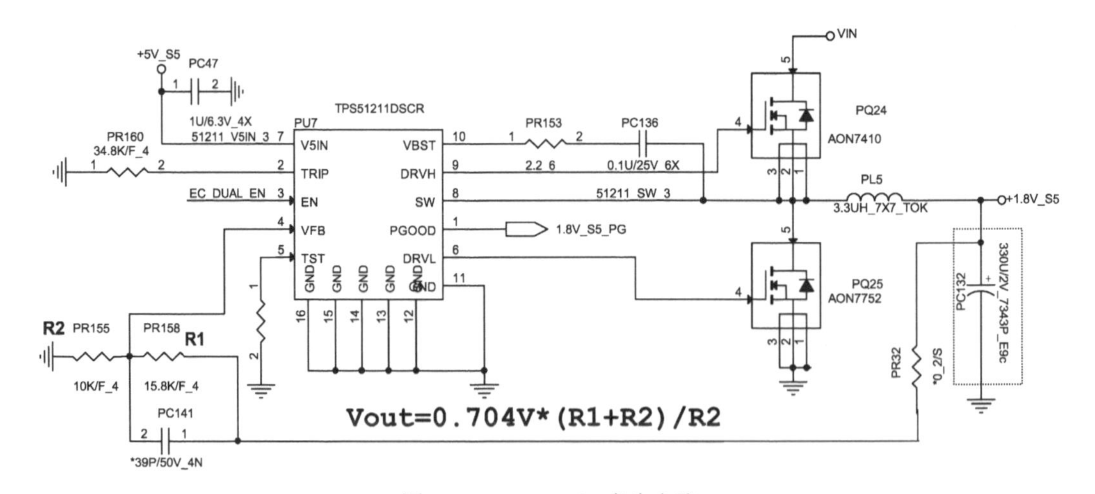

图 15-12　+1.8V_S5 产生电路

桥模块的 0.95V 待机供电（VDD_095_ALW_*）由+0.95V_DUAL 提供，如图 15-13 所示。

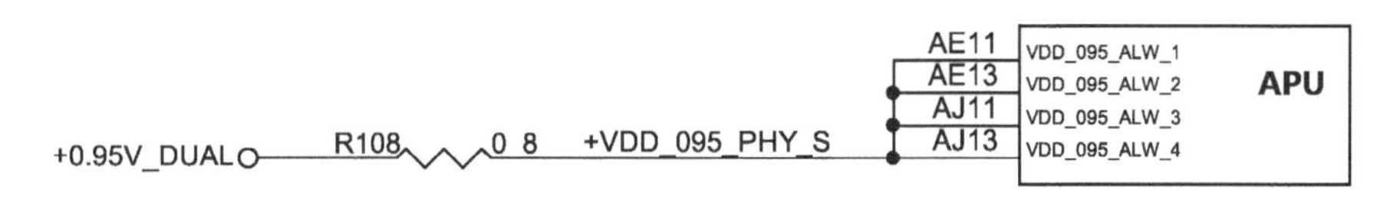

图 15-13　+0.95V_DUAL 供电电路

+0.95V_DUAL 供电来自 PU9 控制的 PWM 电路，如图 15-14 所示。

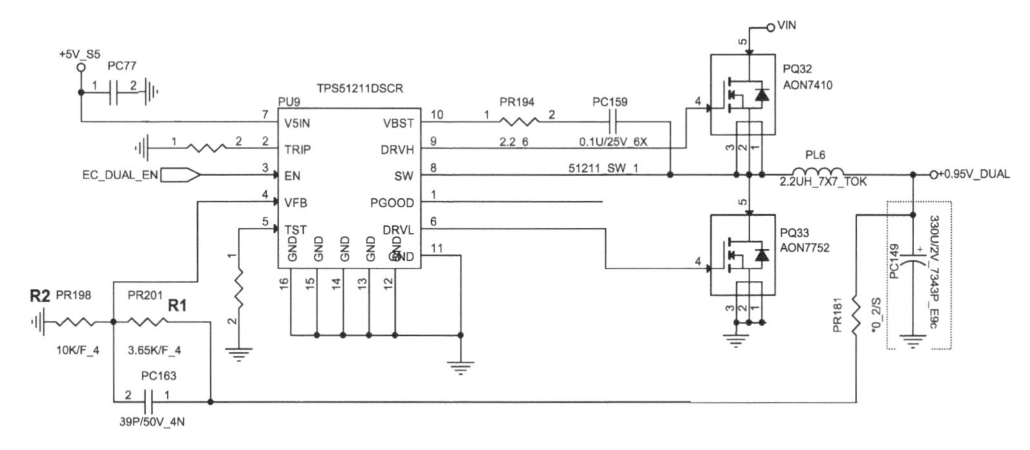

图 15-14　+0.95V_DUAL 产生电路

桥模块的 RSMRST#由+1.8V_S5 上拉，通过 D7 二极管受控于 EC，如图 15-15 所示。

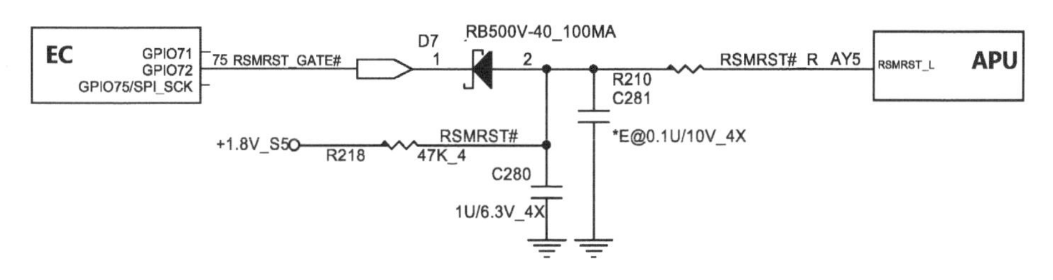

图 15-15　RSMRST#产生电路

▷▷ 15.5　触发上电电路

▷▷▷ 15.5.1　触发电路

按下开关后，产生高-低-高 NBSWON#触发信号进 EC 的 95 脚，EC 收到 NBSWON#信号后从 91 脚输出 DNBSWON#，经 R115 电阻后改名为 DNBSWON#送给桥模块的 PWR_BTN_L 脚，桥模块收到 PWR_BTN_L 后，桥依次发出 SLP_S5#、SLP_S3#去开启其他各路供电，如图 15-16 所示。

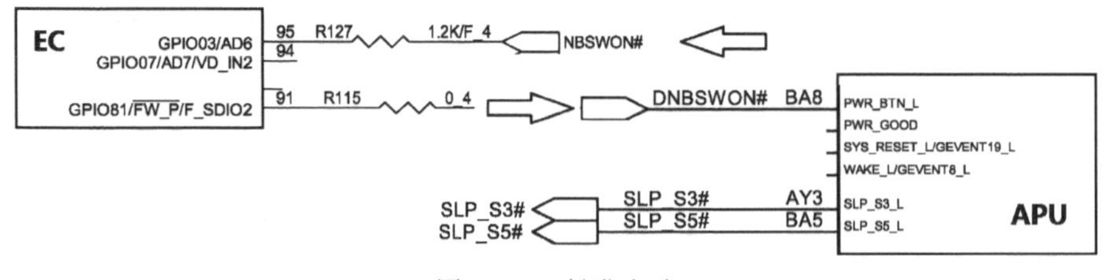

图 15-16　触发电路

15.5.2　上电电路

SLP_S5#、SLP_S3#信号分别送到 EC 的 73、94 脚，EC 收到 SLP_S5#、SLP_S3#信号后，分别发出 SUSON、MAINON，如图 15-17 所示。

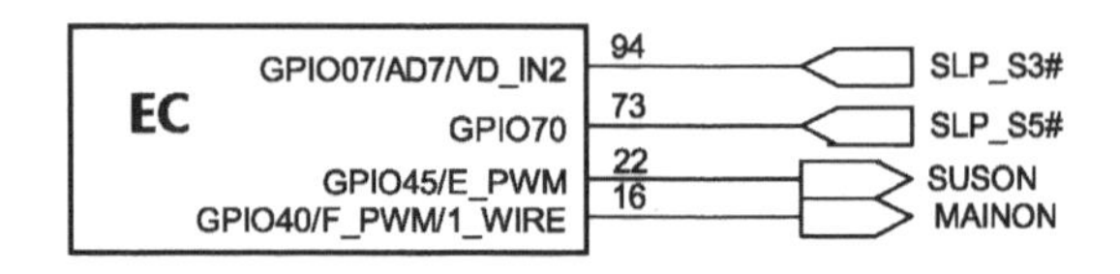

图 15-17　EC 收到 SLP_S*#信号后发出 SUSON、MAINON

内存供电产生电路如图 15-18 所示。EC 发出的 SUSON 经过 PR133 电阻后改名为 S5_1.5V 送给 PU4（TPS51216）的 16 脚，S5_1.5V 经过 PR28 后改名为 S3_1.5V 送给 PU4 的 17 脚。PU4 在供电、开启等条件正常后，分别控制产生+1.5VSUS、+SMDDR_VTERM 两路内存供电。+1.5VSUS、+SMDDR_VTERM 供电正常后，PU4 从 20 脚 PGOOD 输出 HWPG_1.5V 信号。

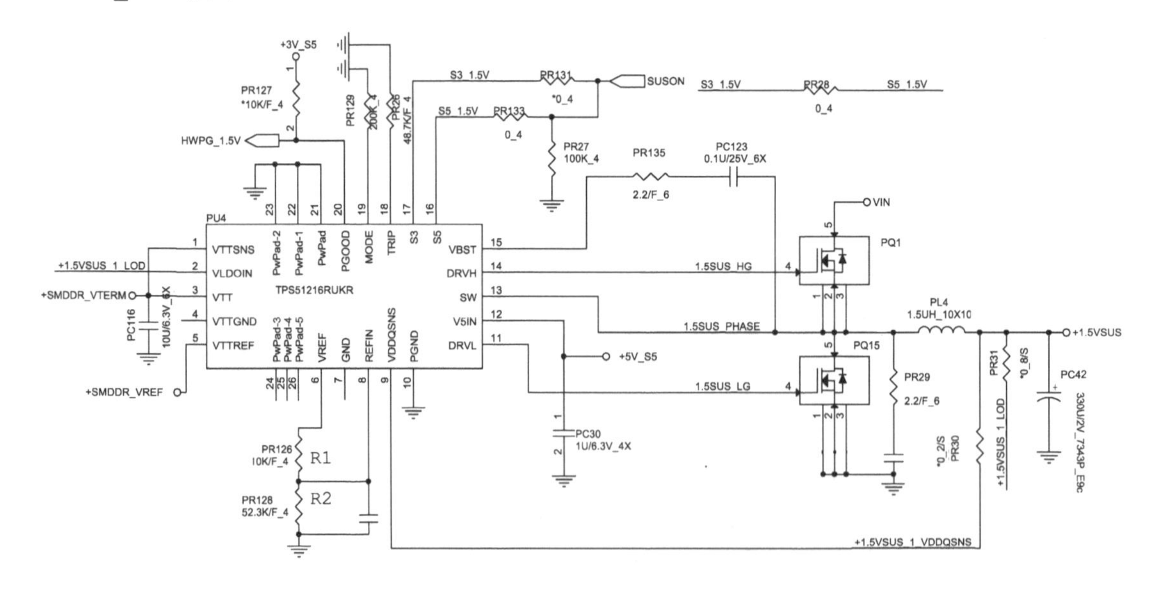

图 15-18　内存供电产生电路

HWPG_1.5V、1.8V_S5_PG（来自 1.8V 待机供电芯片）、RT8223P_PG（来自 3V\5V 待机供电芯片）三个 PG 信号分别通过 R72、R67、R593 汇总到一起产生 HWPG，由+3VPCU 通过 R68 上拉，HWPG 进入 EC 的 28 脚，EC 收到 HWPG 后，发出 MPWROK 信号，如图 15-19 所示。

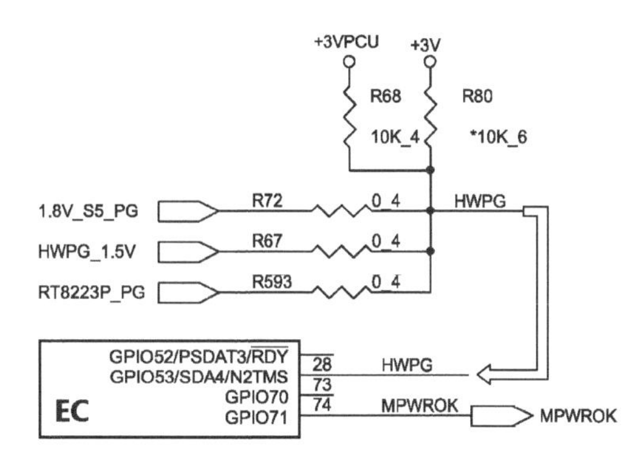

图 15-19　MPWROK 产生电路

MAINON 从 EC 发出后控制 PQ8 导通，导通后 PQ8 的第 3 脚变成低电平，使 PQ11A、PQ11B、PQ12A、PQ12B、PQ35A、PQ35B 全都截止，+15V 通过 PR109 把 MAIND 上拉为高电平，如图 15-20 所示。

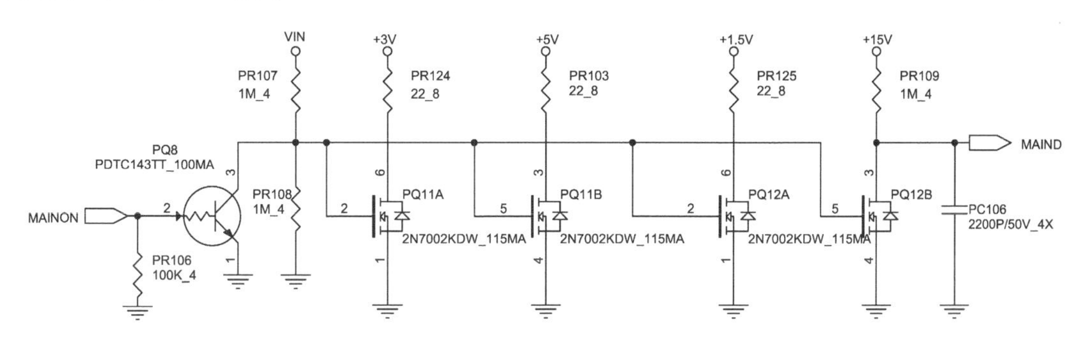

图 15-20　MAIND 产生电路

MAIND 信号分别将+3V_S5 转成+3V、+5V_S5 转成+5V、+1.5VSUS 转成+1.5V、+0.95V_DUAL 转成+0.95V、+1.8V_S5 转成+1.8V，如图 15-21 所示。

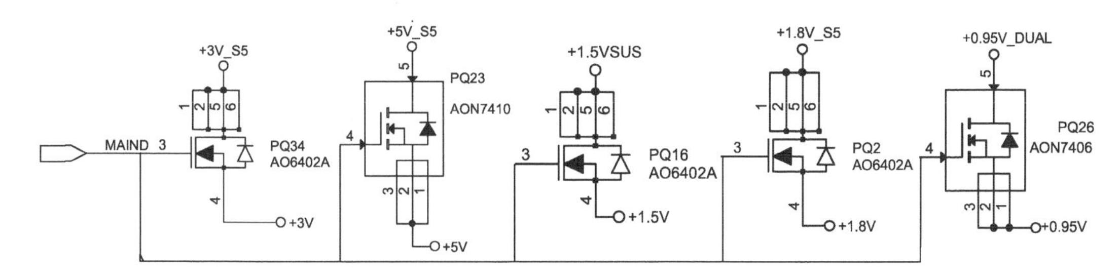

图 15-21　各路 S0 电压产生电路

EC 在发出 SUSON、MAINON 后延时发出 VRON，VRON 通过 PR81 送给 PU1（ISL6277）开启+VDD_CORE（CPU 核心供电）、+VDDNB_CORE（CPU 内部北桥模块供电），此时 PU1 工作在 PVID 状态，如图 15-22 所示。

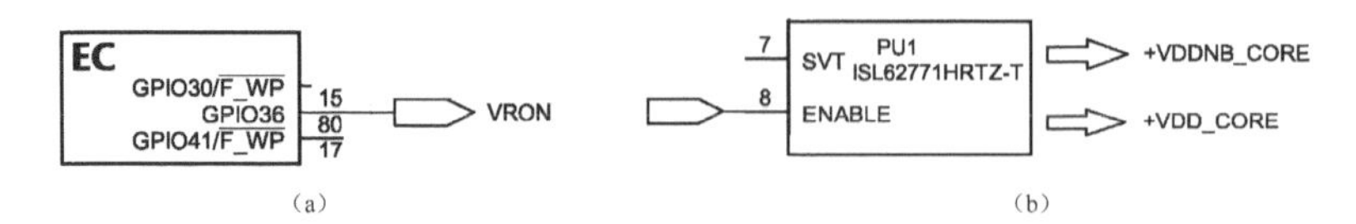

图 15-22　VRON 开启 CPU 供电

+VDD_CORE、+VDDNB_CORE 供电正常后，PU1 输出 VRM_PWRGD，如图 15-23 所示。

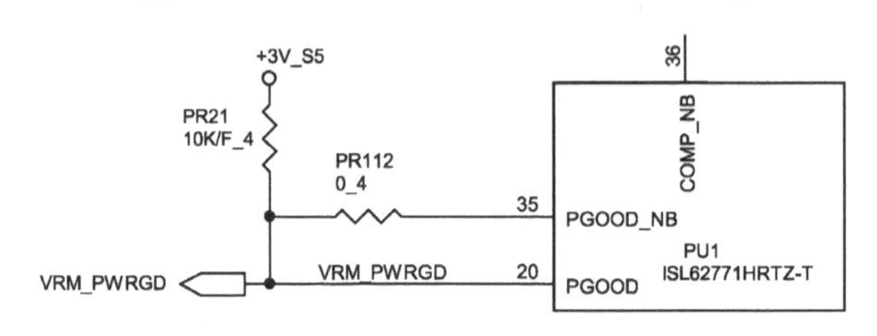

图 15-23　PU1 发出 VRM_PWRGD

VRM_PWRGD 和 MPWROK 汇总到一起，产生 FCH_PWRGD，送到桥模块的 PWR_GOOD 脚，如图 15-24 所示。

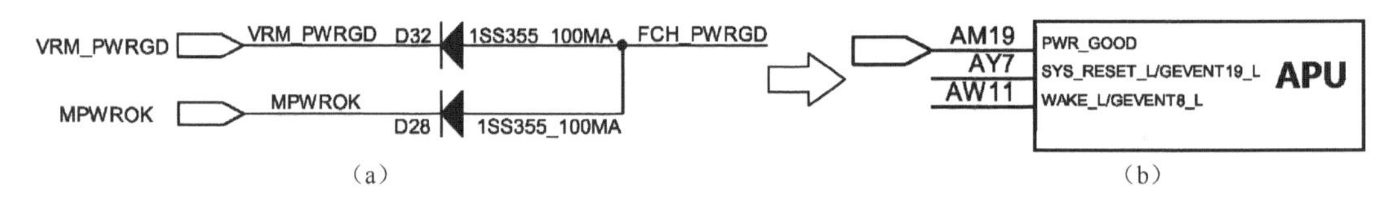

图 15-24　APU 收到 PWR_GOOD

桥模块得到供电后 48MHz 开始起振，收到 PWR_GOOD 信号后输出各路时钟信号，如图 15-25 所示。

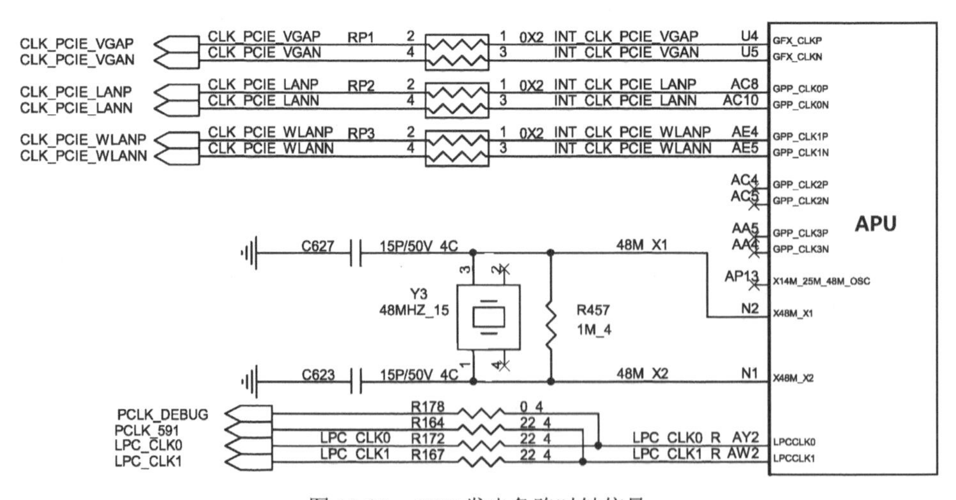

图 15-25　APU 发出各路时钟信号

桥模块的 APU_PWROK 和 LDT_PWROK 汇总输出 APU_PWRGD，APU_RST_L 和 LDT_RST_L 汇总输出 APU_RST#，接着输出 SVC、SVD、SVT 等信号，如图 15-26 所示。

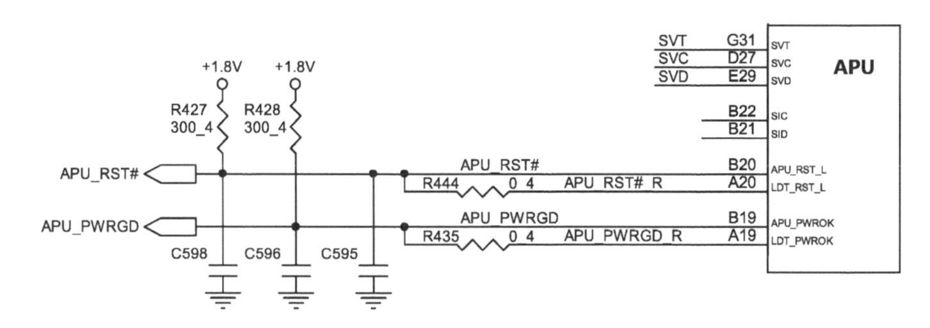

图 15-26　APU 输出 APU_PWRGD 和 APU_RST#

APU_PWRGD、SVT、SVC、SVD 分别经过 R424、R44、R43、R36 后改名为 CPU_PWRGD_SVID_REG、APU_SVT、APU_SVC、APU_SVD，再送给 PU1（ISL6277），使 PU1 工作在 SVID 模式，如图 15-27 所示。

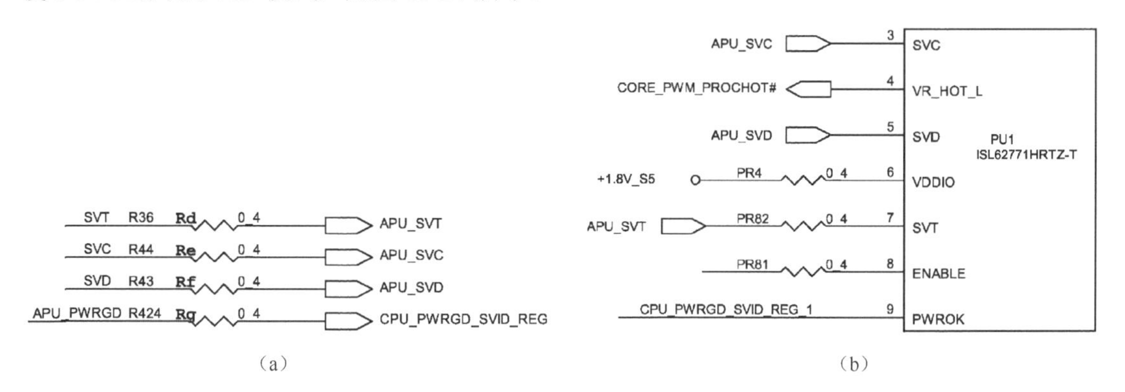

（a）　　　　（b）

图 15-27　SVID 信号送给 PU1

PU1（ISL6277）收到 PWROK 和 SVID 信号后，会根据 SVID 重新调整输出电压。

▷▷ 15.6　总结

① 在第 5 代芯片组（采用 FCH 架构）中，RTC 供电采用 3.3V；到了这一代芯片组（采用第 6 代低功耗 CPU 架构）中，RTC 供电变成了 1.5V。

② 在第 5 代芯片组中，采用的晶振是 25MHz 的；在这一代芯片组（采用第 6 代低功耗 CPU 架构）中，采用的晶振是 48MHz 的。

③ 在 3V、5V 待机供电的基础上，CPU 的桥模块在待机的时候，多了几个待机电压，具体如下：

VDDIO_AZ_ALW（1.5V 声卡模块供电）

VDD_18_ALW（1.8V 桥模块供电）

VDD_33_ALW（3.3V 桥模块供电）

VDD_095_USB3_DUAL（0.95V USB 模块供电）

VDD_095_ALW（0.95V 网卡模块供电）

④ 桥模块在待机的时候为什么要这么多电压呢？笔者认为是因为现在的电脑全面支持 UEFI BIOS，电脑在按开关开机之前需要完成自检动作，所以在待机时就需要各个模块的供电（内存供电、CPU 核心供电除外）。当按开关触发后，UEFI 直接引导系统快速进入桌面，完成 2～6s 开机动作，完全颠覆了传统开机自检顺序（传统 BIOS 在按开关触发上电后才读取 BIOS 程序并自检，等自检完了再引导操作系统）。也就是说，现在的 UEFI BIOS 在开机前就已经完成了自检。

⑤ 有人会问，这么多待机电压会不会增大待机电流呢？笔者认为是不会的，因为这种电脑的功耗非常低，何况最耗电的 CPU、独立显卡供电都没输出呢，就算整机启动，最大电流也不过 300～500mA。

第16章　DELL N4110（采用HM6x芯片组）时序分析

DELL N4110为一款采用Intel 6系列芯片组的电脑。本章以该机为例，略过RTC电路，讲解Intel 6系列芯片组的详细时序。

⊳⊳ 16.1　G3状态

插入适配器产生+DCIN_JACK，经过FL2后转换为+DC_IN给PQ29的S极供电，然后分压给PQ29的G极，导通PQ29产生+DC_IN_SS，如图16-1所示。

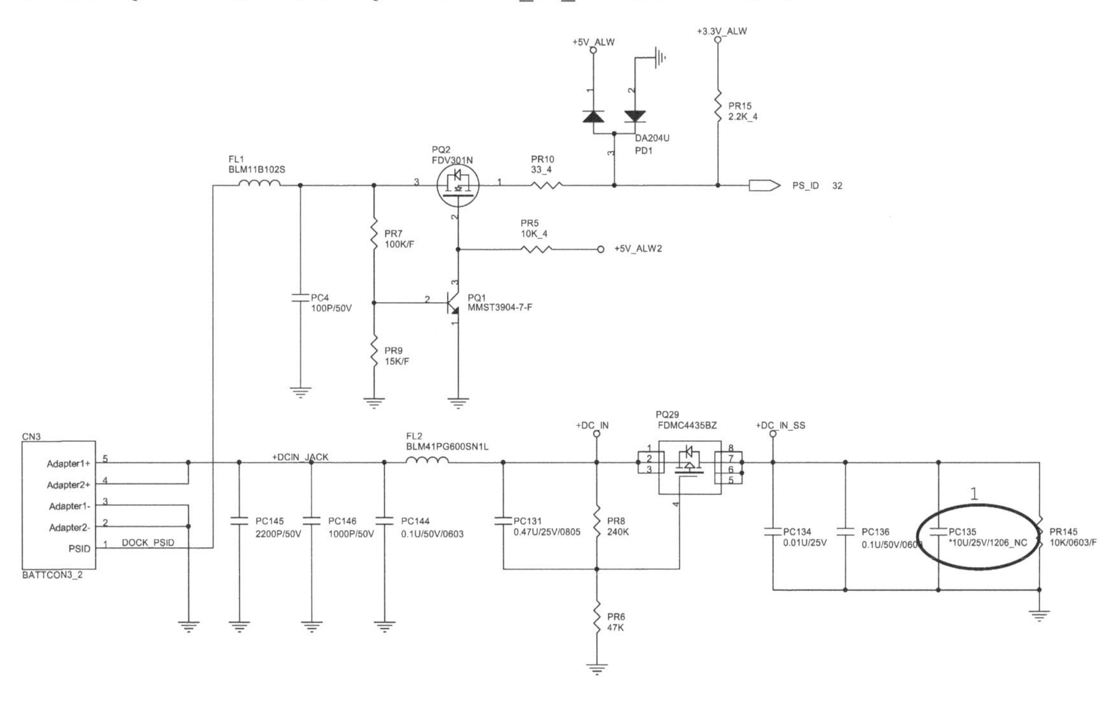

图16-1　适配器插入电路

注：DELL电脑电源接口处有个PS_ID信号，此信号与苹果电脑的ONE-WIRE一样，EC通过此信号获取适配器参数。PQ1和PQ2组成过压保护电路：当适配器PSID脚电压高于5.3V后，经过PR7和PR9分压给PQ1的B极，将会使PQ1导通，拉低PQ2的G极，PQ2截止。PS_ID和CN3的PSID脚断开，EC无法获取适配器信息，会导致不能充电等故障。

图 16-2 是维修用的 DELL 电源头的解剖图。

图 16-2　维修用的 DELL 电源头解剖图

戴尔笔记本电脑电源适配器的输出接口比较特殊：其外壁是负极，内壁是正极，中间还有一根小针与电源适配器内的 ID 信息存储芯片相连。戴尔笔记本电脑通过这个芯片识别插入的适配器的型号。

ID 信息存储芯片 2929/2501/DS2501/2502 采用 TO92 封装，有 3 只引脚，其中 3 脚为空脚。这些芯片为 512 字节、工作于 1-Wire 总线的 EPROM 芯片，内部存有戴尔电源适配器 ID、功率等信息。这些信息可以通过最少的接口访问，例如微控制器的一个端口引脚。DS2501 有一个工厂刻度的注册码，其中包括 48 位唯一序列码、8 位 CRC 校验码和 8 位家族码（09h）以及 512 位的用户可编程 EPROM 组成。2929/2501/DS2501/2502 进行编程和读取操作的电源全部来自 1-Wire 总线。采用 1-Wire 协议，即仅通过一条信号线和一条地线，实现数据的串行传输。读取数据时电压不得高于 6V，编程时要求电压 12V。

+DC_IN_SS 送给 PQ31，经过体二极管产生小电流的公共点电压，+DC_IN_SS 还去 PQ27 的 G 极，PQ27 截止，电池被隔离，如图 16-3 所示。同时，+DC_IN_SS 还给 PU1（ISL88731）的 DCIN 供电，并分压给 ACIN。当 DCIN 有电之后，ISL88731 产生 5.2V 的 88731_LDO。88731_LDO 给 VCC 供电，芯片内部产生基准电压 3.2V。当 ACIN 电压高于 3.2V（也就是+DC_IN_SS 电压高于 17V），ACOK 开漏输出。由 88731_LDO 分压产生 3.18V 的高电平 ACAV_IN，控制 PQ3 导通。PR13 和 PR14 形成分压，PQ31 完全导通，产生大电流的公共点电压 PWR_SRC。

公共点电压 PWR_SRC 给 PU7（RT8206）的 VIN 供电，并且分压给 ONLDO，PU7 从 LDO 脚输出+5V_ALW2，如图 16-4 所示。

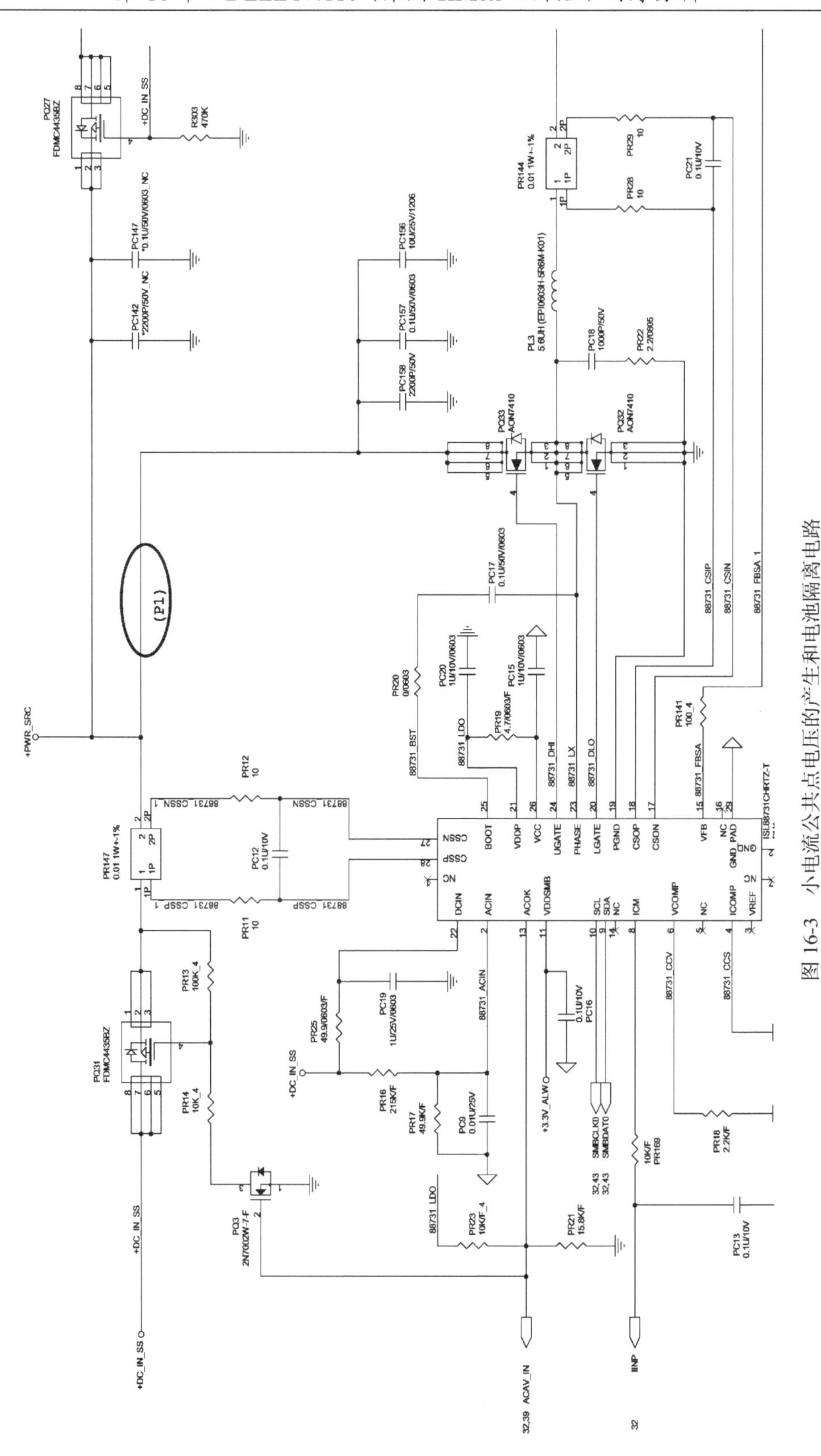

图 16-3　小电流公共点电压的产生和电池隔离电路

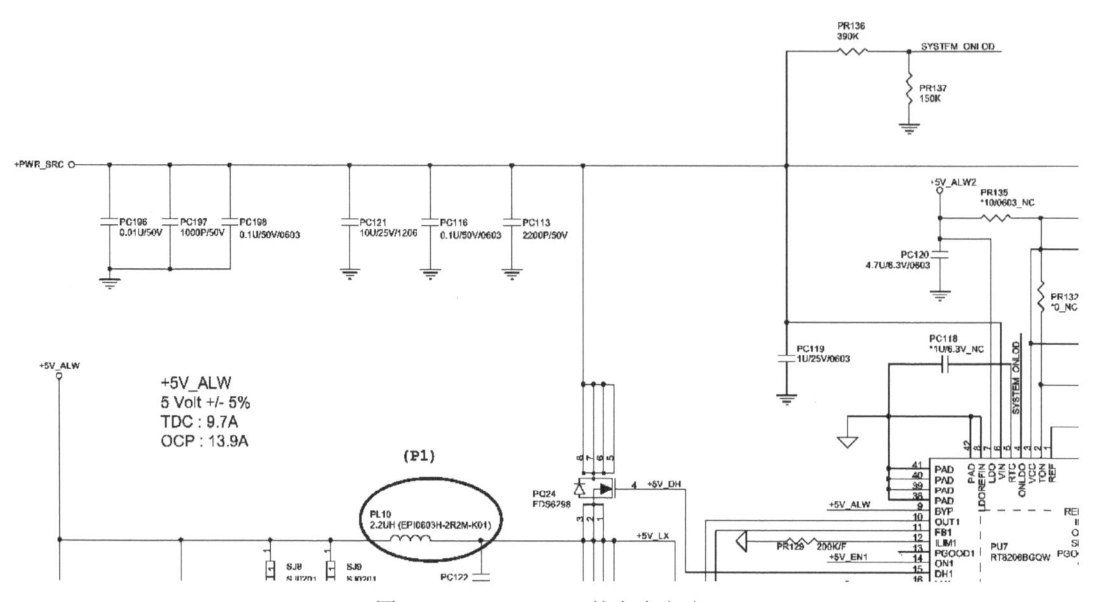

图 16-4　+5V_ALW2 的产生电路

高电平的 ACAV_IN 使 Q12 导通，拉低 LATCH，Q13 截止，+5V_ALW2 上拉 3.3V_ALW_ON，如图 16-5 所示。（电池模式下需要按开关拉低 POWER_SW_IN0#，控制产生 3.3V_ALW_ON，EC 再发出 ALW_ON 维持其为高电平；USB_CHG_DET#连接到 SATA+USB 接口 CN7，关机状态下，只要插入了 USB 设备，也可以产生高电平的 3.3V_ALW_ON。产生 EC 待机供电后，EC 检测到 USB 设备插入，会打开 USB 关机充电功能。）

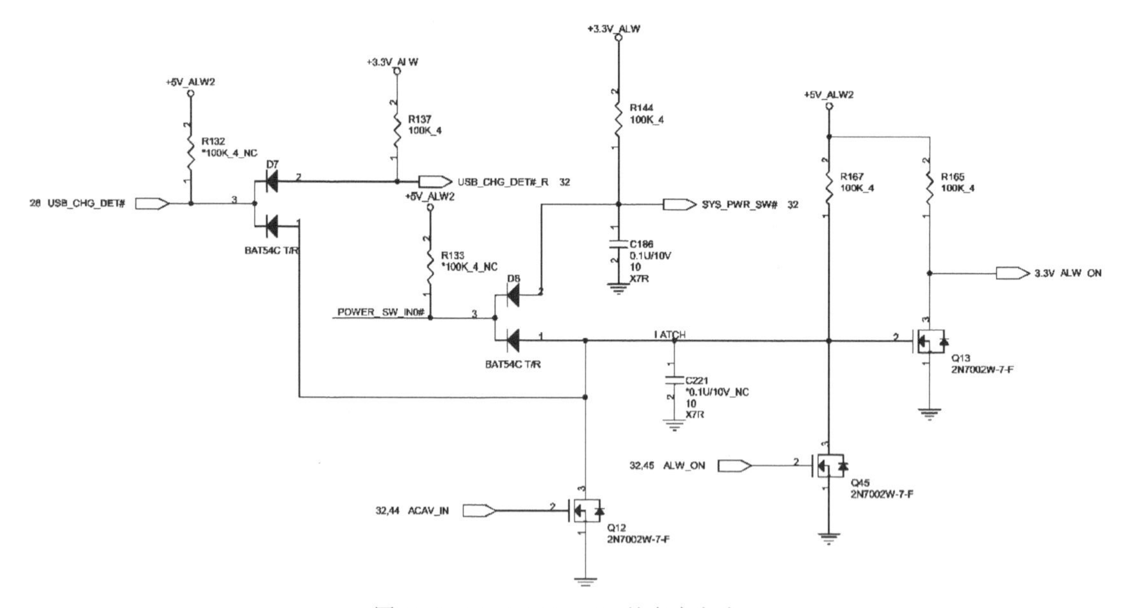

图 16-5　3.3V_ALW_ON 的产生电路

3.3V_ALW_ON 转换为+3.3V_EN2，如图 16-6 所示。THERM_STP#为温控信号：当上电后出现过温，才会拉低+3.3V_EN2。

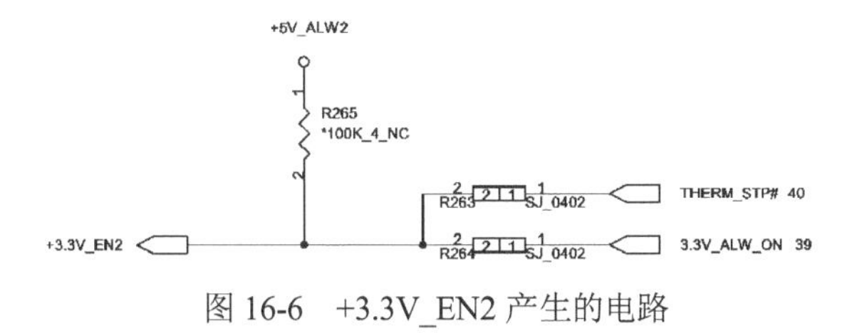

图 16-6　+3.3V_EN2 产生的电路

+3.3V_EN2 送给了 RT8206 的 ON2，用于开启第二路 PWM，产生+3.3V_ALW，如图 16-7 所示。

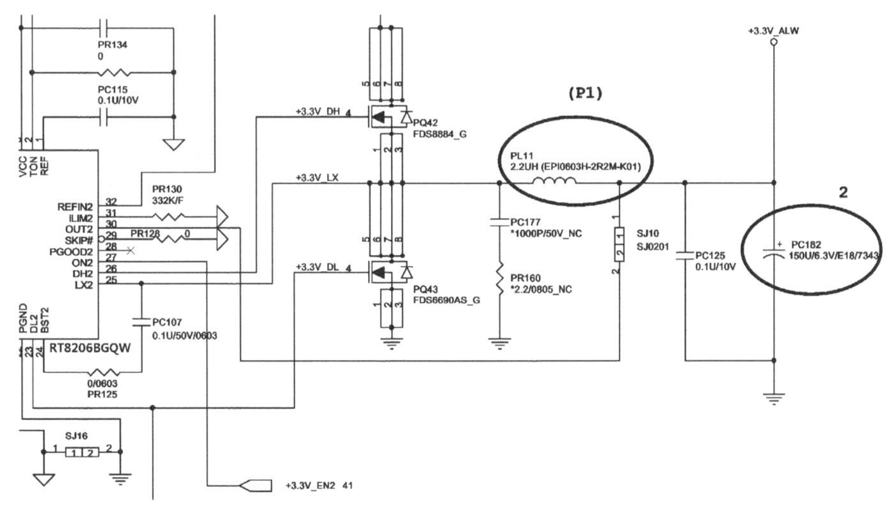

图 16-7　+3.3V_ALW 的产生电路

同时，+5V_ALW2 会与第二路 PWM 的 DL2（下管驱动方波）通过 PD3、PD4 电路的两次自举升压产生+15V_ALWP，如图 16-8 所示。

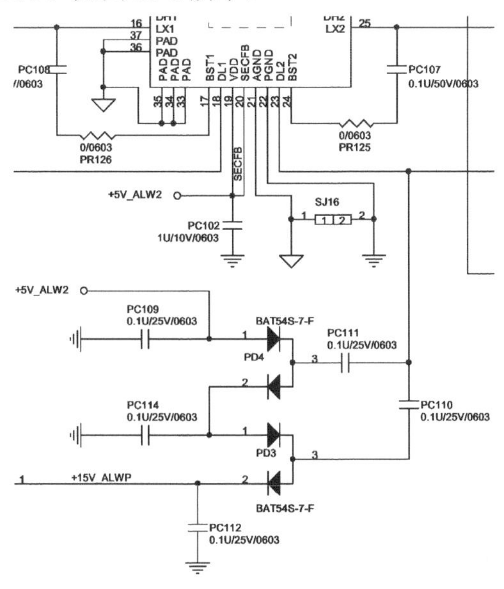

图 16-8　15V 自举升压电路

+3.3V_ALW 经过 L3 转换为+3.3V_ALW_AVCC，送给了 U2（EC），作为待机电压，如图 16-9 所示。

该机的 EC 是无须 32.768kHz 晶振的，如图 16-10 所示。

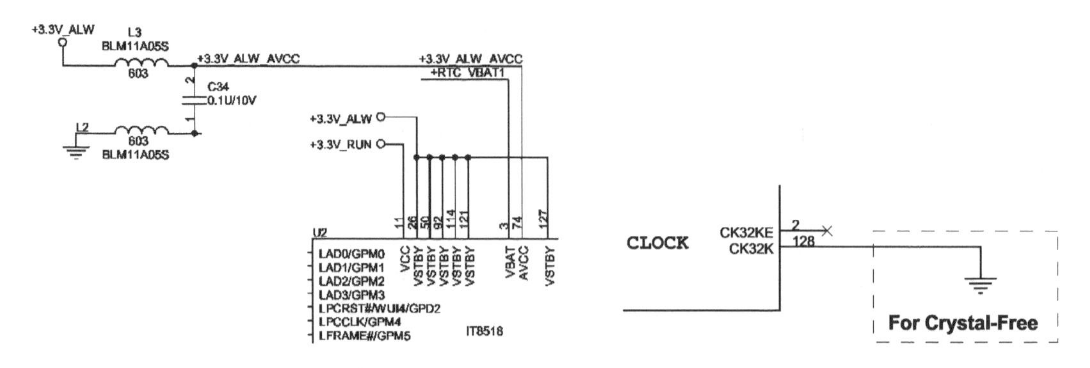

图 16-9　EC 得到待机供电　　　　图 16-10　EC 无须晶振

+3.3V_ALW 通过 R56 和 C92 的延时，产生 WRST#送给 EC 的 14 脚，做 EC 的复位信号，如图 16-11 所示。

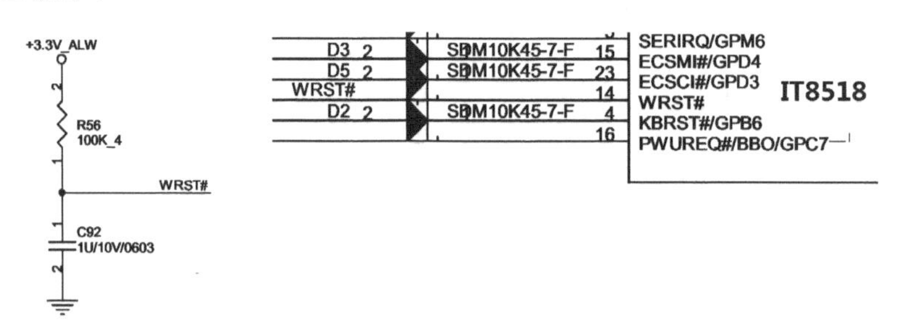

图 16-11　EC 的复位电路

EC 通过 101、102、103、105 脚的 SPI 总线读取 ROM（U1），配置自身脚位，如图 16-12 所示。

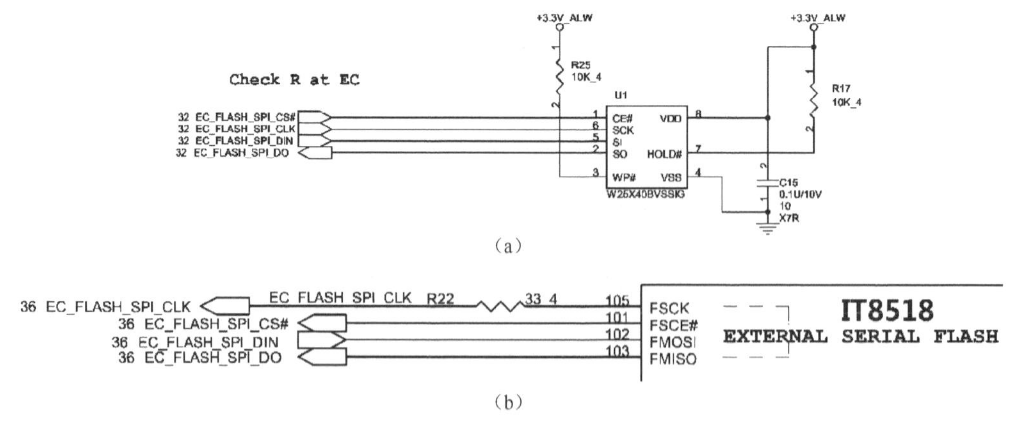

图 16-12　EC 读取程序

EC 读取程序并配置脚位后，就可以识别到 21 脚的适配器插入检测信号，如图 16-13 所示：当 ACAV_IN 为低电平时，21 脚就会被拉为低电平；当 ACAV_IN 为高电平时，21 脚一定需要芯片内部程序配置完后，才会为高电平。R62 位置没装元件。

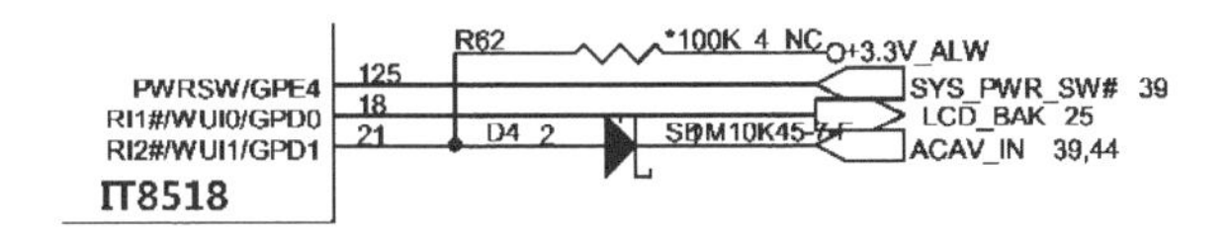

图 16-13　EC 识别到适配器

EC 检测到适配器存在后，自动发出 ALW_ON，如图 16-14 所示。

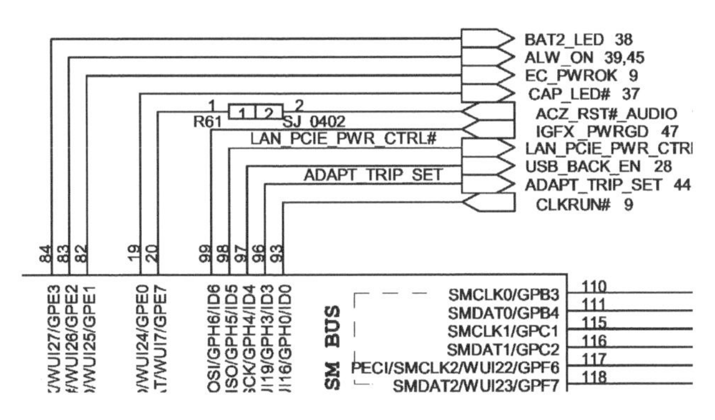

图 16-14　EC 发出 ALW_ON

ALW_ON 转换为+5V_EN1，控制 PQ21 导通，PQ20 也就导通了，+15V_ALWP 通过 PQ20 转换为+15V_ALW，如图 16-15 所示。

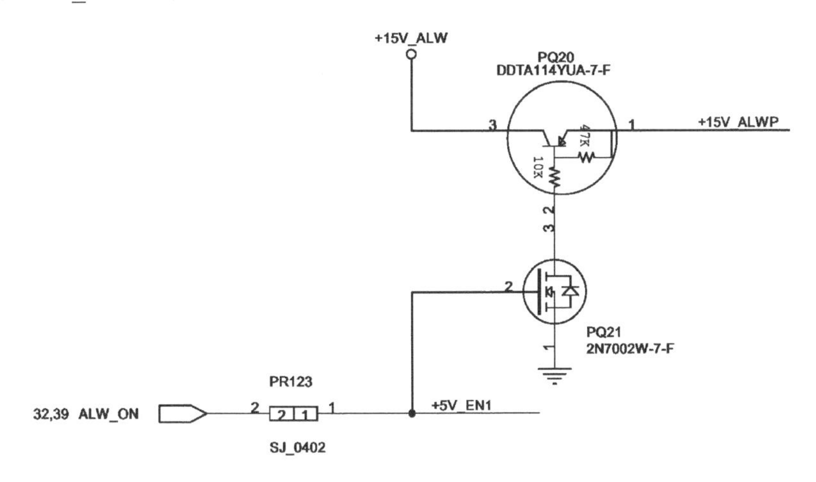

图 16-15　+15V_ALW 的产生电路

+5V_EN1 还去了 RT8206 的 ON1，用于控制产生+5V_ALW，如图 16-16 所示。

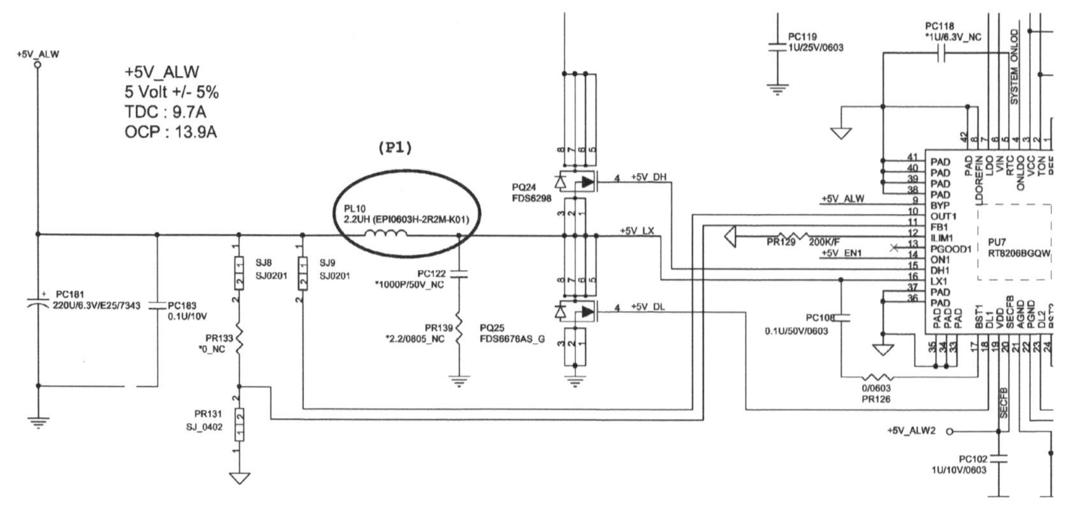

图 16-16　+5V_ALW 的产生电路

▷▷ 16.2　触发

J4 是开关接口。按下开关，在 J4 接口第 3 脚产生低电平的 POWER_SW_IN0#开机信号，如图 16-17（a）所示。POWER_SW_IN0#通过 D8 拉低 SYS_PWR_SW#，如图 16-17（b）所示。

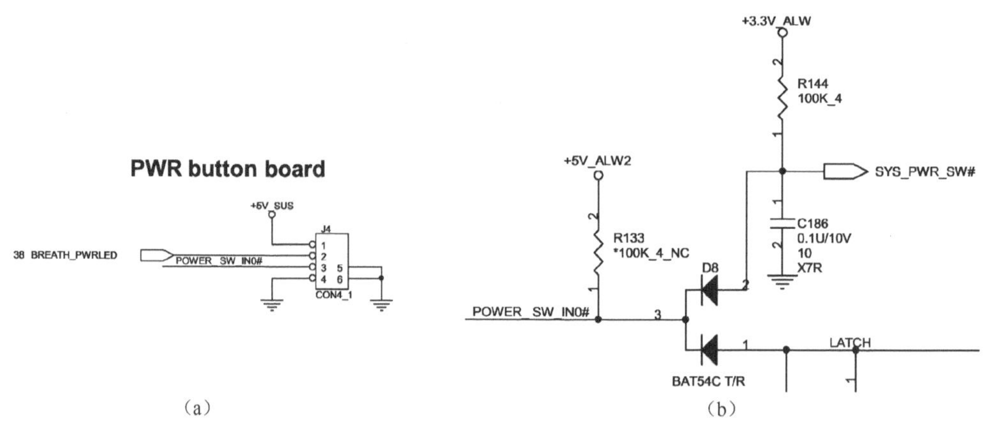

图 16-17　开关触发电路

SYS_PWR_SW#送给了 EC 的 125 脚，如图 16-18 所示。

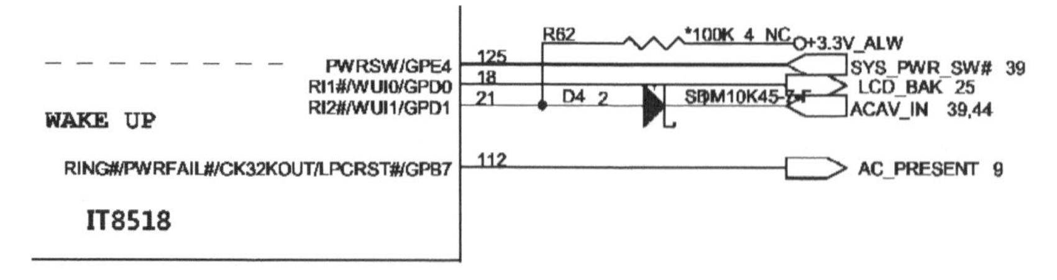

图 16-18　EC 收到触发信号

▷▷ 16.3　桥待机和内存供电

EC 收到触发信号 SYS_PWR_SW#后，发出高电平的 SUS_ON，如图 16-19 所示。

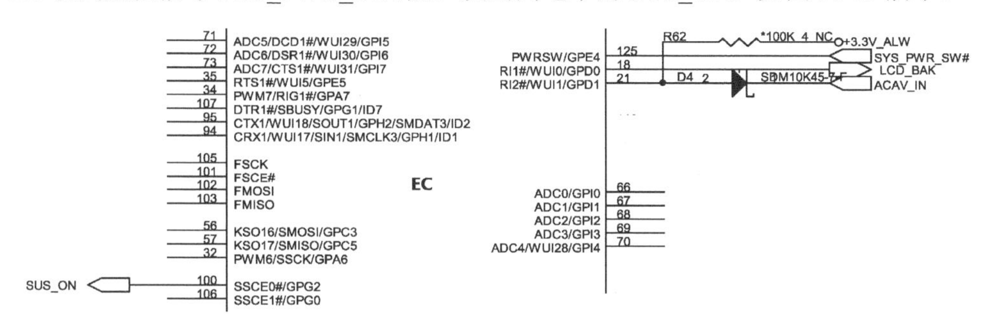

图 16-19　EC 发出 SUS_ON

SUS_ON 控制 PQ16B 导通，PQ16A 截止，+15V_ALW 直接上拉驱动 PQ17 和 PQ23 完全导通，产生+3.3V_SUS 和+5V_SUS，如图 16-20 所示。

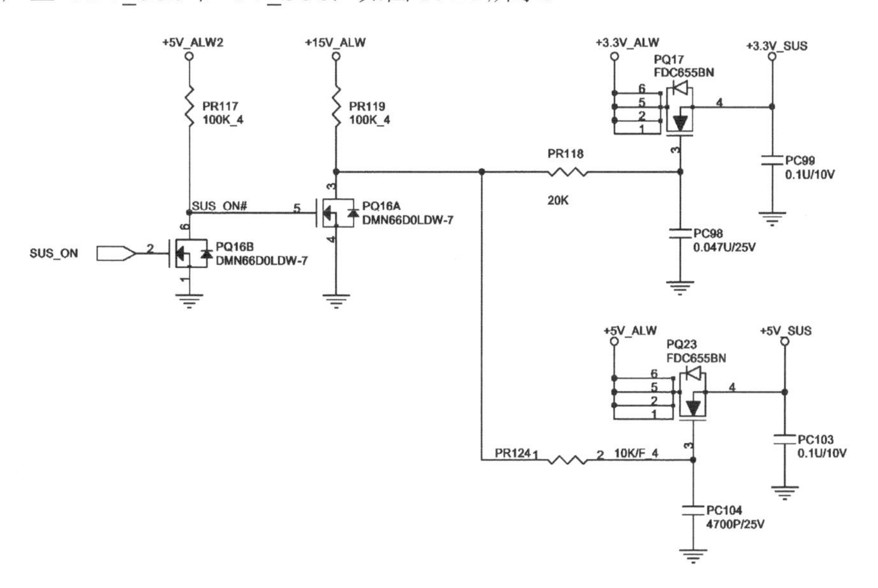

图 16-20　SUS_ON 控制的电路之一

+5V_SUS 通过 R227 送给 PCH 桥的 V5REF_SUS，如图 16-21 所示。

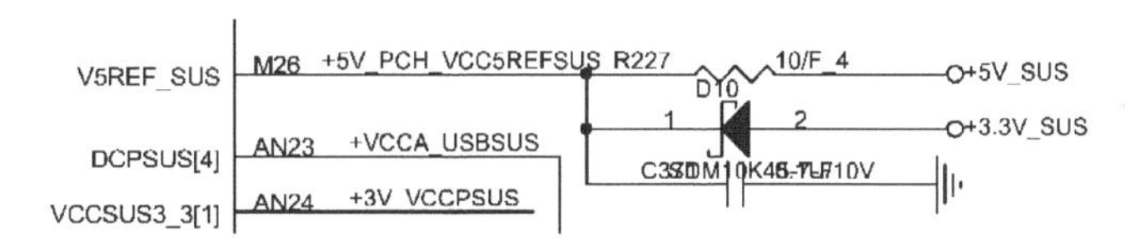

图 16-21　PCH 桥得到 V5REF_SUS 待机电压

+3V_SUS 经过 R382 直连也送给了 PCH 桥，作为 3.3V 待机电压，如图 16-22 所示。

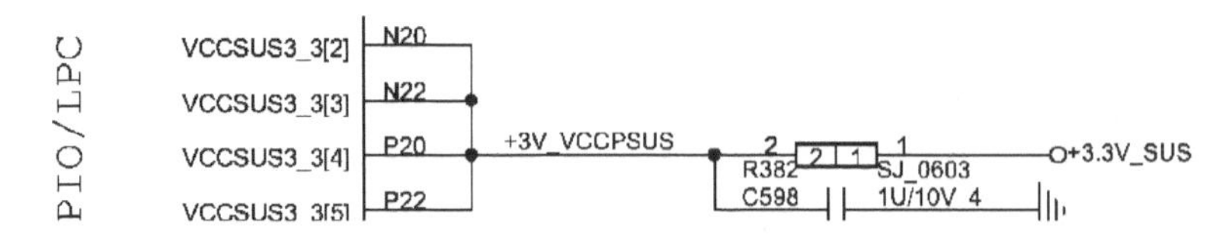

图 16-22　桥得到 3.3V 待机电压

同时，因为该机不支持深度 S5（SLP_SUS#空置）状态，VCCDSW3_3 供电直接采用+3.3V_SUS，如图 16-23 所示。

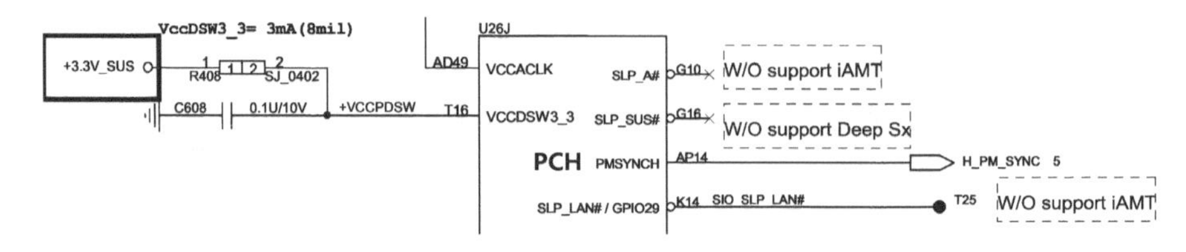

图 16-23　+3.3V_SUS 给 PCH 桥的 VCCDSW3_3 供电

SUS_ON 同时还被送到 PU5（RT8207）的 S5 脚，用于控制产生内存主供电+1.5V_SUS 和内存基准电压+DDR_VTTREF，如图 16-24 所示。当 RT8207 正常产生+1.5V_SUS 后，开漏输出 PGOOD，由+3.3V_SUS 上拉产生 1.5V_SUS_PWRGD 送给 EC。

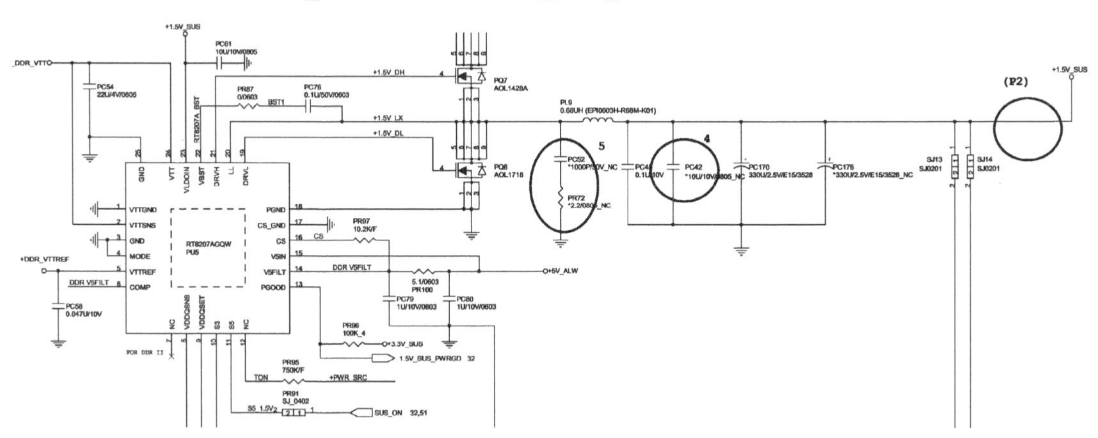

图 16-24　内存供电的产生电路

1.5V_SUS_PWRGD 送给了 EC，EC 收到 1.5V_SUS_PWRGD 后，延时发出 RSMRST#，如图 16-25 所示。RSMRST#同时送给了 PCH 桥的深度睡眠待机电压好信号 DPWROK 和浅睡眠待机电压好信号（见图 16-26，不支持深度 S5 状态时，它们需要连在一起）。EC 检测到 LID_SW#正常后，把 81 脚拉低，通过 D1 同步把 SIO_PWRBTN#拉低，这个信号送给了 PCH 桥的 PWRBTN#。

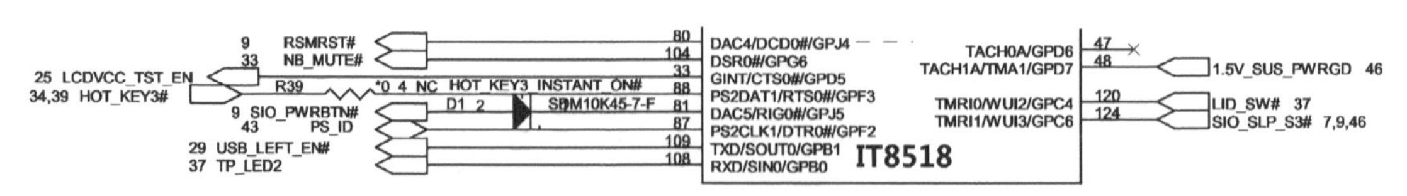

图 16-25　EC 收到 1.5V_SUS_PWRGD

PCH 桥收到 PWRBTN#后，发出 SLP_S5#、SLP_S4#、SLP_S3#、SLP_A#，其中 SLP_S4#空置，SLP_A#也不采用，表示该机不支持 Intel AMT，如图 16-26 所示。

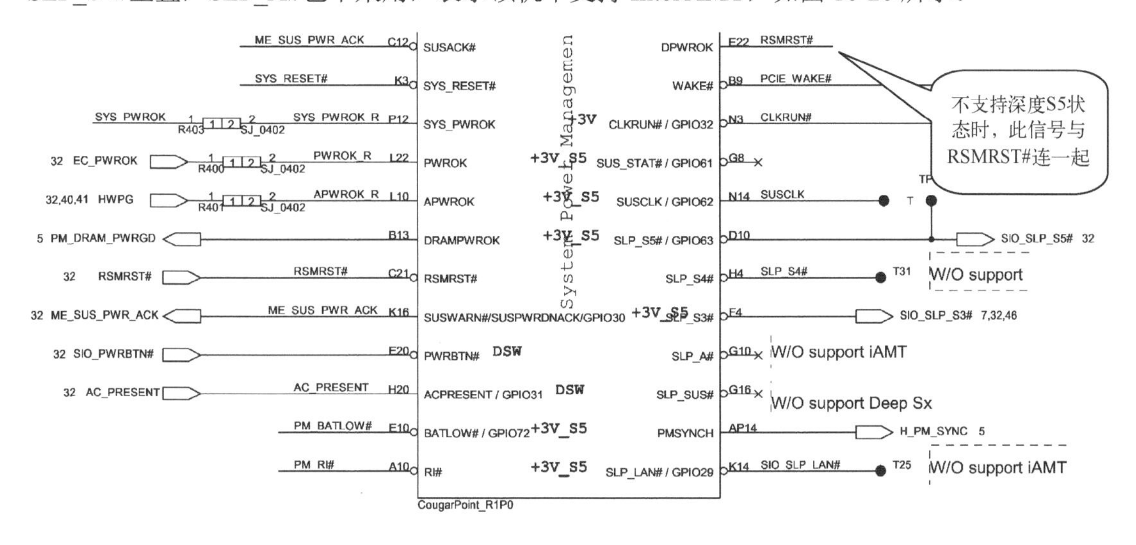

图 16-26　PCH 桥的触发电路

▷▷ 16.4　S0 状态

PCH 桥发出的 SLP_S5#和 SLP_S3#分别更名为 SIO_SLP_S4#和 SIO_SLP_S3#，都送到 EC。SIO_SLP_S3#还送到 Q7，使之导通，Q6 截止，+15V_ALW 上拉 PS_S3CNTRL_S，控制 Q3 完全导通，产生+1.5V_CPU，如图 16-27 所示。

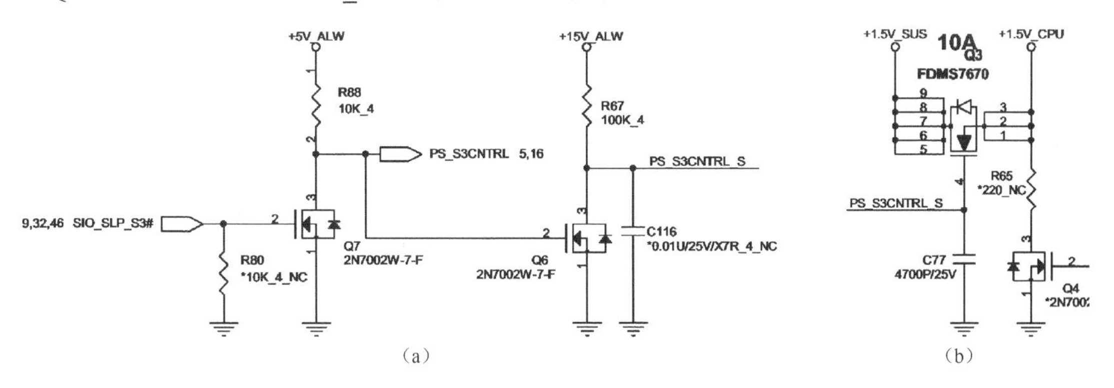

图 16-27　+1.5V_CPU 的产生电路

EC 收到 SIO_SLP_S3#后，内部跟 1.5V_SUS_PWRGD 相与，发出 RUN_ON 控制 PQ18B 导通，PQ18A 就截止，+15V_ALW 直接上拉 PQ22、PQ26 和 PQ19 的 G 极，三个场效应管都完全导通，产生+5V_RUN、+3.3V_RUN 和+1.5V_RUN，如图 16-28 所示。

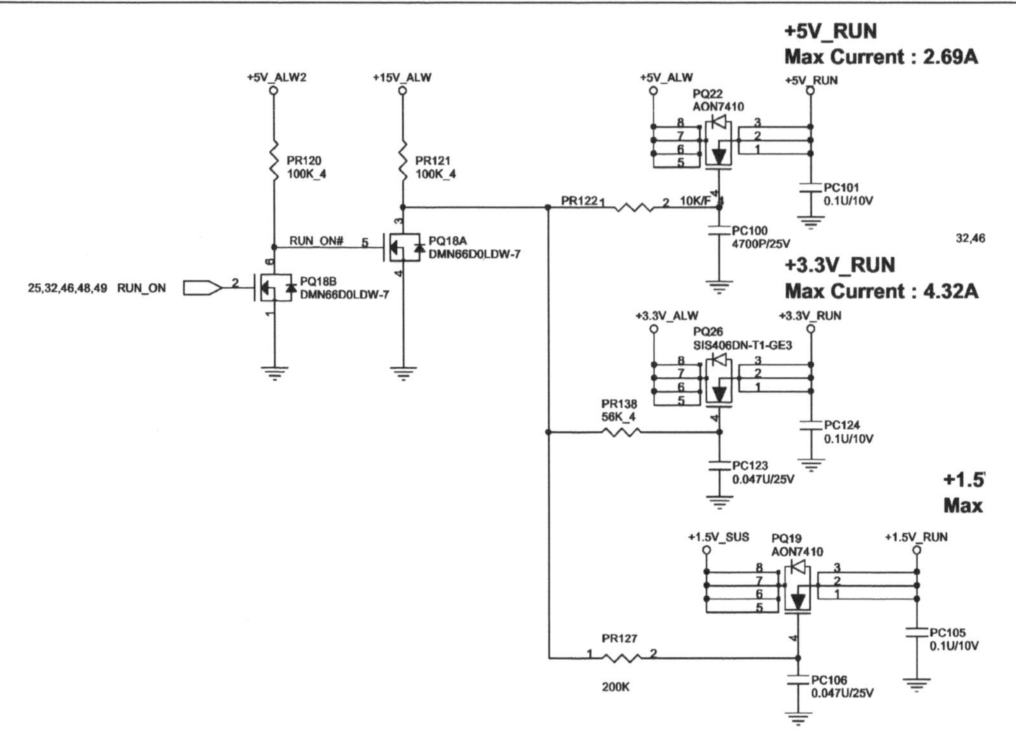

图 16-28　RUN_ON 控制的电压

RUN_ON 同时送给了 RT8207 的 S3 脚，根据 RT8207 的工作原理，它会控制产生+0.75V_DDR_VTT，如图 16-29 所示。

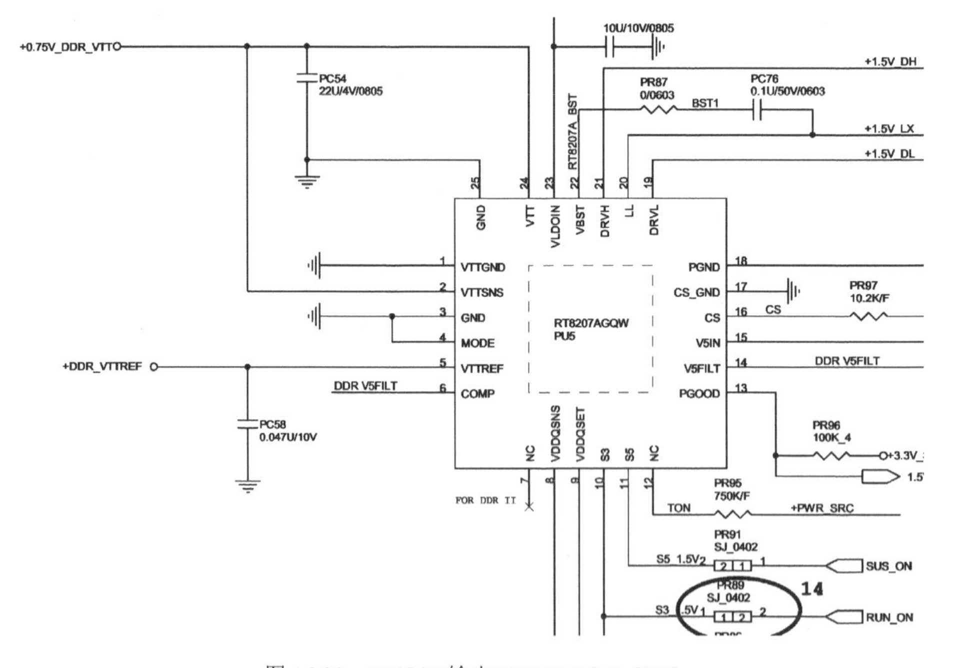

图 16-29　RT8207 输出+0.75V_DDR_VTT

RUN_ON 还去到 PQ9，使之导通，RT8015 的 1 脚通过 PR63 接地，用于设置频率（如果 PQ9 截止，+5V_ALW 直接上拉芯片的第 1 脚，SHDN 有效，芯片关闭输出），控制 PU3 输出+1.8V_RUN，如图 16-30 所示。

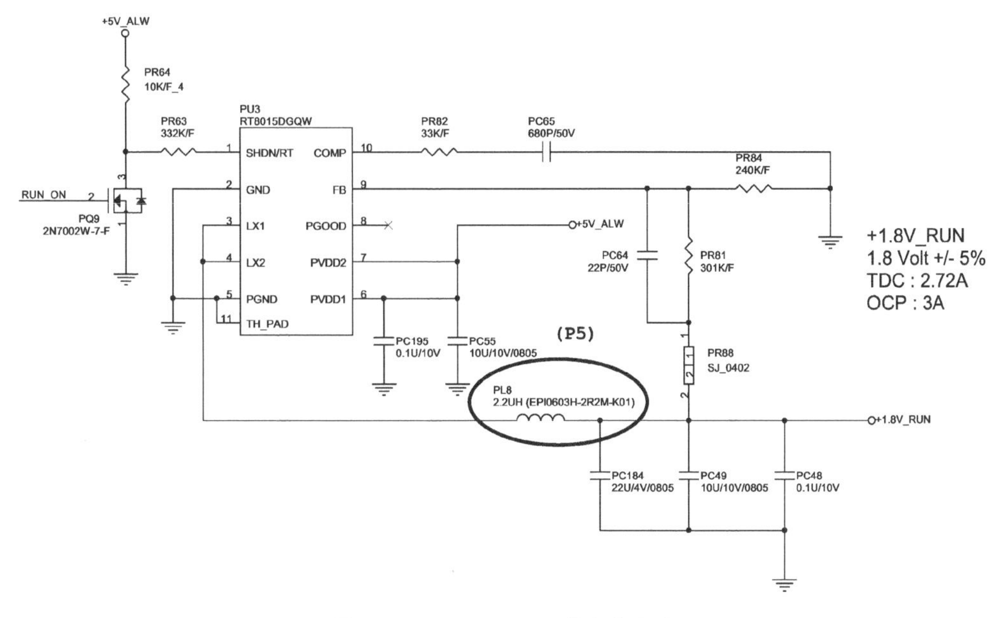

图 16-30　+1.8V_RUN 的产生电路

RUN_ON 还送给了 PU9（RT8240B），控制产生 PCH 桥核心供电兼总线供电+1.05V_PCH，如图 16-31 所示。+1.05V_PCH 的供电正常后，发出 1.05V_PCH_PWRGD。

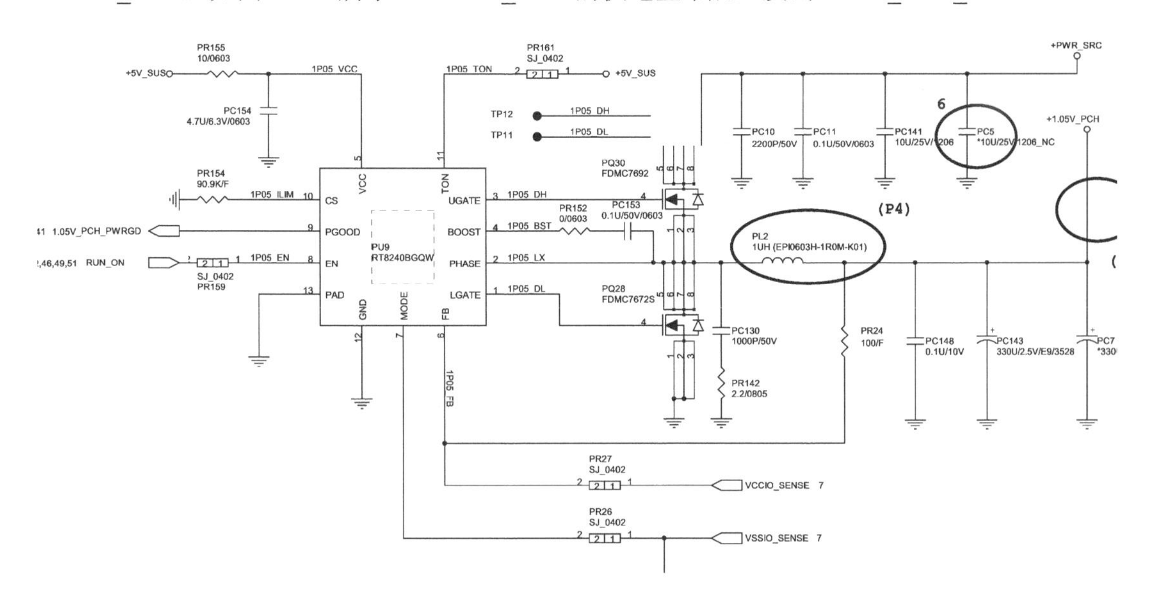

图 16-31　1.05V_PCH 的产生电路

RUN_ON 还送给了 PU8（TPS51461），控制产生 CPU 所需要的+VCCSA_CORE，如图 16-32 所示。+ VCCSA_CORE 的供电正常后，开漏输出 VCCSA_PWRGD。

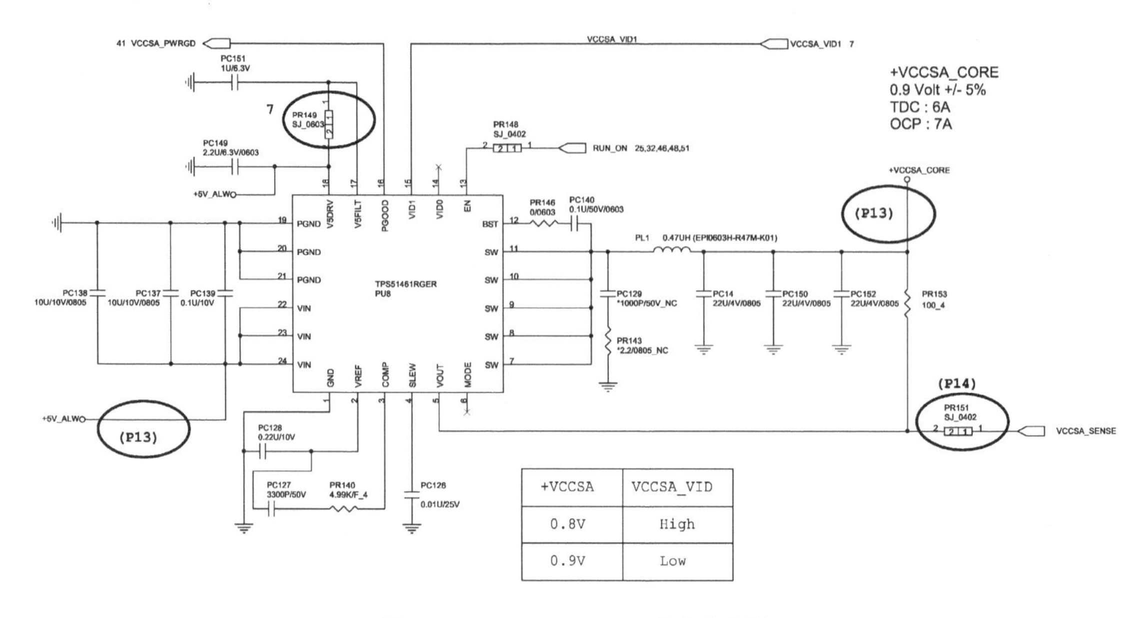

+VCCSA	VCCSA_VID
0.8V	High
0.9V	Low

图 16-32　+VCCSA_CORE 的产生电路

1.05V_PCH_PWRGD 和 VCCSA_PWRGD 信号相与产生 HWPG，由+3.3V_SUS 上拉为高电平，如图 16-32（a）所示。HWPG 的第一路送给 PCH 桥的 APWROK，如图 16-33（b）所示。

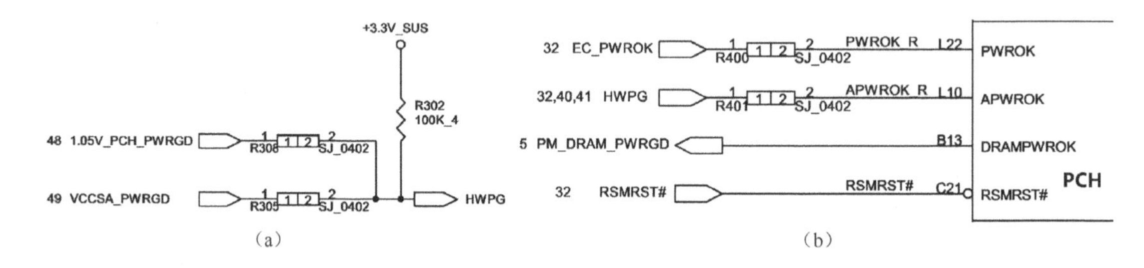

图 16-33　HWPG 送给 PCH 桥的 APWROK

HWPG 的第二路送给了 Q22，如图 16-34 所示。这是一个温控电路，工作原理：EMC2112 得到供电之后，通过 2、3 脚检测 VGA 的温度，通过 4、5 脚检测 CPU 座旁边的温度，通过 14、15 脚向 EC 汇报。当温度上升时，芯片控制 17、18 脚的+5V_FAN 电压升高，风扇转速加快，以此降温，通过 20 脚检测转速。当温度达到设定极限（7 脚的设定极限温度为 85℃）时，芯片拉低 8 脚 SYS_SHDN#。此时如果 HWPG 为高电平，Q22 会导通，拉低 THERM_STP#，从而+3.3V_EN2 被拉低，导致 EC 的供电被关闭，所以电脑会断电。

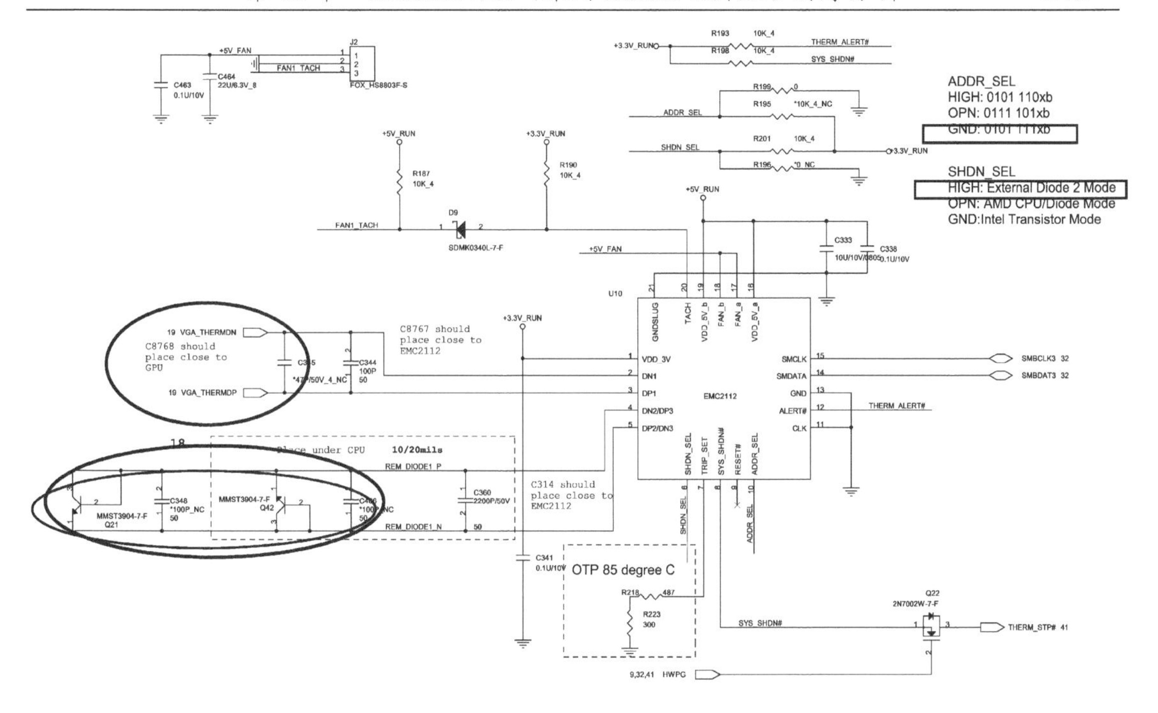

图 16-34　温控芯片所在电路截图

HWPG 的第三路送给 EC 的 66 脚，如图 16-35 所示。EC 在收到 HWPG 后，通过 67 脚的 H_CPUDET#检测到 CPU 存在后（H_CPUDET#为低电平），发出 IMVP_VR_ON。

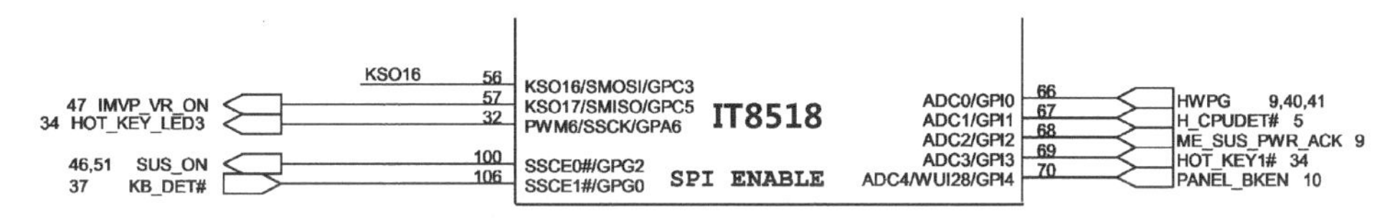

图 16-35　EC 收到发出 IMVP_VR_ON

EC 发出的 IMVP_VR_ON 送给了 CPU 核心供电芯片 PU4（MAX17511），如图 16-36 所示。但此时 CPU 核心供电还没送出来，因为 CPU 还没有发出 SVID 给供电芯片，需要等待后续 PROCPWRGD 送达 CPU 后，CPU 才会发出 SVID，详细参见 Intel HM65 系列以上芯片组的时序图。

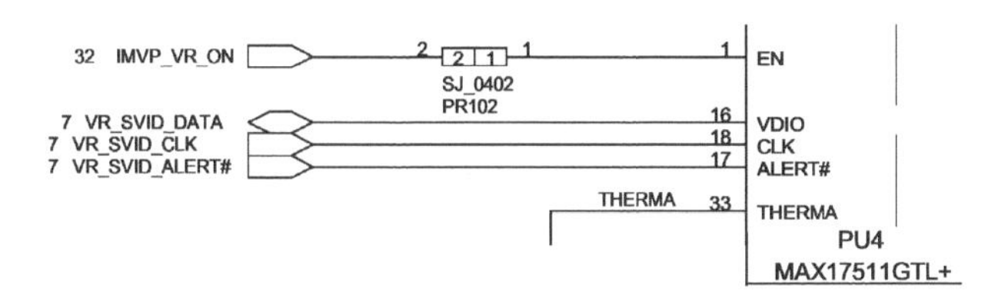

图 16-36　IMVP_VR_ON 送给 CPU 供电芯片

16.5 PG和时钟

EC收到HWPG并检测到CPU存在后，从82脚延时发出EC_PWROK，如图16-37所示。

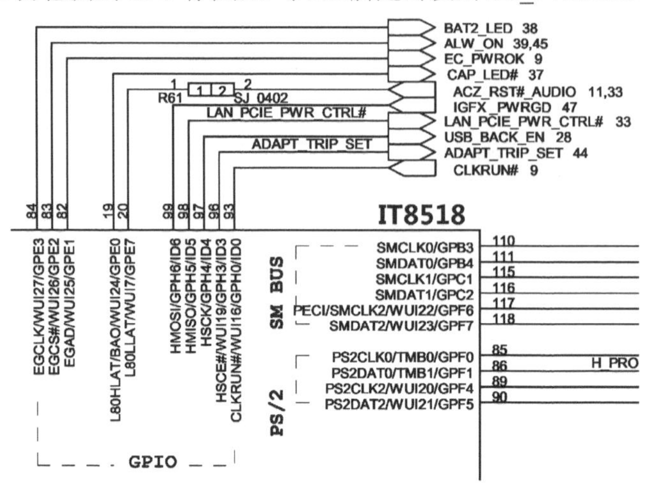

图16-37　EC发出EC_PWROK

EC_PWROK送给了PCH桥的PWROK，如图16-38所示。PCH桥从DRAMPWROK脚开漏输出PM_DRAM_PWRGD。

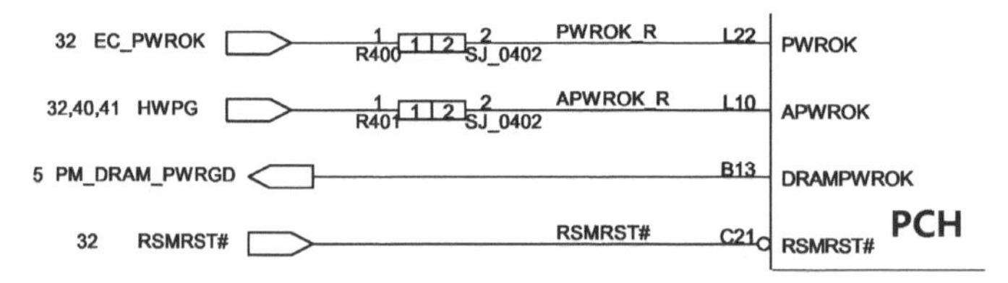

图16-38　PCH桥收到PWROK后发出DRAMPWROK

PM_DRAM_PWRGD由R118上拉为高电平后送给了U4，会在此等待后续电路送来的SYS_PWROK，最后要相与转成SM_DRAMPWROK送给CPU，如图16-39所示。

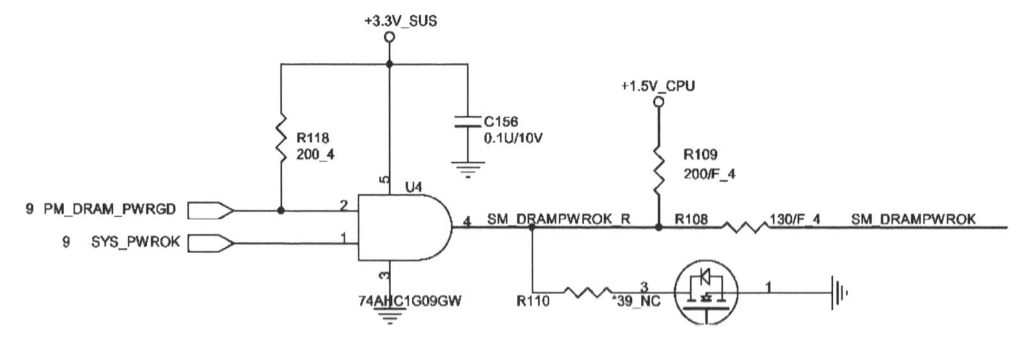

图16-39　U4所在电路截图

PCH桥的25MHz晶振起振，然后PCH桥会读取BIOS程序。25MHz时钟信号和BIOS片选信号的时序对比如图16-40所示。

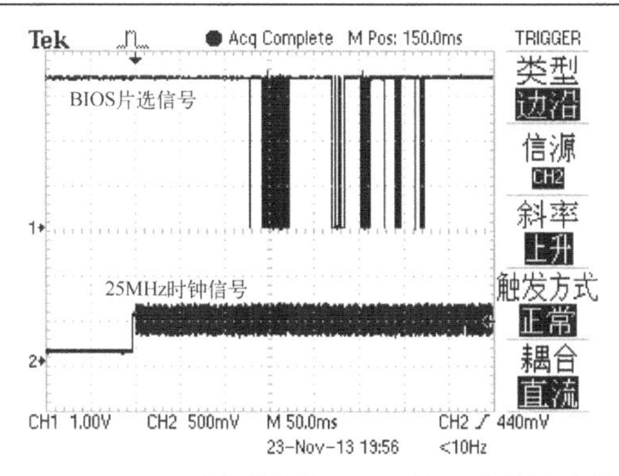

图 16-40　25MHz 时钟信号和 BIOS 片选信号的时序对比

正常读取完 BIOS 程序后，PCH 桥内部时钟电路开始工作，发出各组时钟信号，如图 16-41 所示，其中 CLK_CPU_BCLKN、CLK_CPU_BCLKP 送给了 CPU。

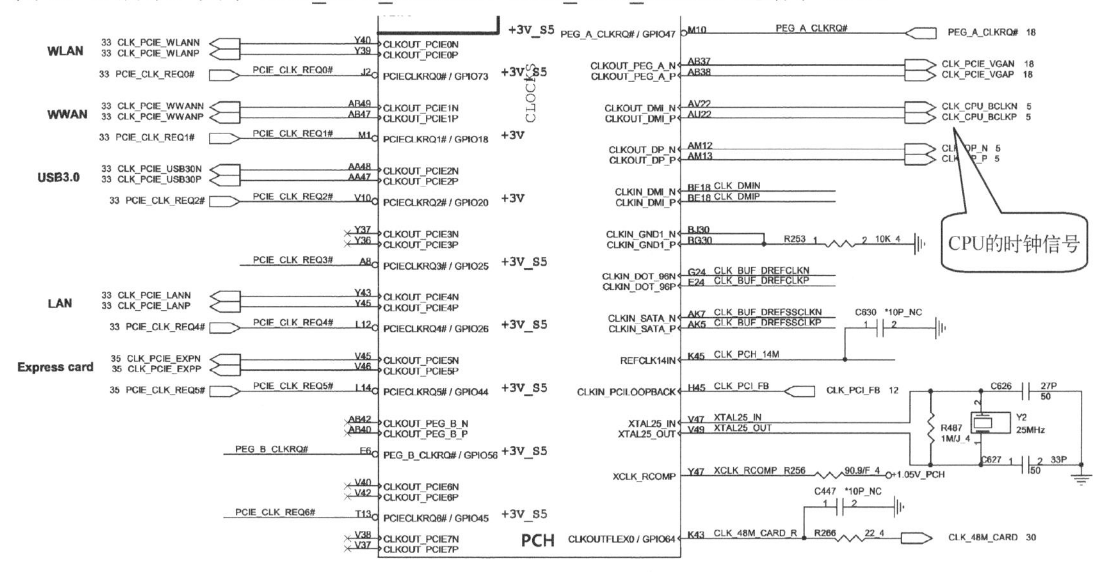

图 16-41　PCH 桥发出的各组时钟信号

BIOS 片选信号和 PCH 桥发出的 100MHz 时钟信号的时序对比如图 16-42 所示。

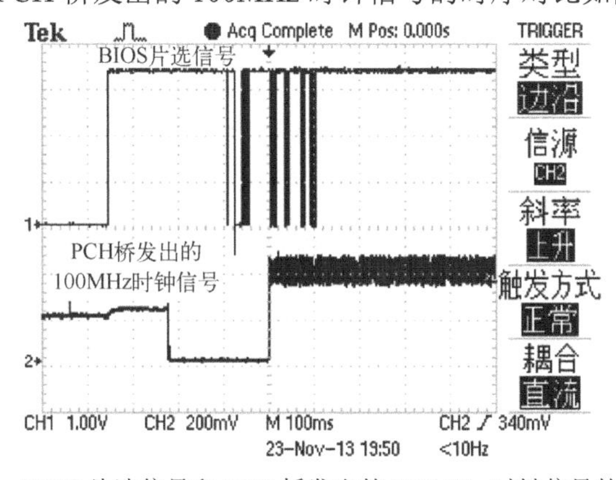

图 16-42　BIOS 片选信号和 PCH 桥发出的 100MHz 时钟信号的时序对比

▷▷ 16.6　CPU 核心供电

PCH 桥集成的时钟工作正常后，PCH 桥开始发出 PROCPWRGD，名称为 H_PWRGOOD，如图 16-43 所示。

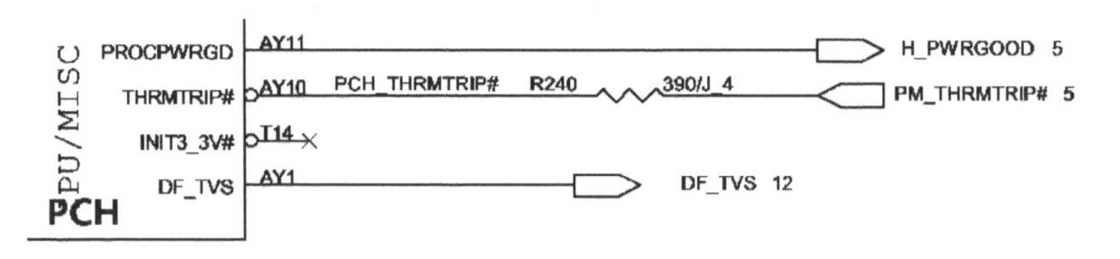

图 16-43　PCH 桥开始发出 PROCPWRGD

PCH 桥发出的 100MHz 时钟信号和 PROCPWRGD 的时序对比如图 16-44 所示，通道 1 为 PROCPWRGD，通道 2 为桥发出的 100MHz 时钟信号。

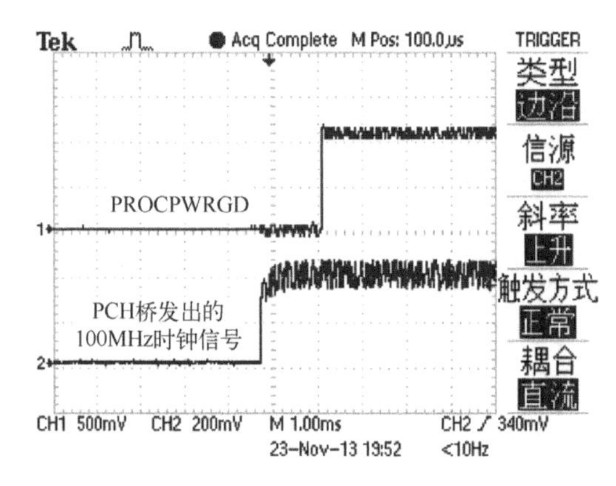

图 16-44　PCH 桥发出的 100MHz 时钟信号和 PROCPWRGD 的时序对比

H_PWRGOOD 送给了 CPU 的 UNCOREPWRGOOD（非核心电源好），如图 16-45 所示，表示此时 CPU 所需要的供电中，除了核心供电和集成显卡供电以外的其他所有供电都已经正常了，包括+1.05V_PCH、+1.8V_RUN、+1.5V_CPU 和+VCCSA_CORE。

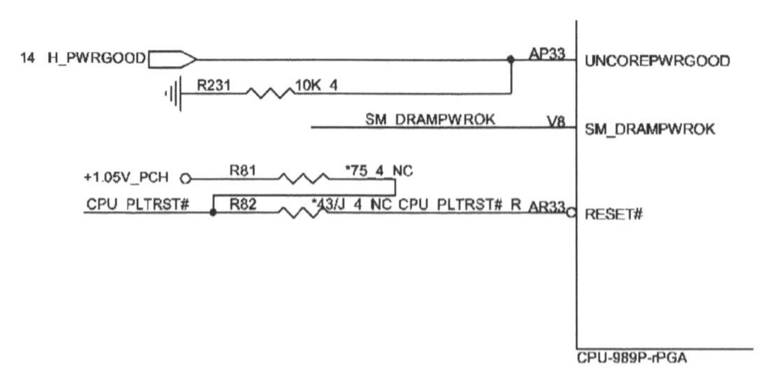

图 16-45　H_PWRGOOD 发给 CPU

CPU 得到了 UNCOREPWRGOOD 后发出 SVID，分别更名为 VR_SVID_CLK、VR_SVID_DATA 和 VR_SVID_ALERT#，如图 16-46 所示。

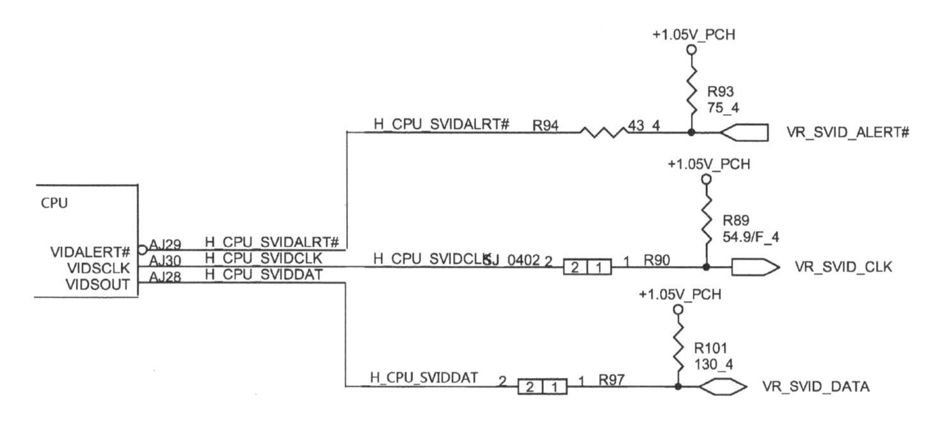

图 16-46　CPU 发出 SVID

SVID 送给了 CPU 核心和集成显卡供电芯片 PU4（MAX17511），如图 16-47 所示。

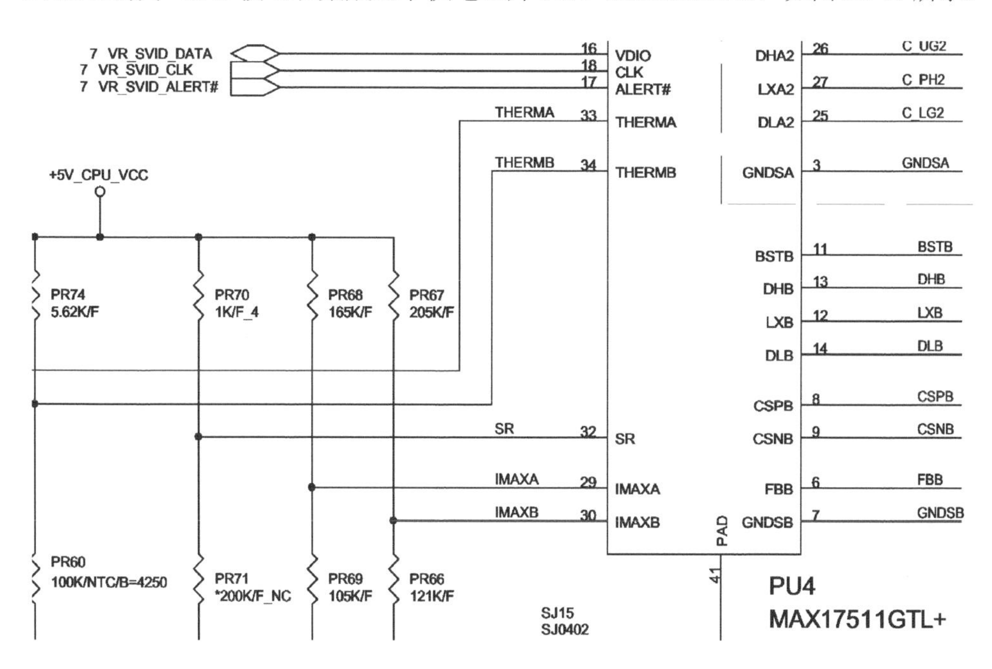

图 16-47　SVID 送给了 PU4

PU4 得到主供电+5V_SUS 和开启信号 IMVP_VR_ON，也收到了 SVID 后，控制内部集成的 PWM A1、PWM A2 产生 CPU 核心供电+VCC_CORE。CPU 核心供电正常后，从 19 脚 POKA 开漏输出 IMVP_PWRGD，由+3.3V_RUN 上拉，如图 16-48 所示。

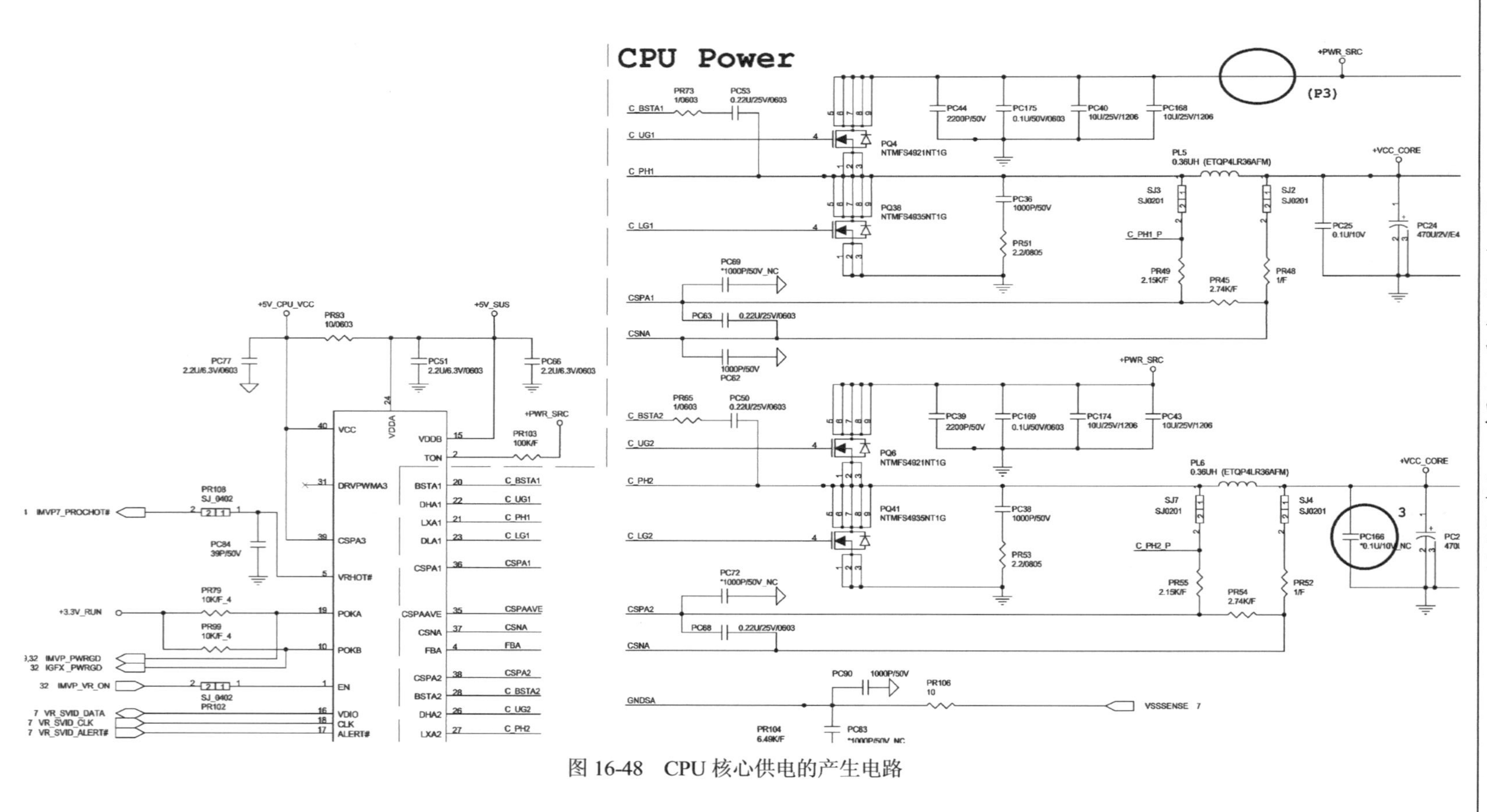

图 16-48　CPU 核心供电的产生电路

IMVP_PWRGD 一路送给 EC；另一路送给 U25，跟 EC 发来的 EC_PWROK 相与产生 SYS_PWROK，如图 16-49 所示。

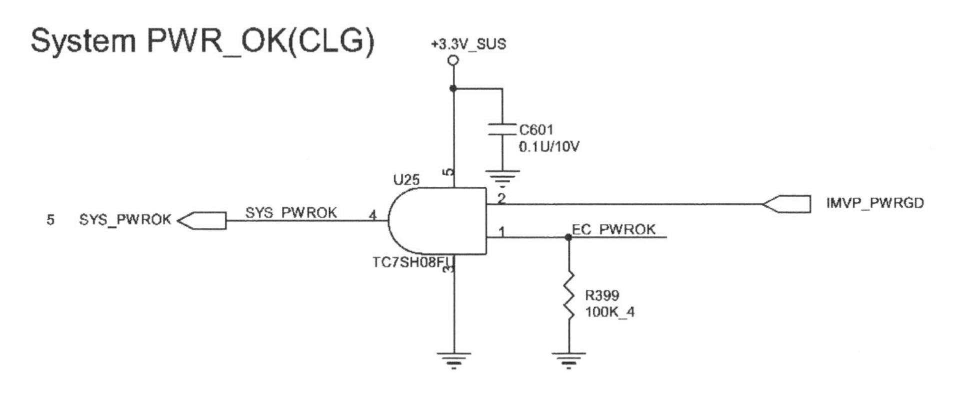

图 16-49　SYS_PWROK 的产生电路

SYS_PWROK 一路送给 U4，在这里与 PCH 桥早就送过来的 PM_DRAM_PWRGD 相与，产生 SM_DRAMPWROK 送给 CPU，如图 16-50 所示。

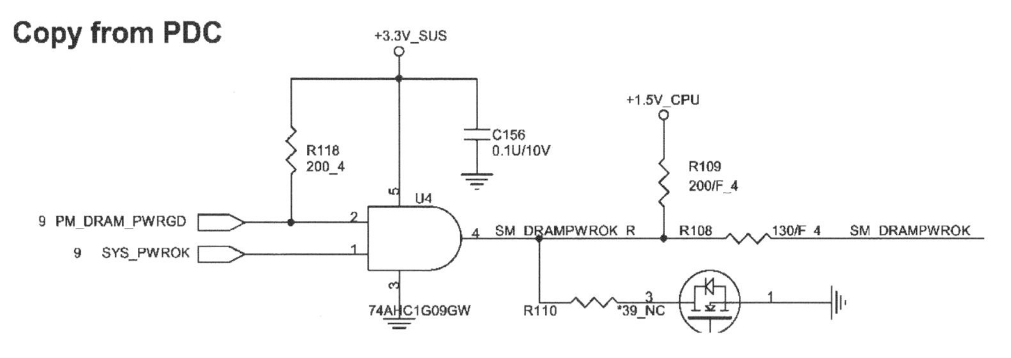

图 16-50　SYS_PWROK 与 PM_DRAM_PWRGD 相与的电路

SYS_PWROK 另一路送给了 PCH 桥的 SYS_PWROK，如图 16-51 所示。

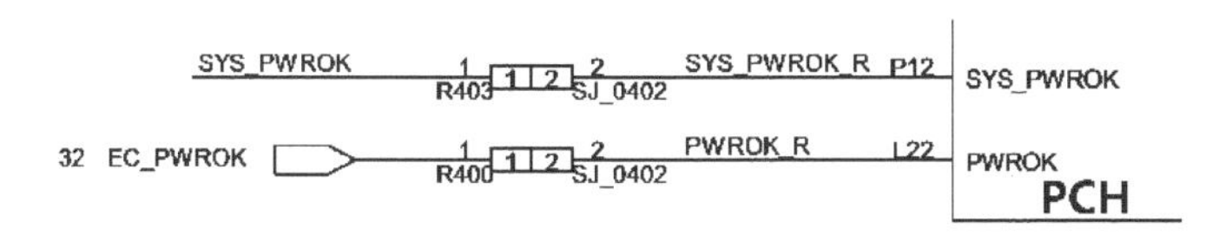

图 16-51　PCH 桥收到 SYS_PWROK

▷▷ 16.7　复位

PCH 桥发出 PLTRST#，命名为 PCI_PLTRST#，如图 16-52 所示。

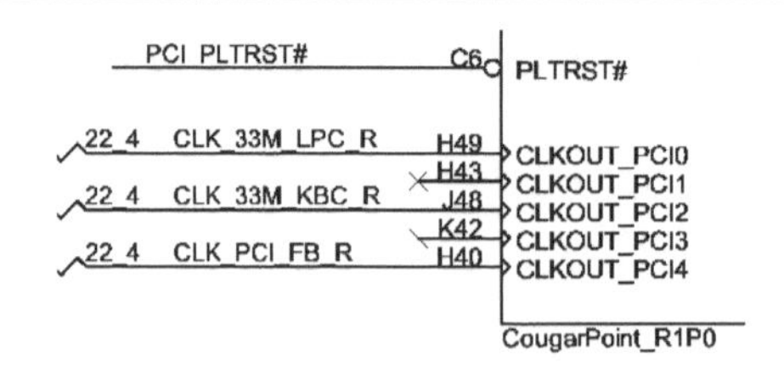

图 16-52　PCH 桥发出 PLTRST#

PCI_PLTRST#经过 R239 直连更名为 PLTRST#，如图 16-53 所示。U13 处没有安装元器件。PLTRST#送给了 EC、CN4、R5538D001 等芯片和插槽。

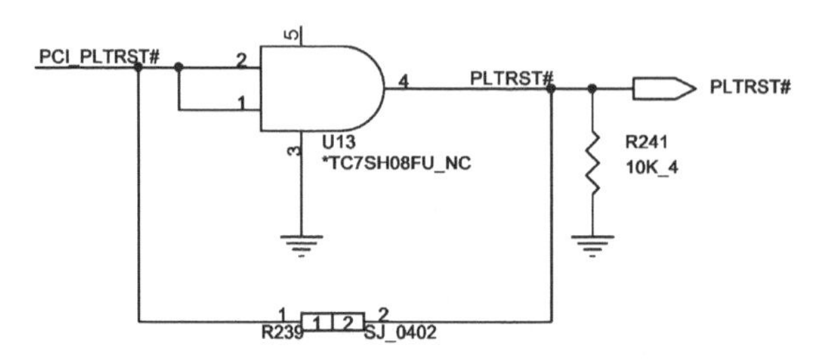

图 16-53　PCI_PLTRST#更名为 PLTRST#

PLTRST#还会经过 R497 和 R126 分压成 1.1V 的 CPU_PLTRST#_R 送给了 CPU 的复位脚 RESET#，如图 16-54 所示。

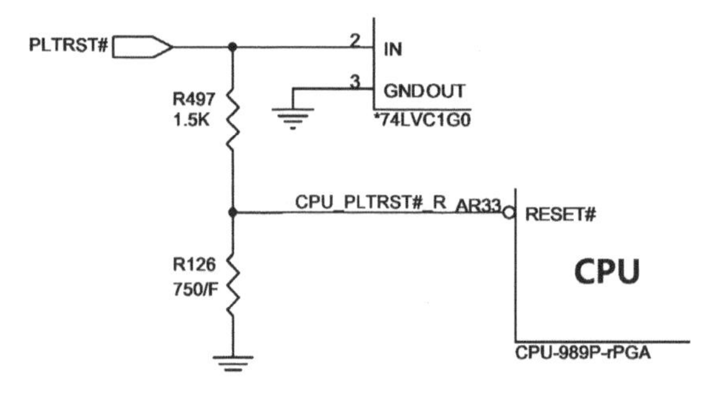

图 16-54　CPU 收到复位

▷▷ 16.8　显卡供电

CPU 开始工作，自检过内存后，CPU 再次发出 SVID 给 MAX17511，控制产生集成显卡供电+VCC_GFX_CORE，如图 16-55 所示。当集成显卡供电正常后，MAX17511 发出 IGFX_PWRGD 给 EC。

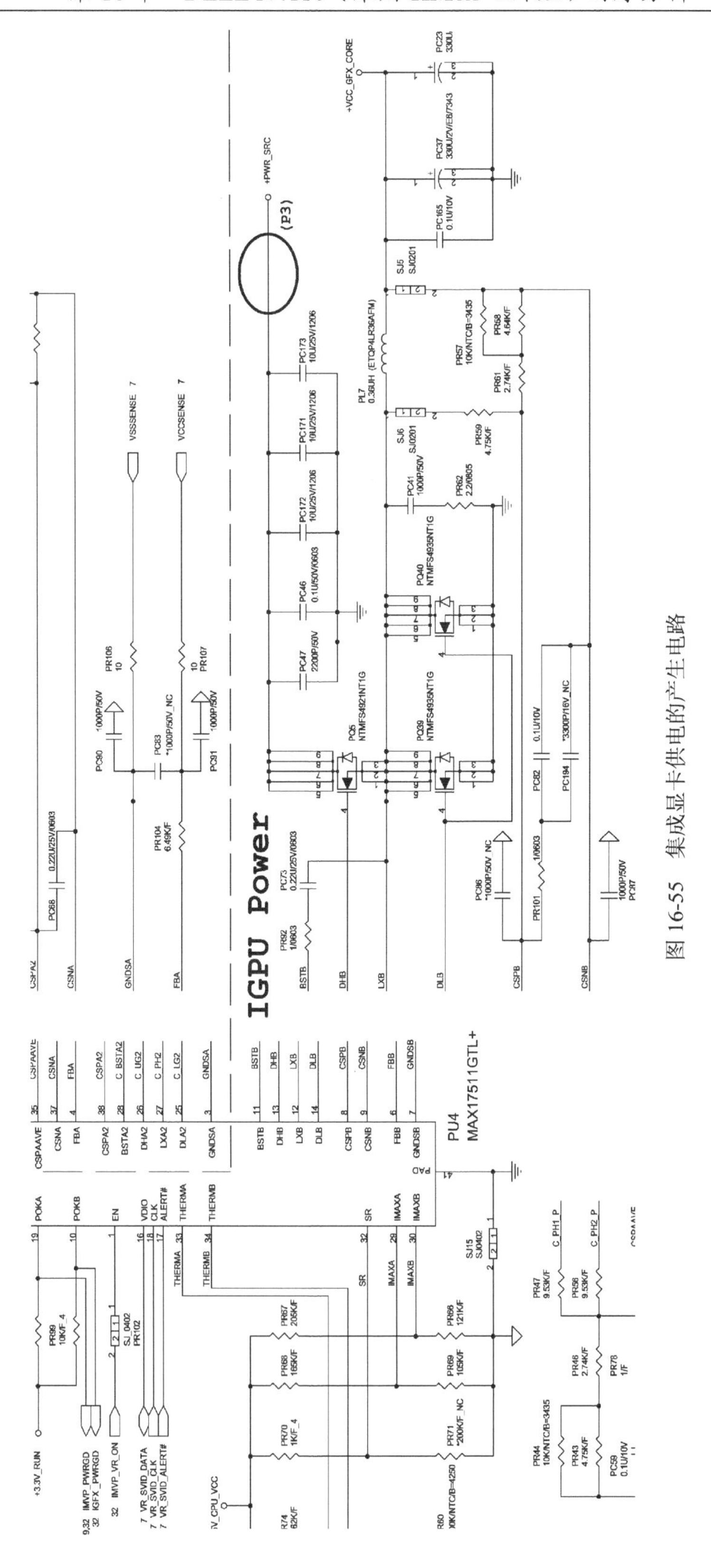

图 16-55　集成显卡供电的产生电路

内存 SMBUS 与集成显卡供电产生时序对比如图 16-56 所示。集成显卡供电是先上升到 1V 左右，然后下降到 0.45V 左右。

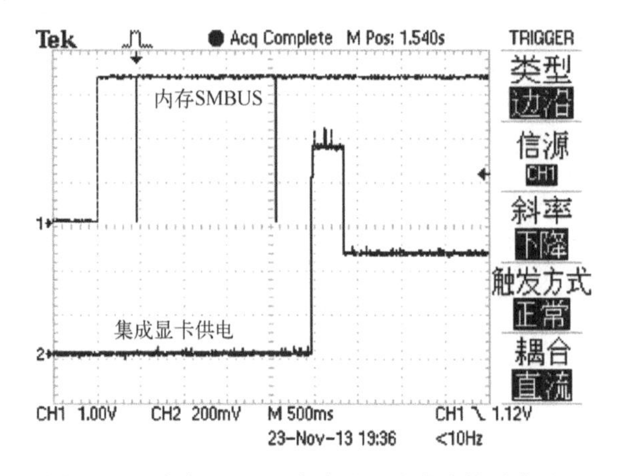

图 16-56　内存 SMBUS 与集成显卡供电的时序对比

关于独立显卡供电的简述（元器件位置号请读者自行查阅电路图）：复位之后，PCH 桥发出 DGPU_PWR_EN 通过电路转换控制 PQ14 产生+3V_GFX，+3V_GFX 再通过 U11 转出 GFX_ON 控制 PU2 产生独立显卡核心供电+VCC_DGFX_CORE；+3V_GFX 还直接上拉 PU6 的 EN，控制产生+1V_GFX；PU2 工作正常后发出 PG，经转换控制 PQ12 产生+1.5V_GFX；PU6 工作正常后发出 PG，经转换控制 PQ10 产生+1.8V_GFX。

第 17 章　联想 G485（即仁宝 LA-8681P，采用 AMD A70M 芯片组）时序分析

AMD A70M 是超微公司针对第二代 APU 平台 Fusion 2 开发的芯片组，其标准时序依旧可以参考第 10 章 10.7 节讲解的 AMD 标准时序。

接下来详细分析一款采用此芯片组的电脑，它就是联想 G485，由仁宝代工，板号为 LA-8681P。

▷▷ 17.1　RTC 电路

AMD 平台的 RTC 电路会导致各种莫名其妙的故障，如没复位、时亮时不亮等。凡是有问题的电脑，请留意 RTC 供电电路（见图 17-1）是否正常。没有插入适配器和大电池时，由 JRTC2 的 CMOS 电池通过 PR131、PR132 产生 CHGRTC，再经过 PD109 产生+RTCBATT。插上电源后会有 RTCVREF 来接替电池的供电，并且可以给 CMOS 电池充电。

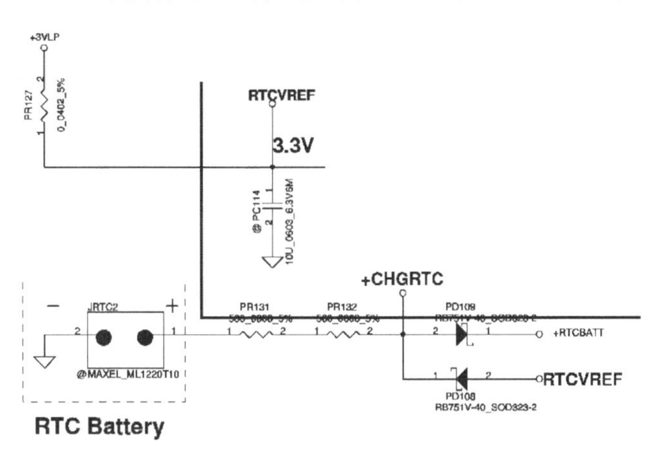

图 17-1　RTC 供电电路

+RTCBATT 经过 R105 给 FCH 桥的 VDDBT_RTC_G 供电，如图 17-2 所示。

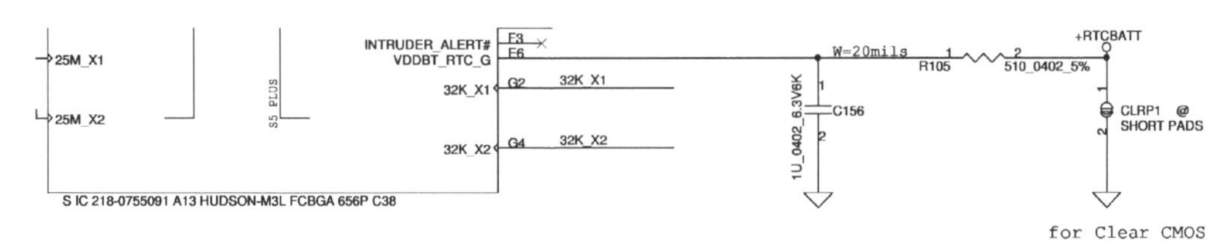

图 17-2　FCH 桥得到 RTC 供电

当 FCH 桥得到+RTCBATT 后，与 32K_X1、32K_X2 连接的晶振 Y1 得到供电，晶振起振产生 32.768kHz 时钟给 FCH 桥。RTC 晶振电路如图 17-3 所示。

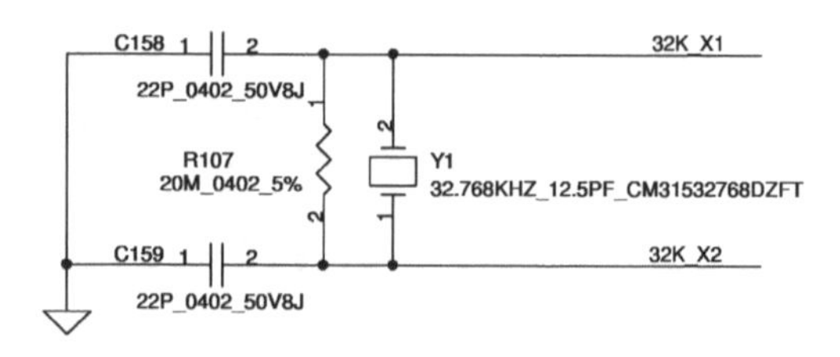

图 17-3　RTC 晶振电路

▷▷ 17.2　保护隔离电路

插入适配器，产生 VIN，如图 17-4 所示。

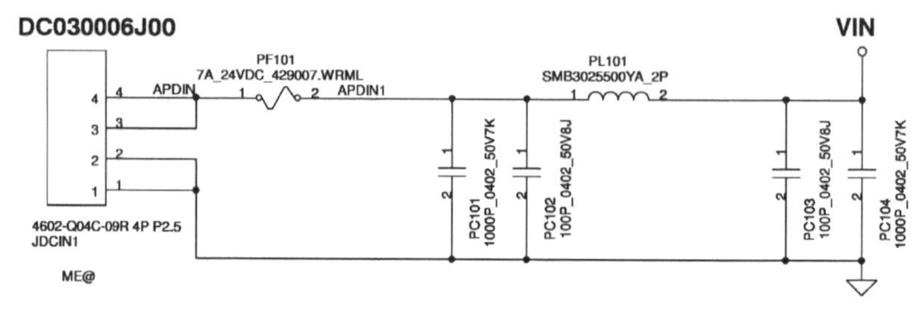

图 17-4　VIN 的产生电路

如图 17-5 所示，VIN 经过 PQ301 体二极管先产生 P2，要产生公共点电压 B+，必须 PQ301

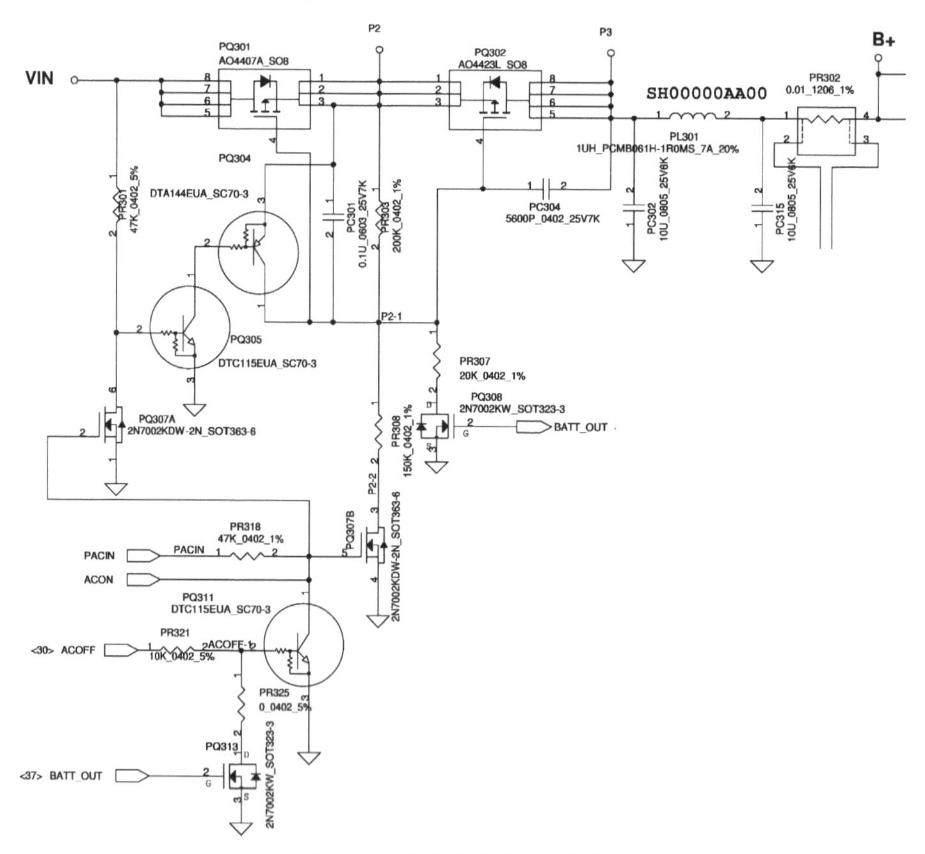

图 17-5　公共点电压产生电路

和 PQ302 都完全导通，导通条件是 P2-1 点电压至少低于 14V。PQ308 或者 PQ307B 任意一个场效应管导通，都可以形成分压，使 P2-1 的电压低于 14V。控制 PQ308 的是 BATT_ OUT 为高电平；控制 PQ307B 导通的是 PACIN 和 ACON 为高电平，且 ACOFF 要为低电平。

首先看 BATT_OUT，它要为高电平，必须 PQ202、PQ203 截止，且由+3VALW 上拉。经过分析得知，必须电池电压 VMB2 低于 8.95V，且 EC 发来 BATT_LEN#，BATT_OUT 才会为高电平，同时+3VALW 也要有电，如图 17-6 所示。也就是说，在公共点电压没有产生之前，这个电路是不会控制公共点电压产生的。

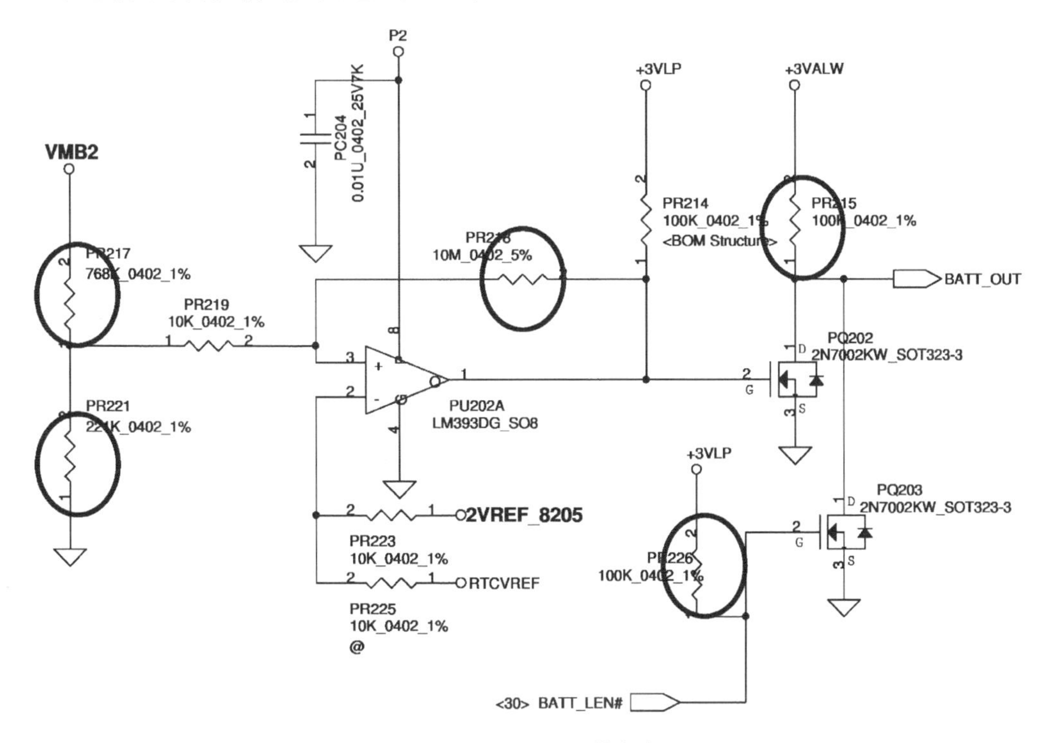

图 17-6 BATT_OUT 的电路

接下来看 PACIN、ACON、ACOFF。ACON 没有连接其他地方，说明该机没有仁宝特有的预供电电路（点火回路）。ACOFF 连接 EC，此时公共点电压还没产生，EC 没有电，ACOFF 为低电平。

VIN 经过 PQ301 体二极管产生 P2 送给 VCC，VIN 经过 PR314 和 PR317 分压给 ACDET，如图 17-7 所示。

BQ24727 的 $\overline{\text{ACOK}}$ 输出内部框图如图 17-8 所示。分析 BQ24727 的内部框图，当 ACDET 的电压高于 0.6V，VCC 电压高于 3.75V，芯片输出线性电压 REGN，6V，更名为 BQ24727VDD；当 ACDET 电压高于 2.4V，芯片输出低电平的 $\overline{\text{ACOK}}$，更名为 ACPRN。

低电平的 ACPRN 使 PQ316 截止，由 BQ24727VDD 分压产生 3.3V 左右的 PACIN，同时转出 ACIN 送给 EC，如图 17-9 所示。只有在系统程序对电池电量进行校正时，EC 才会发出高电平的 ACOFF，其他情形之下 ACOFF 都为低电平。

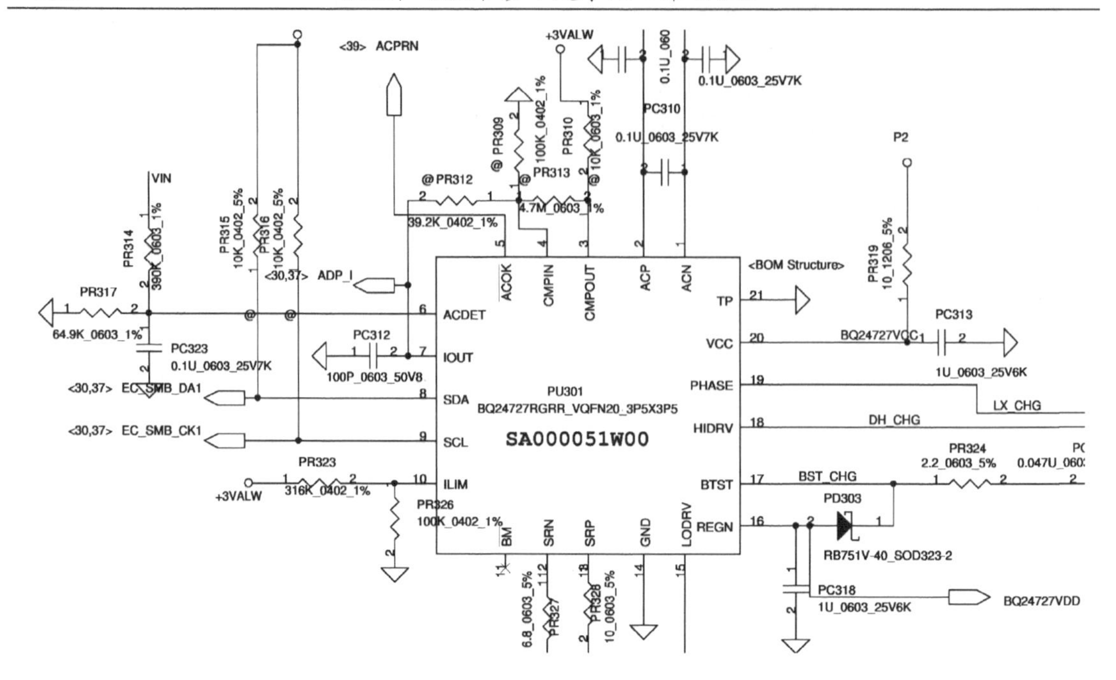

图 17-7　充电电路所在电路截图

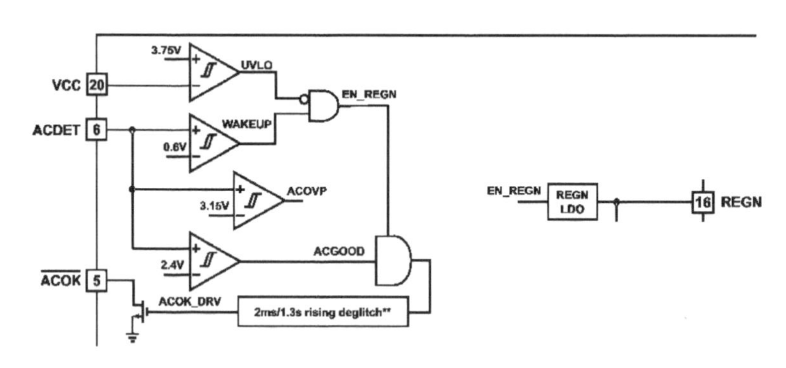

图 17-8　BQ24727 内部框图截图（$\overline{\text{ACOK}}$ 局部）

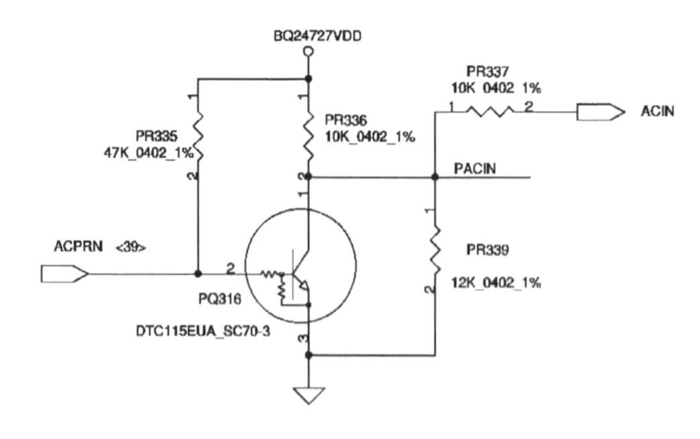

图 17-9　PACIN 和 ACIN 的产生电路

▷▷ 17.3　待机供电电路

公共点电压 B+一路更名为 RT8205_B+送给待机芯片（RT8205）的 VIN，如图 17-10 所示；另一路经过 PR411 和 PR412 分压送给 EN，如图 17-11 所示。

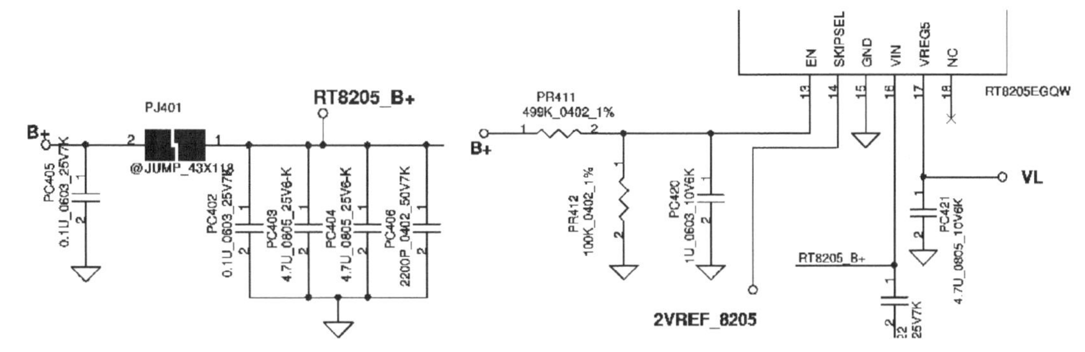

图 17-10　B+更名为 RT8205_B+后送给待机芯片　　　图 17-11　B+经过 PR411 和 PR412 分压送给 EN

根据 RT8205（PU401）数据手册可知，RT8205 得到 VIN 和 EN 后，就可以输出线性 VREG3、VREG5、REF。

芯片输出的 VREG3 更名为+3VLP，如图 17-12 所示。

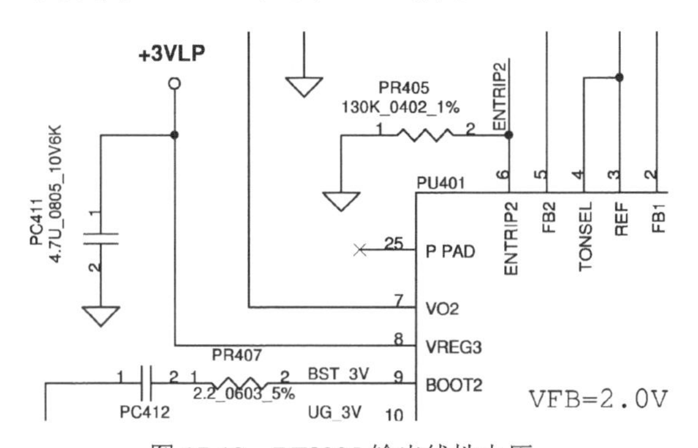

图 17-12　RT8205 输出线性电压

根据 RT8205 数据手册，得知 EN 阈值最低为 1V（见图 17-13），所以 B+最低电压为 6V。

EN Threshold	Logic-High	V_{IH}	1	–	--	V
Voltage	Logic-Low	V_{IL}	--	–	0.4	V

图 17-13　RT8205 数据手册中 EN 阈值的电气特性描述截图

+3VLP 给 U31（EC）供电，如图 17-14 所示。

EC 识别到 ACIN 后，EC 发出 EC_ON（如果 EC 识别不到 ACIN，需要收到 ON/OFF 才能发出 EC_ON），如图 17-15 所示。

EC_ON 通过 PR418 加到 PQ406 的 B 极，PQ406 导通，PQ405A 和 PQ405B 都截止（MAINPWON 连接到温控电路，没有过温时，不会为低电平），如图 17-16 所示。图 17-16 中“@”表示没装元器件。

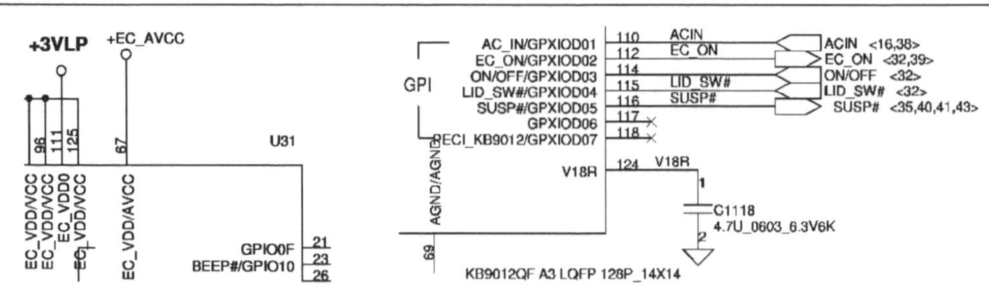

图 17-14　EC 得到待机供电　　　　图 17-15　EC 发出 EC_ON

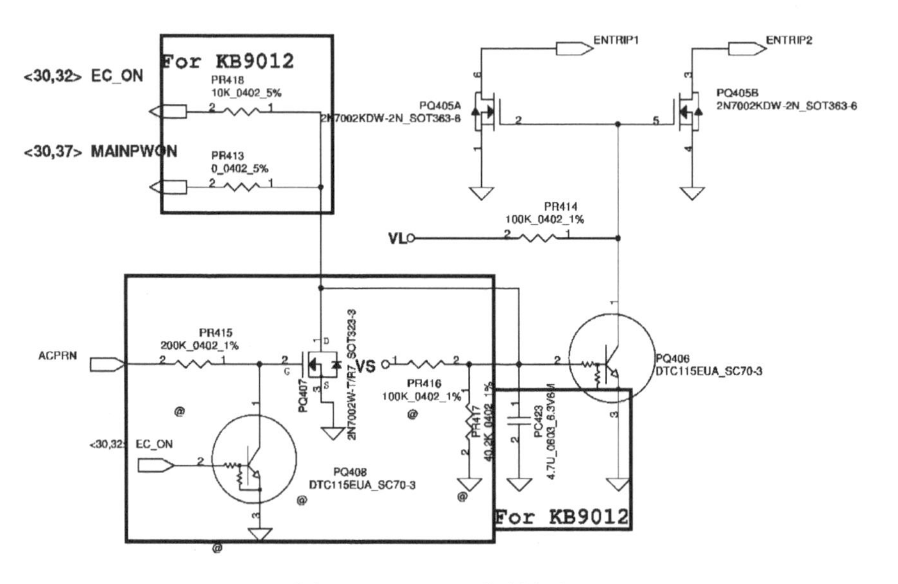

图 17-16　EC_ON 控制电路

RT8205 的 ENTRIP1、ENTRIP2 没有被直接拉低，而是通过各自的电阻 PR406、PR405 接地，作为过流阈值设定，并开启两路 PWM（内部有上拉），如图 17-17 所示。

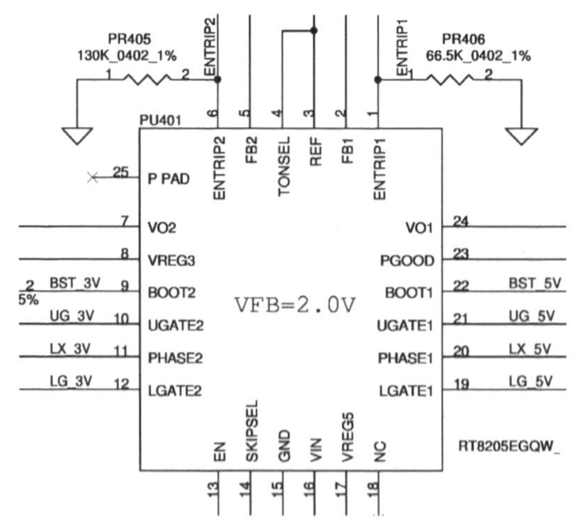

图 17-17　RT8205 的 PWM 开启电路

RT8205 输出+3VALWP 和+5VALWP，经过隔离点 PJ402 和 PJ403 分别更名为+3VALW 和+5VALW，如图 17-18 所示。

RT8205 正常产生+3VALW 和+5VALW 后，开漏输出 SPOK，如图 17-19 所示。

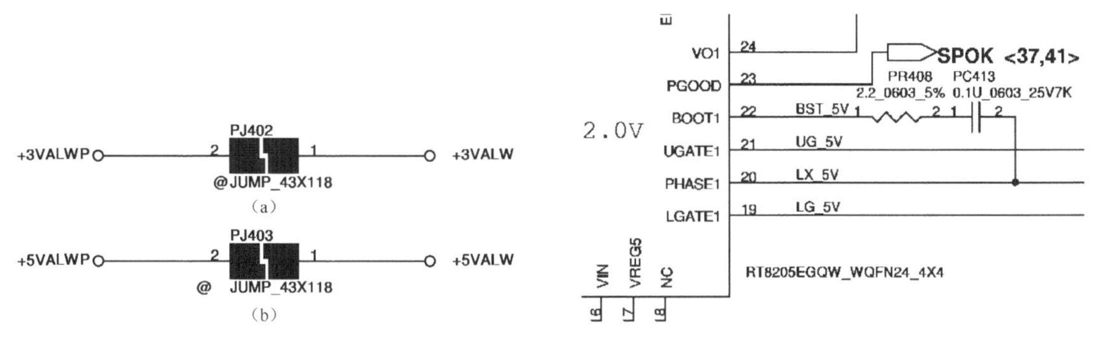

图 17-18　+3VALW、+5VALW 的隔离点　　　　图 17-19　RT8205 输出 SPOK

SPOK 由 VL 上拉为高电平控制 PQ204 导通，经 PR218 和 PRR220 分压，控制 PQ205 导通，产生+VSBP，+VSP 经过隔离点 PJ201 后更名为+VSB，如图 17-20 所示。

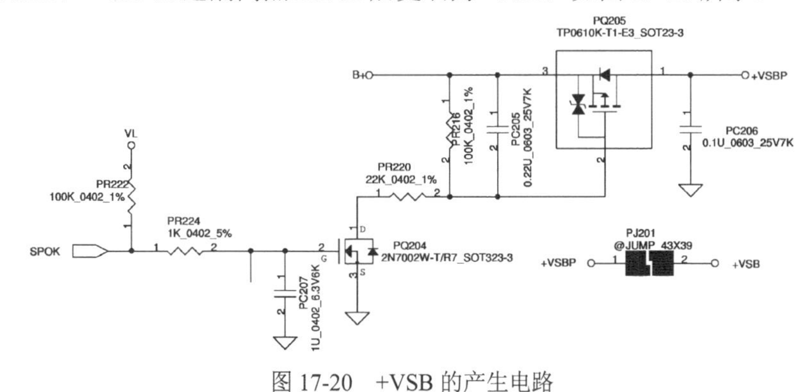

图 17-20　+VSB 的产生电路

+3VALW 直接给 EC 供电（见图 17-21（a）），也经过 L45 转成+EC_AVCC 给 EC 供电（见图 17-21（b））。

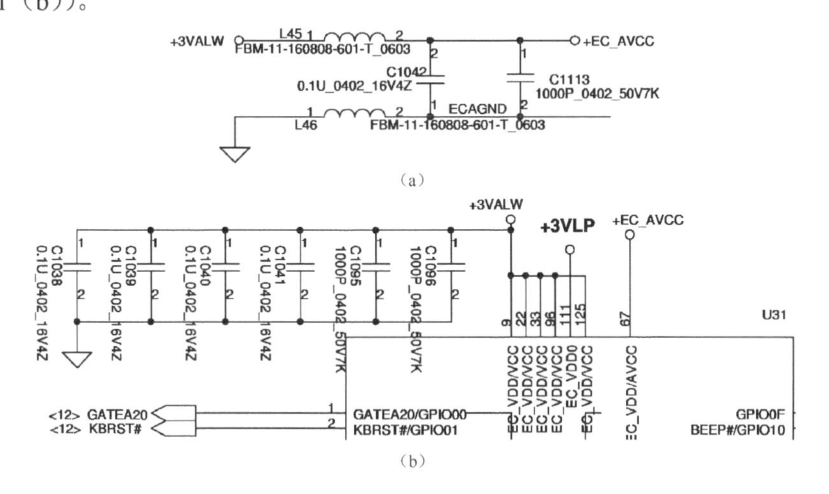

图 17-21　EC 获得待机供电

该机 EC 无须待机时钟。+3VALW 经过延时给 EC 复位，如图 17-22 所示。

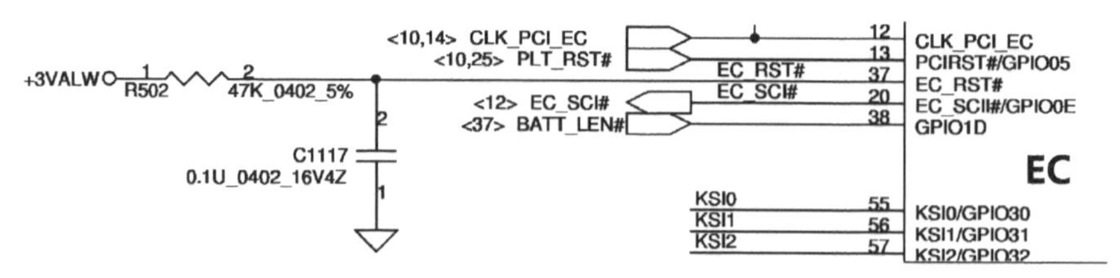

图 17-22　EC 获得复位

EC 读取 ROM 的引脚（即 SPI 引脚）空置，说明 EC 自带程序，如图 17-23 所示。

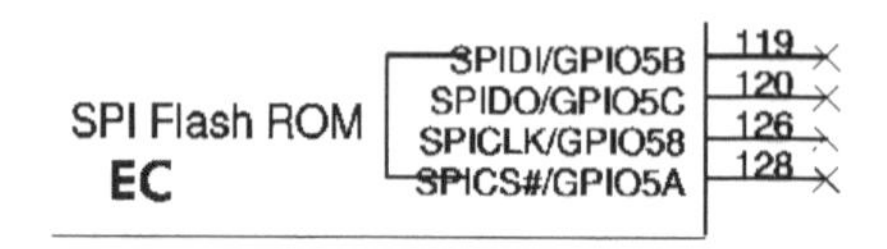

图 17-23　EC 的 SPI 引脚空置

+3VALW 同时也给 FCH 桥供电，如图 17-24 所示。

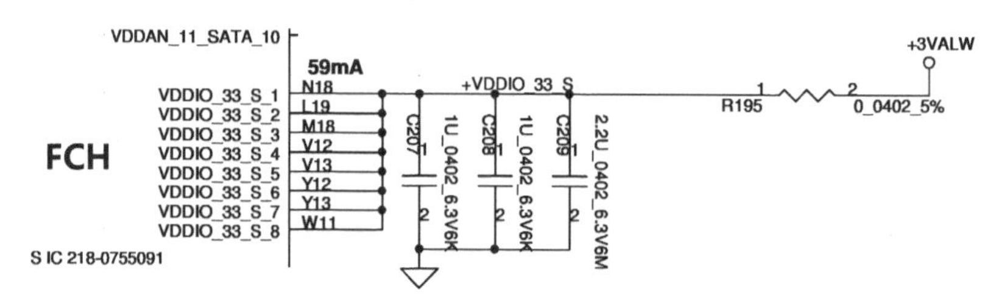

图 17-24　FCH 桥得到待机供电

+5VALW 给 PU601 供电，SPOK 送给 PU601 的 EN，PU601 输出+1.1VALWP，经过隔离点转成+1.1V_ALW，如图 17-25 所示。

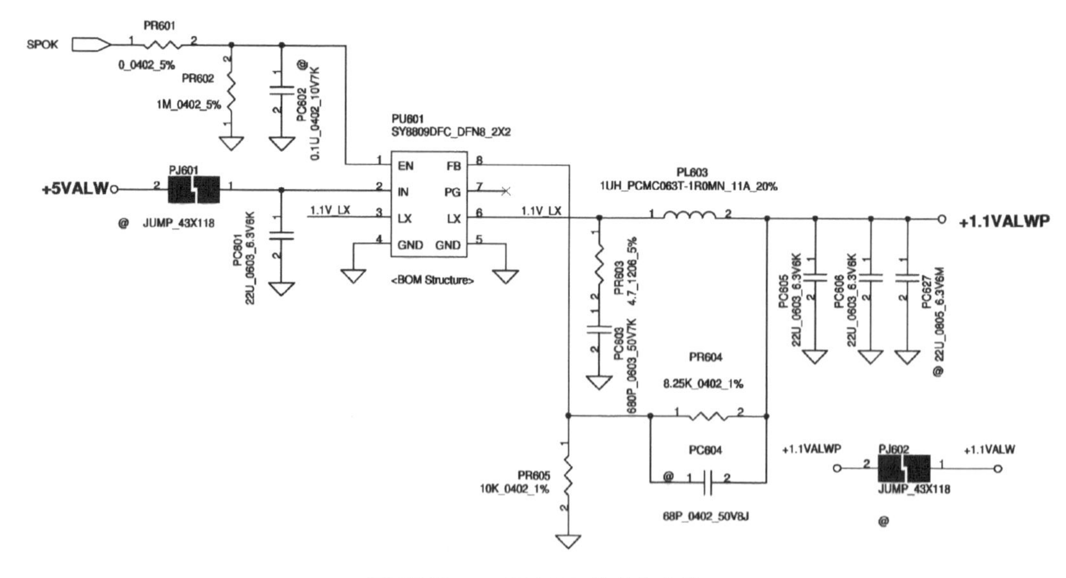

图 17-25　+1.1VALW 的产生电路

+1.1VALW 给 FCH 桥作为第二个待机电压，如图 17-26 所示。

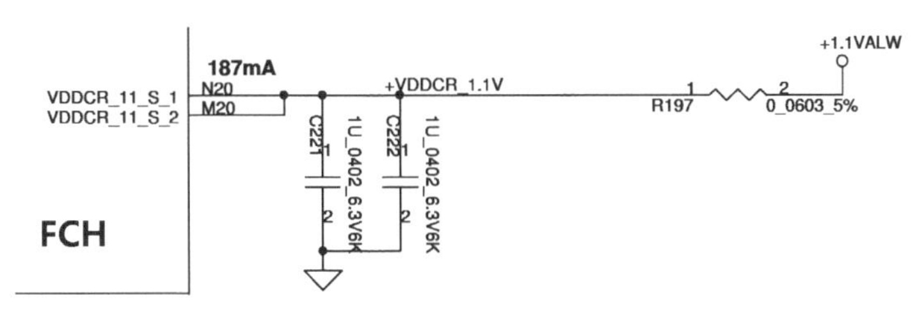

图 17-26　FCH 桥得到 1.1VALW

▷▷ 17.4　触发开关电路

按下开关，产生 ON/OFFBTN#，如图 17-27 所示。

ON/OFFBTN#经过 R720 产生 ON/OFF，如图 17-28 所示。图 17-28 中 D24、R535 等带“@”的元器件都没有安装。

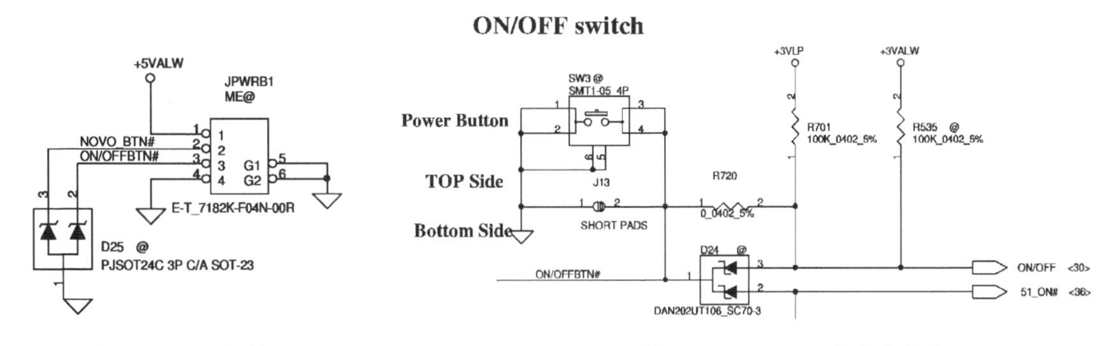

图 17-27　开关接口　　　　图 17-28　ON/OFF 的产生电路

ON/OFF 送给 EC，如图 17-29 所示。

EC 收到 ON/OFF 后先发出 EC_RSMRST#，检测到 115 脚的 LID_SW#为高电平时，再发出 PBT_OUT#，如图 17-30 所示。

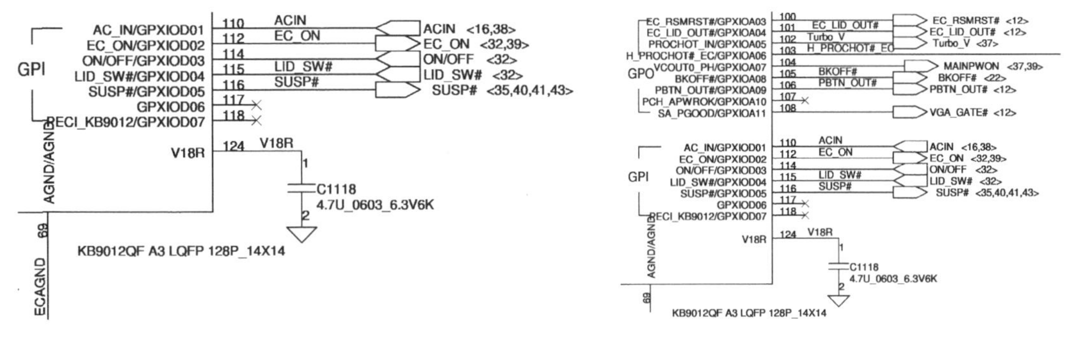

图 17-29　ON/OFF 送给 EC　　　　图 17-30　EC 的触发电路截图

EC_RSMRST#和 PBTN_OUT#分别送给了 FCH 桥的 RSMRST#和 PWR_BTN#，FCH 桥

收到 PWR_BTN#后，发出上电信号 PM_SLP_S5#、PM_SLP_S3#，如图 17-31 所示。

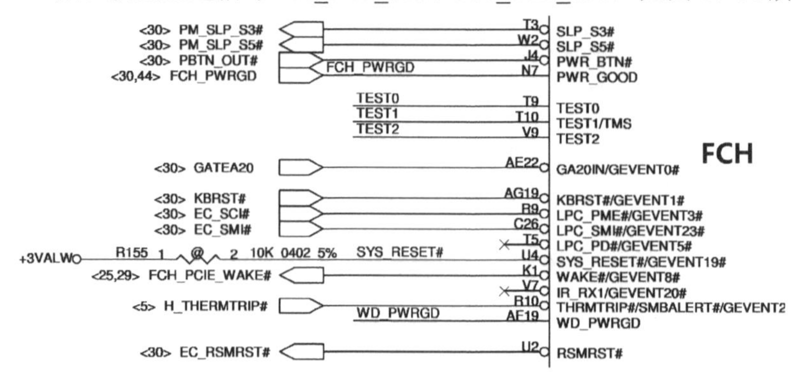

图 17-31　FCH 桥的触发电路截图

PM_SLP_S5#、PM_SLP_S3#都送往了 EC，即 EC 收到了上电信号，如图 17-32 所示。

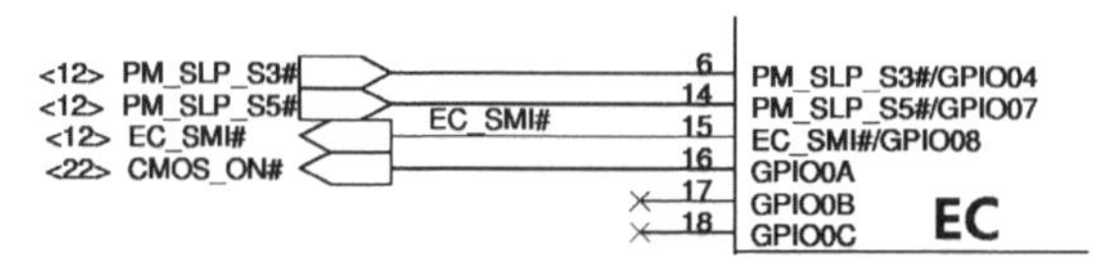

图 17-32　EC 收到上电信号

▷▷ 17.5　产生供电电路

EC 收到 SLP_S5#后，发出高电平的 SYSON，如图 17-33 所示。

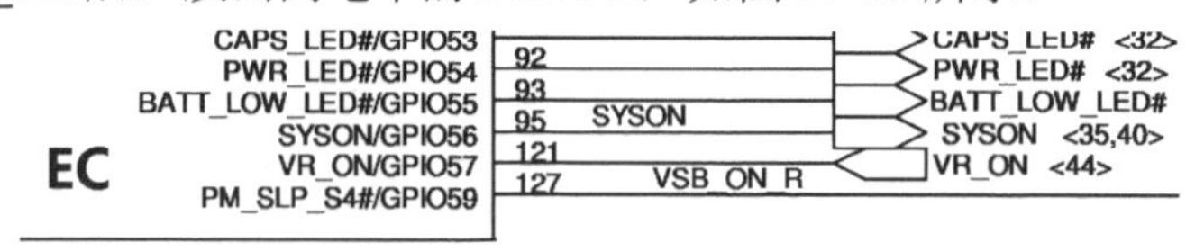

图 17-33　EC 发出 SYSON

SYSON 送给了 PU501（TPS51212）的 EN 脚，如图 17-34 所示。

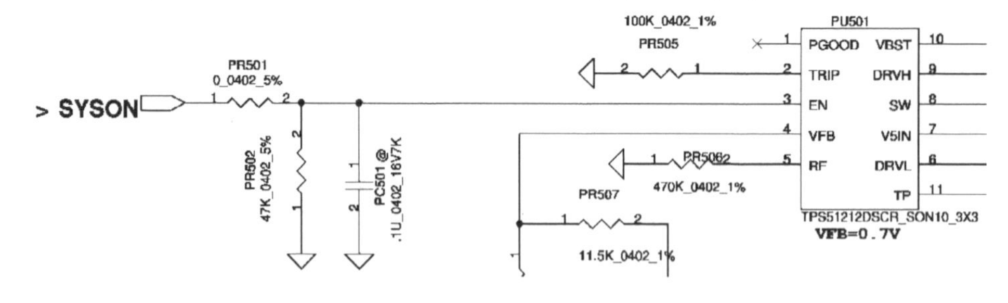

图 17-34　SYSON 送给内存供电芯片 PU501

PUT501 得到 EN，得到+5VALW 给的供电后，产生+1.5VP，经过隔离点更名为+1.5V，如图 17-35 所示。

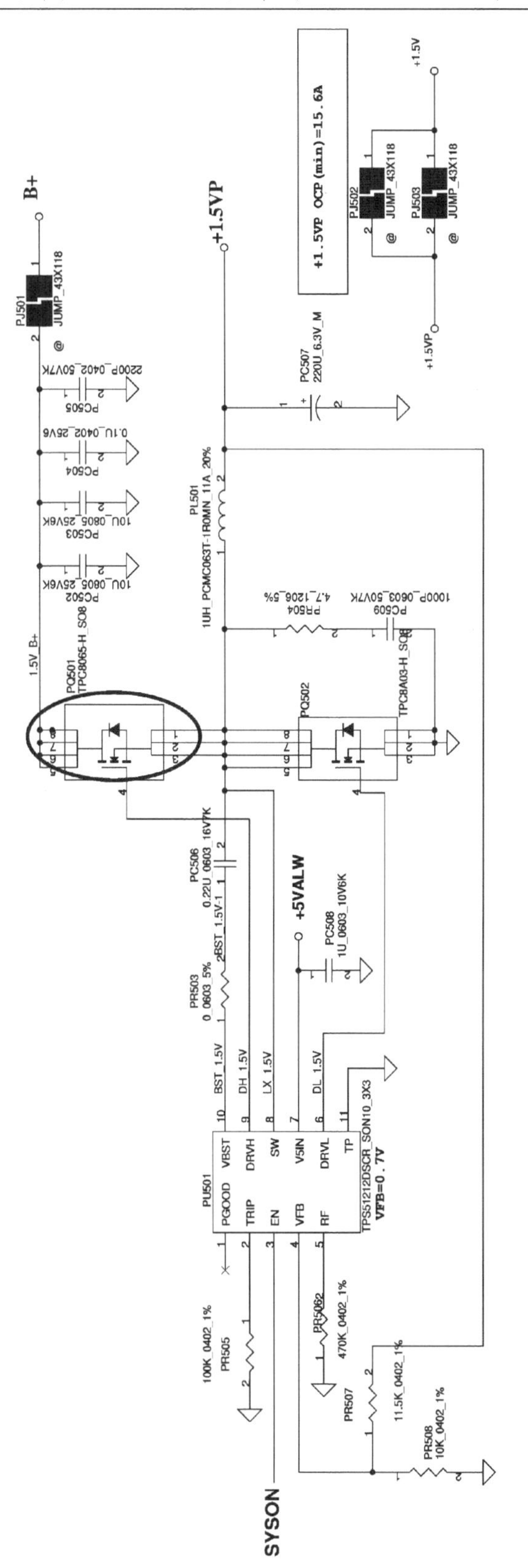

图 17-35　内存供电的产生

EC 收到 SLP_S3#后，发出高电平的 SUSP#，如图 17-36 所示，

SUSP#一路控制 Q61 导通，拉低 1.5VS_GATE，使 Q55 的 G 极也为低电平（Q55 为 P 沟道管，G 极为低电平可以使其导通），+1.5V 通过 Q55 产生+1.5VS，如图 17-37 所示。

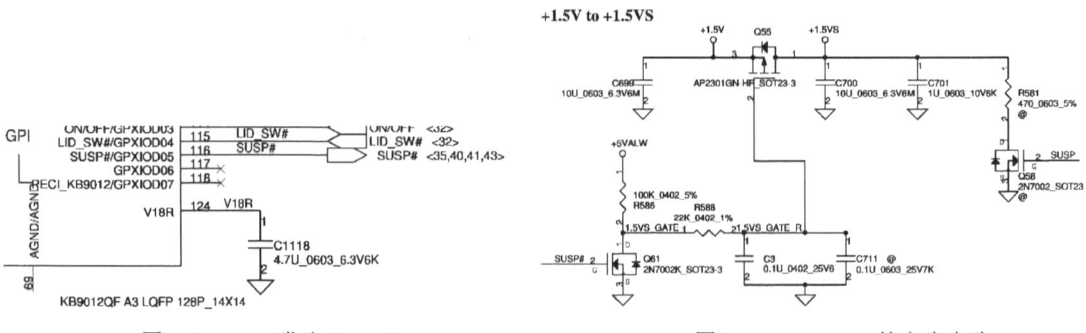

图 17-36　EC 发出 SUSP#　　　　　图 17-37　+1.5VS 的产生电路

SUSP#送给 PU502，用于控制产生+1.8VSP，经过隔离点更名为+1.8VS，如图 17-38 所示。

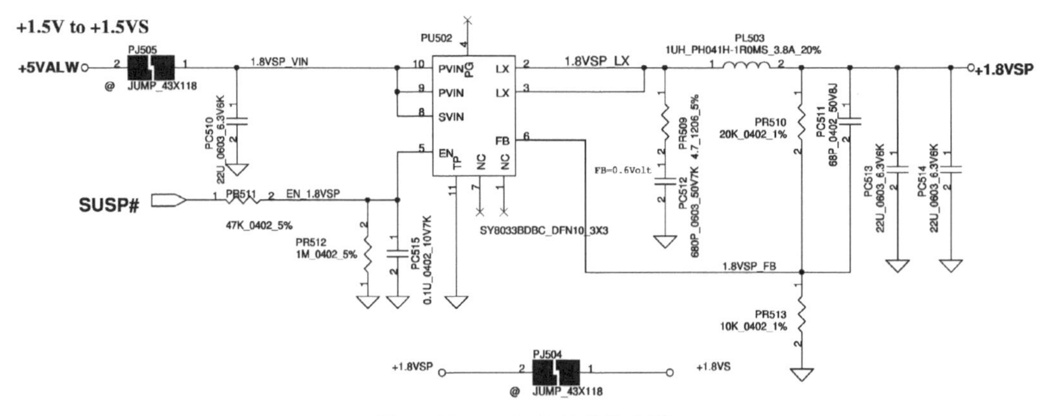

图 17-38　+1.8VS 的产生电路

SUSP#同时送给 PU602，控制产生+1.05VSP，经过隔离点更名为+1.05VS，如图 17-39 所示。

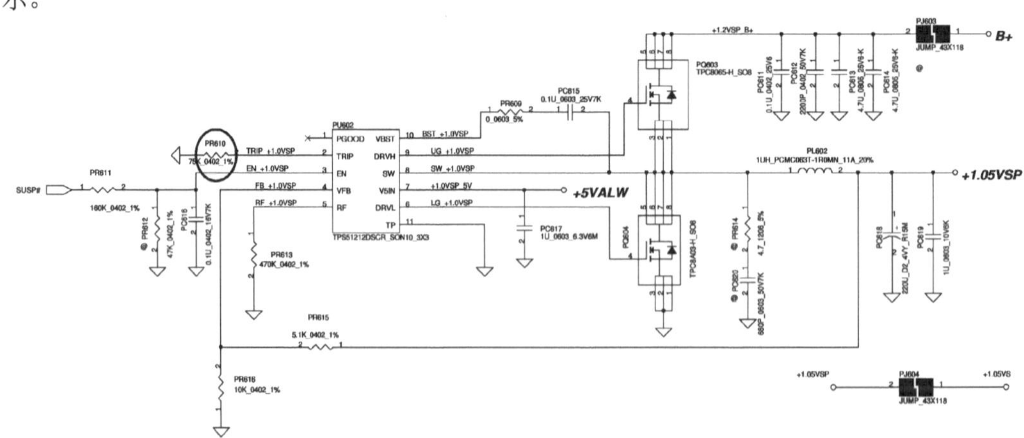

图 17-39　+1.05VS 的产生电路

SUSP#还经过 Q63 反相成低电平的 SUSP，如图 17-40 所示。

SUSP 用于开启+5VS、+3.3VS、+1.1VS，如图 17-41、图 17-42、图 17-43 所示。以+5VS 为例分析：低电平的 SUSP 控制 Q59 截止，+VSB 通过 R584、R587 上拉 U34 的 G 极。U34 为 N 沟道管，19V 的+VSB 足够使其完全导通，+5VALW 通过 U34 产生+5VS。

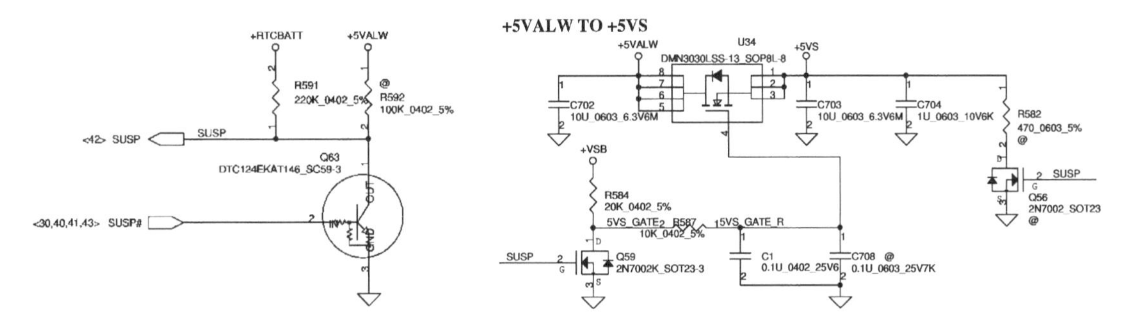

图 17-40　SUSP 的产生电路　　　　图 17-41　+5VS 的产生电路

+3VALW TO +3VS

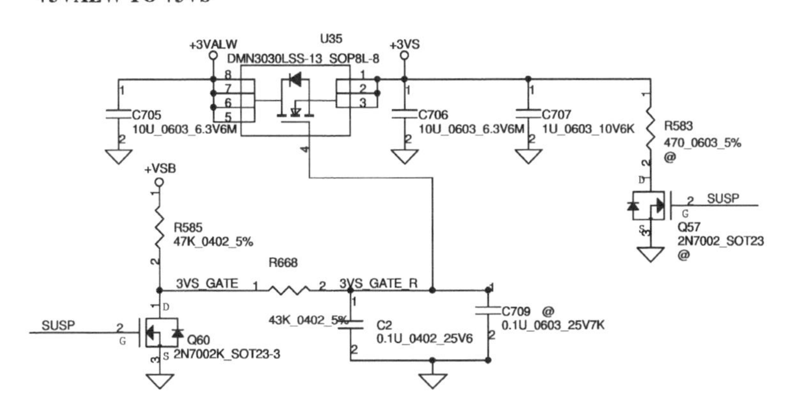

图 17-42　+3VS 的产生电路

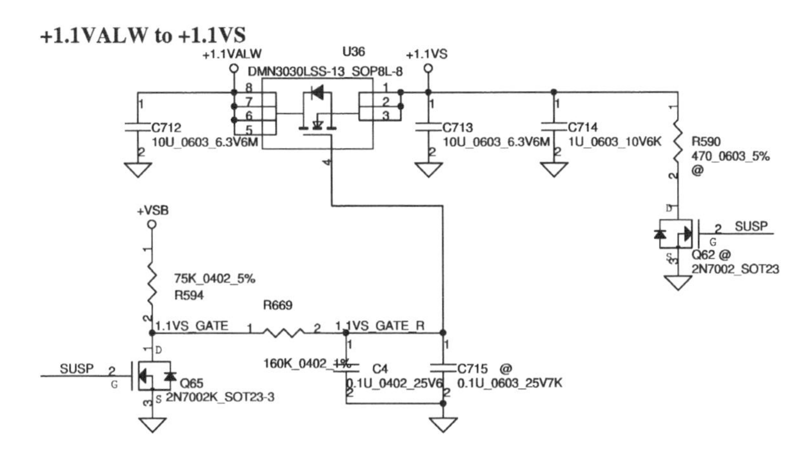

图 17-43　+1.1VS 的产生电路

SUSP 控制 PQ701 截止。+3VALW 和+1.5V 给 PU701 供电，+1.5V 分压成 0.75V 给 VREF，PU701 产生+0.75VSP，经过隔离点更名为+0.75VS，如图 17-44 所示。

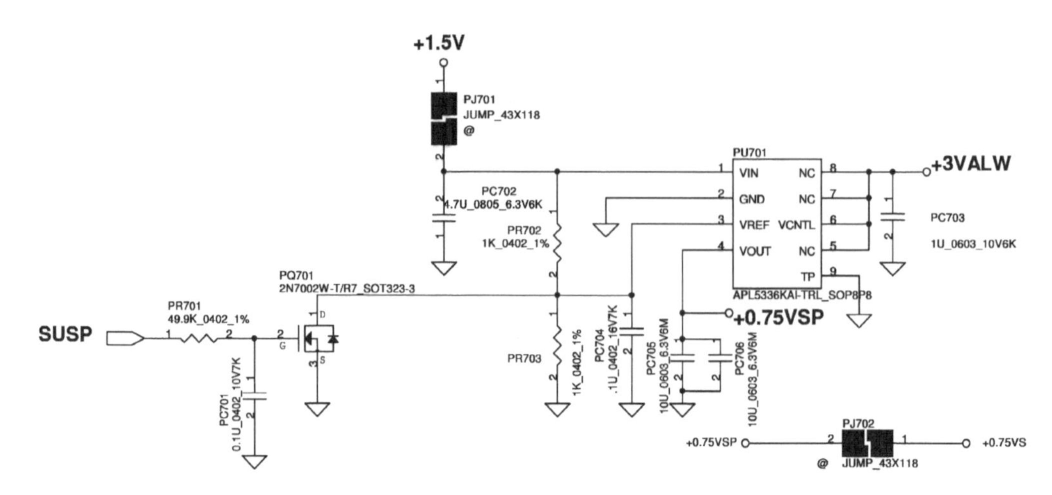

图 17-44　+0.75VS 的产生电路

17.6　APU 供电电路

EC 收到 PM_SLP_S3#后，延时发出 VR_ON，如图 17-45 所示。

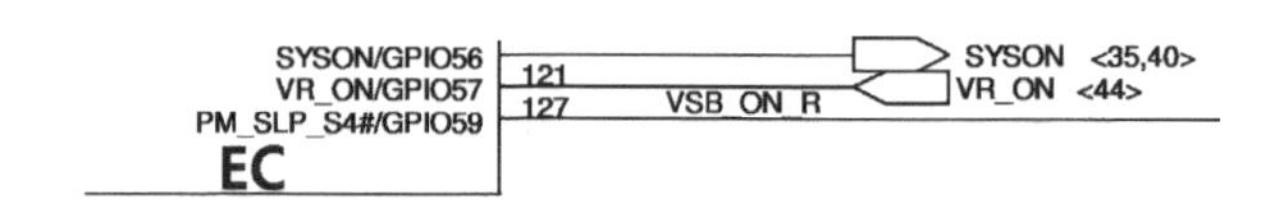

图 17-45　EC 发出 VR_ON

VR_ON 送给了 APU 供电芯片（ISL6265），如图 17-46 所示。

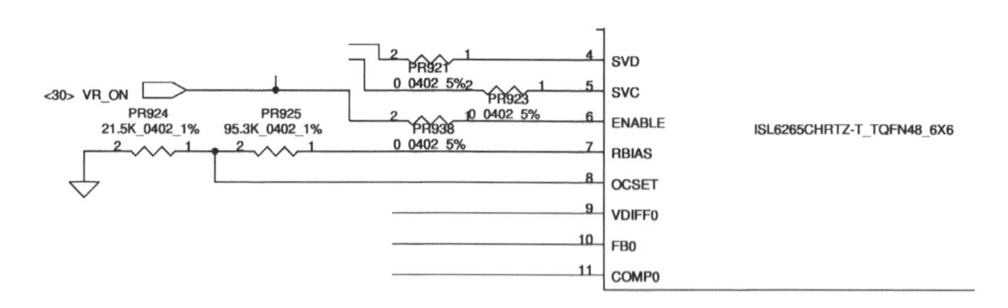

图 17-46　VR_ON 送给 APU 供电芯片

ISL6265 得到供电，收到 VR_ON 且收到 SVD 和 SVC，芯片产生 APU 核心供电+APU_CORE 和+ACPU_CORE_NB（注意，此时 SVC 和 SVD 由 1.8V 上拉，只能当 PVID 使用，APU 供电为 1.4V 左右，只有后续 APU 供电芯片得到 PWROK 后，才会开始解码 SVID）。供电正常后，ISL6265 发出 VGATE，如图 17-47 所示。

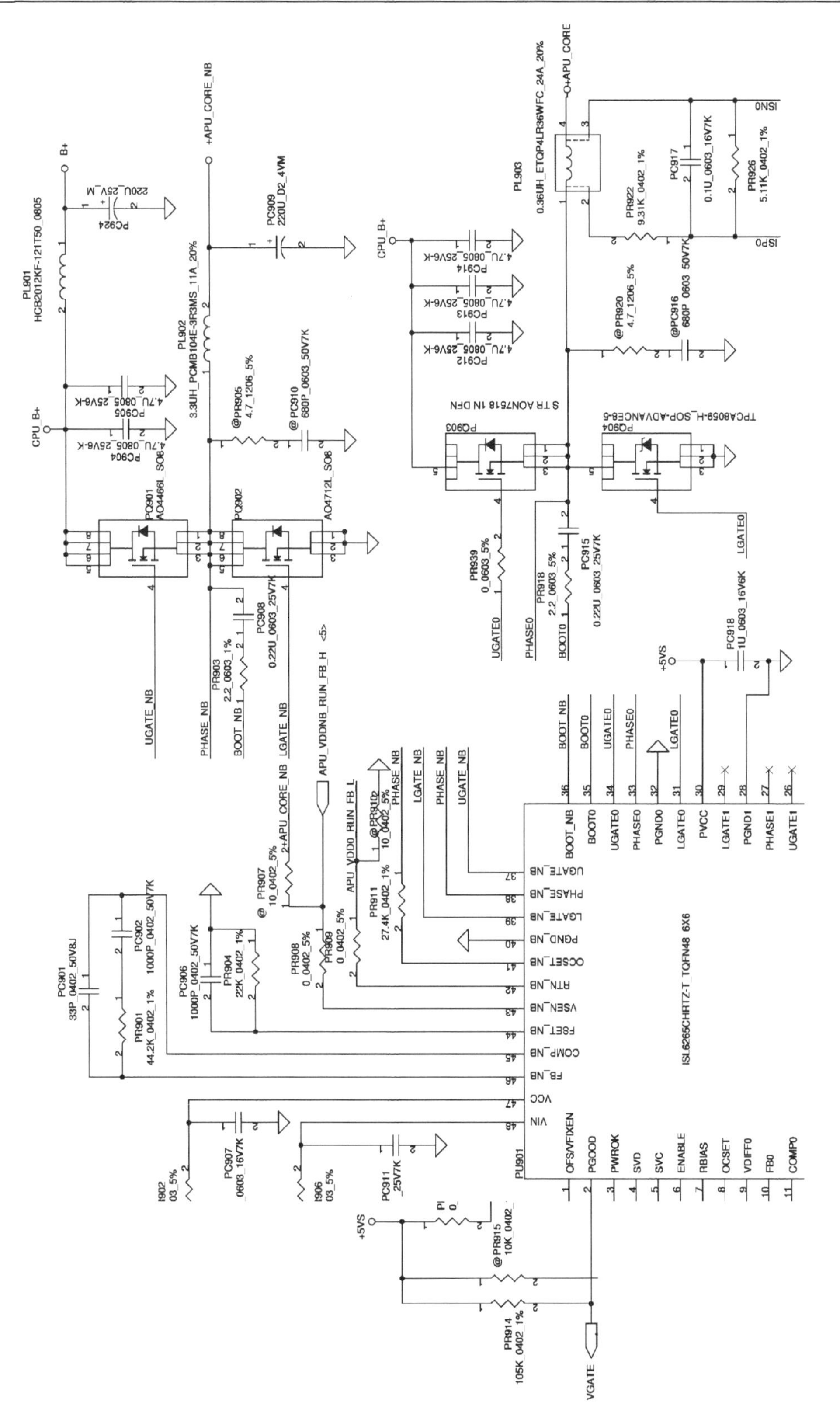

图 17-47 APU 供电芯片相关电路

VGATE 送给了 EC，如图 17-48 所示。

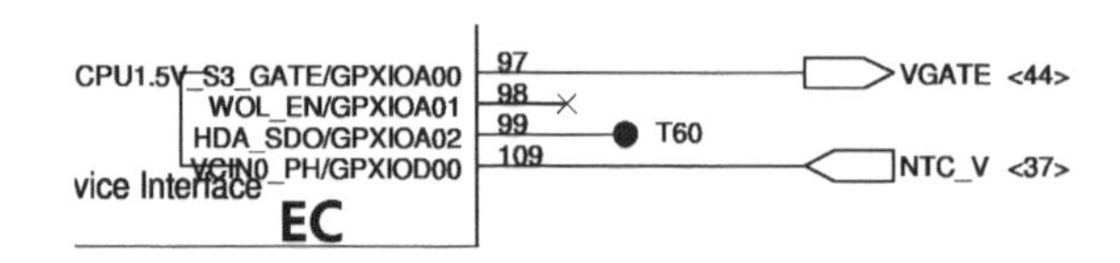

图 17-48　VGATE 送给 EC

EC 收到 VGATE 后，发出 FCH_PWRGD，如图 17-49 所示。

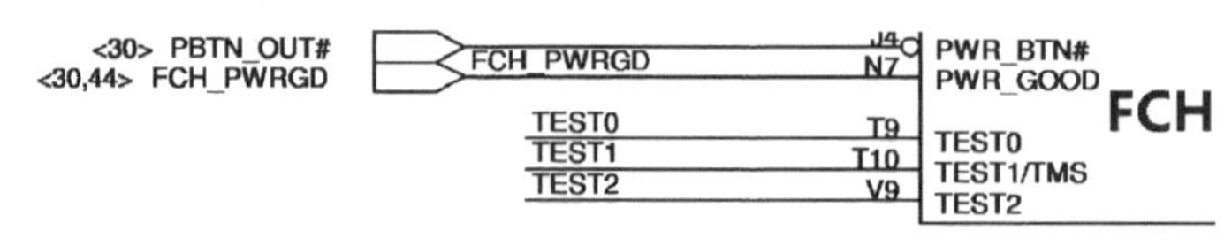

图 17-49　EC 发出 FCH_PWRGD

FCH_PWRGD 送给了 FCH 桥的 PWR_GOOD，如图 17-50 所示。

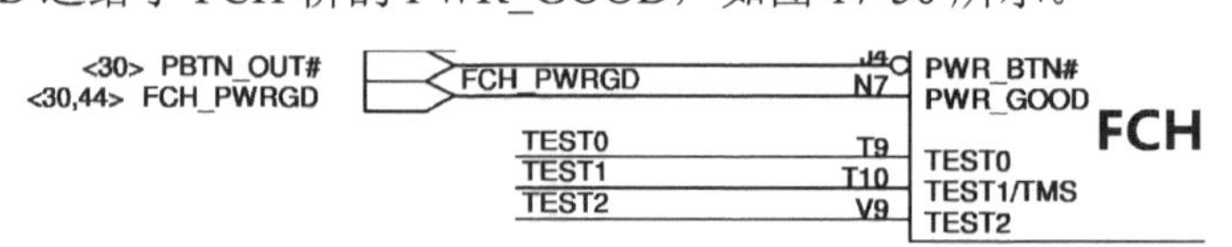

图 17-50　FCH 桥收到 PWR_GOOD

▷▷ 17.7　时钟、PG 和复位电路

FCH 桥供电正常后，25MHz 晶振 Y4 起振，如图 17-51 所示。FCH 桥再收到 FCH_PWRGD 后，内部集成的时钟开始工作，送出各路时钟信号。

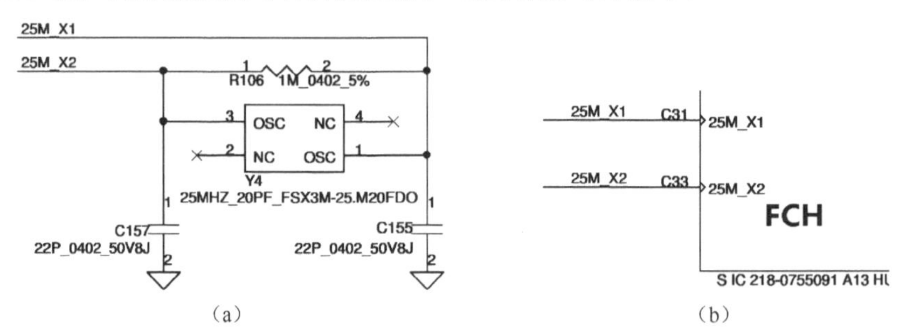

图 17-51　25MHz 晶振相关电路

FCH 桥发出 APU_PWRGD，如图 17-52 所示。

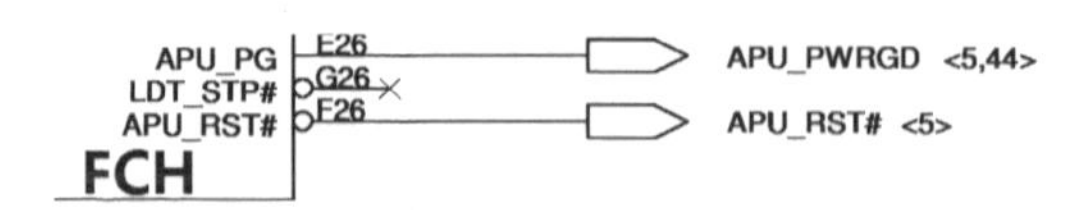

图 17-52　FCH 桥发出 APU_PWRGD

APU_PWRGD 一路送给 ISL6265，如图 17-53 所示，用于激活 ISL6265 的 SVI 界面，运行 I^2C 协议，解码 SVID。

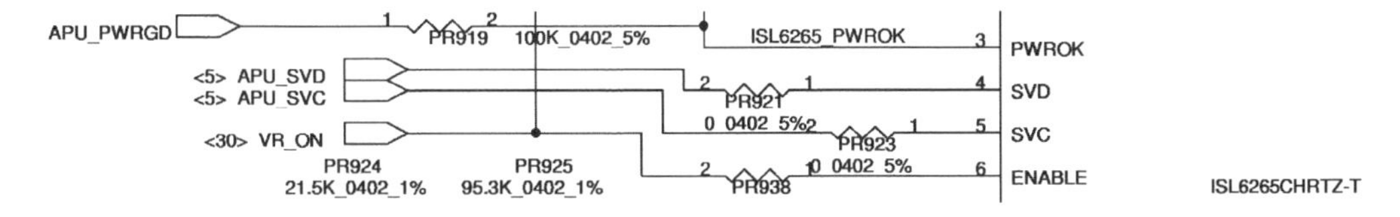

图 17-53　APU_PWRGD 一路送给 ISL6265

ISL6265 的 PWROK 引脚解释系统电源好信号输入引脚。当此引脚为高电平时，SVI 接口处于活动状态且 I^2C 协议正在运行。当此引脚为低电平时，SVC、SVD 和 VFIXEN 输入状态决定了 PWROK 前的 VID 或 VFIX 模式电压。根据 AMD SVI 控制器指南，在 ISL6265 PGOOD 输出变高之前，此引脚必须为低电平。

APU_PWRGD 另一路送给 APU，如图 17-54 所示。

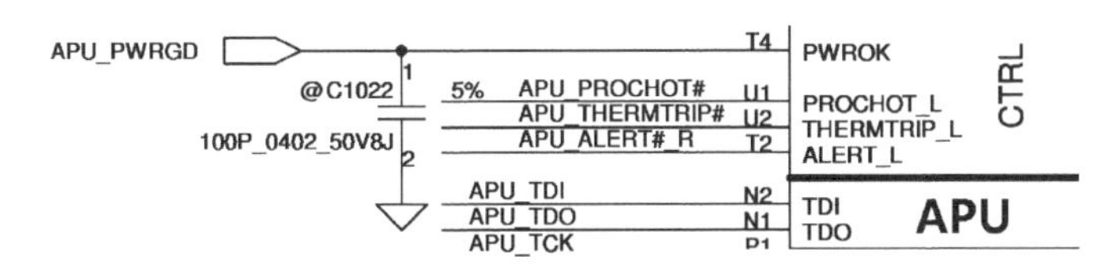

图 17-54　APU_PWRGD 另一路送给 APU

FCH 桥再发出 A_RST#、PCIRST#、PCIE_RST#。其中，只有 A_RST#被采用，更名为 PLT_RST#，如图 17-55 所示。

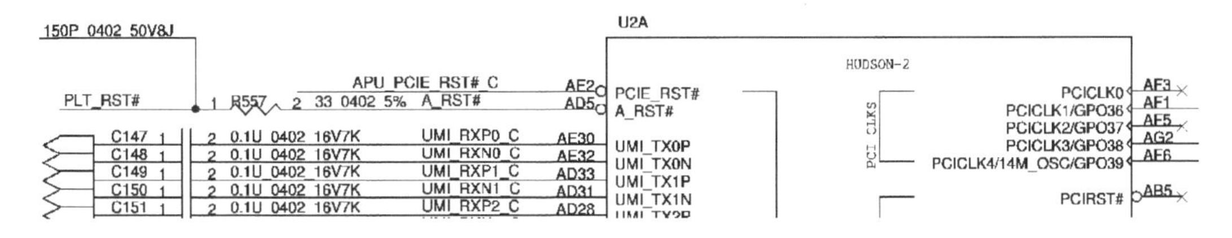

图 17-55　FCH 桥发出复位信号 A_RST#、PCIRST#、PCIE_RST#

PLT_RST#送给了网卡、EC，如图 17-56、图 17-57 所示。

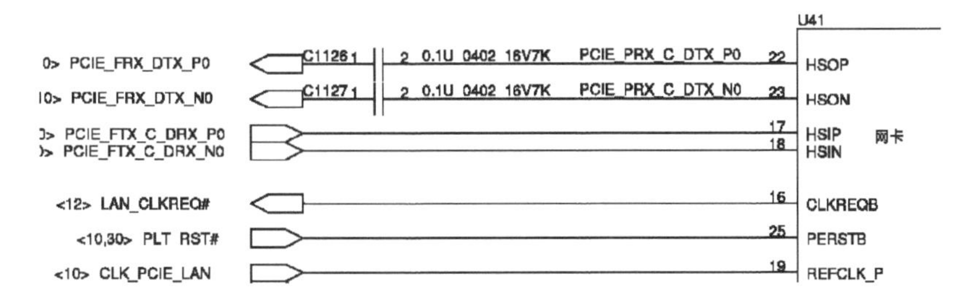

图 17-56　复位信号 PLT_RST#送给网卡

PLT_RST#再转成 APU_PCIE_RST#，如图 17-58 所示。

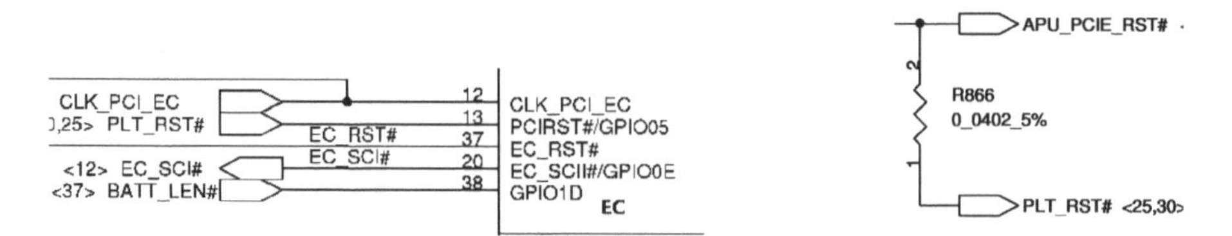

图 17-57　复位信号 PLT_RST#送给 EC　　　　图 17-58　PLT_RST#转换为 APU_PCIE_RST#

APU_PCIE_RST#送给了 JWLN1（MINI PCIE），如图 17-59 所示。

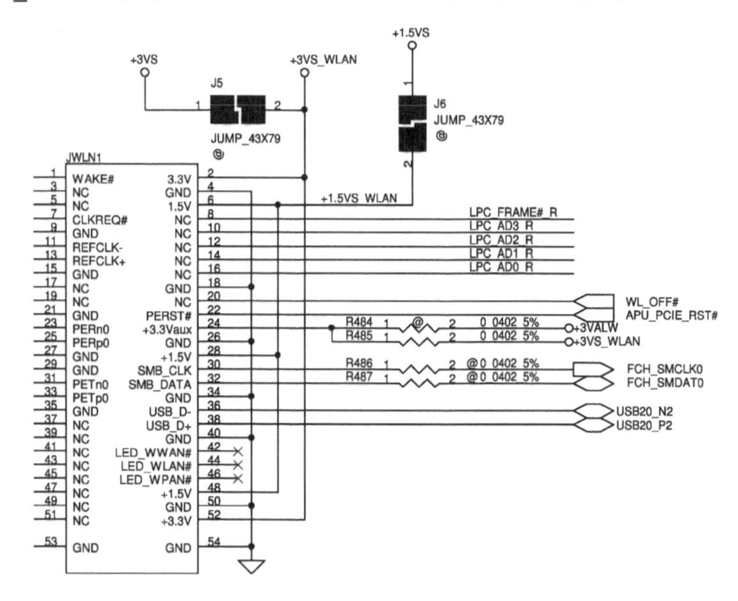

图 17-59　复位信号 APU_PCIE_RST#送给 MINI PCIE 槽

APU_PCIE_RST#还送给了 U7，与 PXS_RST#相与产生 GPU_RST#，如图 17-60 所示。

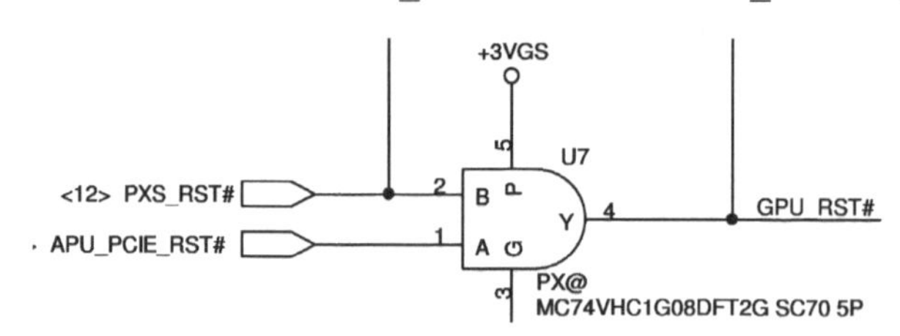

图 17-60　GPU_RST#的产生电路

最后，FCH 桥发出 APU_RST#，送给了 APU，如图 17-61 所示。

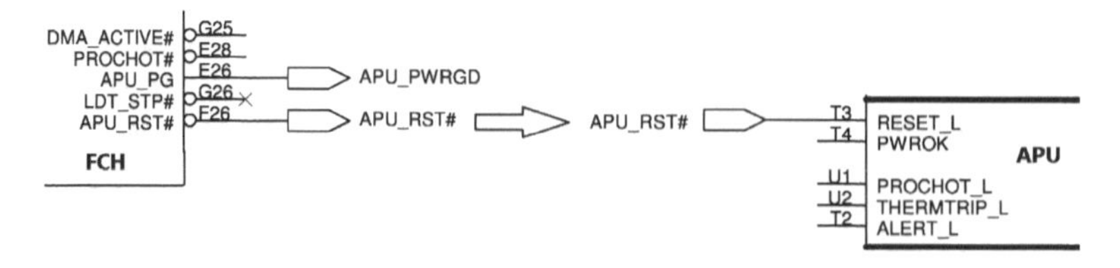

图 17-61　FCH 桥发出 APU_RST#给 APU

▷▷ 17.8　独立显卡的工作时序

EC 发出低电平的 VGA_GATE#控制 Q112 截止，FCH 桥发出高电平的 PXS_PWREN，如图 17-62 所示。

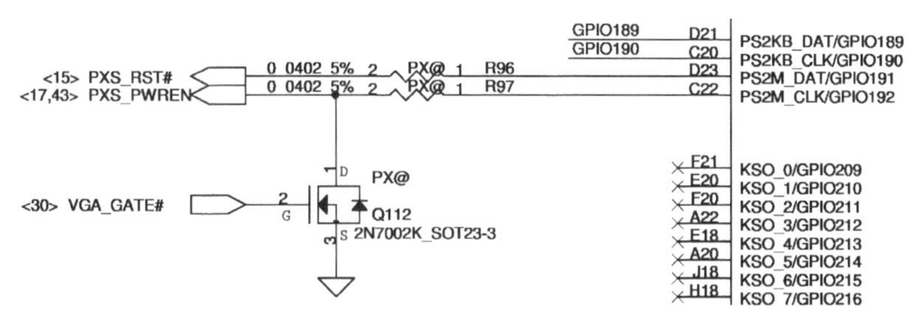

图 17-62　PXS_PWREN 所在电路截图

PXS_PWREN 控制产生+3VGS，如图 17-63 所示。

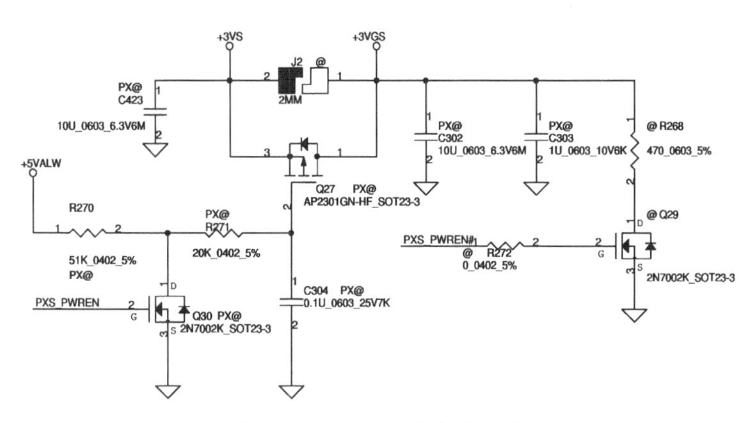

PXS_PWREN 经 Q26 转换成 PXS_PWREN#，如图 17-64 所示。

PXS_PWREN#用于开启+1.0VGS 和+1.8VGS，如图 17-65、图 17-66 所示。

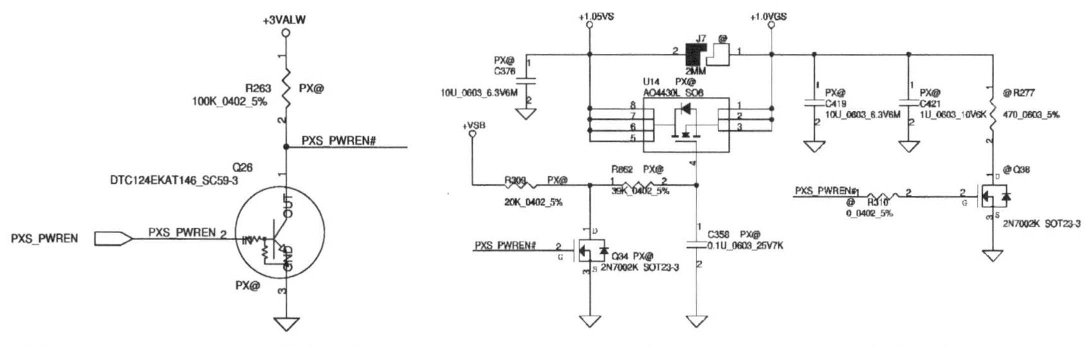

图 17-64　PXS_PWREN#的产生电路　　　　图 17-65　+1.0VGS 的产生电路

+1.8VS TO +1.8VGS

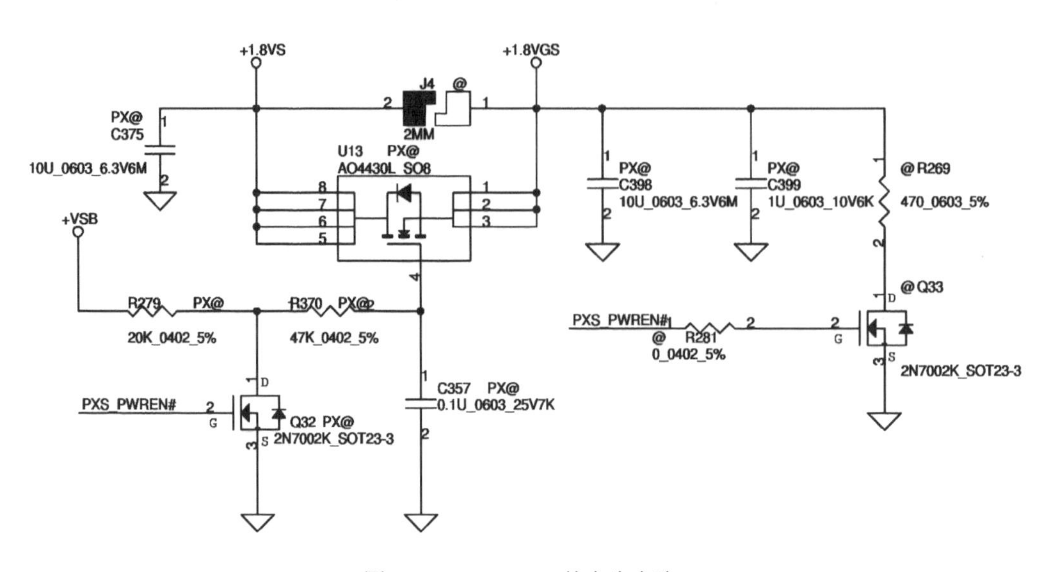

图 17-66　+1.8VGS 的产生电路

PXS_PWREN 还送给与门 U10，与+3VGS 相与，产生 PX_MODE（PX_EN 来自显卡芯片），如图 17-67 所示。

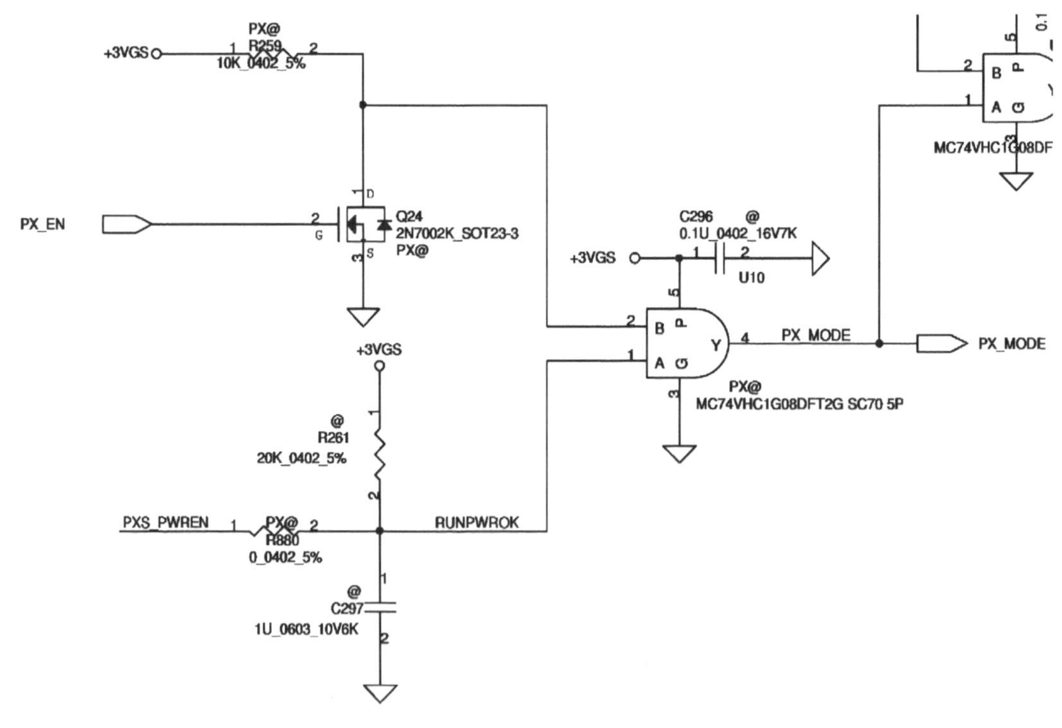

图 17-67　PX_MODE 的产生电路

PX_MODE 一路用于控制产生+1.5VGS，如图 17-68 所示。

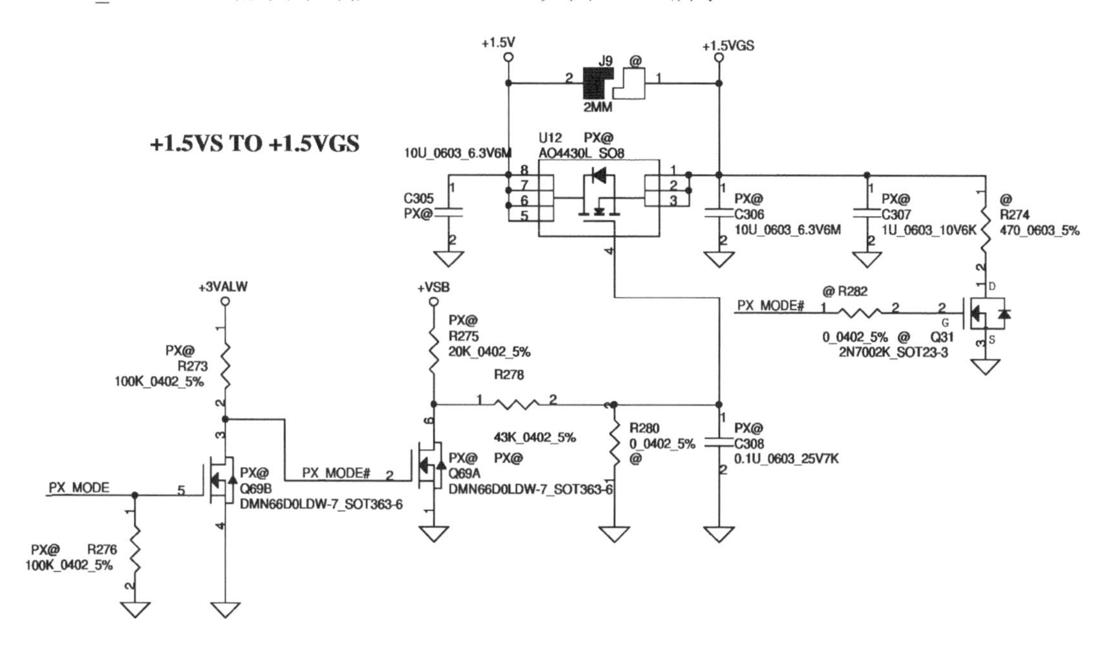

图 17-68 +1.5VGS 的产生电路

PX_MODE 另一路送给 PU801，如图 17-69 所示。

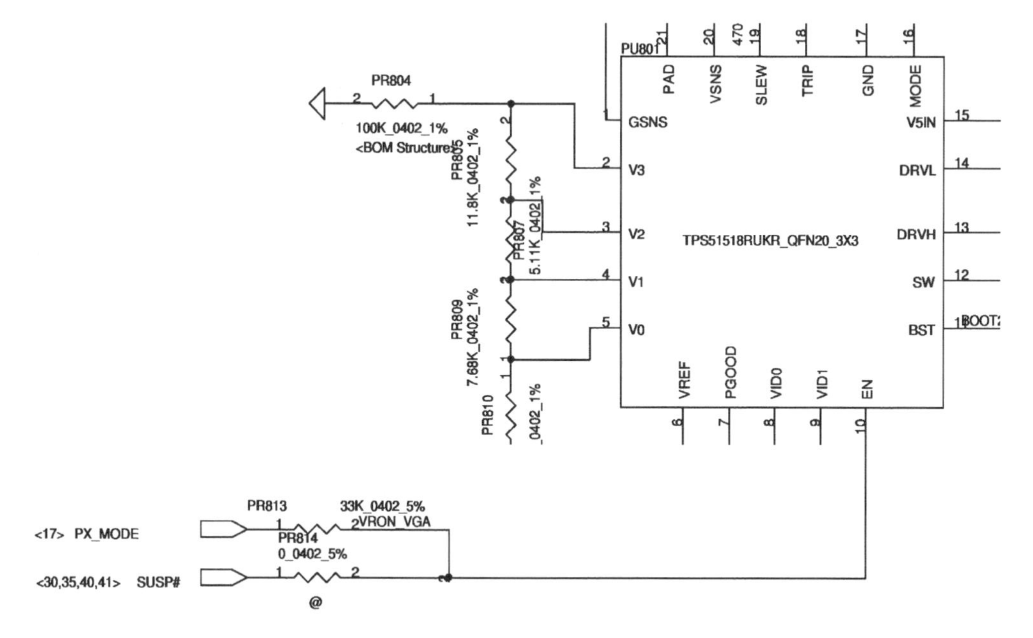

图 17-69 PX_MODE 送给 PU801

PU801 控制产生显卡核心供电+VGA_COREP，经过隔离点后更名为+VGA_CORE。+VGA_CORE 供电正常后，PU801 发出 VGA_PWRGD，如图 17-70 所示。

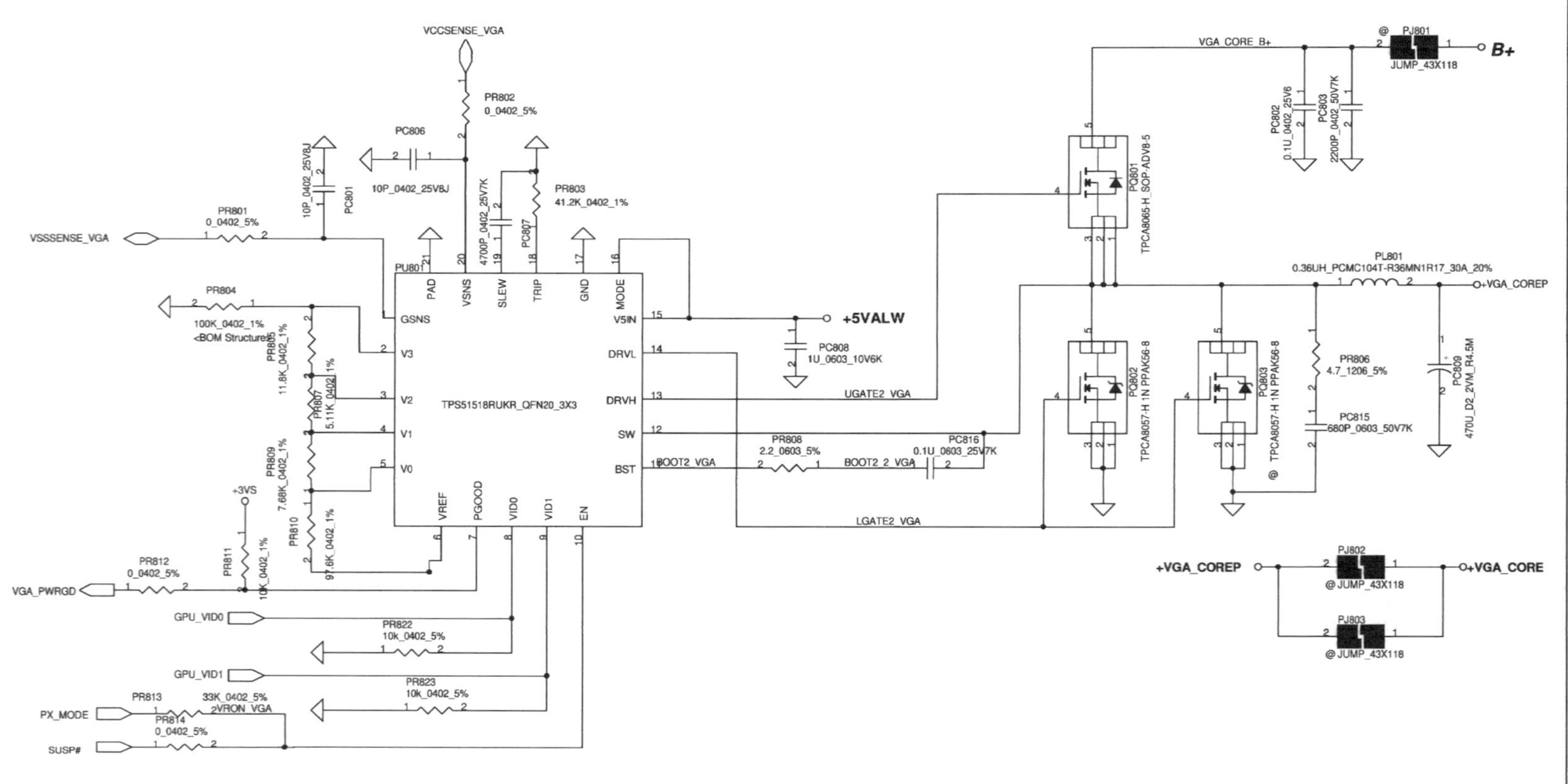

图 17-70　+VGA_CORE 的产生电路

VGA_PWRGD 送给 U9，与 PX_MODE 相与，输出高电平控制 Q68B 导通，拉低 1.0V_ON#，同时截止 Q68A，使 VDDC_ON#为高电平无效状态，如图 17-71 所示。

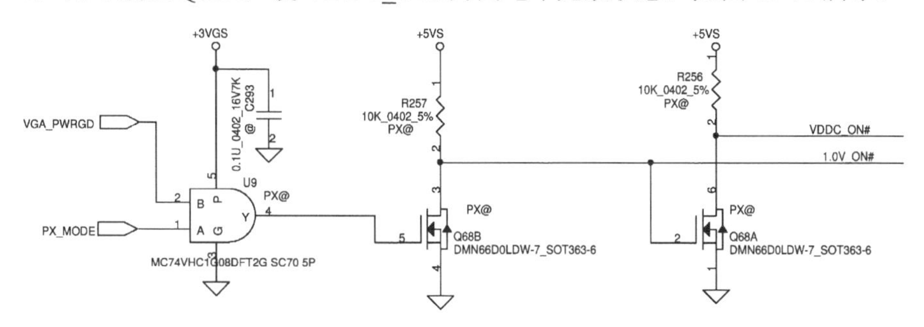

图 17-71　U9 所在电路截图

低电平的 1.0V_ON#控制 Q18、Q19 截止，高电平的 VDDC_ON#控制 Q22、Q23 导通，把+VGA_CORE 转换成+BIF_VDDC，如图 17-72 所示。

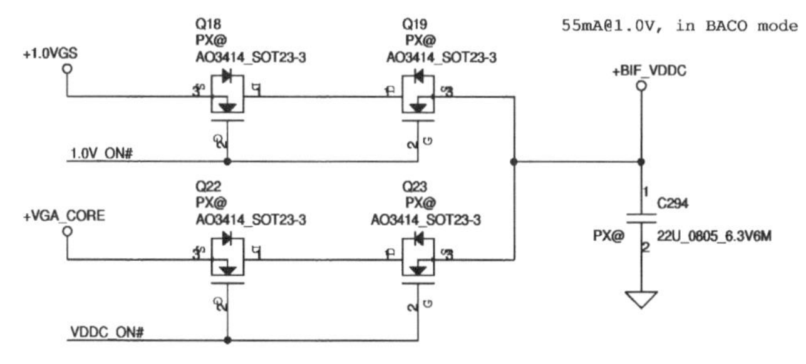

图 17-72　+BIF_VDDC 的产生电路

VGA_PWRGD 还送给了 FCH 桥，如图 17-73 所示。

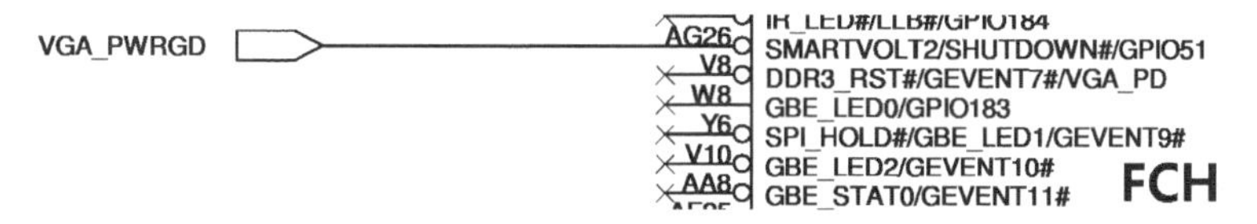

图 17-73　VGA_PWRGD 送给 FCH 桥

FCH 桥收到 VGA_PWRGD 后，由于 PEG_CLKREQ#_R 被电阻 R182 强制下拉为低电平，FCH 桥自动发出 100MHz 差分时钟信号 CLK_PCE_VGA、CLK_PCIE_VGA#（即显卡复位信号）给 VGA，如图 17-74 所示。

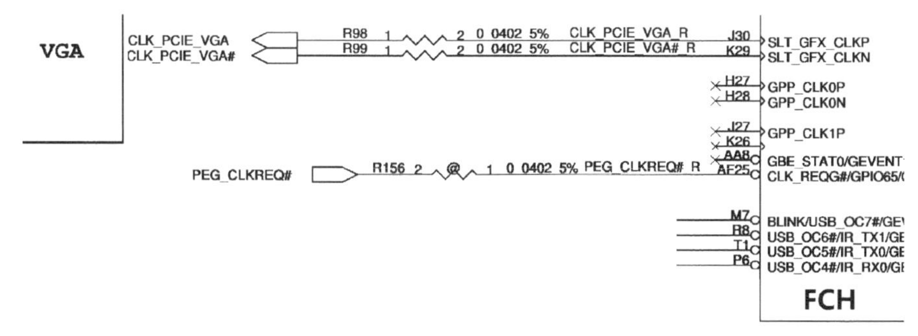

图 17-74　FCH 桥发出显卡时钟信号

FCH 桥再发出高电平的显卡复位信号 PXS_RST#，如图 17-75 所示。

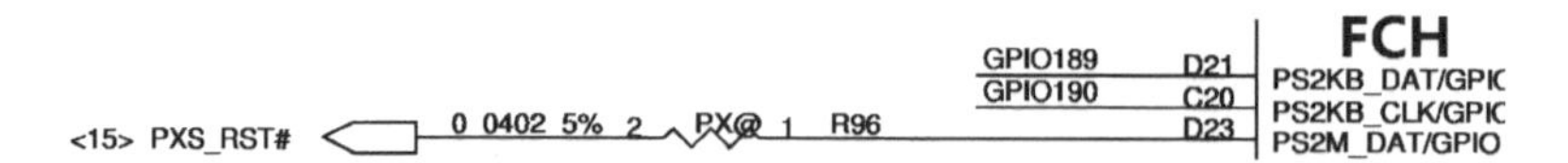

图 17-75　FCH 桥发出显卡复位信号 PXS_RST#

PXS_RST#与 APU_PCIE_RST#相与产生 GPU_RST#送给了显卡，如图 17-76 所示。

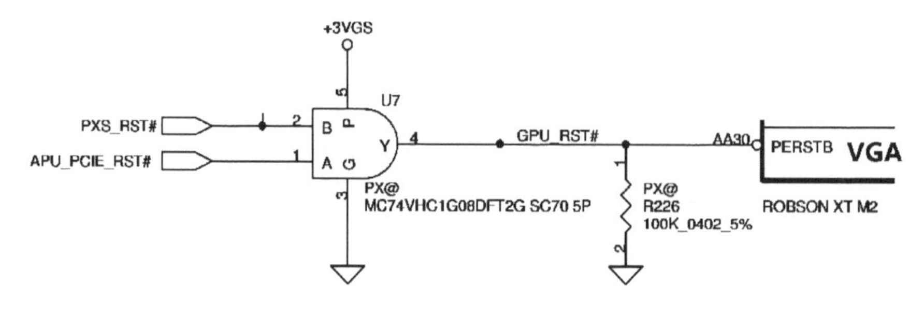

图 17-76　GPU_RST#送给显卡

第 18 章　BIOS 的分离与合成

▷▷ 18.1　常见 BIOS 厂家和各功能模块介绍

1. 常见 UEFI BIOS 厂家

常见 UEFI BIOS 厂家一般有 AMI、Phoenix、Insyde，其 BIOS 的图标如图 18-1 所示。

（a）Aml　（b）Phoenix　（c）Insyde

图 18-1　AMI、Phoenix 和 Insyde 三个厂家 BIOS 的图标

UEFI（Unified Extensible Firmware Interface）即“统一的可扩展固件接口”，是适用于电脑的标准固件接口，旨在代替 BIOS（基本输入/输出系统）。此标准由 UEFI 联盟中的 140 多个技术公司共同创建，其中包括微软公司。UEFI 旨在提高软件互操作性和解决 BIOS 的局限性。

2. UEFI BIOS 结构

UEFI BIOS 通常由 5 个部分组成，见表 18-1。

表 18-1　UEFI BIOS 的组成

	Region（区域）	定　义
第 1 部分	Desc （Flash Descriptor）	文件描述，相当于指路牌，它描述了 Flash ROM 里面所存储的各个区域所在的位置
第 2 部分	Intel ME （Intel Management Engine）	Intel 管理引擎，也就是 ME 的固件程序
第 3 部分	BIOS	BIOS 主体区域
第 4 部分	GBE （Gigabit Ethernet）	网卡固件，里面包含网卡启动程序、MAC 地址等
第 5 部分	Platform Data	平台数据，主要指 PCH 桥的绑定值之类的程序

一个 BIOS 中实际包含了哪些程序，我们可以通过软件 UEFITool 来查看，如图 18-2 所示。

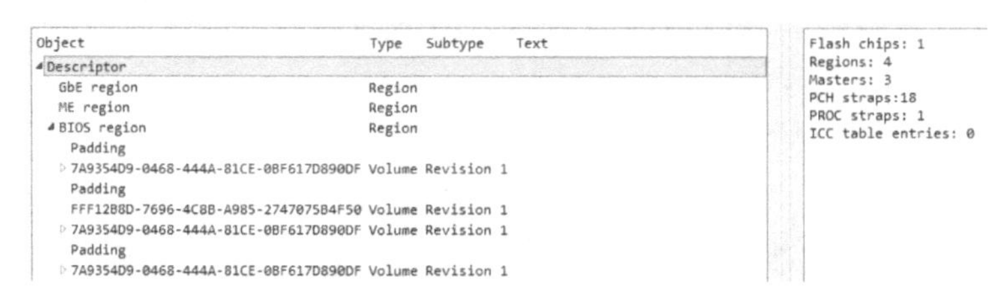

图 18-2　通过软件 UEFITool 查看 UEFI BIOS 包含的程序

也可以使用 WinHex 软件（十六进制编辑器），通过搜索 UEFI 各个组成部分开头的十六进制数来查看 BIOS 的各个组成部分。例如，文件描述部分 Desc 通常以十六进制数 5AA5F0 开头。当用 WinHex 打开 UEFI BIOS 时，直接搜索 5AA5F0，如图 18-3 所示，从 5AA5F0 开始就是 UEFI 文件的起始位置。

```
Offset     0  1  2  3  4  5  6  7   8  9  A  B  C  D  E  F
00000000  FF FF FF FF FF FF FF FF  FF FF FF FF FF FF FF FF  ÿÿÿÿÿÿÿÿÿÿÿÿÿÿÿÿ
00000010  5A A5 F0 0F 03 00 04 03  06 02 10 12 20 01 21 00  Z¥ð......... .!.
00000020  25 00 00 00 FF FF FF FF  FF FF FF FF FF FF FF FF  %...ÿÿÿÿÿÿÿÿÿÿÿÿ
00000030  25 00 90 24 00 00 00 00  00 00 00 00 FF FF FF FF  %..$........ÿÿÿÿ
00000040  00 00 00 00 00 0B FF 0F  03 00 FF 0A 01 00 02 00  ......ÿ...ÿ.....
00000050  FF 1F 00 00 FF FF FF FF  FF FF FF FF FF FF FF FF  ÿ...ÿÿÿÿÿÿÿÿÿÿÿÿ
00000060  00 00 0B 0A 00 00 0D 0C  18 01 08 08 FF FF FF FF  ............ÿÿÿÿ
00000070  FF FF FF FF FF FF FF FF  FF FF FF FF FF FF FF FF  ÿÿÿÿÿÿÿÿÿÿÿÿÿÿÿÿ
00000080  FF FF FF FF FF FF FF FF  FF FF FF FF FF FF FF FF  ÿÿÿÿÿÿÿÿÿÿÿÿÿÿÿÿ
```

图 18-3　查看文件描述部分（Desc）

Intel ME 固件程序区域通常以十六进制数 202080 开头。从 Intel 6 代 Skylake 开始以十六进制数 244650 开头，如图 18-4 所示。

```
00002FF0  FF FF FF FF FF FF FF FF  FF FF FF FF FF FF FF FF  ÿÿÿÿÿÿÿÿÿÿÿÿÿÿÿÿ
00003000  20 20 80 0F 40 00 00 10  00 00 00 00 00 00 00 00    ▮.@...........
00003010  24 46 50 54 17 00 00 00  20 10 30 D8 07 00 64 00  $FPT.... .0Ø..d.
00003020  20 00 00 00 01 FC FF FF  08 00 01 00 00 00 F1 04   ....üÿÿ......ñ.
00003030  E0 15 00 20 4B 52 49 44  C0 03 00 00 40 00 00 00  à.. KRIDÀ...@...
00003040  01 00 00 00 01 00 00 00  00 00 00 00 83 07 00 00  ............▮...
00003050  46 4F 56 44 4B 52 49 44  00 04 00 00 00 0C 00 00  FOVDKRID........
00003060  01 00 00 00 01 00 00 00  00 00 00 00 83 07 00 00  ............▮...
00003070  4D 44 45 53 4D 44 49 44  00 10 00 00 00 10 00 00  MDESMDID........
00003080  01 00 00 00 01 00 00 00  00 00 00 00 83 23 00 00  ............▮#..
00003090  46 43 52 53 4F 53 49 44  00 20 00 00 00 10 00 00  FCRSOSID. ......
000030A0  01 00 00 00 01 00 00 00  00 00 00 00 83 23 00 00  ............▮#..
```

图 18-4　Intel ME 固件程序区域

Phoenix、Insyde 的主 BIOS 部分通常以十六进制数 D95493 开头（见图 18-5）。AMI 的主 BIOS 部分通常以十六进制数 78E58C 开头。另外，十六进制数 781600 是 AMD 主 BIOS 的起始位置，也是部分机型 UEFI BIOS 的起始位置。

```
00B2FFF0  FF FF FF FF FF FF FF FF  FF FF FF FF FF FF FF FF  ÿÿÿÿÿÿÿÿÿÿÿÿÿÿÿÿ
00B30000  00 00 00 00 00 00 00 00  00 00 00 00 00 00 00 00  ................
00B30010  D9 54 93 7A 68 04 4A 44  81 CE 0B F6 17 D8 90 DF  ÙT▮zh.JD.Î.ö.Ø.ß
00B30020  00 00 25 00 00 00 00 00  5F 46 56 48 FF 8E FF FF  ..%....._FVHÿ▮ÿÿ
00B30030  48 00 69 4C 00 00 00 01  25 00 00 00 00 00 01 00  H.iL....%.......
00B30040  00 00 00 00 00 00 00 00  18 88 53 4A E0 5A B2 4E  .........▮SJàZ²N
00B30050  B2 EB 48 8B 23 65 70 22  C4 30 05 40 E9 ED 20 F8  ²ëH▮#ep"Ä0.@éí ø
00B30060  D1 ED 20 01 10 00 FF 00  02 5D 00 00 80 00 10 00  Ñí ...ÿ..]..▮...
00B30070  FF 00 00 00 00 00 00 08  00 1D E0 A8 1B CF 5C 77  ÿ.........à¨.Ï\w
00B30080  67 94 2D 75 B7 C4 D4 98  82 EE 9C DC 30 DA 7F 9F  g▮-u·ÄÔ▮▮î▮Ü0Ú.▮
00B30090  07 D7 F4 2A D5 2D 2F 9A  96 03 FF 19 D5 B5 0F 82  .×ô*Õ-/▮▮.ÿ.Õµ.▮
00B300A0  C6 EB 28 8B 4C 61 55 99  7D 7E 15 DA B7 7F 87 AD  Æë(▮LaU▮}~.Ú·.▮-
00B300B0  9D 4B 3E 47 D4 60 BE 77  B6 03 DF 32 3F 16 C2 C2  .K>GÔ`¾w¶.ß2?.ÂÂ
```

图 18-5　UEFI BIOS 的起始位置

主 BIOS 里面包含处理器微码（Micro Code）、集成/独立显卡 ROM、磁盘/阵列 ROM、本机信息/授权序列号（DMI）、OEM 软件等内容。

GBE（Gigabit Ethernet）网卡固件区域和 Platform Data（平台数据）这两部分没有固定的 16 进制字符开头，无法通过 WinHex 查看，只能通过 UEFITool 软件来查看。

18.2 WinHex 常用操作和热键

1. 软件操作界面介绍

WinHex 软件的操作界面如图 18-6 所示。

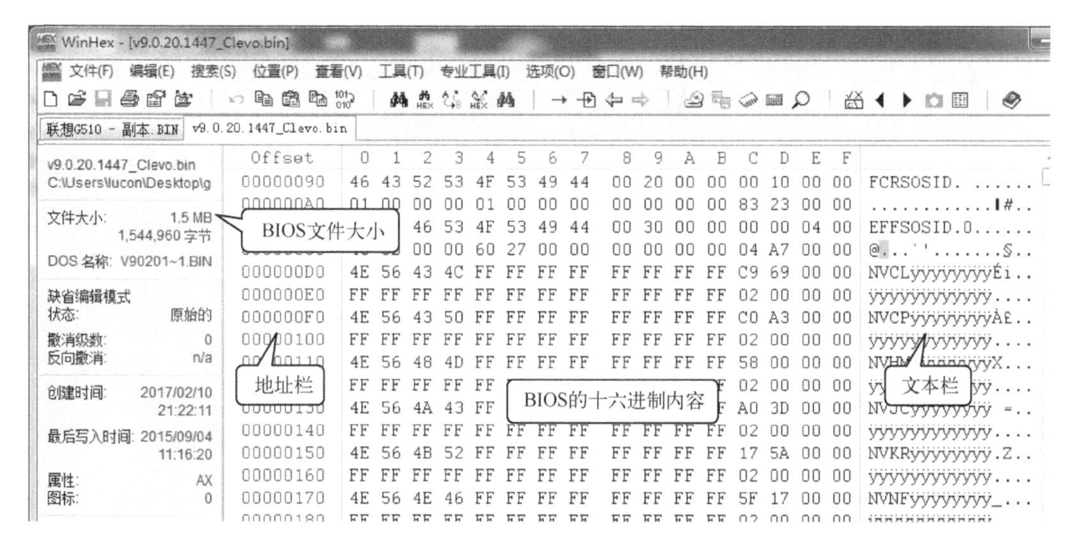

图 18-6 WinHex 的操作界面介绍

2. WinHex 常用的快捷键

Ctrl+C 键：复制。

Ctrl+A 键：全选。

Ctrl+V 键：粘贴（会改变原文件大小）。

Ctrl+B 键：覆盖/写入（相当于替换，从选的起点开始覆盖，覆盖内容不超过原文件时，文件大小不变）。

Alt+1 键：选择起始位置。

Alt+2 键：选择结束位置。

Ctrl+Alt+X 键：搜索十六进制内容。

F3 键：搜索下一个（若上一次操作是搜索文本内容，按 F3 键就继续搜索下一个文本内容；若上一次操作是搜索十六进制内容，按 F3 键就继续搜索下一个十六进制内容。）

Ctrl+Shift+C 键：复制十六进制内容。

Delete 键：删除。

Ctrl+Z 键：撤销上一个操作。

Ctrl+L 键：填充数据（选好起点和终点后操作，一般填 00 或 FF）；

Ctrl+F 键：搜索文本内容，如图 18-7 所示。

图 18-7　搜索文本内容

Alt+G 键：跳转到指定位置，如图 18-8 所示。

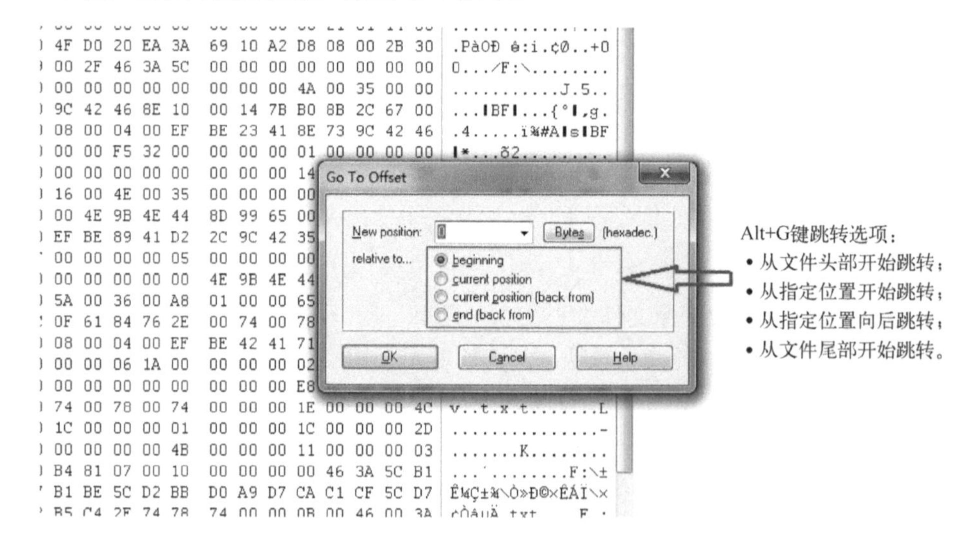

图 18-8　跳转操作说明

Ctrl+Shift+N 键：选定位置创建新文件。

F6 键：更改编辑模式。按 F6 键可以在 Readonly Mode（只读模式）、Default Edit Mode（默认编辑模式）、In-place Mode（直接输入并自动保存模式）之间切换。

▷▷ 18.3　修改 BIOS 中的 ME

BIOS 中的 ME 是一个非常重要的内容。Intel 6 系列芯片组以后的电脑，如果 BIOS 中的 ME 出现问题，会导致各种奇奇怪怪的故障，如开机很慢、停在 LOGO 界面、开机掉电、关机关不死、温度异常、风扇狂转、不定时掉电、无集成显卡供电、开机不显示等。学会修改 BIOS 中的 ME，可以轻松解决以上问题。

注意版本不一样的 ME 不能替换。3MB 以下的通常是个人版（普通版），3MB 以上的是企业版（商务版）。企业版适用于 Intel 博锐技术的主板（商务主板为主）。

第 1 步　使用 UEFITool 打开备份的 BIOS 文件，查看 ME 的版本号，如图 18-9 所示。

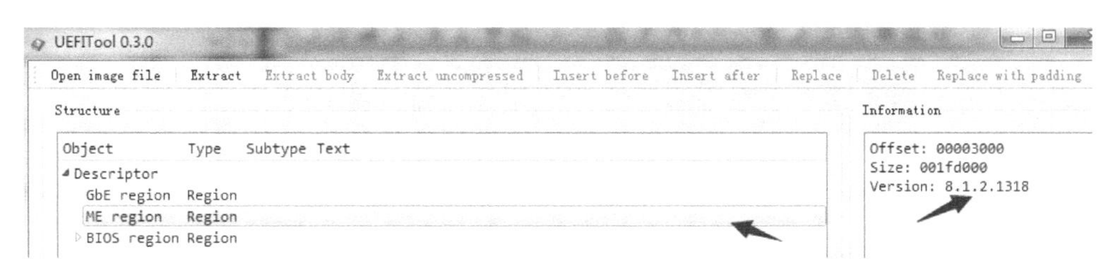

图 18-9　查看 ME 的版本号

第 2 步　根据 ME 的版本号去迅维网 http://www.chinafix.com 下载对应的原始 ME 文件。

第 3 步　用 WinHex 打开下载的 ME 文件后先全选，然后点鼠标右键选择“编辑”→“复制选块”→“正常”命令，如图 18-10 所示。

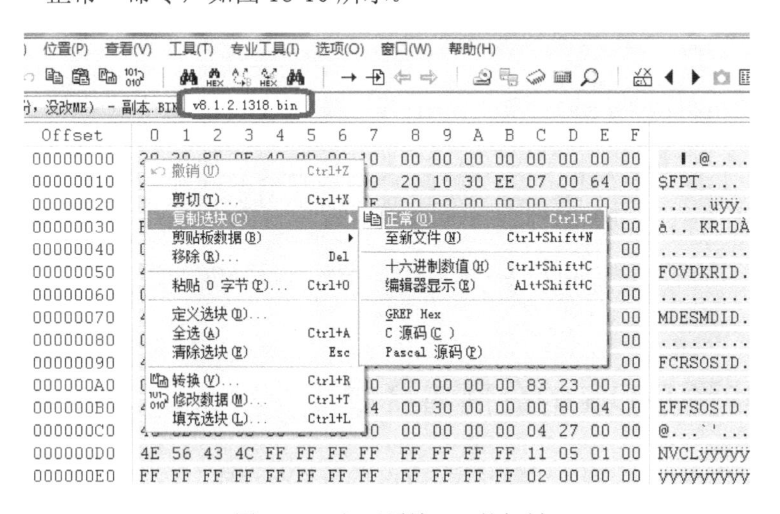

图 18-10　打开原始 ME 并复制

第 4 步　用 WinHex 打开备份的 BIOS 文件，搜索十六进制数“202080”或“244650”，如图 18-11 所示。

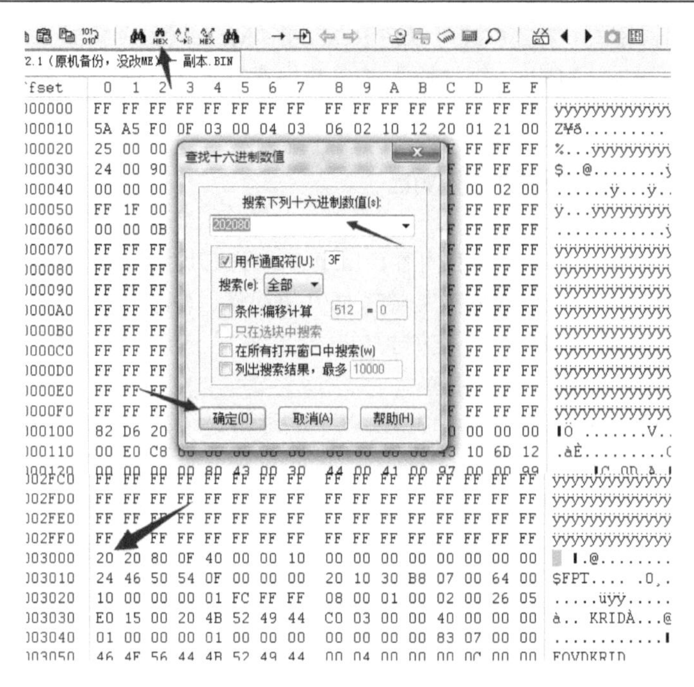

图 18-11　打开备份 BIOS 搜索 ME 的起始位置

第 5 步　在“20”位置，单击鼠标右键，选择“编辑”→“剪贴板数据”→“写入”命令，如图 18-12 所示。到此操作完成。

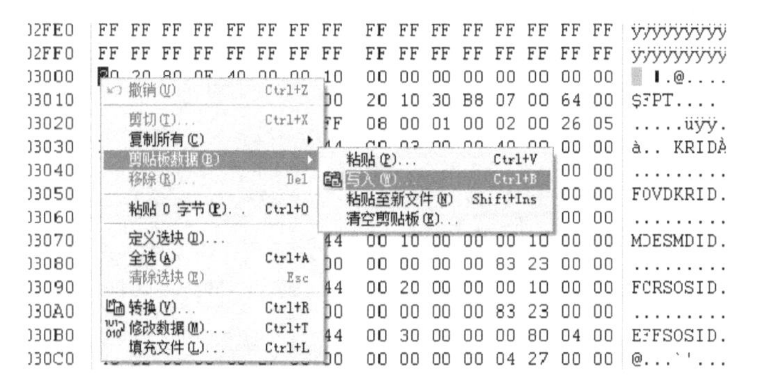

图 18-12　从 ME 的起始位置写入原始 ME 文件

▷▷ 18.4　华硕 BIOS 的分离与合成

本节以华硕 X450CC 为例，讲解华硕 BIOS 的分离与合成。

第 1 步　先从官网下载更新后的相应 BIOS，解压后是一个 6MB 的 BIOS 文件，说明它只更新了主 BIOS 部分，而原机备份的有 8MB（见图 18-13）。另外，为了安全起见，为备份的 BIOS 创建一个副本。

图 18-13　BIOS 文件大小对比

第 2 步　替换修复主 BIOS 区域后，要把 9.1KB（245F）的 DMI 信息（序列号、电脑厂商、Windows 授权信息以及有线网卡地址等其他系统配置信息）复制回去，以免装不上驱动程序。

第 3 步　先用 WinHex 打开下载的 BIOS 和备份的 BIOS，然后切换到下载的 BIOS，全选、复制所有下载的 BIOS 的内容，如图 18-14 所示。

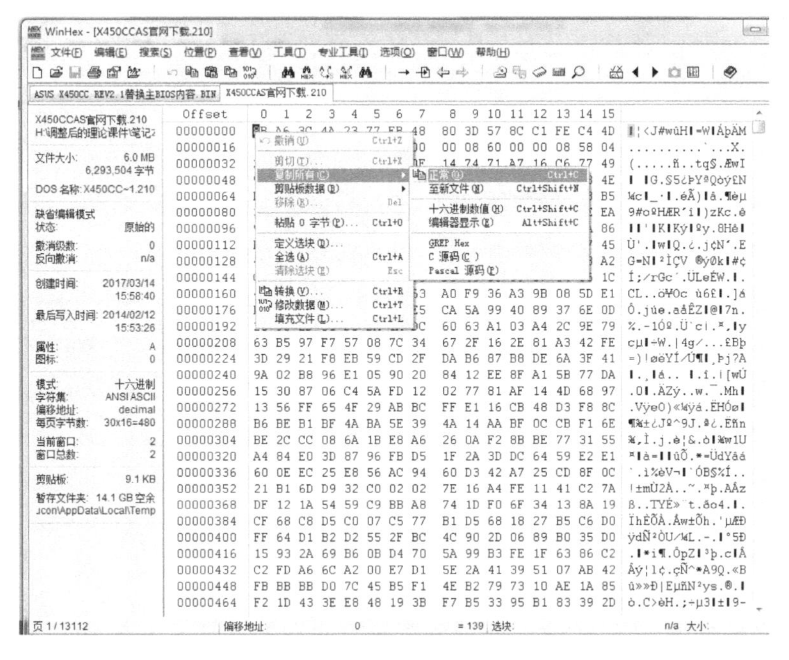

图 18-14　用 WinHex 软件打开 BIOS

第 4 步　用 UEFITool 查看备份 BIOS 文件中的主 BIOS 所在位置，如图 18-15 所示。

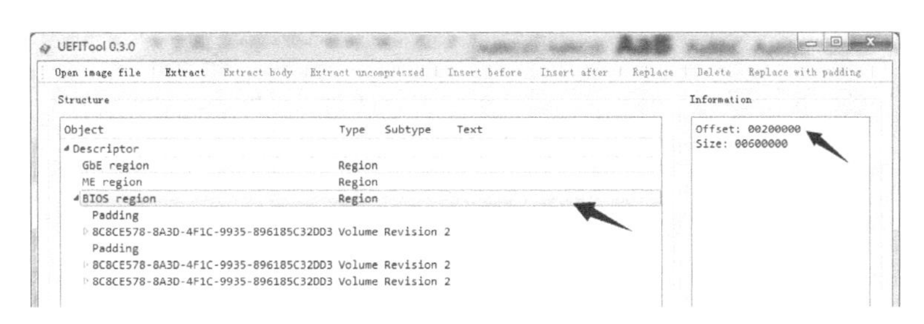

图 18-15　查看主 BIOS 所在位置

第 5 步　切换到备份的 BIOS，按 Alt+G 键跳转到 200000 位置（注意：这个 200000 是偏移地址，如 offset 栏不是 decimal，要单击 offset 栏将其切换成十六进制），然后按 Ctrl+B 键写入。此时，在备份的 BIOS 文件中，主 BIOS 部分就已经更新了，直接保存即可，如图 18-16 所示。

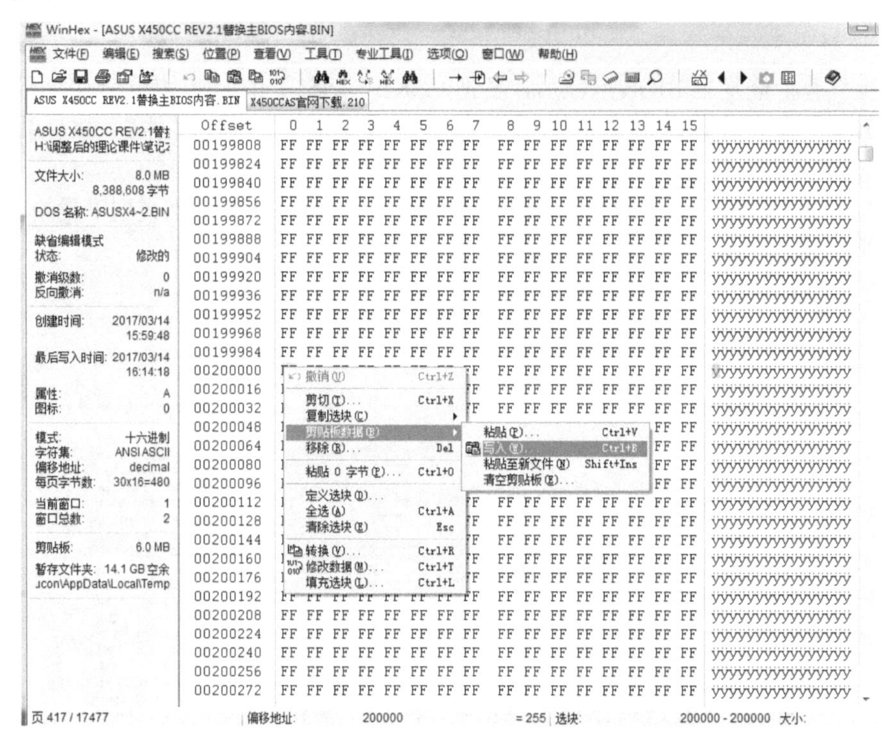

图 18-16　更新主 BIOS 内容

第 6 步　重新打开备份的 BIOS 副本文件，从里面提取 DMI 信息。按 Ctrl+F 键搜索文本内容 UsbSupport，往下数 8 行，从 4E56 开始，在 4E 位置按 Alt+1 键设为选块起始位置（见图 18-17），按 Alt+G 键从当前位置往下跳到 245F（见图 18-18），并按 Alt+2 键设为选块结束（见图 18-19），再复制所选中的内容。

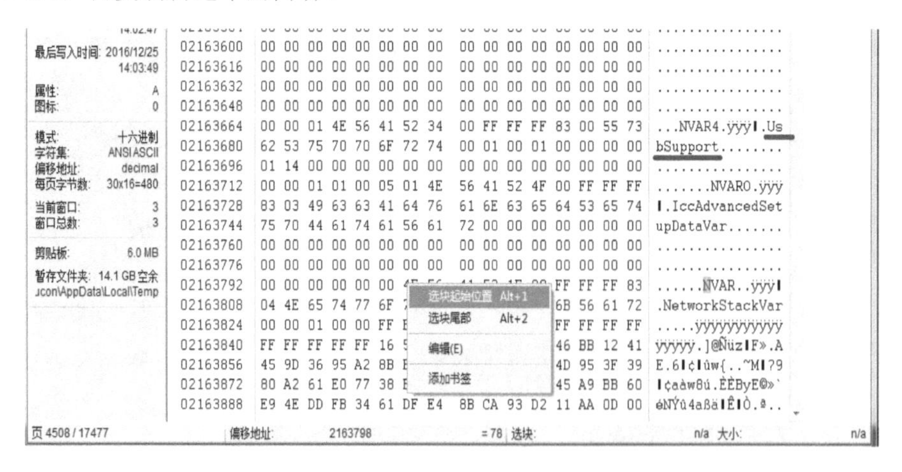

图 18-17　在备份的 BIOS 中寻找 DMI 信息

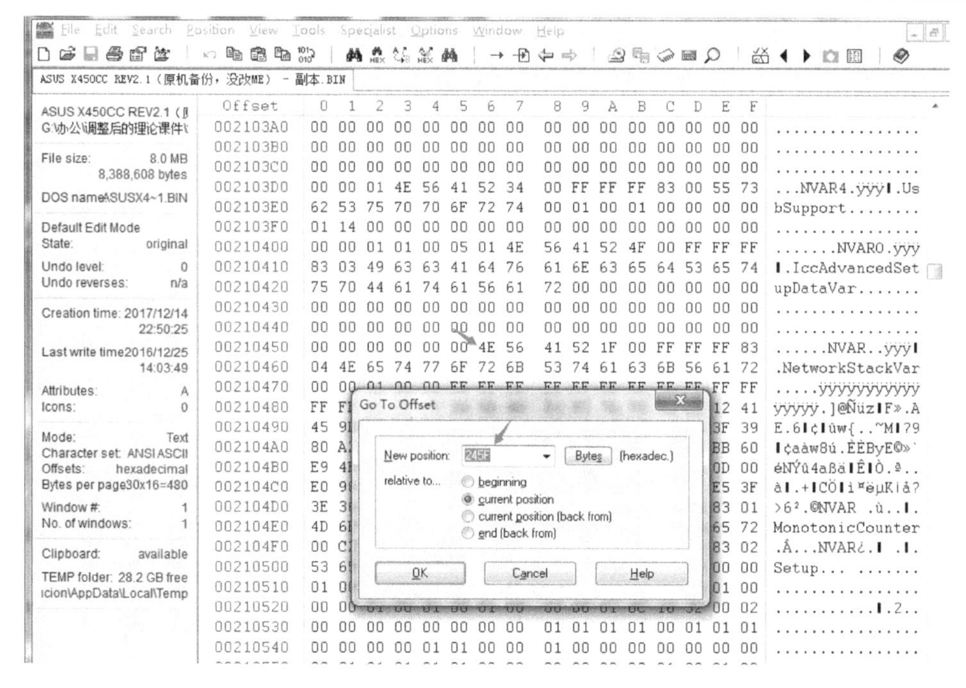

图 18-18　输入跳转位置

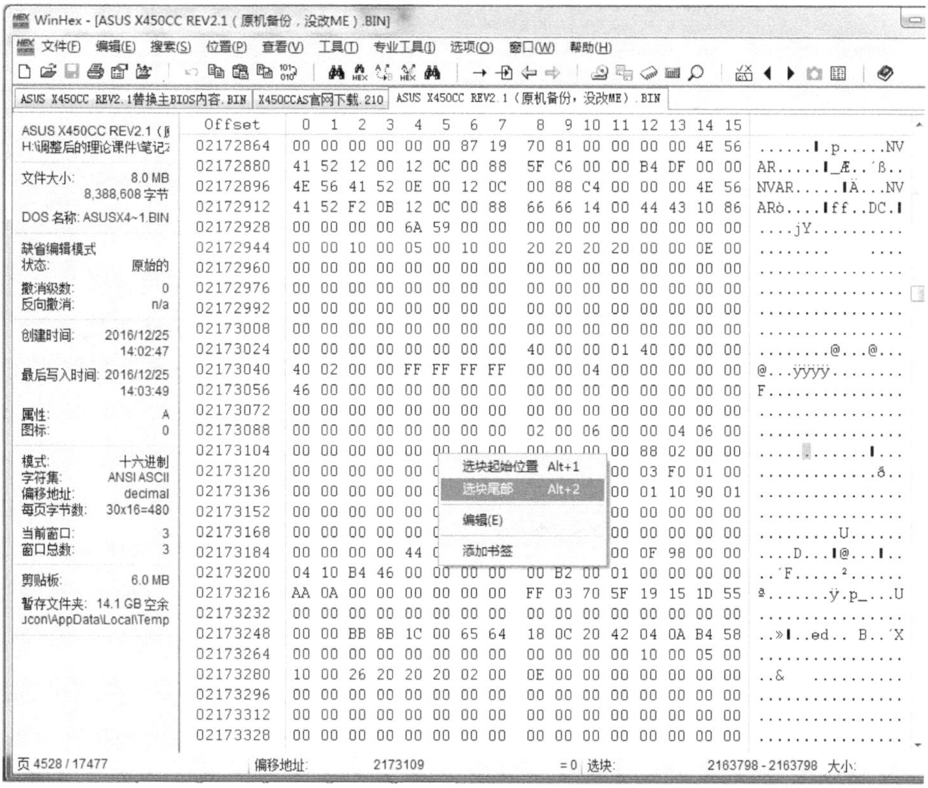

WinHex - [ASUS X450CC REV2.1（原机备份，没改ME）.BIN]

文件(F)　编辑(E)　搜索(S)　位置(P)　查看(V)　工具(T)　专业工具(I)　选项(O)　窗口(W)　帮助(H)

ASUS X450CC REV2.1替换主BIOS内容.BIN　X450CCAS官网下载.210　ASUS X450CC REV2.1（原机备份，没改ME）.BIN

ASUS X450CC REV2.1（原
H:\调整后的理论课件\笔记
文件大小: 8.0 MB
8,388,608 字节
DOS 名称: ASUSX4~1.BIN
缺省编辑模式
状态: 原始的
撤消级数: 0
反向撤消: n/a
创建时间: 2016/12/25 14:02:47
最后写入时间: 2016/12/25 14:03:49
属性: A
图标: 0
模式: 十六进制
字符集: ANSI ASCII
偏移地址: decimal
每页字节数: 30x16=480
当前窗口: 3
窗口总数: 3
剪贴板: 6.0 MB
暂存文件夹: 14.1 GB 空余
Jcon\AppData\Local\Temp

```
Offset    0  1  2  3  4  5  6  7   8  9 10 11 12 13 14 15
02172864 00 00 00 00 00 00 87 19  70 81 00 00 00 00 4E 56  ......▌.p.....NV
02172880 41 52 12 00 12 0C 00 88  5F C6 00 00 B4 DF 00 00  AR.....▌_Æ..´ß..
02172896 4E 56 41 52 0E 00 12 0C  00 88 C4 00 00 00 4E 56  NVAR.....▌Ä...NV
02172912 41 52 F2 0B 12 0C 00 88  66 66 14 00 44 43 10 86  ARò....▌ff..DC.▌
02172928 00 00 00 00 6A 59 00 00  00 00 00 00 00 00 00 00  ....jY..........
02172944 00 00 10 00 05 00 10 00  20 20 20 20 00 00 0E 00  ........    ....
02172960 00 00 00 00 00 00 00 00  00 00 00 00 00 00 00 00  ................
02172976 00 00 00 00 00 00 00 00  00 00 00 00 00 00 00 00  ................
02172992 00 00 00 00 00 00 00 00  00 00 00 00 00 00 00 00  ................
02173008 00 00 00 00 00 00 00 00  00 00 00 00 00 00 00 00  ................
02173024 00 00 00 00 00 00 00 00  40 00 00 01 40 00 00 00  ........@...@...
02173040 40 02 00 00 FF FF FF FF  00 00 04 00 00 00 00 00  @...ÿÿÿÿ........
02173056 46 00 00 00 00 00 00 00  00 00 00 00 00 00 00 00  F...............
02173072 00 00 00 00 00 00 00 00  00 00 00 00 00 00 00 00  ................
02173088 00 00 00 00 00 00 00 00  02 00 06 00 00 04 06 00  ................
02173104 00 00 00 00 00 00 00 00  00 00 00 00 88 02 00 00  ............▌...
02173120 00 00 00 00 00 0                    00 03 F0 01 00  ..............ð..
02173136 00 00 00 00 00 0                    00 01 10 90 01  ................
02173152 00 00 00 00 00 0                    00 00 00 00 00  ................
02173168 00 00 00 00 00 0                    00 00 00 00 00  ..........U.....
02173184 00 00 00 00 44 0                    00 0F 98 00 00  ....D...▌@...▌..
02173200 04 10 B4 46 00 00 00 00  00 B2 00 01 00 00 00 00  ..´F.....².....
02173216 AA 0A 00 00 00 00 00 00  FF 03 70 5F 19 15 1D 55  ª.......ÿ.p_...U
02173232 00 00 00 00 00 00 00 00  00 00 00 00 00 00 00 00  ................
02173248 00 00 BB 8B 1C 00 65 64  18 0C 20 42 04 0A B4 58  ..»▌..ed.. B..´X
02173264 00 00 00 00 00 00 00 00  00 00 00 00 10 00 05 00  ................
02173280 10 00 26 20 20 20 02 00  0E 00 00 00 00 00 00 00  ..&   ..........
02173296 00 00 00 00 00 00 00 00  00 00 00 00 00 00 00 00  ................
02173312 00 00 00 00 00 00 00 00  00 00 00 00 00 00 00 00  ................
02173328 00 00 00 00 00 00 00 00  00 00 00 00 00 00 00 00  ................
```

选块起始位置　Alt+1
选块尾部　Alt+2
编辑(E)
添加书签

页 4528 / 17477　偏移地址: 2173109　= 0　选块: 2163798 - 2163798　大小:

图 18-19　设置结束位置

第 7 步　切换到修改过主 BIOS 的文件中，同样搜索文本内容 UsbSupport，再往下数 8 行，在 4E 位置开始写入，并保存即可，如图 18-20 所示。

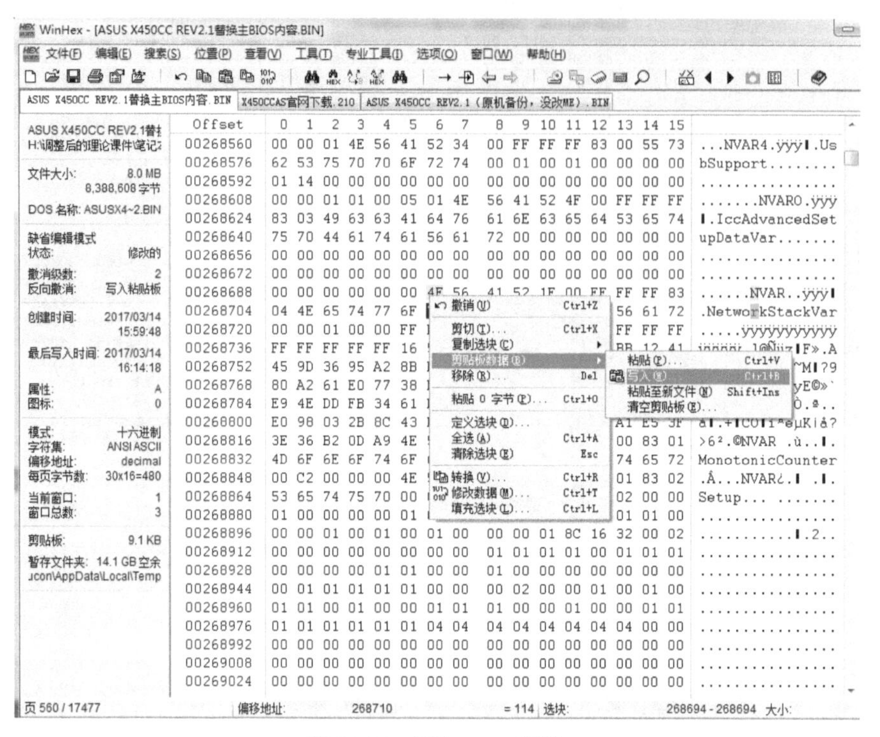

图 18-20　写入 DMI 信息

▷▷ 18.5　Acer BIOS 的分离与合成

本节以 E1-570G（板号为 LA-9535P）为例，讲解 Acer BIOS 的分离与合成。

第 1 步　在 Acer 官网 https://www.acer.com.cn/ac/zh/CN/content/drivers 下载 Acer BIOS。官网下载的 BIOS 文件被解压后是应用程序 Z5WE1206.exe，将其与备份文件放在一起，如图 18-21 所示。

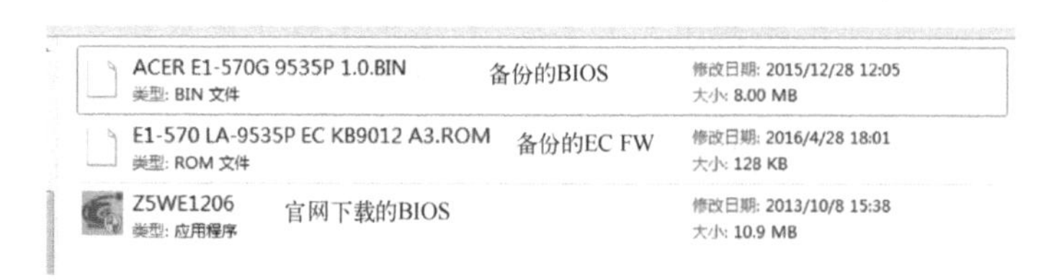

图 18-21　BIOS 文件信息

第 2 步　运行 Z5WE1206.exe，会弹出图 18-22 所示报错窗口，此时不用管这个报错。运行后在系统临时目录中找到文件后缀为 fd 或 rom 的临时文件，里面通常包含了完整的主 BIOS 和 EC 程序，把它们一一提取出来。

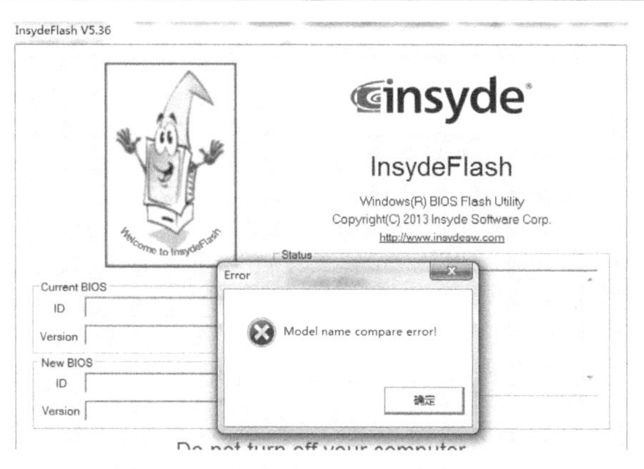

图 18-22　运行官网 BIOS 时出现报错

第 3 步　打开 PCHunter 进程管理工具，在系统进程中找到与 Insyde 有关的进程，并定位到进程文件，如图 18-23 所示。

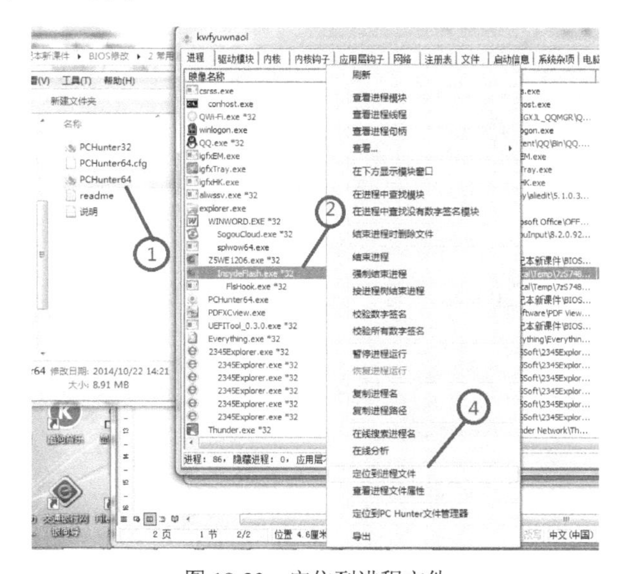

图 18-23　定位到进程文件

第 4 步　找到最大的文件 isflash.bin（见图 18-24），把它复制出来。

名称	修改日期	类型	大小
Ding	2008/1/15 14:25	媒体文件 (.wav)	104 KB
FlsHook	2013/2/27 14:03	应用程序	227 KB
FlsHookDll.dll	2013/2/27 14:03	应用程序扩展	191 KB
FWUpdLcl	2012/7/2 18:50	应用程序	221 KB
InsydeFlash	2013/7/5 15:29	应用程序	678 KB
iscflash.dll	2013/7/5 15:29	应用程序扩展	736 KB
iscflash.sys	2013/2/25 9:52	系统文件	45 KB
iscflashx64.sys	2013/2/25 9:52	系统文件	60 KB
isflash.bin	2017/4/8 15:52	BIN 文件	9,869 KB
platforms	2017/4/8 15:52	配置设置	33 KB
xerces-c_2_7.dll	2012/7/2 18:50	应用程序扩展	1,848 KB

图 18-24　找到更新文件

第 5 步　用 WinHex 打开 isflash.bin，先把里面的主 BIOS 部分提取出来，直接搜 UEFI BIOS 起始的十六进制数值 5AA5F0（见图 18-25），找到 UEFI BIOS。

图 18-25　搜索 UEFI BIOS 位置

如果能找到“5AA5F0”，并且文本栏中也有“FLASH_BIOSIMG”字样，如图 18-26 所示，那就是 UEFI BIOS 文件了。下载的文件比备份的文件都大，一般都包含完整的更新，包含 ME 在里面，直接复制出来就可以刷 BIOS 了。

图 18-26　找到 UEFI BIOS 文件头

第 6 步　在 5AA5F0 位置倒退一行，在 FFFF 位置按 Alt+1 键将其设置为起始块，如图 18-27 所示。

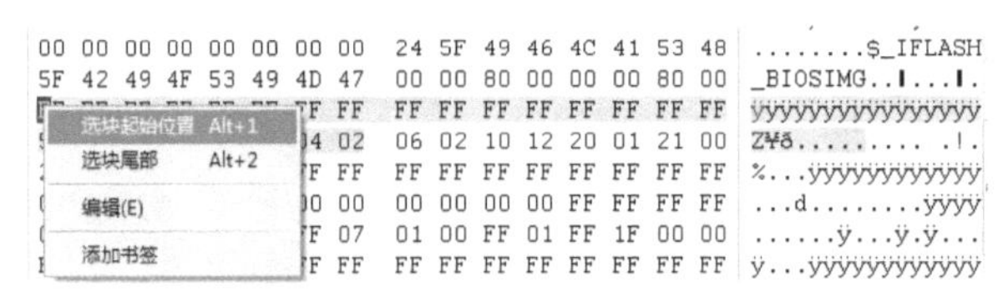

图 18-27　设置起始位置

第 7 步　按 Alt+G 键从当前位置往下（前进）跳转 7FFFFF Bytes（即 8MB）空间，如图 18-28 所示。

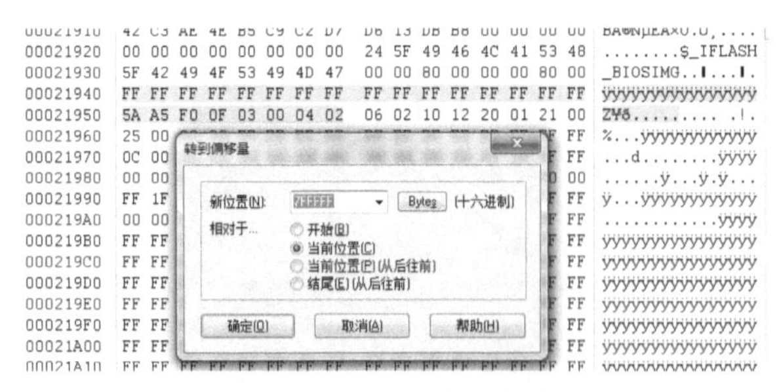

图 18-28　设置跳转位置

第 8 步　跳转到如图 18-29 所示 FF 位置，按 Alt+2 键设置为结束块，再按 Ctrl+Shift+N 键保存所选区域为新文件，然后对比备份文件中的关键字符、文件大小也一致，就可以开始刷 BIOS 了。

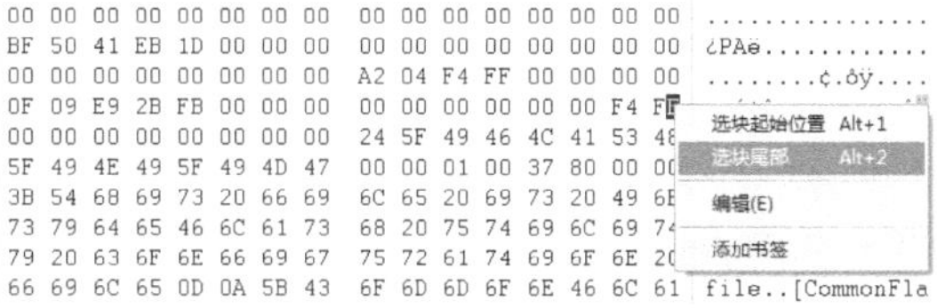

```
00 00 00 00 00 00 00 00  00 00 00 00 00 00 00 00  ................
BF 50 41 EB 1D 00 00 00  00 00 00 00 00 00 00 00  ¿PAë............
00 00 00 00 00 00 00 00  A2 04 F4 FF 00 00 00 00  ........¢.ôÿ....
0F 09 E9 2B FB 00 00 00  00 00 00 00 00 00 F4 FF
00 00 00 00 00 00 00 00  24 5F 49 46 4C 41 53 48
5F 49 4E 49 5F 49 4D 47  00 00 01 00 37 80 00 00
3B 54 68 69 73 20 66 69  6C 65 20 69 73 20 49 6E
73 79 64 65 46 6C 61 73  68 20 75 74 69 6C 69 74
79 20 63 6F 6E 66 69 67  75 72 61 74 69 6F 6E 20
66 69 6C 65 0D 0A 5B 43  6F 6D 6D 6F 6E 46 6C 61  file..[CommonFla
```

选块起始位置　Alt+1
选块尾部　Alt+2
编辑(E)
添加书签

图 18-29　设置结束位置

▷▷ 18.6　为苹果 BIOS 添加 DMI 信息

苹果官网 BIOS 的下载方法：老款 BIOS 可以在https://support.apple.com/zh-cn/HT201518下载；2015 年之后的 BIOS 跟随 OS X 系统自动更新，可从 OS X 系统安装包里面提取出来。官网下载的 BIOS 都提供了完整更新，只需添加 DMI 信息即可使用。

本节以苹果主板 820-4924 为例，讲解如何添加 DMI 信息。

第 1 步　用 WinHex 打开 820-4924 主板的备份 BIOS 文件，然后搜索“BIOS”，可以看到 BIOS 版本为 MBP121（见图 18-30）。在官网提供的 BIOS 文件中找到以 MBP121 命名的 BIOS 文件。

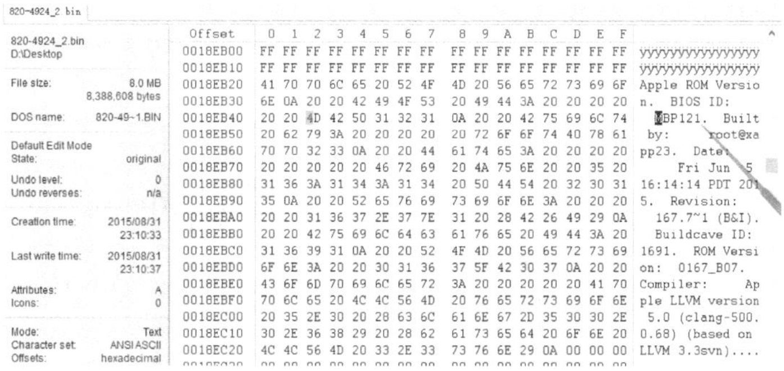

```
820-4924_2.bin

820-4924_2.bin          Offset    0  1  2  3  4  5  6  7   8  9  A  B  C  D  E  F
D:\Desktop              0018EB00  FF FF FF FF FF FF FF FF  FF FF FF FF FF FF FF FF  ÿÿÿÿÿÿÿÿÿÿÿÿÿÿÿÿ
                        0018EB10  FF FF FF FF FF FF FF FF  FF FF FF FF FF FF FF FF  ÿÿÿÿÿÿÿÿÿÿÿÿÿÿÿÿ
File size:       8.0 MB 0018EB20  41 70 70 6C 65 20 52 4F  4D 20 56 65 72 73 69 6F  Apple ROM Versio
        8,388,608 bytes 0018EB30  6E 0A 20 20 42 49 4F 53  20 49 44 3A 20 20 20 20  n.  BIOS ID:
DOS name:  820-49~1.BIN 0018EB40  20 20 4D 42 50 31 32 31  0A 20 20 42 75 69 6C 74    MBP121.  Built
                        0018EB50  20 62 79 3A 20 20 20 20  20 72 6F 6F 74 40 78 61   by:     root@xa
Default Edit Mode       0018EB60  70 70 32 33 0A 20 20 44  61 74 65 3A 20 20 20 20  pp23.  Date:
State:         original 0018EB70  20 20 20 20 20 46 72 69  20 4A 75 6E 20 20 35 20       Fri Jun  5
Undo level:           0 0018EB80  31 36 3A 31 34 3A 31 34  20 50 44 54 20 32 30 31  16:14:14 PDT 201
Undo reverses:      n/a 0018EB90  35 0A 20 20 52 65 76 69  73 69 6F 6E 3A 20 20 20  5.  Revision:
Creation time: 2015/08/31 0018EBA0 20 20 31 36 37 2E 37 7E 31 20 28 42 26 49 29 0A   167.7~1 (B&I).
               23:10:33 0018EBB0  20 20 42 75 69 6C 64 63  61 76 65 20 49 44 3A 20    Buildcave ID:
Last write time: 2015/08/31 0018EBC0 31 36 39 31 0A 20 20 52 4F 4D 20 56 65 72 73 69 1691.  ROM Versi
               23:10:37 0018EBD0  6F 6E 3A 20 20 30 31 36  37 5F 42 30 37 0A 20 20  on:  0167_B07.
Attributes:           A 0018EBE0  43 6F 6D 70 69 6C 65 72  3A 20 20 20 20 20 41 70  Compiler:     Ap
Icons:                0 0018EBF0  70 6C 65 20 4C 4C 56 4D  20 76 65 72 73 69 6F 6E  ple LLVM version
                        0018EC00  20 35 2E 30 20 28 63 6C  61 6E 67 2D 35 30 30 2E   5.0 (clang-500.
Mode:              Text 0018EC10  30 2E 36 38 29 20 28 62  61 73 65 64 20 6F 6E 20  0.68) (based on
Character set: ANSI ASCII 0018EC20 4C 4C 56 4D 20 33 2E 33 73 76 6E 29 0A 00 00 00 LLVM 3.3svn)....
Offsets:    hexadecimal
```

图 18-30　查看 BIOS 的版本

第 2 步　在备份 BIOS 中查找含“SSN”的 DMI 信息。单字节搜索文本内容‘$VSS’，将第二个“$VSS”位置设为起始块，然后从当前位置往后跳转 65.9KB（107A0），设为结束块，复制选中的内容（见图 18-31）后，将其覆盖保存到官网 BIOS 程序的相同位置即可。

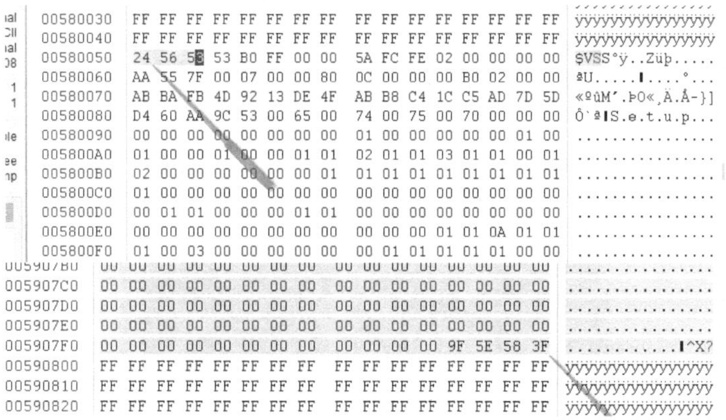

```
00580030  FF FF FF FF FF FF FF FF  FF FF FF FF FF FF FF FF  ÿÿÿÿÿÿÿÿÿÿÿÿÿÿÿÿ
00580040  FF FF FF FF FF FF FF FF  FF FF FF FF FF FF FF FF  ÿÿÿÿÿÿÿÿÿÿÿÿÿÿÿÿ
00580050  24 56 53 53 B0 FF 00 00  5A FC FE 02 00 00 00 00  $VSS°ÿ..Züþ.....
00580060  AA 55 7F 00 07 00 00 80  0C 00 00 00 B0 02 00 00  ªU.......°...
00580070  AB BA FB 4D 92 13 DE 4F  AB B8 C4 1C C5 AD 7D 5D  «ºûM'.ÞO«¸Ä.Å-}]
00580080  D4 60 AA 9C 53 00 65 00  74 00 75 00 70 00 00 00  Ô`ª.S.e.t.u.p...
00580090  00 00 00 00 00 00 00 00  01 00 00 00 00 00 01 00  ................
005800A0  01 00 00 01 00 00 01 01  02 01 01 03 01 01 00 01  ................
005800B0  02 00 00 00 00 00 00 01  01 01 01 01 01 01 01 01  ................
005800C0  01 00 00 00 00 00 00 00  00 00 00 00 00 00 00 00  ................
005800D0  00 01 01 00 00 00 01 01  00 00 00 00 00 00 00 00  ................
005800E0  00 00 00 00 00 00 00 00  00 00 00 01 01 0A 01 01  ................
005800F0  01 00 03 00 00 00 00 00  00 01 01 01 01 01 00 00  ................
005907B0  00 00 00 00 00 00 00 00  00 00 00 00 00 00 00 00  ................
005907C0  00 00 00 00 00 00 00 00  00 00 00 00 00 00 00 00  ................
005907D0  00 00 00 00 00 00 00 00  00 00 00 00 00 00 00 00  ................
005907E0  00 00 00 00 00 00 00 00  00 00 00 00 00 00 00 00  ................
005907F0  00 00 00 00 00 00 00 00  00 00 00 00 9F 5E 58 3F  .............^X?
00590800  FF FF FF FF FF FF FF FF  FF FF FF FF FF FF FF FF  ÿÿÿÿÿÿÿÿÿÿÿÿÿÿÿÿ
00590810  FF FF FF FF FF FF FF FF  FF FF FF FF FF FF FF FF  ÿÿÿÿÿÿÿÿÿÿÿÿÿÿÿÿ
00590820  FF FF FF FF FF FF FF FF  FF FF FF FF FF FF FF FF  ÿÿÿÿÿÿÿÿÿÿÿÿÿÿÿÿ
```

图 18-31　选中 DMI 信息

18.7　Intel 第 6 代 CPU 以后机型配置 ME

1. 使用工具

Flash Image Tool（FIT）、ME Analyzer。

2. 名称解释

（1）Consumer：消费类，保留基本功能。

（2）Corporate：企业类，保留完整功能。

（3）Slim：超薄型，保留最小功能。

（4）PCH-H：高性能。

（5）PCH-LP：低功耗。

（6）Power Down Mitigation：固件掉电缓解（PDM）。PDM 有 YPDM（Yes）和 NPDM（No）两种状态。

3. 操作步骤

下面以联想 300S-14ISK 为例。

第 1 步　先用 ME Analyzer 软件查看原机 BIOS 中的 ME 版本、芯片组类型等信息，如图 18-32 所示。

图 18-32　用 ME Analyzer 软件查看原机 BIOS 信息

第 2 步　根据以上信息，找到相同版本的 ME（11.0.0.1160），如图 18-33 所示。

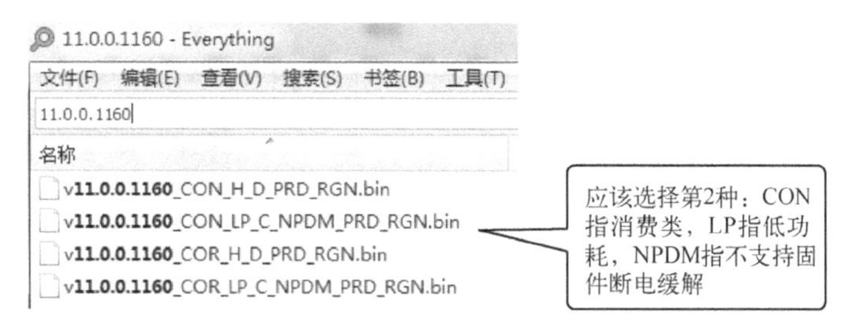

图 18-33　找到 11.0.0.1160 版本的 ME

ME 类型介绍及区分如下。

① Consumer PCH-H and Consumer PCH-LP，指消费类。

② Corporate PCH-H and Corporate PCH-LP，指企业类。

③ Slim PCH-H and Slim PCH-LP，指超薄型。

通过 ME Analyzer 可以看到 ME 的三种 File System State（状态）。

① Initialized （已初始化），通常指原机备份的 BIOS，或者上过电的 BIOS。

② Unconfigured（未配置），通常指修复过 ME 固件后，没有配置原 BIOS 信息的 BIOS。

③ Configured（已配置），通常指修复过 ME 固件后，并配置好了原 BIOS 信息的 BIOS。

在 ME Analyzer 软件中显示 ME 固件状态为“Initialized”“Unconfigured”的 BIOS 都是不可以直接使用的。必须通过 FIT 软件重新配置 BIOS 的 ME 固件，使 BIOS 文件中的 ME 固件变成“Configured”状态才可直接使用。

第 3 步　打开 FIT 软件，操作界面如图 18-34 所示。

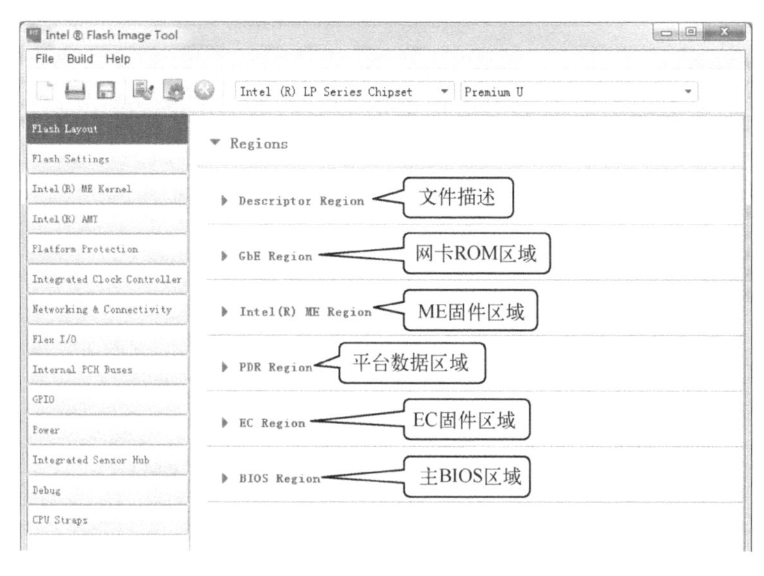

图 18-34　FIT 软件界面介绍

注意：此软件不能在含有中文的文件夹中打开，并且打开文件名中含有中文的 BIOS 文件时会报错。

第 4 步　打开要修复 ME 的备份 BIOS 文件，如图 18-35 所示。

图 18-35　用 FIT 打开备份 BIOS 文件

注意：可以看到，原机的 BIOS 有 16MB 大小，最后修复完 ME 固件区域后，文件的大小不能变。

第 5 步　进行构建设置（Building Settings），如图 18-36 所示。

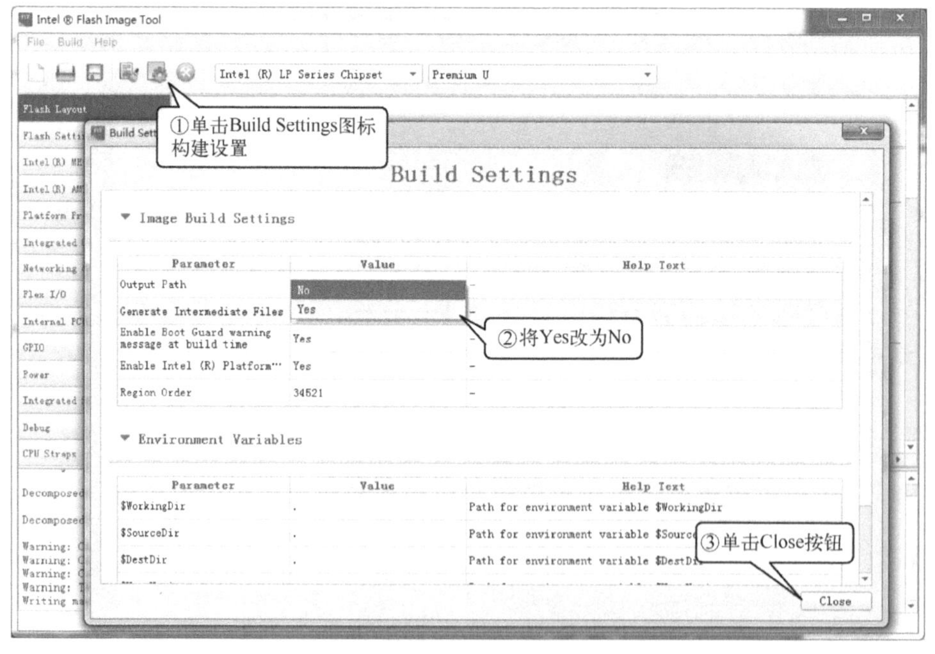

图 18-36　进行构建设置

第 6 步　单击 Save 图标，并设置保存路径和文件名，最后单击 Save 按钮，如图 18-37 所示。

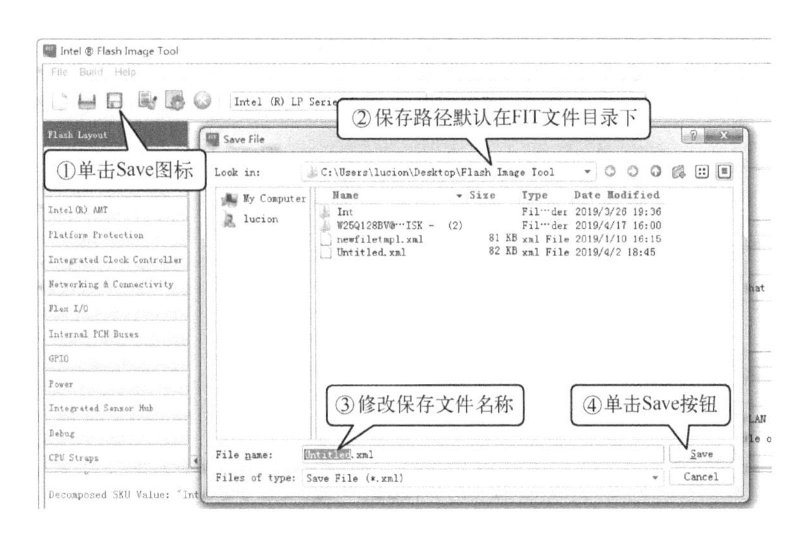

图 18-37　保存设置

注意：保存完成①单击后，请关闭软件。

第 7 步　找到 ME Analyzer 中显示的 11.0.0.110 版本的 ME 文件“v11.0.0.1160_CON_LP_C_NPDM_PRD_RGN”并复制出来，如图 18-38 所示。

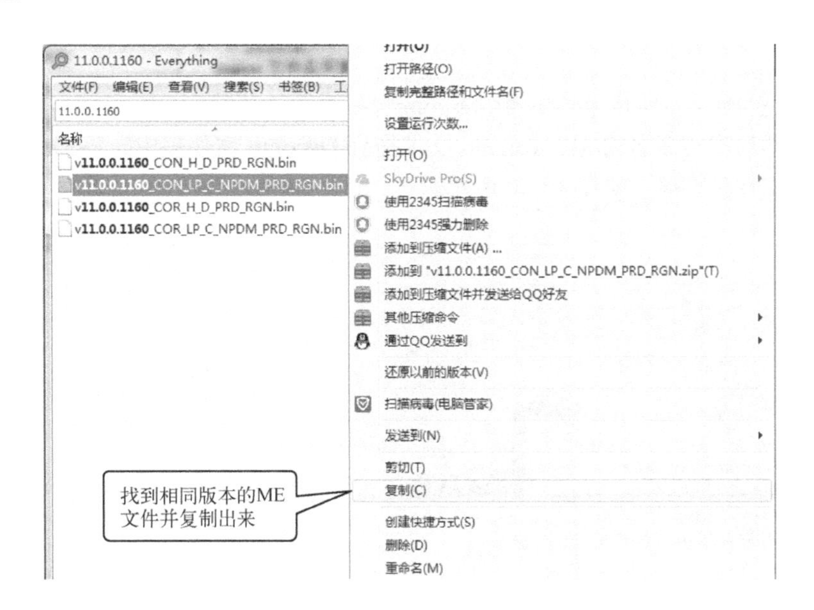

图 18-38　找到相同版本的 ME 文件并复制出来

第 8 步　将复制出的 ME 文件重命名为“ME Region”，如图 18-39 所示。

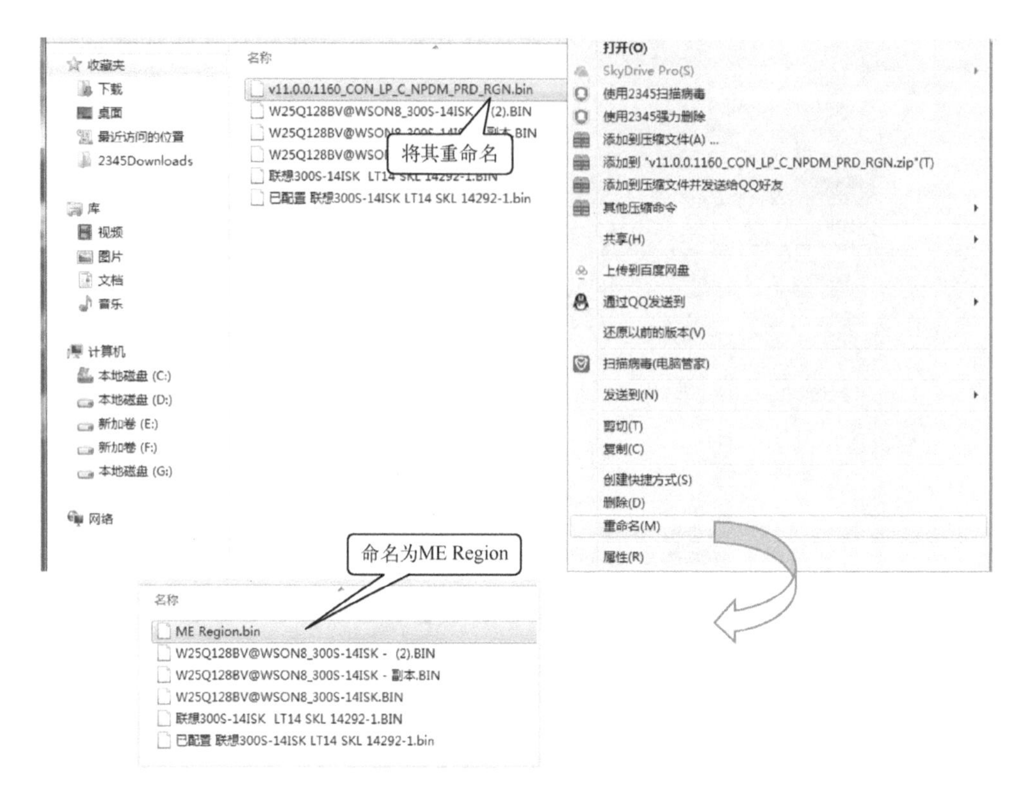

图 18-39　将 ME 文件重命名

第 9 步　在 FIT 文件目录中找到 Decomp 文件夹，并找到 Decomp 文件夹中的 ME Region 文件，然后把重命名的 ME Region 文件拖到 Decomp 文件夹中，将 Decomp 文件夹中的 ME Region 文件替换掉，如图 18-40 所示。

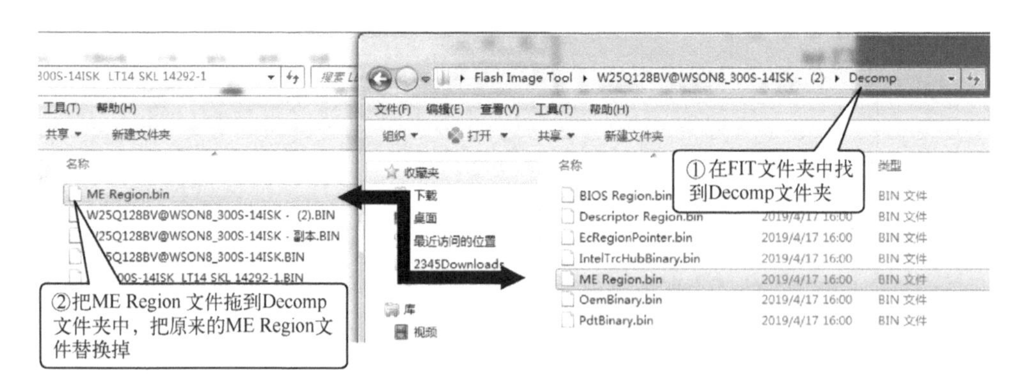

图 18-40　将 Decomp 文件夹中的 ME Region 文件替换掉

第 10 步　再次打开 FIT 软件，并打开第 6 步保存的文件，如图 18-41 所示。

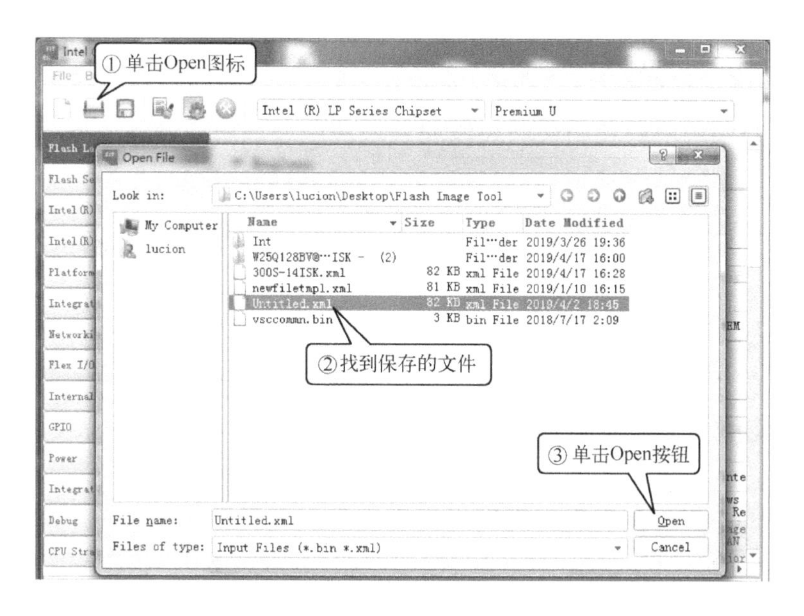

图 18-41　打开第 6 步保存的 BIOS 文件

第 11 步　单击 Build Settings 图标，将第二项改为 Yes，如图 18-42 所示。

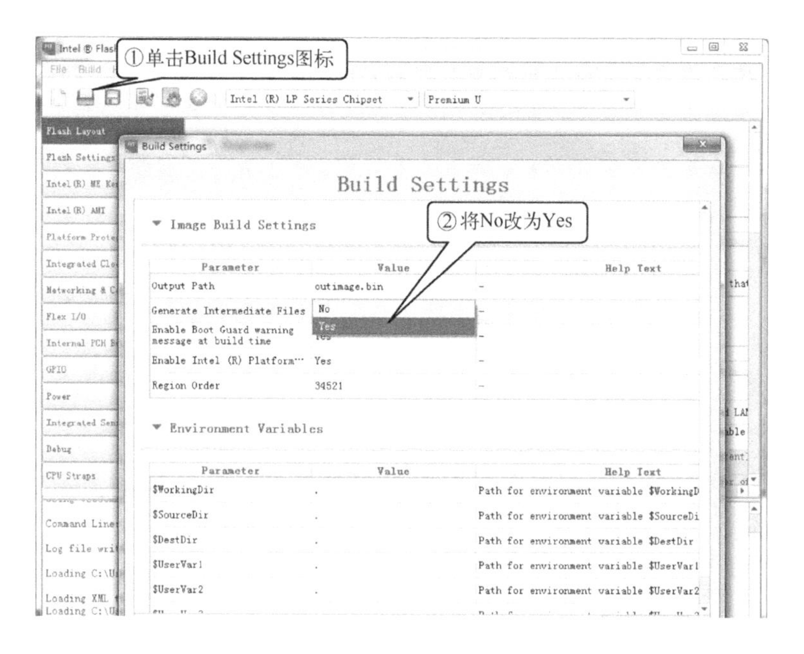

图 18-42　修改构建信息

第 12 步　单击 Flash Image Tool（构建镜像工具）图标，出现提示窗口后，单击 Yes 按钮即可生成新的 BIOS 镜像，如图 18-43 所示。

图 18-43　生成新的 BIOS 镜像

第 13 步　生成新的 BIOS 镜像后，在软件下方可以看到新 BIOS 镜像的保存路径，如图 18-44 所示。

图 18-44　查看新 BIOS 镜像的保存路径

第 14 步　根据新 BIOS 镜像的保存路径，找到新 BIOS 镜像文件“outimage.bin”，如图 18-45 所示，文件大小刚好为 16MB，与原 BIOS 一样大。这是一个可以直接刷写的新 BIOS。

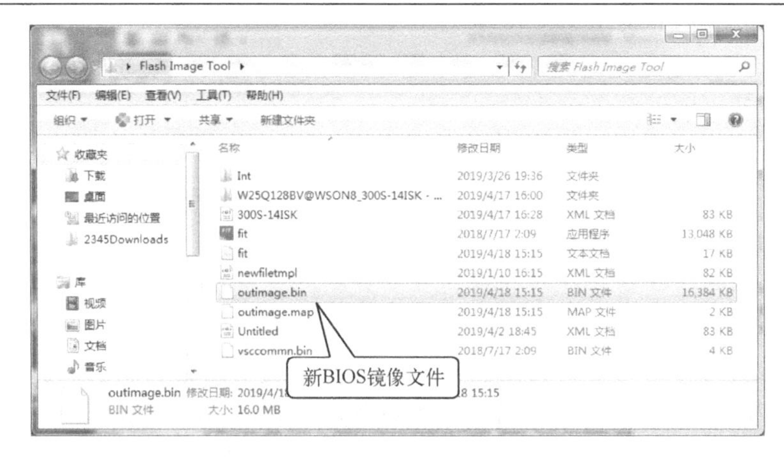

图 18-45　从保存路径中找到新 BIOS 镜像文件

第 15 步　把新 BIOS 镜像文件在 ME Analyzer 软件中打开，显示 ME 固件状态为 Configured，说明新的 BIOS 配置成功，可直接使用，如图 18-46 所示。

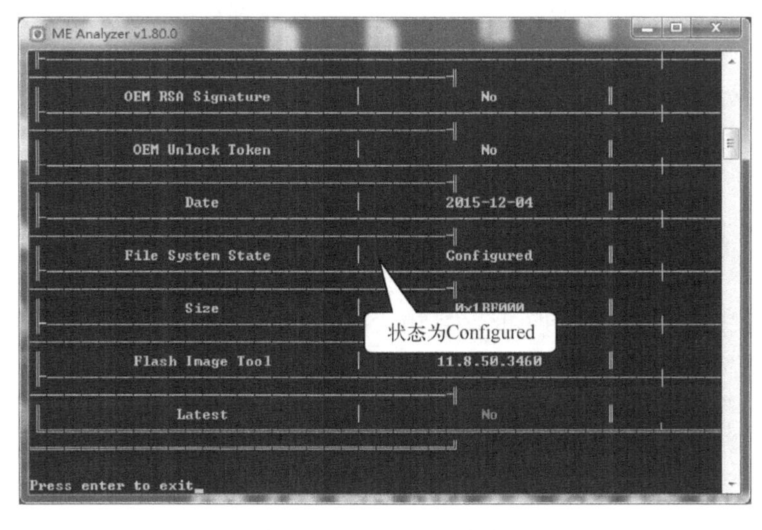

图 18-46　ME 配置成功

第 19 章　常见故障的维修思路

笔记本电脑的故障大体可以分为以下几类。

① 短路故障，通常会导致芯片发烫、被烧毁等，严重的还会损坏适配器。

② 不开机故障，也叫不触发故障。不开机是指笔记本电脑不能加电，即按下开机键，笔记本电脑没有任何开机现象，如电源指示灯和硬盘指示灯不亮，CPU 风扇也不转，就如同没有按下开机键一样。

③ 掉电类故障，一般分为开机瞬间掉电、开机几秒到几十秒后掉电、使用中不定时掉电等。

④ 开机不亮故障，也叫“黑屏”故障。这种故障指开机后，显示器无显示，可以细分为不跑码故障、常见代码故障、屏幕显示类故障等。

⑤ 接口类故障，指声卡、网卡、USB、硬盘/光驱、风扇等接口的故障。

⑥ 死机故障，指用户在使用过程中，经常死机、蓝屏、重启。

▷▷ 19.1　短路故障

笔记本电脑主板短路故障一般可分为适配器输入电压短路、VIN 主电压短路、南北桥短路及其他电压点短路。

主板电压短路会引起电流的急剧增大。主板加电后，我们一般利用直流稳压电源来观察电流的变化来判断是否存在短路。一般笔记本电脑主板的待机电流为 0.01～0.06A，有的主板也为 0.09A，并没有固定的标准。如果接上直流稳压电源，电流显示为 5A 左右；如果用电源适配器，电源适配器上的 LED 指示灯会闪，此类现象一般为直流稳压电源输入电压短路。如果接上直流稳压电源，发现待机电流增大，此时需要测量主板一些电压点，判断是否有由于主板已经触发引起电流的增大，否则断电，用万用表测各电压的二极体值。

实际维修中，如果无对应的笔记本电脑主板图纸，有时电压短路点很难被测量出来。我们知道笔记本电脑主板的主要电压都是由适配器输入后，再经过 PWM（脉宽调制）电路的转化产生的。那么既然 PWM 电路是用来供电的，肯定要有电感进行储能，所以我们就可以测量笔记本电脑主板上的电感，来确认这些重要的电压有没有短路。

一般来说，这些电感的二极体值不应该小于 100，大多数应在 130 以上。主板的前端总线供电的 1.05V 电压比较特殊，这个电压的二极体值在有的主板上是比较低的，只有 20 多。还有就是独立显卡的供电，这个供电由于 GPU 芯片的特殊性，所以二极体值也是较小的。值得注意的是，主板上有些电压点的二极体值很低，如 Intel PM965 北桥上有 3 个电容两端间二极体值为 0 是正常的。有的电压甚至出现半短路，如二极体值由 500 短路到 200。实际维修中像这种短路到一半的电压很难确定是否短路，要靠实际维修经验和跟好板对比才能判断。

检测到某一个电压短路，首先要做的就是将电压的产生电路和负载电路断开，然后确定是哪一部分引起的短路。

那么如何来断开呢？一般来说，如果供电方式为 PWM 的，主板都会有隔离点的设计。所谓隔离点，就是在主板生产的过程中，在某个电压的线路上设计一个人为的开路，而这个开路在正常情况下是用锡进行连接的。这个开路一般都是在供电电感的后面。如果发现某个电压短路，就可以把相应的隔离点的锡用吸锡线去掉，这样就恢复了断路的状态，从而把负载电路和供电电路人为地断开了。

如果要修的这块主板没有隔离点的设计，那就要断开 PWM 电路的电感了。把电感的一边用烙铁撬起，也可以实现断路，但是要注意断开的时候，不要把电感撬得太高，否则会损坏电感。

还有的电压会通过 MOS 管转化成主板所需要的各种电压。如果无对应电路图，有的电压（如通过 MOS 管转化的电压）就很难判断是否存在短路，通常只能通过跑线路的方法去判断。

下面我们以 DV1000 主板 3V 电压短路的实例，来阐述笔记本电脑主板短路的维修方法。

① 对于笔记本电脑主板的短路现象，要先判断是内部电压产生端短路，还是外部负载端短路。DV1000 的 3V 电压是由待机电压 3VPCU 经 PQ143 转化产生的，PQ143 的 G 极由 MAIND 信号控制，如图 19-1 所示。

② 实际测量 3V 电压点的二极体值为 3，明显短路。

③ 把 PQ143 的第 1 脚翘起，如图 19-2 所示，判断+3V 电压是内部产生电压端短路还是负载端短路。

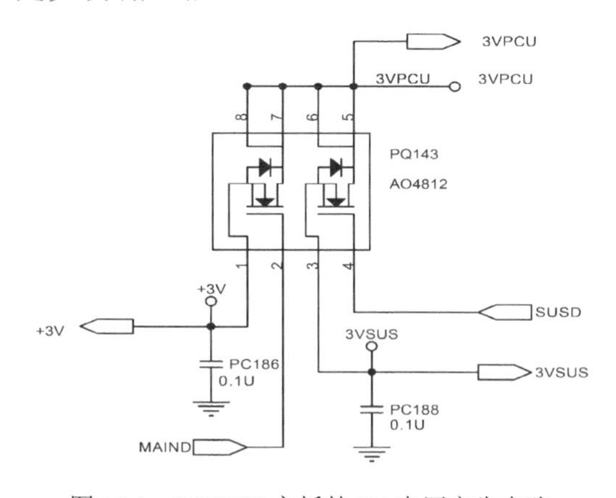

图 19-1　DV1000 主板的 3V 电压产生电路

图 19-2　断开内部电压产生端与外部负载端的连接

④ 经实测，此板 3V 电压的外部负载端短路，内部产生电压端的二极体值正常。

⑤ 查电路图，先大致浏览+3V 负载端所用到的地方，做到心中有数。

⑥ 排除短路方法如下。

方法 1：逐一排除短路（耗时、安全）。

和台式机主板一样，笔记本电脑主板中用到+3V 电压之处有很多。我们先从最有可能的故障部位开始拆。这种方法比较耗时间，但最安全。当然+3V 电压短路，一般先拆南桥。南桥用到的+3V 电压最多。

方法 2：加电法（比较冒险，慎用）。

从直流电源适配器上接两根导线，调出合适的电压和电流（见图 19-3），一端接地，一端接短路电压点。电压和电流的选择范围原则上是越小越好，主要是免得烧板，否则会造成短路故障虽然修好了，主板却不开机了。

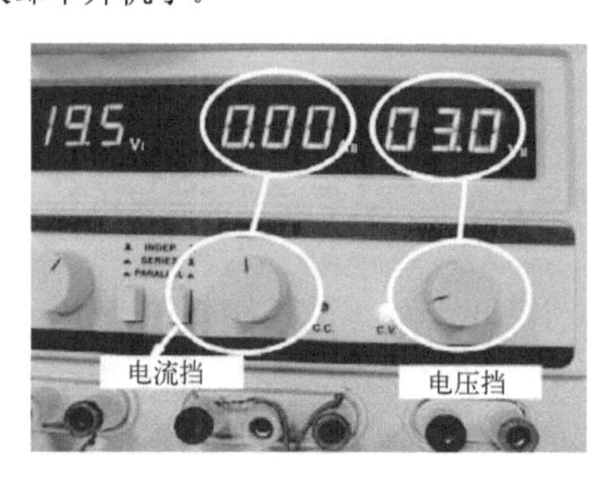

图 19-3　直流稳压电源调节合适的电压和电流

主板加电后，由于短路电流很大，接下来的操作要尽量快。迅速摸一下主板上有没有特别烫的元器件，一般短路元器件加上电后会发烫。拆出发烫元器件后，再次用万用表测短路点的二极体值。此方法可能会烧坏主板，所以请慎用。

方法 3：电击法。

电击法与加电法较为类似，不同的是电击法把直流稳压电源的电压和电流同时调大，连线一端接主板的地，一端接短路点，用高电压和大电流把短路点击穿。此方法由于电压较高和电流较大，对主板上的元器件影响较大，一般不采用。

此板 3V 短路，用加电法后，触摸南桥芯片，发现南桥芯片非常烫。拆除南桥芯片后，测 3V 电压测量点的二极体值已正常。更换南桥芯片后，此板修复。

▷▷19.2　不触发故障

本节以 DV1000 主板为例介绍不触发故障的基本维修思路。

① 拿到主板，应先做简单的外观检查，然后测量主板的几个大电感的二极体值，初步判断是否明显短路。

② 插上稳压电源看待机电流，一般正常待机电流为 0.01～0.03A，无待机电流一般为 19V 的 VIN 供电无输入或待机电路故障。待机电流过大，则负载部分有短路故障。如果存在短路，参照 19.1 节短路故障的排查方法检修。DV1000 的电压点为 VIN 输入电压、+3VPCU、+5VPCU、3V_S5、5V_S5、1.5V_S5、3VSUS、5VSUS、2.5VSUS、+3V、+5V、+2.5V、+1.5V、VCCP（1.05V）、SMDDR-VREF、SMDDR-VTERM、VCORE。

③ 查 VIN 电压是否有 19V，若无 VIN 电压，检查隔离保护电路，如图 19-4 所示。

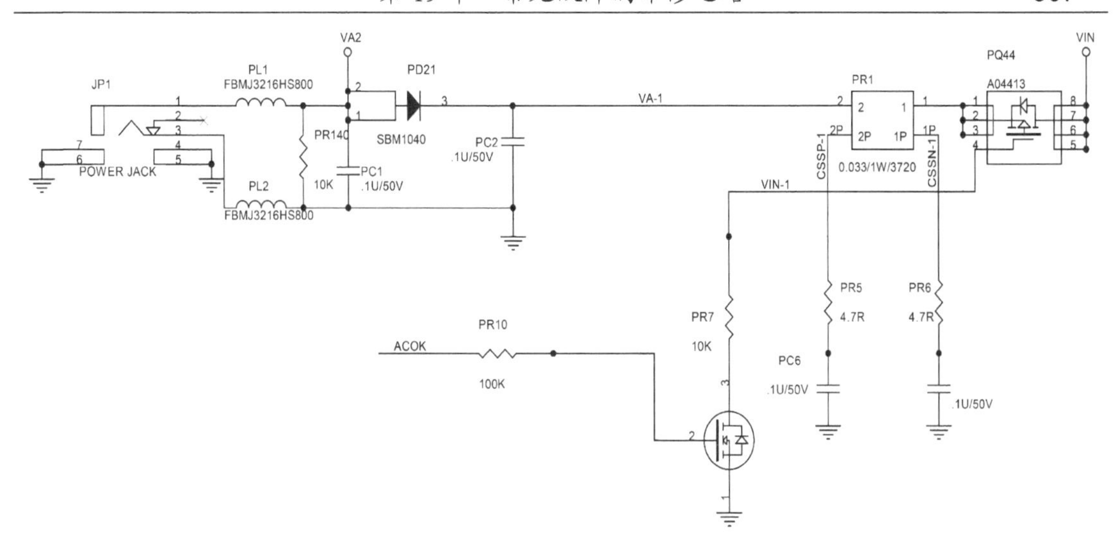

图 19-4　DV1000 的隔离保护电路

④ 19V 的 VIN 供电正常后，测量待机电压 3VPCU、5VPCU 是否正常；若不正常，检查待机电压电路。待机电路实物如图 19-5 所示。

⑤ 待机电压 3VPCU 和 5VPCU 正常后，测开机键 NBSWON#信号引脚是否有 3V 高电平，按下开关时是否为低电平。开机键测量点如图 19-6 所示。

图 19-5　DV1000 主板的待机电路实物图

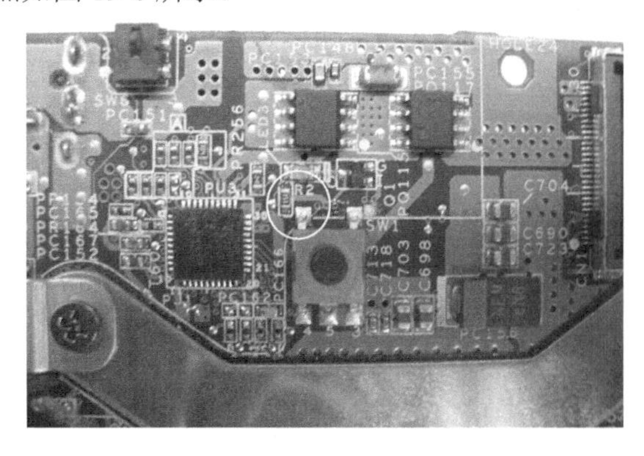

图 19-6　DV1000 主板开机键的测量点实物图

⑥ 测量南桥晶振 Y10、EC PC97551 的晶振 Y8 是否起振（见图 19-7），起振波形是否正常，频率是否为 32.768kHz。

⑦ 测量 BIOS 第 30 脚 CS#端的片选波形（见图 19-8）是否正常，数据/地址线波形是否正常。EC 若读取不到 BIOS 内部的数据，或读取数据错误，则会造成 EC 工作不正常，造成不触发。若测得波形不正常，查 BIOS 工作条件以及 BIOS 与 EC 通信的 X-BUS 电路，刷 BIOS 程序。

⑧ 测量 EC PC97551 的 DNBSWON#信号在按下开关后是否为低电平到高电平。

⑨ 测量 EC PC97551 发给南桥的 RSMRST#信号（见图 19-9）是否正常。RSMRST#在 1.5V_S5、3V_S5、5V_S5 电压正常后，才为高电平。若不正常，查 EC PC97551、南桥相关电路。

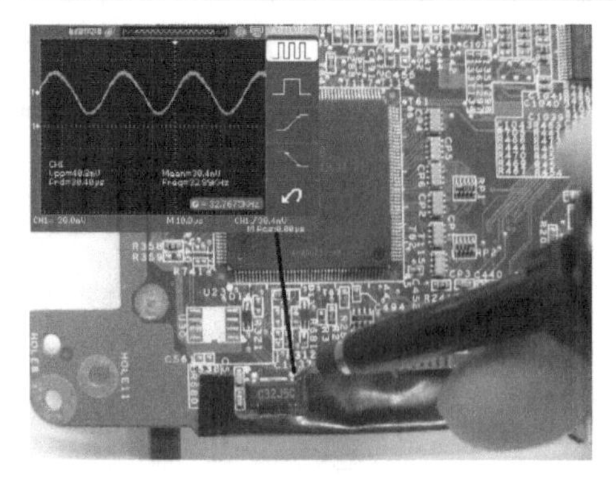

图 19-7　测量 EC PC97551 的晶振波形

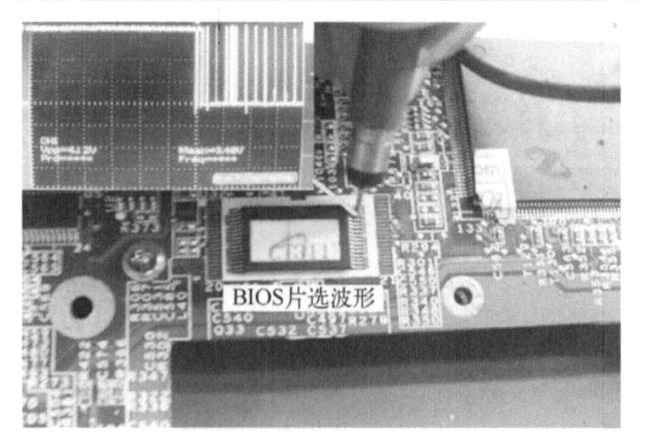

图 19-8　测量 BIOS 的 CS#端片选波形

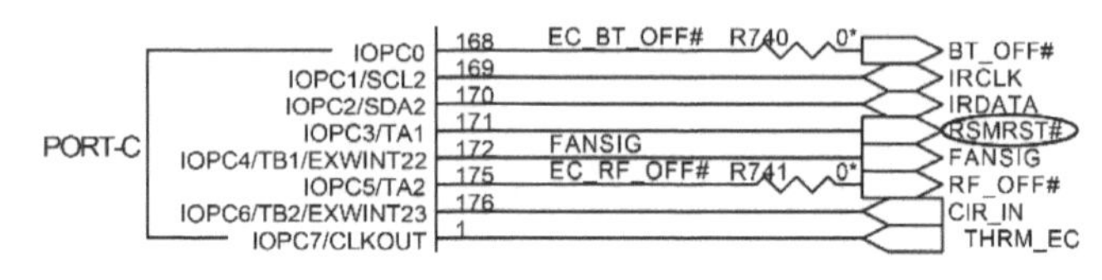

图 19-9　DV1000 主板的 RSMRST#信号

⑩ 还要检查 INTVRMEN 和 BATLOW#等信号。可以参照图纸找出信号测量点并判断它们是否正常。

在维修的时候要根据 DV1000 主板的上电时序结合具体的电路，灵活地去分析故障现象，千万不能死搬硬套，陷入维修的困惑。

▷▷19.3　掉电类故障

系统自动断电、关机等相关不良现象，统称为掉电类故障，可细分为如下几类。

（1）不定时掉电

RTCRST#电压值低，会引起不定时掉电。

温控电路检测到过温保护（CPU 或显卡散热片安装不好或出风口堵塞）、温控电路自身故障，会引起不定时掉电，故障点通常在 CPU 温控、主板温控、显卡温控、某些板型的 CPU 核心电压供电 MOS 管的温控电路上。

例如，广达主板的电池接口中，MBATV 至 EC 间的线路故障，会使 EC 无法取样电池电压，会出现电池放电过程中不定时掉电。

（2）瞬间掉电

瞬间掉电是因为主板上某些重要电压没有产生而造成欠压保护引起的掉电，故障通常表现为上电即断。因为掉电太快，无法直接用万用表测量相关电压（通常指南桥、北桥、CPU 的工作电压），但可以通过示波器测量。

例如，广达主板中的欠压保护信号 HWPG，在触发上电的过程中，如果 EC 检测到 HWPG 信号未能产生，则会瞬间关闭所有的电压开启信号的发出，引起瞬间掉电。ASUS 的 FORCE_OFF#（温控+欠压）、IBM 的 PWRSHUTDOWN#（温控+欠压）、DELL 的 THERM_STP#（温控+欠压）均与 HWPG 有相同意义，可用于欠压检测。

例如，DELL 的 EMC4000、EMC4001、EMC2102 等温控电路外接的温度检测二极管坏了，也会引起主板开机掉电或开机有显示后掉电。

另外，后级短路也会引起瞬间掉电，如广达主板中 3VPCU 电压上电后转换成 3VSUS 电压、3V 电压，若后级电压（如 3V 电压）对地短路，则在上电触发时，会引起 3VPCU 短路。MAX8734A 等待机供电芯片一旦检测到后级存在短路，则进入输出放电模式，关闭了 3VPCU、5VPCU 电压的输出，引起主板掉电。

（3）未能检测到 CPU 引起的瞬间掉电

IBM 笔记本电脑中所使用的 MAX1989、MAX6689 等温控芯片，其外接的热敏二极管不能开路（如未安装 CPU 时），否则温控芯片会认为过温，上电时温控芯片会接低 PWRSHUTDOWN#（断电信号），瞬间掉电。

（4）4s 掉电

CPU 的工作条件已经具备，但是不能正常工作下去，芯片组自动保护引起掉电，故障通常表现为 00、FF 掉电。

这类故障通常由于 CPU 与 GMCH，GMCH 与 ICH，ICH 与 BIOS 之间的总线异常导致，维修方法请参照不跑码故障维修方式。另外，触发后开机针脚的电压被拉低也会导致 4s 掉电，请注意测量开机针脚的电压。

（5）THERMTRIP#引起的掉电：进系统掉电

THERMTRIP#为 CPU 与 GMCH 发给 ICH 的过温指示信号，ICH 在收到 THERMTRIP#有效信号后，0.5s 之内关闭主板所有电压。因此在 CPU 或 GMCH 出现过温时，THERMTRIP#能通知 ICH 瞬间掉电，实现芯片组保护。常见有 CPU 或 GMCH 发给 ICH 的 THERMTRIP#信号开路引起的进系统掉电。

（6）CPU 供电电压滤波不良引起的不定时掉电

此类故障多为 CPU 滤波电容不良引起，可通过示波器观测 CPU 电压的滤波效果。东芝 M200 经常出现这种故障。

（7）3V、5V 待机电压带负载能力不够（如滤波不良、芯片性能变差）引起的掉电

典型故障为 IBM 笔记本电脑常见的 VCC3M、VCC5M 待机芯片性能变差、滤波电容不良引起的上电掉电。排除方法多为替换芯片，更换滤波电容。

（8）使用电池放电时出现掉电

对于电池开机后自动断电，重点测量 BATT_SENSE、BATT_IN#等信号，这种类型的信号是告诉 EC 现在电池已经插上了。若系统不能正常识别到电池，就会自动掉电。

掉电类故障比较复杂，若能结合示波器检测，则会有比较好的效果。SLP_S3#和温控信号 ALERT#波形对比如图 19-10 所示，可看出是哪一个信号先出现问题导致掉电的。

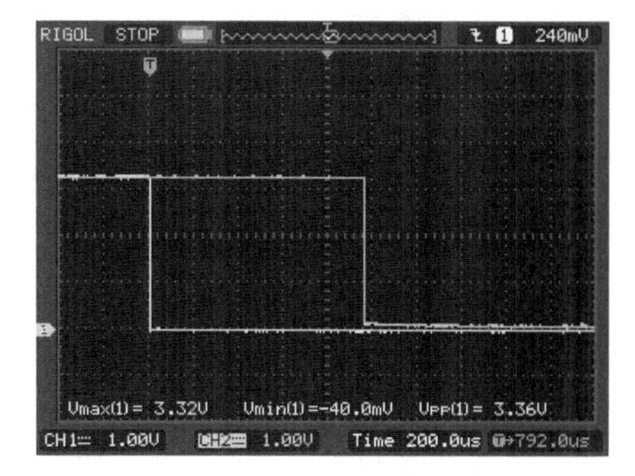

图 19-10　SLP_S3#和温控信号 ALERT#波形对比

▷▷19.4　不跑码故障

1. 不跑码故障的检修流程

① 在拿到不良主板之时，请不要急于上电。应当先仔细观察板面，有可能的话，与一块正常板对比，看板面上的焊接情况以及零件的摆放状况（尤其是多件、错件、漏件和连锡）。有些仅仅是零件装反了、连锡或是主板做过 BGA，由于维修人员急于求成，把不良主板拿来就上电，导致了元器件损坏，从而要花好几倍的时间精力来维修。如果养成了目检的习惯，则可以大大提高维修的效率。

② 如果没有产生 CPU 复位信号 CPURST#，按照时序检修电脑。

③ CPU 本身正常，而且收到了 CPURST#，诊断卡还是显示“FF”（00），则有可能是 CPU 或 PCH 桥的外围电路有问题，如 REF、TEST、COMP、CFG 等（就是 CPU 和桥周围的精密电阻），如图 19-11、图 19-12 所示。

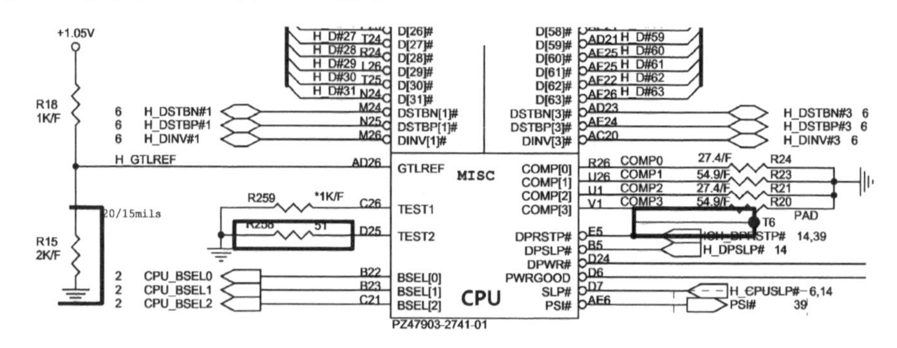

图 19-11　CPU 的 GTLREF 和 COMP 信号

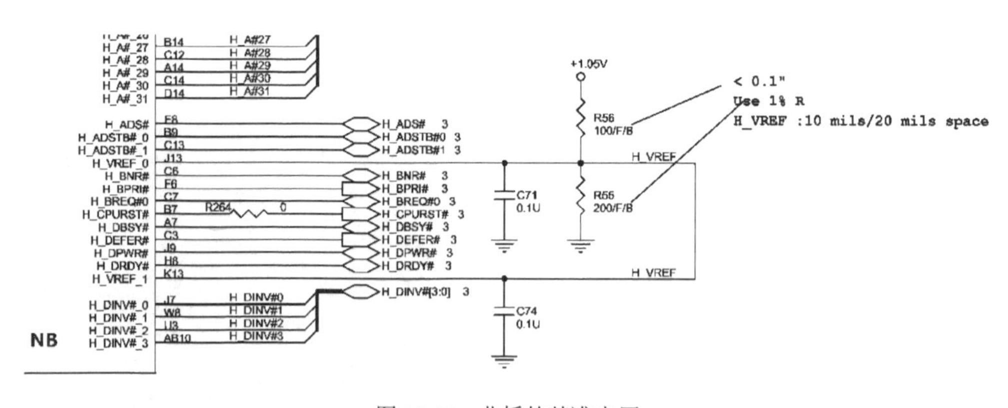

图 19-12　北桥的基准电压

④ 不管是 Intel 芯片组还是 AMD 芯片组，前端总线（FSB）或 DMI 无开路和无短路都是系统跑码的必要条件。这里可以使用带灯假负载来测量（见图 19-13），也可以使用假负载测二极体值。如果带灯假负载的某些灯没有亮，则表明到北桥或 PCH 桥有开路（Intel 控制线连南桥）；如果某些灯比其他灯亮，则表明有数据线短路。在不确定的情况下，可以用

万用表再验证一遍。（注：带灯假负载只适用于 Intel 和 nVIDIA 芯片组，用于 nVIDIA 芯片组时，会一半偏亮一半偏暗；用于 AMD 芯片组时，只会亮一半。建议用假负载测前端总线的二极体值，一组为 200 多，一组为 700 多。）

留意过孔断线。图 19-14 为过孔走线示意图。

图 19-13　用带灯假负载测量 FSB

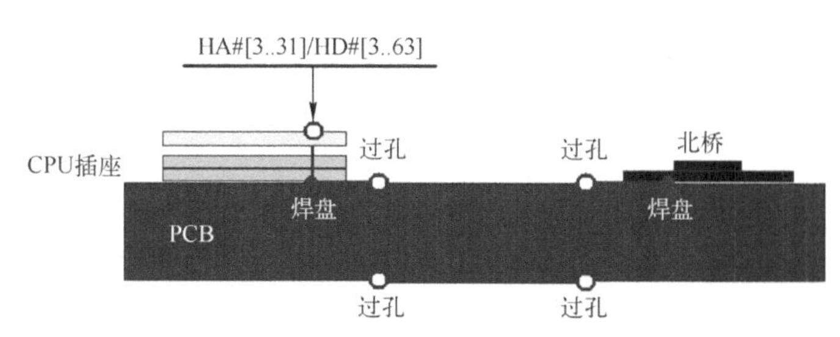

图 19-14　过孔走线示意图

⑤ 除了检测数据地址线外，还需要测量时钟和 PG 是否正常，测量点可以在假负载（见图 19-15）上。

⑥ 对于诊断卡跑“00”，而 CPURST#已经正常时，先考虑 BIOS 是否有问题。因为 BIOS 是一个固件，介于软件与硬件之间，很容易导致跑码显示“00”。

⑦ 当排除 BIOS 数据损坏后，再确认 BIOS 的工作总线是否异常，有 SPI 总线、LPC 总线、X-BUS 的高位地址线等。BIOS 的重要脚位参考第 7 章 7.2 节。

⑧ 确认没问题后，进一步分析 KBC 的工作电压及 LPC 总线和 PCICLK_KBC（33MHz）是否全部工作正常。如果没有异常，就替换 EC。EC 的 LPC 总线脚位如图 19-16 所示。

图 19-15　假负载实物图

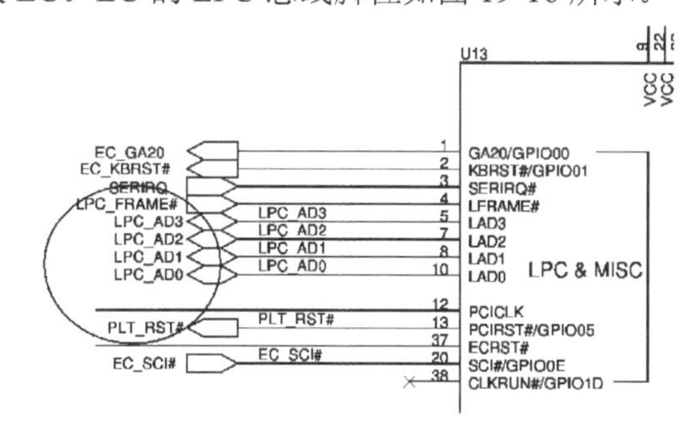

图 19-16　EC 的 LPC 总线脚位

⑨ 当确认 EC 正常后，继续分析 DMI 总线，如图 19-17 所示。

图 19-17　DMI 总线实物图

⑩ 如果线路的二极体值无异常，需检测南北桥的工作电压、时钟是否正常，如果条件均满足则先更换南桥。

⑪ 最后更换北桥或 CPU 座（注：在更换 BGA 时不可孤立地去分析某些简单条件就做出更换 BGA 的决定，应综合分析南桥、北桥、CPU 的总线及全部工作条件后再确定更换。）

2．关键测试点

如果有示波器，可以通过示波器分析一下跑码过程。下面是 Intel 双桥平台的一些关键测试点。

（1）ADS#：地址选通信号。当 CPU 接到北桥发出的 H_RESET#信号而被重置后，会根据内部的预设值首先发出 H_ADS#信号，接着根据预设的地址（0FFFFFFF0H）从北桥出发至 BIOS 的启动模块（BootBlock）内去读取第一条指令，然后执行启动模块，等启动模块执行后才会跳到 POST 代码开始执行 POST 指令。因此当 ADS#被触发时，证明 CPU 已开始工作。

图 19-18 为 ADS#信号单次触发波形。

（2）DMI 总线（DMI_RXN0、DMI_TXN0）。DMI 总线是北桥与南桥沟通用的主要总线，主要测量 DMI_RXN0、DMI_TXN0 这两个信号，即可以简单地知道 DMI 总线是否在传送数据。因此，确认此信号是否工作，可以初步判断北桥是否在跟南桥进行沟通。

图 19-19 为 DMI_TXN、DMI_RXN 波形与 H_CPURST#波形的对比，先上升高位的是 H_CPURST#。

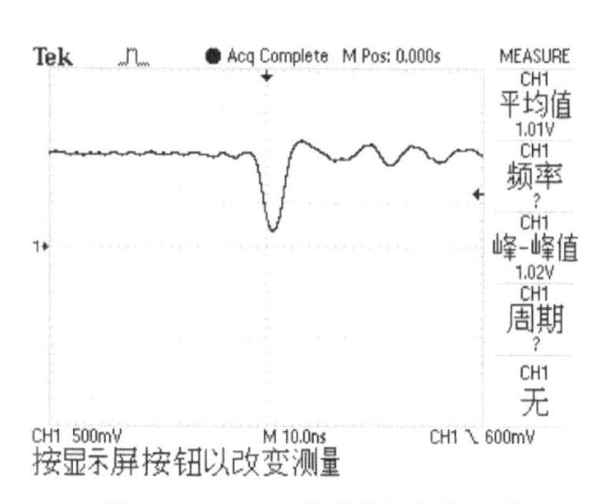

图 19-18　ADS#信号单次触发波形

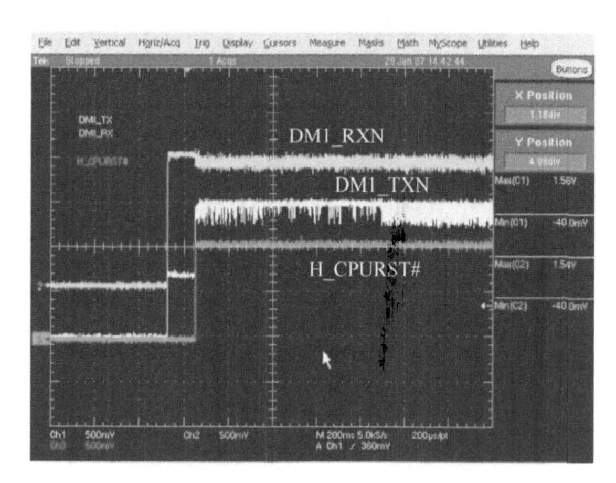

图 19-19　DMI_TXN、DMI_RXN 波形与 H_CPURST#波形对比

（3）PCI_FRAME#：PCI 帧周期信号。PCI 帧周期信号动作时，代表 PCI 总线在传送数据。因此，只要确认 PCI_FRAME#在工作，即可初步判断 PCI 总线良好。图 19-20 为 PCI 帧周期波形。

（4）LPC_FRAME#：LPC 总线帧周期信号。LPC 总线是南桥与 EC 沟通用的主要总线。只要测量 LPC_FRAME#是否正常工作，就可以初步判断南桥是否在与 EC 通信。图 19-21 为 LPC 帧周期波形。

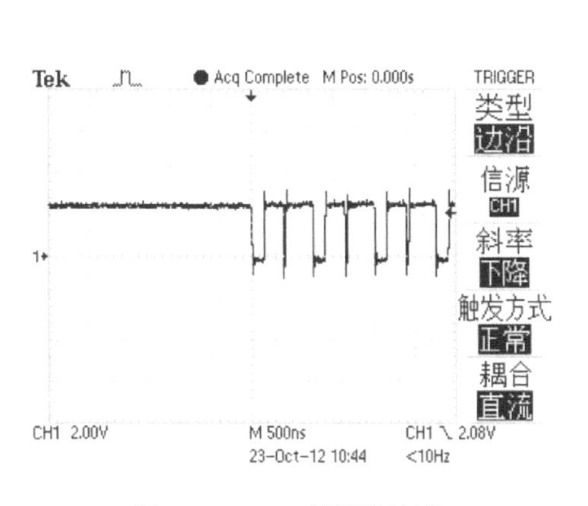

图 19-20　PCI 帧周期波形

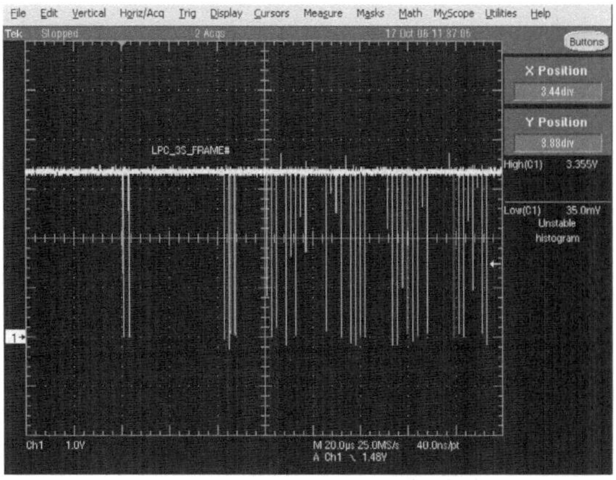

图 19-21　LPC 帧周期波形

（5）BIOS 的数据/地址线。对于 LPC 总线的 BIOS 芯片，可以测量 LAD0～LAD3 脚以及 LFRAME#脚。对于 X-BUS 总线的 BIOS 芯片，可以测量高位地址线。只有在上电自检过程中，高位地址线才会有数据传送，因此测量此处波形可判断 BIOS 与 EC 之间是否已经开始传送上电自检测数据。对于 SPI 总线的 BIOS 芯片，只有挂在南桥下的，才可以通过测量 1、2、5、6 脚判断是否跑码。

▷▷19.5　常见 POST 代码对应故障

上电自检（Power On Self Test，POST）是计算机接通电源后，系统进行的一个自我检查的例行程序，对系统几乎所有的设备进行检测，每一个设备都有对应的检测代码。

为了让设计者和维修者知道 BIOS 当前在干什么，BIOS 在对某个设备进行检测时，首先将对应的代码写入 80H 诊断端口，该设备通过检测，则接着送出另一个设备的代码，对另一个设备进行检测。如果某个设备没有通过检测，则此代码会在 80H 处保留下来，检测程序也会中止，并根据已定的报警声进行报警。这个代码叫作 Post Code。我们可以使用诊断卡（见图 19-22）通过 ISA、PCI、LPC 和 SPI 总线去读 80H 诊断端口的代码，然后显示在 LED 灯上，便于对主板进行测试和诊断。

图 19-22　诊断卡

BIOS 代码分三大品牌，分别是 AMI（D 开头）、Award（C 开头）和 Phoenix。笔记本电脑常用 Phoenix 的 BIOS。

0A、28、2C、2E、38、E0 代码与北桥、内存、时钟产生器、EC 和 BIOS 有关。首先，去看内存有没有插好，多拔插几遍（用尽可能多的组合情况），看代码有无变化，若有变化，可能是 BIOS 程序被破坏，刷新 BIOS 试试；然后看内存接口是否不良（一根根引脚测量）和引脚的焊接情况；再去看内存和北桥之间的上拉排阻（一个一个测量），将阻值不正常的更换掉；还要看供给内存接口的几组电压，看少了哪组就去检查相应的电源电路；最后去测量内存的时钟和 SMBUS 上的 SDATA/SCLK 有无动作，若没有动作，则尝试更换北桥或者时钟发生器。若以上这些情况都排除了，则尝试更换北桥或者 EC。有时候 BIOS 程序丢失也可能显示“38”代码，可刷新 BIOS 程序或者更换 BIOS 芯片。

49 代码与南桥和每个 PCI 设备都有关。首先测量 PCIRST#，如果没有信号则按照之前的方法去找是南桥本身没有发出 PCIRST#，还是被某个 PCI 设备拉低了；再去看每个 PCI 接口/控制器的电压、时钟、SMDATA/SMCLK 以及焊接情况；然后去看 PCI 设备相对应的 E^2PROM；以上都正常，则怀疑 EC 和 BIOS 有问题。

85、87 代码是 IBM 机型的常见代码，指上电自检停在检测安全芯片处。解决方法为更换一对安全芯片和 BIOS，或者刷所谓的免安全芯片 BIOS。

55 代码一般是由 USB 故障引起的。测量 USB 的 5V 供电，判断是否存在短路；再测量 5V 电压，确定 5V 电压是否正常；最后测量 USB 到南桥的信号、OC#过电流保护信号。除南桥本身外，还需要注意 48MHz 时钟和南桥的 USB 控制器供电。

22 代码指键盘控制器没有通过检测。通常为 EC 问题。

4A、DA 代码说明显卡没有通过检测。对于显卡供电，对照图纸逐个排查；对于显卡时钟，有 27MHz 核心时钟和 100MHz 总线时钟；对于显卡复位，是 PCIE 总线复位；对于显卡总线，即显卡的 PCIE 总线，耦合电容两端都需要测二极体值，并要确定耦合电容有无不良。

Phoenix BIOS 4.0 的 POST 代码解释见表 19-1。更多 POST 代码解释需查阅各厂家资料。

表 19-1　Phoenix BIOS 4.0 的 POST 代码解释

代码	哔哔声	解释	
		英文原文	中文翻译
02		Verify Real Mode	验证真实模式
03		Disable Non-Maskable Interrupt (NMI)	禁止非屏蔽中断（NMI）
04		Get CPU type	读取 CPU 类型
06		Initialize system hardware	初始化系统硬件
08		Initialize chipset with initial POST values	用初始开机自检值初始化芯片组
09		Set in POST flag	设置“正在进行开机自检”标志
0A		Initialize CPU registers	初始化 CPU 寄存器
0B		Enable CPU cache	启用 CPU 缓存
0C		Initialize caches to initial POST values	按初始开机自检值初始化缓存
0E		Initialize I/O component	初始化 I/O 零部件
0F		Initialize the local bus IDE	初始化本地总线 IDE
10		Initialize power management	初始化电源管理
11		Load alternate registers with initial POST values	用初始开机自检值装载代用寄存器
12		Restore CPU control word during warm boot	在热启动过程中恢复 CPU 控制
13		Initialize PCI bus mastering devices	初始化 PCI 总线主控设备
14		Initialize keyboard controller	初始化键盘控制器

续表

代码	哔哔声	解　释	
		英 文 原 文	中 文 翻 译
16	1-2-2-3	BIOS ROM checksum	BIOS ROM 校验和
17		Initialize cache before memory autosize	在存储器自动调整容量之前初始化缓存
18		8254 timer initialization	8254 定时器初始化
1A		8237 DMA controller initialization	8237 DMA 控制器初始化
1C		Reset Programmable Interrupt Controller	复位可编程中断控制器
20	1-3-1-1	Test DRAM refresh	测试 DRAM 刷新操作
22	1-3-1-3	Test 8742 keyboard controller	测试 8742 键盘控制器
24		Set ES segment register to 4 GB	将 ES 段寄存器设置为 4GB
26		Enable A20 line	启用 A20 行
28		Autosize DRAM	自动大小 DRAM
29		Initialize POST memory manager	初始化开机自检存储管理器
2A		Clear 512 KB base RAM	清除 512KB 基本 RAM
2C	1-3-4-1	RAM failure on address line xxxx*	地址行 xxxx*上 RAM 故障
2E	1-3-4-3	RAM failure on data bits xxxx* of low byte of memory bus	存储器总线的低位字节的数据位 xxxx*上 RAM 故障
2F		Enable cache before system BIOS shadow	在系统 BIOS 屏蔽之前启用缓存
30	1-4-1-1	RAM failure on data bits xxxx* of high byte of memory bus	存储器总线的高位字节的数据位 xxxx*上 RAM 故障
32		Test CPU bus-clock frequency	测试 CPU 总线时钟频率
33		Initialize Phoenix Dispatch manager	初始化 Phoenix Dispatch 管理器
36		Warm start shut down	热启动关闭
38		Shadow system BIOS ROM	屏蔽系统 BIOS ROM
3A		Autosize cache	自动调整缓存大小
3C		Advanced configuration of chipset registers	芯片组寄存器的高级配置
3D		Load alternate registers with CMOS values	用 CMOS 值装载代用寄存器
42		Initialize interrupt vectors	初始化中断矢量
45		POST device initialization	开机自检设备初始化
46		Check ROM copyright notice	检查 ROM 版权通知
48		Check video configuration against CMOS	对照 CMOS 检查视频配置
49		Initialize PCI bus and devices	初始化 PCI 总线和设备
4A		Initialize all video adapters in system	初始化系统中的所有视频适配器
4B		QuietBoot start (optional)	安静启动开始（可选）
4C		Shadow video BIOS ROM	屏蔽视频 BIOS ROM
4E		Display BIOS copyright notice	显示 BIOS 版权通知
50		Display CPU type and speed	显示 CPU 类型和速度

续表

代码	哔哔声	解　释	
		英 文 原 文	中 文 翻 译
51		Initialize EISA board	初始化 EISA 板
52		Test keyboard	测试键盘
54		Set key click if enabled	如果启用，则设置击键
58	2-2-3-1	Test for unexpected interrupts	意外中断测试
59		Initialize POST display service	初始化开机自检显示设备
5A		Display prompt "Press F2 to enter SETUP"	显示提示“Press F2 to enter SETUP”
5B		Disable CPU cache	禁用 CPU 缓存
5C		Test RAM between 512 and 640KB	测试 512～640KB 之间的 RAM
60		Test extended memory	测试扩展存储器
62		Test extended memory address lines	测试扩展存储器地址线
64		Jump to UserPatch1	跳到 UserPatch1
66		Configure advanced cache registers	配置高级缓存寄存器
67		Initialize multi-processor APIC	初始化多处理器 APIC
68		Enable external and CPU caches	启用外部和 CPU 缓存
69		Setup System Management Mode (SMM) area	设置系统管理模式（SMM）区域
6A		Display external L2 cache size	显示外部 L2 缓存容量
6B		Load custom defaults (optional)	装载定制默认值（可选）
6C		Display shadow-area message	显示屏蔽区信息
6E		Display possible high address for UMB recovery	显示可能的高位地址，以备恢复 UMB
70		Display error messages	显示错误信息
72		Check for configuration errors	检查配置错误
76		Check for keyboard errors	检查键盘错误
7C		Setup hardware interrupt vectors	设置硬件中断向量
7E		Initialize coprocessor if present	初始化协处理器（如果有）
80		Disable onboard Super I/O ports and IRQs	禁用板载超级 I/O 端口和 IRQ
81		Late POST device initialization	最新开机自检设备初始化
82		Detect and install external RS232 ports	检测并安装外部 RS-232 端口
83		Configure non-MCD IDE controllers	配置非 MCD IDE 控制器
84		Detect and install external parallel ports	检测并安装外部并行端口
85		Initialize PC-compatible PnP ISA devices	初始化 PC 兼容 PnP ISA 设备
86		Re-initialize onboard I/O ports	重新初始化板载 I/O 端口
87		Configure Motherboard Configurable Devices (optional)	配置主板可配置设备（可选）
88		Initialize BIOS Data Area	初始化 BIOS 数据区

续表

代码	哔哔声	解　释	
		英 文 原 文	中 文 翻 译
89		Enable Non-Maskable Interrupts (NMIs)	启用非屏蔽中断（NMI）
8A		Initialize Extended BIOS Data Area	初始化扩展 BIOS 数据区
8B		Test and initialize PS/2 mouse	测试并初始化 PS/2 鼠标
8C		Initialize floppy controller	初始化软驱控制器
8F		Determine number of ATA drives (optional)	确定 ATA 驱动器数量（可选）
90		Initialize hard-disk controllers	初始化硬盘控制器
91		Initialize local-bus hard-disk controllers	初始化本地总线硬盘控制器
92		Jump to UserPatch2	跳到 UserPatch2
93		Build MPTABLE for multi-processor boards	为多处理器板制作 MPTABLE
95		Install CD ROM for boot	安装启动光驱
96		Clear huge ES segment register	清除大型 ES 段寄存器
97		Fixup multi-processor table	确定多处理器表
98	1-2	Search for option ROMs. One long, two short beeps on checksum failure	查找选装 ROM。发出一长两短哔哔声校验和故障
99		Check for SMART Drive (optional)	检查 SMART 驱动器（可选）
9A		Shadow option ROMs	屏蔽选装 ROM
9C		Set up Power Management	设置电源管理
9D		Initialize security engine (optional)	初始化安全引擎（可选）
9E		Enable hardware interrupts	启用硬件中断
9F		Determine number of ATA and SCSI drives	确定 ATA 和 SCSI 驱动器数量
A0		Set time of day	设置日的时间
A2		Check key lock	检查按键锁定
A4		Initialize Typematic rate	初始化 Typematic 速度
A8		Erase F2 prompt	删除 F2 提示
AA		Scan for F2 key stroke	扫描 F2 击键
AC		Enter SETUP	进入设置
AE		Clear Boot flag	清除启动标志
B0		Check for errors	检查错误
B2		POST done - prepare to boot operating system	开机自检完成——准备启动操作系统
B4	1	One short beep before boot	在启动前发出短哔哔声一次
B5		Terminate QuietBoot (optional)	终止 QuietBoot（可选）
B6		Check password (optional)	检查密码（可选）
B9		Prepare Boot	准备启动
BA		Initialize DMI parameters	初始化 DMI 参数

续表

代码	哔哔声	解　释	
		英 文 原 文	中 文 翻 译
BB		Initialize PnP Option ROMs	初始化 PnP 选装 ROM
BC		Clear parity checkers	清除奇偶校验器
BD		Display MultiBoot menu	显示多项启动菜单
BE		Clear screen (optional)	清屏（可选）
BF		Check virus and backup reminders	检查病毒和备份提示
C0		Try to boot with INT 19	试图用 INT 19 启动
C1		Initialize POST Error Manager (PEM)	初始化开机自检错误管理器（PEM）
C2		Initialize error logging	初始化错误记录
C3		Initialize error display function	初始化错误显示功能
C4		Initialize system error handler	初始化系统错误处理程序
C5		PnPnd dual CMOS (optional)	PnPnd 双 CMOS（可选）
C6		Initialize notebook docking (optional)	初始化笔记本电脑扩展坞（可选）
C7		Initialize notebook docking late	稍后初始化笔记本电脑扩展坞
C8		Force check (optional)	强制检查（可选）
C9		Extended checksum (optional)	扩展校验和（可选）
D2		Unknown interrupt	未知中断
E0		Initialize the chipset	初始化芯片组
E1		Initialize the bridge	初始化电桥
E2		Initialize the CPU	初始化 CPU
E3		Initialize system timer	初始化系统定时器
E4		Initialize system I/O	初始化系统 I/O
E5		Check force recovery boot	检查强制恢复启动
E6		Checksum BIOS ROM	校验和 BIOS ROM
E7		Go to BIOS	转到 BIOS
E8		Set Huge Segment	设置大段
E9		Initialize Multi Processor	初始化多处理器
EA		Initialize OEM special code	初始化 OEM 特殊代码
EB		Initialize PIC and DMA	初始化 PIC 和 DMA
EC		Initialize Memory type	初始化存储器类型
ED		Initialize Memory size	初始化存储器容量
EE		Shadow Boot Block	屏蔽启动块
EF		System memory test	系统存储器测试
F0		Initialize interrupt vectors	初始化中断向量
F1		Initialize Run Time Clock	初始化运行时间时钟

续表

代码	哔哔声	解　释	
		英 文 原 文	中 文 翻 译
F2		Initialize video	初始化视频
F3		Initialize System Management Mode	初始化系统管理模式
F4		Output one beep before boot	在启动前输出一声哔哔声
F5		Boot to Mini DOS	启动到微型 DOS
F6		Clear Huge Segment	清除大段
F7		Boot to Full DOS	启动到全部 DOS

▷▷19.6　屏幕显示类故障

屏幕显示类故障分为显卡部分故障和接口部分故障。

如果是显卡部分故障，一般我们是抓不到 EDID 波形的。这样的问题需要检测显卡芯片的工作条件。显卡故障现在一般是空焊居多，通常加焊、重植芯片或者换显卡芯片都能解决问题。

如果显卡部分正常，在任意一根 LVDS 上都是有持续的波形的。测量点在 LVDS 插口引脚上，需要接上屏线才能测到。LVDS 插口实物如图 19-23 所示。LVDS 波形如图 19-24 所示。

图 19-23　LVDS 插口实物

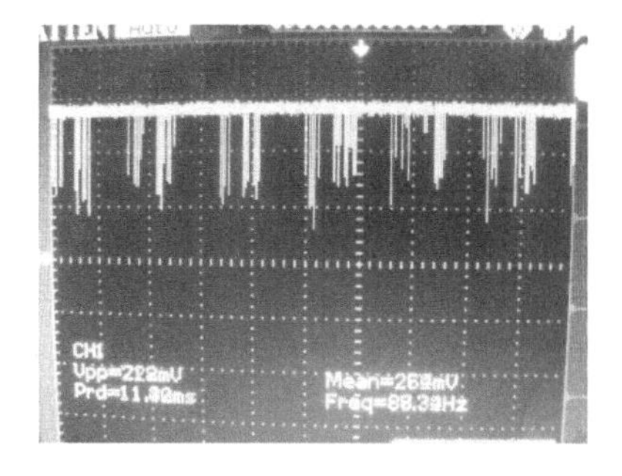

图 19-24　LVDS 波形图

笔记本电脑可以支持多种显示输出，除了常见的 LVDS 和 CRT 输出外，许多机型还支持 S 端子、DVI、HDMI 等输出方式，不过维修的重点仍然是 LVDS 输出和 CRT 输出。

LVDS 输出的问题主要有背光和显示两种。有的电脑，屏接口同时包括了显示接口和背光接口；而有的电脑可能有两个接口，显示接口和背光接口是分开的。

图 19-25 中，圈起来的 VADJ、VIN、BLON 属于背光部分的信号。

VADJ 为亮度调节信号，由 EC 发出。VADJ 是一个线性电压，当按键盘上的亮度调节键时，该信号会在一定的幅度范围内变动。

VIN 为高压板供电。这里使用的是 19V 适配器电压，某些早期电脑使用的是 5V 供电。

BLON 为背光开启信号，该信号由 EC 控制。如果是独立显卡机型，该信号一般不由 EC 管理，而是由显卡自己来管理。

28 脚的＋3V 为 EDID 芯片的供电。EDID 芯片是一个存储了屏参数的 ROM。大多数电脑都会检测 EDID，如果检测不到屏，会拒绝开启背光和屏供电。DELL 等电脑会对 EDID 里的屏型号等参数进行检测。如果参数不正确，LVDS 不输出显示信号。这一类机型如果换屏的话，需要将原屏的码片换到新屏上。

27、26 脚的 LCDVCC 为屏供电。屏供电产生电路一般如图 19-26 所示。

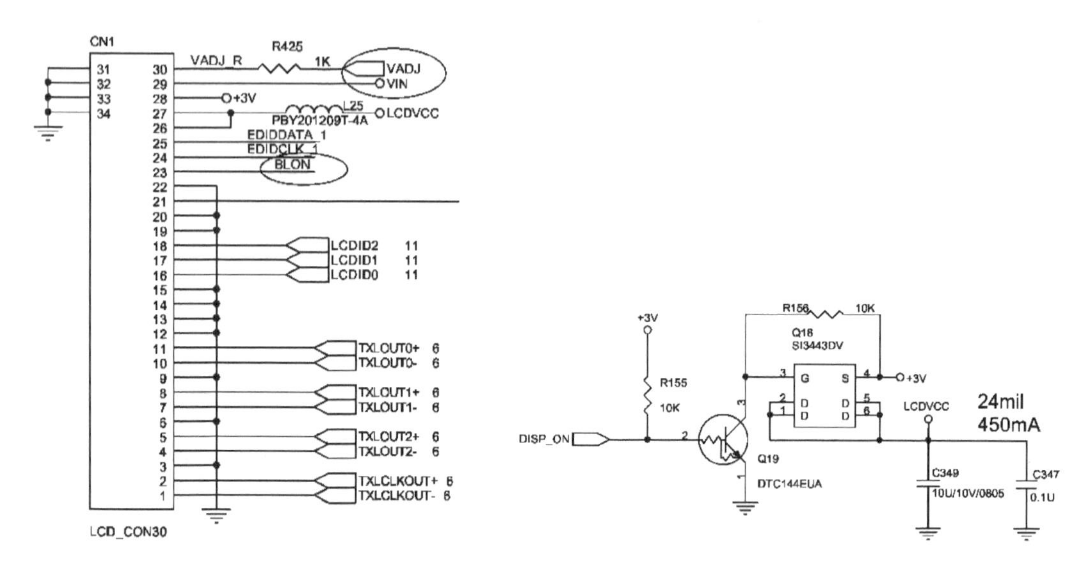

图 19-25　LVDS 接口信号图

图 19-26　屏供电产生电路

图 19-26 所示屏供电产生电路原理：当显卡自检完成，且读取到屏的信息后，发出高电平的 DISP_ON 控制 Q19 导通拉低 Q18 的 G 极，Q18 为 P 沟道管，G 极为低电平时+3V 转换为 LCDVCC 输出。

25、24 脚为 EDID ROM 的数据线，实际是一对 SMBUS，用于读取屏的码片。

21 脚的 RF_LED#是无线网卡指示灯。许多电脑都会将状态指示灯放在高压板上，如无线指示灯、电源状态指示灯等。

18、17、16 脚的 LCDID 是屏线识别信号。

11、10、8、7、5、4、2、1 脚是 LVDS 总线，是普通分辨率。如果是高分屏，一般需要两组这样的信号。

图 19-27 为 CRT 接口电路，CRT 输出的关键测试点在行（13 脚）、场（14 脚），行、场信号从显卡（北桥）输出以后，一般会经过缓冲器，才到达 CRT 接口。通过测量缓冲器 U1 和 U2 的 2 脚和 4 脚波形，可以方便地分辨出问题的所在区域。

R（1 脚）、G（2 脚）、B（3 脚）有问题只会导致色彩异常，并不会导致无输出。

需要注意，某些机型并不支持从 CRT 启动，只有进入系统显卡驱动加载完成后，才能切换到 CRT 输出。

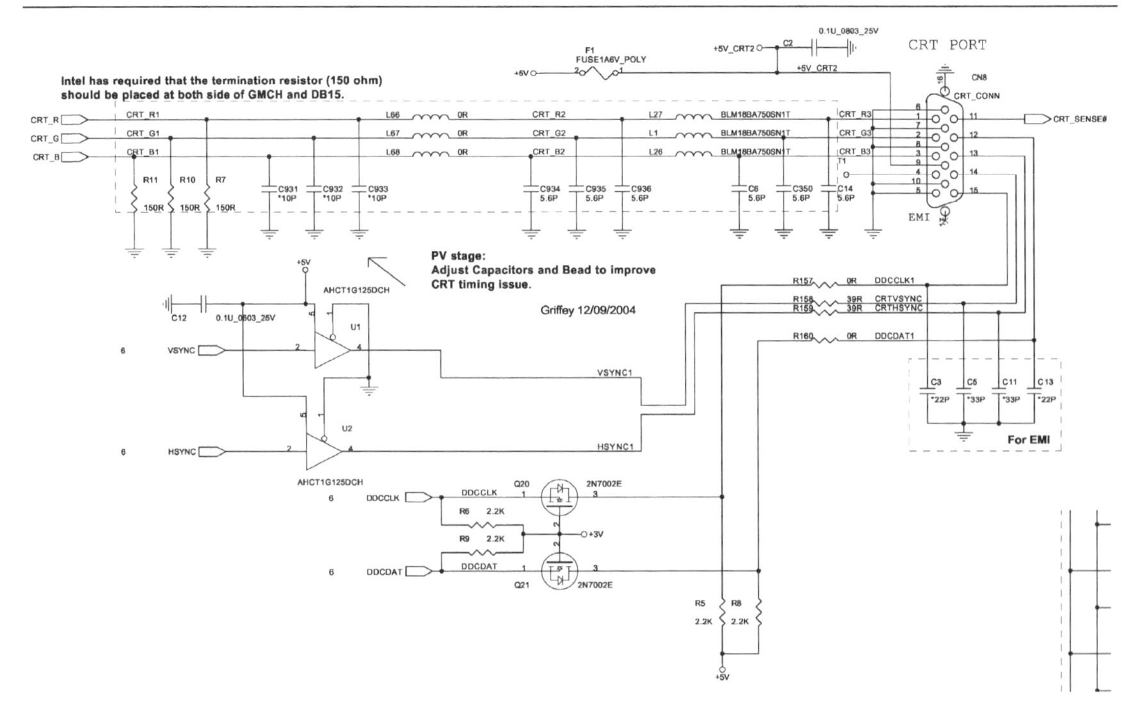

图 19-27　CRT 接口电路

如果是暗屏故障，一般需要检修背光部分电路。若背光的开启和供电都正常，还是暗屏的话，需要排查高压条或者背光是否有问题。现在主流的屏分为 LCD（Liquid Crystal Display）和 LED（Light Emitting Diode）两种，这两者放在一起很容易区别。如图 19-28 所示，下面一块屏上带高压线的是 LCD 屏，上面一块屏上不带高压线的是 LED 屏，LED 屏无须高压板。

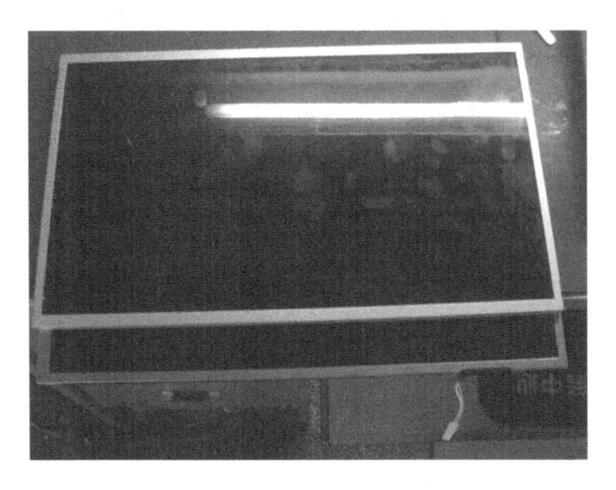

图 19-28　LED 屏和 LCD 屏实物

接下来介绍 LCD 屏的通用高压条改造。

高压条也可称为高压板，我们常用的高压条分 5V（见图 19-29）和 9～20V（见图 19-30）两种。5V 的是很老的电脑上面使用的，已使用不多。常用的就是 9～20V 的，不需要考虑耐压，只要接四根线就可以了。如果客户要求不严，接三根就够了。

图 19-29　5V 通用高压条

图 19-30　9～20V 通用高压条

改接通用高压条的关键引脚。

① VIN，高压条的供电。

② GND，地线。

③ ON，开启信号。在不同的主板上名称不同，我们也不必纠结于名称，只要在一堆线中间找到这个开启信号就行了。不过也不是上面所有的 3.3V 都可以，因为有的高压条中还有一些指示灯的 3.3V，如果用这些 3.3V 就会和屏亮的时间不同步，造成白屏。我们一定要找到这个和屏同时到达的信号，一般主板送到高压条的一堆线里都有这个同步的 3.3V。如果实在找不到，也可以从 3.3V 屏供电飞一根线过来。

一般在屏上找 3.3V，都是连接一个熔断电阻，然后是一个电感滤波。最重要的是开机之后测量一下。屏接口实物如图 19-31 所示，F101 为熔断电阻，L101 为电感。

图 19-31　屏接口实物

④ ADJ，亮度调节。一般在一堆线里会有亮度控制线，可以在系统里面调节亮度，电压会随着亮度调节而变化。

⊳⊳19.7　声卡故障

声卡问题一般分为喇叭和耳机其中一个没有声音，以及喇叭和耳机都没有声音。

喇叭和耳机其中一个没有声音，有可能是耳机插孔的转换部分有问题，或者是功放有问题，因为有的机型是把耳机插孔独立于功放之外的。

以广达 JM7 为例，看看其耳机和喇叭是如何转换声音的。

JM7 的耳机接口电路如图 19-32 所示。CON4 的 4 脚 HP_NB_SENSE 检测耳机是否插入，未插入时是接地的（见图 19-33），插入以后 4 脚和地断开（见图 19-34）。

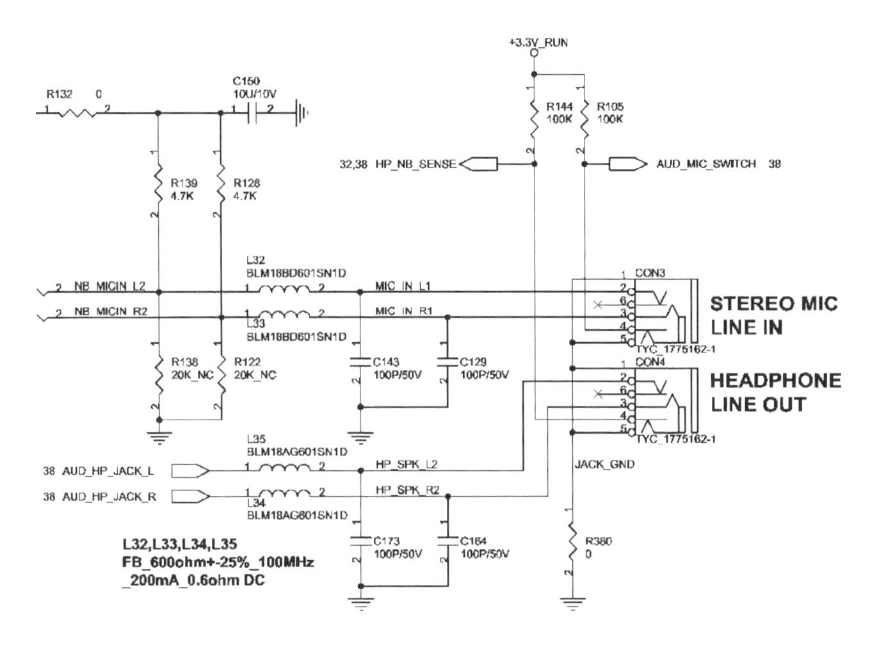

图 19-32　JM7 的耳机接口电路

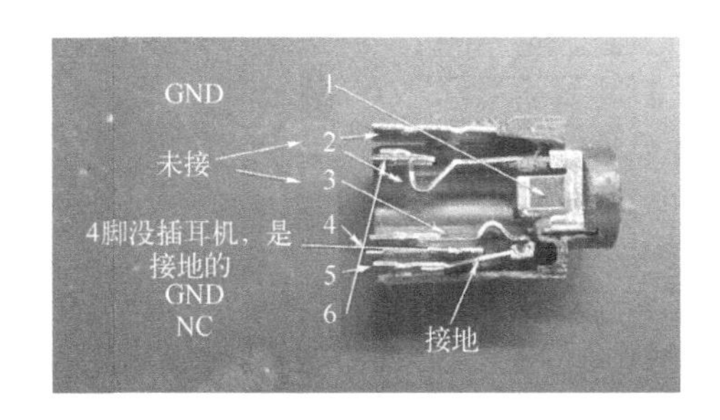

图 19-33　耳机未插入

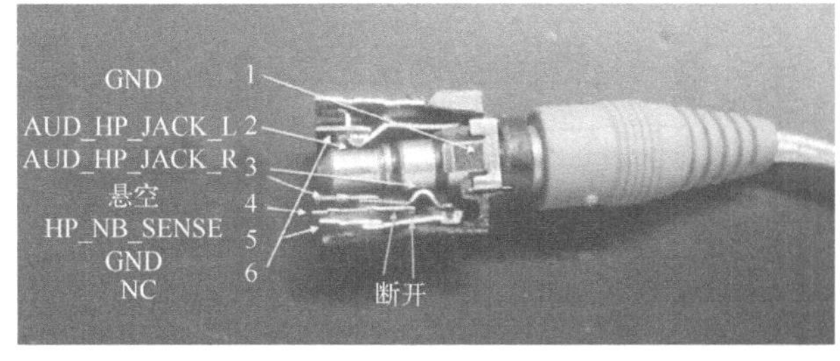

图 19-34　耳机插入

插入耳机后，高电平的 HP_NB_SENSE 送给了 EC，如图 19-35 所示。

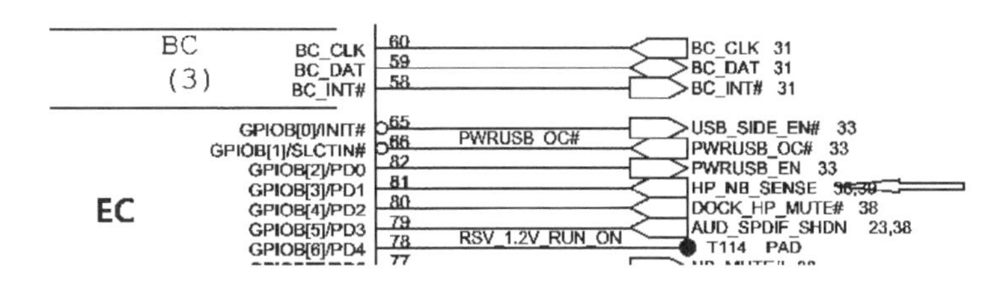

图 19-35　EC 收到耳机插入信号

HP_NB_SENSE 导通 Q39，把 R246 接地，使 AUD_SENSE_A 由+VDDA 上拉变成分压，如图 19-36 所示。声卡芯片检测到 AUD_SENSE_A 电压变化后，由原来的喇叭输出改为耳机输出。

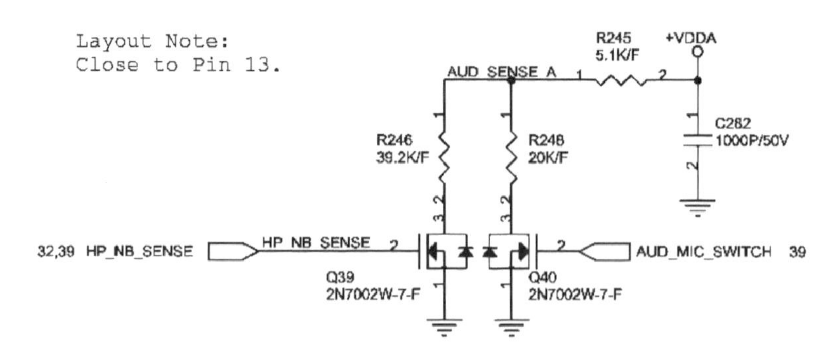

图 19-36　AUD_SENSE_A 电路

HP_NB_SENSE 还发送给功放芯片的 22 脚，如图 19-37 所示。

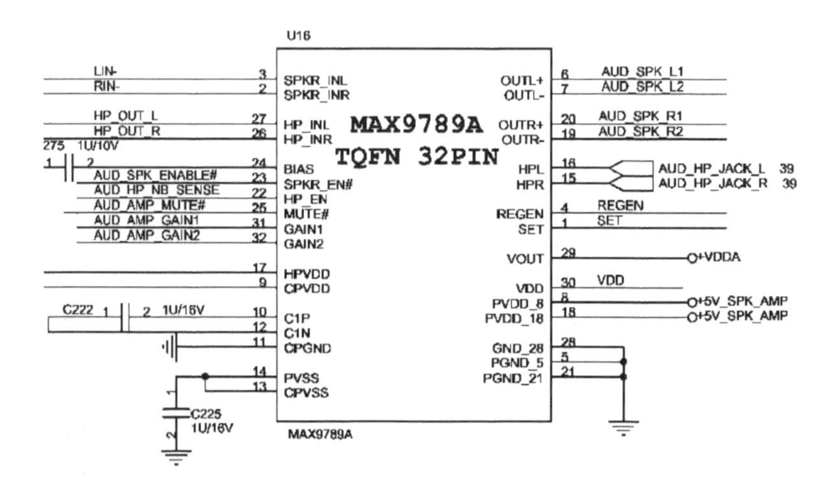

图 19-37　功放芯片

功放芯片 U16 收到 HP_NB_SENSE 后，就断开 6、7、19、20 脚的喇叭左右声道输出信号，而输出 15、16 脚的 AUD_HP_JACK_L 和 AUD_HP_JACK_R 的耳机信号。

喇叭和耳机都完全无声，一般是声卡本身有问题，需要查声卡芯片的供电、声卡与南桥连接的 AC-LINK 等，如图 19-38 所示。

图 19-38 中，U15 声卡的供电有 3.3VRUN 和 VDDA，如果都正常可以查 31 脚 DOCK_HP_MUTE#静音脚，下一步可以测 AC’97 总线 5、6、8、10、11 脚的二极体值，排查其到南桥是否短路、断路等。

提示：如果电脑没声音，先要判断是喇叭的问题，还是功放没有工作。先用耳机试试，如果有声音，可能是插座的问题，可以根据图纸用示波器测试。如果声卡、功放正常，都有波形，但又没有声音，可以将一个喇叭接在功放的输出 6、7 脚或 19、20 脚之间，如果正常有声音，就是喇叭或者是插座的接触问题；如果没有声音，就要查功放的供电、使能、静音，如果都正常就是声卡本身有问题了。接下来也是从供电、时钟、复位、使能、静音等方面排查。

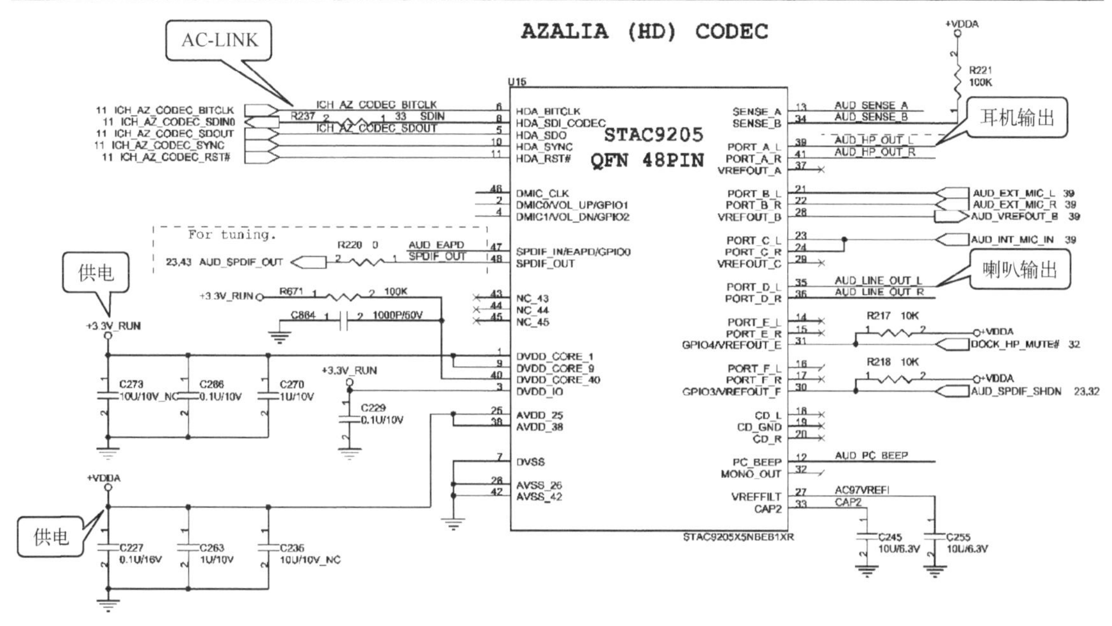

图 19-38　声卡芯片电路图

▷▷19.8　USB 故障

如果是单个 USB 接口不能使用，主要检查此接口的外观和供电，以及接口到南桥之间是否断线等；如果是所有接口都不能使用，一般需要检查南桥 USB 模块的供电 VCCUSBPLL、时钟 CLK48、南桥与端口之间数据线的二极体值、供给 USB 接口的供电、南桥 USB 模块的精密电阻（即偏置电阻），如图 19-39 所示。

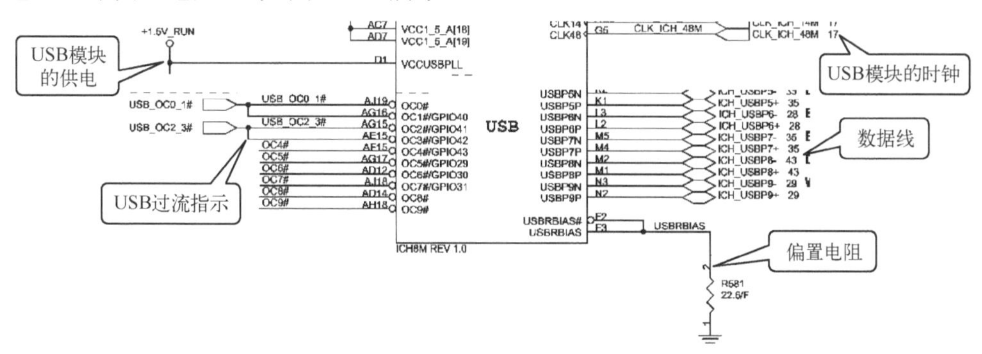

图 19-39　南桥的 USB 电路

▷▷19.9　网卡故障

网卡本体坏会造成检测不到网卡。如果是 PCIE 总线的网卡，很少会因为南桥坏造成不认网卡；如果是软网卡或 PCI 总线的网卡，南桥坏很可能造成不认网卡。因软网卡归南桥管理，软网卡故障要查南桥内部网卡控制模块。PCIE 和 PCI 总线的网卡都是硬网卡。本节以仁宝 LA-5891P 为例，主要介绍硬网卡故障的检修思路。

首先确保网卡的基本工作条件正常，包括网卡的供电+3V_LAN、+1.2V_LAN，网卡的 PCIE 总线时钟 CLK_PCIE_LAN、CLK_PCIE_LAN#，网卡的复位 PLT_RST#，网卡的 PCIE 总线 PCIE_DTX_C_PRX_P1/N1、PCIE_PTX_C_DRX_P1/N1（PCIE 总线中间有耦合电容，维修测量时，两端都要测二极体值，任何一端开路都会造成不认网卡），如图 19-40 所示。

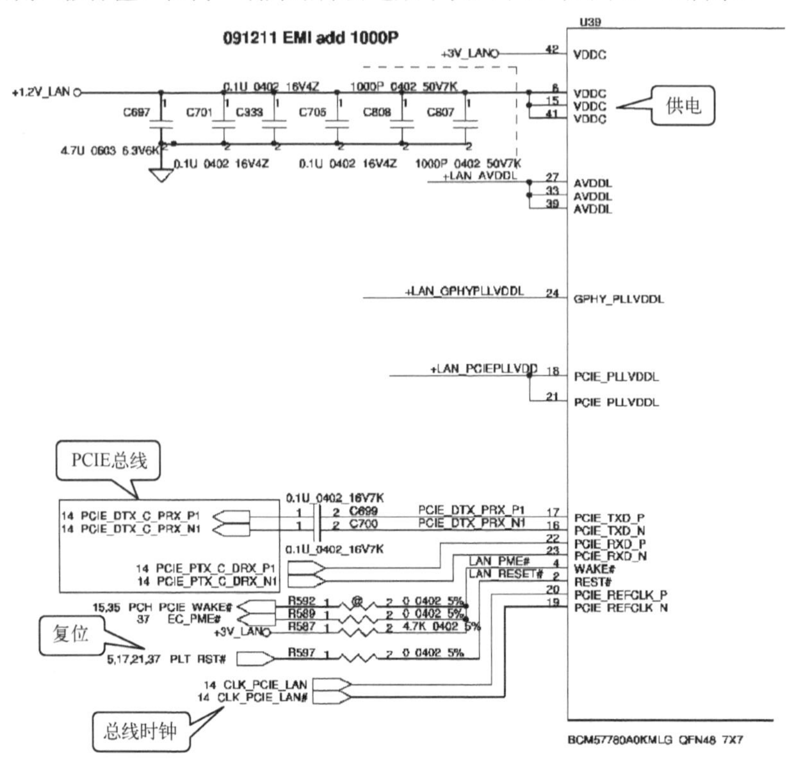

图 19-40　网卡的基本工作条件截图

网卡自带的 25MHz 晶振如图 19-41 所示。

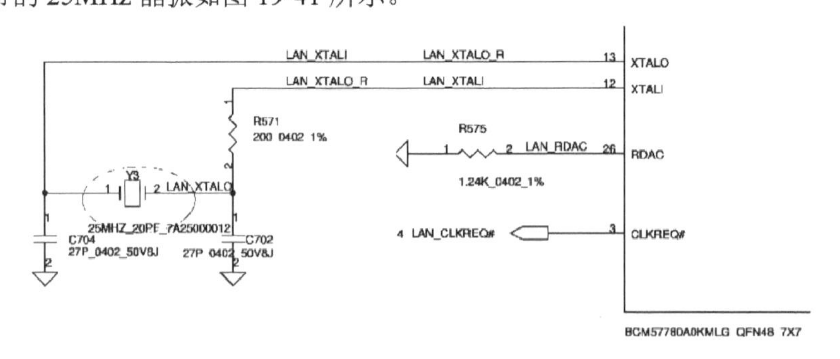

图 19-41　网卡自带的 25MHz 晶振

对于能识别但不能使用网卡，显示“正在分配 IP 地址”，但一直分不到 IP 地址的故障，一般查 MAC 地址芯片的工作条件：供电、SCK 时钟、SDA 数据。

MAC 地址芯片坏：一是 MAC 地址芯片烧坏了；二是 MAC 地址芯片内部数据损坏。因为网卡的物理地址是存储在 MAC 地址芯片中的，需用专用工具刷写 MAC 地址。数值为

FF-FF-FF-FF-FF-FF 和 11-22-33-44-55-66 的 MAC 地址是无效地址。

如图 19-42 所示，MAC 地址设定为保存在网卡芯片内，U12 处并没有安装器件。

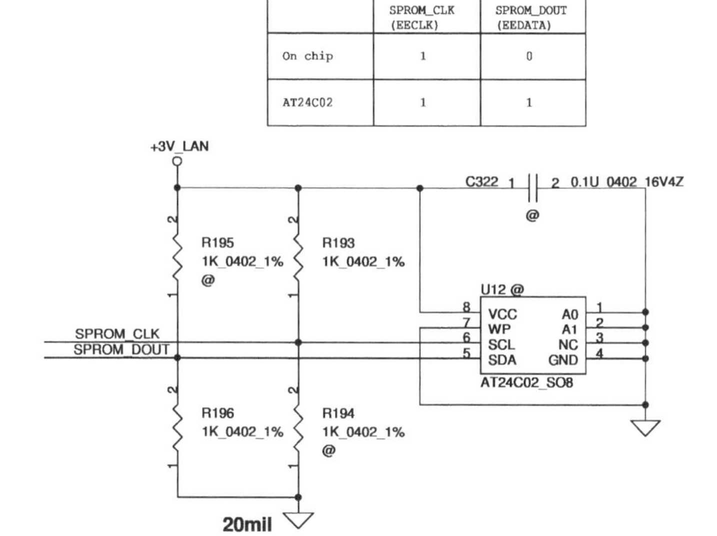

	SPROM_CLK (EECLK)	SPROM_DOUT (EEDATA)
On chip	1	0
AT24C02	1	1

图 19-42　网卡的 MAC 芯片

提示：软网卡的 MAC 地址存储在 BIOS 里。软网卡有故障主要查南桥网卡模块的供电、时钟、复位、信号线、总线。

识别网卡但一直显示网线没插的那种红“X”，需要检查 8 根网线信号的二极体值、外接精密电阻等。网络隔离变压器损坏一般可以把对应信号直接搭线过去临时使用。网络隔离变压器就是个线圈，其中某个信号断线会直接造成千兆位网卡变百兆位网卡或者直接不能用。网络隔离变压器及其接口电路如图 19-43 所示。

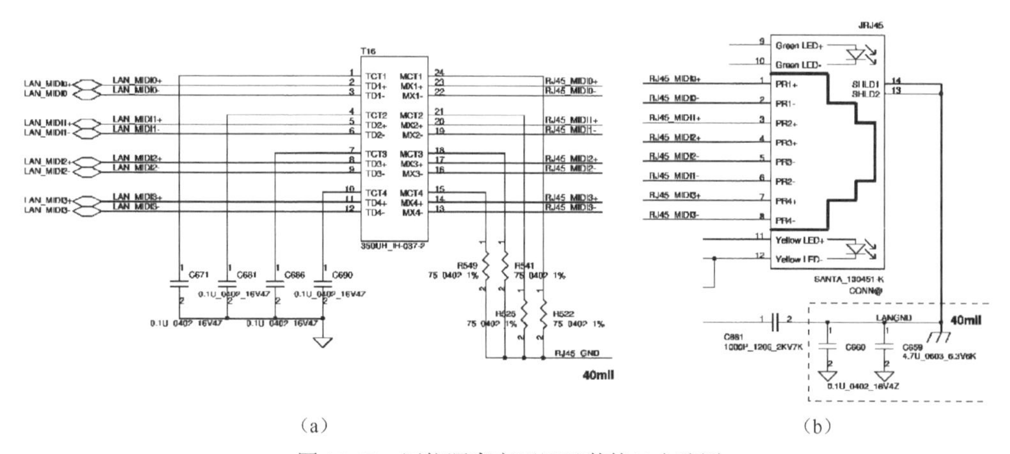

图 19-43　网络隔离变压器及其接口电路图

测网卡是否损坏，可以直接测主供电的二极体值或 8 根网线信号的二极体值。一般遭雷击后，网卡供电对地直接会短路。8 根线外接精密电阻，8 根线的二极体值没有异常就测网桥。

▷▷19.10　SATA 接口故障

本节以 LA-6631P 为例讲解 SATA 接口故障的维修。

排除硬盘和光驱本身不良后，首先检查 SATA 接口的供电，如图 19-44 所示。

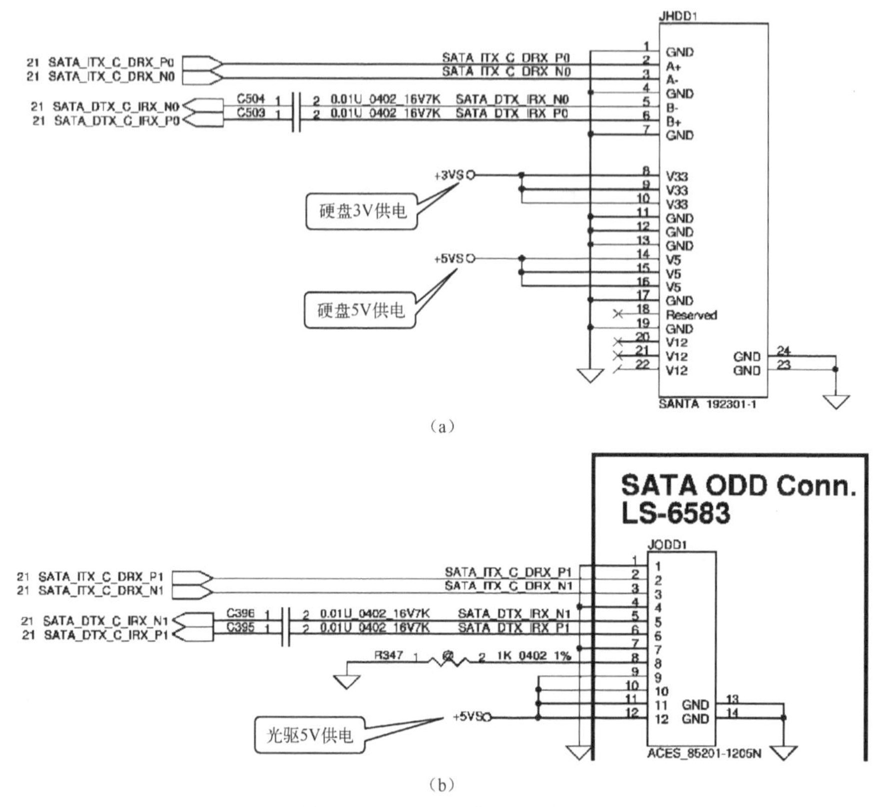

图 19-44　SATA 接口的供电

然后查南桥内部 SATA 模块的 1.5V 供电 VCCSATAPLL，如图 19-45 所示。

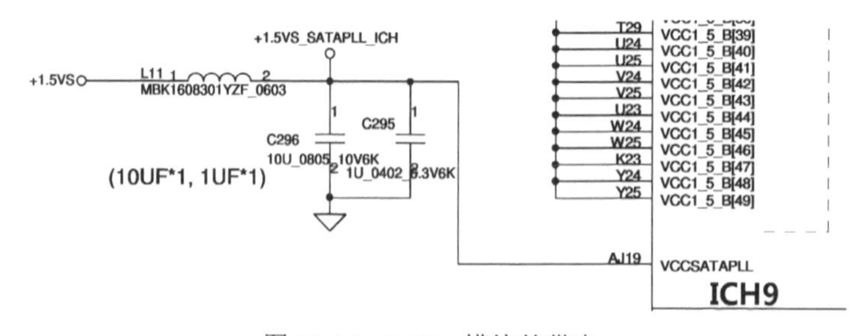

图 19-45　SATA 模块的供电

还要检查南桥 SATA 模块的 100MHz 时钟 SATA_CLKN、SATA_CLKP。最后检查 SATA 接口的数据线、SATA 模块的精密电阻（即偏置电阻）等。SATA 的数据传输分两个传送和两个接收，一共四个信号。测二极体值时，应测南桥一端，因为 SATA 数据线中间接了耦合电容，测硬盘或光驱一端是没有用的。SATA 模块的时钟、偏置电阻、通往接口的数据线如图 19-46 所示。

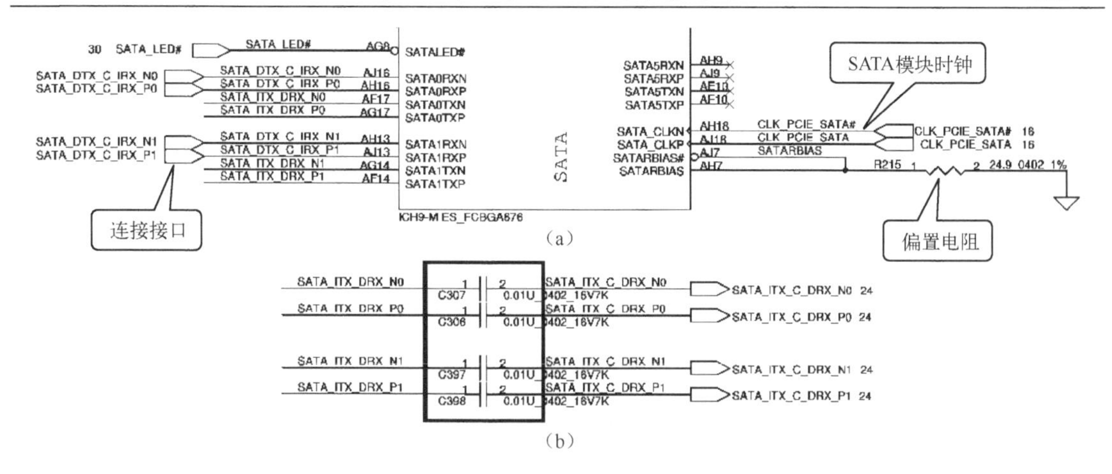

图 19-46　SATA 模块的时钟、偏置电阻、通往接口的数据线

以上都正常，一般就可以考虑更换南桥。一插硬盘就宕机，显示 LOGO，一般为南桥损坏。南桥其他模块，如声卡、网卡模块损坏也会造成宕机，显示 LOGO。

▷▷19.11　风扇接口故障

笔记本电脑的 CPU 风扇一般分为三针的和四针的两种。

三针风扇控制电路如图 19-47 所示。图 19-47（a）中，1 脚为供电，2 脚为转速检测，3 脚接地。具体工作过程：EC 检测到适当的温度后，会发出适当的 EN_DFAN1 信号给 U5，U5 根据 VSET 脚的电压高低，决定+VCC_FAN1 的高低，以此控制风扇的转速。风扇的转速通过 FAN_SPEED1 送给 EC，实时检测风扇转速。

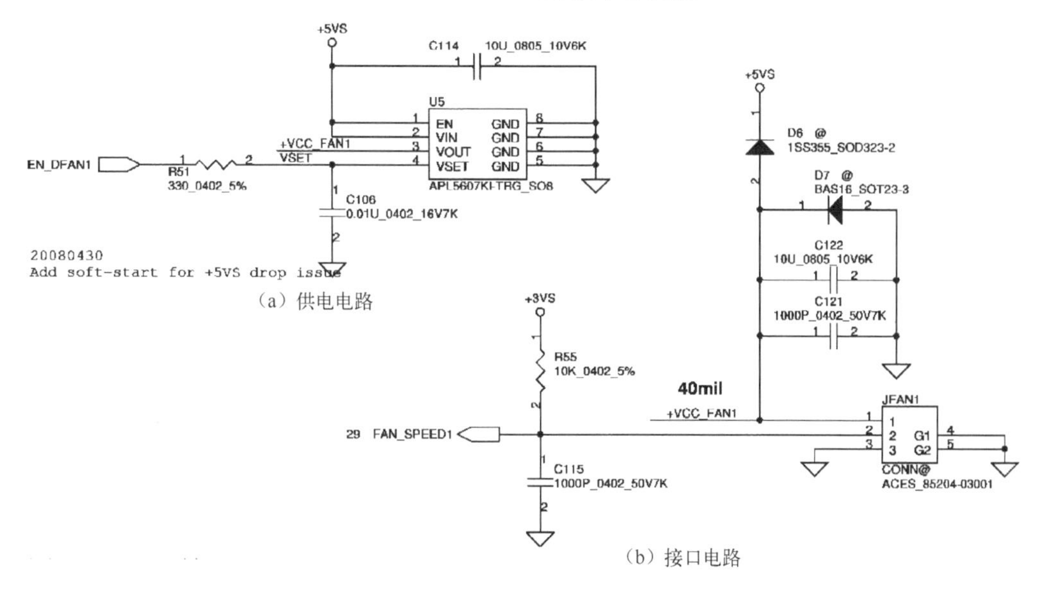

图 19-47　三针风扇控制电路

四针风扇控制电路如图 19-48 所示，U31 为温控芯片，当温控芯片通过 DP1、DN1 检测到温度后，会根据温度的高低，控制 PWM 脚的波形占空比。此方波信号送给风扇内部电路，用于控制转速。FAN_TACH 用于转速检测。

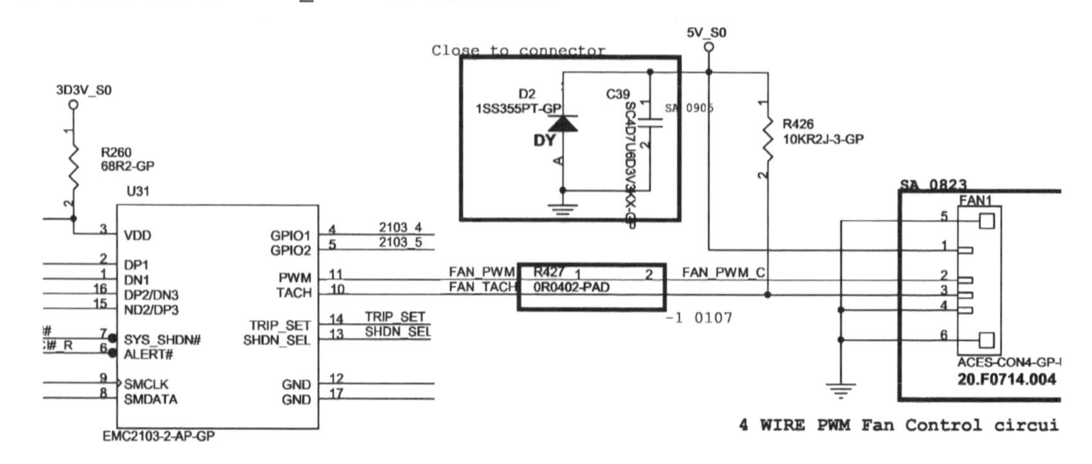

图 19-48　四针风扇控制电路

▷▷19.12　死机故障

① 先排除 CPU、内存、硬盘、系统等故障（此类较多）。

② 进入 BIOS 设置界面，将 BIOS 设置为初始化状态（例如，某些电脑的 SATA 端口设置为 AHCI 模式时，会引起蓝屏故障，这种故障通过将 BIOS 设置为初始化状态后即可解决）；还可以对 CMOS 电池进行放电或者升级 BIOS。

③ 测量所有的电压是否正常，是否存在电压偏低、不稳、滤波不良等现象。如果 1.5V 电压进系统后只有 1.2V，就会导致宕机蓝屏。

④ 检查南桥与外设。南桥主要是管理外设，南桥出现故障会造成宕机蓝屏。另外，外设有故障也会造成死机。一般在维修中，我们可以先进入安全模式，在不加载任何驱动的情况下，看是否蓝屏死机。安全模式下是正常的，一般问题在南桥、声卡、网卡、读卡器芯片、1394 芯片等，可以通过挨个拔除来查找有故障的外设。

⑤ 检查北桥。北桥直接与 CPU、南桥通信，其中的信号出现问题也会导致蓝屏死机、进不了系统。例如，H-DPSLP#信号出现问题导致进系统死机。

⑥ 检查时钟电路。时钟是主板正常工作的必要条件，而时钟电路工作时的频率较高，因此故障率也比较高。在蓝屏死机等时，要测量时钟电路发出的波形、频率，确保它们正常。

⑦ 检查显卡。独立显卡的笔记本电脑，显示芯片（GPU）、显存温度较高，也易引起蓝屏死机故障。

第 20 章　笔记本电脑维修经典案例

▷▷ 20.1　不开机故障维修案例

▷▷▷ 20.1.1　华硕 S300CA 二修机不开机故障的维修

故障现象：待机电流正常（无明显短路），按开关无反应，不开机。

维修过程：拆机后检测，发现 EC 待机复位（EC_RST#）的电压只有 0.4V，明显异常，如图 20-1 所示。

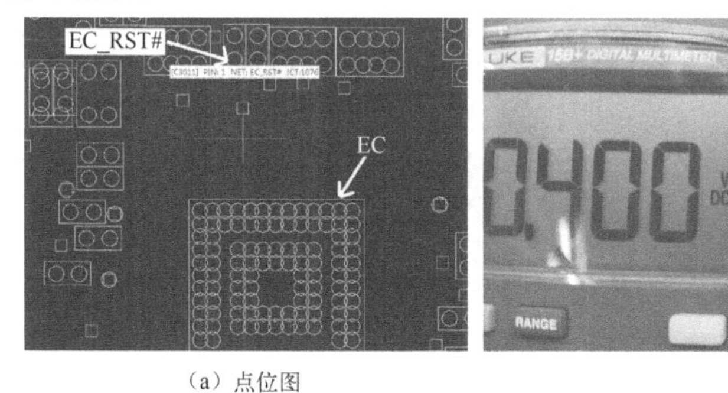

（a）点位图　　（b）实测图

图 20-1　EC 待机复位不正常

经过测量发现是 EC 内部拉低了 EC 待机复位，更换 EC 后，EC_RST#恢复正常。以为就这样修好了，按下电源开关，却依然不触发。经过反复排查 EC 和 PCH 桥的待机条件，判断 PCH 桥坏了，于是把 PCH 桥拆掉。拆下的 EC 和 PCH 桥如图 20-2 所示。

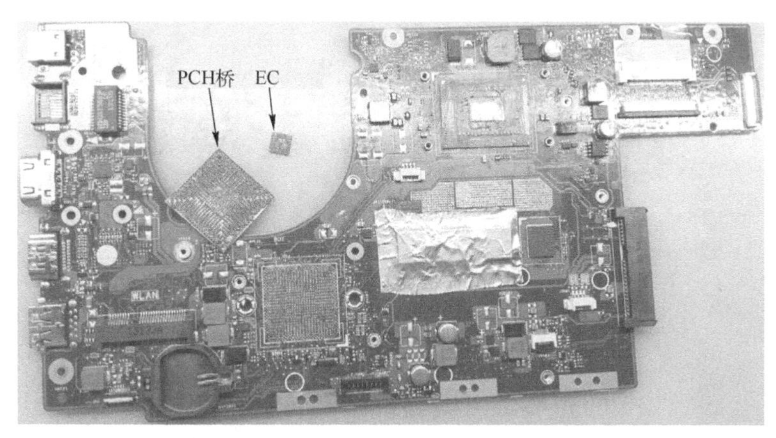

图 20-2　拆下的 PCH 桥和 EC

找来一个正常的 PCH 桥换上去，换好后果然可以正常开机，并且开机进入操作系统测试正常。

▷▷▷ 20.1.2　通过更换 HM86 桥维修神舟战神 K650D-i5 不开机故障的维修

本机由蓝天代工，板号为 6-71-W65JO-D01，采用的架构为 Intel HM86 桥 + 第 4 代 I5 CPU + NV 独立显卡。

故障现象：不触发，按开关无反应。

维修过程：根据故障现象，检查 EC 和 PCH 桥待机条件，发现 VDD3 供电短路（见图 20-3），断开电感后端隔离点，发现是后级短路。

图 20-3　VDD3 供电短路

经过检测，发现是 PCH 桥短路引起的故障。拆除 PCH 桥后，VDD3 供电的二极体值恢复正常，如图 20-4 所示。

图 20-4　VDD3 供电的二极体值恢复正常

接下来找了个新的 PCH 桥焊上，焊好后，测 VDD3 电感后端不短路了，如图 20-5 所示。

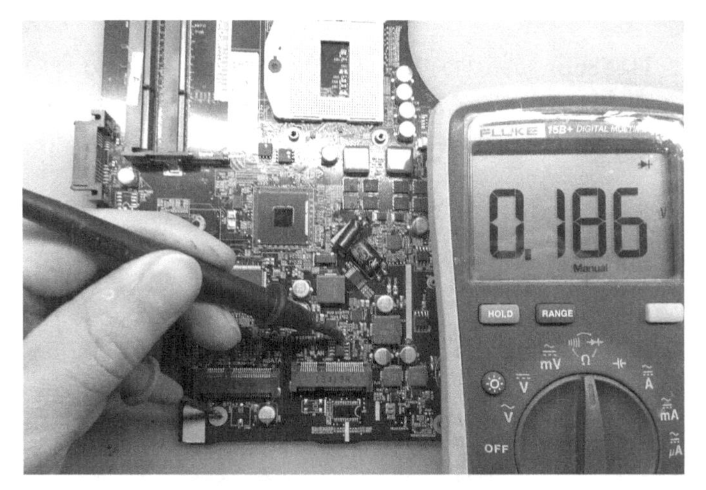

图 20-5　换完 PCH 桥后不短路了

换完 PCH 桥后，以为就这样修好了，结果通电测试还是不开机。再经过一番检查，发现 RTC 电路的 32.768kHz 晶振没有工作，测量发现晶振的二极体值为无穷大（见图 20-6），明显是 PCH 桥虚焊。

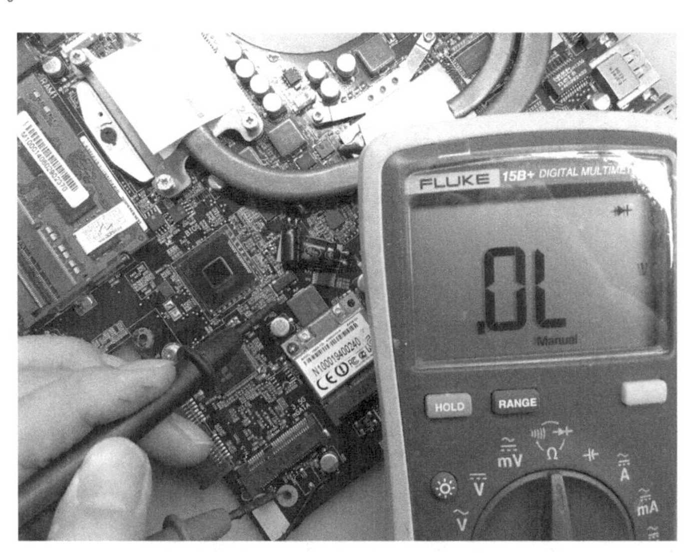

图 20-6　测量发现晶振的二极体值为无穷大

重新加焊 PCH 桥，通电后，顺利开机并正常显示。维修到此结束。

▷▷▷ 20.1.3　通过更换低功耗 CPU 维修联想 G40-70m 不开机故障

主板板号为 NM-A273，采用第 4 代酷睿低功耗 CPU，使用独立显卡。

故障现象：待机 0.011～0.024A 左右，按开关无反应。

维修过程：先检查 EC 条件，没有发现异常。按开关后，EC 发出给 CPU 的 PWRBTN# 电压偏低，正常应是 3.3V 的跳变，实测只有 1V 多的跳变。这现象多半是 CPU 将

PWRBTN#拉低所致，但也不能排除 EC 问题。因为 EC 比较容易更换，换 CPU 比较麻烦，于是决定先更换 EC 试试。

此 EC 的型号是 IT8586E，是带程序的。找了个空白的 EC 并刷好程序后换上，故障现象还是一样。那就只能是 CPU 的问题了，查了 CPU 的待机条件，基本正常，随手测量了一下 USB 总线的二极体值，发现 USB 总线已经对地短路，如图 20-7 所示。这下完全可以给 CPU 判死刑了。

图 20-7　测量发现 USB 总线短路

决定先取下 CPU。这个 CPU 底部是灌了黑胶的，如拆焊操作不熟练，很容易拆掉焊点或拆掉漆。小心取下 CPU 后，并没有掉点，甚至连主板表面的蓝色油漆都没掉，如图 20-8 所示。

图 20-8　拆下 CPU

接下来，把主板上的焊盘处理干净，找了个新的代用 CPU。该新 CPU 是无铅锡球的，不太好直接焊接，根据个人习惯，可把上面的无铅锡球拖掉，重新植上有铅的锡球再焊接，如图 20-9 所示。

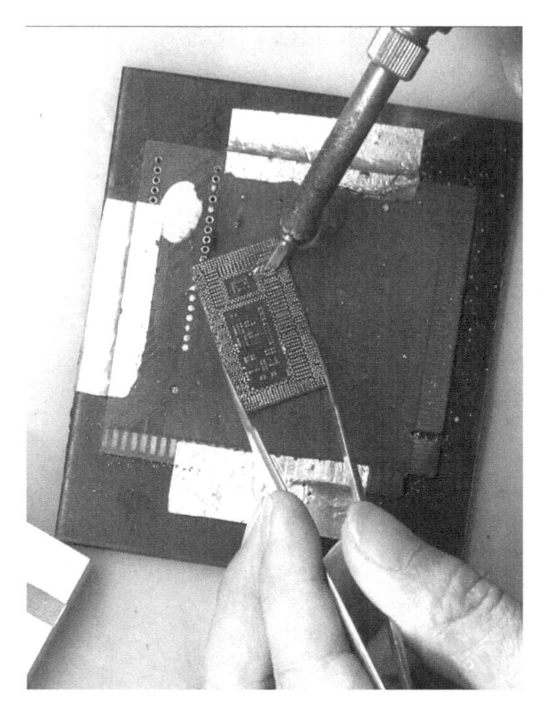

图 20-9　重植 CPU

重新植好锡球的 CPU 和处理好的焊盘如图 20-10 所示。

图 20-10　重新植好锡球的 CPU 和处理好的焊盘

现在可以将 CPU 焊回去了。涂些焊膏在焊盘上，打开 BGA 返修台直接将 CPU 焊回去，焊好后 CPU 没有变形，如图 20-11 所示。

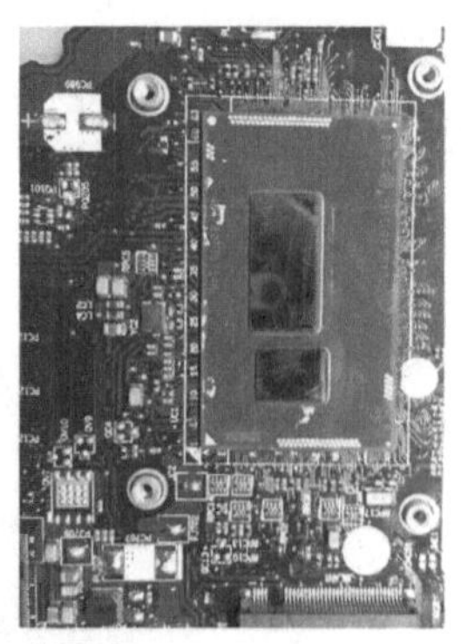

图 20-11　焊好后的 CPU

焊好 CPU 后，重新测量 USB 总线的二极体值，发现其已经恢复正常，如图 20-12 所示。

图 20-12　USB 总线的二极体值恢复正常

接上屏幕后，通电自动开机，电流上到 0.5A 后又没有了。这是正常的，因更换 CPU 后还要刷 BIOS。于是把主板上的 BIOS 读出来，修改 BIOS 中的 ME 固件，再将 BIOS 刷回去，开机后正常显示了，如图 20-13 所示。

图 20-13　开机后正常显示

▷▷▷ 20.1.4　通过移花接木法维修联想 V460 不开机故障

主板板号为纬创 LA46 09911-1。

故障现象：待机大电流，不开机。

维修过程：首先怀疑是该机型的通病，即 CPU 供电的铁壳管被击穿，于是迅速拆机，取出主板，发现是个二修机，主板上面有很多焊膏，怀着侥幸的心理拿起万用表直接测量 CPU 供电电路的几个供电上管的二极体值，结果是正常的，那就不是通病。接着检查主板外观，发现待机芯片 U45 旁边的电路被烧了个洞（见图 20-14），估计待机芯片也被烧坏了。先拆除待机芯片。

图 20-14　主板被烧坏

拆掉芯片后，测芯片的焊盘，没发现明显短路现象，再测两路 PWM 的上、下管也是正常的，于是怀着忐忑的心情，找来一个新的待机芯片 TPS51123 焊上去。然后给主板通电，待机正常，而且电脑还会自动上电，在上电后，各大供电都正常。以为就这样修好了，正准备装 CPU 进系统试机的时候，突然主板冒出一缕青烟，待机芯片又被烧了。

再从料板中拆了 4 个 TPS51123，准备一个个测试，看看能否找到原因并修复，结果这 4 个芯片都被烧掉了。

综合以上情况分析，绝对不可再更换芯片。于是想到了“移花接木”的维修方法，大概操作步骤如下：

① 从其他料板中将正常的待机部分电路剪下来（俗称剪板）。

② 把剪板的待机电路工作条件找齐，并人为给这个电路制造开启信号，最后只需要给这个剪板的待机电路提供供电，待机电路就能正常工作，并产生待机 3.3V、5V 供电输出。

③ 把 V460 主板上的待机芯片和上、下管全都拆掉。

④ 飞线：从公共点电压、GND 处飞两根线给剪板待机电路（注意：采用的飞线要粗，因为电流比较大），然后在剪板电路上把产生的 PWM 待机电压 3.3V、5V 分别飞线到 V460 主板的 3.3V、5V 电感后端。

因为我剪板的待机电路 PWM 控制芯片是 ISL6237，只有 LDO 5V 线性输出，没有 3.3V 线性，导致 EC 无法正常工作，所以再找个 1117（三端稳压器），利用 1117 产生的线性 3.3V 给 EC 供电。改好后，如图 20-15 所示。

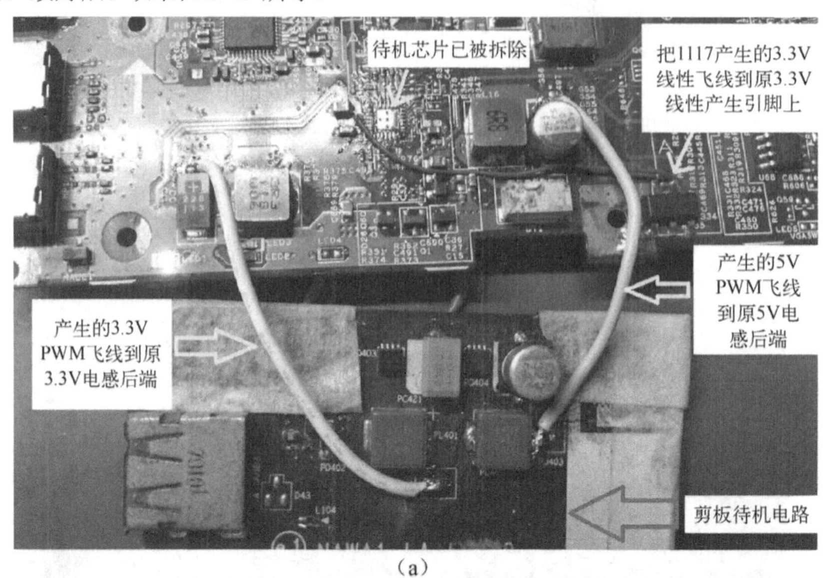

（a）

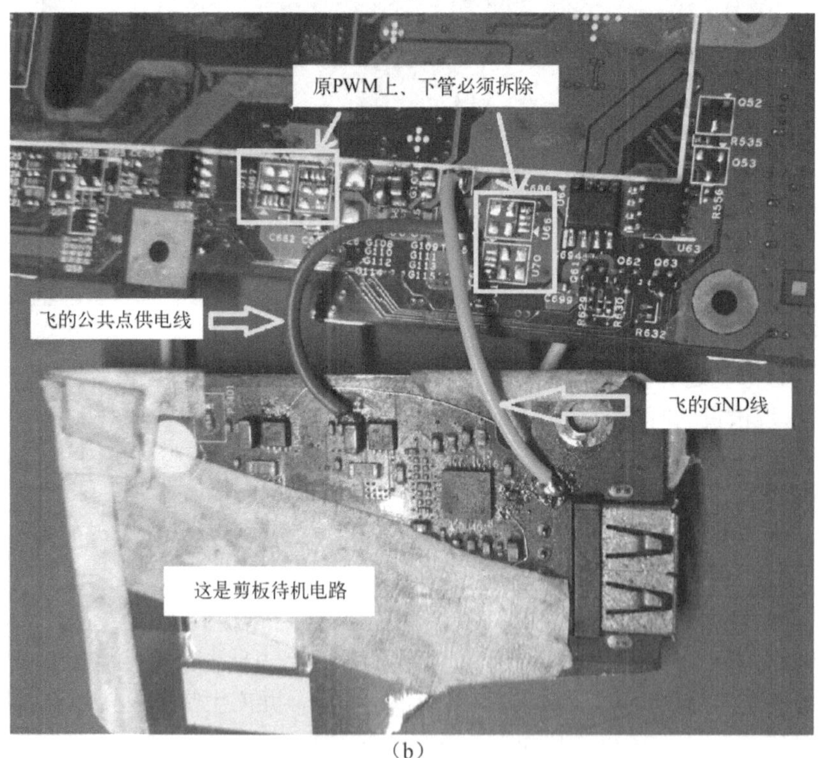

（b）

图 20-15　改好的电路实物

给主板通电测试，测得 3.3V、5V 电感前端波形正常，并且电流一路跳变到 0.9～1.0A，如图 20-16 所示。

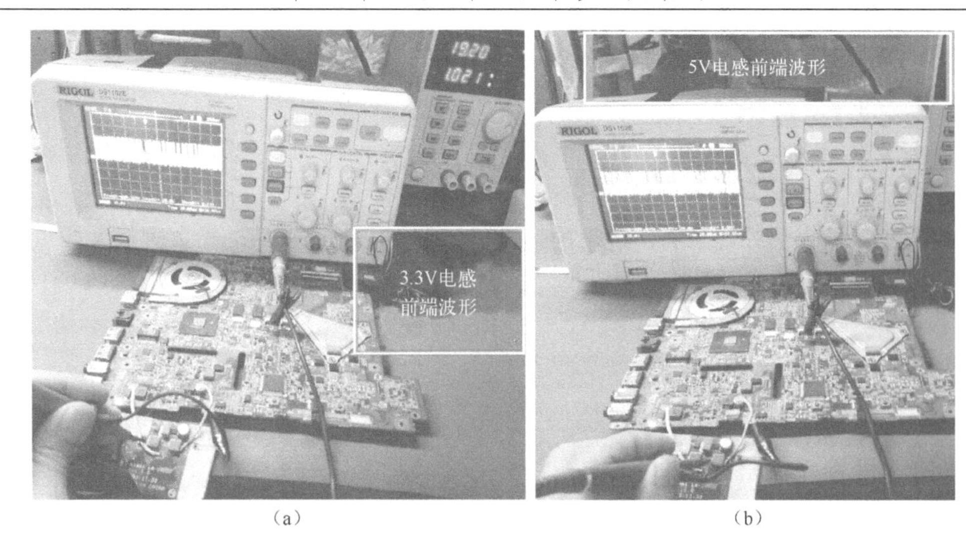

（a）　（b）

图 20-16　待机电压正常产生

测量 EDID 波形，测得波形正常，如图 20-17 所示。

图 20-17　测量 EDID 波形

接上屏幕后，开机正常亮机，经过两天测试没有出现问题。维修到此结束。

▷▷▷ 20.1.5　宏碁 V3-551G 进水后不开机故障的维修

主板板号为 LA-8331P。

故障现象：这是台进水机，电脑已经被拆，被人动过 EC，插上电源，待机电流为 0.018A，不触发。

维修过程：从表面外观来看，进水的痕迹已经被别人清理干净，简单测量主板重要电路未发现明显异常，再测 3.3V、5V 待机电压也正常。这台电脑采用的是 AMD 的 FCH 单桥，A70M 芯片组，待机供电不仅仅只有 3.3V、5V，还有一个 1.1VALW 待机电压，如图 20-18 所示。

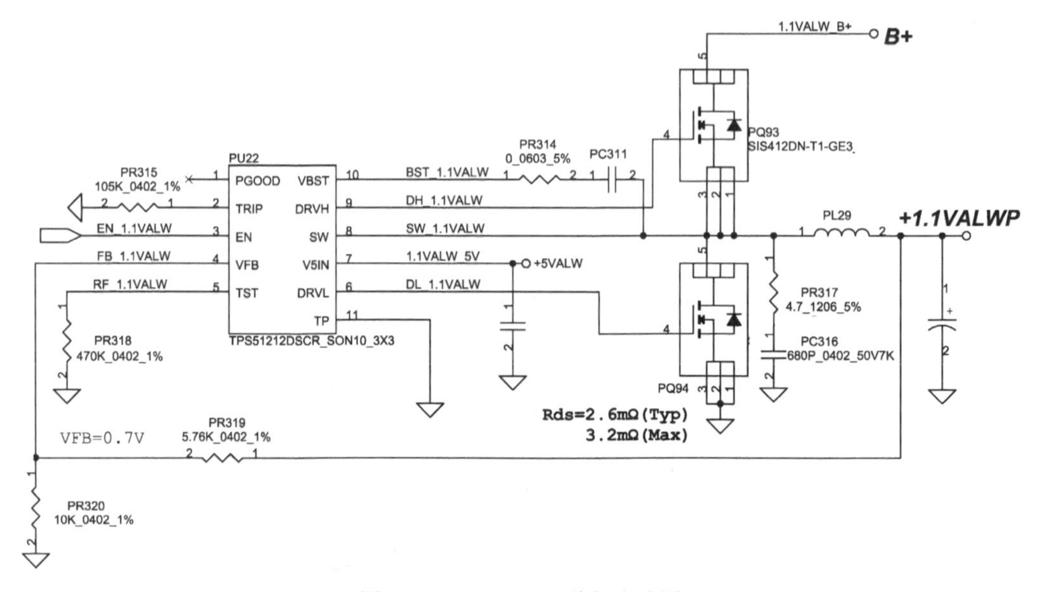

图 20-18　1.1VALW 待机电路图

实测电感 PL29，发现 1.1V 待机电压明显不正常，实测电压只有 0.438V，如图 20-19 所示。

图 20-19　实测 1.1V 待机电压不正常

这种电压输出过低的情况，一般是反馈不正常、上管导通不良、自举不足、芯片坏等原因引起的。先用示波器测量上管 G 极波形，发现上管 G 极波形明显没有自举（事后才知道这是个“烟雾弹”），如图 20-20 所示。

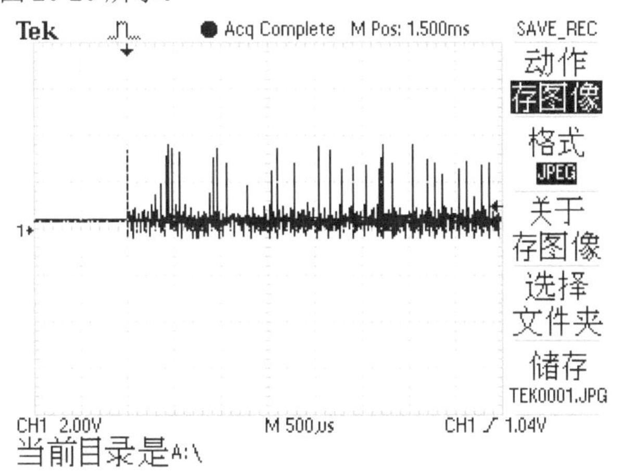

图 20-20　上管 G 极波形

看到这种波形后，欣喜若狂。接下来就把跟自举有关的元器件一个个换了个遍，换自举电容、换上管、换直连 PR314 电阻等，捣鼓了半天，还是老样子，于是更换 PWM 芯片，结果换完还是老故障。被维修过的 1.1V 待机电路如图 20-21 所示。

图 20-21　被维修过的 1.1V 待机电路实物图

一般，上管的 G 极能测到波形，说明芯片的工作条件基本满足，所以看了波形后，也就没有一个个条件去查。但如今没有其他办法，只能从 PWM 芯片的工作条件找出突破口。从图 20-18 中可以看到，这个 1.1V 待机电压是由 PU22（TPS51212）控制 PQ93、PQ94 产生的。于是先测 PU22 的第 7 脚 V5IN 有 5V 供电，再测第 3 脚 EN，发现 EN 脚无电压。测到这里终于明白了，原来是经验害人。接下来根据电路图查寻，发现 EN 信号是由 RT8205 待机芯片发出的 SPOK 信号提供的，SPOK 信号外部由 VL 线性电压上拉为高电平，如图 20-22 所示。

为什么这个 SPOK 会没电压呢？待机 3.3V、5V 都正常了，说明待机芯片应该是好的，难道是上拉电阻 PR264 损坏了？于是通过跑线路找到 PR264 上拉电阻，实测电阻两端均无电压，但是在 RT8205 的第 17 脚测量 VL 线性电压是正常的，莫非断线啦？于是测量 PR264 与 RT8205 第 17 脚 VL 线性输出脚之间的通断，测量结果是无穷大，果然主板断线了，如

图 20-23 所示。

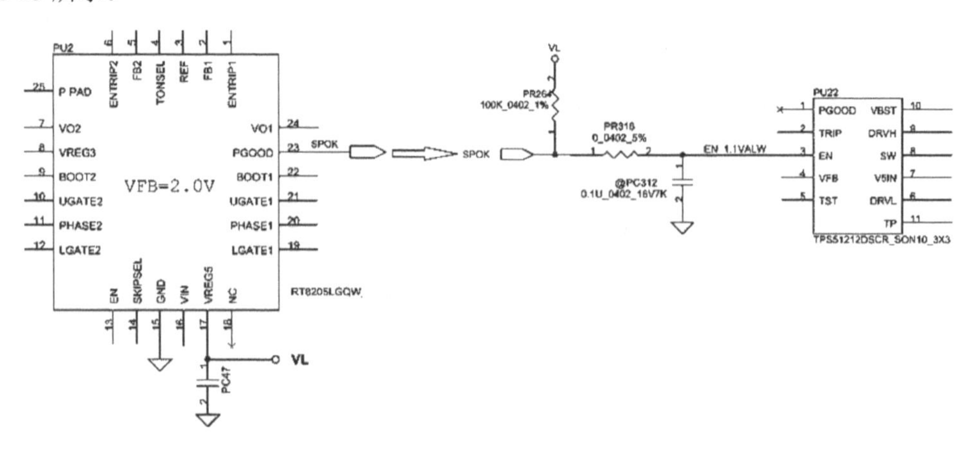

图 20-22　PU2 发出的 SPOK 信号送给 PU22

图 20-23　主板断线

接下来在 PR264 和 VL 之间直接飞线。用细的漆包线飞好后，测得 1.1V 待机供电正常产生，如图 20-24 所示。

图 20-24　1.1V 待机供电正常产生

最后测得上管 PQ93 的 G 极波形也正常了，如图 20-25 所示。按开关后正常开机。维修到此结束。

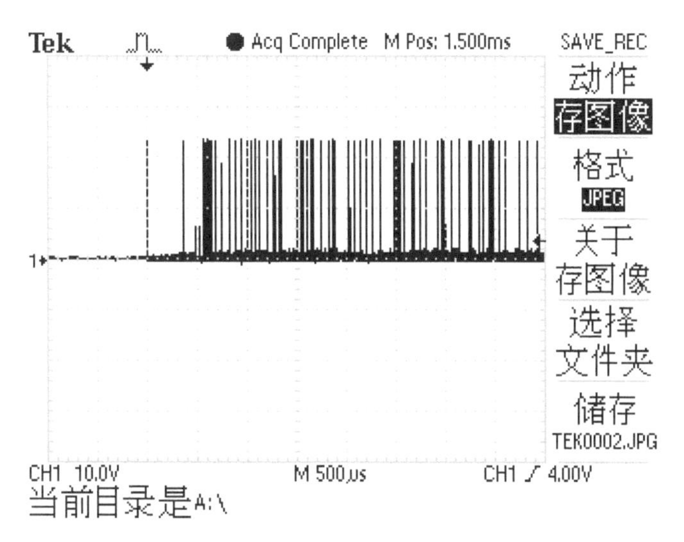

图 20-25　PQ93 的 G 极波形正常

20.1.6　苹果 A1502 不开机，电池开机掉电故障的维修

主板板号为 820-3476-A。

故障现象：按开关无反应，不能开机。

维修过程：据用户描述，此电脑进过水，之前已经被清理过了。拆开后盖一看，果然被清理得很干净，看不出一丝进过水的痕迹，如图 20-26 所示。插上电源，待机电流正常。

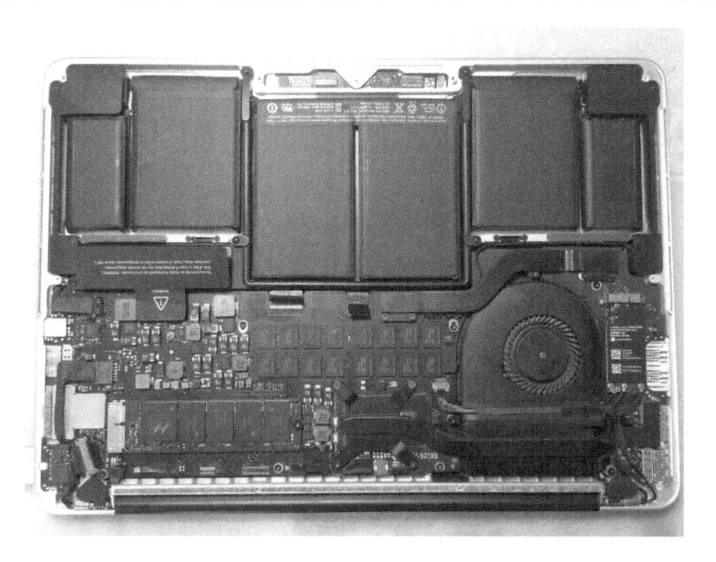

图 20-26　电脑内部

既然是不能开机，那就先查 EC 的待机条件，再查桥模块的待机条件。根据图 20-27，找到

L5001，测量 EC 待机供电 PP3V3_S5_SMC_VDDA 电压正常，再测量 PP3V3_S5_AVREF_SMC 也正常。说明 EC 的待机供电没有问题。

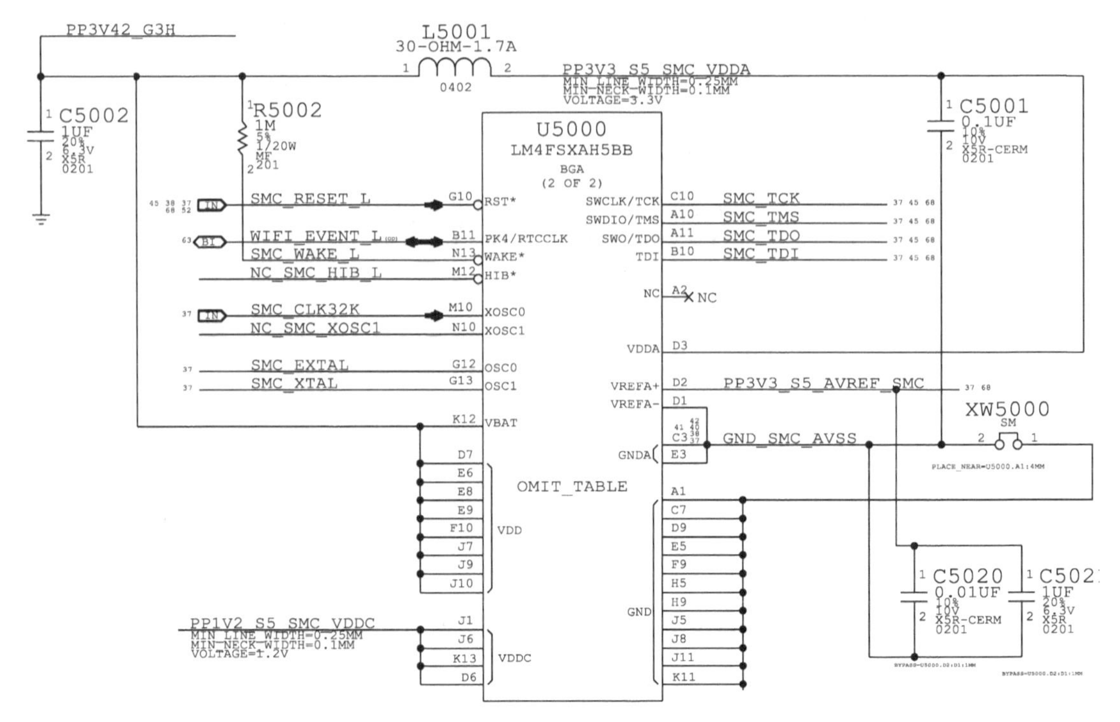

图 20-27　EC 工作条件电路图

再测量 EC 的待机时钟，即 EC 旁边 12MHz 晶振 Y5110，如图 20-28 所示。

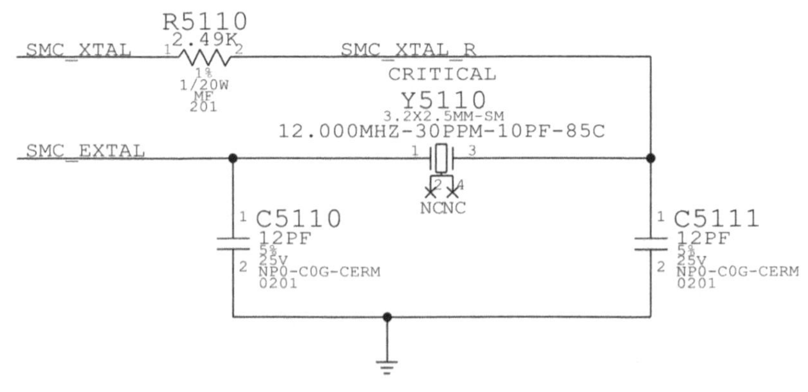

图 20-28　EC 待机时钟

注意：在测量这个 12MHz 晶振的波形时候，一定要按照下面的方法来测量，否则测不到波形。大家要知道，新款的苹果笔记本电脑与其他品牌的不同，EC 的 12MHz 晶振波形不是持续产生的，它只有在全板断电情况下，在通电的一瞬间才产生，待 EC 读完程序配置好脚位后，12MHz 晶振就不再工作，等到按开关触发后，12MHz 晶振才再次工作。

所以，首先全板断电放电（即不插电池、不插适配器），然后调好示波器，把示波器探头放在晶振引脚上，再插上适配器给主板通电，结果在通电瞬间没有测到任何波形，晶振引脚一点电平都没有，判断是 EC 坏了。拆下 EC，如图 20-29 所示。

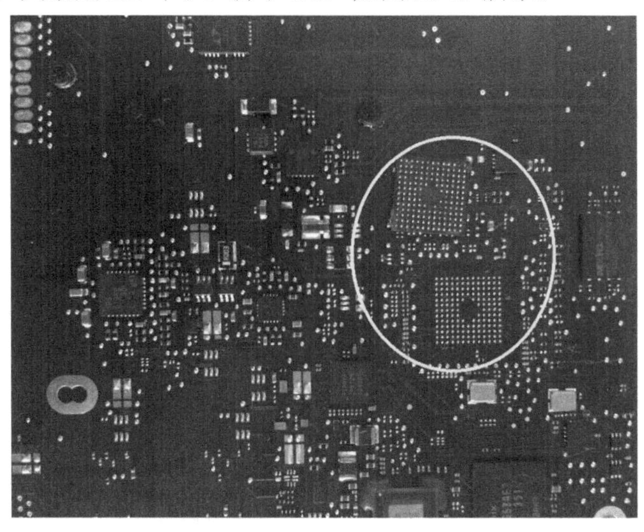

图 20-29　拆下 EC

因苹果笔记本电脑的 EC 内部自带程序，于是从料板上拆了个 EC 植回去，再用示波器测量 12MHz 晶振波形，通电后瞬间波形完美，如图 20-30 所示。

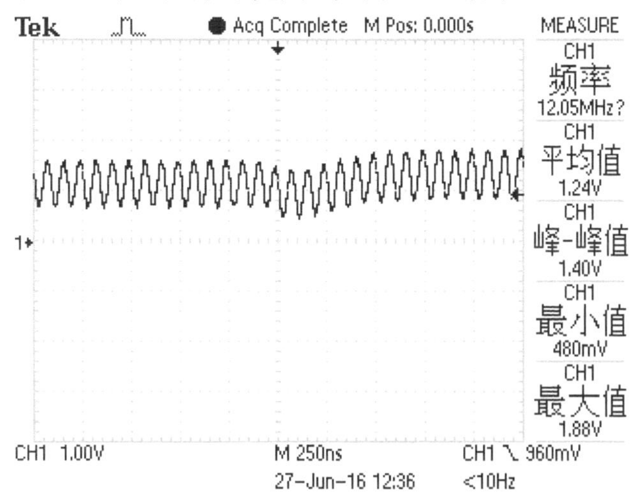

图 20-30　EC 的 12MHz 晶振波形

按开关后可以正常开机了，装机进系统测试，一切正常。维修到此结束。

20.2　开机无显示故障维修案例

20.2.1　通过移花接木法维修华硕 VA70 进水机无显示故障

本机采用 HM77 的芯片组和独立显卡芯片。

故障现象：检查发现此电脑进过水，主板被维修过。待机电流是 0.008A，有时能开机，有时不能开机，能开机的时候电流只能上到 0.2 几安或 0.3 几安，而且屏幕无任何显示。

维修过程：因为有时能开机，有时不能开机，故障现象不稳定。像这种情况，只能在开不了机的时候去查故障。

当不能开机的时候，测量 EC 发给桥的 PWRBTN 信号一直为低电平，由此可以判断：不开机的原因应该在 EC，于是一直围绕着 EC 的几个待机条件一个个测量。可是也不知道怎么回事，每当测量 EC 基本工作条件（见 7.1 节）的时候，不知道碰到哪里，主板居然会自动上电。每次都这样，很难找到真正的故障原因。围绕进水区域检查外观，也看不出哪里不正常。

后来经过长时间的测量，发现在不开机的时候，EC 的待机供电、复位、适配器检测信号等都正常，而且 EC 还正常读取了 BIOS。暂时不去怀疑 EC 的 BIOS 问题，于是先更换了一个 EC，结果故障现象还是一样。后来想起了还有一个待机电压好信号 SUS_PWRGD，它由待机芯片发出，然后分别送给 EC 和 PG 汇总电路（见图 20-31），由+3VSUS 通过 R9206 上拉。

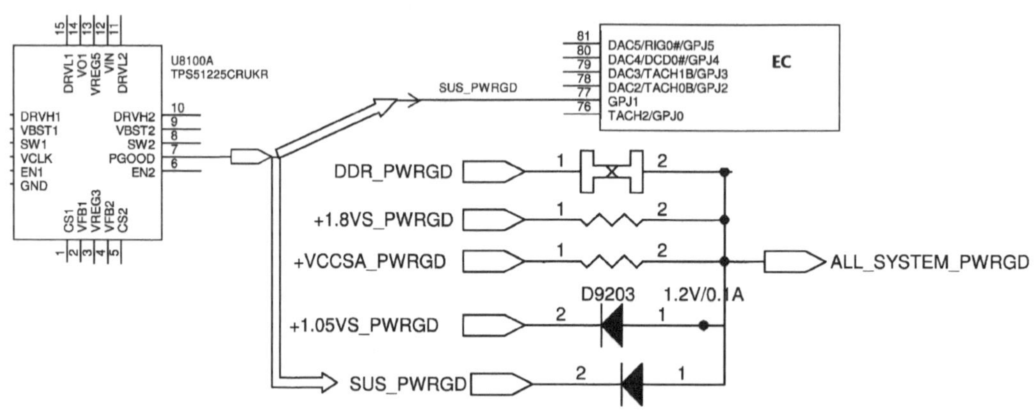

图 20-31　待机芯片发出 SUS_PWRGD

在 EC 的 77 脚实测 SUS_PWRGD 信号为 2.2V 左右（见图 20-32），明显不正常。这下终于逮到不开机的真凶了，这个 2.2V 正处于信号的临界状态，难怪会引起有时能开机，有时不能开机。

图 20-32　SUS_PWRGD 信号异常

既然 SUS_PWRGD 信号不正常，顺着查其上电压+3VSUS。这个+3VSUS 电压由 Q8108 导通转换而来，Q8108 受控于 VSUS_ON 信号，并由 AC_BAT_SYS 通过电阻串联分压提供导通控制电压，如图 20-33 所示。

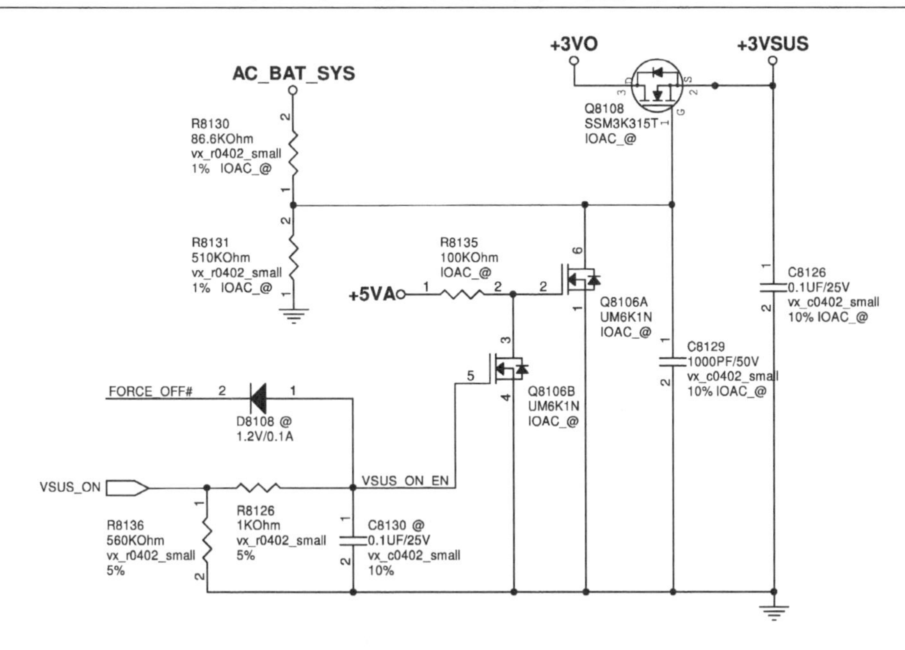

图 20-33 +3VSUS 产生电路

实测 Q8106 的第 5 脚 VSUS_ON 为高电平，2 脚电压被拉低，再测 Q8108 的 G 极只有 1V 左右电压，明显不正常。在实物中找到这两个分压电阻（R8130、R8131）和 Q8108，发现 R8130 的引脚有轻微被腐蚀的现象，于是将其更换，如图 20-34 所示。

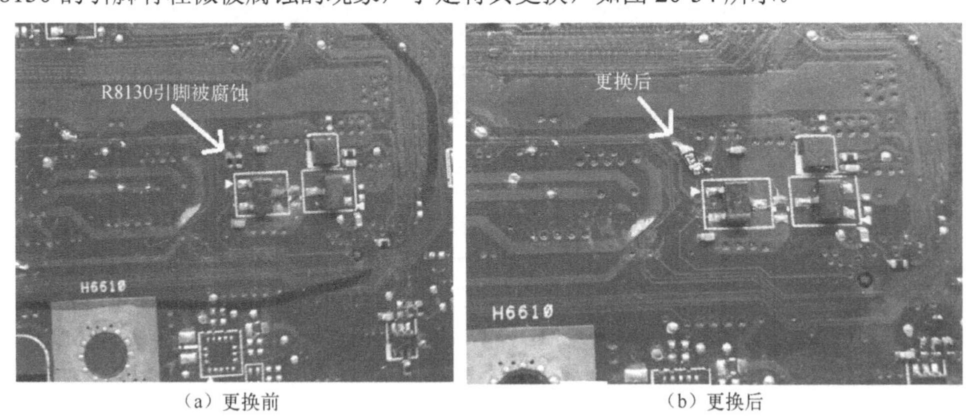

（a）更换前 （b）更换后

图 20-34 更换被腐蚀的电阻

其实我并没有原值代换这个电阻，而是找了个比原来小很多的 4.7kΩ的电阻。更换 R8130 后，Q8108 的 G 极得到了 18V 左右电压，+3VSUS 正常产生，SUS_PWRGD 也被正常上拉为 3V 以上高电平。此时主板每次都可以正常触发，到了这一步，时开机、时不开机的故障算是解决了。但是在前面刚开始的时候就提到过，触发上电后，电流只能上到 0.2A 多或 0.3A 多，而且还会自动掉电，然后又自动上电，如此反复。

每次在掉电之前测量，发现 VCCSA、VCCIO、内存供电都正常，但没有 CPU 供电，并且桥没有读取 BIOS 程序，于是根据 Intel 标准时序查找 EC 发给桥的 PM_PWROK 信号，如图 20-35 所示。

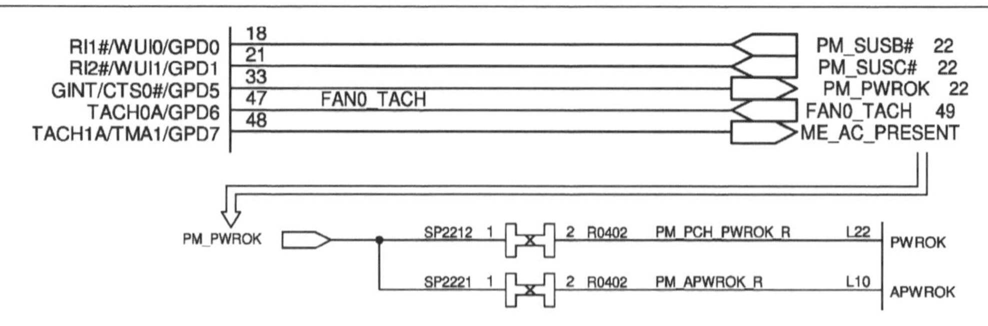

图 20-35　EC 发给桥的 PM_PWROK 信号

实测 EC 第 33 脚 PM_PWROK 为 0.35V 左右（见图 20-36），明显不正常。

图 20-36　实测 PM_PWROK 信号异常

EC 要想输出 PM_PWROK 信号，必须收到 ALL_SYSTEM_PWRGD，而这个 ALL_SYSTEM_PWRGD 来自所有 PG 汇总，实测 ALL_SYSTEM_PWRGD 为低电平。然后一个一个 PG 断开，当断开+1.8V_PWRGD 时，ALL_SYSTEM_PWRGD 恢复高电平，再去追查+1.8V_PWRGD 的来源，发现它来自 U8400，如图 20-37 所示。

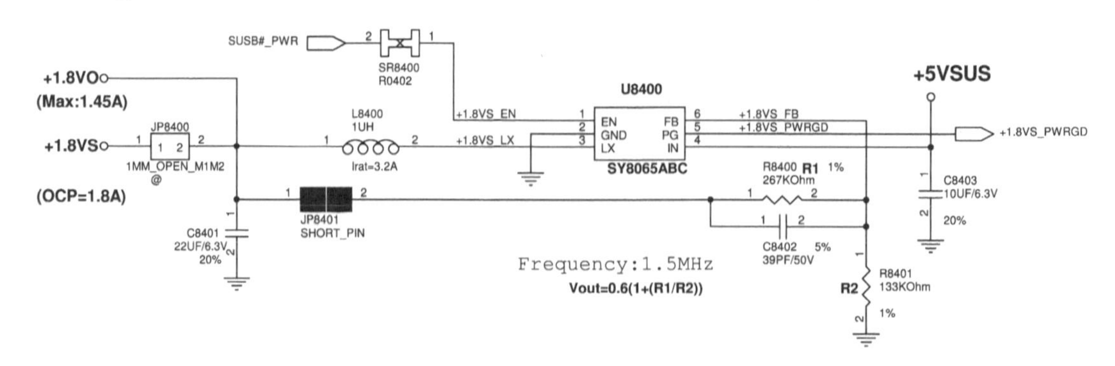

图 20-37　+1.8VS 供电产生电路

在主板上 L8400 位置测得+1.8VS 没有产生（见图 20-38），PG 无输出。

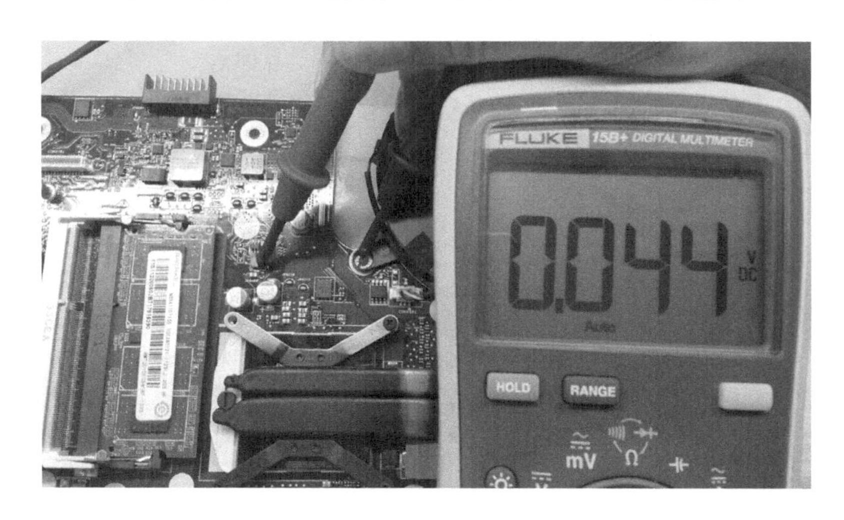

图 20-38　实测+1.8VS 没有产生

结合以上测量，判断 U8400 这个 6 脚供电芯片损坏，因没找到替换芯片，所以采用“移花接木”的方法来维修。这种 1.8V 是给 CPU 内部锁相环供电的，它的输出电流非常小，电路并不复杂，于是从其他主板上剪了一块 1.8V 电路小板，给它接上供电、开启，用它产生的 1.8V 输出来取代原来 U8400 控制产生的+1.8VS 供电，这就是所谓的“移花接木”式维修方法，如图 20-39 所示。

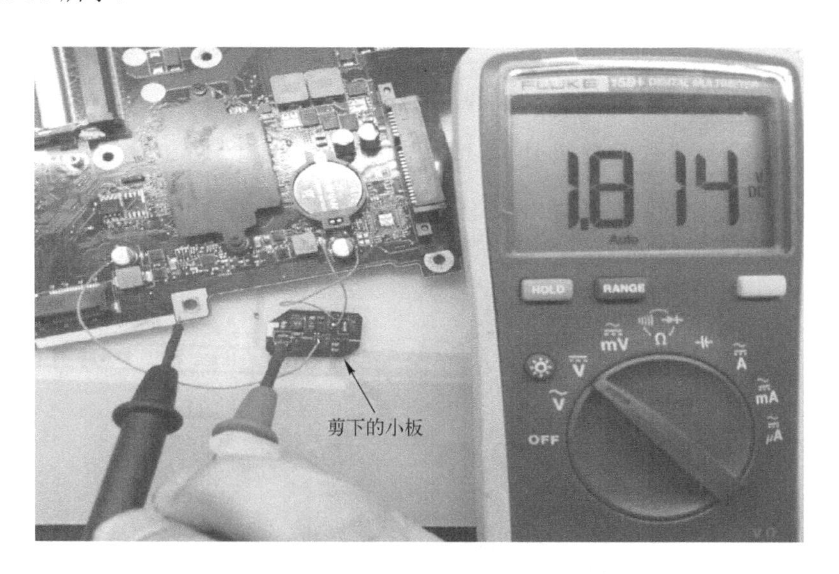

图 20-39 “移花接木”修复+1.8VS 供电

接下来把它装到主板上去，并且把原来 U8400 芯片、L8400 电感拆掉，如图 20-40 所示。

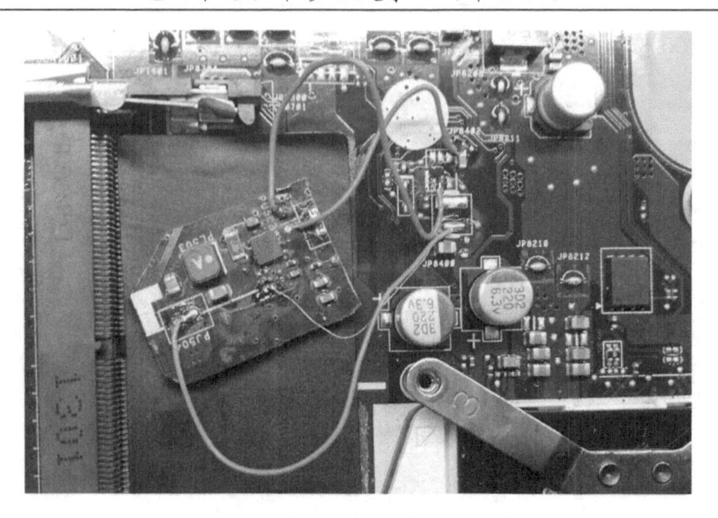

图 20-40　改好后的电路

装好后通电测量，1.8V 妥妥地输出了，如图 20-41 所示。

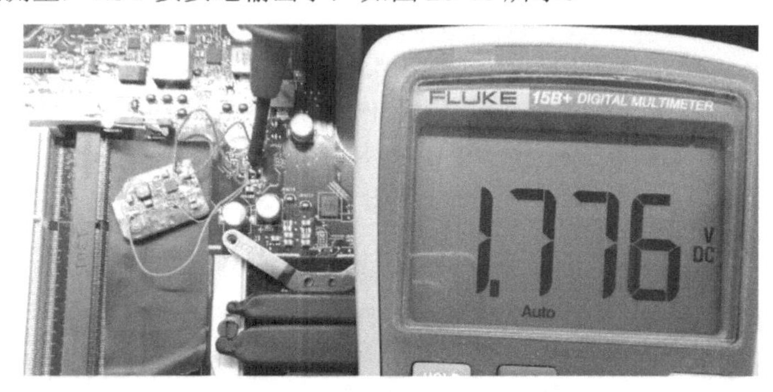

图 20-41　锁相环供电 1.8V 正常输出

供电正常后，装上内存，再次通电开机，电流一直跳变到 1.5A 多，此时接上屏已经可以正常显示了，测得 0.45V 集成显卡供电（见图 20-42）、EDID 波形（见图 20-43）都已经正常了。

图 20-42　测量集成显卡供电

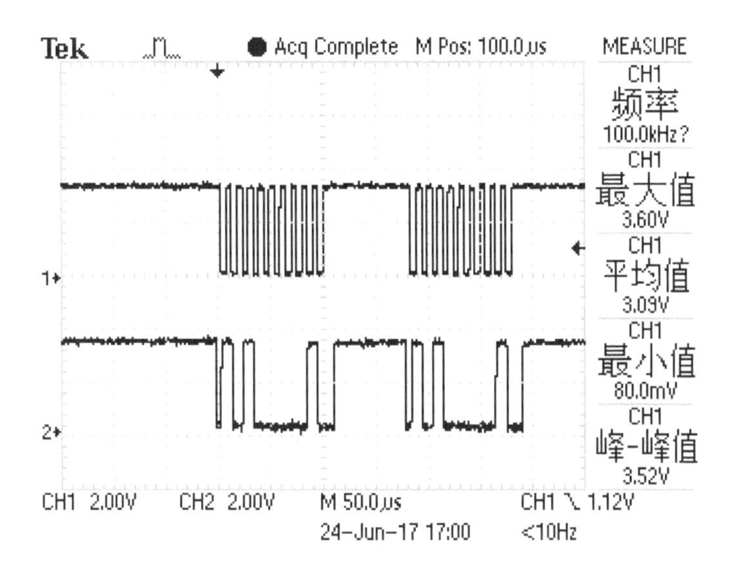

图 20-43　EDID 波形

▷▷▷ 20.2.2　联想 G490 开机无显示故障的维修

主板板号为 LA-9631P，如图 20-44 所示。

图 20-44　主板的板号

故障现象：开机无显示。

维修过程：经过测试，此笔记本电脑有时候开机无显示，但是反复多开几次，偶尔又能正常显示。其实这台电脑已经坏了有半年多了，曾在几家维修店让人修理过，但因各种原因没修好。

接修这台电脑的时候，插上可调电源，发现待机电流正常，触发后，电流上到 0.85～0.9A 多一点就不动了，屏幕无任何显示。从电流跳变来看，像是上电自检时停在了检测内存处（俗称挡内存）。迅速拆机，未发现明显进水、烧坏的元器件，插上电源触发后，开机电流没有变化，更换内存、CPU 后测试，故障依旧。

接下来先从内存的工作条件下手，用示波器测得内存的 SMBCLK 波形（在内存槽 202 脚）正常，如图 20-45 所示。

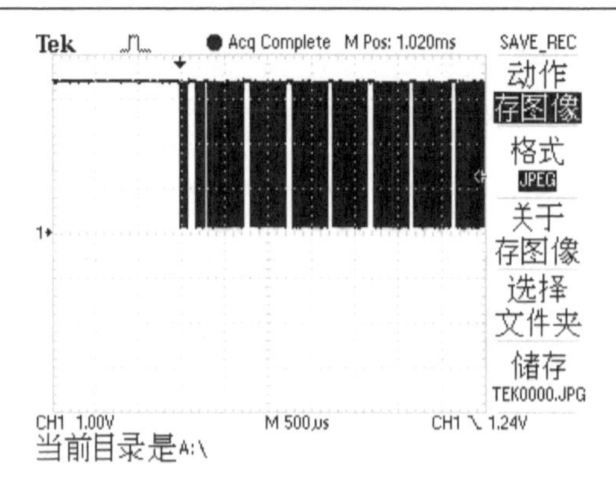

图 20-45　SMBCLK 波形

再测内存的复位 DRAMRST#（内存槽 30 脚），测得其没有任何动作，此时发现异常。继续测量 CPU 是否收到 SM_DRAMPWROK，此信号来自 U1 与门第 4 脚，如图 20-46 所示。

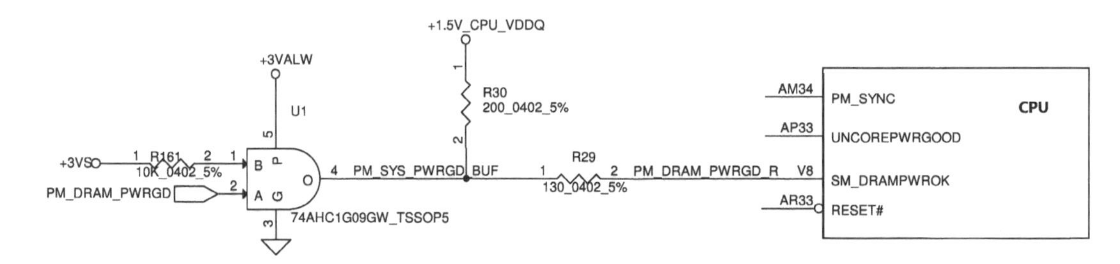

图 20-46　U1 输出 SM_DRAMPWROK 给 CPU

实测 U1 的第 1、2 脚有 3.3V 高电平，而第 4 脚 PM_SYS_PWRGD_BUF 只有 0.4V 多（见图 20-47），明显不正常。

图 20-47　U1 第 4 脚输出异常

从图 20-46 中可以看到，U1 第 4 脚输出端由+1.5V_CPU_VDDQ 通过 R30（200Ω）电阻上拉，而这个上拉电压+1.5V_CPU_VDDQ 则由 U3（N 沟道 MOS 管）转换得来（见图 20-48）。U3 的 G 极控制电压来自 B+，受控于 Q4，U3 的 G 极要想得到高电平，Q4 必须截止，也就是说，Q4 的 2 脚 G 极 SUSP 必须为低电平。

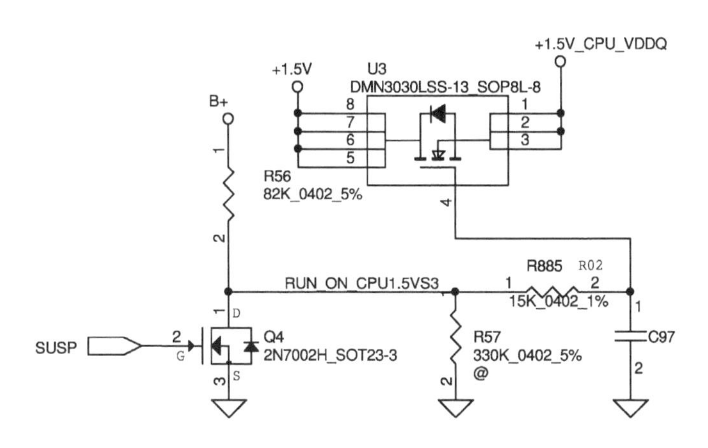

图 20-48　+1.5V_CPU_VDDQ 产生来源

实测 U3 的第 1、2、3 脚（即 S 极）的+1.5V_CPU_VDDQ 电压也是 0.4V（见图 20-49），明显没有转换成功。

图 20-49　实测+1.5V_CPU_VDDQ 电压为 0.4V

再测 U3 的第 5、6、7、8 脚（即 D 极）电压，测得有 1.5V，如图 20-50 所示。

接着测量 U3 的第 4 脚（即 G 极）电压，测得为 0V（见图 20-51）。难怪 U3 不导通，正常 U3 的 G 极要为高电平。

图 20-50　实测 U3 的 D 极电压有 1.5V

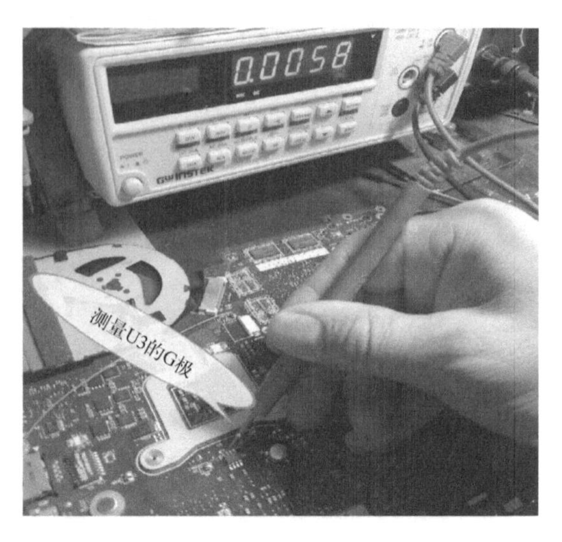

图 20-51　实测 U3 的 G 极电压为 0V

为什么 U3 的 G 极为低电平呢？原因只有两个：①SUSP 变为高电平控制 Q4 导通，正常 SUSP 应为低电平，Q4 要截止，再者，如果 Q4 被击穿损坏，也不会受 SUSP 控制；②连接 B+的 R56 电阻损坏了。下面就先来排除第一种原因。测得 Q4 的 G 极为低电平，如图 20-52 所示，这很正常。

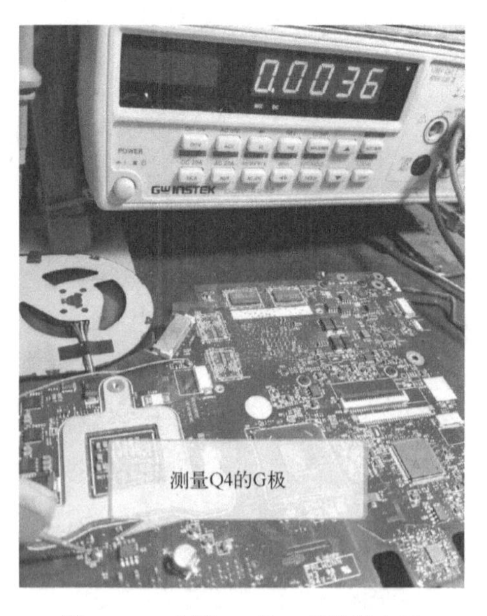

图 20-52　实测 Q4 的 G 极为低电平

莫非真的是 Q4 损坏啦？此时也懒得测量，索性更换 Q4，通电触发上电，测得 DRAMRST#和 SMBUS_CLK 有动作波形，如图 20-53 所示。

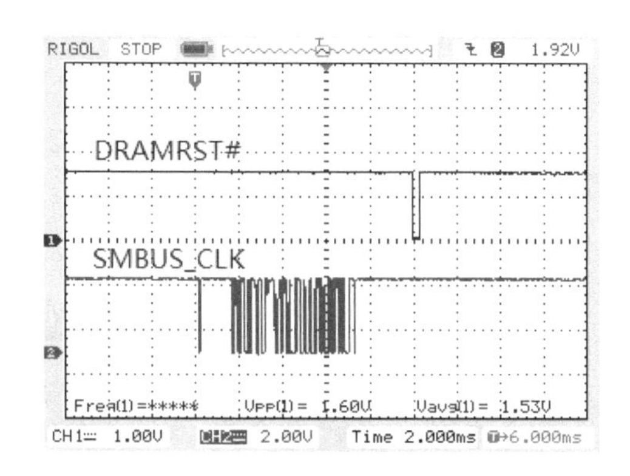

图 20-53　测得 DRAMRST#和 SMBUS_CLK 有动作波形

接下来插上屏线，再开机，屏幕正常显示。维修到此结束。

▷▷▷ 20.2.3　联想 E40 无集成显卡供电故障的维修

主板板号为 GC5A，采用集成显卡和 HM55 芯片组。

故障现象：通电不显示。

维修过程：拆机后经过测量发现无集成显卡供电。打开电路图，找到集成显卡供电电路，发现集成显卡供电由 PU2（MAX17028）控制产生，如图 20-54 所示。

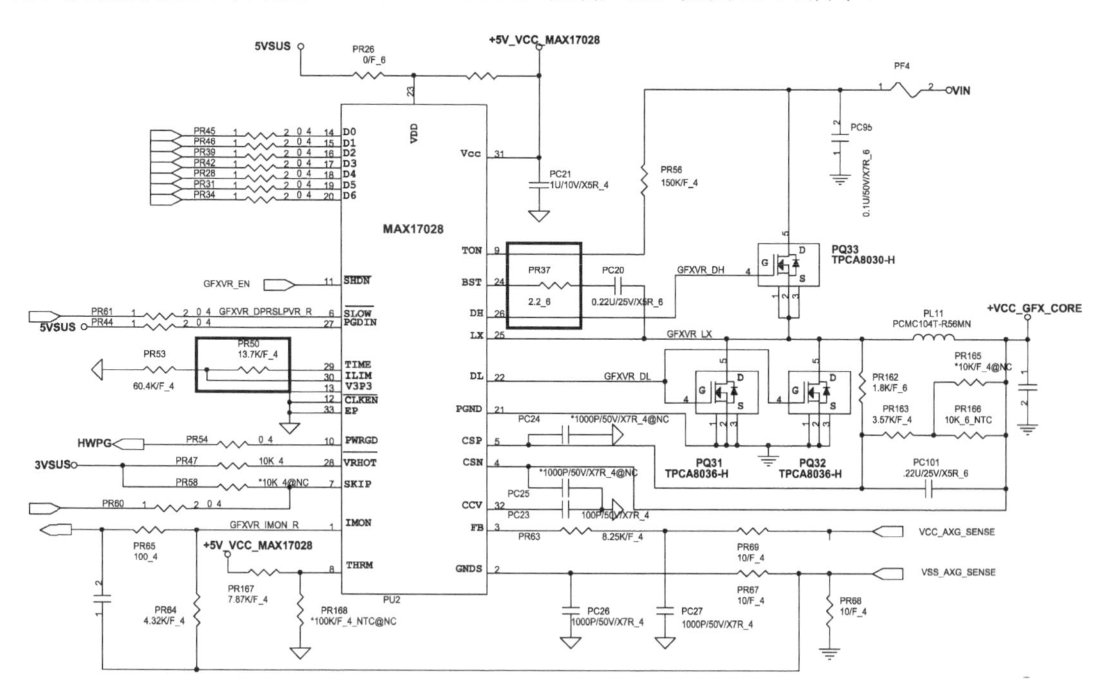

图 20-54　集成显卡供电电路

在主板上找到 PU2，结果发现 PU2 位置被别人装上了 ISL62882 芯片，明显是用错了芯片。先把 ISL62882 拆掉，如图 20-55 所示。

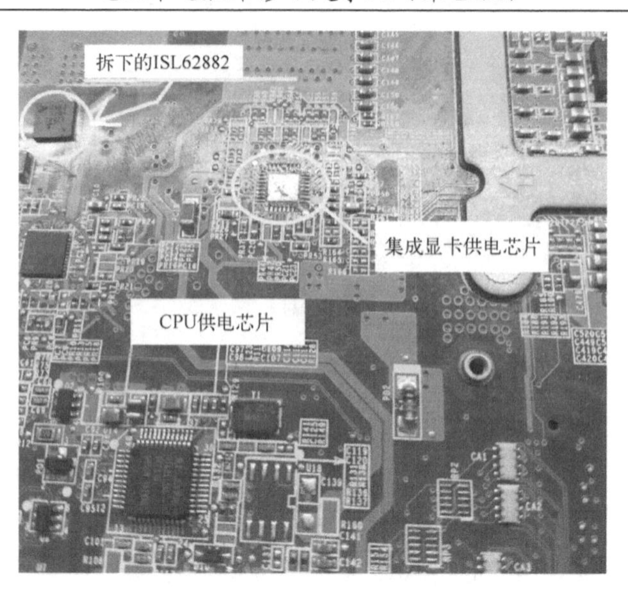

图 20-55　拆除 ISL62882

根据维修经验判断，像这种用错 PWM 供电芯片的，PWM 电路上管一般都会被击穿。实测上管 PQ33 果然被击穿了，如图 20-56 所示。

图 20-56　实测发现上管 PQ33 被击穿

接下来，找个 MAX17028 装上，并找个上管替换掉被击穿的上管。通电后，电流上到 0.5A 多点掉电，经测量依然没有集成显卡供电，于是开始检查 MAX17028 的工作条件。发现供电、开启都有，在测 TON 频率设量脚电压时，发现没有上拉电压。从图 20-54 中可以看到，TON 脚的电压来自公共点电压 VIN。经测量发现熔断电阻 PF4 前端电压为 19V 多，PF4 后端电压为 0，看来 PF4 已经被烧断了，如图 20-57 所示。

将 PF4 熔断电阻替换后接上屏通电，主板自动开机，电流一直跳变，屏幕顺利显示。维修到此结束。

（a）PF4前端电压为19V多

（b）PF4后端电压为0

图 20-57　测得 PF4 熔断电阻被烧断

▷▷▷ 20.2.4　HP_TPN_Q118 开机无显示故障的维修

主板板号为广达 R63，采用 HM87 芯片组。

故障现象：内屏无显示，外接屏幕正常。

维修过程：此型号电脑有个通病，就是 Q66 容易被击穿，把桥烧短路。但是这台电脑不属于这个通病范围。

既然是内屏无显示，那就先测量 EDID 波形，结果实测还真没有波形产生。用万用表测得 EDID 有 3.3V 电压，检查独立显卡、集成显卡工作条件都正常，屏接口的二极体值基本正常。刷了几个 BIOS，故障依旧。后来检查 EDP 信号转换 LVDS 信号的控制芯片的工作条件，发现条件正常，准备换个 RTD2136 时，发现 EDID 信号上拉电阻的体积大小与焊盘大小不对劲。然后测量 R15 和 R19 两个上拉电阻（见图 20-58）的阻值时，发现被换成了 0Ω电阻，正常应该是电路图中所标示的 4.7kΩ电阻。信号被直连供电是不允许的，因为直连供电以后，信号在下拉过程中拉不动，导致信号异常。

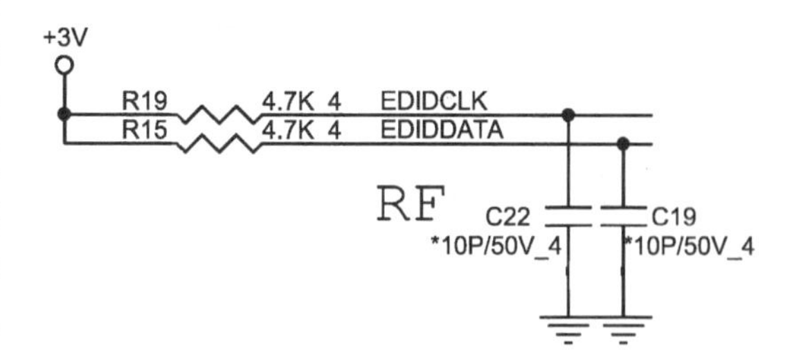

图 20-58　EDID 信号的上拉电阻

更换电阻后，接上屏幕开机，正常显示。维修到此结束。

▷▷▷ 20.2.5　华硕 X84H 开机无显示故障的维修

主板板号为 K43LY，如图 20-59 所示。

故障现象：开机电流上到 1.5A 多，屏幕无显示。

维修过程：从电流跳变情况来看，已经达到了亮机的电流值，于是迅速拆机，测屏接口第 6、7 脚的 EDID 信号（见图 20-60），发现有 EDID 波形，如图 20-61 所示。

图 20-59　主板板号

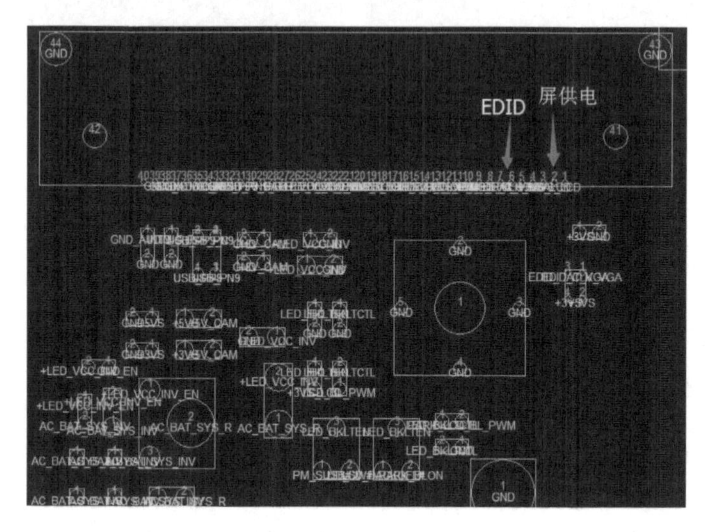

图 20-60　屏接口的 EDID 测量点

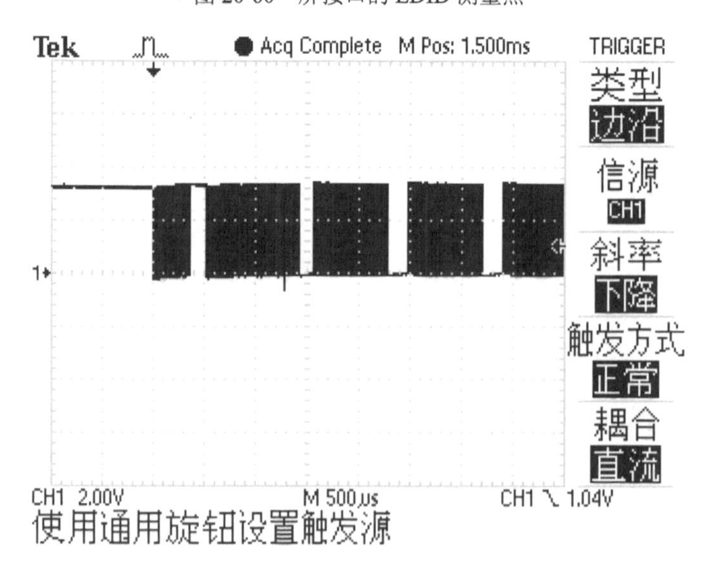

图 20-61　EDID 波形

从波形来看，显卡已经读取到了屏信息，接下来显卡就要去开启屏供电和背光。于是万用表实测屏接口第 2、3 脚的屏供电，结果测得是 0V，再测第 20、21 脚的背光控制条件也是 0V。从这种种迹象分析，断定独立显卡已经损坏了，决定更换显卡试试。拆除显卡芯片，如图 20-62 所示。

图 20-62　拆除显卡芯片

找了个新的 AMD 显卡换上后，通电自动开机，并顺利显示。维修到此结束。

▷▷▷ 20.2.6　联想 G480 开机多数时间无显示，偶尔能显示故障的维修

主板板号为 LA-7981P。

故障现象：开机无显示，但偶尔能显示。

维修过程：开机无显示的时候测量各个条件，发现无内存复位，属于挡内存。内存的复位信号是 CPU 发出来的，检查 CPU 的工作条件，全都正常，更换 CPU 后测试故障依旧。这就陷入困境了。根据以前的维修经验判断，这款电脑的内存模块供电 VDDQ 如果不正常也会引起挡内存的现象。从图 20-63 中找到 VDDQ 供电转换 MOS（U3）。

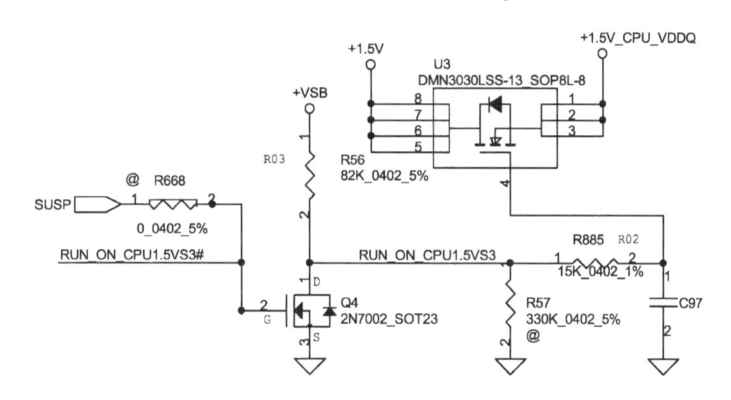

图 20-63　VDDQ 供电转换电路

经过测量发现 U3 的 G 极电压只有 0.5V（见图 20-64），明显不正常，说明 U3 应该处于截止状态。

图 20-64　实测 U3 的 G 极电压异常

接下来看 U3 的 G 极为什么会为低电平。找到 G 极相连的 Q4，理论上这个 Q4 应该截止，测其 G 极也确实是低电平，经过测量 Q4 的 D 极和 S 极间二极体值，发现这个 Q4 是被击穿的，如图 20-65 所示。

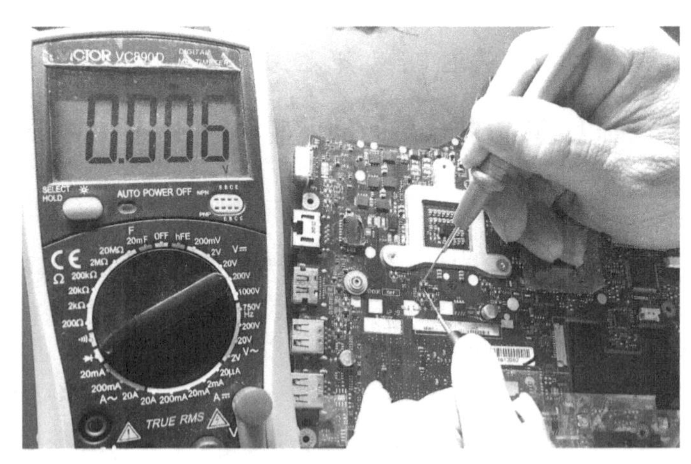

图 20-65　实测 Q4 被击穿

把 Q4 拆掉，通电再测 U3 的 G 极，没想到依然是低电平，这就奇怪了，查电路图得知也没有别的地方可以拉低 U3 的 G 极了，无非就是 R56 上拉电阻损坏。因没找到合适电阻代换，于是将 U3 的 D 极和 S 极直连，通电后每次开机都能正常显示。维修到此结束。

▷▷ 20.3　掉电故障维修案例

▷▷▷ 20.3.1　联想 G470 的 CPU 供电异常引起掉电故障的维修

主板板号为 LA-6751P。

故障现象：开机电流跳变到 1.1A 左右后开始掉电，先掉电到约 0.3～0.4A，再掉到待机状态的电流，还会自动重启，反复掉电。

维修过程：最先刷过 BIOS，改过 ME，故障依旧。用示波器测量内存 SMBUS 波形，发现已经 POST 自检过了内存，集成显卡供电出来一瞬间，但还未达到正常状态就掉电了。经查图 20-66，发现集成显卡供电+VGFX_CORE 是受 ISL95831 控制产生的。

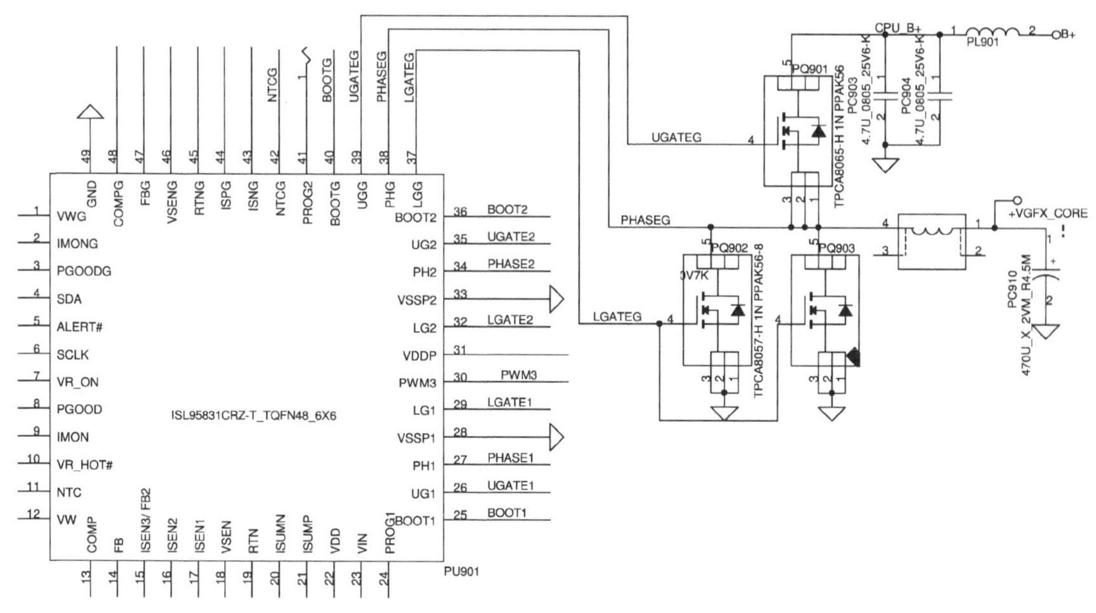

图 20-66　ISL95831 控制产生集成显卡供电

测得提供给 ISL95831 的工作条件正常，但 ISL95831 却不能工作，判断 ISL95831 可能损坏。直接更换 ISL95831（见图 20-67）后故障解决。

图 20-67　更换 ISL95831

▷▷▷ 20.3.2　神舟飞天 UI43 掉电故障的维修

主板板号为 X300。

故障现象：开机掉电。

维修过程：神舟 UI43 超级本的机身很薄。根据用户描述，待机电流很大，开不了机。经过拆机检测发现，所说的待机电流大，是因为内置电池坏了引起的。拔掉电池排线后，待机电流只有 0.014A。裸板按开关后，电流上到 0.098A 左右就掉回待机状态，反复触发，反复掉电。

从上电电流来看，应该属于缺电压掉电。用示波器逐个测试各个电感电压（3V、5V 待机的就不用测了）波形。测得内存 1.5V 供电电压正常，桥供电正常，总线供电也正常，当测到 0.85V 供电电感时，发现异常，电压产生后瞬间掉电，如图 20-68 所示。

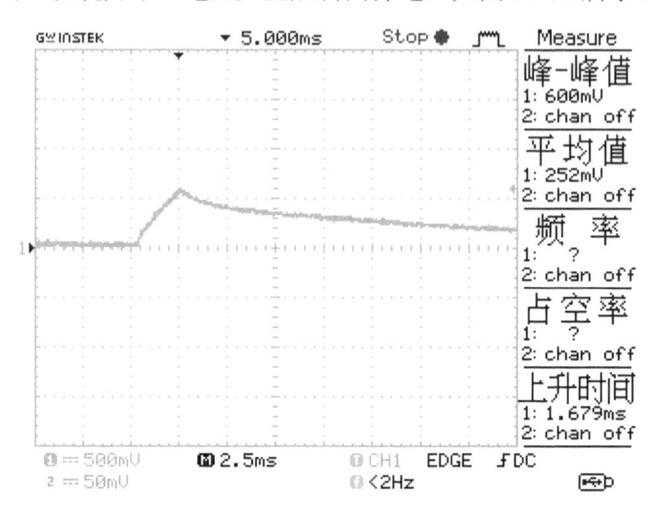

图 20-68　0.85V 供电波形异常

这个 0.85V 是由 U60（ISL95870B）控制产生的，如图 20-69 所示。

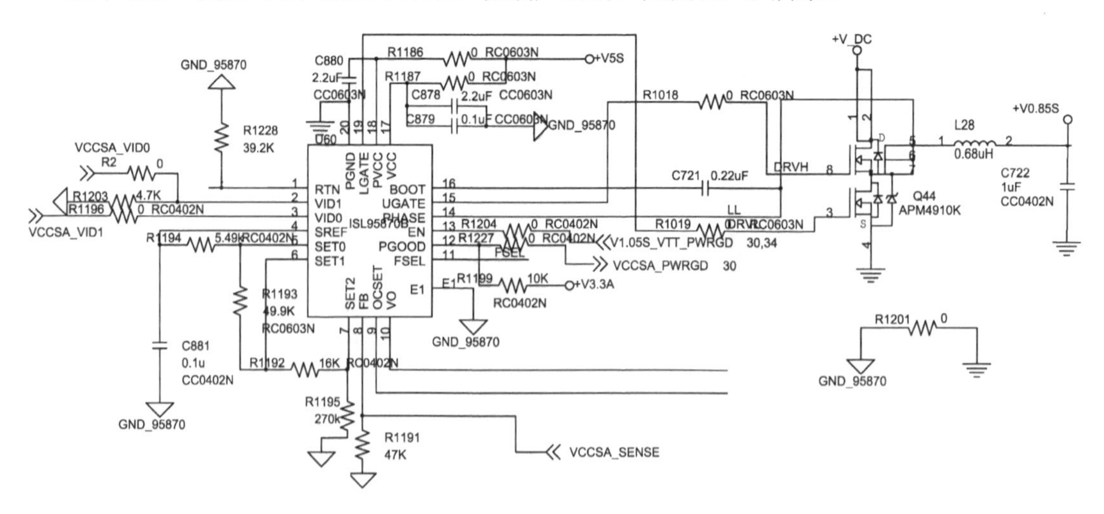

图 20-69　0.85V 供电产生电路

因测量 U60 所有工作条件都正常，所以怀疑 U60 芯片损坏。先更换 U60，如图 20-70 所示。

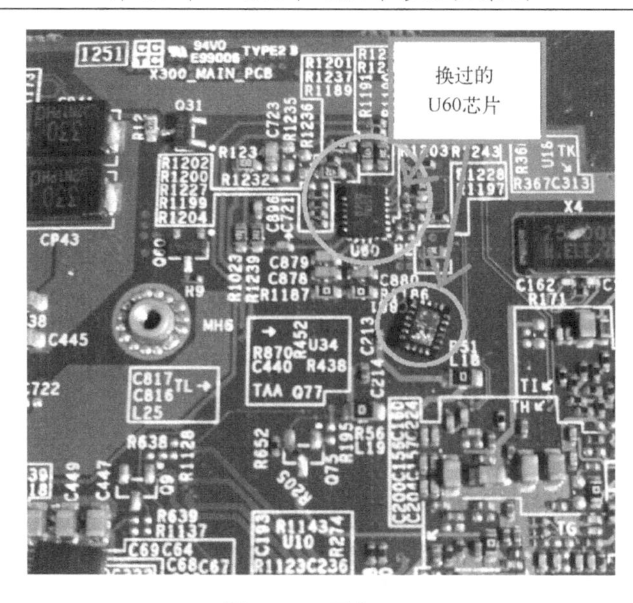

图 20-70　更换 U60

更换完 U60 后，通电开机后再测量，测得 0.85V 供电恢复正常，如图 20-71 所示。

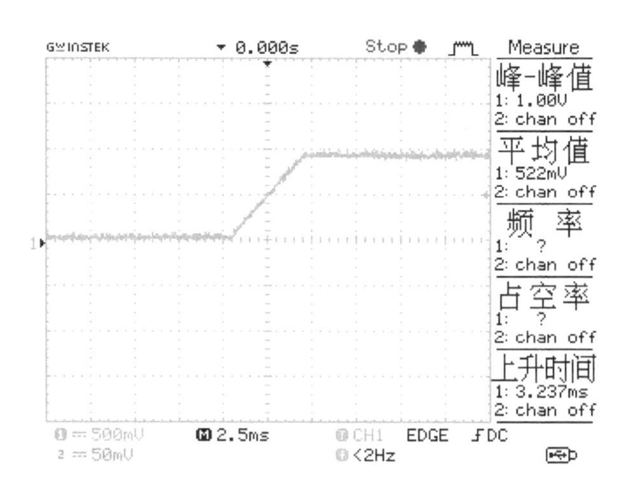

图 20-71　0.85V 供电恢复正常

装机后开机正常显示进系统。维修到此结束。

▷▷▷ 20.3.3　宏碁 E5-571 开机掉电故障的维修

主板板号为仁宝 LA-B991P，如图 20-72 所示。

故障现象：待机正常，待机电流为 0.002A。触发后主板边缘的电源灯一亮就灭，说明有触发动作，但看不到电流跳变，这种故障现象属于触发掉电。

维修过程：直接用示波器测量，双通道对比 3.3V、5V 待机供电的电感后端波形，如图 20-73 所示。

图 20-72　主板的板号

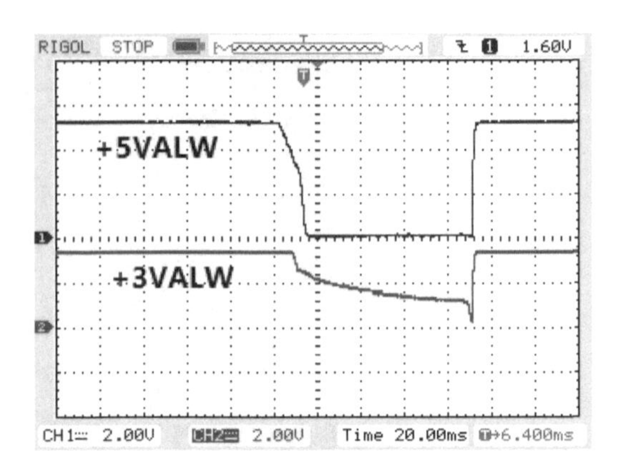

图 20-73　3.3V、5V 待机供电的电感后端波形

一张波形图已经道破此板故障玄机，可以明显看出，+5VALW 在触发后，明显被拉低，导致+3VALW 电感后端也在放电，电压慢慢下降，将近 80ms 后，+5VALW 和+3VALW 又回到正常状态。故障基本锁定为+5VALW 电感后面的二级供电有短路之处。

+5VALW 去往的地方比较多，主要查+5VALW 直接去往的芯片和 MOS 管即可，一个一个断开测试。在这台电脑中，+5VALW 只去往了 USB 供电芯片、内存供电芯片 PU501（见图 20-74）和 U11。当断开给 PU501 的第 11 脚供电的 PR504 电阻后，电流恢复正常。

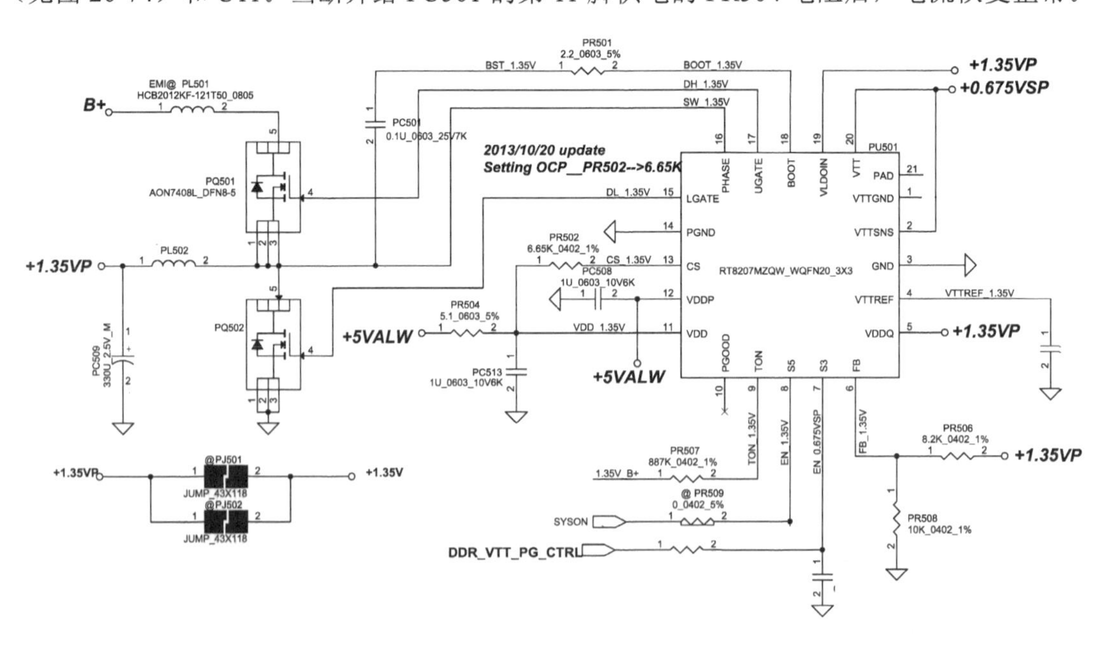

图 20-74　内存供电芯片

怀疑 PU501 芯片损坏，更换 PU501 后上电电流跳变到了 0.68A 左右，估计能亮机了。因为是裸板，无法接屏，而此主板又不支持外接显示器，并且现在这种新电脑采用的是 EDP 显示信号，也测不到 EDID 信号了，所以只能判断电脑被修好了。

▷▷▷ 20.3.4　神舟战神 K610D-I7 D2 开机掉电故障的维修

主板板号为广达代工的 DA0TWS（见图 20-75），采用 HM87 芯片组。

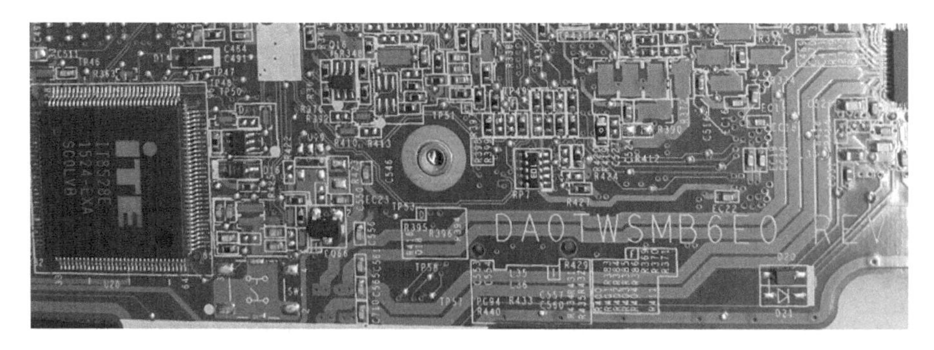

图 20-75　主板板号

故障现象：待机电流为 0.010A，触发后的电流上到 0.062A 后掉电，如图 20-76 所示。

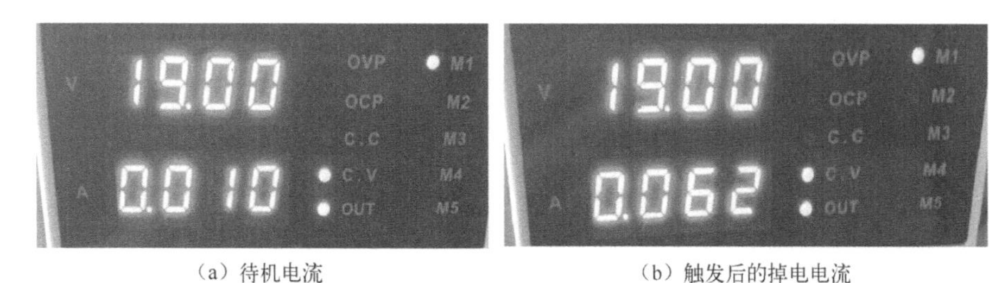

（a）待机电流　　（b）触发后的掉电电流

图 20-76　待机电流和触发后的掉电电流

维修过程：从开机掉电电流可以看出，还有很多供电没有产生。拆机后，按照时序逐一测试各个供电。结果示波器测量发现 1.05V 桥供电过压保护，最高峰值超过了 2V，然后瞬间掉电保护，如图 20-77 所示。

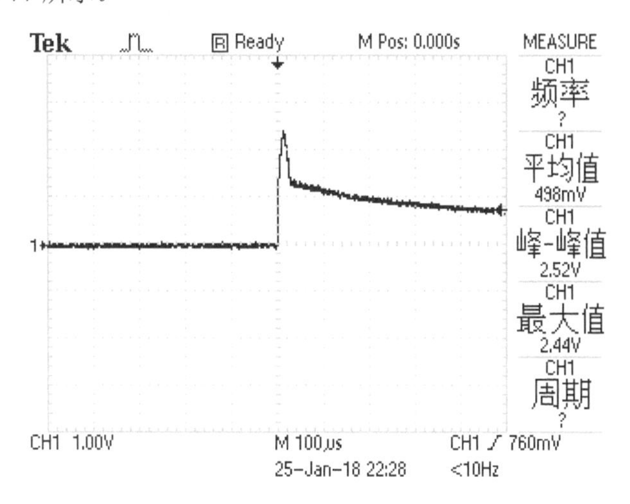

图 20-77　1.05V 桥供电过压保护

从图 20-78 中可以看出，1.05V 桥供电由 PU11 控制产生。

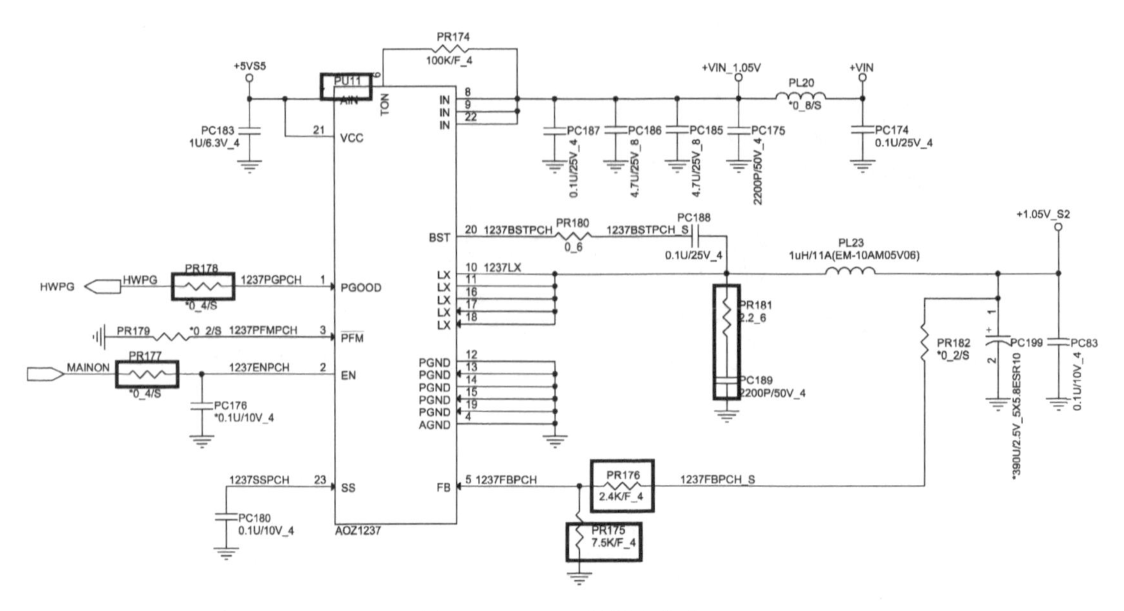

图 20-78　1.05V 桥供电电路

过压保护的主要原因有后级电容容值失效、反馈不正常、TON 频率设置异常、PWM 芯片损坏等。

参考图 20-78，围绕以上原因一一检测。先检查后级滤波电容，发现 PL23 电感后端只有几个小电容，PC199 大电容的位置上是空缺的，电路图中也是显示没装。为了排除是不是滤波电容引起的故障，在 PC199 的空焊盘上增加了一个固态电容，如图 20-79 所示，结果还是过压保护。

（a）PC199处原本没有电容

（b）加装了一个电容

图 20-79　在 PC199 空焊盘上增加一个固态电容

既然装了电容还不行，接下继续检测芯片的其他工作条件。当检测到 TON 频率设置脚时，发现了问题，发现频率设置电阻 PR174 缺失。在图 20-78 中显示，PR174 是要安装的。于是按照图 20-78 中的标识，重新找了个 100kΩ的电阻补上，如图 20-80 所示。

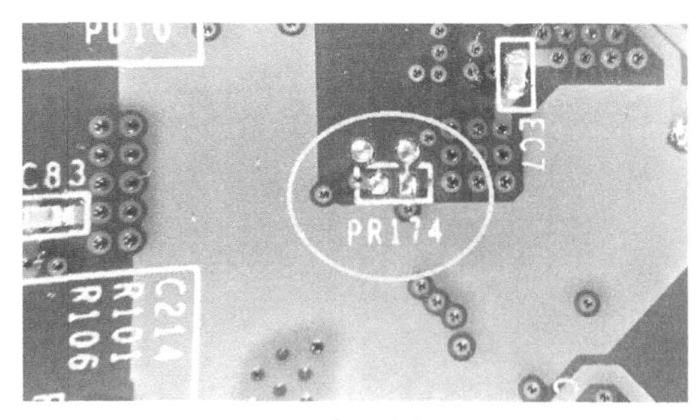

(a）电阻缺失

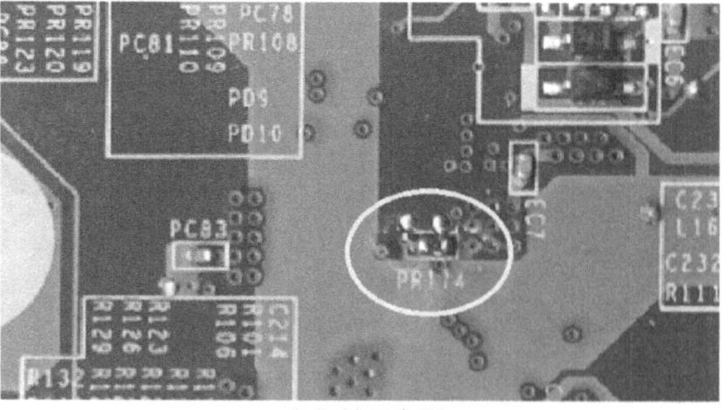

(b）补回电阻

图 20-80　补回电阻 PR174

补回电阻后，通电再次用示波器测量 1.05V 桥供电，发现电压输出正常，如图 20-81 所示。

按开关触发后的电流到 1.473A 左右（见图 20-82），接上屏幕，已经正常显示。维修到此结束。

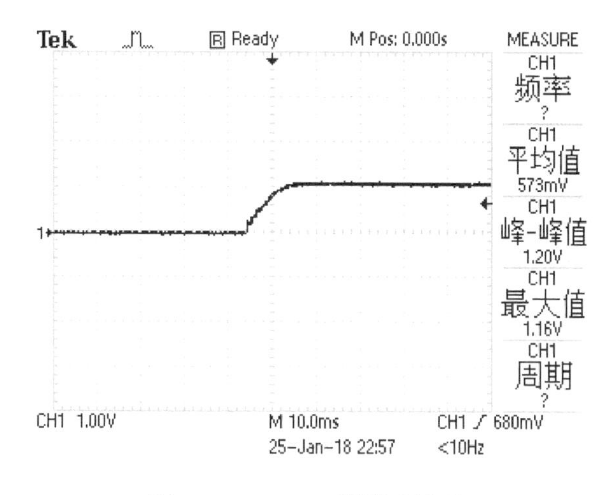

图 20-81　1.05V 正常输出波形

图 20-82　触发后电流到 1.473A 左右

▷▷▷ 20.3.5　MBX-269 掉电故障的维修

主板板号为 MBX-269 和 DA0HK5MB6F0。

故障现象：触发后电流上到 0.6A 多瞬间掉电，掉电后还能反复再触发。

维修过程：从掉电后还能反复再触发可以看出，应该不是保护性掉电，示波器测得 CPU 供电也瞬间出来过；再测内存的复位信号，发现其也会掉电；接下来顺着内存复位信号一直往下查。内存的复位是 CPU 收到 DRAMPWROK 之后发出的，用示波器双通道对比内存复位和 DRAMPWROK，发现 DRAMPWROK 先掉，如图 20-83 所示。

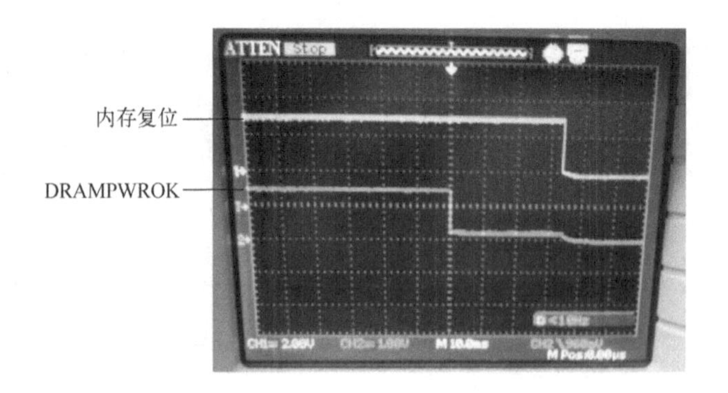

图 20-83　内存复位与 DRAMPWROK 掉电波形对比

既然是 DRAMPWROK 先掉，那么 PCH 桥的工作条件可能有问题。对比了一下 PWROK 与 DRAMPWROK 波形，发现它们是同时掉下去的，如图 20-84 所示。

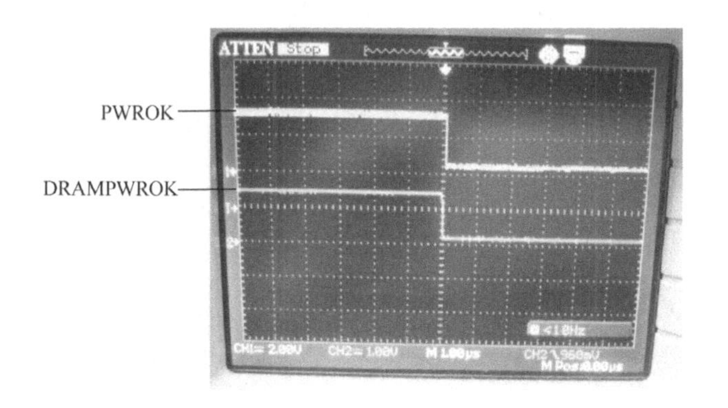

图 20-84　PWROK 与 DRAMPWROK 波形对比

PCH 桥的 PWROK 和 APWROK 都是 EC 发出的 PCH_PWROK_EC，EC 发出 PCH_PWROK_EC 的条件是 EC 要收到 ALL_SYS_PWRGD，如图 20-85 所示。

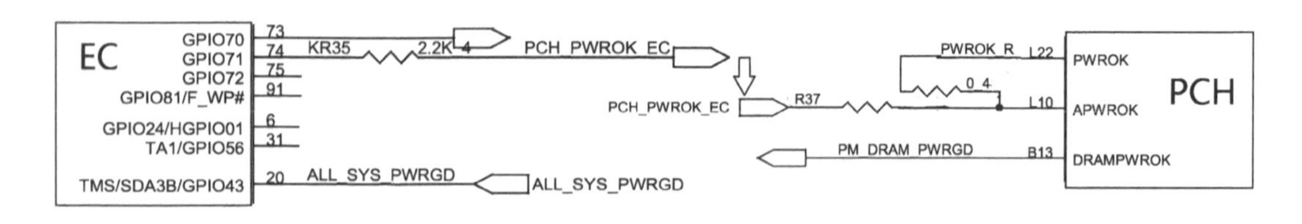

图 20-85　EC 送给 PCH 桥的 PWROK 信号

用示波器对比 PCH_PWROK_EC 与 ALL_SYS_PWRGD 信号，发现 PCH_PWROK_EC 先掉，如图 20-86 所示。

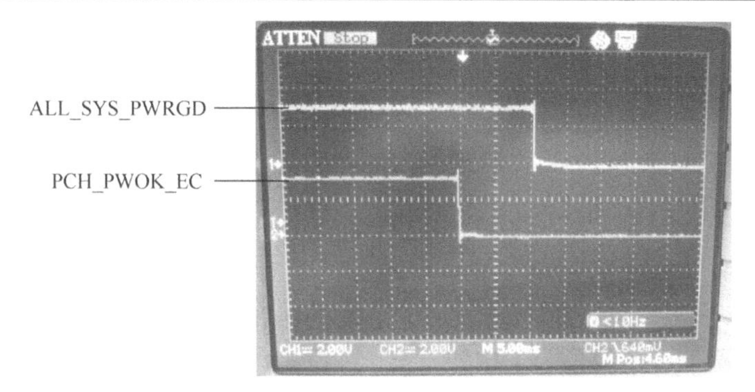

图 20-86　ALL_SYS_PWRGD 与 PCH_PWROK_EC 信号波形对比

从以上波形来看，确实是 EC 发出的 PCH_PWROK_EC 信号先掉，造成整机掉电，所以可能是 EC 有故障。果断更换 EC，故障修复。在屏接口（见图 20-87）37、38 脚测得 EDID 信号正常了，如图 20-88 所示，说明插上屏就可以正常显示了。

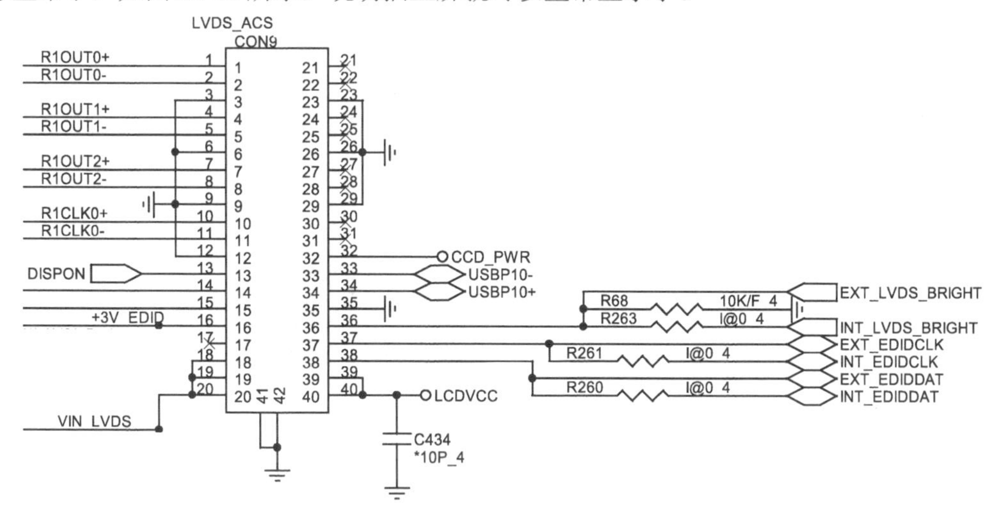

图 20-87　屏接口电路

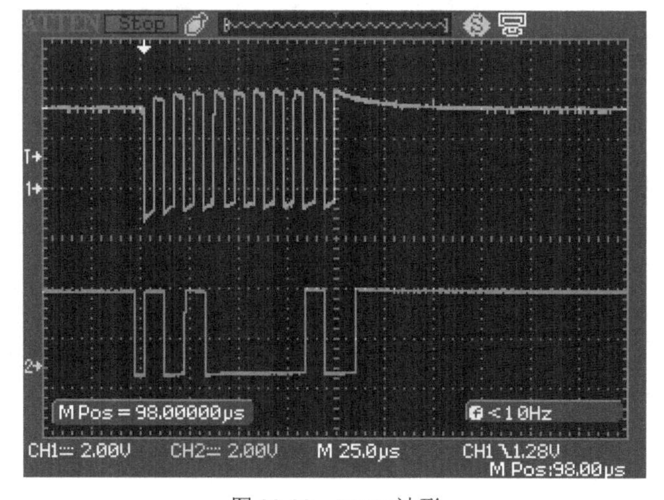

图 20-88　EDID 波形

20.4　液晶屏故障维修案例

20.4.1　HP G4 暗屏故障的维修

故障现象：开机暗屏（黑屏）。

维修过程：按下开关开机后，能听到进系统的声音，但是屏幕没有背光，在灯光照射下，可隐约看到屏幕上有图像显示。这种情况一般都是背光电路工作异常引起的。

拆开电脑，在主板的屏接口上测量各个条件都正常。排除主板原因，因此，故障范围基本锁定在液晶屏上。于是拆开屏幕边框，取出液晶屏，在逻辑板上找到给背光供电的熔断电阻，用万用表测得此熔断电阻已经开路，如图 20-89 所示。

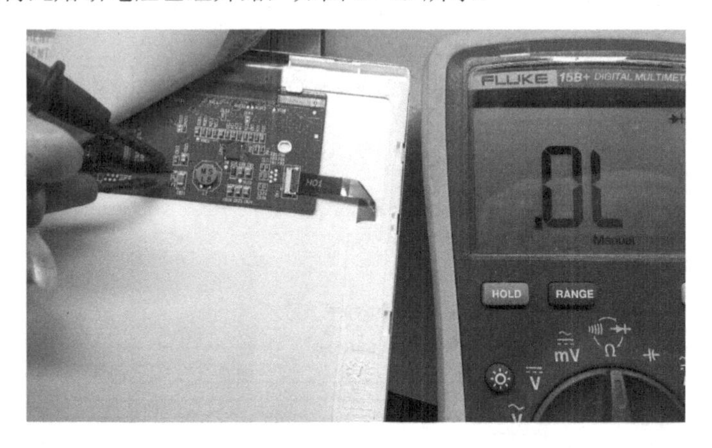

图 20-89　背光供电熔断电阻开路

熔断电阻烧坏肯定是有原因的，通常是后级短路，用万用表测得后级明显短路了，如图 20-90 所示。

图 20-90　熔断电阻后级短路

经过测量发现是后级电容短路，于是将电容拆下，再验证其果然短路了，如图 20-91 所示。

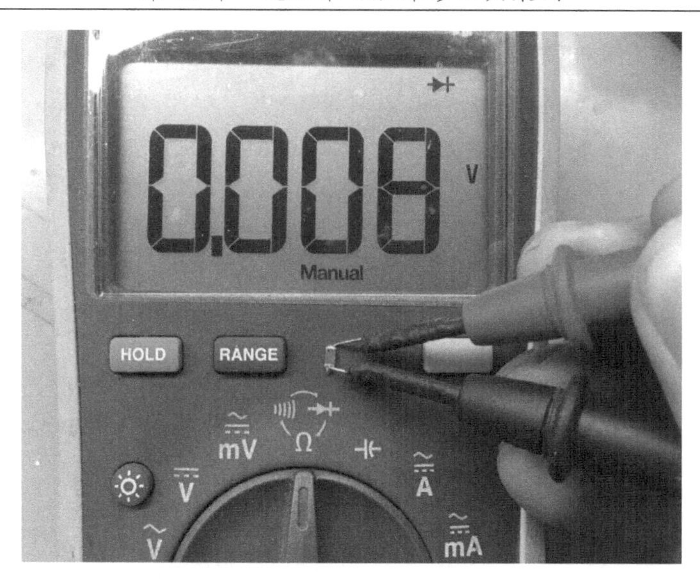

图 20-91　测量拆下的后级电容

更换电容后，通电，屏幕正常显示。维修到此结束。

▷▷▷ 20.4.2　DELL N4020 暗屏故障的维修

本机是由纬创代工的。

故障现象：开机暗屏，LED 升压电感没电，电容短路。

维修过程：拆机后，测得主板的屏接口工作条件正常，排除主板原因。继续拆开屏幕边框，取出液晶屏，测量 LED 背光升压电感处没有电压，经检测发现背光供电电容短路（见图 20-92），熔断电阻被烧坏。

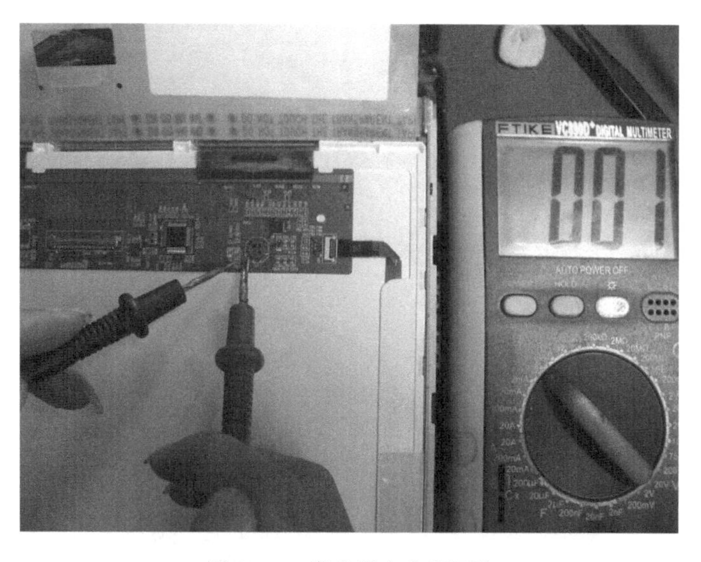

图 20-92　背光供电电容短路

更换完坏元件（见图 20-93）后，通电开机，屏幕正常显示。维修到此结束。

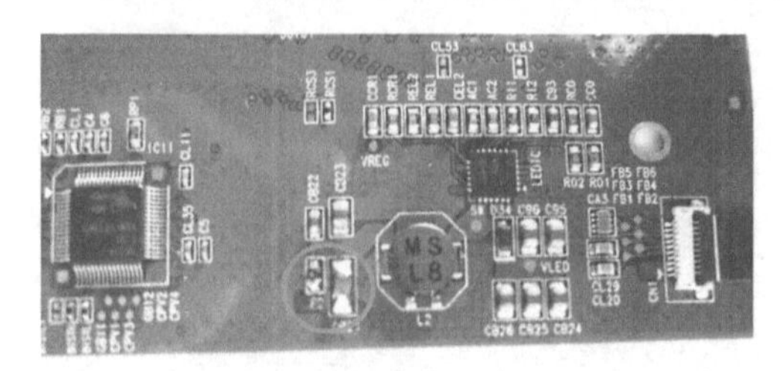

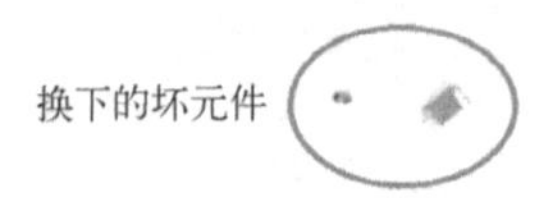

图 20-93　更换完坏元件

⊳⊳⊳ 20.4.3　SONY MBX-250 开机白屏故障的维修

本机是纬创给 SONY 代工的，纬创的板号是 S0203-2（见图 20-94（a）），SONY 的板号是 MBX-250（见图 20-94（b））。

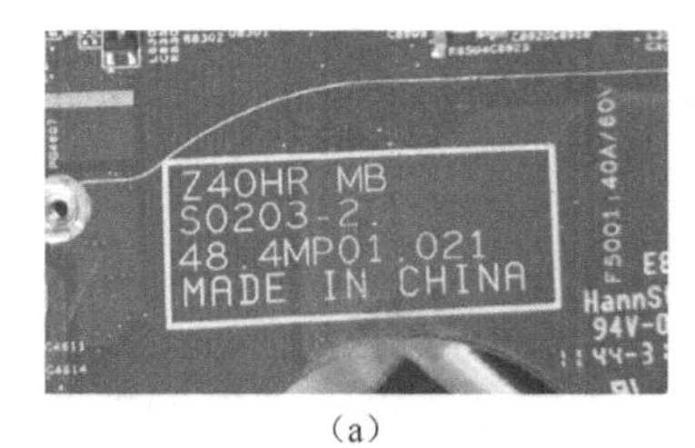

（a）

（b）

图 20-94　主板的板号

故障现象：开机白屏，如图 20-95 所示。

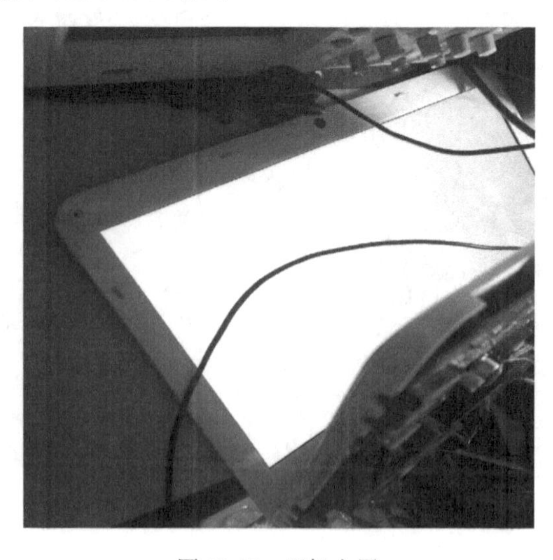

图 20-95　开机白屏

维修过程：白屏这种故障，一般是屏的背光电路已经正常工作，但是屏的逻辑板电路没有工作。所以遇到这种故障现象，首先要查的就是屏供电。打开此电脑的图纸，找到屏接口，屏供电名称是 LCDVDD，在屏接口的第 29、30 脚，如图 20-96 所示。

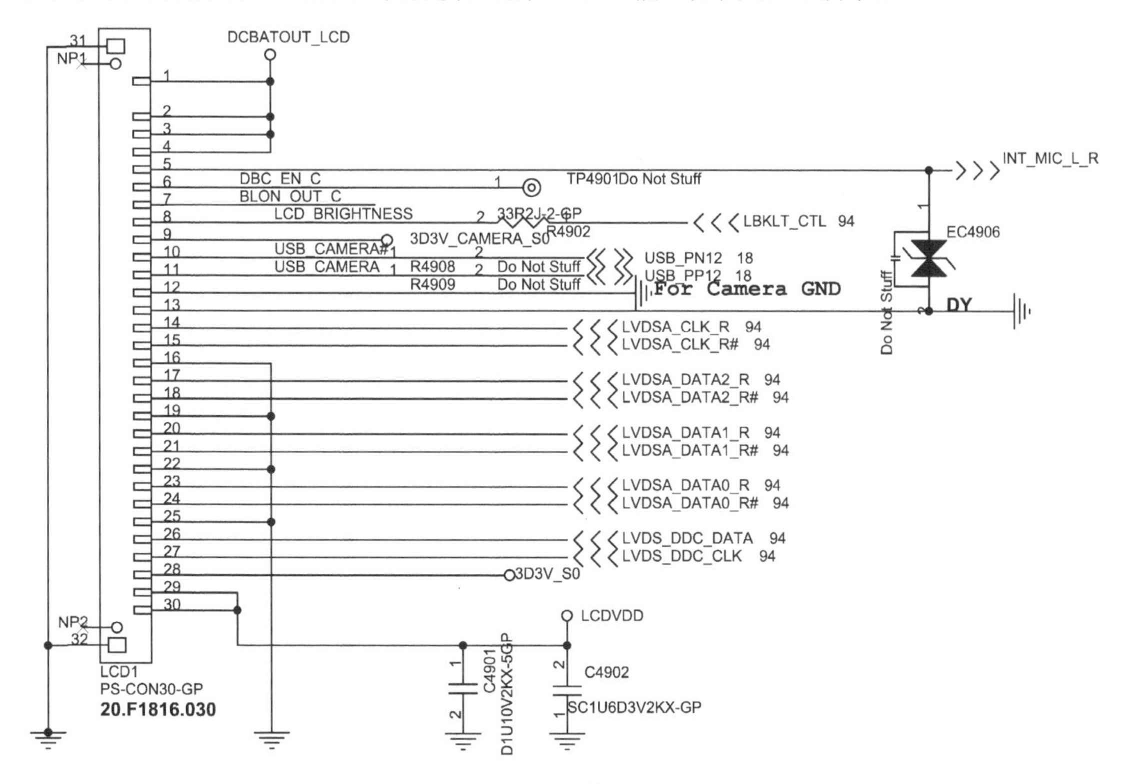

图 20-96　屏接口电路

实测屏接口第 29、30 脚的屏供电电压为 0V（见图 20-97），明显不正常，找到故障原因。

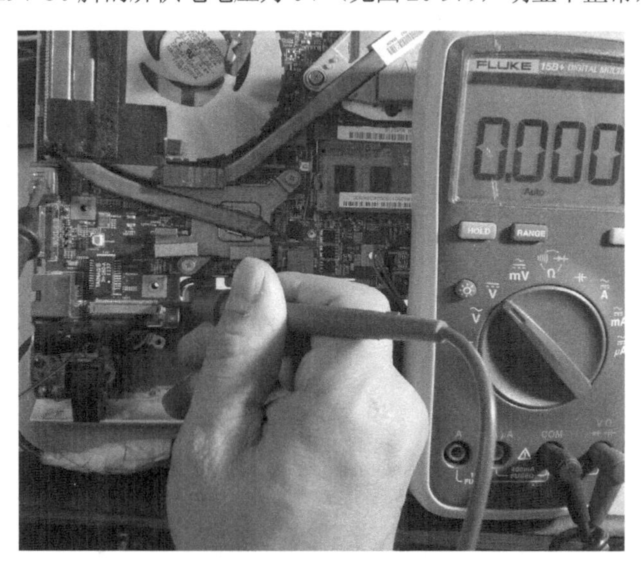

图 20-97　测量屏供电电压为 0V

接着查找屏供电的来源，发现来自 U4901 第 3 脚，如图 20-98 所示。

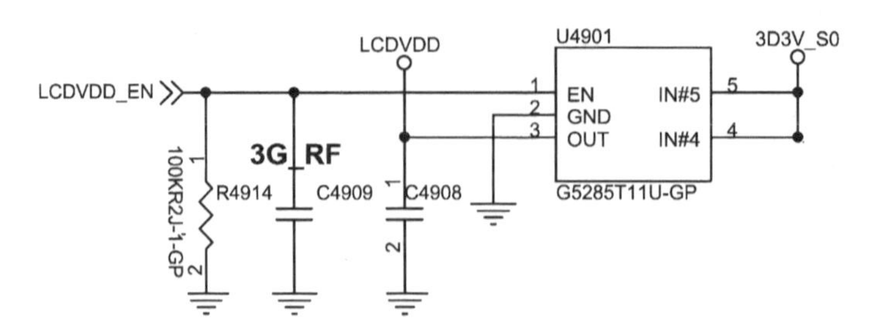

图 20-98　屏供电电路

U4901 的第 1 脚是屏供电开启信号，第 4、5 脚是 S0 状态的 3.3V 供电，当芯片的第 1 脚得到高电平的 EN 开启信号后，将 S0 状态的 3.3V 供电转换成 LCDVDD 屏供电。实测 U4901 第 1 脚开启信号，以及第 4、5 脚的供电，测得都有 3.3V 高电平，唯独第 3 脚没有屏供电输出，如图 20-99 所示。

（a）U4901工作条件正常　　（b）无屏供电输出

图 20-99　U4901 工作条件正常，无屏供电输出。

像这种情况，在屏供电输出不短路的情况下，很明显是 U4901 屏供电芯片坏了。于是直接将 U4901 拆除（见图 20-100），将芯片焊盘的第 4 脚与第 3 脚相连。连接好后，通电正常亮机。维修到此结束。

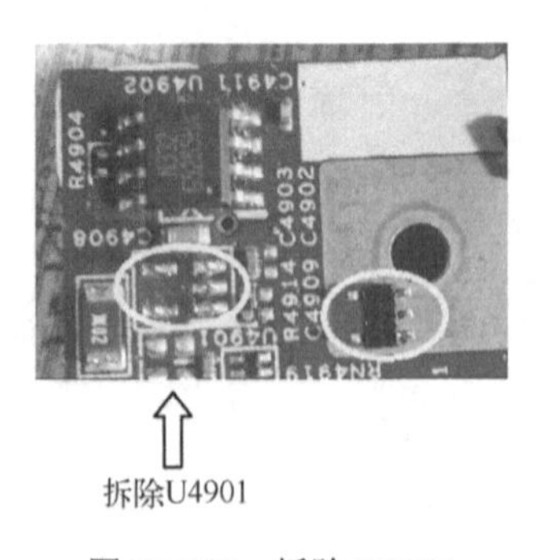

图 20-100　拆除 U4901

▷▷▷ 20.4.4　通过改板维修 DELL N4010 黑屏（有显示无背光）故障

故障现象：黑屏（有显示、无背光）。

维修过程：插上电源开机，发现电流一直跳变。根据经验判断，这已经是接近亮机的电流，但是屏幕无任何显示，将屏幕对着灯光看，确实可以隐约看到屏幕里面的图像。由此可以判断，这是暗屏故障。暗屏的原因一般是背光电路没工作或工作条件不满足。直接拆开屏幕 A 壳和 B 壳，在屏接口处的熔断电阻处测量，发现熔断电阻已经开路了。导致烧熔断电阻的原因一般是后级有短路之处。在熔断电阻后级接上供电进行烧机，结果发现 LED 背光升压芯片发烫，看来这升压芯片多半是坏了，直接拆掉升压芯片。找不到合适的芯片代换，只能用那些带有 LED 背光升压电路的逻辑板代替。

找来了一片升压板，把原来屏上的 LED 升压电路工作条件（VIN、LED_EN、LED_PWM 和 GND）和 LED 供电输出飞线到升压板的电路上测试，发现背光确实可以点亮。接着把升压板放在屏幕背面，借用升压板的 LED 背光电路把屏幕背光点亮。改好线后的电路如图 20-101 所示。

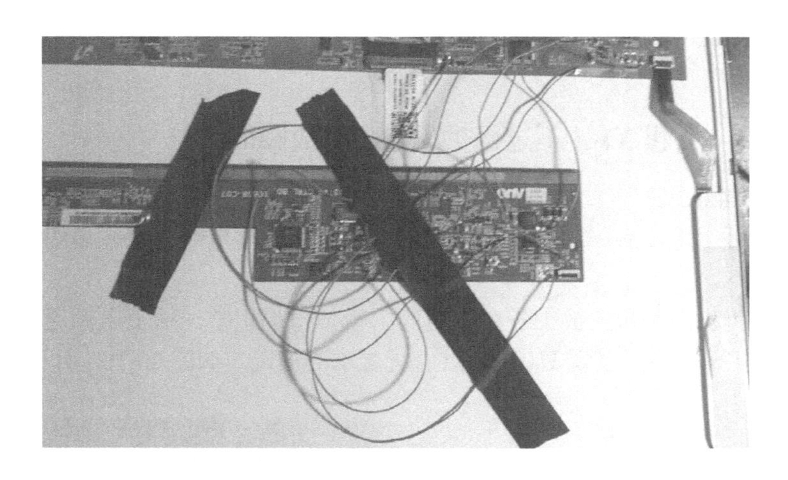

图 20-101　改好线后的电路

改好后正常开机，屏幕可显示。维修到此结束。

▷▷ 20.5　接口电路故障维修案例

▷▷▷ 20.5.1　联想 G510 不认 USB 3.0 接口和有线网卡，在操作系统下无线网卡不能使用故障的维修

故障现象：USB 3.0 接口不能使用。

维修过程：拆机测量，发现 USB 3.0 接口不能使用是 USB 供电芯片被烧坏导致的。更换完 USB 供电芯片后，USB 3.0 接口可正常使用了。

进入操作系统测试，发现不能连接网络，无线网检测不到无线信号，插网线也无法连接网络，在“设备管理器”里面也找不到网络设备，说明 BIOS 自检过程中根本没有识别出网卡。经检测，发现网卡芯片短路，直接更换网卡芯片。

更换网卡芯片后，成功连接网络，无线网卡也检测到了无线信号，故障解决。导致无线网卡不能使用的原因是网卡芯片损坏导致系统里面没有网络控制器。

20.5.2　苹果 A1286 不认硬盘故障的维修

故障现象：不认硬盘。

维修过程：这是外地客户寄过来的一台苹果 A1286，客户没有说明故障现象。经过开机测试发现，开机后出现问号文件夹，进不了操作系统。这个故障就是不认硬盘。这种故障通常是硬盘接口、硬盘排线、硬盘格式或者硬盘本身有问题引起的。手上正好有条硬盘排线，先换上去，再次开机就直接进操作系统了。维修到此结束。

20.6　其他故障维修案例

20.6.1　联想 X1-4 不过保护隔离电路故障的维修

主板板号为 14282-2M，如图 20-102 所示。

故障现象：插上电以后，适配器电压无法通过保护隔离电路，送往后级。这种故障俗称不过保护隔离电路。

维修过程：拆机后测量主板上各个供电的二极体值都正常，插上电源通电，发现没待机电流。仔细检查主板外观，发现 U101 附近有进过水的痕迹，如图 20-103 所示。

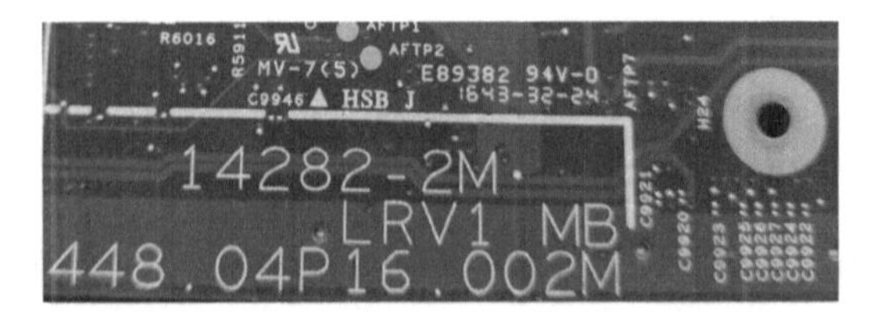

图 20-102　主板板号

图 20-103　U101 旁边有进过水的痕迹

测得 U101 的 19V 供电正常，接着测得 U101 产生的 VCC3SW 为 0V，明显不正常，再测 VCC3SW 的开启信号有 19V，说明可能是 U101 本身有问题。U101 输出 VCC3SW 的工作条件如图 20-104 所示。

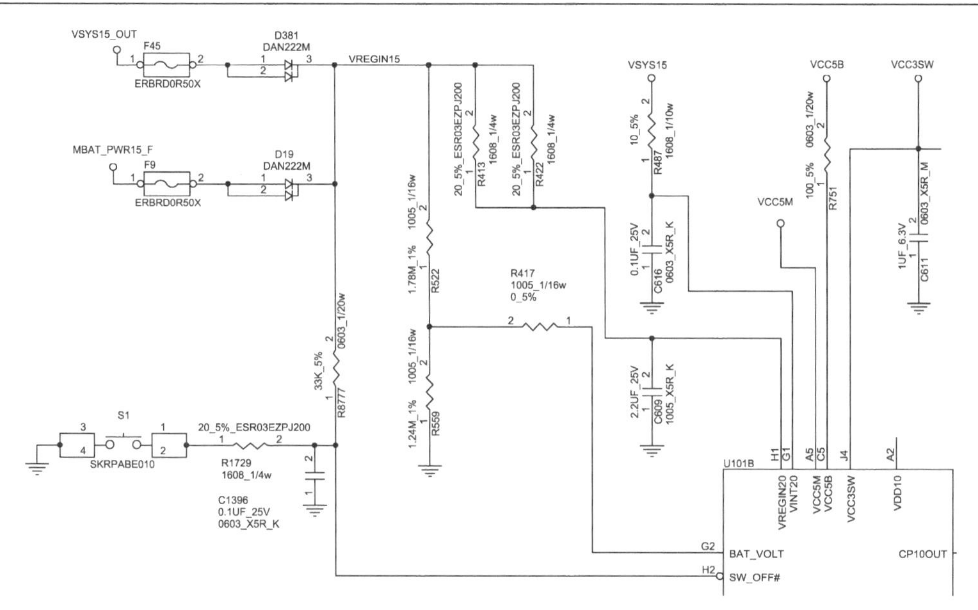

图 20-104　U101 输出 VCC3SW 的工作条件

换下 U101（见图 20-105）后，找个好的 U101 装上。

图 20-105　拆下 U101

通电后开机，屏幕正常显示，如图 20-106 所示。维修到此结束。

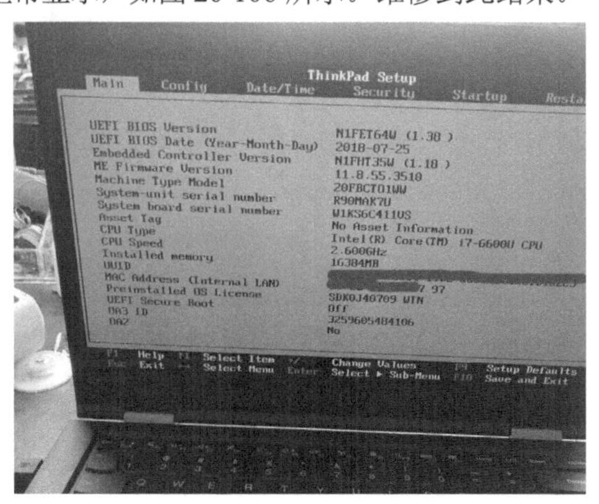

图 20-106　换掉 U101 后，通电开机，屏幕正常显示

▷▷▷ 20.6.2　联想 300S-14ISK 不能充电、开机掉电故障的维修

主板板号为 14292-1。

故障现象：按开关好多次才能开机，不能充电。

维修过程：从故障现象来看，应该是保护隔离电路有问题。直接查充电芯片 BQ24780（见图 20-107）的工作条件，发现第 28 脚芯片供电只有 10V，明显不正常。经测量发现与第 28 脚相连的 10Ω电阻（见图 20-108）的阻值变大。

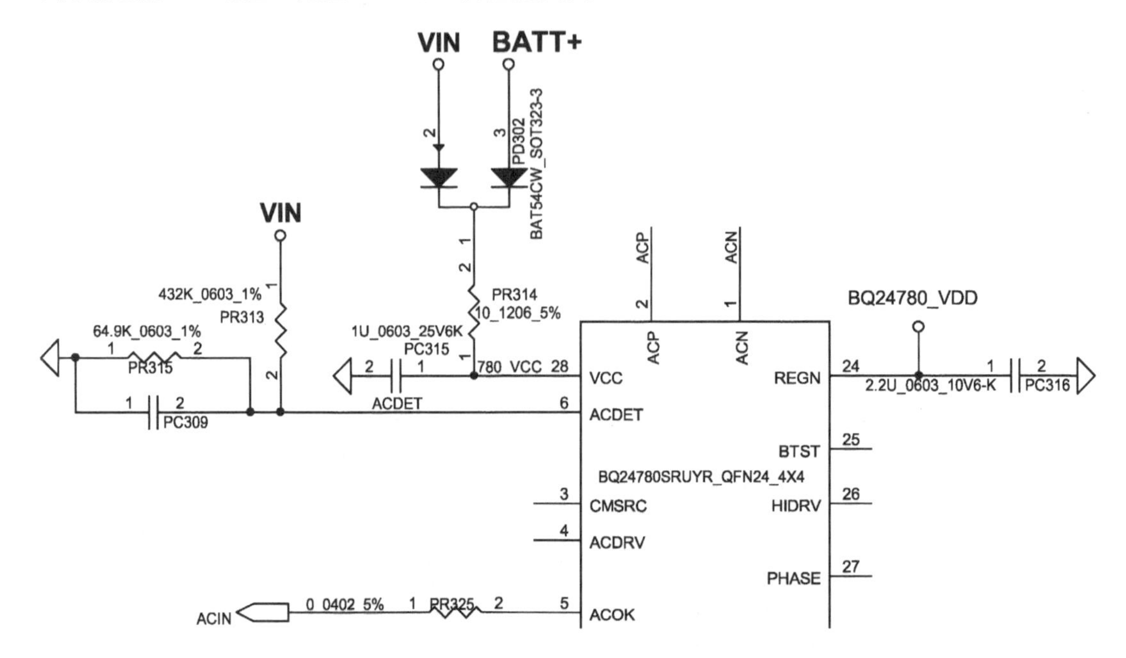

图 20-107　充电芯片相关电路

图 20-108　充电芯片供电电阻

更换完 10Ω的供电电阻后，充电正常，电脑可以正常开机使用。维修到此结束。

▷▷▷ 20.6.3　华硕 N551JM 用电池无法开机故障的维修

主板板号为 N551JM 2.0，如图 20-109 所示。

图 20-109　主板板号

故障现象：开机电流达到 0.4A，不亮机。

维修过程：据客户说这台电脑是进水导致的不开机。实测用电源可以开机，但是系统不认电池，仅用电池时无法开机。测得电池接口第 4、5 脚的电池插入识别信号（见图 20-110）的二极体值、电压都是正常的，但是没有波形。

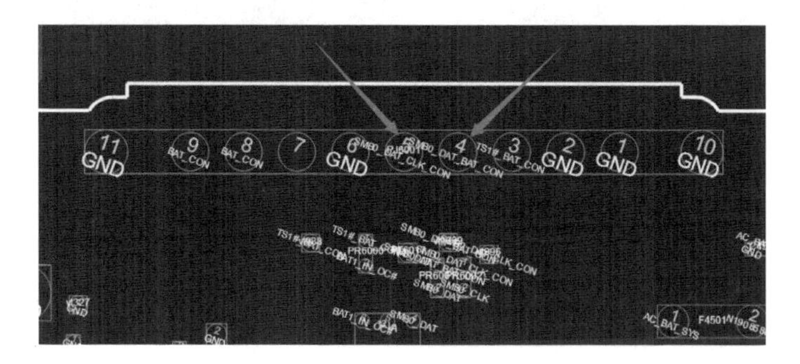

图 20-110　电池接口的插入识别信号

接下来把 EC 上面的绝缘纸撕掉，发现 EC 有被水腐蚀的痕迹，如图 20-111 所示。

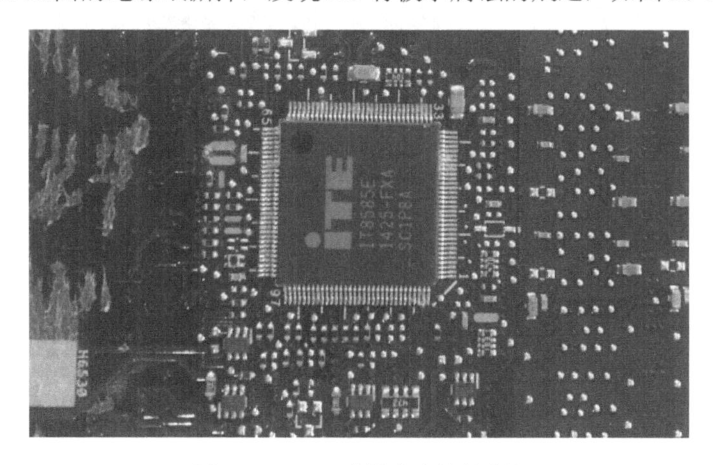

图 20-111　EC 有被水腐蚀的痕迹

把进水的地方处理完后，再次测量电池接口第 4、5 脚的波形正常，装上电池可以正常开机。维修到此结束。

▷▷▷ 20.6.4　苹果 A1466 进水暗屏故障的维修

主板板号为 820-000165。

故障现象：进水后升压芯片故障，开机暗屏。

维修过程：拆开电脑，发现散热器旁边有个螺丝柱断掉了（见图 20-112），还好板走线问题不大。

图 20-112　散热器旁边有个螺丝柱断掉

拆下主板，仔细观察主板背光芯片，发现芯片靠右边有些脚没有了。拆下背光芯片后，确实发现芯片焊盘掉了个焊点，如图 20-113 所示。

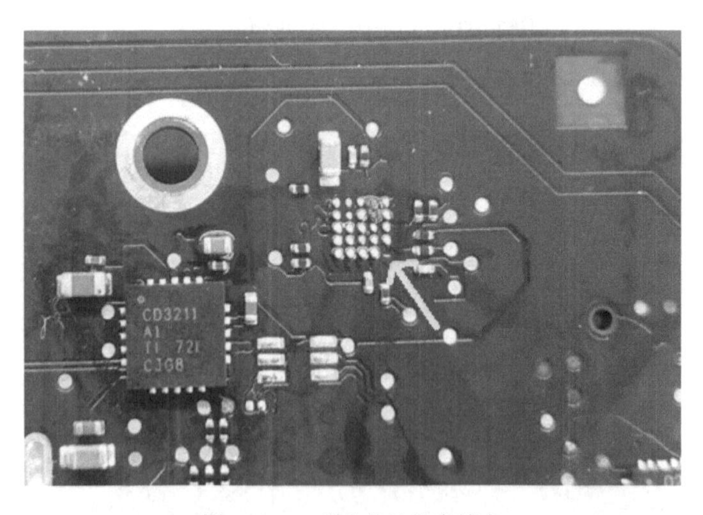

图 20-113　背光芯片焊盘掉点

于是直接补线（见图 20-114），涂上绿油固化好，然后找个新的背光芯片换上。

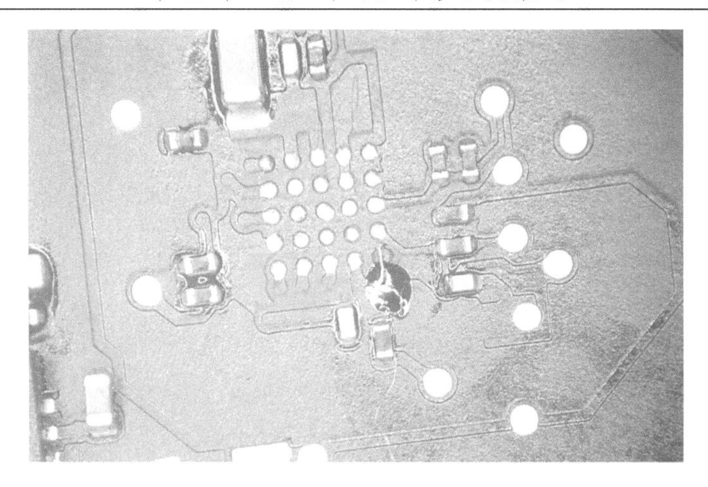

图 20-114　焊盘补点

再次开机，背光恢复正常，如图 20-115 所示。维修到此结束。

图 20-115　背光恢复正常